내가 뽑은 원픽! 최신 출제험서

2025
공조냉동기계
기능사 필기

권오수·가동엽·안효열 저

예문사

머리말

공조냉동기계기능사는 자격증 시험 시행 초창기에 공기조화기능사, 고압가스냉동기계기능사 자격증으로 분리되어 있었으나 여러 해 전부터 공조냉동기계기능사 자격증으로 통합되어 오고 있다.

저자는 현재 국가자격시험이 지필시험이 아니고 컴퓨터를 이용한 CBT(Computer Based Test) 형식의 필기시험이므로 여기에 부합하는 기능사 시험 대비 이론서가 필요하다고 판단하였다. 무엇보다도 한국산업인력공단에서 큐넷 홈페이지에 공지한 최신 출제기준에 적합한 도서를 저술하고자 심혈을 기울였다.

공조냉동기계기능사 필기시험은 60문제가 출제되며 그중 정답이 36개 이상이어야 1차 이론시험에 합격하고 2차 실기시험 응시가 가능하다. 2023년 제3회 기능사 실기시험부터 문제형식이 동영상에서 필답형으로 변경되었으므로 1차 필기시험에 많은 시간을 투자하여야 실기시험에도 쉽게 합격하리라고 생각한다.

본서가 시험을 준비하는 수험자 여러분들에게 하나의 밑알이 되리라는 것을 믿어 의심치 않는다. 부족한 부분에 대해서는 추후 개정을 통하여 보완해 나갈 것을 약속드리며 독자들의 많은 관심과 격려를 부탁드린다.

저자 일동

최신 출제기준

직무 분야	기계	중직무 분야	기계장비설비 · 설치	자격 종목	공조냉동기계기능사	적용 기간	2025. 1. 1. ~ 2029. 12. 31.

직무내용 : 산업현장, 건축물의 실내 환경을 최적으로 조성하고, 냉동냉장설비 및 기타 공작물을 주어진 조건으로 유지하기 위해 공조냉동기계 설비를 설치, 조작 및 유지보수하는 직무이다.

필기검정방법	객관식	문제수	60	시험시간	1시간

필기과목명	문제수	주요항목	세부항목	세세항목
공조냉동, 자동제어 및 안전관리	60	1. 냉동기계	1. 냉동의 기초	1. 단위 및 용어 2. 냉동의 원리 3. 기초 열역학
			2. 냉매	1. 냉매 2. 신냉매 및 천연냉매 3. 브라인 4. 냉동기유
			3. 냉동 사이클	1. 몰리에르 선도와 상변화 2. 카르노 및 이론 실제 사이클 3. 단단 압축 사이클 4. 다단 압축 사이클 5. 이원 냉동 사이클
			4. 냉동장치의 종류	1. 용적식 냉동기 2. 원심식 냉동기 3. 흡수식 냉동기 4. 신 · 재생에너지(지열, 태양열 이용 히트펌프 등)
			5. 냉동장치의 구조	1. 압축기 2. 응축기 3. 증발기 4. 팽창밸브 5. 부속장치 6. 제어용 부속기기
			6. 냉동장치의 응용	1. 제빙 및 동결장치 2. 열펌프 및 축열장치
			7. 냉각탑 점검	1. 냉각탑 2. 수질관리
			8. 냉동 · 냉방설비 설치	1. 냉동 · 냉방장치
		2. 공기조화	1. 공기조화의 기초	1. 공기조화의 개요 2. 공기의 성질과 상태 3. 공기조화의 부하
			2. 공기조화방식	1. 중앙 공기조화 방식 2. 개별 공기조화 방식
			3. 공기조화기기	1. 송풍기 및 에어필터 2. 공기 냉각 및 가열코일 3. 가습 · 감습장치 4. 열교환기 5. 열원기기 6. 기타 공기조화 부속기기

필기과목명	문제수	주요항목	세부항목	세세항목
			4. 덕트 및 급배기설비	1. 덕트 및 덕트의 부속품 2. 급 · 배기설비
		3. 보일러설비 설치	1. 급 · 배수 통기설비 설치	1. 급 · 배수 통기설비
			2. 증기설비 설치	1. 증기설비
			3. 난방설비 설치	1. 난방방식
			4. 급탕설비 설치	1. 급탕방식
		4. 유지보수공사 안전관리	1. 관련법규 파악	1. 냉동기 검사 2. 고압가스안전관리법(냉동 관련) 3. 산업안전보건법 4. 기계설비법
			2. 안전작업	1. 안전보호구 2. 안전장비
			3. 안전교육 실시	1. 안전교육
			4. 안전관리	1. 가스 및 위험물 안전 2. 보일러 안전 3. 냉동기 안전 4. 공구취급 안전 5. 화재 안전
			5. 냉동장치 유지 및 운전	1. 냉동장치 유지 및 운전
		5. 자재관리	1. 측정기 관리	1. 계측기
			2. 유지보수자재 및 공구관리	1. 자재관리 2. 공구종류, 특성 및 관리
			3. 배관	1. 배관재료 2. 배관도시법 3. 배관시공 4. 배관공작
		6. 냉동설비 설치	1. 냉동 · 냉방설비 설치	1. 냉동 · 냉방배관 2. 냉동 · 냉방장치 방음, 방진, 지지
		7. 공조배관 설치	1. 공조배관 설치계획 및 설치	1. 공조배관설비
		8. 공조제어설비 설치	1. 공조제어설비 설치계획	1. 공조설비 제어시스템
			2. 공조제어설비 제작설치	1. 검출기 2. 제어밸브
			3. 전기 및 자동제어	1. 직류회로 2. 교류회로 3. 시퀀스회로
		9. 냉동제어설비 설치	1. 냉동제어설비 설치계획	1. 냉동설비 제어시스템
			2. 냉동제어설비 제작설치	1. 냉동제어설비 구성장치
		10. 보일러제어설비 설치	1. 보일러제어설비 설치계획	1. 보일러설비 제어시스템
			2. 보일러제어설비 제작설치	1. 보일러제어설비 구성장치

CBT PREVIEW

🖥 수험자 정보 확인

시험장 감독위원이 컴퓨터에 나온 수험자 정보와 신분증이 일치하는지를 확인하는 단계입니다.
수험번호, 성명, 주민등록번호, 응시종목, 좌석번호를 확인합니다.

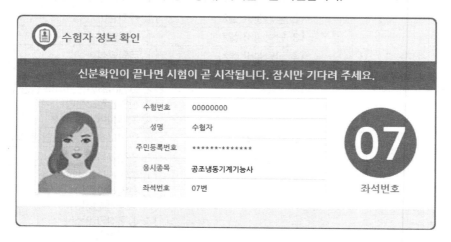

🖥 안내사항

시험에 관련된 안내사항이므로 꼼꼼히 읽어보시기 바랍니다.

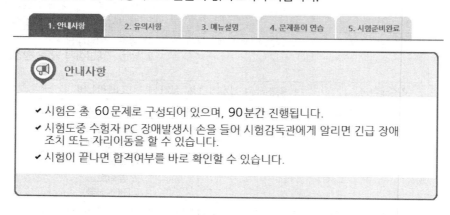

🖥 유의사항

부정행위는 절대 안 된다는 점, 잊지 마세요!

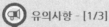 유의사항 - [1/3]

- 다음과 같은 부정행위가 발각될 경우 감독관의 지시에 따라 퇴실 조치되고, 시험은 무효로 처리되며, 3년간 국가기술자격검정에 응시할 자격이 정지됩니다.

  ✔ 시험 중 다른 수험자와 시험에 관련한 대화를 하는 행위
  ✔ 시험 중에 다른 수험자의 문제 및 답안을 엿보고 답안지를 작성하는 행위
  ✔ 다른 수험자를 위하여 답안을 알려주거나, 엿보게 하는 행위
  ✔ 시험 중 시험문제 내용과 관련된 물건을 휴대하여 사용하거나 이를 주고받는 행위

다음 유의사항 보기 ▶

🖥 문제풀이 메뉴 설명

문제풀이 메뉴에 대한 주요 설명입니다. CBT에 익숙하지 않다면 꼼꼼한 확인이 필요합니다.
(글자크기/화면배치, 전체/안 푼 문제 수 조회, 남은 시간 표시, 답안 표기 영역, 계산기 도구,
페이지 이동, 안 푼 문제 번호 보기/답안 제출)

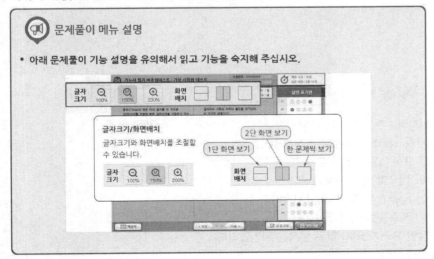

🖥 시험준비 완료!

이제 시험에 응시할 준비를 완료합니다.

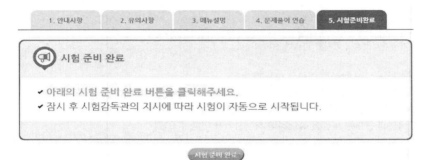

🖥 시험화면

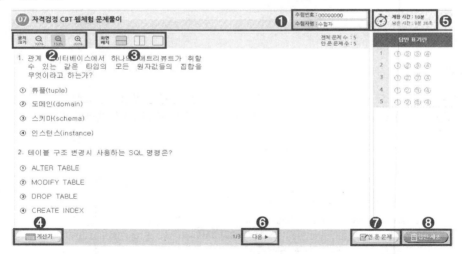

❶ 수험번호, 수험자명 : 본인이 맞는지 확인합니다.

❷ 글자크기 : 100%, 150%, 200%로 조정 가능합니다.

❸ 화면배치 : 2단 구성, 1단 구성으로 변경합니다.

❹ 계산기 : 계산이 필요할 경우 사용합니다.

❺ 제한 시간, 남은 시간 : 시험시간을 표시합니다.

❻ 다음 : 다음 페이지로 넘어갑니다.

❼ 안 푼 문제 : 답안 표기가 되지 않은 문제를 확인합니다.

❽ 답안 제출 : 최종답안을 제출합니다.

🖳 답안 제출

문제를 다 푼 후 답안 제출을 클릭하면 다음과 같은 메시지가 출력됩니다.
여기서 '예'를 누르면 답안 제출이 완료되며 시험을 마칩니다.

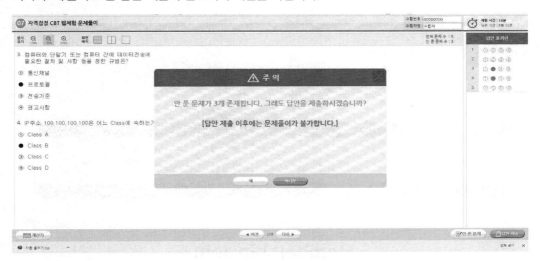

🖳 알고 가면 쉬운 CBT 4가지 팁

1. 시험에 집중하자.
기존 시험과 달리 CBT 시험에서는 같은 고사장이라도 각기 다른 시험에 응시할 수 있습니다. 옆 사람은 다른 시험을 응시하고 있으니, 자신의 시험에 집중하면 됩니다.

2. 필요하면 연습지를 요청하자.
응시자의 요청에 한해 시험장에서는 연습지를 제공하고 있습니다. 연습지는 시험이 종료되면 회수되므로 필요에 따라 요청하시기 바랍니다.

3. 이상이 있으면 주저하지 말고 손을 들자.
갑작스럽게 프로그램 문제가 발생할 수 있습니다. 이때는 주저하며 시간을 허비하지 말고, 즉시 손을 들어 감독관에게 문제점을 알려주시기 바랍니다.

4. 제출 전에 한 번 더 확인하자.
시험 종료 이전에는 언제든지 제출할 수 있지만, 한 번 제출하고 나면 수정할 수 없습니다. 맞게 표기하였는지 다시 확인해보시기 바랍니다.

• 인터넷에서 [예문사]를 검색하여 홈페이지에 접속합니다.
• PC, 휴대폰, 태블릿 등을 이용해 사용이 가능합니다.

STEP 1 회원가입 하기

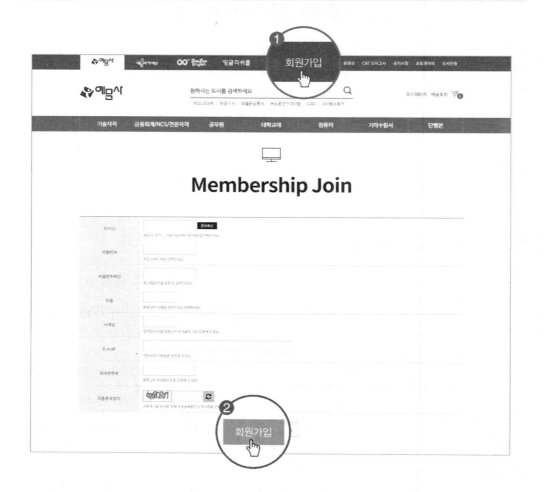

1. 메인 화면 상단의 [회원가입] 버튼을 누르면 가입 화면으로 이동합니다.
2. 입력을 완료하고 아래의 [회원가입] 버튼을 누르면 **인증절차 없이 바로 가입**이 됩니다.

STEP 2 시리얼 번호 확인 및 등록

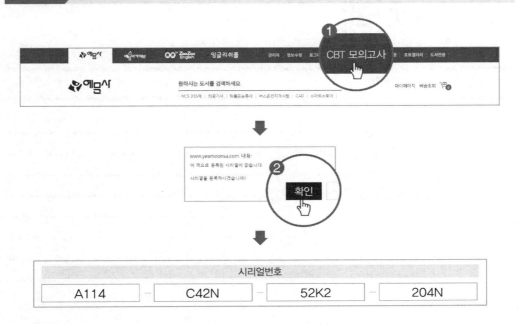

시리얼번호			
A114	C42N	52K2	204N

1. 로그인 후 메인 화면 상단의 [CBT 모의고사]를 누른 다음 **수강할 강좌를 선택합니다.**
2. 시리얼 등록 안내 팝업창이 뜨면 [확인]을 누른 뒤 **시리얼 번호를 입력합니다.**

STEP 3 등록 후 사용하기

1. 시리얼 번호 입력 후 [마이페이지]를 클릭합니다.
2. 등록된 CBT 모의고사는 [모의고사]에서 확인할 수 있습니다.

이책의 **차례**

PART 01 냉동기계

PART 02 공기조화 및 기기

CONTENTS

이책의 차례

부록 01 과년도 기출문제

부록 02 CBT 실전모의고사

※ 2016년 7월 10일 시험 이후에는 한국산업인력공단에서 기출문제를 공개하지 않고 있습니다. 참고하여 주시기 바랍니다.

PART

01

냉동기계

01.장 냉동 기초이론

01 냉동(Refrigeration)의 정의

일정한 공간이나 고체, 액체, 기체 등의 물체의 열을 인공적으로 제거하여 주위온도보다 낮게 만드는 조작을 넓은 뜻에서의 냉동이라 하며, 다음과 같은 의미를 포함하고 있다.

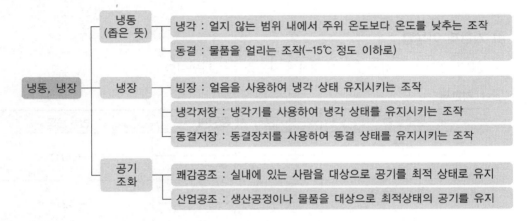

참고 자연적 냉동방법

• 융해잠열을 이용하는 방법   • 증발잠열을 이용하는 방법
• 승화잠열을 이용하는 방법   • 기한제를 이용하는 방법

02 냉동방법의 분류

1 자연적 냉동방법

물질의 물리적 · 화학적 특성을 이용하는 냉동방법이다.

1) 융해잠열 이용법

① 물질이 고체상태에서 액체상태로 변할 때 흡수하는 융해잠열을 이용한다.
② 표준상태에서 0℃의 얼음 1℃가 0℃의 물로 변할 때 79.68kcal/kg의 열을 흡수한다.
  1kcal=4.187kJ이다.

2) 승화잠열 이용법

① 고체에서 액체로 변화하지 않고 바로 기체로 변화할 때 흡수하는 열을 이용한다.

② 표준대기압 상태에서 드라이아이스는 $-78℃$에서 승화열이 $137℃$이다.

3) 증발잠열 이용법

① 물이나 암모니아, 프레온 등의 물질이 액체상태에서 증발할 때 흡수하는 열을 이용한다.

② $100℃$의 물이 증발할 때 증발열이 $2,256kJ/kg$이고 액체질소는 $-196℃$에서 증발열이 $48kcal/kg$이다.

4) 기한제 이용법

얼음과 염류 및 산류의 혼합에 의하여 저온을 얻는 방법이다.

▼ 기한제

혼합물질	혼합 시 중량비	반응온도
소금	1	$-20℃$
얼음	3	
염화칼슘	1	$-42℃$
얼음	2	

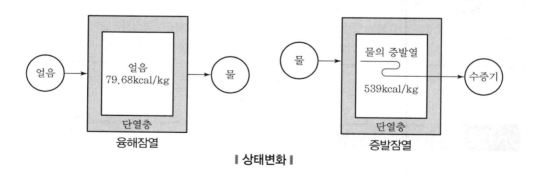

┃상태변화┃

┌─ 참고 **자연적 냉동방법의 장점** ─────────────
- 저온을 얻기가 곤란하다.
- 온도조절이 자유롭지 못하다.
- 연속적인 냉동효과를 얻을 수 없다.
- 많은 양의 물품을 냉동할 수 없다.
- 냉각제가 소모되는 대로 보충하여야 하므로 비경제적이다.

2 기계적 냉동방법

전기, 증기, 연료 등의 에너지를 공급하여 계속적인 연속냉동이나 냉방을 하는 방법이다.

1) 증기압축식 냉동법

① 냉매 등 액화상태 물질을 이용하여 물체로부터 열을 흡수하여 냉각시키는 방법을 채택한다.
액화된 냉매가 다시 기체가 되면 다시 액화시켜 연속적인 냉각작용을 얻는 방식이다.

② 4대 구성요소 및 부속장치가 필요하다.

> **참고 증기압축식 냉동법의 4대 구성요소**
>
> 압축기, 응축기, 팽창밸브(교축작용), 증발기
>
> ※ 냉매순환 경로 : 압축기 → 응축기 → 팽창밸브 → 증발기

▼ 증기압축식 냉동기의 구성기기와 기능

구성기기	기능
압축기	증발기에서 증발한 냉매가스를 흡입하여 압축 후에 고온·고압의 가스를 만들고 응축기로 보낸다.
응축기	압축기에서 흡입한 고온·고압의 냉매가스를 냉각탑 등을 이용하여 고온·고압의 냉매액으로 만들고 수액기를 거쳐서 팽창밸브로 보낸다.
팽창밸브	일종의 교축작용인 밸브로서 수액기에서 흡입한 고온·고압의 냉매액을 저온·저압의 냉매액으로 만들고 증발기로 정량 분배한다.
증발기	팽창밸브에서 흡입한 저온·저압의 냉매액을 증발시켜 냉매가스로 만들고 온도와 압력을 일정하게 한 후 압축기로 보낸다.

2) 증기압축식 냉동법의 장점

① 연속운전이 가능하다.

② 장기간 냉매의 계속 사용이 가능하다.

③ 온도와 압력조절이 가능하다.

④ 냉매의 증발잠열이 각기 달라서 거기에 필요로 하는 압축기 사용이 가능하다.

⑤ 압축기 종류가 많아서 적시 적소에 필요로 하는 냉동법이 가능하다.

⑥ 냉동, 냉장, 냉각 등이 신속하다.

⑦ 냉매의 종류가 다양하다.

❸ 흡수식 냉동기

흡수제인 리튬브로마이드를 이용하여 저압인 진공상태에서 냉매(물, 암모니아 등)를 이용하여 피가열물질인 공기를 냉각시켜 냉방을 위주로 하는 냉동기이다.

▼ **흡수식 냉동기의 구성요소와 기능**

구성요소	기능
흡수기	흡수제를 이용하여 증발기에서 증발한 냉매 증기를 흡수하고 냉매의 온도와 압력을 일정하게 한다.
증발기	냉매인 물 등을 증발시켜 증발기 전열관 내부 냉수의 온도를 낮추고 냉방에 필요로 하는 온도를 만들어 준다.
재생기	흡수기에서 흡수한 냉매증기와 흡입된 희용액(묽은용액)을 분리하여 냉매와 흡수제로 분리시켜 냉동에 필요로 하는 흡수제 농도를 적정선으로 맞추어 준다.
응축기	재생기에서 증발한 냉매증기를 냉각탑의 냉각수를 이용하여 냉매액으로 만들고 다시 증발기 상부 냉매상자로 송입하여 냉매 소비량을 감소시킨다.

> **참고** **구성요소별 내부압력(진공압력)**
>
> • 증발기 : 6.5mmHg   • 흡수기 : 6.5mmHg
> • 재생기 : 700mmHg   • 응축기 : 65mmHg

1) 장점

① 부압에서 운전이 가능하여 위험성이 적다.
② 냉매가 물이라서 구입이 용이하다.
③ 공기조화 냉방용으로 적합하다.
④ 공장이나 건축물 등에서 하절기 냉방용으로 이상적이다.

2) 관련 용어

① 냉매 : 증발기에서 필요로 하는 것
② 냉수 : 증발기 전열관에서 필요로 하는 것
③ 냉각수 : 냉각탑(쿨링타워)에서 필요로 하는 것

3) 흡수식 냉동기의 2개 사이클

사이클	특징
병렬식	• 희용액이 흡수기를 지나 열교환기를 거쳐서 저온재생기와 고온재생기로 나뉘어 냉매와 흡수용액을 분리시키고 희용액을 농용액으로 만든다. • 고온재생기는 농용액, 저온재생기는 중간용액을 생산한다.
직렬식	• 희용액이 열교환기를 지나 고온재생기를 거쳐서 저온재생기로 이송되면서 희용액을 농용액으로 만든다. • 고온재생기에서는 중간용액, 저온재생기에서는 농용액을 생산한다.

4 증기분사식 냉동기

증기 이젝터의 노즐에서 분사되는 증기의 흡입작용으로 증발기 내를 진공으로 만들어서 상부에서 살포되는 냉수의 일부가 증발하면서 증발잠열에 의하여 나머지 물을 냉각시켜 냉수펌프로 필요로 하는 부하 측에 보내서 사용한다.

① 이젝터에서 분사되는 복수기(응축기 역할)의 냉각수에 의하여 냉각 후 응축되며 복수기 내를 진공으로 유지하기 위해 추기용 이젝터를 사용한다.
② 장치로서는 증발기, 이젝터, 복수기, 냉수 및 복수펌프 등이 필요하다.

5 전자냉동법

두 종류의 금속을 접촉하여 직류전기가 통하면 접합부에서 열의 방출과 흡수가 일어나는 현상을 이용하여 저온을 얻는 냉동법이다. 이 방법이 일명 펠티에 효과(Peltier Effect)의 열전냉동법이다.

1) 냉동용 열전반도체

비스무트, 안티몬, 텔루르, 텔루르화 비스무트, 셀렌화 비스무트 등

2) 전자냉동법의 구성

① P-N 소자대
② 고온 측 방열부
③ 저온 측 접합부
④ 저온 측 흡열부
⑤ 전원, 도선, 전자

···03 냉동에 필요한 기초 열역학

1 온도(Temperature)

물체의 차고 더운 정도를 나타내는 것으로 분자의 운동속도를 나타내며 분자운동이 빠르면 따뜻하고 느리면 차다.

1) 섭씨온도(℃)

대기압 상태에서 물이 어는 온도를 0℃, 끓는 온도를 100℃로 하여 그 사이를 100등분한 것

2) 화씨온도(℉)

대기압 상태에서 물이 어는 온도를 32℉, 끓는 온도를 212℉로 하여 그 사이를 180등분한 것

> **참고**
>
> • 섭씨(℃)$=\dfrac{5}{9}$℉-32, ℃$=$K-273
>
> • 화씨(℉)$=\dfrac{9}{5}+32$, ℉$=$℉R-460

3) 켈빈온도(K)

자연계에서 가장 낮은 온도를 생각하여 이 온도를 절대온도 0도(0K$=-273$℃)로 정하고, 섭씨 눈금에 맞추었으므로 '절대섭씨온도'라고도 한다.

4) 랭킨온도(℉R)

절대 0도(0℉R$=-460$℉)를 영점으로 생각하여, 화씨 눈금에 맞추었으므로 '절대화씨온도'라고도 한다.

$$K=℃+273, \quad ℉R=℉+460$$

> **참고**
>
> 절대온도 0도$=$0K$=-273$℃$=$℉R-460℉

5) 각 온도의 환산 예

① $273K = 0℃ = 32°F°R = 462°R$

② $373K = 100℃ = 212°F = 672°R$

③ $0K = -273℃ = -460°F = 0°R$

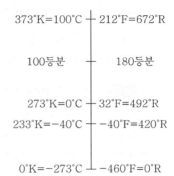

켈빈온도 섭씨온도 화씨온도 랭킨온도

$373°K = 100℃ + 212°F = 672°R$

100등분 + 180등분

$273°K = 0℃ + 32°F = 492°R$

$233°K = -40℃ + -40°F = 420°R$

$0°K = -273℃ + -460°F = 0°R$

2 열 및 비열과 열용량

1) 열(Heat) 및 열량

물질의 분자운동에너지의 한 형태를 말하고 열의 출입에 따라 온도변화를 일으키게 되며, 물질이 가지고 있는 열의 많고 적음을 나타낸 것을 열량이라고 한다. 단위는 아래와 같다.

| 단위 | • 1kcal : 1kg의 물의 온도를 1℃ 높이는 데 필요한 열량
　　　　• 1BTU : 물 1lb(파운드)를 1°F 올리는 데 필요한 열량
　　　　• 1CHU : 1lb의 물을 1℃ 높이는 데 필요한 열량

참고

kJ	kcal	BTU	CHU
4.18673	1	3.968	2.205
1.05504	0.252	1	0.556
1.89908	0.4536	1.8	1
1	0.23885	0.94783	0.52657

2) 비열(Specific Heat)

어떤 물질 1kg의 온도를 1℃ 높이는 데 필요한 열량을 그 물질의 비열이라 한다.

| 단위 | kcal/kg · ℃, BTU/lb · °F, kJ/kg · K

① **정압비열**(C_p) : 일정한 압력하에서 기체를 가열할 때의 비열

참고 물질의 비열

- 물 : 1kcal/kg · ℃(4.186kJ/kg · ℃)
- 얼음 : 0.5kcal/kg · ℃
- 수증기 : 0.441kcal/kg · ℃
- 공기 : 0.24kcal/kg · ℃
- 알루미늄 : 0.24kcal/kg · ℃
- 구리 : 0.094kcal/kg · ℃
- 수은 : 0.035kcal/kg · ℃
- 금 : 0.03kcal/kg · ℃

② 정적비열(C_v) : 일정한 체적하에서 기체를 가열할 때의 비열

③ 비열비(k) : 기체에만 적용되고, 정압비열을 정적비열로 나눈 값(C_p / C_v)으로 비열비는 항상 1보다 크며 그 값이 커질수록 압축기 토출가스의 온도는 상승한다. 비열비가 큰 냉매는 압축기 헤드에 워터재킷을 설치하여 실린더를 냉각시킨다.

> **참고 각 냉매의 비열비(k) 값 비교**
>
> • NH₃ : 1.313(토출가스 온도 98℃)   • R-12 : 1.136(토출가스 온도 37.8℃)
>
> • R-22 : 1.184(토출가스 온도 55℃)   • Air(공기) : 1.4

3) 열용량(Heat Content)

어떤 물질의 온도를 1℃만큼 올리는 데 필요한 열량

$$열용량(Q') = 물질의 질량(G) \times 비열(C)$$

3 현열(Sensible Heat)과 잠열(Latent Heat)

1) 현열

물질의 상태변화 없이 온도변화에만 필요한 열로, '감열'이라고도 한다.

$$Q = G \cdot C \cdot \Delta t$$

여기서, Q : 현열량(kJ)
G : 질량(kg)
C : 비열(kJ/kg · ℃)
Δt : 물체의 온도차(℃)

2) 잠열

물질의 온도변화 없이 상태변화에만 필요한 열로 온도계에도 나타나지 않고 감지할 수 없으며, '숨은 열'이라고도 한다.

$$Q = G \times r$$

여기서, Q : 잠열량(kJ)
G : 질량(kg)
r : 물질의 잠열(kJ/kg)

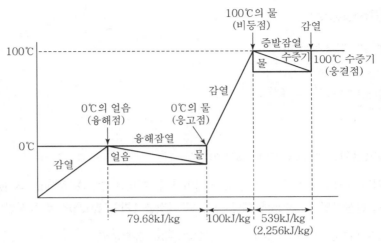

┃ **물의 상태 변화** ┃

▼ **물질의 상태 변화**

잠열 명칭	상태변화	열의 출입
증발잠열	액체 → 기체	열의 흡수
응축잠열	기체 → 액체	열의 방출
융해잠열	고체 → 액체	열의 흡수
응고잠열	액체 → 고체	열의 방출
승화잠열	고체 → 기체	열의 흡수

4 물질의 3태

고체, 액체, 기체를 물질의 3태라고 하며, 물이 수증기와 얼음으로
그 형태를 바꿀 때에는 열의 출입이 따르게 되는데 이때의 열을 잠
열이라고 한다.

① **융해잠열** : 고체에서 액체로 변하는 데 필요한 열

② **응고잠열** : 액체에서 고체로 변하는 데 필요한 열

③ **증발잠열** : 액체에서 기체로 변하는 데 필요한 열

④ **응축잠열** : 기체에서 액체로 변하는 데 필요한 열

⑤ **승화잠열** : 고체에서 기체, 기체에서 고체로 변하는 데 필요한 열

┌ **참고** **자연적인 냉동방법 장점** ────────
- 물의 응고잠열(얼음의 융해잠열) : 79.68kcal/kg(334kJ/kg)
- 물의 증발잠열(수증기의 응축잠열) : 539kcal/kg(2,256kJ/kg)
└

5 압력(Pressure)

단위면적당 작용하는 힘

$$압력(P) = \frac{F}{A}\,[\mathrm{kgf/cm^2}]$$

1) 대기압(Atomospheric Pressure)

대기가 지표면을 누르고 있는 힘을 의미하며, 이것은 수은주 760mm의 높이와 같고 물기둥 높이로 환산하면 10.33m에 해당한다. 또 이것을 1기압(1atm)으로 표시한다.

※ 표준대기압 : 1.0332kgf/cm² = 101,325Pa = 101,325N/m²
1atm = 10,332kgf/m² = 101,325N/m²(Pa) = 101kPa = 0.1MPa = 760mmHg
= 10.33mH₂O(mAq) = 1,013mbar = 1.013bar = 14.7lb/in² · a

2) 절대압력(Absolute Pressure)

완전 진공의 상태를 0으로 하여 측정한 압력으로 압력단위에 a 또는 abs를 붙인다.

| 단위 | kgf/cm² · a, lbf/in² · a

3) 게이지압력(Gage Pressure)

압력계로 측정한 압력으로, 대기압의 상태를 0으로 기준하여 측정한 압력

| 단위 | kgf/cm², kgf/cm² · g, lbf/in² · g

4) 진공도(Vaccum)

대기압 이하의 압력을 나타내는 것으로 진공도를 $h(\mathrm{mmHgV})$로 표시할 때 진공도와 대기압의 관계는 다음과 같다.

| 단위 | mmHgV, cmHgV, inHgV

$$P[\mathrm{kgf/cm^2}] = 1.33 \times \left(1 - \frac{h}{760}\right)$$

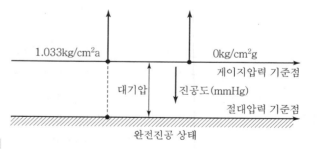

5) 압력의 환산

① 절대압력＝대기압＋게이지압력

② 절대압력＝대기압－진공도

③ 게이지압력＝절대압력－대기압

6 비체적(Specific Volume)과 비중(Specific Gravity)

1) 비체적

어떤 물체에 있어서 단위 질량당의 체적을 나타내며 '부피'라고 한다.

| 단위 | m³/kg, cm³/g, L/kg

2) 비중

어떤 물체를 구성하고 있는 물질의 중량과 이와 유사한 부피의 4℃ 물의 중량의 비를 나타낸다.

$$액체비중 = \frac{어떤\ 액체의\ 무게(비중량,\ 밀도)}{4℃\ 순수한\ 물의무게(비중량,\ 밀도)}$$

$$가스비중 = \frac{어떤\ 가스의\ 분자량}{공기의\ 평균\ 분자량} = \frac{M}{29}$$

7 일(Work)과 동력(Power)

1) 일(W)

물체에 힘을 가하여 그 물체가 힘의 방향으로 움직인 경우 주어진 힘에 물체가 움직인 거리를 곱한 값

$$W = F \times S (힘 \times 움직인\ 거리)$$

여기서, W : 일

F : 힘

S : 힘이 작용한 방향으로 움직인 거리

| 단위 | kg · m, N · m(Jule)

※ 중력단위 : 1kgf · m = 9.8J = 9.8N · m(절대일 = 1J = 1N × 1m)

2) 동력(P)

단위 시간당의 일량, 즉 일의 양을 시간으로 나눈 값

$$동력 = \frac{일}{시간} = \frac{힘 \times 거리}{시간} = 힘 \times 속도$$

| 단위 | kgf · m/s, N · m/s(J/s · Watt)

※ 동력의 구분 : 1HP(영국 마력) = 76kgf · m/s = 641kcal/h

1PS(국제 마력) = 75kgf · m/s × 3,600 × $\frac{1}{427}$ kcal/kg · m = 632kcal/h(0.734kW)

1kW = 102kgf · m/s × 3,600 × $\frac{1}{427}$ kcal/kg · m = 860kcal/h = 3,600kJ/h

1W = 1J/s

8 냉동능력과 냉동톤

1) 냉동능력

일정시간(단위시간) 동안에 냉각시킬 수 있는 열량으로 단위로서는 kcal/h, Watt, RT 등이 사용된다.

2) 1냉동톤(RT : Refrigeration Ton)

0℃의 물 1,000kg(1ton)을 24시간 동안 0℃의 얼음으로 만들 때 제거시켜야 할 열량을 의미한다.

즉, 1RT = $\frac{1,000 \times 79.68}{24}$ = 3,320kcal/h = 3,860W = 3.86kW

3) 1USRT

32℉의 물 2,000(lb), 즉 1톤을 하루에 32℉의 얼음으로 만들 때 제거해야 할 열량을 의미한다.

즉, 2,000 × 144 = 288,000BTU/day = 12,000BTU/h

9 제빙능력

제빙공장에서 1일 동안에 생산하는 제빙량을 톤으로 나타낸 것으로 25℃의 물 1ton을 24시간 동안에 −9℃의 얼음으로 만들 때 제거시켜야 할 열량을 의미한다(이때 제조과정 중 열손실 20%를 포함시키고 있다).

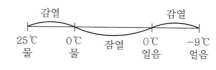

※ 제빙통과 냉동톤의 관계 : 1제빙톤 = 1.65RT

···04 전열

물은 위치가 높은 곳에서 낮은 곳으로 흐르는 것처럼, 열도 고온에서 저온으로 이동하게 되는데 이것을 '열전달'이라고 하며, 열전달의 방법으로는 전도, 대류, 복사가 있다.

① 전도(Conduction)

고체 등에서 물체를 구성하는 분자운동에 의해 열이 고온부에서 저온부로 이동되는 현상

$$Q = \frac{\lambda \cdot A \cdot \Delta t}{l}$$

여기서, Q : 열전도 열량(kcal/h, W) A : 전열면적(m^2)
Δt : 온도차(℃) λ : 열전도율(kcal/m · h · ℃, W/m · K)
l : 물체의 두께(m)

> **참고**
>
> 열전도량은 열전도율, 전열면적, 온도차에 비례하고 물체의 두께에는 반비례한다.

▼ **각종 재료의 열전도율 비교**

재료	열전도율(kcal/m · h · ℃)	재료	열전도율(kcal/m · h · ℃)
동(구리)	300~330	알루미늄	190
스티로폼	0.28	탄화코르크	0.036~0.04
콘크리트	0.7~1.2	유리	0.67~0.83
물	0.51	얼음	2.0
공기	0.02	오일 유막	0.10~0.13
물때	0.3~1.0	서리(霜)	0.1~0.4

② 대류(Convection)

열이 액체나 기체의 이동에 의하여 이동되는 현상이다. 특히 유체와 고체 사이에 열이 밀도차에 의하여 자연적으로 이동하는 현상을 열전달이라 하며 다음과 같은 식으로 표시된다.

$$Q = \alpha \cdot A \cdot \Delta t$$

여기서, Q : 시간당 전열량(kcal/h, kW) α : 열전달률(kcal/m^2 · h · ℃, W/m^2 · K)
A : 전열면적(m^2) Δt : 온도차(℃)

> **참고**
>
> 열전달량은 열전달률, 전열면적, 온도차에 비례한다.

1) 대류의 분류

① **자연대류** : 유체의 비중량(밀도, 무게)차에 의한 열의 이동

② **강제대류** : 팬, 송풍기 등의 인위적인 방법에 의한 열의 이동

2) 열전달률(α)

유체와 고체 사이에서 열의 이동속도를 나타내며, 단위는 kcal/m² · h · ℃(W/m² · K)로 표시한다.

❸ 복사(Radiation)

태양열은 공기층을 지나 지구 표면에 이른다. 이와 같이 열이 통과하는 중간 물질을 가열하지 않고 열선(자외선)에 의해 높은 온도의 물체에서 낮은 온도의 물체로 열이 이동되는 현상을 복사라고 한다.

- 스테판 볼츠만의 상수 : 5.67×10^{-8} W/m² · K⁴
- 흑체복사정수 : 5.67 W/m² · K

$$Q = \varepsilon \cdot \sigma T^4 \times A = \varepsilon \cdot C_b \left(\frac{T}{100}\right)^4 \times A$$

❹ 열통과(열관류량)

온도가 다른 유체가 고체 벽을 사이에 두고 있을 때 온도가 높은 유체에서 온도가 낮은 유체로 열이 이동되는 현상을 의미한다.

$$Q = K \cdot A \cdot \Delta t$$

여기서, Q : 열통과열량(kcal/h, kJ/h)

K : 열관류율(kcal/m² · h · ℃, W/m² · K)

A : 전열면적(m²)

Δt : 온도차(℃)

1) 그림에서 벽면 A까지의 열전달열량 : $Q = \alpha_1 A (t_A - t_A')$

$$t_A - t_A' = \frac{Q}{\alpha_1 A} \quad \cdots\cdots\cdots\cdots\cdots ㉠$$

2) 벽면 A에서 B까지의 열전도열량 : $Q = \dfrac{\lambda A (t_A' - t_B')}{l}$

$$t_A' - t_B' = \frac{Ql}{\lambda A} \quad \cdots\cdots\cdots\cdots\cdots ㉡$$

3) 벽면 B에서의 전열량 : $Q = \alpha_2 A (t_B' - t_B)$

$$t_B' - t_B = \frac{Q}{\alpha_2 A} \quad \cdots\cdots\cdots\cdots\cdots ㉢$$

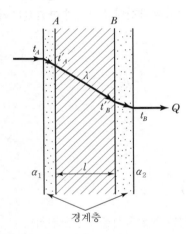

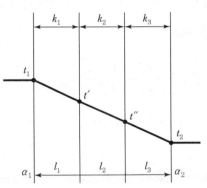

(열전도율 kcal/m · h · ℃ = W/m · ℃)

열통과열량 = ㉠ + ㉡ + ㉢

$$t_A - t_B = \frac{Q}{A} \left(\frac{1}{\alpha_1} + \frac{l}{\lambda} + \frac{1}{\alpha_2} \right)$$

열관류율 $(K) = \dfrac{1}{\dfrac{1}{\alpha_1} + \dfrac{l}{\lambda} + \dfrac{1}{\alpha_2}}$ (W/m² · K)

열통과량 $(Q) = KA (t_A - t_B)$

참고

• a_1 : 실내 측 열전달률(W/m² · K)   • a_2 : 실외 측 열전달률(W/m² · K)

• λ : 열전도률(W/m · ℃)   • l : 벽체의 두께(m)

···05 기체의 성질

1 보일의 법칙(Boyl's Law)

기체의 온도가 일정할 때 그 기체의 압력과 체적은 서로 반비례한다.

$$P_1 V_1 = P_2 V_2 = R(일정)$$

여기서, P : 압력, V : 체적

2 샤를의 법칙(Charle's Law)

기체의 압력이 일정할 때 그 기체의 체적과 온도는 서로 비례한다(1℃ 상승하면 0℃ 체적의 $\frac{1}{273}$ 씩 증가한다).

$$\frac{V_1}{T_1} = \frac{V_2}{T_2}$$

여기서, T : 절대온도, V : 체적

3 보일 − 샤를의 법칙(Boyle − Charle's Law)

기체의 체적은 압력에 반비례하고 절대온도에 비례한다(보일 − 샤를의 혼합법칙).

$$\frac{P_1 V_1}{T_1} = \frac{P_2 V_2}{T_2}$$

여기서, P : 압력, V : 체적, T : 절대온도

4 기체의 상태변화

1) 단열변화(Adiabatic Change)

가스를 압축 또는 팽창시킬 때 외부에서 열을 공급하지도 않고, 흡수하지도 않은 상태에서의 변화

$$P \cdot V^k = 일정 \left(단열지수, K = \frac{C_p}{C_v} \right)$$

① **단열압축** : 기체를 실린더에 넣고 피스톤으로 압축시키면 외부에서 일을 해주는 것이 되므로 일은 열에너지로 변하여 기체의 온도는 올라간다. 냉동장치에서 압축기의 압축과정은 단열 압축으로 간주한다.

② **단열팽창** : 실린더에 피스톤을 급격히 팽창시키면 기체가 외부에 대하여 일을 한 결과가 되어 그만큼 기체의 온도는 내려간다.

2) 등온변화(Isothermal Change)

가스의 압축 또는 팽창 시 온도를 일정하게 유지할 때의 변화(실제로는 불가능한 변화과정이다.)

$$P \cdot V = 일정\,[PV^n = C(n=1)]$$

3) 폴리트로픽 변화(Polytropic Change)

단열변화와 등온변화의 중간에서 일어나는 변화로 실제 압축기에서 일어나는 변화과정이다.

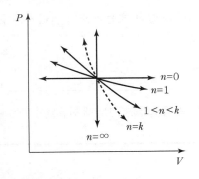 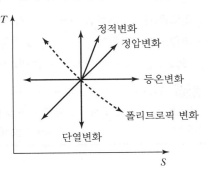

$$P \cdot V^n = 일정$$

- $n = k$(단열변화)
- $n = 1$(등온변화)
- $n = 0$(정압변화)
- $n = \infty$(정적변화)

> **참고**
>
> 모든 압축기에서의 실제 변화과정은 폴리트로픽 변화이나 이론 계산 시에는 단열변화로 간주하여 계산한다. 가스압축 시 소비되는 일량은 단열압축, 폴리트로픽 압축, 등온압축 순으로 많아지며 가스를 압축시켰을 때 가스온도의 상승은 단열압축, 폴리트로픽 압축, 등온압축 순으로 나타난다.

5 가스의 일반적인 성질

1) 냉매 액체·증기 가열에 의한 상태변화

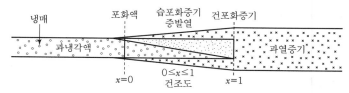

① **과냉각액** : 증발전의 액체, 즉 동일 압력하에서 포화온도 이하로 냉각된 액체

② **포화액** : 열을 가하면 온도는 변하지 않고 증발하는 액, 동일 압력하에서 포화온도에 도달한 액체

③ **습포화증기** : 포화온도에 도달한 액에 계속 열을 가했을 때 증발이 일어나 액체와 증기가 혼합되어 있는 상태

④ **건포화증기** : 습포화증기 상태에서 계속 열을 가했을 때 액이 존재하지 않고 전부 기체로 되는 상태

⑤ **과열증기** : 건포화증기에 열을 가하면 압력변화 없이 계속 온도가 올라가는 증기

⑥ **과열도** : 과열증기온도 – 건조포화증기온도

⑦ **과냉각도** : 포화액의 온도 – 과냉각액의 온도

> **참고** **건조도**
>
> 습포화증기 구역 내에서 액과 증기의 혼합비율, 즉 습포화증기 1kg에 함유되어 있는 증기의 양을 뜻한다. 건조도 $x = 0.8$(증기 80%, 액체 20%)

2) 포화온도와 포화압력

액체의 증발온도는 그 액체에 작용하는 압력에 따라 달라지게 된다.

① **포화온도** : 어떤 압력하에서 액체가 증발하기 시작하는 온도

② **포화압력** : 포화온도에 대응하는 압력

※ 증기는 1atm = 1.033kgf/cm² = 100℃

3) 임계온도와 임계압력

액체는 분자 간의 거리가 비교적 가까워서 자유롭게 운동할 수 없으나, 기체는 분자 간의 거리가 멀어서 자유롭게 운동할 수 있다. 즉, 분자 간의 거리를 좁히면 기체에서 액체로 바꿀 수 있는데, 어느 온도 이상에서는 아무리 큰 압력을 가해도 기체를 액체로 바꿀 수 없다. 이때의 온도를 임계온도라 하고, 그 온도에서 액화시킬 수 있는 최적의 압력을 임계압력이라고 한다.

※ 물의 임계점 : 임계압력 225.65atm, 임계온도 374℃

⋯06 열역학 법칙

1 열역학 제1법칙(에너지 불멸 또는 에너지 보존의 법칙)

에너지 불멸 또는 에너지 보존의 법칙이라고도 하며, 열은 일로, 일은 열로 상호 변환될 수 있다는 법칙이다. 이때 열과 일 둘 사이의 전환비는 항상 일정하다.

$$Q = AW, \quad W = JQ$$

여기서, W : 일량(kg · m)
Q : 열량(kcal)
A : 일의 열당량(kcal/kg · m)$\left(\dfrac{1}{427}\text{kg · m/kcal}\right)$
J : 열의 일당량(kg · m/kcal)(427kg · m/kcal)

1) 일의 열당량(A)

단위 일량은 얼마의 열로 환산되는가를 나타내는 것

$$A = \frac{1}{427}\text{kcal/kg · m}$$

2) 열의 일당량(J)

단위 열량은 얼마의 일로 환산되는가를 나타내는 것

$$J = 427\text{kg · m/kcal}$$

> **참고 열과 일의 단위**
> 열과 일은 에너지의 한 형태로 kcal와 kg · m의 공학단위에서 국제단위인 줄(J)을 사용한다.

3) 엔탈피(Enthalpy)

$$i = u + Apv$$

여기서, u : 내부에너지(kcal/kg, kJ/kg)
pv : 일에너지(kg · m/kg)
v : 비체적(m³/kg)

A : 일의 열당량(kcal/kg · m)
p : 압력(kg/m²)
i : 엔탈피(kcal/kg, kJ/kg)

2 열역학 제2법칙(방향성 법칙 또는 엔트로피 증가의 법칙)

열은 고온에서 저온으로 이동하고 그 반대로는 이동하지 않는다는 법칙이다. 즉, 열기관은 고온에서 흡수한 열을 일로 바꾼 후에 외부에 아무런 흔적을 남기지 않고 자기 힘으로 다시 그 열을 고온체에 반환할 수 없다(가역변화 또는 비가역변화가 있다).

- 열은 고온에서 저온의 물체 쪽으로 흐른다.
- 제2종 영구기관은 재작이 불가능하다.
- 역학적 에너지에 대한 일은 열에너지로 변환하는 것은 용이하지만 열에너지일로 변화하는 것은 용이하지 못하다.

1) 사이클(Cycle)

냉동장치 내에서의 냉매와 같이 일정량의 유체가 여러 변화를 거친 후에 다시 처음의 상태로 되돌아가는 상태변화이다.

냉매 등 동작유체는 고열원($A - C - B$)에서 열량 Q_1을 공급받아 외부에서 w_1만큼 일을 하고 난 후에 외부로부터의 일량 w_2에 의해서 저열원($B - D - A$)에 열량 Q_2를 버리고 처음 A상태로 되돌아가는 변화이다.

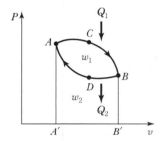

┃ **열역학적 사이클의 $P-v$ 선도** ┃

2) 엔트로피(Entropy)

어떤 단위중량의 물체가 가지고 있는 열량을 그때의 절대온도로 나눈 값으로, 어떤 계가 질서가 있으면 엔트로피가 감소하고, 무질서이면 엔트로피가 증가하는 방향으로 진행한다. 자연계의 모든 현상은 비가역 변화이므로 엔트로피가 증가하는 방향으로 진행한다.

$$\Delta s = \frac{\Delta Q}{T}$$

여기서, Δs : 엔트로피(kcal/kg · K, kJ/kg · K)
ΔQ : 열량(kcal)
T : 절대온도(K)

[01.장] 출제예상문제

01 어떤 기체에 15kcal/kg의 열량을 가하여 700kg · m/kg의 일을 하였다. 이 기체의 내부 에너지 증가량은 몇 kcal/kg인가?

① 3.36
② 7.36
③ 13.36
④ 16.63

해설

$700\text{kg} \cdot \text{m/kg} \times \dfrac{1}{427} \text{kcal/kg} \cdot \text{m} = 1.64$

$\therefore 15 - 1.64 = 13.36\text{kcal/kg}$ ※ 1kcal = 4.186kJ

02 어떤 냉동기를 사용하여 25℃의 순수한 물 100L를 −10℃의 얼음으로 만드는 데 10분이 걸렸다고 한다면, 이 냉동기는 약 몇 냉동톤이겠는가?(단, 냉동기의 모든 효율은 100%이다.)

① 3냉동톤
② 16냉동톤
③ 20냉동톤
④ 25냉동톤

해설

㉠ $100 \times 1 \times (25 - 0) = 2,500\text{kcal}$
㉡ $100 \times 80 = 8,000\text{kcal}$
㉢ $100 \times 0.5 \times [0 - (-10)] = 500\text{kcal}$

$\therefore \dfrac{2,500 + 8,000 + 500}{3,320} \times \dfrac{60}{10} = 19.879\text{RT}$

03 기체의 용해도에 대한 설명 중 맞는 것은?

① 고온, 고압일수록 용해도가 커진다.
② 저온, 저압일수록 용해도가 커진다.
③ 저온, 고압일수록 용해도가 커진다.
④ 고온, 저압일수록 용해도가 커진다.

해설

헨리의 용해도 변화
기체는 저온, 고압에서 용해도가 크다.

04 이상기체의 엔탈피가 변하지 않는 과정은?

① 가역 단열과정
② 등온과정
③ 비가역 압축과정
④ 교축과정

해설

이상기체는 교축과정에서 엔탈피 변화가 없다.

05 다음 용어 중 단위가 필요한 것은?

① 단열 압축지수
② 건조도
③ 정압비열
④ 압축비

해설

정압비열 : $\text{kJ/kg} \cdot \text{K}$

06 냉동의 뜻을 올바르게 설명한 것은?

① 인공적으로 주위의 온도보다 낮게 하는 것을 말한다.
② 열이 높은 데서 낮은 곳으로 흐르는 것을 말한다.
③ 물체 자체의 열을 이용하여 일정한 온도를 유지하는 것을 말한다.
④ 기체가 액체로 변화할 때의 기화열에 의한 것을 말한다.

해설

냉동이란 인공적으로 주위의 온도보다 낮게 하는 조작 방법이다.

07 외기온도 $-5℃$일 때 공급 공기를 $18℃$로 유지하는 히트펌프로 난방을 한다. 방의 총 열손실이 $50,000$kcal/h일 때의 외기로부터 얻은 열량은 몇 kcal/h인가?

① 43,500　　　　② 46,047
③ 50,000　　　　④ 53,255

해설

$273 + 18 = 291°K$

$273 - 5 = 268°K$

$\therefore \ 50,000 \times \dfrac{268}{291} = 46,047 \text{kcal/h}(12.79\text{kW})$

08 NH_3 냉매를 사용하는 냉동장치에서는 열교환기를 설치하지 않는다. 그 이유는?

① 응축 압력이 낮기 때문에
② 증발 압력이 낮기 때문에
③ 비열비 값이 크기 때문에
④ 임계점이 높기 때문에

해설

암모니아 냉매는 비열비 값이 커 토출가스의 온도가 높고 그로 인해 비열비 값이 타 가스보다 높으므로 열교환기가 필요 없다.

09 기체 또는 액체가 갖는 단위중량당 열에너지를 무엇이라 하는가?

① 엔탈피　　　　② 엔트로피
③ 비체적　　　　④ 비중량

해설

엔탈피
기체 또는 액체가 갖는 단위중량당의 열에너지(kcal/kg)이다.

10 증기를 교축시킬 때 변화가 없는 것은?

① 비체적　　　　② 엔탈피
③ 압력　　　　　④ 엔트로피

해설

증기의 교축변화 시 엔탈피(kcal/kg)의 변화는 발생되지 않는다.

11 4.5kg의 얼음을 융해하여 $0℃$의 물로 만들려면 약 몇 kcal의 열량이 필요한가?(단, 얼음은 $0℃$이며, 융해잠열은 80kcal/kg이다.)

① 320kcal　　　　② 340kcal
③ 360kcal　　　　④ 380kcal

해설

$4.5 \times 80 = 360 \text{kcal}(1,507\text{kJ})$

12 흡수식 냉동기의 특징 중 부적당한 것은?

① 전력 사용량이 적다.
② 소음, 진동이 크다.
③ 용량제어 범위가 넓다.
④ 여름철에도 보일러 운전이 필요하다.

해설

흡수식 냉동기는 압축기가 부착되지 않아서 소음, 진동이 작다.

13 동력의 단위 중 그 값이 큰 순서대로 나열된 것은?(단, PS는 국제 마력이고 HP는 영국 마력임)

① $1\text{kW} > 1\text{HP} > 1\text{PS} > 1\text{kg} \cdot \text{m/sec}$
② $1\text{kW} > 1\text{PS} > 1\text{HP} > 1\text{kg} \cdot \text{m/sec}$
③ $1\text{HP} > 1\text{PS} > 1\text{kW} > 1\text{kg} \cdot \text{m/sec}$
④ $1\text{HP} > 1\text{PS} > 1\text{kg} \cdot \text{m/sec} > 1\text{kW}$

해설

$1kWh = 860kcal$

$1HP \cdot h = 641kcal$

$1PS \cdot h = 632kcal$

$1kg \cdot m/sec = 0.0023kcal$

14 비중 0.8, 비열 0.7인 30℃의 어떤 액체 3m³를 10℃로 냉각하고자 할 때 제거열량은 몇 kcal인가?

① 33.6kcal
② 3,360kcal
③ 33,600kcal
④ 336,000kcal

해설

$3m^3 \times 800kg/m^3 = 2,400kg$

$\therefore Q = 2,400 \times 0.7 \times (30-10) = 33,600kcal$

15 열에 관한 다음 사항 중 틀린 것은?

① 감열은 건구온도계로서 측정할 수 있다.
② 잠열은 물체의 상태를 바꾸는 작용을 하는 열이다.
③ 감열은 상태변화 없이 온도변화에 필요한 열이다.
④ 승화열은 일종의 감열이며, 고체를 기체로 바꾸는 데 필요한 열이다.

해설

승화열은 일종의 잠열이며, 고체를 기체로 바꾸는 데 필요한 열이다. 또는 기체에서 액체를 거치지 않고 고체로 될 때 필요한 열이다.

16 열용량의 식을 맞게 기술한 것은?

① 물질의 부피×밀도
② 물질의 무게×비열
③ 물질의 부피×비열
④ 물질의 무게×밀도

해설

열용량(kcal/℃) = 물질의 무게×비열

17 다음 설명 중 내용이 맞는 것은?

① 1BTU는 물 1 lb를 높이는 데 필요한 열량이다.
② 절대압력은 대기압의 상태를 0으로 기준하여 측정한 압력이다.
③ 이상기체를 단열팽창시켰을 때 온도는 내려간다.
④ 보일-샤를의 법칙이란 기체의 부피는 압력에 반비례하고 절대온도에 반비례한다.

해설

① 1BTU 열량은 물 1파운드(lb)를 1F 높이는 데 필요한 열량이다.
② 게이지 압력은 대기압의 상태를 0으로 기준하여 측정한 압력이다.
③ 이상기체를 단열팽창시키면 압력과 온도가 하강된다.
④ 보일-샤를의 법칙은 기체의 부피는 압력에 반비례하고 절대온도에 비례한다.

18 완전 진공상태를 0으로 기준하여 측정한 압력은?

① 대기압
② 진공도
③ 계기압력
④ 절대압력

해설

절대압력은 완전 진공상태를 0으로 기준하여 측정한 압력
㉠ 대기압+계기압 = 절대압력
㉡ 절대압-진공압 = 절대압력

19 1HP는 몇 W인가?

① 535
② 620
③ 710
④ 746

해설

㉠ $1kW = 1,000W$, $1HP = 1,000 \times \dfrac{641}{860} = 746W$

㉡ $1HP \cdot h = 641kcal$

㉢ $1PS \cdot h = 632kcal$

㉣ $1kWh = 860kcal$

20 어느 열기관이 45PS를 발생할 때 1시간마다의 일을 열량으로 환산하면 얼마인가?

① 20,000kcal   ② 23,650kcal

③ 25,000kcal   ④ 28,440kcal

해설

$1PS - h = 632kcal$

$\therefore 632 \times 45 = 28,440kcal$

21 2중 효용 흡수식 냉동기에 대한 설명 중 옳지 않은 것은?

① 단중 효용 흡수식 냉동기에 비해 효율이 높다.

② 2개의 재생기가 있다.

③ 2개의 증발기가 있다.

④ 열교환기가 추가로 필요하다.

해설

1중 효용, 2중 효용 흡수식 냉동기는 1개의 증발기가 있고, 2중효용의 경우 재생기는 2개(고온, 저온)가 있다.

22 외기온도 0℃, 실내온도 20℃, 벽면적 20m² 인 벽체를 통한 손실열량은 몇 kcal/h인가?(단, 벽체의 열통과율은 2.35kcal/m² · h · ℃이다.)

① 470   ② 940

③ 1,410   ④ 1,880

해설

$Q = A \times k \times \Delta t = 20 \times 2.35 \times (20 - 0) = 940kcal/h$

23 프레온 냉동장치를 능률적으로 운전하기 위한 대책이 아닌 것은?

① 이상고압이 되지 않도록 주의한다.

② 냉매 부족이 없도록 한다.

③ 습압축이 되도록 한다.

④ 각부의 가스 누설이 없도록 유의한다.

해설

냉매가스의 압축 시에는 건압축이 이상적이다.

24 정전용량 4μF의 콘덴서에 2,000V의 전압을 가할 때 축적되는 전하는 얼마인가?

① 8×10^{-1}C   ② 8×10^{-2}C

③ 8×10^{-3}C   ④ 8×10^{-4}C

해설

전하

대전체가 가지는 전기량(단위 : C, 쿨롱)

$\therefore 4 \times 20^{-6} \times 10^3 = 8 \times 10^{-3}$

※ 1V의 전위를 주었을 때 1C의 전하를 축적하는 정전용량을 1패럿(F)으로 나타낸다.

보조단위는 μF, PF가 있다. $1\mu F = 10^{-6}F$

25 5℃인 450kg/h의 공기를 65℃가 될 때까지 가열기로 가열하는 경우 필요한 열량은 몇 kcal/h인가?(단, 공기의 비열은 0.24kcal/kg · ℃이다.)

① 6,480   ② 6,490

③ 6,580   ④ 6,590

해설

$Q = G \times \Delta t \times C_P$

$= 450 \times (65 - 5) \times 0.24 = 6,480kcal/h$

26 온도가 일정할 때 가스 압력과 체적은 어떤 관계가 있는가?

① 체적은 압력에 반비례한다.

② 체적은 압력에 비례한다.

③ 체적은 압력과 무관하다.

④ 체적은 압력의 제곱에 비례한다.

해설

체적은 압력에 반비례하며 절대온도에 비례한다.

27 다음 중 반도체를 이용하는 냉동기는?

① 흡수식 냉동기

② 전자식 냉동기

③ 증기분사식 냉동기

④ 스크루식 냉동기

해설

전자식 냉동기는 반도체를 이용한다.

28 다음 도표는 2단 압축 냉동 사이클을 몰리에르 선도로서 표시한 것이다. 맞는 것은?

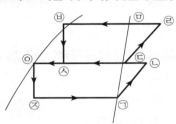

① 중간냉각기의 냉동효과 : ㉲-㉐

② 증발기의 냉동효과 : ㉡-㉙

③ 팽창밸브 통과 직후의 냉매 위치 : ㉐-㉙

④ 응축기의 방출열량 : ㉕-㉡

해설

① 중간냉각기의 냉동효과 : ㉲-㉐

② 증발기의 냉동효과 : ㉠-㉙

③ 팽창밸브 통과 직후의 냉매 위치 : ㉐-㉕

④ 응축기의 방출열량 : ㉣-㉳

29 비체적이란 어떤 것인가?

① 어느 물체의 체적이다.

② 단위체적당 중량이다.

③ 단위체적당 엔탈피이다.

④ 단위중량당 체적이다.

해설

$$비체적 = \frac{중량}{체적}(m^3/kg)$$

30 제빙공장에서 냉동기를 가동하여 30℃의 물 1ton을 24시간 동안에 −9℃ 얼음으로 만들고자 한다. 이때 필요한 열량은 얼마인가?(단, 외부로부터 열침입은 전혀 없는 것으로 하고, 물의 응고 잠열은 80kcal/kg으로 한다.)

① 420kcal/h

② 4,770kcal/h

③ 9,540kcal/h

④ 110,000kcal/h

해설

$$Q_1 = 1,000 \times 1 \times (30 - 0) = 30,000 kcal$$
$$Q_2 = 1,000 \times 0.5 \times \{0 - (-9)\} = 4,500 kcal$$
$$Q_3 = 1,000 \times 80 = 80,000 kcal$$
$$\therefore \frac{30,000 + 4,500 + 80,000}{24} = 4,770 kcal/h$$

31 흡수식 냉동기의 주요 부품이 아닌 것은?

① 응축기

② 증발기

③ 발생기

④ 압축기

해설

흡수식 냉동기의 구성요소

㉠ 증발기   ㉡ 재생기

㉢ 응축기   ㉣ 흡수기

32 고체 이산화탄소가 기화할 때 필요한 열은?

① 융해열

② 응고열

③ 승화열

④ 증발열

해설

고체 이산화탄소(드라이아이스)는 기화 시 승화열을 필요로 한다.

33 다음 중 흡수식 냉동기의 장점이 아닌 것은?

① 진동이 적다.

② 증기, 온수 등 배열을 이용할 수 있다.

③ 부분부하 시 운전비가 경제적이다.

④ 물을 냉매로 하는 것은 저온을 얻을 수 있다.

해설

흡수식 냉동기 냉매가 물인 경우 0℃에서 냉매가 얼어 버린다. 즉, 저온을 얻을 수 없다.

34 1kcal의 열을 전부 일로 바꾸면 몇 kg · m의 일이 되는가?

① $\dfrac{1}{427}$kg · m

② 427kg · m

③ 632kg · m

④ 641kg · m

해설

1kcal = 427kg · m

427kg · m = 1kcal

35 암모니아 냉동기에서 오일 분리기의 설치로 적당한 것은?

① 압축기와 증발기 사이

② 압축기와 응축기 사이

③ 응축기와 수액기 사이

④ 응축기와 팽창밸브 사이

해설

㉠ 오일 분리기 설치위치 : 압축기와 응축기 사이

㉡ 종류 : 원심분리형, 가스충돌형, 유속감소형

36 다음 사항 중 잘못된 것은?

① 1BTU란 물 1lb를 1℉ 높이는 데 필요한 열량이다.

② 1kcal란 물 1kg을 1℃ 높이는 데 필요한 열량이다.

③ 1BTU는 3.968kcal에 해당된다.

④ 기체에서 정압비열은 정적비열보다 크다.

해설

㉠ 1kcal = 3.968BTU

㉡ 1BTU = 0.252kcal

㉢ 정압비열 > 정적비열(비열비는 항상 1보다 크다.)

37 브롬화리튬(LiBr) 수용액이 필요한 장치는?

① 증기압축식 냉동장치

② 흡수식 냉동장치

③ 증기분사식 냉동장치

④ 전자 냉동장치

해설

흡수식 냉동장치에서 냉매 흡수제는 LiBr(취화리튬)이다.

38 실내온도 20℃, 외기온도 5℃, 열관류율 4kcal/m² · h · ℃, 벽체의 두께가 150mm인 사무실의 벽 면적이 20m²일 때 벽면의 열손실량은?

① 1,000kcal/h

② 1,100kcal/h

③ 1,200kcal/h

④ 1,300kcal/h

해설

$Q = k(t_2 - t_1) \times A$

$\quad = 4 \times (20 - 5) \times 20 = 1,200$kcal/h

※ 1,200 × 4.186 = 5,023kJ/h = 1.395kW

정답　**33** ④　**34** ②　**35** ②　**36** ③　**37** ②　**38** ③

39 가스 용접작업에서 일어나기 쉬운 재해가 아닌 것은?

① 전격　　　　② 화재

③ 가스폭발　　④ 가스중독

> **해설**
> 전격은 전기용접에서 발생될 확률이 가장 크다.

40 냉동장치 내압시험의 설명으로 적당한 것은?

① 물을 사용한다.

② 공기를 사용한다.

③ 질소를 사용한다.

④ 산소를 사용한다.

> **해설**
> 냉동장치의 내압시험 시에는 물을 많이 사용한다.

41 2단 압축 냉동장치에 있어서 중간냉각기의 역할에 관한 사항 중 틀린 것은?

① 증발기에 공급하는 액을 과냉각시켜 냉동효과를 증가시킨다.

② 고압 압축기의 흡입가스 압력을 저하시키고 압축비를 감소시킨다.

③ 저압 압축기의 압축가스의 과열도를 저하시킨다.

④ 고압 압축기의 흡입가스의 온도를 내리고 냉동장치의 성적계수를 향상시킨다.

> **해설**
> 2단 압축냉동에서 중간냉각기는 저압 압축기의 흡입가스 과열도를 저하시킨다(베인식 로터리 회전식 압축기 사용).

42 다음 설명 중 옳은 것은?

① 고체에서 기체가 될 때에 필요한 열을 증발열이라 한다.

② 온도의 변화를 일으켜 온도계에 나타나는 열을 잠열이라 한다.

③ 기체에서 액체로 될 때 제거해야 하는 열을 기화열 또는 감열이라 한다.

④ 기체에서 액체로 될 때 필요한 열은 응축열이며, 이를 잠열이라 한다.

> **해설**
> ㉠ 기체 → 액체 : 응축잠열
> ㉡ 액체 → 기체 : 증발잠열
> ㉢ 기체 → 고체 : 승화잠열

43 기체를 액화시키는 방법으로 옳은 것은?

① 임계압력 이하로 압축한 후 냉각시킨다.

② 임계온도 이상으로 가열한 후 압력을 높인다.

③ 임계온도 이하로 냉각하고 임계압력 이상으로 가압한다.

④ 임계온도 이하로 냉각하고 임계압력 이하로 감압한다.

> **해설**
> 기체를 액화시키는 방법은 기체를 임계온도 이하로 냉각시키고 임계압력 이상으로 가압시키는 것이다.

44 면적이 100m²이고, 열통과율이 3.0kcal/m²·h·℃인 서쪽 외벽을 통한 손실열량은 얼마인가?(단, 실내공기와 외기의 온도차는 20℃이고, 방위계수는 동쪽 1.05, 서쪽 1.05, 남쪽 1.00, 북쪽 1.10이다.)

① 3,714kcal/h　　② 5,000kcal/h

③ 6,300kcal/h　　④ 7,600kcal/h

> **해설**
> $Q = K \times (t_2 - t_1)A \cdot K$
> $= 3.0 \times (20) \times 100 \times 1.05 = 6,300\text{kcal/h}$

45 폐회로식 수열원 히트 유닛 방식의 장점으로 알맞은 것은?

① 소음이 크다.
② 열회수가 용이하다.
③ 고장률이 높고 수명이 짧다.
④ 운전 전문 기술자가 필요 없다.

해설

폐회로식 수열원 히트 유닛 방식은 열회수가 용이하다.

46 증발온도의 변화에 따른 비교가 맞지 않은 것은?

① 증발잠열 : 저온($-20℃$)>중온($-10℃$)>고온($0℃$)
② 냉동효과 : 저온($-20℃$)>중온($-10℃$)>고온($0℃$)
③ 토출가스 온도 : 저온($-20℃$)>중온($-10℃$)>고온($0℃$)
④ 압축비 : 저온($-20℃$)>중온($-10℃$)>고온($0℃$)

해설

증발온도가 높을수록 냉동효과가 좋아진다.

47 1초 동안에 $75kg \cdot m$의 일을 할 경우 시간당 발생하는 열량은 약 몇 $kcal/h$인가?

① $621kcal/h$
② $632kcal/h$
③ $653kcal/h$
④ $675kcal/h$

해설

$1PS = 75kg \cdot m/s$

$1PS \cdot h = 75kg \cdot m/s \times 1hr \times 3,600s/h \times \dfrac{1}{427}kg \cdot m/s$

$\qquad = 632kcal$

48 원심식 냉동기의 서징 현상에 대한 설명 중 옳지 않은 것은?

① 응축압력이 한계점 이상으로 계속 상승한다.
② 전류계의 지침이 심히 움직인다.
③ 고압이 저하하며, 저압이 상승한다.
④ 소음과 진동을 수반하고 베어링 등 운동부분에서 급격한 마모현상이 발생한다.

해설

서징 현상 시 ②, ③, ④의 부작용(이상현상)이 발생한다(어떤 한계치 이하의 가스 유량 운전 시 서징 발생).

49 2단 압축 냉동장치에 있어서 다음 사항 중 옳은 것은?

① 고단 측 압축기와 저단 측 압축기의 피스톤 압출량을 비교하면 저단 측이 크다.
② 냉매순환량은 저단 측 압축기 쪽이 많다.
③ 2단 압축은 압축비와는 관계없으며 1단 압축에 비해 유리하다.
④ 2단 압축은 R−22 및 R−12에는 사용되지 않는다.

해설

피스톤 압출량은 저단 측 압축기가 고단 측 압축기보다 2단 압축에서는 더 크다.

50 흡수식 냉동장치에는 안전확보와 기기의 보호를 위하여 여러 가지 안전장치가 설치되어 있다. 그 목적에 해당되지 않는 것은?

① 냉수 동결 방지
② 결정 방지
③ 모터 보호
④ 압축기 보호

해설

흡수식 냉동기에서는 압축기가 장착되지 않는다.

정답　45 ②　46 ②　47 ②　48 ①　49 ①　50 ④

51 흡수식 냉동기의 특징이 아닌 것은?

① 압축기 구동용 대형 전동기가 없다.

② 부분부하 시의 운전 특성이 우수하다.

③ 용량제어성이 좋다.

④ 부하가 규정용량을 초과하게 되면 상당히 위험하다.

해설
흡수식 냉동기는 저압용이므로 비교적 안전하게 용이하다.

52 30℃의 물 2,000kg을 -15℃의 얼음으로 만들려고 한다. 이 경우 물로부터 빼앗아야 할 열량은 약 얼마인가?(단, 외부로부터 침입되는 열량은 없는 것으로 한다.)

① 149,400kcal

② 234,360kcal

③ 281,232kcal

④ 393,400kcal

해설
$2,000 \times 0.5 \times [0-(-15)] = 15,000$kcal
$2,000 \times 79.68 = 159,360$kcal
$2,000 \times 1 \times (30-0) = 60,000$kcal
$\therefore 15,000 + 159,360 + 60,000 = 234,360$kcal

53 접합점의 온도를 달리하여 전기가 흐르는 현상은?

① 전자 효과

② 제백 효과

③ 펠티에 효과

④ 줄-톰슨 효과

해설
제백 효과
접합점의 온도를 달리하여 전기가 흐른다(열전대 온도계에 접목).

54 다음 중 용어 설명이 맞는 것은?

① 건포화증기 : 습포화증기를 계속 가열하여 액이 존재하지 않는 포화상태의 가스

② 과열도 : 과열증기 온도-포화액 온도

③ 포화온도 : 어떤 압력하에서 상승하는 온도

④ 건조도 : 과열증기 구역에서 액과 가스의 존재 비율

해설
② 과열도 : 과열증기 온도-포화증기 온도
③ 포화온도 : 어떤 압력하에서의 온도
④ 건조도 : 습증기 구역에서 가스의 비율

55 액체가 기체로 변할 때의 열은?

① 승화열

② 응축열

③ 증발열

④ 융해열

해설
증발열 : 액체가 기체로 변할 때의 열

56 다음 중 흡수식 냉동장치의 적용대상이 아닌 것은?

① 백화점 공조용

② 산업공조용

③ 제빙공장용

④ 냉난방장치용

해설
흡수식 냉동장치는 냉방에만(공조냉동) 관여한다.

57 증기압축식 냉동장치의 주요 구성요소가 아닌 것은?

① 압축기

② 흡수기

③ 응축기

④ 팽창밸브

해설
흡수식 냉동기의 구성요소
흡수기, 증발기, 재생기, 응축기

정답 **51** ④ **52** ② **53** ② **54** ① **55** ③ **56** ③ **57** ②

58 흡수식 냉동기의 성적계수를 구하는 식은?

① 냉동능력 / 흡수기에서의 방열량
② 용액 열교환기의 열 교환량 / 냉동능력
③ 냉동능력 / 재생기에서의 방열량
④ 응축기에서의 방열량 / 냉동능력

해설

$$COP = \frac{냉동능력}{재생기에서의\ 방열량}$$

59 냉동이란 저온을 생성하는 방법이다. 다음 중 저온생성방법에 해당되지 않는 것은?

① 기한제 이용
② 액체의 증발열 이용
③ 펠티에 효과(Peltier Effect) 이용
④ 기체의 응축열 이용

해설

고체의 융해열 또는 승화열을 이용한다.

60 다음 중 표준대기압(1atm)에 해당되지 않는 것은?

① 76cmHg
② 1.013bar
③ 15.2 lb/in²
④ 1.0332kgf/cm²

해설

표준대기압(1atm) : $14.7\,\text{lb/in}^2$

61 35℃의 물 3m³를 5℃로 냉각하는 데 제거할 열량은?

① 60,000kcal   ② 80,000kcal
③ 90,000kcal   ④ 120,000kcal

해설

$3\text{m}^3 = 3{,}000\text{kg}$
$Q = 3{,}000 \times 1 \times (35 - 5) = 90{,}000\text{kcal}$

62 CA 냉장고란 무엇의 총칭인가?

① 제빙용 냉장고의 총칭이다.
② 공조용 냉장고의 총칭이다.
③ 해산물 냉장고의 총칭이다.
④ 청과물 냉장고의 총칭이다

해설

CA(Contarolled Atmosphere Storage Room)
냉장고 내의 산소를 3~5% 감소시키고 CO_2를 3~5% 증대시킨다.

63 터보 냉동기 용량제어와 관계없는 것은?

① 흡입 가이드 베인 조절법
② 회전수 가감법
③ 클리어런스 증대법
④ 냉각수량 조절법

해설

클리어런스 증대법 : 왕복동 압축기의 용량제어

64 2원 냉동장치에는 고온 측과 저온 측에 서로 다른 냉매를 사용한다. 다음 중 저온 측에 사용하기 적합한 냉매는?

① 암모니아, 프로판, R-11
② R-13, 에탄, 에틸렌
③ R-13, R-21, R-113
④ R-12, R-22. R-500

해설

2원 냉동장치(-70~-100℃)의 냉매
㉠ 고온 측 : R-22
㉡ 저온 측 : R-13, 에탄, 에틸렌

정답   58 ③   59 ④   60 ③   61 ③   62 ④   63 ③   64 ②

65 다음과 같은 냉동기의 냉매 배관도에서 고압액 냉매 배관은 어느 부분인가?

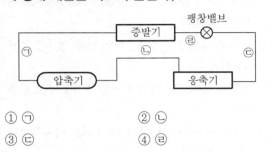

① ㉠
② ㉡
③ ㉢
④ ㉣

해설
㉠ 저압증기
㉡ 고압증기
㉢ 고압액 냉매(응축기 이후)
㉣ 저압액 냉매

66 고체에서 직접 기체로 변화하면서 흡수하는 열은?

① 증발열
② 승화열
③ 응고열
④ 기화열

해설
승화
㉠ 고체 → 기체
㉡ 기체 → 고체

67 압축식 냉동기와 흡수식 냉동기에 대한 설명 중 잘못된 것은?

① 증기를 값싸게 얻을 수 있는 장소에서는 흡수식이 경제적으로 유리하다.
② 냉매를 압축하기 위해 압축식에서는 기계적 에너지를, 흡수식에서는 화학적 에너지를 이용한다.
③ 흡수식에 비해 압축식의 열효율이 높다.
④ 동일한 냉동능력을 갖기 위해서 흡수식은 압축식에 비해 장치가 커진다.

해설
흡수식 냉동기에서는 가열에 의해 흡수용액에서 냉매와 흡수제(LiBr)를 분리시킨다.

68 다음 중 기계적인 냉동방법에 해당하는 것은?

① 고체의 융해잠열을 이용하는 방법
② 고체의 승화열을 이용하는 방법
③ 기한제를 이용하는 방법
④ 증기압축식 냉동기를 이용하는 방법

해설
기계적인 냉동방법은 증기압축식 냉동기에 해당된다.

69 2단 압축 냉동장치에 있어서 중간냉각의 역할에 관한 사항 중 틀린 것은?

① 증발기에 공급하는 액을 과냉각시켜 냉동효과를 증대시킨다.
② 고압 압축기의 흡입가스 압력을 저하시키고 압축비를 증가시킨다.
③ 저압 압축기의 압축가스의 과열도를 저하시킨다.
④ 고압 압축기의 흡입가스의 온도를 내리고 냉동장치의 성적계수를 향상시킨다.

해설
1단 압축에서 압축비가 6을 넘으면 2단 압축을 채용한다 (중간압력은 고·저압의 압축비가 동일할 때를 의미함).

70 영국의 마력 1HP를 열량으로 환산할 때 맞는 것은?

① 102kcal/h
② 632kcal/h
③ 860kcal/h
④ 641kcal/h

해설

$1\text{HP} \cdot \text{h}$

$= 76\text{kg} \cdot \text{m/s} \times 1\text{h} \times 3,600\text{s/h} \times \dfrac{1}{427}\text{kcal/kg} \cdot \text{m}$

$= 641\text{kcal}$

71 표준대기압을 0으로 기준하여 측정한 압력은?

① 대기압　　　　　② 절대압력

③ 게이지 압력　　　④ 진공도

해설

㉠ 게이지 압력 : 표준대기압을 0으로 기준한다.

㉡ 절대압력 : 완전 진공압을 0으로 기준한다.

72 2원 냉동장치에 대한 설명으로 볼 수 없는 것은?

① $-70℃$ 이하의 저온을 얻는 데 사용된다.

② 비등점이 높은 냉매는 고온 측 냉동기에 사용된다.

③ 저온 측 압축기의 흡입관에는 팽창탱크가 설치되어 있다.

④ 중간냉각기를 설치하여 고온 측과 저온 측을 열교환시킨다.

해설

2단 압축기

중간냉각기를 설치하여 고·저온 측을 열교환시킨다.

73 비체적의 단위로 맞는 것은?

① m^3/kgf　　　　　② $\text{m}^2/\text{kgf} \cdot \text{s}$

③ $\text{kgf/m}^3 \cdot ℃$　　　④ $\text{m}^3/\text{kgf} \cdot \text{h}$

해설

㉠ 비체적의 단위 : m^3/kgf

㉡ 밀도의 단위 : kgf/m^3

74 2원 냉동장치에 대한 설명 중 틀린 것은?

① 냉매는 저온용과 고온용을 50 : 50으로 주로 섞어서 사용한다.

② 고온 측 냉매로는 응축압력이 낮은 냉매를 주로 사용한다.

③ 저온 측 냉매로는 비점이 낮은 냉매를 주로 사용한다.

④ $-80 \sim -70℃$ 정도 이하의 초저온 냉동장치에 주로 사용된다.

해설

2원 냉동 냉매($-70℃$ 이하의 초저온을 얻는 냉매)

㉠ 고온 측 냉매 : R-12, R-22

㉡ 저온 측 냉매 : R-13, R-14, 에틸렌, 에탄, 프로판

75 2단 압축냉동 사이클에서 저압이 0atg, 고압이 16atg일 때 중간 압력(ata)은?

① $\dfrac{0+16}{2}$　　　　② $\dfrac{1.033+17.033}{2}$

③ $1.033 + \dfrac{16}{2}$　　④ $\sqrt{1.033 \times 17.033}$

해설

2단 압축의 중간 압력

$P_o = \sqrt{P_1 \times P_2} = \sqrt{(1.033+0) \times (16+1.033)}$

76 열펌프에 대한 설명 중 옳은 것은?

① 저온부에서 열을 흡수하여 고온부에서 열을 방출한다.

② 성적계수는 냉동기 성적계수보다 압축소요동력만큼 낮다.

③ 제빙용으로 사용이 가능하다.

④ 성적계수는 증발온도가 높고, 응축온도가 낮을수록 작다.

정답　**71** ③　**72** ④　**73** ①　**74** ①　**75** ④　**76** ①

해설
열펌프(히트펌프)는 저온부에서 열을 흡수하여 고온부에 열을 방출한다.

77 동력의 단위 중 그 값이 큰 순서대로 나열된 것은?

① 1kW > 1PS > 1kgf · m/sec > 1kcal/h
② 1kW > 1kcal/h > 1kgf · m/sec > 1PS
③ 1PS > 1kgf · m/sec > 1kcal/h > 1kW
④ 1PS > 1kgf · m/sec > 1kW > 1kcal/h

해설
1kW > 1PS > 1kgf · m/sec > 1kcal/h

78 다음은 열과 온도에 관한 설명이다. 이 중 틀린 것은?

① 물체의 온도를 내리거나 올리는 데 그 원인이 되는 것을 열이라 한다.
② 물체가 뜨겁고 찬 정도를 나타내는 것을 온도라 하며 단위로는 섭씨(℃)와 화씨(℉) 등이 사용된다.
③ 온도가 낮은 물에 손을 담그면 차게 느껴지는 것은 물의 열이 손으로 이동하기 때문이다.
④ 두 물체 사이의 온도 차이가 클수록 열의 이동이 잘된다.

해설
온도가 낮은 물에 손을 담그면 차게 느껴지는 것은 손의 열이 물로 이동하기 때문이다.

79 압력이 일정한 조건하에서 냉매가 가열, 냉각에 의해 일어나는 상태 변화에 대해 다음 설명 중 틀린 것은?

① 과냉각액을 냉각하면 액체의 상태에서 온도만 내려간다.
② 건포화증기를 가열하면 온도가 상승하고 과열 증기로 된다.
③ 포화액이 주위에서 열을 흡수하여 가열되면 온도가 변하고 일부가 증발하여 습증기로 된다.
④ 습증기를 냉각하면 온도가 변하지 않고 건조도가 감소한다.

해설
포화액은 동일 압력하에서는 온도가 동일한 습증기가 발생된다.

80 가스의 비열비에 대한 설명 중 맞는 것은?

① 비열비는 항상 1보다 작다.
② 정적비열을 정압비열로 나눈 값이다.
③ 비열비는 항상 1보다 크기도 하고 1보다 작기도 하다.
④ 비열비의 값이 커질수록 압축기의 토출가스 온도는 상승된다.

해설
비열비의 값이 커질수록 압축기의 토출가스 온도가 상승된다.

81 흡수식 냉동기에 사용되는 흡수제의 구비조건으로 맞지 않는 것은?

① 용액의 증기압이 낮을 것
② 농도변화에 의한 증기압의 변화가 작을 것
③ 재생에 많은 열량을 필요로 하지 않을 것
④ 점도가 높을 것

해설
흡수제(LiBr)는 점도가 낮아야 한다.

82 흡수식 냉동기의 발생기(재생기)가 하는 역할을 올바르게 설명한 것은?

① 냉수 출구온도를 감지하여 부하변동에 대응하는 증기량을 조절한다.
② 흡수액과 냉매를 분리하여 냉매는 응축기로, 흡수제는 흡수기로 보낸다.
③ 냉매증기의 열을 대기 중으로 방출하여 액화시킨 다음 증발기로 보낸다.
④ 응축기에서 넘어온 냉매를 이용하여 피냉각물체로부터 열을 흡수한다.

해설
재생기(고온, 저온 재생기)
용액 중 냉매(H_2O)와 흡수제(리튬브로마이드)를 분리한다.

83 100℃ 물의 증발잠열은 몇 kcal/kg인가?

① 539
② 600
③ 627
④ 700

해설
1atm에서 100℃ 물의 증발잠열은 539kcal/kg이다.

84 열과 일의 관계를 바르게 나타낸 것은?(단, J=열의 일당량, A=일의 열당량, W=소요되는 일, Q=발생열량이다.)

① $Q = AW$
② $W = \dfrac{1}{J} Q$
③ $W = AQ$
④ $J = AW$

해설
$Q = A \times W$

85 흡수식 냉동장치에서 냉매와 흡수제를 분리하는 것은?

① 발생기
② 응축기
③ 증발기
④ 흡수기

해설
발생기
냉매(H_2O)와 흡수제(LiBr)를 분리시킨다.

86 대기압이 1.005atm일 때 1,300mmHg · a는 계기압력으로 몇 kPa인가?

① 22.56
② 34.76
③ 52.96
④ 74.76

해설
$$1.033 \times \frac{1,300}{760} = 1.7669 \mathrm{kg/cm^2}$$

$$1.033 \mathrm{kg/cm^2} = 101.325 \mathrm{kPa}$$

$$\left(101.325 \times \frac{1.7669}{1.033} \right) - 101.325 = 71.98 \mathrm{kPa}$$

$$\therefore \ 71.98 \times \frac{1.033}{1.005} = 74 \mathrm{kPa}$$

87 이원냉동 사이클에 대한 설명 중 틀린 것은?

① 다단압축방식보다 저온에서 좋은 효율을 얻을 수 있다.
② 저온 측 냉매와 고온 측 냉매를 구분하여 사용한다.
③ 저온 측 응축기의 열은 냉각수를 이용하여 냉각시킨다.
④ 이원냉동은 −100℃ 정도의 저온을 얻고자 할 때 사용한다.

해설
이원냉동 사이클에서 캐스케이드 콘덴서는 고온 측 증발기와 저온 측 응축기를 열교환할 수 있도록 조립한 것을 말한다.

정답 82 ② 83 ① 84 ① 85 ① 86 ④ 87 ③

88 증발잠열을 이용하는 물질로서 맞지 않은 것은?

① 알코올 ② 암모니아
③ 물 ④ 수증기

해설

수증기는 이미 증발잠열을 이용한 물질이며, 다만 대류 방열기에서는 잠열을 난방에는 사용 가능하나 냉방에서는 불가능하다.

89 절대압력과 게이지압력의 관계식으로 옳은 것은?

① 절대압력＝대기압력＋게이지압력
② 절대압력＝대기압력－게이지압력
③ 절대압력＝대기압력×게이지압력
④ 절대압력＝대기압력÷게이지압력

해설

절대압력는 대기압력과 게이지압력의 합을 의미한다.

90 다음 중 흡수식 냉동기의 특징이 아닌 것은?

① 운전 시의 소음 및 진동이 거의 없다.
② 증기, 온수 등 배열을 이용할 수 있다.
③ 압축식에 비해서 설치면적 및 중량이 크다.
④ 압축식에 비해서 예냉시간이 짧다.

해설

흡수식 냉동기는 증기압축식 냉동기에 비해 예냉시간이 길다.

91 지열을 이용하는 열펌프(Heat Pump)의 종류가 아닌 것은?

① 엔진구동 열펌프(GHP)
② 지하수 이용 열펌프(GWHP)
③ 지표수 이용 열펌프(SWHP)
④ 지중열 이용 열펌프(GCHP)

해설

엔진구동 열펌프는 가스엔진구동 GHP이다.

92 1kW를 열량으로 환산하면 몇 kcal/h인가?

① 860 ② 750
③ 632 ④ 427

해설

$1kW \times 102kg \cdot m/s \times \dfrac{1}{423} kcal/kg \cdot m \times 3,600sec/h$
$= 859.953kcal$

93 1PS는 1시간당 약 몇 kcal에 해당되는가?

① 860 ② 550
③ 632 ④ 427

해설

$1PS \cdot h = 75kg \cdot m/s \times \dfrac{1}{427} kcal/kg \cdot m \times 1h$
$\times 3,600s/h \fallingdotseq 632kcal$

94 2원 냉동 사이클에 대한 설명으로 틀린 것은?

① −70℃ 이하의 저온을 얻기 위해 이용한다.
② 2종류의 냉매를 이용한다.
③ 저온 측 냉매는 수냉각으로 응축시켜야 한다.
④ 저압축에 팽창탱크를 설치한다.

해설

2원 냉동기
서로 다른 냉매가 각각 독립된 냉동 사이클을 온도적으로 2단계로 분리하여 저온 측의 응축기와 고온 측의 증발기를 열교환시키는 캐스케이드 콘덴서를 사용한다.

95 가스엔진 구동형 열펌프(GHP)의 장점이 아닌 것은?

① 폐열의 유효이용으로 외기온도 저하에 따른 난방 능력의 저하를 보충한다.
② 소음 및 진동이 없다.
③ 제상운전이 필요 없다.
④ 난방시 기동 특성이 빨라 쾌적난방이 가능하다.

해설
가스엔진 구동형 열펌프는 엔진과 압축기의 운전시 소음이나 진동이 발생한다.

96 kcal/m · h · ℃는 무엇의 단위인가?

① 열전도율
② 비열
③ 열관류율
④ 오염계수

해설
① 열전도율 : kcal/m · h · ℃(W/m · ℃)
② 비열 : kJ/kg · K
③ 열관류율 : W/m² · K

97 다음 중 자연적인 냉동방법이 아닌 것은?

① 증기분사식을 이용하는 방법
② 융해열을 이용하는 방법
③ 증발잠열을 이용하는 방법
④ 승화열을 이용하는 방법

해설
증기분사식 냉동기
증기이젝터(Ejector)를 이용하여 대량의 증기 분사 시 분압작용에 의해 증발기 내의 압력저하로 물의 일부를 증발시키고 동시에 잔류물이 냉각된다.

98 2원 냉동장치의 캐스케이드 콘덴서(Cascade Condenser)에 대한 설명 중 맞는 것은?

① 고온 측 응축기와 저온 측 증발기를 열교환기 형식으로 조합한 것이다.
② 저온 측 응축기와 고온 측 증발기를 열교환기 형식으로 조합한 것이다.
③ 고온 측 응축기의 열을 저온 측 증발기로 이동한다.
④ 저온 측 응축기의 열을 고온 측 증발기로 이동한다.

해설
캐스케이드 콘덴서
저온 측 응축기와 고온 측 증발기를 열교환기 형식으로 조합한 것

[02.장] 냉매

CRAFTSMAN AIR-CONDITIONING

···01 냉매의 종류와 특성

1 냉매(Refrigerant)의 정의

냉매란 냉을 운반하는 매개물이다. 마당에 물을 뿌렸을 때 시원함을 느끼는 것은 물이 증발하면서 증발잠열을 흡수하기 때문이다. 이처럼 일정공간이나 어떤 물체로부터 열을 흡수하여 다른 곳으로 열을 운반하는 물질을 '냉매'라 한다. 즉, 냉동장치 내를 순환하는 1차, 2차의 냉매로서 열을 운반하는 동작유체를 의미한다.

1) 1차 냉매(직접냉매)

냉동장치 내를 순환하면서 열을 운반하는 매개체로, 잠열상태로 열을 운반한다.

예 NH_3, R-12, R-13, R-21, R-22, R-113, R-114, R-123, R-134a, R-500, R-502 등

2) 2차 냉매(간접냉매)

냉동장치 밖에서 열을 운반해주는 매개체로, 현열상태로 열을 운반하며 '브라인'이라 한다.

예 NaCl, CaCl, $MgCl_2$, H_2O

2 냉매에 필요한 구비조건

1) 물리적 조건

① 온도가 낮아도 대기압 이상의 압력에서 증발하고 또한 상온에서도 비교적 저압에서 액화할 수 있을 것

※ 대기압하에서 냉매의 증발온도
• NH_3 : -33.3℃ • R-12 : -29.8℃ • R-22 : -40.8℃

② 임계온도가 높아 상온에서 반드시 액화할 것
• NH_3 : -133℃
• R-12 : 111.5℃
• R-22 : 96℃

③ 응고온도가 낮을 것
- NH_3 : $-77.7℃$
- $R-12$: $-158.2℃$
- $R-22$: $-160℃$

④ 증발잠열이 크고 액체의 비열은 작을 것

▼ 냉매의 증발잠열 비교표

비교값＼냉매종류	NH_3	$R-12$	$R-22$
증발잠열	313.5kcal/kg	39.2kcal/kg	52.2kcal/kg
비열	1.156kcal/kg · ℃	0.243kcal/kg · ℃	0.335kcal/kg · ℃

⑤ 누설 시 쉽게 발견될 수 있을 것
- NH_3 : 누설 발견이 쉬움
- 프레온(Freon) : 누설 발견이 어려움

⑥ 비열비(C_p / C_v, 정압비열에 대한 정적비열)가 작을 것

비열비가 크면 토출가스 온도의 상승이 높다.

▼ 기준 냉동 사이클에서 토출가스의 온도 비교표

비교값＼냉매종류	NH_3	$R-12$	$R-22$
비열비	1.31	1.136	1.183
토출가스 온도	98℃	37.8℃	55℃

⑦ 절연내력이 크고 전기절연물을 침식시키지 않을 것
   ※ 절연내력
   - NH_3 : 0.83(밀폐형 압축기에는 사용불가)
   - $R-12$: 2.4
   - $R-22$: 1.3(질소를 1로 기준하였을 때)

⑧ 점도가 적고 전열이 양호하며 표면장력이 작을 것
- NH_3 : 전열이 양호하다.
- 프레온 : 전열이 다소 불량하다.

⑨ 패킹재료에 나쁜 영향을 미치지 말 것

⑩ 터보 냉동기용 냉매는 비중이 클 것

⑪ 압축기용 윤활유와 냉매가 작용하여 냉동장치에 나쁜 영향을 미치지 말 것

2) 화학적 조건

① 화학적으로 결합이 양호하고 안정하며 분해되는 일이 없을 것

  (수분 등이 냉매 중에 혼합되어도 냉매의 작용에 지장이 없을 것)

② 금속을 부식시키는 일이 없을 것

  - NH_3 : 동 및 동합금을 부식시킨다.
  - 프레온 : 마그네슘 및 2% 이상의 알미늄합금을 부식시킨다.

③ 패킹재료를 부식시키지 않을 것

  - NH_3 : 천연고무, 석면(아스베스토스, Asbestos)을 사용
  - 프레온 : 인조고무, 특수고무를 사용

④ 인화성 및 폭발성이 없을 것

3) 기타 냉매의 조건

① 인체에 독성이 없고 무해하며 누설되어도 냉장품을 손상시키지 않을 것
② 악취가 없을 것
③ 가격이 저렴하고 구입이 용이할 것
④ 동일 냉동능력에 대하여 소요동력이 적게 들 것
⑤ 동일 냉동능력에 대하여 압축 시 비체적이 작을 것
⑥ 자동운전에 용이한 냉매일 것

❸ 암모니아(NH₃)와 프레온(Freon)계 냉매의 특성 비교

주요 사항 \ 냉매	NH₃	프레온	비고
일반적 성질	가연성, 독성, 폭발성	무색, 무취, 무독성	-
배관 재료	강관	동관	NH₃는 구리를 부식시키고, 프레온은 알루미늄, 마그네슘 등을 부식시킨다.
패킹 재료	고무, 아스베스토스	인조고무	NH₃는 인조고무를 부식시키고, 프레온은 천연고무를 부식시킨다.
전열작용 (kcal/m² · h · ℃)	양호	비교적 불량	프레온은 전열작용이 불량하므로 응축기, 증발기 등의 전열면적을 크게 하여야 한다.
전기적 성질	전기절연물을 침식	절연내력이 큼	프레온은 절연내력이 크므로 밀폐형 냉동기에 많이 사용되며 냉동기의 소형화, 자동화에 기여한다.
독성	강함 (25ppm)	거의 없음	프레온은 800℃의 불에 접촉되면 포스겐(Phosgen)이라는 유독가스를 발생, NH₃의 허용농도는 25ppm이다.
윤활유와의 관계	분리됨	용해됨	NH₃는 유분기를 반드시 설치하여 윤활유를 분리시켜야 하며, 프레온은 오일 포밍 현상에 유의하여야 한다.
물과의 관계	용해됨	분리됨	프레온은 수분과 분리되므로 반드시 건조기를 설치하여야 하며, NH₃는 유탁액 현상에 유의하여야 한다.
비열비(K) (C_p/C_v)	크다	작다	NH₃는 비열비가 1.31로 토출가스 온도가 높기 때문에 워터재킷(Water Jaket)을 설치한다.
비체적 (m³/kg)	크다	작다	증기의 비체적이 작으면 압축기를 작게 만들 수 있기 때문에 프레온이 냉동장치의 소형화에는 효과적이다.
증발잠열 (kcal/kg)	크다	작다	NH₃의 증발잠열은 프레온계 냉매에 비해서 그 값이 9배나 크므로 냉매로서 우수한 성질을 지니고 있다.
열에 대한 안정성	490℃에서 분해	800℃에서 분해	NH₃는 인화점이 850이고, 공기 중에 15.5~27% 함유되면 폭발하게 된다.

---02 냉매의 구성 및 호칭법

1 프레온계 냉매

1) 구성

① 탄화수소(CH_4, C_2H_6)와 할로겐 원소(F, Cl)의 화합물로 구성되어 있다. 메탄(CH_4)과 에탄(C_2H_6)에서 수소(H) 대신에 할로겐 원소인 불소(F)와 염소(Cl)를 치환하여 조합한다.

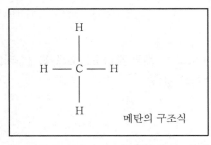
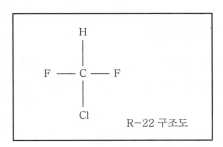

- R-□□ : 십자리 냉매(메탄계 냉매)
- R-12 : CCl_2F_2
- R-22 : $CHClF_2$

② C와 결합될 수 있는 원자의 수는 4개이므로 10의 자릿수+1의 자릿수=4가 된다.

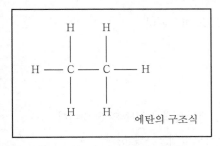
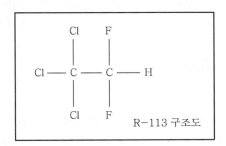

- R-□□□ : 백자리 냉매(에탄계 냉매)
- R-113 : $C_2Cl_3F_3$
- R-114 : $C_2Cl_2F_4$

③ C와 결합될 수 있는 원자의 수는 6개이므로 100의 자리수 +10의 자리수 +1의 자리수=6이 된다.

- 쓰는 순서 : C-H-Cl-F
- 읽는 순서 : Cl-F-C (H는 읽지 않는다.)

2) 호칭법

1의 자리수＝F(F의 수)

10의 자리수＝H(H의 수＋1)

100의 자리수＝C(C의 수－1)

> 예
> - R-13 : F의 수는 3개, H의 수는 0, 따라서 Cl의 수는 1개, 그러므로 분자식은 $CClF_3$
> - R-114 : F의 수는 4개, H의 수는 0, C의 수는 2개, 따라서 Cl의 수는 2개, 그러므로 분자식은 $C_2Cl_2F_4$

3) 공비혼합냉매

서로 다른 두 종류의 프레온계 냉매가 혼합되어 있고, 100의 자리수는 5로 표시한다.

> 예 R-501 : R-12가 25%, R-22가 75% 혼합되어 있다.

2 프레온계 냉매의 종류

1) R-11(CCl_3F)

① 상품명은 카렌 NO_2, 비등점 $-23.7℃$

② 공기조화용 터보 냉동기에 주로 사용된다.

③ 저압이 낮은 저압냉매로서 가스 중량이 무겁다.

④ 오일을 잘 용해하므로 냉동장치 세척용으로도 사용된다.

2) R-12(CCl_2F_2)

① 비등점 $-29.8℃$

② 소형에서 대형 100RT까지 다양하게 사용, 냉동능력은 NH_3의 60%이다.

③ 주로 왕복동압축기에 적합하지만, 대용량 터보형에도 사용된다.

④ 전기적 절연내력이 높아 밀폐형 압축기에 적합하다.

3) R-13($CClF_3$)

① 비등점 $-81.5℃$, 초저온용이다.

② 2원 냉동장치의 초저온용 냉매로 사용된다.

③ 냉매 가격이 비싸다.

4) R-21(CHCl₂F)

① 비등점 8.9℃(R-11, R-12 중간 압력으로 R-12보다 높은 곳에 사용한다.)
② 고열이 노출되는 크레인 조정실의 냉방장치에 R-114와 함께 사용한다.

5) R-22(CHClF₂)

① 비등점 -40.8℃, 응고점 -166℃, 임계온도 96℃
② 창문형 에어컨 및 저온용의 왕복식에 사용한다.
③ 프레온 냉매 중 냉동능력(52kcal/kg)이 가장 좋다.

6) R-113(C₂Cl₃F₃)

① 비등점 47.6℃(R-11보다 높다.)
② 터보 냉동기 및 100RT 이하의 소용량 밀폐형에 사용한다.
③ 저압냉매로 사용한다.

7) R-114(C₂Cl₂F₄)

① 비등점 3.6℃(R-12보다 낮다.)
② 소형 냉장고용 회전식 압축기에 주로 사용한다.
③ 열에 대하여 안전하며 400℃에서 장시간이라도 분해되지 않는다.

8) 공비혼합냉매

프레온 냉매 중 서로 다른 두 가지의 냉매를 적당량 중량비로 혼합하면 전혀 성질이 다른 독립된 특성을 지닌 냉매가 되는데 이러한 냉매를 '공비혼합냉매'라고 한다.

구분	화학식
① R-500 : R-152(26.2%)+R-12(73.8%) • 절연내력 및 열에 대한 안정성이 좋다. • R-12에 비해 약 20% 정도의 냉동능력이 증가한다.	[CCl₂F₂/CH₃CHF₂] 증발온도 : -33.3℃
② R-502 : R-115(51.2%)+R-22(48.8%) • 불연성이고 부식성이 없다. • R-22보다 저온을 얻고자 할 때 사용한다.	[CHClF₂/CClF₂CF₃] 증발온도 : -46℃
③ R-503 : R-23(40.1%)+R-13(59.9%) • 2원 냉동장치의 저온측냉매로 사용한다. • R-13보다 낮은 온도를 얻고자 할 때 사용한다.	[HF₃/CClF₃] 증발온도 : -89.1℃

※ R-501 : (R-12 : R-22) 비율은 25~75%, 증발온도 -41℃

③ 냉매가 냉동장치에 미치는 영향

1) 암모니아 냉매 유탁액(Emulsion) 현상

암모니아(NH_3) 냉동장치 중에 다량의 수분이 함유될 경우 수산화암모늄(NH_4OH)을 형성하여 수산화암모늄이 윤활유를 미립자로 분리시켜, 윤활유가 우윳빛으로 변하게 되는 현상을 의미한다. 윤활유가 유분리기에서 분리되지 않고 응축기, 증발기 등으로 흘러가서 전열을 방해한다(물은 상온에서 암모니아를 900배 흡수한다).

2) 동부착(Copper Palting) 현상

프레온 냉동장치에서 수분이 혼입되었을 때 수분이 프레온과 반응하여 불화수소(HF), 염화수소(HCl) 등과 같은 산을 형성하게 되고 이때 형성된 산은 냉매 배관 중의 동을 침식시키고 침식된 동은 냉동장치 내를 순환하다가 압축기 실린더, 피스톤 등에 부착되는 현상이며 수분, 온도가 높거나 수소원자가 많거나 오일 중 왁스 성분이 많으면 동부착이 증가한다.

3) 오일 포밍(Oil Forming) 현상

프레온 냉동장치에서 압축기가 정지되어 있다가 기동을 하는 경우 크랭크 케이스 내의 오일에 용해되어 있던 프레온 냉매가 기동 시 급격히 낮아진 크랭크 케이스 내의 압력에 의해 오일과 분리되는데, 이때 유면이 약동하고 거품이 일어나는 현상을 의미한다.

※ 방지법 : 크랭크 케이스 내에 오일 히터를 설치하여 가동 전 30분에서 2시간 정도 예열을 시켜 온도를 60~80℃까지 올려서 오일과 냉매를 분리시킨 뒤 압축기를 가동한다.

4) 오일 해머(Oil Hammer) 현상

오일 포밍 현상이 급격히 일어나면 피스톤 상부로 다량의 오일이 올라가 오일을 압축하게 되는데, 이때 이상음이 발생하게 되는 것을 '오일 해머'라고 한다. 압축기 파손 우려뿐 아니라 오일이 다량으로 응축기 쪽으로 흘러가 압축기의 유량이 부족하게 된다. 오일은 비압축성이므로 실린더 헤드부에서 충격음이 발생한다.

④ 무기질 냉매

무기화합물로 구성된 냉매는 100의 자리수를 7로 하고 10의 자리수와 1의 자리수는 그 물질의 분자량을 표시한다.

예 • NH_3 : R-717(NH_3의 분자량은 17)
  • SO_2 : R-764(SO_2의 분자량 64)

···03 암모니아, 프레온 냉매의 누설검사

1 암모니아의 누설검사

① 냄새로서 알 수 있다(취기로서 알 수 있다).
② 유황초를 누설개소에 대면 흰 연기가 발생한다.
③ 붉은 리트머스 시험지를 물에 적셔 누설개소에 대면 청색으로 바뀐다.
④ 물에 적신 페놀프탈렌을 누설개소에 대면 붉은색(홍색)으로 변한다.
⑤ 물 또는 브라인에 NH_3가 누설 시에는 그 액을 조금 떠서 네슬러 시약을 몇 방울 떨어뜨리면 소량 누설 시에는 황색, 다량 누설 시에는 자색으로 변한다.
⑥ 염산을 탈지면에 적셔 누설개소에 대면 흰 연기가 발생한다.

2 프레온 누설검사

① 비눗물을 발라 기포의 발생 유무로서 확인한다.
② 핼라이드 토치(Halide Torch)의 불꽃으로 검사한다. 누설되는 양에 따라 불꽃의 색깔이 변한다 (청색 → 녹색 → 자색 → 불꽃이 꺼진다).
  • 정상 시 : 청색
  • 소량 누설 시 : 녹색
  • 다량 누설 시 : 자색
  • 대량 누설 시 : 불이 꺼진다.
③ 전자누설기를 사용한다(누설 시 벨이 울린다).

3 냉매의 취급 중 상해에 대한 구급방법

1) 암모니아(NH_3) 냉매의 경우

① NH_3가 피부에 묻은 경우
  • 물로 깨끗하게 씻고 피크린산 용액을 바른다.
  • 눈 가까운 부분에는 붕산액을 바른다.

② NH_3가 눈에 들어간 경우
  • 깨끗한 물로 씻어낸다.
  • 2% 정도의 붕산액을 적하하여 5분 정도 눈을 씻어낸다.
  • 유동 파라핀을 두 방울 정도 눈에 점안한다.

③ NH_3가 목구멍이나 코를 자극하는 경우

붕산액을 코로부터 빨아들여 입으로 내개하는 양치질을 한 다음 다량의 물을 마신다.

2) 프레온 냉매의 경우

① 프레온 냉매가 피부에 묻은 경우

NH_3 냉매가 피부에 묻은 경우와 동일하다.

② 프레온 냉매가 눈에 들어간 경우

- 광물유를 적하하여 눈을 씻어낸다.
- 자극이 계속되는 경우 희붕산 용액, 2% 이하의 식염수 등으로 눈을 씻어낸다.

참고 프레온 누설검사에 이용되는 핼라이드 토치의 사용 시 주의사항 및 연료

1. 주의사항
   - 프레온 가스의 다량누설 시에는 환기 후 검지할 것
   - 프레온의 비중은 공기보다 무거우므로 호스를 누설 부분의 아래쪽에서 검지할 것
   - 프레온 가스는 800℃의 고열에서 접촉하면 포스겐이라는 독성가스가 발생하므로 주의할 것

2. 토치 내부 연료 : 프로판, 부탄, 아세틸렌, 알코올

---

3) 구급약품 구비

① 2% 붕산 용액
② 농피크린산 용액
③ 탈지면
④ 유동파라핀과 점안기
⑤ 2% 이하의 살균 식염수

---04 브라인(Brine) 간접냉매

- 냉매 배관 외에서 순환되면서 현열에 의해 열을 운반하는 매개체(감열냉매)를 의미한다.
- 2차 냉매(간접냉매)라고도 한다.

1 브라인의 구비조건

① 냉동기 등 금속에 대한 부식성이 없을 것
② 열용량이 클 것
③ 가격이 저렴할 것, 구입이 용이할 것
④ 응고점이 낮을 것(순환펌프의 동력 소비 절감을 위해)
⑤ 점성이 적을 것
⑥ 누설되어도 냉장품에 손실이 없을 것
⑦ pH 값이 7.5~8.2 정도의 중성일 것

2 브라인의 종류

1) 무기질 브라인

탄소 성분을 포함하지 않은 냉매이며 부식력은 크나 가격이 저렴한 브라인이다.

① 염화칼슘(CaCl₂) 수용액
- 가장 일반적인 브라인이며 대부분 제빙용으로 사용되고, 쓴맛이 강하므로 식품과 직접 접촉하여서는 안 된다.
- 조해성이 있어 장시간 공기 중에 노출되면 수분을 흡수하여 묽어진다.
- 공정점은 $-55\,^{\circ}\mathrm{C}$이며, 일반적인 사용온도는 $-40\,^{\circ}\mathrm{C}$이다.
- 약알칼리성이다.

> **참고**
> - 공점점(Ectectic Point) : 브라인 전체가 동결할 때의 온도
> - 어는점(Freezing Point) : 브라인 중의 수분이 동결되기 시작하는 온도

② 염화나트륨(NaCl) 수용액
- 가격이 저렴하고 주로 식품 냉동에 사용된다(식염수).
- 공정점은 $-21\,^{\circ}\mathrm{C}$이다(최저사용온도는 $-15\sim-18\,^{\circ}\mathrm{C}$ 정도).
- 부식력이 커서 방청제를 사용해야 한다.

③ 염화마그네슘($MgCl_2$)

- 부식성은 염화칼슘보다 약간 높다.
- 공정점은 $-33.6℃$이다.
- 현재는 사용하지 않고 염화칼슘 부족 시 대용품으로 사용한다.

2) 유기질 브라인

탄소를 포함한 브라인이며 부식력은 적으나 가격이 비싸다.

① 에틸알코올(C_2H_5OH)

- 가격이 비싸다.
- $-100℃$의 초저온용 동결에 사용할 수 있으며, 부식성이 없고 마취성과 인화성이 있으므로 취급에 주의하여야 한다.
- 응고점 $-114.5℃$, 비등점 $78.3℃$

② 에틸렌 글리콜($C_2H_4(OH)_2$)

- 점성이 크고 단맛이 있는 무색 액체이며, 「식품위생법」에서 식품과의 접촉이 금지되어 있다.
- 응고점 $-12.6℃$

③ 프로필렌 글리콜($HOC_2H_3(CH_3)OH$)

- 점성이 크고 부식성이 없는 무색 무독 액체이며, 약 50% 수용액으로 식품에 직접 침지하거나 분무하여 식품동결에 사용된다.
- 응고점 $-59.5℃$

3) 브라인에 의한 부식 방지방법

① 외부 공기와의 접촉을 피한다.
② 방청제(중크롬산소다($Na_2Cr_2O_7$) 또는 가성소다($NaOH$)를 사용한다.
③ 방식 처리된 아연판을 냉각기나 브라인 탱크에 부착한다.
④ 무기질 브라인이 부식성이 크다($NaCl > MgCl_2 > CaCl_2$).
⑤ 중성에서는 부식성이 적으나 산성, 알칼리 쪽으로 갈수록 부식성이 증가한다.

┈ 05 프레온 냉매의 사용규제(오존층 파괴 방지)

1 오존층 파괴

① 냉매 R-12(CFC12), R-22(HCFC22) 등은 오존층 파괴의 주범이다. 따라서 R-134a 등이 대체냉매로 사용된다.

② 지상에서 방출된 프레온의 대부분은 대류권에 체류하여 분해되지 않고 성층권에 도달한다.

③ 성층권에 도달한 프레온의 태양으로 부터의 강한 자외선에 의해 광분해되어 염소(Cl)를 방출한다.

④ 염소는 오존(O_3)과 반응하여 오존을 파괴시킨다.

$$Cl + O_3 \rightarrow ClO + O_2 \qquad \text{(오존 파괴)}$$

$$ClO + O \rightarrow Cl + O_3 \qquad \text{(다시 염소로 돌아가서 오존 파괴, 촉매반응)}$$

⑤ 오존층이 파괴되면 지금까지 오존층에 흡수되었던 유해한 자외선이 지표면에 더 많이 도달하게 되어 생태계의 변화를 일으키게 된다.

2 프레온의 규제

① 1974년 : 미국 캘리포니아 대학의 롤란드 교수와 모리나 교수가 최초로 프레온의 오존층 파괴 문제를 주장(1996년부터 R-12 등 생산이나 수출 금지)

② 1977년 : 국제연합환경계획(UNEP)에서 프레온 규제를 결정

③ 1987년 : "오존층을 감소시키는 물질에 관한 몬트리올 의정서" 채택

④ 1992년 : 몬트리올 의정서 제4회 체결국 회의(코펜하겐) 개최
　㉠ 특정 프레온의 생산중지시기를 1995년 말까지로 결정
　　※ 특정 프레온 : CFC-11, 12, 113, 114, 115, 13, 111, 112, 211, 212, 214, 215, 216, 217
　㉡ HCFCS의 생산규제와 생산중지시기를 원칙적으로 2020년까지로 결정

⑤ 1993년 : 몬트리올 의정서 제5회 체결국 회의(워싱턴) 개최
　㉠ 오존층 높이 : 20~25km
　㉡ 프레온가스(CFC)
　　• 탄소(Carbon), 불소(Fluorine), 염소(Chlorine)
　　• 독성이 없음
　　• 폭발하지 않고 불에 타지 않으며, 정제성이 있음
　　• 끓는점이 낮고 오존층을 파괴함

3 오존층 파괴의 영향

① 인체 면역기능 악화 및 피부암 증가
② 곡물의 수확량 감소
③ 온실효과에 의한 지구환경 파괴
    ㉠ 지구온난화계수
        • R-22 : 1,700
        • R-407C : 1,530
        • R-410A : 1,730
    ㉡ 오존층 비파괴 냉매(대체냉매)
        • R-407C, R-134a, R-123
        • R-410A(R-407C 대신 교체 중)
          ※ R-410A는 냉매작동압력이 높아 안전성에 주의 요망
          ※ R-407C는 성능의 감소로 효율이 5% 낮음

참고 **지구의 온실효과(Greenhouse Effect)**

온실과 같은 빛은 통과하여도 지구 표면의 열 방사가 차단되어, 지구 온난화가 발생하고, 평균기온이 높아지며, 이에 따라 해수온도도 상승하여 기후나 기상이 혼란스럽게 되고 열대성 저기압의 발생이 증가하여 가뭄, 장마 등 지구 전체의 기후상태가 붕괴되는 현상이다.

[02.장] 출제예상문제

01 냉동장치에서 냉매가 적정량보다 부족할 경우 제일 먼저 해야 할 일은?

① 냉매의 배출
② 누설부위 수리 및 보충
③ 냉매의 종류 확인
④ 펌프 다운

[해설]
냉동장치에서 냉매가 적정량보다 부족하면 먼저 누설부위 수리 및 보충이 필요하다.

02 증기압축식 냉동기의 냉매로서 구비해야 할 성질이 아닌 것은?

① 증발잠열이 클 것
② 저압 측에 있어 증기의 비열비가 클 것
③ 표면장력이 적을 것
④ 인화성, 악취, 독성 등이 적을 것

[해설]
냉매는 비열비가 크면 토출가스의 온도가 상승하므로 압축비를 크게 잡을 수 없기 때문에 비열비가 작아야 한다.

03 냉매의 비열비가 크다는 것과 가장 관계가 큰 것은?

① 워터재킷
② 플래시 가스
③ 오일포밍 현상
④ 에멀션 현상

[해설]
냉매의 비열비(정압비열/정적비열)가 크면 토출가스의 온도가 상승함으로써 워터재킷을 이용하여 압축기를 냉각시켜야 한다.

04 제빙용 브라인(Brine)의 냉각에 적당한 증발기는?

① 관코일 증발기
② 헤링본 증발기
③ 원통형 증발기
④ 평판상 증발기

[해설]
헤링본 증발기(탱크형)는 주로 암모니아용이며 제빙장치의 브라인 냉각용 증발기로 사용된다.

05 다음 중 NH_3의 누설검사로서 적절치 못한 것은?

① 악취가 심하므로 냄새로 판별이 가능하다.
② 황초를 누설부위에 가까이 가져가면 흰 연기가 발생한다.
③ 물에 적신 페놀프탈레인지를 누설 주위에 가져가면 적색으로 변한다.
④ 누설 의심 부분에 핼라이드 토치를 대본다.

[해설]
핼라이드 토치는 프레온 냉매 누설 검지 시에 필요하다.
㉠ 정상(누설 없음) : 청색
㉡ 소량 누설 시 : 녹색
㉢ 다량 누설 시 : 자주색
㉣ 대량 누설 시 : 꺼진다.

06 다음 중 1냉동톤당 냉매 순환량(kg/h)이 가장 많은 냉매는?

① R-11
② R-12
③ R-22
④ R-114

[해설]
1RT당 냉매 순환량
① R-11 : 86.1kg/h
② R-12 : 112.47kg/h
③ R-22 : 82.69kg/h
④ R-114 : 132.09kg/h

정답   **01** ②   **02** ②   **03** ①   **04** ②   **05** ④   **06** ④

07 암모니아 누설검지방법이 아닌 것은?

① 유황초 사용
② 리트머스 시험지 사용
③ 네슬러 시약 사용
④ 헬라이드 토치 사용

해설

헬라이드 토치는 프레온 냉매 누설 검지에 사용된다.

08 프레온 냉동장치를 능률적으로 운전하기 위한 대책이 아닌 것은?

① 이상고압이 되지 않도록 주의한다.
② 냉매 부족이 없도록 한다.
③ 습압축이 되도록 한다.
④ 각부의 가스 누설이 없도록 유의한다.

해설

압축기의 압축은 항상 건조압축이어야 가장 이상적이다.

09 냉동장치는 냉매의 어떤 열을 이용하여 냉동효과를 얻는가?

① 승화열
② 기화열
③ 융해열
④ 응고열

해설

냉매는 기화열(증발잠열)을 이용하여 냉동 효과를 얻을 수 있다.

10 냉동용 장치에 사용되는 냉매로서 갖추어야 할 성질이 아닌 것은?

① 임계온도가 높아야 한다.
② 비열비가 적어야 한다.
③ 응고온도가 낮아야 한다.
④ 윤활유와 잘 작용해야 한다.

해설

냉매와 윤활유가 작용하면 오일포밍 현상이 발생된다.
(프레온 냉동기에서)

11 압축 후의 온도가 너무 높으면 실린더 헤드를 냉각할 필요가 있다. 다음 표를 참고하여 압축 후 냉매의 온도가 가장 높은 냉매는?(단, 모든 냉매는 같은 조건으로 압축함)

냉매	비열비(γ)	정압비열
R-12	1.136	0.147
R-22	1.184	0.152
NH_3	1.31	0.52
CH_3Cl	1.20	0.62

① R-12
② R-22
③ NH_3
④ CH_3Cl

해설

압축비가 높은 암모니아(NH_3)는 압축 후 토출가스 온도가 높아서 압축기의 냉각을 위해 워터재킷을 설치한다.

12 냉매에 따른 배관 재료를 선택할 때 옳지 않은 것은?

① 염화메틸 - 이음매 없는 알루미늄관
② 프레온 - 배관용 스테인리스 강관
③ 암모니아 - 압력배관용 탄소강 강관
④ 암모니아 - 저온배관용 강관

해설

염화메틸(CH_3Cl, 메틸클로라이드) 냉매
건조한 염화메틸은 알칼리, 알칼리토금속, 알루미늄, 아연, 마그네슘 이외의 보통의 금속과는 반응하지 않는다.
※ 염화메틸은 허용농도 100ppm의 독성가스로서 알루미늄관은 사용상 불가능하다.

13 공비 혼합냉매로서 R-12의 능력을 개선할 때 사용되는 냉매는?

① R-500
② R-501
③ R-502
④ R-503

정답 07 ④ 08 ③ 09 ② 10 ④ 11 ③ 12 ① 13 ①

해설

R-500 냉매(혼합냉매)
㉠ R-12 : 73.8%
㉡ R-152 : 26.2%
※ R-12보다 능력이 20% 개선된다.

14 냉매에 관한 다음 설명 중 적합하지 않은 것은?

① R-12의 분자식은 CCl_2F_2이다.
② NH_3 냉매액(30℃)은 R-22 냉매액(30℃)보다 무겁다.
③ 초저온 냉매로는 R-13이 적합하다.
④ 흡수식 냉동기의 냉매로는 물이 적합하다.

해설

㉠ NH_3(암모니아) : 분자량이 17이다.
㉡ $CHClF_2$(R-22) : 분자량이 86.48로 크다.

15 R-21의 분자식은?

① $CHCl_2F$
② $CClF_3$
③ $CHClF_2$
④ CCl_2F_2

해설

① $CHCl_2F$: R-21
② $CClF_3$: R-13
③ $CHClF_2$: R-22
④ CCl_2F_2 : R-12

16 다음 냉매가스 중 1RT당 냉매가스 순환량이 제일 큰 것은?(단, 온도 조건은 동일하다.)

① 암모니아
② 프레온 22
③ 프레온 21
④ 프레온 11

해설

1RT(3,320kcal/h)당 냉매 순환량이 큰 것은 잠열이 가장 작은 냉매이다.

① 암모니아 : 313.4kcal/kg
② R-22 : 52.0kcal/kg
③ R-21 : 60.75kcal/kg
④ R-11 : 45.8kcal/kg

17 프레온 냉매의 누설검사방법 중 핼라이드 토치를 이용하여 누설검지를 하였다. 핼라이드 토치의 불꽃 색이 녹색이면 어떤 상태인가?

① 정상이다.
② 소량 누설되고 있다.
③ 다량 누설되고 있다.
④ 누설량에 상관없이 항상 녹색이다.

해설

㉠ 정상(누설 없음) : 청색
㉡ 소량 누설 시 : 녹색
㉢ 다량 누설 시 : 자주색

18 다음 가스 중 냄새로 쉽게 알 수 있는 것은?

① 프레온가스(R-12), 질소, 이산화탄소
② 일산화탄소, 아르곤, 메탄
③ 염소, 암모니아, 메탄올
④ 아세틸렌, 부탄, 프로판

해설

염소나 암모니아, 메탄올은 자극성의 냄새가 난다.

19 NH_3와 접촉 시 흰 연기를 발생하는 것은?

① 아세트산
② 수산화나트륨
③ 염산
④ 염화나트륨

해설

$8NH_3 + 3Cl_2 \rightarrow 6NH_4Cl + N_2$
㉠ 암모니아와 염소가 반응하여 염화암모늄(흰색 연기) 발생
㉡ 염소(Cl_2)는 습기나 물과 접촉하면 염산(HCl) 발생

20 암모니아 냉매와 프레온 냉매에 대한 설명 중 맞는 것은?

① R-12는 암모니아보다 냉동효과(kcal/kg)가 커서 일반적으로 많이 사용한다.
② R-22는 암모니아보다 냉동효과(kcal/kg)가 크고 안전하다.
③ R-22는 R-12에 비하여 저온용에 적합하다.
④ R-12는 암모니아에 비하여 유분리기가 용이하다.

해설
㉠ R-22 비등점 : -40.8℃
㉡ R-12 비등점 : -29.8℃

21 다음 냉매에 대한 설명 중 옳은 것은?

① 증발온도에서의 압력은 대기압보다 약간 낮은 것이 유리하다.
② 비열비가 큰 것이 유리하다.
③ 임계온도가 낮을수록 유리하다.
④ 응고온도가 낮을수록 유리하다.

해설
냉매는 응고점이 낮을수록 이상적이다.

22 NH_3 냉매를 사용하는 냉동장치에서는 열교환기를 설치하지 않는다. 그 이유는?

① 응축압력이 낮기 때문에
② 증발압력이 낮기 때문에
③ 비열비 값이 크기 때문에
④ 임계점이 높기 때문에

해설
암모니아 냉매는 비열비 값이 커서 열교환기를 설치하지 않는다.

23 장치의 저온 측에서 윤활유와 가장 잘 용해되는 냉매는 어느 것인가?

① 프레온 12
② 프레온 22
③ 암모니아
④ 아황산가스

해설
㉠ 기름에 잘 용해되는 냉매 : R-11, R-12, R-21, R-113
㉡ 기름에 잘 용해되지 않는 냉매 : R-13, R-22, R-114

24 다음 중 암모니아 냉매가스의 누설검사로 적합하지 않은 것은?

① 붉은 리트머스 시험지가 청색으로 변한다.
② 네슬러 시약을 이용해서 검사한다.
③ 핼라이드 토치를 사용해서 검사한다.
④ 염화수소와 반응시켜 흰 연기를 발생시켜 검사한다.

해설
핼라이드 토치를 사용하여 프레온 냉매의 누설을 검사한다.

25 기준 냉동 사이클에서 토출온도가 제일 높은 냉매는?

① R-11
② R-22
③ NH_3
④ CH_3Cl

해설
기준 냉동 사이클에서 토출가스의 온도
① R-11 : 44.4℃
② R-22 : 55℃
③ NH_3 : 98℃
④ CH_3Cl : 77.8℃

26 다음 중 암모니아 냉매의 단점에 속하지 않는 것은?

① 폭발 및 가연성이 있다.
② 독성이 있다.
③ 사용되는 냉매 중 증발잠열이 가장 작다.
④ 공기조화용으로 사용하기에는 부적절하다.

> **해설**
> 암모니아 냉매는 사용되는 냉매 중 증발잠열이 가장 크다.

27 암모니아와 프레온 냉동장치를 비교 설명한 다음 사항 중 옳은 것은?

① 압축기의 실린더 과열은 프레온보다 암모니아가 심하다.
② 냉동장치 내에 수분이 있을 경우, 그 정도는 프레온보다 암모니아가 심하다.
③ 냉동장치 내에 윤활유가 많은 경우, 프레온보다 암모니아가 문제성이 적다.
④ 위 사항에 관계없이 동일 조건에서는 성능, 효율 및 모든 제원이 같다.

> **해설**
> 압축기의 실린더 과열은 프레온보다 암모니아가 비열비가 커서 심하다.

28 다음 중 냉매의 물리적 조건이 아닌 것은?

① 상온에서 임계온도가 낮을 것(상온 이하)
② 응고온도가 낮을 것
③ 증발잠열이 크고, 액체 비열이 작을 것
④ 누설 발견이 쉽고, 전열작용이 양호할 것

> **해설**
> 냉매는 임계온도가 높아서 반드시 상온에서 액화할 것

29 2원 냉동장치에는 고온 측과 저온 측에 서로 다른 냉매를 사용한다. 다음 중 저온 측에 사용하기에 적합한 냉매군은 어느 것인가?

① 암모니아, 프로판, R-11
② R-13, 에탄, 에틸렌
③ R-13, R-21, R-113
④ R-12, R-22, R-500

> **해설**
> 2원 냉동장치
> ㉠ $-70℃$ 정도 저온용
> • 고온 측 : R-12($-29.8℃$)
> • 저온 측 : R-22($-40.8℃$)
> ㉡ $-70 \sim -100℃$ 정도 저온용
> • 고온 측 : R-22($-40.8℃$)
> • 저온 측 : R-13($-81.5℃$)

30 냉매의 특성에 관한 다음 사항 중 옳은 것은?

① R-12는 암모니아에 비하여 유분리기가 용이하다.
② R-12는 암모니아보다 냉동력(kcal/kg)이 크다.
③ R-22는 R-12에 비하여 저온용에 부적당하다.
④ R-22는 암모니아 가스보다 무거우므로 가스의 유동저항이 크다.

> **해설**
> ㉠ R-22($CHCClF_2$)는 NH_3보다 무거우므로 가스의 유동저항이 크다.
> ㉡ R-12는 오일과 잘 용해한다.
> ㉢ R-12는 냉동력 38.57kcal/kg이므로 냉동력이 작고 R-22에 비해서는 고온용이다.

31 냉매의 물리적 성질로서 맞는 것은?

① 응고온도는 높을 것 ② 증발잠열이 작을 것
③ 표면장력이 클 것   ④ 임계온도가 높을 것

해설
㉠ 냉매는 임계온도가 높아야 상온에서 쉽게 액화가 가능하다.
㉡ 냉매는 응고온도가 낮고 증발잠열이 크고 점도가 적고 전열작용이 우수하여 표면장력이 작아야 된다.

32 냉동장치 내에 냉매가 부족할 때 일어나는 현상이 아닌 것은?

① 냉동능력이 감소한다.
② 고압이 상승한다.
③ 흡입관에 상이 붙지 않는다.
④ 흡입가스가 과열된다.

해설
냉매가 부족할 때 발생하는 현상
㉠ 냉동능력(kcal/h)이 감소된다.
㉡ 흡입관에 상이 붙지 않는다.
㉢ 흡입가스가 과열된다.

33 냉동장치에 수분이 침입되었을 때 에멀션 현상이 일어나는 냉매는?

① 황산   ② R-12
③ R-22   ④ NH₃

해설
암모니아 냉매에 수분이 혼입하면 에멀션 현상(NH₄OH가 생성되어 오일을 미립자로 분리시키고 우윳빛이 되는 현상)이 발생된다.

34 프레온 냉동장치에서 오일포밍 현상이 급격히 일어나면 피스톤 상부로 다량의 오일이 올라가 오일을 압축하게 되는데, 이때 이상음을 발생시키게 되는 것을 무엇이라 하는가?

① 에멀션 현상   ② 동부착 현상
③ 오일포밍 현상   ④ 오일해머 현상

해설
오일해머 현상이란 프레온 냉동장치에서 오일포밍 현상에 의해 피스톤 상부에서 오일이 압축하여 이상음을 발생시킨 경우에 나타난다.

35 다음 프레온 냉매 중 냉동능력이 가장 좋은 것은?

① R-113
② R-11
③ R-12
④ R-22

해설
① R-113 : 39.2kcal/kg
② R-11 : 45.8kcal/kg
③ R-12 : 38.57kcal/kg
④ R-22 : 52kcal/kg

36 냉동장치의 능력을 나타내는 단위로서 냉동톤(RT)이 있다. 1냉동톤을 설명한 것으로 옳은 것은?

① 0℃의 물 1kg을 24시간에 0℃의 얼음으로 만드는 데 필요한 열량
② 0℃의 물 1ton을 24시간에 0℃의 얼음으로 만드는 데 필요한 열량
③ 0℃의 물 1kg을 1시간에 0℃의 얼음으로 만드는 데 필요한 열량
④ 0℃의 물 1ton을 1시간에 0℃의 얼음으로 만드는 데 필요한 열량

해설
1RT란 0℃의 물 1ton(1,000kg)을 24시간 동안 0℃의 얼음으로 만드는 데 필요한 열량(3,320kcal/h)이다.

37 냉매의 특성을 설명한 것 중 맞는 것은?

① NH_3는 R-22보다 열전도가 양호하다.

② NH_3는 R-22보다 배관저항이 크다.

③ NH_3는 R-22보다 내구성이 우수하다.

④ NH_3는 R-22보다 냉동효과가 작다.

해설
㉠ NH_3 열전도율 : 0.43kcal/m · h · ℃(30℃)
㉡ R-22 열전도율 : 0.089kcal/m · h · ℃(30℃)

38 NH_3의 누설검사와 관련이 없는 것은?

① 붉은 리트머스 시험지를 물에 적셔 누설 개소에 대면 청색으로 변한다.

② 유황초에 불을 붙여 누설 개소에 대면 백색 연기가 발생한다.

③ 브라인에 NH_3 누설 시에는 네슬러 시약을 사용하면 다량누설 시 자색으로 변한다.

④ 페놀프탈레인지를 물에 적셔 누설 개소에 대면 청색으로 변한다.

해설
물에 적신 페놀프탈레인지를 냉매 누설 개소에 대면 홍색으로 변화가 일어난다.

39 다음 중 냉매가 갖추어야 할 조건에 해당되지 않는 것은?

① 증발잠열이 클 것

② 증발압력이 낮을 것

③ 비체적이 적당히 작을 것

④ 응축압력이 적당히 낮을 것

해설
냉매는 온도가 낮아도 대기압 이상에서 증발하고 또한 상온에 있어서 비교적 저압에서 액화가 가능해야 한다.

40 다음 설명 중 내용이 맞는 것은?

① 윤활유와 혼합된 프레온 냉매는 오일포밍 현상이 일어나기 쉽다.

② 윤활유 중에 냉매가 용해하는 정도는 압력이 낮을수록 많아진다.

③ 윤활유 중에 냉매가 용해하는 정도는 온도가 높을수록 많아진다.

④ 장치 내의 온도가 낮을수록 동부착 현상을 일으킨다.

해설
프레온 냉매는 크랭크 케이스 내의 압력이 높아지고 온도가 낮아지면 오일은 그 압력과 온도에 상당하는 양의 냉매를 용해하고 있다가 압축기 재가동 시 크랭크 케이스 내 압력이 급격히 떨어지면 오일과 냉매가 급격히 분리되면서 거품이 발생된다.

41 다음 사항 중 틀린 것은?

① H_2의 임계온도는 약 −239℃이다.

② 공기의 임계온도는 150℃이다.

③ R-12 임계압력은 약 41kg/cm² · a이다.

④ 암모니아 임계온도는 약 133℃이다.

해설
공기의 임계온도는 약 192℃이다.

42 R-113의 분자식은?

① C_2HClF_3 　　② $C_2Cl_2F_2$

③ C_2Cl_3F 　　④ $C_2Cl_3F_3$

해설
R-113

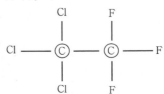

43 냉동장치에서 냉매가 적정량보다 많이 부족한 것을 발견하였다. 이때 제일 먼저 확인해야 할 작업은?

① 누설장소를 찾고 수리한다.
② 냉매의 종류를 확인한다.
③ 펌프 다운시킨다.
④ 냉매를 충전한다.

해설
냉동장치에서 냉매가 적정량보다 부족한 경우 가장 먼저 냉매의 누설장소를 찾아서 수리한다.

44 공비혼합냉매에 대한 설명으로 틀린 것은?

① 서로 다른 냉매를 혼합하여 결점을 보완한 좋은 냉매로 만든다.
② 적당한 비율로 혼합하여 비등점이 일치하는 혼합냉매로 만든다.
③ 공비혼합냉매를 사용하면 응축압력을 감소시킬 수 있다.
④ 공비혼합냉매는 혼합된 후 각각 서로 다른 특성을 지니게 된다.

해설
공비혼합냉매는 혼합된 후 각각 같은 비점의 특성을 가진다.

45 다음 냉매가스 중 표준 냉동 사이클에서 냉동효과가 가장 큰 냉매가스는?

① 프레온 11
② 프레온 13
③ 프레온 22
④ 암모니아

해설
냉동효과
① R-11 : 38.57kcal/kg
② R-13 : 약 20kcal/kg
③ R-22 : 40.15kcal/kg
④ 암모니아 : 269.03kcal/kg

46 냉매의 특성 중 틀린 것은?

① 냉동톤당 소요동력은 증발온도, 응축온도가 변하여도 일정하다.
② 압축비가 클수록 냉매 단위중량당의 압축일이 커진다.
③ 냉매 특성상 동일 냉동능력에 대한 소요동력이 적은 것이 좋다.
④ 압축기의 흡입가스가 과열되었을 때 NH_3는 성적계수가 감소한다.

해설
냉동톤당 소요동력은 증발온도, 응축온도 변화 시 증감된다.

47 냉매 중 NH_3에 대한 설명으로 올바르지 않은 것은?

① 누설 검지가 쉽다.
② 가격이 비싼 편이다.
③ 임계온도, 응고온도 등이 적당하다.
④ 가장 오랫동안 사용되어온 냉매로 대규모 냉동장치에 널리 사용되고 있다.

해설
암모니아 냉매의 특성은 ①, ③, ④에 해당되며, 암모니아는 저렴한 편이다.

48 냉매누설 검지법 중 암모니아의 누설 검지 방법이 아닌 것은?

① 취기
② 붉은 리트머스 시험지
③ 페놀프탈레인지
④ 핼라이드 토치

해설
핼라이드 토치는 프레온 냉매 누설 검지에 사용된다.

정답 **43** ① **44** ④ **45** ④ **46** ① **47** ② **48** ④

49 다음 냉매 중 오존층 파괴 정도가 가장 큰 냉매는?

① R-22
② R-113
③ R-134a
④ R-142b

해설

오존층 파괴지수(ODP)
㉠ R-12 : 100%
㉡ R-113 : 80%
㉢ R-115 : 60%
㉣ R-22 : 5%

50 냉매와 윤활유에 대하여 설명한 것 중 옳은 것은?

① R-12의 액은 윤활유보다 비중이 크다.
② R-12와 윤활유는 혼합이 잘 안 된다.
③ 암모니아액은 윤활유보다 비중이 크다.
④ 암모니아액은 R-12보다 비중이 크다.

해설

㉠ R-12(CCl_2F_2)는 왕복동용에 많이 사용된다.
㉡ 액의 비중은 30℃에서 1.29다(R-12).
㉢ R-12는 윤활유와 혼합이 순조롭다.
㉣ NH_3는 30℃에서 비중이 0.595이다.

51 다음 냉매 중 수분의 냉매에 대한 용해도가 큰 것은?

① R-22
② 암모니아
③ 탄산가스
④ 아황산가스

해설

암모니아 1cc당 수분이 800cc 용해된다.

52 냉매에 대한 다음 설명 중 맞는 것은?

① NH_3는 물과 기름에 잘 녹는다.
② R-12는 기름과 잘 용해하나 물에는 잘 녹지 않는다.
③ R-12는 NH_3보다 전열이 양호하다.
④ NH_3의 비중은 R-12보다 작지만 R-22보다 크다.

해설

R-12
㉠ 기름에 잘 용해한다.
㉡ 물에는 잘 녹지 않는다.
㉢ NH_3보다 전열이 불량하다.

53 다음 냉매 중 원심식 냉동기에 알맞은 냉매는?

① R-11
② R-22
③ R-290
④ R-717

해설

R-11(원심식용) : CCl_3F
CFC(Chloro Fluoro Carbon) 냉매(염소, 불소, 탄소화합 냉매)로서 규제냉매이다.

54 2원 냉동기의 저온 측 냉매로 사용이 적당치 않은 것은?

① R-12
② 프로판
③ R-13
④ R-14

해설

㉠ 2원 냉동 사이클 냉매 : R-22, 프로판, R-13, R-14
㉡ 비등점
 • R-12 : -29.8℃(2원 냉동에서 고온 측)
 • R-13 : -81.5℃
 • C_3H_8 : -42℃
 • R-22 : -40.8℃
 • R-14 : -128.1℃

55 다음 중 프레온계 냉매의 특성이 아닌 것은?

① 화학적으로 안정하다.

② 독성이 없다.

③ 가연성, 폭발성이 없다.

④ 강관에 대한 부식성이 크다.

해설

프레온계 냉매는 Mg을 2% 이상 함유한 Al(알루미늄)을 부식시킨다.

56 왕복동식 암모니아(NH_3) 압축기에서 워터재킷(Water Jacket)의 사용에 대한 설명 중에서 옳은 것은?

① 암모니아(NH_3) 냉매는 다른 냉매에 비하여 비열비가 크기 때문이다.

② 암모니아(NH_3) 냉매는 다른 냉매에 비하여 저온에 사용되기 때문이다.

③ 암모니아(NH_3) 냉매는 다른 냉매에 비하여 비체적이 크기 때문이다.

④ 암모니아(NH_3) 냉매는 다른 냉매에 비하여 압력 범위가 넓기 때문이다.

해설

암모니아 냉매는 비열비가 커서 토출가스 온도가 높기 때문에 워터재킷이 필요하다.

57 다음 중 프레온 냉매에 대해 염려되는 사항은?

① 폭발

② 화재

③ 독성

④ 금속재료의 부식

해설

㉠ 프레온 독성은 불소수가 많고 염소수가 적을수록 독성은 적다.

㉡ 프레온은 HF, HCl 등 산을 생성하여 금속을 부식시킨다.

㉢ Mg이나 Mg을 2% 이상 함유한 Al을 부식시킨다.

58 다음 중 비등점이 가장 높은 것은?(단, 대기압에서)

① NH_3

② CO_2

③ R-502

④ SO_2

해설

비등점

① NH_3 : $-33.3℃$

② CO_2 : $-78.5℃$

③ R-502 : $-45.6℃$

④ SO_2 : $-10℃$

59 프레온계 냉매의 특성으로 거리가 먼 것은?

① 화학적으로 안정하다.

② 비열비가 작다.

③ 전기절연물을 침식시키지 않으므로 밀폐형 압축기에 적합하다.

④ 수분과의 용해성이 극히 크다.

해설

㉠ 암모니아의 특징은 비열비가 높다.

㉡ 프레온은 수분과의 용해도가 극히 작아서 제습기가 필요하다.

60 다음 중 터보 냉동기에 사용하는 냉매는?

① R-11

② R-12

③ R-21

④ R-13

해설

터보 냉동기용 냉매

㉠ R-11

㉡ R-113

정답 55 ④ 56 ① 57 ④ 58 ④ 59 ④ 60 ①

61 R-12를 사용하는 밀폐식 냉동기의 전동기가 타서 냉매가 수백 ℃의 고온에 노출되었을 경우 발생하는 유독기체는?

① 일산화탄소　　　　② 사염화탄소
③ 포스겐　　　　　　④ 염소

해설

R-12 냉매가 고온에 노출되면 독성가스인 포스겐(COl_2)이 발생된다.

62 NH_3 냉동장치에서 토출가스의 과냉각은 몇 ℃가 적당한가?

① 5℃　　　　　　　② 11℃
③ 14℃　　　　　　　④ 21℃

해설

토출가스의 과냉각은 5℃가 가장 이상적이다.

63 다음은 공비냉매의 조합에 대한 설명이다. 틀린 것은?

① R-500＝R-152＋R-12
② R-501＝R-12＋R-22
③ R-502＝R-115＋R-22
④ R-503＝R-13＋R-22

해설

R-503＝R-23＋R-13

64 브라인의 구비조건으로 적당하지 못한 것은?

① 응고점이 낮아야 한다.
② 열전도가 커야 한다.
③ 화학반응을 일으키지 않아야 한다.
④ 점성이 커야 한다.

해설

브라인 간접냉매는 점성이 적어야 동력 소비가 적다.

65 냉매의 설명으로 적당하지 못한 것은?

① 프레온 냉동장치에서 유분리기를 압축기에서 멀리 응축기 가까운 곳에 설치하면 가스온도가 낮아져 유의 점도가 커지므로 분리가 용이하다.
② 프레온 냉동장치에서는 수분에 의한 영향을 막기 위해 건조기를 설치한다.
③ NH_3 냉동장치에서의 패킹 재료로서 천연고무가 사용된다.
④ 압축효율 증대를 위해 NH_3 냉동장치에서는 워터재킷을 설치한다.

해설

프레온 냉매는 온도가 오히려 높아야 오일과 냉매가스 분리가 용이하다. 압축기와 응축기 사이의 1/4 지점에 유분리기를 설치한다.

66 NH_3를 충전할 때 지켜야 할 사항으로 적당하지 못한 것은?

① 화기를 취급하는 장소를 피한다.
② 충전 시 적정 규정량을 충전한다.
③ 가스가 다른 곳으로 발산되지 않도록 한다.
④ 저장능력이 1만 kg 이하인 경우 주택과의 거리는 10m 이상의 거리를 가진다.

해설

독성가스가 1만 kg 이하일 경우 제2종 보호시설(주택)과는 12m 이상의 거리를 둔다.

67 다음 중 초저온에 가장 적합한 냉매는?

① R-11　　　　　　　② R-12
③ R-13　　　　　　　④ R-114

해설

㉠ 초저온 냉매 : R-22, R-13, R-14
㉡ 비등점 ･ R-13 : -81.3℃, $CClF_3$
　　　　 ･ R-22 : -40.8℃, $CHClF_2$

68 메탄계 냉매 R-22의 분자식은?

① CCl_4

② CCl_3F

③ $CHCl_2F$

④ $CHClF_2$

해설

㉠ $CHClF_2 = R-22$

㉡ $CHCl_2F = R-21$

㉢ $CCl_3F = R-11$

69 냉매 중 NH_3에 대한 설명으로 옳지 않은 것은?

① 누설검지가 대체적으로 쉽다.

② 응고점이 비교적 낮아 초저온용 냉동에 적합하다.

③ 독성, 가연성, 폭발성이 있다.

④ 경제적으로 우수하여 대규모 냉동장치에 널리 사용되고 있다.

해설

암모니아(NH_3) 냉매

㉠ 응고점 : $-77.3℃$(저온용은 부적당)

㉡ 초저온용 냉매 : R-22, R-13, R-14

70 다음 중 할로겐화 탄화수소 냉매가 아닌 것은?

① R-114

② R-115

③ R-134

④ R-717

해설

㉠ 암모니아 냉매 : R-717

㉡ NH_3 분자량 : 17

71 유기질 브라인으로서 마취성이 있고, $-100℃$ 정도의 식품 초저온 동결에 사용되는 것은?

① 에틸알코올

② 염화칼슘

③ 에틸렌글리콜

④ 염화나트륨

해설

에틸알코올(C_2H_5OH)

72 암모니아 가스의 제독제로 올바른 것은?

① 물

② 가성소다

③ 탄산소다

④ 소석회

해설

암모니아 가스의 제독제 : 물(H_2O)

73 암모니아 냉동장치 중에 다량의 수분이 함유될 경우 윤활유가 우윳빛으로 변하게 되는 현상은?

① 커퍼플레이팅 현상

② 오일포밍 현상

③ 오일해머 현상

④ 에멀션 현상

해설

에멀션(유탁액, Emulsion) 현상

NH_3를 사용하는 냉동장치에 수분이 반응하여 알칼리성 암모니아수가 발생하여 ($NH_3 + H_2O \rightarrow NH_4OH$) 오일과 접촉오일 입자를 미세하게 갈라놓아 오일이 우윳빛으로 변화되는 현상

74 흡수식 냉동장치와 증기분사식 냉동장치의 냉매로 사용되는 것은?

① 물

② 공기

③ 프레온

④ 탄산가스

해설

흡수식, 증기분사식 냉동기의 냉매 : 물

75 다음 냉매 중에서 흡수식 냉동기에 가장 적합한 것은?

① R-502

② 황산

③ 암모니아

④ R-22

정답 68 ④ 69 ② 70 ④ 71 ① 72 ① 73 ④ 74 ① 75 ③

해설

흡수식의 냉동기에서 냉매는 암모니아나 H_2O가 이상적이다.

76 브라인 동파 방지대책이 아닌 것은?

① 동결 방지용 온도조절기 사용
② 브라인 부동액을 첨가 사용
③ 응축압력 조정밸브 설치 사용
④ 단수릴레이 사용

해설

응축압력 조정밸브와 브라인 동파 방지대책은 관련성이 없다.

77 증발온도와 응축온도가 일정하고 과냉각도가 없는 냉동 사이클에서 압축기에 흡입되는 상태가 변화했을 때의 $P-h$선도 중 건조포화압축 냉동 사이클은?

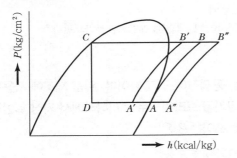

① A−B−C−D−A
② A′−B′−C−D−A′
③ A″−B″−C−D−A″
④ A′−B′−B″−A″−A′

해설

① 건압축, ② 습압축, ③ 과열압축

78 흡수식 냉동장치에서 암모니아가 냉매로 사용될 때 흡수제는 어떤 것인가?

① LiBr
② $CaCl_2$
③ NH_3
④ H_2O

해설

암모니아 냉매 시 흡수제 : 물(H_2O)

79 냉매의 구비조건으로 틀린 것은?

① 저온에서는 증발압력이 대기압 이하일 것
② 임계온도가 높고 상온에서 액화될 것
③ 증발잠열이 크고 액체 비열이 작을 것
④ 증기의 비열비가 작을 것

해설

냉매는 저온에서도 대기압 이상의 압력에서 증발하고 상온에서 비교적 저압에서 액화가 가능하여야 한다.

80 브라인에 대한 설명 중 옳은 것은?

① 브라인은 냉동능력을 낼 때 잠열형태로 열을 운반한다.
② 에틸렌 글리콜, 프로필렌 글리콜, 염화칼슘 용액은 유기질 브라인이다.
③ 염화칼슘 브라인은 그중에 용해되고 있는 산소량이 많을수록 부식성이 적다.
④ 프로필렌 글리콜은 부식성, 독성이 없어 냉동식품의 동결용으로 사용된다.

해설

프로필렌 글리콜 브라인 냉매는 부식성이 없고 식품 동결에 사용된다.

81 다음의 내용 중 잘못 설명된 것은?

① CFC 프레온 냉매는 안전하므로 누출되어도 환경에 전혀 문제가 없다.

② 물을 냉매로 하면 증발온도를 0℃ 이하로 운전하는 것은 불가능하다.

③ 응축기 내에 들어 있는 불응축 가스는 전열효과를 저하시킨다.

④ 2원 냉동장치는 초저온 냉각에 사용되는 것이다.

해설

프레온 냉매가 누설되면 오존층의 파괴로 환경에 막대한 지장을 준다.

82 프레온 냉동장치에 수분이 침입하였을 경우 장치에 미치는 영향이 아닌 것은?

① 동 부착 현상　　　② 팽창밸브 동결

③ 장치 부식 촉진　　　④ 유탁액 현상

해설

에멀션(유탁액, Emulsion) 현상

NH_3를 사용하는 냉동장치에 수분이 반응하여 알칼리성 암모니아수가 발생하여 $(NH_3 + H_2O \rightarrow NH_4OH)$ 오일과 접촉오일 입자를 미세하게 갈라놓아 오일이 우윳빛으로 변화되는 현상

83 냉매가 냉동기유에 다량으로 융해되어 압축기 가동 시 크랭크 케이스 내의 압력이 급격히 낮아지면서 발생하는 현상은?

① 오일흡착 현상　　　② 오일에멀션 현상

③ 오일포밍 현상　　　④ 오일캐비테이션 현상

해설

오일포밍 현상

냉매가 냉동기유에 다량으로 융해되어 압축기 기동 시 크랭크 케이스 내의 압력이 급격히 낮아지면서 냉매가 분리되며 유면이 약동하면서 윤활유 거품이 일어나는 프레온 냉동기 현상

84 브라인에 암모니아 냉매가 누설되었을 때, 적합한 누설 검사방법은?

① 리트머스 시험지로 검사한다.

② 누설 검지기로 검사한다.

③ 핼라이드 토치로 검사한다.

④ 네슬러 시약으로 검사한다.

해설

브라인 냉매에 암모니아 냉매가 누설되면 네슬러 시약을 떨어뜨렸을 때 소량은 황색, 다량은 자색으로 나타난다.

85 2원 냉동장치에 사용하는 냉매로서 저온 측의 냉매로 옳은 것은?

① R-717

② R-718

③ R-14

④ R-22

해설

저온 냉매

R-13, R-14, 에틸렌, 메탄, 에탄, 프로판가스

86 공정점이 −55℃이며, 얼음 제조에 사용되는 무기질 브라인으로 우리나라에서 가장 일반적으로 쓰이는 것은?

① 염화칼슘 수용액

② 염화마그네슘 수용액

③ 에틸렌 글리콜

④ 에틸렌 글리콜 수용액

해설

염화칼슘 냉매의 공정점 : −55℃

87 다음 브라인(Brine)에 관한 설명 중 옳은 것은?

① 식염수 브라인의 공정점보다 염화칼슘 브라인의 공정점이 높다.
② 브라인의 부식성을 없애기 위해 되도록 공기와 접촉시키지 않는 것이 좋다.
③ 무기질 브라인보다 유기질 브라인의 부식성이 더 크다.
④ 브라인은 약한 산성이 좋다.

해설
브라인 냉매의 부식성을 없애기 위해 되도록 공기와 접촉시키지 않는 것이 좋다.

88 다음 중 수소, 염소, 불소, 탄소로 구성된 냉매계열은?

① HFC계 ② HCFC계
③ CFC계 ④ 할론계

해설
㉠ H : 수소   ㉡ C : 탄소
㉢ F_2 : 불소   ㉣ Cl_2 : 염소

89 다음 중 비등점이 가장 낮은 냉매는?(단, 대기압에서)

① R-500 ② R-22
③ NH_3 ④ R-12

해설
① R-500 : $-33.3℃$
② R-22 : $-40.8℃$
③ NH_3 : $-33.3℃$
④ R-12 : $-29.8℃$

90 기준 냉동 사이클에서 흡입압력이 높은 순서대로 나열된 것은?

① R-12>R-22>NH_3
② R-22>NH_3>R-12
③ NH_3>R-22>R-12
④ R-12>NH_3>R-22

해설
$-15℃$에서의 흡입압력
㉠ R-22 : $3.03kg/cm^2$
㉡ NH_3 : $2.41kg/cm^2$
㉢ R-12 : $1.862kg/cm^2$

91 암모니아 냉매 배관을 설치할 때 시공방법으로 틀린 것은?

① 관이음 패킹 재료는 천연고무를 사용한다.
② 흡입관에는 U트랩을 설치한다.
③ 토출관의 합류는 Y접속으로 한다.
④ 액관의 트랩부에는 오일 드레인 밸브를 설치한다.

해설
냉매 배관에서 U트랩을 설치하면 오일이 고이므로 가급적 피한다.

92 냉매와 화학분자식이 옳게 짝지어진 것은?

① R-113 : CCl_3F_3
② R-114 : CCl_2F_4
③ R-500 : $CCl_2F_2 + CH_2CHF_2$
④ R-502 : $CHClF_2 + C_2ClF_5$

해설
① R-113 : $C_2Cl_3F_3$
② R-114 : $C_2Cl_2F_4$
③ R-500 : CCl_2F_2 / CH_3CHF_2

93 다음 중 냉동기유에 가장 용해하기 쉬운 냉매는 어느 것인가?

① R-11   ② R-13
③ R-14   ④ R-502

해설
오일에 비교적 용해가 잘되는 냉매
R-11, R-12, R-21, R-113

94 공정점이 −55℃이고 저온용 브라인으로서 일반적으로 제빙, 냉장 및 공업용으로 많이 사용되고 있는 것은?

① 염화칼슘   ② 염화나트륨
③ 염화마그네슘   ④ 프로필렌글리콜

해설
공정점
① 염화칼슘 : −55℃
② 염화나트륨 : −21℃
③ 염화마그네슘 : −33.6℃

95 브라인 부식 방지 처리에 관한 설명으로 틀린 것은?

① 공기와 접촉하면 부식성이 증대하므로 공기와 접촉하지 않는 순환방식을 채택한다.
② CaCl₂ 브라인 1L에는 중크롬산소다 1.6g을 첨가하고 중크롬산소다 100g마다 가성소다 27g씩을 첨가한다.
③ 브라인은 산성을 띠게 되면 부식성이 커지므로 pH 7.5~8.2로 유지되도록 한다.
④ NaCl 브라인 1L에 대하여 중크롬산소다 0.6g을 첨가하고 중크롬산소다 100g마다 가성소다 2.7g씩을 첨가한다.

해설
NaCl 브라인 1L에 대하여 중크롬산소다 3.2g을 첨가하고 중크롬산소다 100g마다 가성소다 27g씩을 첨가하여 부식을 방지한다.

96 냉매에 대한 설명으로 틀린 것은?

① 암모니아에는 동 또는 동합금을 사용해도 좋다.
② R-12, R-22에는 강관을 사용해도 좋다.
③ 암모니아는 물에 잘 용해된다.
④ 암모니아액은 냉동기유보다 가볍다.

해설
암모니아 냉매는 동이나 동합금 사용은 금물이다(동 부식 발생).

[03장] 냉매선도와 냉동 사이클

···01 냉매의 상태변화

1 냉동기의 4대 구성요소

냉동이란 냉매의 증발잠열(kJ/kg)을 이용하여 증발기 주위의 열을 빼앗는 작용이다. 이를 위해서는 아래 그림처럼 냉매가스를 압축기로 압축하여 압력(MPa)을 높인 다음, 응축기에서 물이나 공기로 냉각시키면 응축되어 고압용기에 보관되고, 이것을 필요한 양만큼 팽창밸브로 조절해주면서 증발기로 보내게 된다. 이때 냉동기의 구성요소인 압축기, 응축기, 팽창밸브, 증발기를 냉동기의 4대 구성요소라 한다.

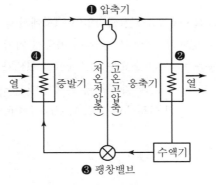

❚ 냉동기의 구성요소 ❚

2 냉동 사이클

냉동기의 4대 요소를 순서대로 배관으로 연결하면 회로가 형성된다. 이것을 '냉동의 4대 사이클'이라 한다.

이 냉동 사이클을 $P-i$ 선도로 나타내면 아래 그림과 같고 이 네 가지 과정에서 냉매 상태를 변화시키거나 조절하여 필요로 하는 저온을 얻게 된다.

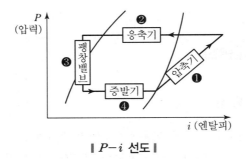

‖ $P-i$ 선도 ‖

···02 냉매증기선도

냉동장치 내를 순환하고 있는 냉매가스는 끊임없이 액체에서 증기로, 증기에서 액체로 그 상태가 변화하고 있다. 장치 내의 냉매가스가 어느 곳에서 어떻게 되어 있는지를 알아야 하거나, 효율이 좋은 운전을 하기 위해 냉동능력이나 소요동력을 계산할 필요가 있을 때에는 장치 내 냉매상태를 추적하는 것이 필요하다. 이때 냉매상태의 추적을 위해 냉매선도를 사용하게 되는데, 이들 선도 중 많이 사용되는 것이 $T-s$ 선도와 몰리에르 선도(Mollier Diagram)인 $P-i$ 선도로, 특히 $P-i$ 선도가 많이 사용된다.

■ $T-s$ 선도

세로축에 절대온도 T, 가로축에 엔트로피 s를 취한 선도로, 선도상의 면적이 바로 열량을 나타낸다. 아래 그림에서처럼 $K-A-B$선이 포화액선이고 K는 임계점을 나타낸다. 포화액선 좌측에서 $K-T_c$선 이하가 액체상태이며 포화증기선보다 우측이 과열증기의 상태로서 이 양선 사이 $B-K-D$로 둘러싸이는 범위가 습증기 구역이다. 등건조도선은 이 습증기 구역의 가로폭을 등분하여 각각 등분점을 연결한 것이다. 다만, $T-s$ 선도는 일량이나 열량 등이 면적으로 표시되므로 다시 계산이 필요해 실제 사용에는 다소 불편한 점이 있다.

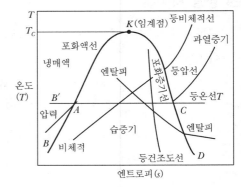

‖ $T-s$ 선도의 구성 ‖

2 $P-i$ 선도(Mollier Diagram)

일명 '몰리에르 선도'라고도 하며 냉동장치의 계산에 매우 중요하게 사용되는 선도이다. 냉동장치 내를 순환하는 냉매 1kg의 사이클 구성과정 중 각종 작업과정과 상태식을 나타내는 선도이다.

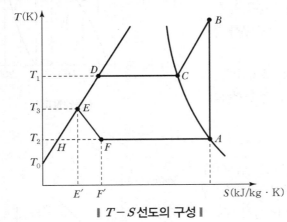

- $A - B$: 압축과정
- $B - C$: 과열제거과정
- $C - D$: 응축액화과정
- $D - E$: 과냉각과정
- $E - F$: 교축과정
- $F - A$: 증발과정
- T_1 : 응축온도
- T_2 : 증발온도
- T_3 : 팽창밸브 직전 온도

‖ $T - S$ 선도의 구성 ‖

1) 포화액선과 건(조)포화증기선

① 포화액선 : 과냉각액 구역과 습포화증기 구역을 구분하는 선으로, 포화압력에 따른 포화온도의 점들을 이은 선을 의미한다.

② 건(조)포화증기선 : 습포화증기 구역과 과열증기 구역을 구분하는 선으로 포화압력에 따른 습포화 증기가 건조포화증기 상태로 바뀌는 점들을 이은 선을 의미한다.

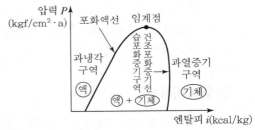

‖ 포화액선과 건포화증기선 ‖

2) 등압선(P, kg/cm² · a)

① 가로축과 평행하며 등압선상에서는 어느 점이든 압력은 동일하다.

② 냉매의 상태변화과정 중의 응축과정과 증발과정 중의 절대압력을 알 수 있으며 압축비를 구할 수 있다.

③ 아래로 내려간 선일수록 낮은 압력을 나타낸다.

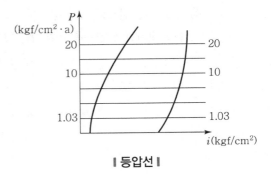

‖ 등압선 ‖

3) 등엔탈피선(h, kcal/kg)

① 세로축과 평행하며 냉매상태에 따른 각각의 엔탈피를 알 수 있다.

② 냉매 1kg이 함유하고 있는 열량을 알 수 있으며 냉동능력, 소요능력, 응축부하 등을 계산할 수 있다.

③ 우측으로 갈수록 엔탈피값은 증가한다.

④ 동일 엔탈피선상의 엔탈피값은 일정하다.

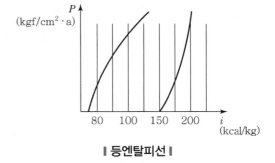

┃ 등엔탈피선 ┃

4) 등온선(t, ℃)

① 과냉각구역에서는 등엔탈피선, 습증기구역에서는 등압선과 일치하며, 과열증기구역에서는 우측 하단으로 비스듬히 내려간 선으로 표시된다.

② 냉매의 상태변화에 따른 각각의 온도를 알 수 있다.

③ 증발온도, 응축온도, 흡입가스온도, 토출가스온도 등을 알 수 있다.

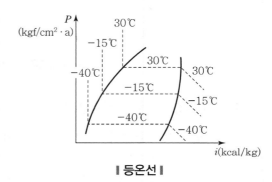

┃ 등온선 ┃

5) 등비체적선(v, m³/kg)

① 압축기로 흡입되는 냉매가스 1kg당의 체적을 알 수 있다. 습증기구역에서 과열증기구역으로 건포화증기선을 경계로 약간 경사도를 달리하며 점선으로 오른쪽으로 비스듬히 올라간 선으로 표시된다.

② 아래로 내려간 선일수록 비체적은 크다.

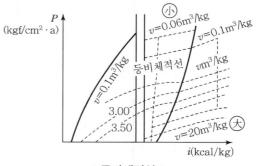

┃ 등비체적선 ┃

6) 등건조도선(x)

① 습증기구역 내에서만 존재하는 선으로 냉매 중에 포함된 증기량의 비율을 표시한 선이다.

② 포화액의 건조도는 0이고 건(조)포화증기의 건조도는 1이다.

③ 증발 또는 응축과정에서 액과 증기의 비율 및 팽창밸브의 통과 시 발생된 플래시 가스(Flash Gas)의 양을 알 수 있다.

④ 건조도 표시 크기 : $0 \leq x \leq 1$

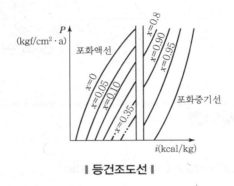

┃ 등건조도선 ┃

7) 등엔트로피선(s, kcal/kg · K)

① 습증기구역에서 과열증기구역으로 비스듬히 올라간 곡선으로 표시한 선이다.

② 압축기에서 압축과정을 단열과정으로 간주하여 압축과정 중의 엔트로피 값은 일정하며 선도 상에서 등엔트로피과정을 나타낸다.

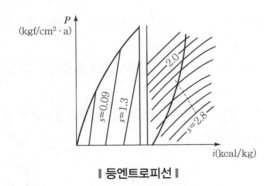

┃ 등엔트로피선 ┃

참고 몰리에르($P-i$) 선도의 전체적인 구성요소

• 등압선(P, kgf/cm² · a) • 등엔탈피선(h, kcal/kg)

• 등온선(t, ℃) • 등비체적선(v, m³/kg)

• 등건조도선(x) • 등엔트로피선(s, kcal/kg · K)

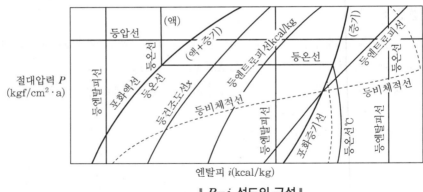

‖ $P-i$ 선도의 구성 ‖

••• 03 이론 냉동 사이클

1 역카르노 사이클(Converse Carnot's Cycle)

카르노 사이클은 1924년 프랑스 물리학자 카르노가 제안한 사이클로서 두 개의 등온선과 두 개의 단열선으로 구성되는 가역 사이클이다. 그러나 냉동에 사용되는 사이클은 카르노 사이클의 반대방향으로 작동한다. 역카르노 사이클을 $P-v$ 선도와 $T-s$ 선도로서 나타낸 것이다.

① 단열압축($A-B$) : 저온 T_s의 동작유체는 단열상태에서 압축을 받고 고온 T_1까지 상승한다. (압축기)

② 등온압축($B-C$) : 고온 T_1의 동작유체는 Q_1만큼의 열량을 외부에 버리고 등온압축이 된다. (응축기)

③ 단열팽창($C-D$) : 고온 T_1의 C상태는 단열상태로 팽창되어 T_2의 온도까지 저하한다. (팽창밸브)

④ 동온팽창($D-A$) : 저온 T_2로 강하된 동작유체는 피냉각물로부터 열량 Q_2를 흡수하고 등온팽창되어 A점으로 되돌아온다. (증발기)

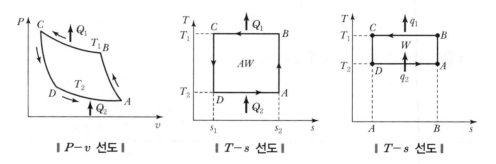

‖ $P-v$ 선도 ‖ ‖ $T-s$ 선도 ‖ ‖ $T-s$ 선도 ‖

② 성적계수(COP)

① $T-s$ 선도에서 $Q_1 = Q_2 + AW$ 또는 $AW = Q_1 - Q_2$

② 냉동 사이클에 소비되는 열량에 대해 이용하는 열량의 비, 즉 냉동기의 COP는 다음과 같이 산정한다.

$$\text{COP} = \frac{Q_2}{AW} = \frac{Q_2}{Q_1 - Q_2} = \frac{T_2}{T_1 - T_2}$$

여기서, Q_1 : 고온 측으로 방출하는 열량(kcal)

T_1 : 고온 측 절대온도(K)

Q_2 : 저온 측에서 흡수하는 열량(kcal)

T_2 : 저온 측 절대온도(K)

AW : 압축과정에서 공급받는 일의 열당량(kcal)

···04 실제 냉동 사이클

$P-i$ 선도는 냉매의 특성값을 하나의 선도상에 표시한 것으로 냉동장치의 기본적인 네 가지 변화 (압축 → 응축 → 팽창 → 증발)를 선도상에 그려서 설계 계산을 하거나 운전상태를 점검하기 위하여 사용한다.

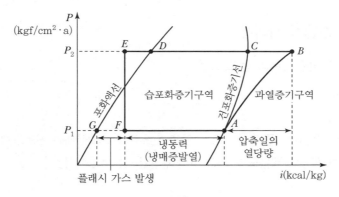

‖ $P-i$ 선도 ‖

① 냉동 사이클을 그릴 때의 주의사항

① 증발기 내에서의 냉매가 증발하는 동안의 변화나 응축기 내에서 냉매가 응축하는 동안의 변화는 일정압력하에서 일어나는 정압변화로서 수평선으로 표시된다.

② 압축기 실린더 내에서의 가스압축은 단열압축으로 간주하여 엔트로피가 일정하다고 본다. 따라서 압축과정은 등엔트로피선으로 표시한다.

③ 냉매가 팽창밸브를 통과하면서 일어나는 교축작용 시 엔탈피의 값은 같다고 가정하고 등엔탈피선, 즉 수직선으로 표시된다.

④ 증발기와 응축기를 제외한 부분에서는 냉매와 그 주위의 열교환이 없고, 또한 장치 내에서도 마찰 등으로 인한 압력손실이 없는 것으로 가정한다.

참고 $P-i$ 선도상의 냉동 사이클과 냉동장치도의 관계

1단 압축 사이클의 냉동장치도와 $P-i$ 선도의 관계는 다음과 같다.

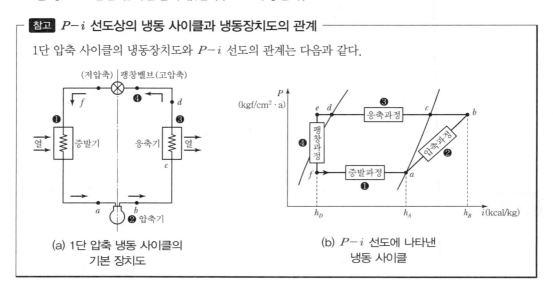

(a) 1단 압축 냉동 사이클의 기본 장치도

(b) $P-i$ 선도에 나타낸 냉동 사이클

---

❷ 냉동장치 기준냉동 사이클

1) 기준냉동 사이클에서의 온도조건

① 증발온도 : $-15℃$

② 응축온도 : $+30℃$

③ 압축기의 흡입가스온도 : $-15℃$(압축기 흡입가스의 상태는 건조포화증기 상태이다.)

④ 팽창밸브 직전의 액온도 : $+25℃$(과냉각 온도는 $5℃$이다.)

2) 기준냉동 사이클의 작도

① 응축온도에 상당하는 압력의 등압선을 긋는다.

② 증발온도에 상당하는 압력의 등압선을 긋는다.

③ 팽창밸브 직전 냉매의 상태점을 찾아 수직선을 긋는다.

┅05 냉동효과 및 압축기 압축량 계산식

1 냉동효과(냉동력, q)

냉매 1kg이 증발기에서 흡수하는 열량을 의미한다.

> q=증발기 출구냉매 엔탈피-팽창밸브 냉매출구 냉매엔탈피

2 압축기 압축일의 열당량(AW)

압축기에서 저압증기 1kg을 응축압력까지 압축하는 데 필요한 일의 열당량을 의미한다.

> AW=압축기 토출가스 냉매 엔탈피-압축기 냉매 흡입증기 엔탈피

3 응축기 방열량(q_c)

압축기에서 토출된 냉매 1kg이 응축기에서 버려야 할 열량을 의미한다.

> q_c=냉동효과-압축기 압축일의 열량

| 냉동효과 | 압축일의 열당량 | 응축기 방열량 |

4 냉매순환량(G)

증발기에서 단위시간에 냉동 사이클을 순환하는 냉매량(단위시간에 냉매가 증발기에서 증발하는 양)을 의미한다.

$$G=\frac{\text{냉동능력}}{\text{냉동효과}}=\left(\frac{\text{이론적 피스톤 압출량}}{\text{압축기 흡입증기 냉매의 비체적}}\right)\times\text{체적효율}$$

5 순환냉매 증기의 체적(V)

단위시간당 증발기에서 증발된 냉매 중 압축기에서 흡입하는 체적을 의미한다.

$$V = 냉매순환량 \times 압축기\ 흡입증기\ 비체적$$

6 이론적 압축기 피스톤 압출량(V_a)

$$V_a = \frac{\pi}{4}d^2 \times L \times N \times n \times 60\,[\mathrm{m^3/h}]$$

7 실제적 압축기 피스톤 압출량(V_g)

$$V_g = \frac{\pi}{4}d^2 \times L \times N \times n \times 60 \times nV$$

여기서, nV(체적효율)$= \dfrac{V_g}{V_a} = \dfrac{실제적\ 피스톤\ 압출량}{이론적\ 피스톤\ 압출량}$

8 냉동능력(RT)

$$RT = \frac{V_a \times (i_a - i_e) \times \eta_v}{3,320 \times v_a}$$

9 다단압축 및 다원냉동 냉동능력(R)

$$R = \frac{VH + 0.08V_1}{C}$$

10 회전식 압축기의 냉동능력(R)

$$R = \frac{60 \times 0.785 \times t \times n(D^2 - d^2)}{C}$$

⑪ 원심식 압축기의 냉동능력(R)

$$R = \frac{\text{압축기의 전동기 정격출력}(\text{kW})}{1.2}$$

⑫ 흡수식 냉동기의 냉동능력(R)

$$R = \frac{\text{시간당 발생기의 가열능력(입열량)}}{6,640}$$

⑬ 이론적 · 실제적 냉동기의 성적계수(COP)

- 이론적 냉동기 성적계수(COP) $= \dfrac{\text{냉동효과}}{\text{압축일의 열당량}} = \dfrac{q}{AW}$

$$= \frac{i_a - i_e}{i_b - i_a} = \frac{T_1}{T_2 - T_1} = \frac{Q_1}{Q_2 - Q_1}$$

- 실제적 냉동기 성적계수(COP) $= \dfrac{q}{AW} \times$ 압축효율 $\times$ 기계효율

- 히트펌프 성적계수(COP) = 냉동기 성적계수 + 1

⑭ 압축기의 압축비(CR)

$$CR = \frac{P_2}{P_1} = \frac{\text{고압의 절대압력}}{\text{저압의 절대압력}}$$

⑮ 압축기 지시동력(N_i)

$$N_i = \frac{N_{ia}}{\eta_c}$$

⑯ 실제압축기 소요동력(N)

$$N = \frac{\text{이론동력}}{\text{압축효율} \times \text{기계효율}} = \frac{N_{ia}}{\eta_c \times \eta_m} = \frac{N_i}{\eta_m} = \frac{A \cdot P_m \cdot C_m}{75}$$

17 효율

$$압축효율(\eta_c) = \frac{이론적으로\ 냉매가스를\ 압축하는\ 소요동력(N_{ia})}{실제적으로\ 냉매가스를\ 압축하는\ 소요동력(N_i)}$$

$$기계효율(\eta_m) = \frac{N_{ia}}{N_s} = \frac{\eta_c}{N_s} = \frac{N_i}{\eta_c \times N_s}$$

$$= \frac{실제로\ 가스를\ 압축하는\ 데\ 소요되는\ 동력}{실제로\ 압축기를\ 운전하는\ 데\ 소요되는\ 동력}$$

18 체적효율(η_v)

$$\eta_v = \frac{V_g}{V_n} = \frac{실제적\ 피스톤\ 압출량(m^3/h)}{이론적\ 피스톤\ 압출량(m^3/h)}$$

여기서, V_a : 이론적 피스톤 압출량(m^3/h)

v_a : 압축기 흡입가스 비체적(m^3/kg)

C : 냉매가스의 상수

V_h : 압축기 표준 회전속도에 있어서 최종단 기통의 1시간당 압출량(m^3/h)

V_1 : 압축기 표준 회전속도에 있어서 최종단 또는 최종원 앞의 기통의 1시간당 피스톤 압출량(m^3/h)

$\frac{\pi}{4}d^2$: 압출기 단면적(m^3)

L : 기통수 길이(m)

η : 분당 피스톤 회전수(rpm)

N : 압축기 기통수

D : 기통의 내경(m)

d : 회전 피스톤의 내경(m)

⋯06 냉매압축과 과열도

1 건압축

압축기가 흡입하는 냉매증기 상태가 건조포화증기 상태이며 냉동기의 표준압축 방식이다. 실제적으로 냉동기 운전에서는 건압축에서 성적계수가 크다.

2 습압축

압축기에 흡입하는 냉매 중에 냉매액이 남아 있는 상태의 압축이다. 냉동 사이클 효율이 저하되고 액백(리퀴드백, Liquid Back)이 심하면 액해머(Hammer)에 의해 압축기가 파손된다.

3 과열압축

순환냉매량이 부족하거나 부하가 증가하는 등의 이유로 압축기가 과열증기를 흡입하는 압축의 형식이다. 즉, 동일 증발압력 상태에서 냉매온도만 상승시킨 증기이다.

4 과열도

> 과열도＝압축기 흡입가스온도 − 증발온도

① 과열도가 커지면 압축기 토출가스 온도가 상승하고 실린더가 과열한다.
② 흡입가스 온도가 5° 과열이면 토출가스 온도는 7°씩 증가한다.

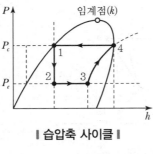

‖ 습압축 사이클 ‖

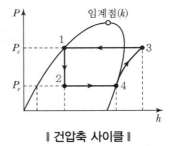

‖ 건압축 사이클 ‖

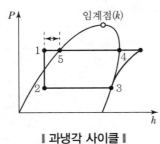

‖ 과냉각 사이클 ‖

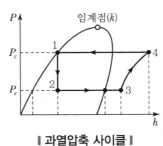

‖ 과열압축 사이클 ‖

참고 냉동 사이클의 변화과정

- 압축과정($a \rightarrow b$) : 압력, 온도 상승, 비체적 감소, 엔트로피 불변, 엔탈피 증가
- 과열제거($b \rightarrow c$) : 압력 불변, 온도 강하, 비체적 감소, 엔탈피 감소
- 응축과정($c \rightarrow d$) : 압력 불변, 온도 일정, 엔탈피 감소, 건조도 감소
- 과냉각과정($d \rightarrow e$) : 압력 불변, 온도 강하, 엔탈피 감소
- 팽창과정($e \rightarrow f$) : 압력 강하, 온도 강하, 엔탈피 불변, 비체적 증대
- 증발과정($f \rightarrow a$) : 압력 불변, 온도 일정, 엔탈피 증가

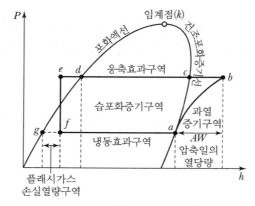

‖ $P-h$ 선도(압력엔탈피선도) ‖

③ 압축기 흡입가스의 상태점을 찾아 등엔트로피선을 긋는다.

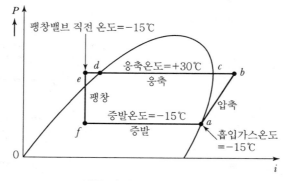

‖ 냉동 사이클의 $P-i$ 선도 ‖

··· 07 냉동 사이클에서 냉매의 상태변화 시 열계산

1 1단 압축 냉동 사이클

1) 암모니아 냉매(NH₃) 표준 냉동 사이클

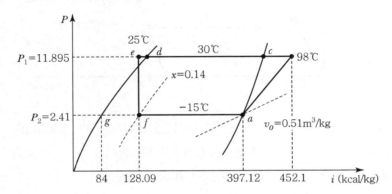

① 냉동력 : $q_e = i_a - i_e = 397.12 - 128.09 = 269.03 \text{kcal/kg}$

② 압축일량 : $AW = h_b - h_a = 452.1 - 128.09 = 324.01 \text{kcal/kg}$

③ 응축부하 : $q_c = h_b - h_e = 452.1 - 128.09 = 324.01 \text{kcal/kg}$

$\qquad\qquad q_c = q_e + AW = 269.03 + 54.98 = 324.01 \text{kcal/kg}$

④ 이론적 성적계수 : $\text{COP} = \dfrac{q_e}{AW} = \dfrac{269.03}{54.98} = 4.89$

⑤ 증발잠열 : $q = h_a - h_g = 397.12 - 84 = 313.12 \text{kcal/kg}$

⑥ 플래시 가스 열량 : $F = h_e - h_g = 128.09 - 84 = 44.09 \text{kcal/kg}$

⑦ 압축비 : $P = \dfrac{P_2}{P_1} = \dfrac{11.895}{2.41} = 4.94$

⑧ 건조도 : $x = \dfrac{F}{q} = \dfrac{44.09}{313.12} = 0.14$

⑨ 1RT당 냉매순환량 : $G = \dfrac{Q}{q_e} = \dfrac{3,320}{269.03} = 12.3 \text{kg/h}$

⑩ 1RT당 소요동력 : $\text{HP} = \dfrac{G \times AW}{632} = \dfrac{12.3 \times 54.98}{632} = 1.07 \text{HP}$

⑪ 1RT당 응축부하 : $Q_c = G \times q_c = 12.3 \times 324.01 = 3,985.32 \text{kcal/h}$

⑫ 1RT당 비체적 : $V = v_a \times G = 0.51 \times 12.3 = 6.27 \text{m}^3/\text{h}$

2) 프레온 냉매(R-22) 표준 냉동 사이클

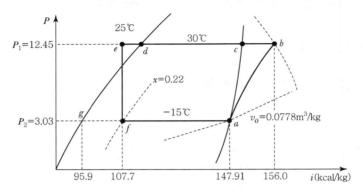

① 냉동력 : $q_e = h_a - h_e = 147.91 - 107.7 = 40.21\text{kcal/kg}(168.32\text{kJ/kg})$

② 압축일량 : $AW = h_b - h_a = 156 - 147.91 = 8.09\text{kcal/kg}$

③ 응축부하 : $q_c = h_b - h_e = 156 - 107.7 = 48.3\text{kcal/kg}$

$$q_c = q_e + AW = 40.21 + 8.09 = 48.3\text{kcal/kg}$$

④ 이론적 성적계수 : $\text{COP} = \dfrac{q_e}{A_w} = \dfrac{40.21}{8.09} = 4.97$

⑤ 증발잠열 : $q = h_a - h_g = 147.91 - 95.9 = 52.01\text{kcal/kg}$

⑥ 플래시 가스 열량 : $F = h_e - h_g = 107.7 - 95.9 = 11.8\text{kcal/kg}$

⑦ 압축비 : $P = \dfrac{P_2}{P_1} = \dfrac{12.45}{3.03} = 4.04$

⑧ 건조도 : $x = \dfrac{F}{q} = \dfrac{11.8}{52.01} = 0.22$

⑨ 1RT 냉매순환량 : $G = \dfrac{Q}{q_e} = \dfrac{3,320}{40.21} = 82.57\text{kg/h}$

⑩ 1RT당 소요동력 : $\text{HP} = \dfrac{G \times AW}{632} = \dfrac{82.57 \times 8.09}{632} = 1.06\text{HP}$

⑪ 1RT당 응축부하 : $Q_c = G \times q_c = 82.57 \times 48.3 = 3,988.13\text{kcal/h}$

⑫ 1RT당 비체적 : $V = v_a \times G = 0.0778 \times 82.57 = 6.42\text{m}^3/\text{h}$

> **참고** 냉매가스 중 플래시 가스(Flash Gas)의 정의
>
> • 냉동장치에서 냉매액이 팽창밸브를 통과하면서 액의 일부가 가스로 바꾸어버린 상태
> • 냉매가 기체로 변한 상태에서 증발기로 들어오면 증발잠열로 인한 열의 흡수를 할 수 없다.(실제 냉매 순환량 감소)
> • 액관이 가열되었거나, 압력강하가 일어났을 때 많이 발생된다.

② 2단 압축 냉동 사이클

1) 채용 목적

한 대의 압축기를 이용하여 저온의 증발온도($-30 \sim -50$℃ 이하)를 얻는 경우 증발압력 저하로 압축비의 상승 및 실린더 과열, 체적효율 감소, 냉동능력 저하, 성적계수 저하, 윤활유의 열화, 탄화냉동능력당의 소요동력 증대 등의 영향이 우려되므로 이를 방지하기 위하여 2대 또는 그 이상의 압축기를 설치하여 압축비 감소로 효율적인 냉동을 행할 수 있다.

2) 2단 압축의 채용 구분

① 압축비가 6 이상이 되는 냉동장치인 경우
② NH₃ 냉동장치에서는 -35℃ 이하의 저온을 얻고자 하는 경우
③ 프레온 냉동장치에서는 -50℃ 이하의 저온을 얻고자 하는 경우

3) 중간압력의 산정(P_m)

중간압력이란 저단 압축기의 토출압력과 고단압축기의 흡입압력을 말한다.

$$\frac{P_2}{P_1} = \frac{P_3}{P}, \quad P_2 = P_m$$

$$P_m = \sqrt{P_1 \times P_2}$$

여기서, P_m : 중간절대압력(kg/cm² · a)
　　　　P_1 : 응축절대압력(kg/cm² · a)
　　　　P_2 : 증발절대압력(kg/cm² · a)

4) 2단 압축 1단 팽창 사이클

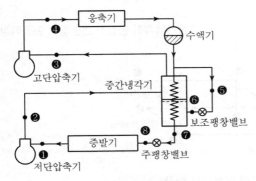

‖2단 압축 1단 팽창‖

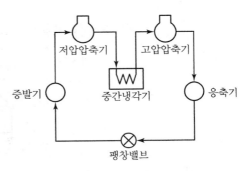

‖중간냉각이 불안전한 2단 압축 1단 팽창‖

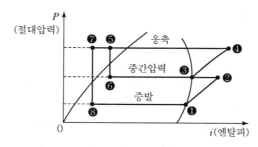

‖ 2단 압축 1단 팽창 ‖

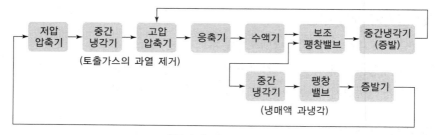

‖ 냉동장치 내 냉매의 순환과정 ‖

5) 2단 압축 2단 팽창 사이클

증발기로 들어가는 냉매의 건도를 개선할 목적으로 개량된 사이클이 2단 팽창 사이클이다.

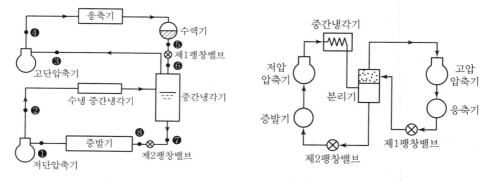

‖ 2단 압축 2단 팽창 ‖   ‖ 중간냉각이 완전한 2단 압축 2단 팽창 ‖

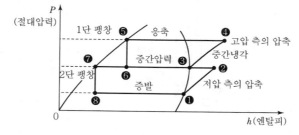

‖ 2단 압축 2단 팽창 ‖

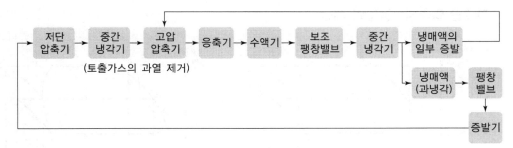

┃ 냉동장치 내 냉매의 순환과정 ┃

6) 2단 압축 냉동장치의 역할

2단 압축에서 가장 효율이 좋은 중간압력은 고압, 저압의 압축비가 동일할 때이며, 프레온 냉매는 −50℃ 이하, 암모니아 냉매는 −35℃ 이하일 때 2단 압축을 많이 채택한다.

① 중간냉각기(Intercooler)의 역할
- 저단 측 토출가스의 온도를 냉각시켜 고단 측 압축기의 과열을 방지한다.
- 증발기에 공급되는 고압액을 과냉각시켜 냉동효과 및 성적계수 등을 향상시킨다.
- 고단 측 압축기의 흡입가스 중 냉매액을 분리시켜 액압축을 방지한다.

> **참고 중간냉각**
>
> 물로 하는 경우, 물과 냉매로 하는 경우가 있으며, 중간냉각기는 개방식인 플래시식 중간냉각기, 밀폐식인 액냉각식 중간냉각기, 직접팽창식 중간냉각기가 있다.

② 저단 측 압축기(부스터, Booster)의 역할
- 증발압력에서 중갑압력까지 압축시키기 위한 보조적인 압축기이다.
- 고단 측 압축기보다 용량이 커야 한다.

③ 콤파운드 압축기(Compound Compressor)
저단 측 압축기와 고단 측 압축기를 한 대의 압축기로 만든 것이다.

> **참고 부스터 압축기**
>
> 저단 측 압력이 현저하게 낮아지면 1대의 압축기로서는 저압가스를 고압인 응축압력까지 압축하기 어려워서 보조적인 압축기로 저압(증발압력)과 고압의 중간압력까지 압축하는 압축기이다.

7) 2단 압축냉동장치의 계산

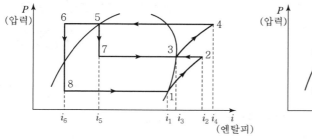

| 2단 압축 1단 팽창 사이클 | | 2단 압축 2단 팽창 사이클 |

① 저단 측 냉매 순환량(G_L : kg/h)

$$G_L = \frac{Q_2}{(h_1 - h_s)}$$

여기서, Q_2 : 냉동능력(kcal/h)

② 중간냉각기 냉매 순환량(G_m : kg/h)

$$G_m = \frac{G_L[(h_2 - h_3) + (h_5 - h_6)]}{(h_3 - h_7)}$$

③ 고단 측 냉매 순환량(G_H : kg/h)

$$G_H = G_L + G_m \qquad \text{또는} \qquad G_H = G_L \times \frac{(h_2 - h_6)}{(h_3 - h_7)}$$

④ 저단 압축일량($A W_L$: kcal/h)

$$A W_L = G_L(h_2 - h_1)$$

⑤ 고단 압축일량($A W_H$: kcal/h)

$$A W_H = G_H(h_4 - h_3)$$

⑥ 성적계수(COP)

$$\text{COP} = \frac{Q}{A W_L + A W_H}$$

③ 2원 냉동장치

1) 채용 목적

−70℃ 이하의 초저온을 얻기 위하여 각각 다른 2개의 냉동 사이클을 조합하여 고온 측 증발기로 응축기의 냉매를 냉각시키는 방법이다. 각각의 독립된 냉동 사이클을 온도적 2단계로 분리하여 저온 측의 응축기와 고온 측의 증발기인 캐스케이드 콘덴서(Cascade Condenser)를 열교환시키도록 한 냉동 사이클이다.

2) 사용 냉매

① 고온 측 냉매 : R−12, R−22(비등점이 높은 냉매)
② 저온 측 냉매 : R−13, R−14, R−503, 에틸렌, 메탄, 에탄, 프로판

3) 냉동장치도와 $P-i$ 선도

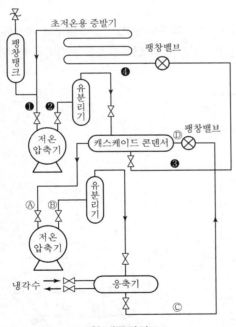

‖2원 냉동장치도 ‖

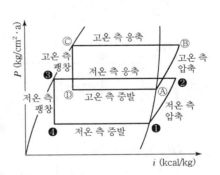

‖2원 냉동장치의 $P-i$ 선도 ‖

4) 2원 냉동 장치의 부속장치

① 팽창탱크(Expansion Tank)
- 장치운전 중 저온 측 냉동기가 정지하였을 때 초저온 냉매의 증발로 인한 체적팽창으로 저온 측 냉동장치가 파손되는 것을 방지하는 장치이다.
- 2원 냉동장치 중 저온 측 증발기 출구에 설치한다.
- '압력토출탱크' 또는 '압력보호용기'라고도 한다.

② 캐스케이드 콘덴서(Cascade Condenser)
- 저온 측 응축기의 열을 효과적으로 제거하여 냉매액으로 응축액화시킨다.
- 저온 측 응축기와 고온 측의 증발기를 조합한 것으로, 저온 측의 열을 고온 측으로 이동시킨다.

4 다효압축

증발온도가 다른 2개의 증발기에서 발생하는 압축기를 압축하는데, 저압흡입구는 피스톤 상부에, 고압흡입구는 뚫려 있는 피스톤행정 최하단 실린더 벽을 통해 압축가스를 혼합하여 압축한다.

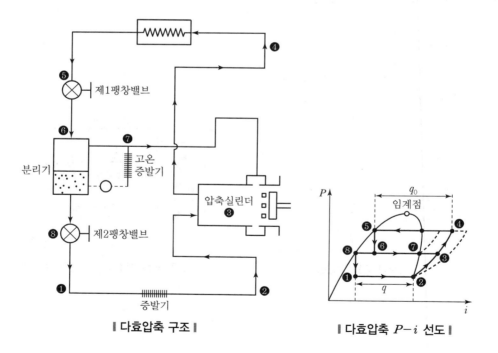

‖ 다효압축 구조 ‖   ‖ 다효압축 $P{-}i$ 선도 ‖

[03장] 출제예상문제

01 $P-h$ 선도의 구성요소에 대한 설명으로 적당한 것은?

① 압축과정은 등엔탈피선에서 이루어진다.

② 팽창과정은 등엔트로피선에서 이루어진다.

③ 등비체적선은 습증기구역 내에서만 존재하는 선이다.

④ 등압선에서 응축과정과 증발과정의 절대압력을 알 수 있다.

[해설]

$P-h$ 선도(압력-엔탈피)

㉠ 등압선에서 증발압력과 응축압력을 알 수 있으며 압축비를 구할 수 있다.

㉡ 몰리에선도에서 등압선, 등엔탈피선, 등엔트로피선, 등온선, 등비체적선, 등건조도선을 알 수 있다.

02 다음과 같은 R-22 냉동장치의 $P-h$ 선도에서의 이론 성적계수는?

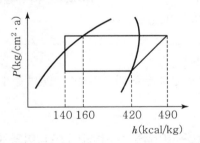

① 3.7

② 4

③ 4.7

④ 5

[해설]

$420-140=280\text{kcal/kg}$

$490-420=70\text{kcal/kg}$

$\therefore \dfrac{280}{70}=4\text{COP}$

03 응축온도가 13℃이고, 증발온도가 -13℃인 카르노사이클에서 냉동기의 성적계수는 얼마인가?

① 0.5

② 2

③ 5

④ 10

[해설]

$273-13=260\text{K}, \ 273+13=286\text{K}$

$\text{COP}=\dfrac{260}{286-260}=10$

04 다음 $P-h$ 선도에서 압축일량과 성적계수는 각각 얼마인가?

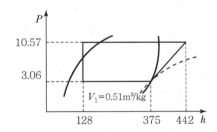

① 압축일량 : 67kcal/kg, 성적계수 : 4.68

② 압축일량 : 247kcal/kg, 성적계수 : 3.9

③ 압축일량 : 67kcal/kg, 성적계수 : 3.68

④ 압축일량 : 247kcal/kg, 성적계수 : 3.68

[해설]

㉠ 압축일량 $= 442-375 = 67\text{kcal/kg}$

㉡ 성적계수 $= \dfrac{375-128}{67} = 3.68$

---

05 다음 중 $P-h$ 선도의 등건조도선에 대한 설명으로 적당하지 못한 것은?

① 습증기 구역 내에서만 존재하는 선이다.

② 과열증기구역에서 우측 하단으로 비스듬히 내려간 선이다.

③ 포화액의 건조도는 0이고 건조포화증기의 건조도는 1이다.

④ 팽창밸브 통과 시 발생한 플래시 가스량을 알기 위한 선이다.

해설

②는 온도선에 대한 설명이다.

06 냉동톤(RT)에 대한 설명 중 맞는 것은?

① 한국 1냉동톤은 미국 1냉동톤보다 크다.

② 한국 1냉동톤은 3,024kcal/h이다.

③ 냉동능력은 응축온도가 낮을수록, 증발온도가 낮을수록 좋다.

④ 1냉동톤은 0℃의 얼음이 1시간에 0℃의 물이 되는 데 필요한 열량이다.

해설

㉠ 한국 1냉동톤 : 3,320kcal/h
㉡ 미국 1냉동톤 : 3,024kcal/h

07 증기 속에 수분이 많을 경우에 대한 설명 중 틀린 것은?

① 건조도가 작다.

② 증기 엔탈피가 증가한다.

③ 배관에 부식이 발생하기 쉽다.

④ 증기 손실이 크다.

해설

㉠ 증기 속에 엔탈피는 수분이 없을 때 증가한다.
㉡ 수분이 많으면 건조도 x가 감소하여 엔탈피가 감소한다.

08 냉동 사이클에서의 냉매상태 변화를 옳게 설명한 것은?

① 압축과정 : 압력 상승, 비체적 감소

② 응축과정 : 압력 일정, 엔탈피 증가

③ 팽창과정 : 압력 강하, 엔탈피 감소

④ 증발과정 : 압력 일정, 온도 상승

해설

① 압축과정 : 압력 상승, 비체적 감소, 엔탈피 증가, 온도 상승

② 응축과정 : 압력 일정, 엔탈피 감소, 온도 하강

③ 팽창과정 : 압력 강하, 엔탈피 일정, 온도 하강

④ 증발과정 : 압력 일정, 엔탈피 증가, 온도 일정

09 다음 설명 중 틀린 것은?

① 냉동동력 2kW는 약 0.52냉동톤이다.

② 냉동동력 10kW, 압축기 동력 4kW의 냉동장치에 있어 응축부하는 14kW이다.

③ 냉매증기를 단열압축하면 온도는 높아지지 않는다.

④ 진공계의 지시값이 10cmHg인 경우, 절대압력은 약 0.9kg/cm²이다.

해설

단열압축
압력 상승, 온도 상승, 비체적 감소, 엔탈피 증가

10 표준사이클을 유지하고 암모니아의 순환량을 186kg/h로 운전했을 때의 소요동력은 몇 kW인가?(단, 1kW는 860kcal/h, NH₃ 1kg을 압축하는 데 필요한 열량은 몰리에르 선도상에서는 56kcal/kg이라 한다.)

① 24.2kW
② 12.1kW
③ 36.4kW
④ 28.6kW

정답 **05** ② **06** ① **07** ② **08** ① **09** ③ **10** ②

해설

$186 \times 56 = 10,416 \text{kcal/h}$

$\therefore \dfrac{10,416}{860} = 12.11 \text{kW}$

11 $P-h$ 선도상의 번호명칭 중 맞는 것은?

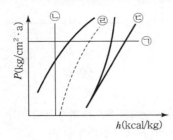

① ㉠ : 등비체적선
② ㉡ : 등엔트로피선
③ ㉢ : 등엔탈피선
④ ㉣ : 등건조도선

해설
㉠ 등압선
㉡ 등엔탈피선
㉢ 등엔트로피선
㉣ 등건조도선

12 압축비의 설명 중 알맞은 것은?

① 고압 압력계가 나타내는 압력을 저압 압력계가 나타내는 압력으로 나눈 값에 1을 더한 값이다.
② 흡입압력이 동일할 때 압축비가 클수록 토출가스 온도는 저하된다.
③ 압축비가 적어지면 소용동력이 증가한다.
④ 응축압력이 동일할 때 압축비가 적어지면 소요동력은 감소한다.

해설
④ 응축압력이 동일할 때 압축비가 적어지면 소요동력이 감소한다.

13 암모니아 냉동기의 냉동능력이 40,000kcal/h 이고, 성적계수가 15, 압축일이 60kcal/kg일 때 냉매 순환량은?

① 14.4kg/h
② 24.4kg/h
③ 34.4kg/h
④ 44.4kg/h

해설
냉매 순환량 $= \dfrac{40,000}{15 \times 60} = 44.4 \text{kg/h}$

14 다음과 같은 건조 증기 압축 냉동 사이클(Cycle)에서 성적계수는 얼마인가?

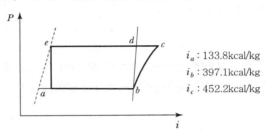

i_a : 133.8kcal/kg
i_b : 397.1kcal/kg
i_c : 452.2kcal/kg

① 5.11
② 4.82
③ 5.37
④ 4.78

해설
$Q = 397.1 - 133.8 = 263.3 \text{kcal/kg}$

$A = 452.2 - 397.1 = 55.1 \text{kcal/kg}$

$\therefore \text{COP} = \dfrac{263.3}{55.1} = 4.778$

15 몰리에르 선도상에서 알 수 없는 것은?

① 냉동능력
② 성적계수
③ 압축비
④ 압축효율

해설
$P-h$ 선도(몰리에르 선도)를 통해 알 수 있는 것
㉠ 등압선
㉡ 등엔탈피선
㉢ 등온선
㉣ 등비체적선
㉤ 등엔트로피선
㉥ 등건조도선

정답 **11** ④ **12** ④ **13** ④ **14** ④ **15** ④

16 25℃의 순수한 물 50kg을 10분 동안에 0℃까지 냉각하려 할 때, 최저 몇 냉동톤의 냉동기를 써야 하는가?(단, 손실은 흡수 열량의 25%이고 냉동톤은 한국 냉동톤으로 한다.)

① 1.53냉동톤

② 1.98냉동톤

③ 2.82냉동톤

④ 3.13냉동톤

해설

$$냉동톤 = \frac{\{50 \times 1(25-0) \times 1.25\} \times \dfrac{60}{10}}{3,320} = 2.82RT$$

※ 1RT = 3,320kcal/h

17 1분간에 25℃의 순수한 물 100L를 3℃로 냉각하기 위하여 필요한 냉동기의 냉동톤은?

① 0.66

② 39.76

③ 37.67

④ 45.18

해설

$RT = 3,320kcal/h$

$$\therefore RT = \frac{100 \times 1 \times (25-3) \times 60}{3,320} = 39.76$$

18 냉동 사이클에서 응축온도를 일정하게 하고, 압축기 흡입가스의 상태를 건포화증기로 할 때 증발온도를 상승시키면 어떤 결과가 나타나는가?

① 압축비 증가

② 냉동효과 증가

③ 성적계수 감소

④ 압축일량 증가

해설

응축온도 일정, 증발온도 상승 시에는 냉동효과가 증가한다.

19 다음과 같은 $P-h$ 선도에서 온도가 가장 높은 곳은?

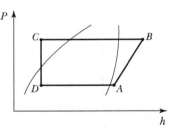

① A

② B

③ C

④ D

해설

압축기 토출부 냉매의 온도가 가장 높다.

(A : 압축기 입구, B : 압축기 출구)

20 100RT의 터보 냉동기에 순환되는 냉수량(L/min)을 구하면 약 얼마인가?(단, 냉각기 입구에서 냉수의 온도는 12℃, 출구에서는 6℃이며, 또 응축기로 들어오는 냉각수의 온도는 32℃, 출구의 온도는 37℃이다.)

① 1,922L/min

② 1,439L/min

③ 1,107L/min

④ 922L/min

해설

$100RT = 3.320 \times 100 = 332.000kcal/h$

$$\therefore w = \frac{332.000}{(12-6) \times 60} = 922L/min$$

21 $P-h$ 선도(몰리에르 선도)에서 팽창밸브 통과 시 발생한 플래시 가스(Flash Gas)량을 알기 위해 필요한 선은?

① 등건조도선

② 등비체적선

③ 동온선

④ 등엔트로피선

해설

등건조도선은 $P-h$ 선도에서 팽창밸브 통과 시 플래시 가스량을 알 수 있다.

정답 **16** ③ **17** ② **18** ② **19** ② **20** ④ **21** ①

22 다음의 $P-h$ 선도(몰리에르 선도)에서 등온선을 나타낸 것은?

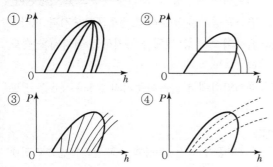

① P — h
② P — h
③ P — h
④ P — h

② 등온선
③ 등엔트로피선

23 다음 중 습공기 선도의 종류에 속하지 않는 것은?(단, h는 엔탈피, x는 절대습도, t는 건구온도, P는 압력을 각각 나타낸다.)

① $h-x$ 선도
② $t-x$ 선도
③ $t-h$ 선도
④ $P-h$ 선도

해설

$P-h$ 선도는 냉동기 몰리에르 선도이다.

24 얼음 두께 280mm, 브라인 온도 $-9℃$일 때 결빙에 소요되는 시간은?

① 약 25시간
② 약 49시간
③ 약 60시간
④ 약 75시간

해설

$$h = \frac{0.56t^2}{-(t_b)} = \frac{0.56 \times (28)^2}{-(-9)} = 48.78시간$$

※ 280mm = 28cm

25 다음 중 냉동능력의 단위로 옳은 것은?

① kcal/kg · m^2
② kcal/h
③ m^3/h
④ kcal/kg · ℃

해설

㉠ 냉동기 1RT : 3,320kcal/h
㉡ 냉각탑 1RT : 3,900kcal/h(냉동기 1.65RT)

26 2단 압축 냉동장치에 있어서 흡입압력 진공도가 7cmHg · Gauge(P_o), 토출압력이 13kg/cm^2 · Gauge(P_k)일 때 이상적인 중간압력은?

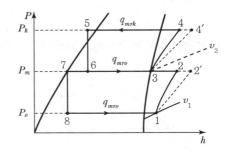

① 1.5kg/cm^2 · G
② 2.6kg/cm^2 · G
③ 3.6kg/cm^2 · G
④ 4.0kg/cm^2 · G

해설

$$\left\{\sqrt{0.937 \times (1+13)}\right\} - 1 = 2.6\text{kg/cm}^2 \cdot G$$

※ 절대압 $= 1,033 \times \dfrac{76-7}{76} = 0.937\text{kg/cm}^2$

27 다음은 R-22 표준 냉동 사이클의 $P-h$ 선도이다. 압축일량은?

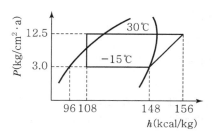

① 8kcal/kg ② 48kcal/kg
③ 52kcal/kg ④ 60kcal/kg

> **해설**
> $A = 156 - 148 = 8kcal/kg$

28 다음의 그림은 무슨 냉동 사이클이라고 하는가?

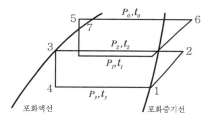

① 2단 압축 1단 팽창 냉동 사이클
② 2단 압축 2단 팽창 냉동 사이클
③ 2원 냉동 사이클
④ 강제 순환식 2단 사이클

> **해설**
> 2원 냉동법
> ㉠ 2단 압축보다 더욱 저온을 얻을 수 있다.
> ㉡ 비등점이 서로 다른 2종의 냉매를 사용한다.
> ㉢ 압축기를 각각 병렬로 연결한다.

29 습포화증기에 관한 사항 중 올바른 것은?

① 가열하면 과열증기, 포화증기 순으로 진행된다.
② 습포화증기를 냉각하면 건조포화증기가 된다.
③ 습포화증기 중 액체가 차지하는 질량비를 습도라 한다.
④ 대기압하에서 습포화증기의 온도는 98℃ 정도이다.

> **해설**
> ① 습포화증기 → 건포화증기 → 과열증기 순으로 진행된다.
> ② 습포화증기를 냉각하면 응축수가 된다.
> ④ 대기압하에서 습포화증기의 온도는 100℃이다.

30 냉동기의 냉동능력이 24,000kcal/h, 압축일이 5kcal/kg, 응축열량이 35kcal/kg일 경우 냉매 순환량은?

① 600kcal/h ② 800kcal/h
③ 700kcal/h ④ 4,000kcal/h

> **해설**
> 냉매 순환량 $= \dfrac{24,000}{35-5} = 800kcal/h$

31 3,320kcal의 열량에 해당되는 것은?

① 1USRT
② 1,417,640kg · m
③ 19,588BTU
④ 5.86kW

> **해설**
> $1kcal = 427kg \cdot m$
> $\therefore 3,320 \times 427 = 1,417,640kg \cdot m$

32 암모니아 냉동장치가 다음 몰리에르 선도에 표시되어 있는 것과 같이 운전될 때 냉매순환량 G (kg/h) 및 압축기 실제 소요동력 N(kW)은 얼마인가?(단, 냉동능력은 10RT(한국)이고, 압축효율 70%, 기계효율 80%이다.)

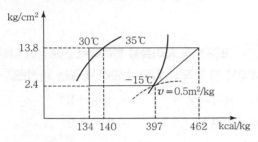

① G : 26.2kg/h, N : 27.4kW
② G : 66.2kg/h, N : 5.7kW
③ G : 96.2kg/h, N : 34.4kW
④ G : 126.2kg/h, N : 17.0kW

해설
$10RT = 3,320 \times 10 = 33,200 \text{kcal/h}$
㉠ $\dfrac{33,200}{397 - 134} = 126.2 \text{kg/h}$
㉡ $\dfrac{126.2 \times (462 - 397)}{860 \times 0.7 \times 0.8} = 17 \text{kW}$

33 2단 압축 냉동 사이클에 대한 설명으로 틀린 것은?

① 2단 압축이란 증발기에서 증발한 냉매 가스를 저단 압축기와 고단 압축기로 구성되는 2대의 압축기를 사용하여 압축하는 방식이다.
② NH₃ 냉동장치에서 증발온도가 −30℃ 정도 이하가 되면 2단 압축을 하는 것이 유리하다.
③ 압축비가 10 이상이 되는 냉동장치인 경우에만 2단 압축을 해야 한다.
④ 최근에는 한 대의 압축기로 각각 다른 2대의 압축기 역할을 할 수 있는 콤파운드 압축기를 사용하기도 한다.

해설
압축비가 6 이상이 되면 2단 압축이 필요하다.

34 다음 중 이상적인 냉동 사이클은?

① 역카르노 사이클
② 랭킨 사이클
③ 브리튼 사이클
④ 스털링 사이클

해설
이상적인 냉동 사이클은 역카르노 사이클이다.
㉠ 냉동기 성적계수 $= \dfrac{Q_2}{AW} = \dfrac{Q_2}{Q_1 - Q_2} = \dfrac{T_2}{T_1 - T_2}$
㉡ 열펌프 성적계수 $= \dfrac{Q_1}{AW} = \dfrac{Q_1}{Q_1 - Q_2} = \dfrac{T_1}{T_1 - T_2}$
㉢ 카르노 사이클의 역방향은 역카르노 사이클이다.

35 가역사이클인 냉동기의 능력이 20RT, 증발온도 −10℃, 응축온도 20℃에서 작동하고 있다. 이 냉동기의 이론적 소요동력은 몇 마력인가?

① 17.74PS
② 11.98PS
③ 10.76PS
④ 9.87PS

해설
성적계수(COP) $= \dfrac{273 - 10}{(273 + 20) - (273 - 10)} = 8.76$
동력(PS) $= \dfrac{Q_e}{632 \times COP} = \dfrac{20 \times 3,320}{632 \times 8,76} = 11.98 \text{PS}$

36 1냉동톤(한국 RT)이란?

① 65kcal/min
② 3,320kcal/hr
③ 1.92kcal/sec
④ 55,680kcal/day

해설
㉠ 한국 1RT = 3,320kcal/h
㉡ 미국 1RT = 3,024kcal/h
㉢ 흡수식 1RT = 6,640kcal/h
㉣ 냉각탑 1RT = 3,900kcal/h

정답 **32** ④ **33** ③ **34** ① **35** ② **36** ②

37 2단 압축 1단 팽창 사이클에서 중간냉각기 주위에 연결되는 장치로서 적당하지 못한 것은?

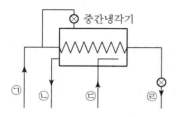

① ㉠ : 수액기로부터

② ㉡ : 고단측 압축기로

③ ㉢ : 응축기로부터

④ ㉣ : 증발기로부터

해설

㉢ 저단 압축기로부터

38 다음의 역카르노 사이클에서 냉동장치의 각 기기에 해당되는 구간이 바르게 연결된 것은?

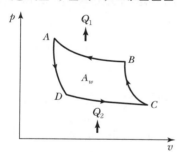

① $B→A$: 응축기
　$C→B$: 팽창밸브
　$D→C$: 증발기
　$A→D$: 압축기

② $B→A$: 증발기
　$C→B$: 압축기
　$D→C$: 응축기
　$A→D$: 팽창밸브

③ $B→A$: 응축기
　$C→B$: 압축기
　$D→C$: 증발기
　$A→D$: 팽창밸브

④ $B→A$: 압축기
　$C→B$: 응축기
　$D→C$: 증발기
　$A→D$: 팽창밸브

해설

역카르노 사이클(냉동 사이클)

㉠ $B→A$(응축기)

㉡ $C→B$(압축기)

㉢ $D→C$(증발기)

㉣ $A→D$(팽창밸브)

39 표준 냉동 사이클을 몰리에르 선도상에 나타내었을 때 온도와 압력이 변하지 않는 과정은?

① 과냉각과정

② 팽창과정

③ 증발과정

④ 압축과정

해설

냉동기에서 몰리에르 선도상의 증발과정에서는 온도와 압력이 변하지 않는다.

40 몰리에르 선도를 이용하여 압축기 피스톤경 130mm, 행정 90mm, 4기통, 1,200rpm으로서 표준상태로 작동하고 있다. 이때 냉매 순환량은 약 몇 kg/h인가?

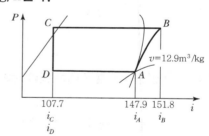

[R−22 몰리에르 선도]

① 26.7

② 343.8

③ 1,257.4

④ 4,438.1

해설

$$V=\frac{3.14}{4}×(0.13)^2×0.09×4×1,200×60=343.87\text{m}^3/\text{h}$$

$$∴ \ G=\frac{343.87}{12.9}=26.66\text{kg/h}$$

정답　**37** ③　**38** ③　**39** ③　**40** ①

41 단단 증기압축식 이론 냉동 사이클에서 응축부하가 10kW이고 냉동능력이 6kW일 때 이론 성적계수는 얼마인가?

① 0.6 ② 1.5
③ 1.67 ④ 2.5

해설

10kW − 6kW = 4kW

$$\therefore \frac{6}{4} = 1.5$$

42 열펌프에서 압축기 이론 축동력이 3kW이고, 저온부에서 얻은 열량이 7kW일 때 이론 성적계수는 약 얼마인가?

① 1.43 ② 1.75
③ 2.33 ④ 3.33

해설

3kWh = 2,580kcal

7kWh = 6.020kcal

$$\therefore COP = \frac{2,580 + 6,020}{2,580} = 3.33$$

43 어떤 냉동기를 사용하여 25℃의 순수한 물 100L를 −10℃의 얼음으로 만드는 데 10분이 소요되었다고 한다면, 이 냉동기는 약 몇 냉동톤인가?(단, 1냉동톤은 3,320kcal/h, 냉동기의 모든 효율은 100%이다.)

① 3냉동톤 ② 16냉동톤
③ 20냉동톤 ④ 25냉동톤

해설

물의 현열 = 100 × 1 × 25 = 2,500kcal

물의 응고잠열 = 100 × 80 = 8,000kcal

얼음의 현열 = 100 × 0.5 × [0 − (−10)] = 500kcal

Q = 2,500 + 8,000 + 500 = 11,000kcal

$$\therefore \frac{11,000 \times \frac{60}{10}}{3,320} \fallingdotseq 20RT$$

44 그림에서 습압축 냉동 사이클은 어느 것인가?

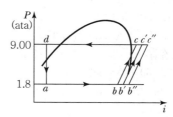

① $ab'c'da$ ② $bb''c''cb$
③ $ab''c''da$ ④ $abcda$

해설

① 건압축
③ 과열압축
④ 습압축

45 1제빙톤은 몇 냉동톤인가?(단, 원료수의 온도는 25℃ 기준임)

① 1.25RT ② 1.45RT
③ 1.65RT ④ 1.85RT

해설

1제빙톤 = 1.65RT(5478kcal/h)

46 고압(응축압력)이 18kg/cm² · a, 저압(증발압력)이 5kg/cm² · a일 때 압축비는?

① 2 ② 3.6
③ 4.5 ④ 6.0

해설

압축비 $= \frac{18}{5} = 3.6$

※ 압축비가 6 이상이면 2단 압축이 필요하다.

47 표준 냉동 사이클에서 과냉각도는 얼마인가?

① 45℃
② 30℃
③ 15℃
④ 5℃

해설

표준 냉동 사이클
- ㉠ 증발온도 : $-15℃(5℉)$
- ㉡ 응축온도 : $30℃(86℉)$
- ㉢ 팽창밸브 직전 온도 : $25℃(77℉)$
- ㉣ 압축기 흡입가스 온도 : $-15℃$ 건조증기

∴ 과냉각도 $= 30 - 25 = 5℃$

48 1냉동톤(한국)에 대한 설명으로 옳은 것은?

① 0℃의 물 1,000kg을 24시간 동안에 0℃의 얼음으로 만드는 냉동능력

② 25℃의 물 1,000kg을 24시간 동안에 0℃의 얼음으로 만드는 냉동능력

③ 0℃의 물 1,000kg을 24시간 동안에 $-10℃$의 얼음으로 만드는 냉동능력

④ 0℃의 물 1,000kg을 24시간 동안에 0℃의 얼음으로 만드는 냉동능력

해설

1RT

0℃의 물 1,000kg을 24시간 동안 0℃의 얼음으로 만들 수 있는 능력

49 팽창밸브 직후의 냉매 건조도를 0.23, 증발 잠열을 52kcal/kg이라 할 때 이 냉매의 냉동효과는 약 몇 kcal/kg인가?

① 226
② 40
③ 38
④ 12

해설

$52 × 0.23 = 11.96$kcal/kg

∴ $52 - 11.96 = 40.04$kcal/kg

50 다음 중 실제 증기압축 냉동 사이클의 설명으로 맞지 않는 것은?

① 실제 냉동 사이클과 이론적인 냉동 사이클의 차이는 주로 압축기에서 발생한다.

② 압축기를 제외한 시스템의 모든 부분에서 냉매 배관의 마찰저항 때문에 냉매유동의 압력강하가 존재한다.

③ 실제 냉동 사이클의 압축과정에서 소요되는 일량은 표준 증기 압축사이클보다 감소하게 된다.

④ 사이클의 작동유체는 순수물질이 아니라 냉매와 오일의 혼합물로 구성되어 있다.

해설

- ㉠ 압축일의 열당량(AW) = 압축기 토출가스 냉매 엔탈피 − 증발기 출구 냉매가스 엔탈피
- ㉡ 실제 압축과정에서 소요되는 일량은 표준상태보다 증가한다.

51 암모니아 기준 냉동 사이클에서 1RT를 얻기 위한 시간당 냉매 순환량은?

① 11.32kg/hr
② 12.34kg/hr
③ 13.32kg/hr
④ 14.34kg/hr

해설

1RT $= 3,320$kcal/h

NH_3 냉매의 냉동효과 $= 269$kcal/kg

∴ $G = \dfrac{3,320}{269} = 12.342$kg/h

52 역카르노 사이클은 어떤 상태변화과정으로 이루어져 있는가?

① 2개의 등온과정, 1개의 등압과정
② 2개의 등압과정, 2개의 단열과정
③ 2개의 단열과정, 1개의 교축과정
④ 2개의 단열과정, 2개의 등온과정

정답 **47** ④ **48** ① **49** ② **50** ③ **51** ② **52** ④

해설

역카르노 사이클(냉동 사이클)
㉠ 2개의 단열과정(단열압축, 단열팽창)
㉡ 2개의 등온과정(등온팽창, 등온압축)

53 $P-h$ 선도상의 $a-b$ 변화과정 중 맞는 것은?

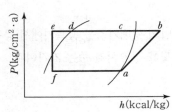

① 압력 저하　　　② 온도 저하
③ 엔탈피 증가　　④ 비체적 증가

해설

㉠ a : 압축구 입구
㉡ b : 압축기 출구
㉢ 엔탈피 증가 발생
㉣ 온도, 압력 상승

[04.장] 압축기

⋯01 압축기

▣ 압축기(Compressor)의 역할

증발기에서 피냉각 물체로부터 열을 흡수 증발한 저온·저압의 냉매가스를 응축기에서 응축 액화하기 쉽도록 응축온도에 상당하는 포화압력까지 압력과 온도를 상승시켜 주는 기기이다.

▣ 압축기의 분류

1) 압축방식에 의한 분류

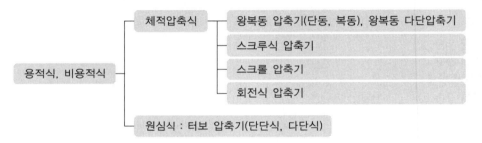

2) 외형에 의한 분류

① 개방형 : 압축기와 전동기가 분리되어 있는 구조
② 반밀폐형 : 압축기와 전동기가 하나의 용기 내에 내장되어 있으나 볼트로 조립되어 분해조립이 가능하다. 흡입 토출 측에는 서비스밸브가 부착되어 있다.
③ 밀폐형 : 완전밀폐된 용기 내에서 압축기와 전동기가 동일한 축에 연결된다.

3) 실린더 냉각방식에 따른 분류

수랭식, 공랭식

4) 회전속도에 따른 분류

저속, 중속, 고속

5) 실린더수에 의한 분류

단기통, 다기통

❸ 왕복동 압축기(Reciprocating Compressor)

기통인 실린더 내에서 피스톤이 왕복운동을 하면서 냉매가스를 흡입, 압축, 토출하는 방식으로 압축능력이 커서 가장 일반적으로 사용된다.

1) 압축기 부속장치

① 실린더와 본체

ㄱ 본체 : 치밀한 조직의 고급 주철로 되어 있으며, 제작 후 3MPa 이상의 수압으로 내압시험을 한다.

ㄴ 실린더

- 저 · 중속 압축기에서는 본체와 같이 붙어 있으며, 고속다기통은 실린더 라이너가 있어 분해교환할 수 있다(일반적으로 실린더 최대직경은 300mm 정도이다).
- 고속다기통에서 클리어런스는 실린더 지름의 0.8/1,000mm 정도가 적당하다.

  (다만, 입형의 것은 $\dfrac{0.7}{1,000} \sim \dfrac{1}{1,000}$ mm가 기준이다.)

- 장시간 사용으로 $\dfrac{2}{1,000}$ mm 이상이면 보링을 한다.

- 실린더 라이너는 내마모성의 금속으로 되어 있으며, 호닝(Honing) 다듬질을 하여 가스 누설과 마모를 방지하고 있다.

② 피스톤과 피스톤링

ㄱ 피스톤

- 중량 감소와 냉각을 위하여 가운데가 비어 있는 상태로 제작한다.
- 암모니아용 재질은 충분한 강도를 지닌 특수주철로 제작하고, 프레온용 금속용은 알루미늄 경합금으로 제작한다.

ⓛ 피스톤링
- 일반적으로 주철로 만들어지나, 청동으로 만드는 경우도 있다(피스톤링의 홈 간극은 0.03mm 정도이다).
- 2~3개의 압축링과 1~2개의 오일링으로 만들어진다.
- 압축링은 압축행정 시 냉매 누설을 방지하고, 오일링은 흡입행정 시 실린더벽의 오일을 긁어내린다(단, 오일링은 피스톤 최하부에 있고 피스톤은 플러그형, 싱글 트렁크형, 더블 트렁크형이 있다).
- 마찰면적을 작게 하여 기계효율을 증대시킨다.

ⓒ 피스톤핀
- 피스톤의 가운데에 끼워져 커넥팅로드와 피스톤을 연결한다.
- 가운데가 비어있어 중량을 줄이고 윤활유의 공급이 원활하게 되도록 되어 있다.

> **참고**
>
> 1. 피스톤링의 3대 작용
>   - 압축 중 가스 누설 방지
>   - 오일 누설 방지
>   - 기계효율 증대
>
> 2. 압축기 피스톤링의 마모 시 영향
>   - 압축기 실린더에 흡입되는 가스량이 감소하여 냉매 순환량이 감소하므로 냉동능력이 감소한다.
>   - 흡입가스량의 감소로 체적효율이 감소한다.
>   - 단위 냉동능력상의 동력 소비가 증가한다.
>   - 실린더벽의 유(油)를 회수하지 못하므로 실린더 내로 딸려 올라가는 유(油)가 많아진다.
>   - 압축기 크랭크 케이스 내의 압력이 상승한다.

---

③ 커넥팅 로드(Connecting Rod) : 연결봉
  ㉠ 피스톤과 크랭크축을 연결시켜 준다.
  ㉡ 크랭크축의 회전운동을 피스톤의 왕복운동으로 만들어 준다.
    - 소단부(Small End) : 피스톤 핀과 연결되는 부위로서 마멸성이 작은 구리합금(인청동, 연청동)으로 만들어진다.
    - 대단부(Big End) : 크랭크핀과 연결되는 부위로, 암모니아 압축기에는 철로 된 백색 합금이 사용되고 프레온압축기에는 연청동이 사용된다.

④ 크랭크축(Crank Shaft)
  ㉠ 전동기의 회전운동을 커넥팅로드로 전달해준다.
  ㉡ 축의 내부에는 기름 구멍을 뚫어 윤활유의 통로가 되게 한다.

ⓒ 동적 균형을 유지하기 위하여 밸런스 웨이트(Balance Weight)가 부착되어 있다. 축수압력은 3.5MPa 정도이다.

※ 밸런스웨이트, 즉 관성축(균형추)은 피스톤 상하 왕복운동 시 힘을 균형 있게 전동기에 전달하여 진동의 균형유지, 즉 동적 및 정적 밸런스를 잡기 위해 덧붙인 추를 말한다.

⑤ **크랭크 케이스(Crank Case)**

ㄱ 치밀한 조직의 고급주철로 되어 있다(윤활유의 저장장소이다).

ㄴ 아랫부분에는 윤활유가 들어 있으며 유면을 확인할 수 있는 유면계가 부착되어 있다.

⑥ **축봉장치(Shaft Seal)**

개방형 압축기에서 크랭크축이 밖으로 나오는 부분을 봉쇄하여 냉매 및 윤활유의 누설, 외기의 침입 등을 방지하여 기밀을 유지시킨다.

ㄱ 축상형 축봉장치(Stuffing Box Type) : 그랜드 패킹형이라고도 하며 저속 암모니아 압축기에 사용된다. 기동 시에는 그랜드 패킹 조임 볼트를 약간 풀어 주고, 정지 시에는 다시 조여 주도록 한다.

ㄴ 기계적 축봉장치(Mechanical Seal) : 고속다기통 압축기에 주로 사용된다. 크랭크 케이스에 고정된 링과, 크랭크축에 고정되어 회전하는 링을 서로 밀착시키고 그 접촉면에, 윤활유를 공급하고 유막을 형성하여 가스 누설을 방지한다. 일명 활윤식 축봉장치라고 한다.

⑦ **밸브(Valve)**

흡입 및 토출밸브로 나누어지며, 냉매가스를 고압과 저압으로 구분하여 준다(고압과 저압 사이로 냉매가스의 자유 이동을 방지하는 역할이다).

ㄱ 밸브의 구비조건
- 냉매의 통과 저항이 적을 것
- 작동이 경쾌하고 확실할 것
- 밸브가 닫혔을 때 누설이 없을 것
- 마모 및 파손에 강하고 변형이 적을 것

ⓛ 밸브의 종류

종류 항목	포핏밸브 (Poppet Valve)	플레이트밸브 (Plate Valve)	리드밸브 (Reed Valve)
밸브의 구조	T자형의 밸브로 스템이 붙어 있어 동작을 유도하며 양정은 3mm 정도이다.	얇은 원판의 밸브판을 밸브시트에 스프링으로 눌러 놓은 구조이다.	긴 타원형의 밸브로 자체의 탄성을 이용하여 개폐한다.
사용되는 곳	저속 암모니아 흡입밸브로 사용한다.	고속다기통 압축기에 주로 사용한다.	1,000rpm 이상의 소형 프레온 압축기에 사용한다.
특징	• 동작이 확실하며 무거워서 고속에는 부적당하다. • 통과속도는 40m/s 정도이다.	• 작동은 경쾌하나 내구력이 적다. • 가스 통과속도는 프레온 30~40, 암모니아 80~100m/s이다.	• 중량이 가볍고 신속경쾌하게 작동한다. • 흡입 및 토출밸브가 실린더 상부의 밸브 간에 같이 부착되어 있다.

⑧ 워터재킷(Water Jacket)

프레온계 냉매는 비열비(k값)가 작아서 압축하여도 토출가스의 온도 상승이 적으나, 암모니아 냉매는 토출가스온도가 100℃ 이상 될 때가 있으므로 물로 냉각시키지 않으면 윤활유의 탄화 및 열화에 의하여 실린더가 파손되는 위험이 있으므로 워터재킷을 이용하여 실린더를 식힌다.

⑨ 실린더 헤드(Cylinder Head)

㉠ 크랭크 케이스와 동일한 재질로 되어 있으며 호환성이 있다.

㉡ 헤드 분해 시에는 안전두 스프링에 의해 튀어나오지 않도록 주의해야 한다.

참고 틈새, 간극(톱 클리어런스)

• 실린더별과 피스톤 사이의 틈새 간격을 '사이드 클리어런스', 피스톤과 실린더 상부의 틈새 간격을 '톱 클리어런스'라고 한다.
• 클리어런스 값이 크면 체적효율 감소, 토출가스 온도 상승, 냉동능력 감소 등의 나쁜 영향이 발생한다.
• 실린더의 헤드커버와 밸브판의 토출밸브 시트 사이를 강한 스프링으로 지지하고 있는 것으로 냉동장치의 운전 중에 실린더 내로 이물질이나 액냉매가 유입되어 압축 시에 이상 압력의 상승으로 압축기가 소손되는 것을 방지하는 역할을 한다.
• 정상 토출압력보다 0.3MPa 이상 높을 때 작동한다.

---

2) 고속다기통 압축기(High Speed Multi Cylinder Compressor)

압축기의 종류로서는 크랭크 케이스 내 실린더가 수직으로 위치해 있는 입형 압축기, 실린더가 수평으로 위치해 있는 횡형 압축기가 있으나, 최근에는 고속다기통 압축기가 주로 사용되며, 그 특징 및 장단점은 다음과 같다.

① 특징

　ㄱ 기통은 동적 밸런스를 맞추기 위하여 4, 6, 8, 12, 16기통 등의 짝수로 되어 있다.

　ㄴ 회전수

　　• 암모니아용 : 900~1,000rpm(중형의 경우)

　　• 프레온용 : 1,750~3,500rpm(특수형은 3,500rpm)

　ㄷ 실린더 지름이 행정보다 크거나 같다($D \geq L$).

　ㄹ 고속으로 운전되므로 흡입밸브의 저항이 커서 체적효율이 좋지 못하다.

　ㅁ 유압을 이용한 언로드 기구를 설치하여 용량제어를 한다.

　ㅂ 윤활유 펌프에 의한 강제 윤활방식을 체용한다.

　ㅅ 기계적 축봉장치를 사용한다.

② 장단점

　ㄱ 장점

　　• 동적 밸런스가 양호하여 진동이 적고 기초공사가 용이하다.

　　• 능력에 비하여 소형이며 가볍고 설치면적이 작다.

　　• 부품의 공통화를 기대할 수 있어 생산성이 높고 가격을 절감시킬 수 있다.

　　• 각 부품의 호환성이 있어 수리가 용이하다.

　　• 용량제어 및 자동제어가 가능하여 경제적인 운전을 할 수 있다.

　　• 무부하 기동을 할 수 있어 큰 기동토크를 필요로 하지 않는다.

　ㄴ 단점

　　• 압축비가 커지면 체적효율이 좋지 않아 저압 측을 고진공으로 유지하기 어렵다.

　　• 속도가 빠르고 다기통이므로 윤활유의 소모량이 많다.

　　• 고장의 발견이 어렵고, 마찰부 및 베어링 등의 마모율이 크다.

　　• 토출가스의 온도가 높아 윤활유의 열화 및 탄화가 쉽다.

　　• 압축비가 커지면 능력이 감소하고 동력 손실이 많아진다.

③ 용량제어

㉠ 압축기 용량제어의 목적
- 냉동부하의 부하 변동에 따른 용량을 조절하여 경제적 운전을 도모할 수 있다.
- 무부하 및 경부하 운전을 가능하게 한다.
- 냉매의 일정한 증발온도를 유지할 수 있다.
- 압축기를 보호하여 기계적 수명을 연장할 수 있다.

㉡ 왕복동 압축기에서의 용량제어방법
- 회전수 가감법(Speed Control)
- 클리어런스 증대법(Clearance Pocket)
- 바이패스법(By-pass Control)
- 언로더 장치에 의한 방법(Un-Loader System, 일부 실린더를 놀리는 방법)
- 장치의 구조

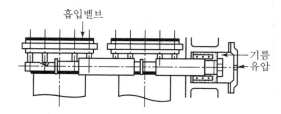

㉢ 언로더 장치에 의한 방법(일부 실린더를 놀리는 방법)
- 부하상태(Load 상태) : 유압이 걸린 상태의 작동순서
  부하 증대로 저압 상승 → 언로드용 LPS 접점이 열림 → 전자밸브가 닫힘 → 언로드 피스톤에 유압이 걸림 → 리프트 핀이 캠링에 내려옴 → 흡입밸브가 닫힘 → 부하상태(저압이 높아지면 LP 접점이 끊어지고 전자밸브(S)가 닫힌다.)
- 무부하상태(Unload 상태) : 유압이 걸리지 않은 상태의 작동순서
  부하 감소로 저압 저하 → 언로드용 LPS 접점이 닫힘 → 전자밸브가 열림 → 유압이 언로드 피스톤에서 빠져나감 → 리프트 핀이 캠링 홈에서 벗어남 → 흡입밸브가 열림 → 무부하 상태(저압이 낮아지면 LP 접점이 붙어 전자밸브(S)가 열린다.)

참고 **고속다기통 압축기의 언로더(Unloader) 기구의 사용목적과 작동 개요**

- **사용목적** : 냉동부하의 변동에 따른 용량을 조절하여 기계의 수명을 연장하고 경부하운전으로 기동을 용이하게 하여 경제적인 운동이 되게 한다.
- **작동 개요** : 부하의 감소에 의한 흡입압력(저압) 저하에 따라 여러 개의 실린더 중 일부의 실린더를 작동하지 않게 하여 흡입 증기의 체적을 적게 한다.

---

3) 왕복동 압축기의 기동방법

① 싱글 밸브(Single Valve) 기동법

   ㉠ 기동방법

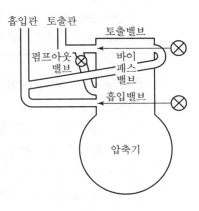

- 토출밸브 및 흡입밸브가 닫힌 상태에서 압축기를 기동한다(이때 바이패스 밸브는 열림).
- 압축기가 정상회전속도에 도달하면 토출밸브를 연다.
- 흡입밸브를 천천히 열어 정상운전한다.

   ㉡ 펌프아웃(Pump Out) 방법(역운전)

- 토출 및 흡입밸브가 닫혀 있는 상태에서 압축기를 기동한다.
- 펌프아웃 밸브를 연다.
- 고압이 0.1kg/cm^2 정도가 되면 펌프아웃 밸브를 닫고 압축기를 정지한다.

② 바이패스 밸브 기동법

   ㉠ 고압 측 바이패스 밸브 기동법

- 밸브 ❶과 ❸을 연다(토출 측 고압가스가 흡입 측으로 전달되어 고압과 저압이 균형을 유지).
- 흡입밸브 ❷를 약간 열었다가 닫는다.
- 압축기가 정상회전속도에 도달하면 압축기를 기동시킨다.
- 고압 측 바이패스 밸브 ❸을 닫는다.
- 액압축(리퀴드해머) 현상에 유의하면서 흡입밸브 ❷를 천천히 열어 정상운전을 한다.

   ㉡ 저압 측 바이패스 밸브 기동법

- 저압 측 바이패스 밸브 ❹를 열고 흡입밸브 ❷를 잠시 열었다가 닫는다.
- 압축기가 정상회전속도에 도달하면 압축기를 기동시킨다.
- 토출밸브 ❶을 열면서 바이패스 밸브 ❹를 닫는다.
- 흡입밸브 ❷를 천천히 열어 정상운전한다.

   ㉢ 펌프아웃(Pump Out) 방법

- ❶, ❷를 닫는다.
- ❸ 및 ❹를 열고 압축기를 기동한다.
- 고압 측 압력이 0.1kg/cm^2 정도가 되면 압축기를 정지한다.
- ❸ 및 ❹를 닫고 수리작업을 한다.

> **참고** **펌프다운(Pump Down)과 펌프아웃(Pump Out)의 목적**
>
> • **펌프다운** : 저압 측을 수리하기 위해서 저압 측의 냉매를 고압 측(응축기, 고압 수액기)으로 옮기는 작업
> • **펌프아웃** : 고압 측의 냉매 누설이나 이상 발생 시 고압 측을 수리하기 위해서 고압 측 냉매를 저압 측(저압 수액기, 증발기)으로 옮기는 작업

③ 풀바이패스 밸브(Full By－pass Valve) 기동법

 ㉠ 기동방법

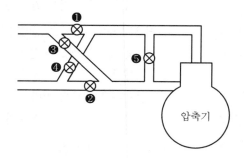

  • 풀바이패스 밸브 ❺를 연다.
  • 흡입 측 밸브 ❷를 잠시 열었다가 닫는다.
  • 압축기를 기동한다.
  • 정상회전에 도달하면 토출 측 밸브 ❶을 열고 밸브 ❺를 닫는다.
  • 밸브 ❷를 천천히 열고 정상운전한다.

 ㉡ 펌프아웃 방법

  • 밸브 ❶, ❷, ❺가 닫혀 있는 상태에서 바이패스 밸브 ❸, ❹를 연다.
  • 압축기를 기동한다.
  • 고압기 0.1kg/cm^2 정도가 되면 밸브 ❸을 닫고 압축기를 정지한다.
  • 밸브 ❹를 닫고 수리작업을 한다.

④ 매니폴드 밸브(Manifold Valve) 기동법

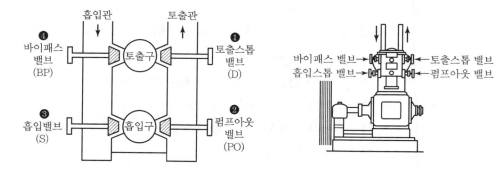

 ㉠ 기동방법

  • 밸브 ❹를 열고 밸브 ❸을 약간 열었다가 닫는다.
  • 압축기를 기동시켜 정상회전속도에 도달하면 밸브 ❶을 열면서 ❹를 닫는다.
  • 밸브 ❸을 천천히 열어 정상운전한다.

ⓒ 펌프아웃 방법
- 압축기를 정지시키고 응축기 출구 밸브를 닫는다.
- 밸브 ❶과 ❹를 열어 고·저압을 균일하게 유지한다.
- 밸브 ❶을 닫고 압축기를 기동한다.
- 밸브 ❷를 열고 고압 측 압력이 $0.1kg/cm^2$ 정도가 되면 밸브 ❷를 닫은 후 압축기를 정지한다.
- 압축기가 완전히 정지하면 밸브 ❹를 닫는다.
- 응축기 입구밸브를 닫고 수리작업을 한다.

❹ 스크루 압축기(Screw Compressor)

4줄 나사인 수로터(Male Roto)와 6줄 나사인 암로터(Female Rotor)가 서로 맞물려 회전하면서, 그 치형 공간 내에서 가스를 압축하는 방법이다.

1) 가스의 3행정 압축방식

① **흡입행정** : 흡입가스는 맞물린 치형의 밀봉공간에 들어가 로터의 회전에 따라 치형 공간이 최대로 되었을 때 흡입구가 차단되면서 흡입공간은 밀폐된 상태로 된다.
② **압축행정** : 로터가 계속 회전하면서 밀봉선이 토출 측으로 이동하여 치형 공간이 감소되면서 가스는 압축된다. 압축은 공간 내의 압력이 토출압력과 같게 될 때까지 계속된다.
③ **토출행정** : 공간 내의 압력이 토출압력과 같게 되면 밀봉선이 개방되면서 토출행정이 시작되는데, 흡입 측 밀봉선이 송출 측 끝에 도달할 때까지 계속된다.

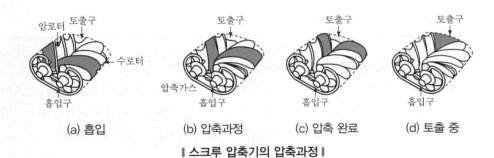

(a) 흡입   (b) 압축과정   (c) 압축 완료   (d) 토출 중

| 스크루 압축기의 압축과정 |

2) 스크루 압축기의 구조

① 구성

스크루 압축기(냉동기)는 주전동기 압축기 이외에 유분리기, 급유기구(여과기, 윤활유 펌프, 유압조정 밸브, 유냉각기) 및 각종 계측기구의 안정장치 등으로 구성된다.

② 보호장치

㉠ 안전밸브 : 유분리기 또는 압축기의 토출배관에 설치, 압축기의 토출압력이 설정치 이상이 되면 작동하여 가스를 방출 배관으로 빠져나가게 하여 안전을 도모한다.

㉡ 고압차단 스위치 : 안전밸브가 작동하는 설정압력 이하에서 작동하여 주전동기의 전기회로를 차단하여 압축기를 정지시킨다.

㉢ 유압 보호스위치 : 압축기로 공급되는 유압과 압축기의 흡입가스 압력차를 검출하여 그 압력차가 설정치보다 작아진 경우 작동하여 타이머에 의하여 약 60~90초 후에 압축기를 정지시킨다.

㉣ 급유온도 이상 보호스위치 : 압축기로 공급되는 윤활유의 온도가 설정치(암모니아 : 50℃, 프레온 : 55℃) 이상이 되었을 때 압축기를 정지시킨다.

㉤ 유온 저하 보호장치 : 압축기 정지 중에 외기온도 저하로 유온이 내려가거나, 또는 운전 중 리퀴드백 등으로 인하여 소정온도 이하가 되면 서모스탯(Thermostat)이 작동하여 히터로 오일의 온도를 높인다.

> **참고 압축 로터에 오일을 같이 분사시켜 주는 이유**
>
> - 오일에 의한 냉각으로 인한 압축효율 증대로 전력소비가 감소된다.
> - 오일에 의한 냉각으로 로터 사이의 클리어런스가 증가되지 않는다.
> - 로터의 마모를 적게 하여 오랫동안 좋은 성능을 유지할 수 있다.
> - 압축비가 커도 체적효율을 좋게 할 수 있다.

③ 흡입 및 토출배관용 체크밸브(Check Valve)

㉠ 체크밸브가 없을 경우의 현상 : 스크루 압축기 본체에는 흡입 및 토출밸브가 없으므로 운전을 정지했을 때 토출압력과 흡입압력의 가스압력차로 로터가 역회전하거나 로터의 극간에서 냉매가스가 고압 측에서 저압 측으로 역류하는 현상이 나타난다.

㉡ 체크밸브의 역할
- 흡입 측에 체크밸브 설치 시 : 운전정지 시 작동하여 로터의 역회전 방지
- 토출 측에 체크밸브 설치 시 : 운전정지 시 작동하여 냉매의 역류현상 방지

3) 특징

① 흡입밸브와 토출밸브가 없어 밸브의 마모와 밸브에서의 소음이 없다.

② 고속회전(보통 3,500rpm)이므로 회전 시 소음이 많아 소음 방지장치를 필요로 한다.

③ 두 로터의 회전운동에 의해 압축되므로 진동이나 맥동이 없고 연속 송출된다.

④ 왕복동식에 비해 가볍고 설치면적이 작으며, 고속으로 중용량 및 대용량에 적합하다.

⑤ 오일과 같이 토출되므로 압축 및 체적효율이 증대된다.

⑥ 흡입 및 토출밸브, 피스톤, 크랭크축, 커넥팅 로드 등의 마모부분이 없어 고장률이 적다.

⑦ 무단계용량 조절은 전부하의 10%까지 가능하다(연속적으로 행할 수 있다).

⑧ 운전 유지비가 많이 들고 고장 시 고도의 기술을 필요로 한다.

⑨ 독립된 오일펌프와 오일쿨러, 대형의 유분리기를 필요로 한다.

⑩ 냉매의 압력 손실이 없어서 체적효율이 향상된다.

4) 용량제어

용량제어방식에는 슬라이드 밸브에 의한 바이패스법과 전자밸브에 의한 스크루 압축기의 방법이 있으며 슬라이드 밸브를 움직여 흡입된 가스를 압축 개시 전에 흡입 측으로 바이패스시킨다. 즉, 압축기 케이싱 밑에 설치된 슬라이드 밸브를 로터의 축방향으로 이동시켜 로터의 치형 공간에 흡입된 가스를 압축 개시 전에 흡입 측으로 되돌아가게 함으로써 이루어진다(슬라이드 밸브가 전폐상태에서는 100%, 전개상태에서는 10%의 냉동능력으로 운전된다).

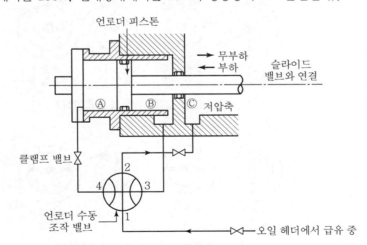

5 회전식 압축기(Rotary Type Compressor)

왕복운동 대신에 실린더 내에서 회전자(로터)가 회전하면서 가스를 압축하는 방식이다.

1) 종류

① 고정날개용(Stationary Blad Type)

회전 피스톤이 1개의 고정된 블레이드와 실린더 내면과의 접촉에 의해 냉매를 압축한다.

② 회전날개용(Rotary Blad Type)

회전 피스톤과 함께 블레이드가 실린더 내면에 접촉하면서 회전하여 냉매를 압축시킨다.

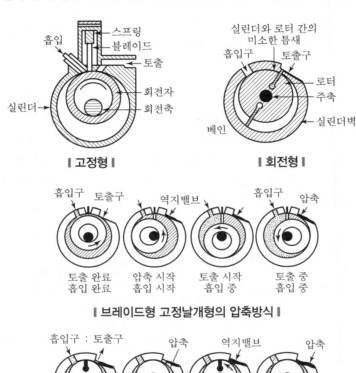

‖ 고정형 ‖   ‖ 회전형 ‖

‖ 브레이드형 고정날개형의 압축방식 ‖

‖ 브레이드형 회전날개형의 압축방식 ‖

2) 특징

① 압축이 연속적이므로 고진공을 얻을 수 있어 진공펌프로 많이 사용된다.

② 기동 시 무부하로 기동될 수 있으며 전력 소비가 적다.

③ 부품의 수가 적고 구조가 간단하다.

④ 운동부의 동작이 단순하고 진동, 소음이 적다.

⑤ 잔류가스의 재팽창에 의한 체적효율의 저하가 적다.

⑥ 흡입밸브는 없고 토출밸브만 있으며 토출밸브는 체크밸브식이다.

⑦ 왕복동 압축기에 비하여 부품의 수가 적고 구조가 간단하다.

⑧ 일반적으로 소용량에 많이 사용되며 크랭크 케이스 내는 고압이 걸린다.

6 터보 압축기(비용적 압축기)

'원심식 압축기(Cemtrifugal Compressor)'라고 하며, 고속회전(4,000~10,000rpm)하는 임펠러의 원심력에 의해 속도에너지를 압력에너지로 변환시켜 냉매가스를 압축한다. 저압냉매를 사용하며 약 100~1,000RT용으로 제작되는 대용량이다.

1) 터보 압축기(냉동기)의 구조와 냉동 사이클

① 터보 냉동기는 1단만으로는 압축비를 크게 할 수 없어서 2단 이상의 다단압축 냉동방식을 많이 사용하고 있다.

② 터보 냉동기는 터보압축기, 응축기, 증발기, 이코노마이저(Economizer) 등으로 구성되면 냉동 사이클은 왕복동식과 비슷하다.

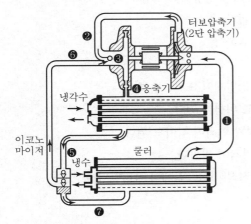

‖ 터보 압축기의 냉동 사이클 ‖

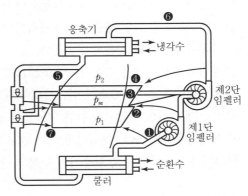

‖ 표준 냉동 사이클과 $p-i$ 선도 ‖

> **참고**
>
> - 이코노마이저의 기능 : 1단 압축비가 적어서 저단토출가스 온도가 낮으므로 왕복도식 압축기처럼 저단토출가스를 냉각시키지 않고 2단 압축 2단 팽창식의 중간냉각기에 상당하는 이코노마이저를 사용하여 1단 팽창 시 발생하는 플래시 가스와 저압 토출가스를 혼합하여 2단 흡입가스가 되도록 함으로써 냉동능력 및 성적계수를 증대시킨다.
> - 임펠러의 기능 : 터보 냉동기에서 속도에너지로 가스를 압축하는 것으로, 강력 경합금 주물로 제작되어 정적 및 동적 밸런스가 잡혀 있고 저항이 적게 만들어진다.

2) 용량에 따른 사용냉매

터보 압축기에는 주로 비중이 큰 냉매를 사용한다(속도를 압력으로 바꾸기에 용이하다).

※ 용량별 과거사용냉매
- 소형(30~100RT) : R-11, R-113 냉매
- 중형(100~1,000RT) : R-11, R-114 냉매
- 대형(1,000~3,500RT) : R-12, R-500 냉매

3) 특징(장단점)

① 회전운동만 하므로 동적 밸런스가 용이하고 진동이 적다.
② 마찰부분이 없으므로 고장이 적고 마모에 의한 손상이나 성능 저하가 적다.
③ 압축이 연속적이므로 기체의 맥동현상이 없다.
④ 대형화될수록 단위 냉동톤당의 가격이 저렴하다.
⑤ 내부에 윤활유를 사용하지 않는다.
⑥ 용량범위가 간단하고 제어범위가 넓으며 정밀제어 또한 가능하다.
⑦ 저압냉매를 사용함으로써 취급이 간편하고 위험이 적다.
⑧ 중용량 이상의 것에서는 단위 냉동톤당 설치 면적이 작아도 된다.
⑨ 적은 용량의 것에는 제작상 한계가 있고 가격이 비싸다.
⑩ 저온장치에서는 압축 단수가 증가하고 간접식이라는 점에서 불리한 점이 있다.

4) 용량제어

① 회전속도 가감법 : 압축기의 능력을 45%까지 감소시킬 수 있다(가장 효과적인 용량제어방법).
② 흡입베인 조정법 : 흡입구에 부채꼴의 베인이 방사상으로 배치되어 있는데, 이 베인의 각도를 조절하여 가스의 유입을 조절한다.
③ 기타 : 응축기 냉각수량 조절법, 흡입댐퍼 제어방식, 바이패스방식

5) 서징(Surging)

터보 냉동기에서 어떤 한계치 이하의 가스유량으로 운전되면 운전이 불안전하게 되어 진동이나 소음이 주기적으로 발생하는 현상이다.

☑ 흡수식 냉동기

일반 냉동장치에 사용되는 압축기 대신에 흡수기와 발생기를 사용하여 냉동작용을 행하는 방식이다.

1) 흡수식 냉동기의 구조와 사이클

① 흡수 → 발생 → 응축 → 증발의 단계를 거침
② 냉동기의 구조 : 증발기, 흡수기, 고 · 저온 재생기, 응축기, 기타 부속장치 등

2) 냉매와 흡수제

저온에서는 서로 잘 용해하고 고온에서는 분리가 잘되는 물질을 냉매와 흡수제로 사용하여야 한다.

냉매	흡수제
암모니아(NH_3)	물(H_2O)
물(H_2O)	리튬브로마이드(LiBr)
염화메틸(CH_3Cl)	사염화에탄($CHCl_2CHCl_2$)

3) 특징

① 압축기를 기동하는 전동기가 없고 열에너지를 사용하므로 소음, 진동이 없다.
② 자동제어가 용이하며 연료비가 적게 들어 운전비가 절감된다.
③ 과부하 시에도 사고의 위험이 없다.
④ 압축식에 비해 열효율이 나쁘며 설치면적을 많이 차지한다.
⑤ 냉각수온의 급랭으로 결정(結晶) 사고가 발생하기 쉽다.

4) 흡수식 냉동기의 주요 장치

① 흡수기 : 증발기에서 증발한 저온의 냉매가스를 연속적으로 흡수할 수 있도록 하는 장치로서 냉각수를 통수시켜 흡수제의 흡수능력을 증대시키고 냉매가스를 흡수한 희석용액(흡수제 + 냉매)은 용액펌프를 이용하여 발생기로 보낸다.

② **발생기(재생기)** : 용액펌프를 통해 들어온 희석용액을 열원에 의해 가열하여 냉매와 흡수제를 분리시켜 증발된 냉매가스는 응축기로 공급하고 농흡수액은 열교환시켜 흡수기로 다시 공급된다.

③ **응축기** : 냉매가스는 냉각수와 열교환되어 응축액화된다.

④ **증발기** : 냉매가 팽창되어 냉수 냉각관 상부에서 산포되어 냉수로부터 열을 흡수하여 증발, 흡수제에 흡수되며, 냉각된 냉수는 냉동 목적에 이용된다.

⑤ **열교환기** : 흡수기에서 희석된 용액은 펌프에 의해 열교환기에 공급되고 발생기에서 되돌아오는 고온의 농흡수액과 서로 열교환되어 열효율을 증대시킨다.

5) 용량제어방법

① 발생기의 공급증기 및 온수량 조절

② 발생기 공급용액량 조절

③ 응축수량 조절

6) 흡수식 냉동기의 진공상태

① **증발기** : 6.5mmHg(5℃에서 냉매 증발)

② **저온재생기** : 56mmHg(40℃에서 증발)

③ **고온재생기** : 700mmHg(약 90℃에서 증발)

④ **흡수기** : 6.5mmHg

8 스크롤 압축기(용적식 압축기)

① 스크롤 압축기는 체적을 줄여 일정량이 공기를 압축시키는 무급유식의 압축기이다.

② 압축기는 하우징 내의 고정된 회전형 회전자 및 편심을 구동하며 움직이는 모터로 구성된다. 두 개의 나선형 회전자는 180° 편차각을 가지며 체적이 틀린 공기주머니를 형성하고 회전자는 방사방향으로 안정되게 된다.

③ 공기주머니 차압이 흡입구와 배출구의 차압보다 낮기 때문에 누설이 최소가 되며 나선형 회전자는 짧은 스토크 크랭크축에 의해 구동되고 고정된 나선형 회전자 중심으로 편심회전하여 흡입구는 엘리먼트 하우징 상부에 있다.

④ 나선형 회전자가 반시계 방향으로 회전할 때 공기가 들어오고 나머지 하나의 공기주머니에서 배출구와 역류 방지밸브가 정착되어 있는 중심방향으로 압축된다.

⑤ 압축과정은 두 바퀴 반을 회전하는 동안 일어나는데 지속적인 맥동공기를 공급하게 된다. 피스톤 압축기와 비교하여 엘리먼트 값에 거의 변화가 없기 때문에 압축과정에서 상대적으로 소음과 진동이 적다.

9 압축기 윤활장치(Lubrication System)

1) 압축기 내부 윤활의 목적

① 운동면의 마찰을 감소시켜 마모를 방지한다.

② 마찰부분의 마찰열을 제거하여 기계효율을 향상시킨다.

③ 유막을 형성하여 누설을 방지한다.

④ 개스킷, 패킹재료 등을 보호한다.

⑤ 방청작용으로 부식을 방지한다.

⑥ 마찰로 인한 동력 손실을 방지한다.

2) 냉동기유(오일)의 구비조건

① 응고점이 낮고 인화점이 높을 것

② 냉매와 분리성이 좋고 화학반응이 없을 것

③ 전기적 절연내력이 클 것

④ 점도가 적당할 것

⑤ 산에 대한 안정성이 좋고 왁스 성분이 적을 것

⑥ 수분 및 산류(酸類) 등의 불순물이 적을 것

⑦ 장기휴지 중 방청능력이 있을 것

⑧ 항유화성이 있을 것

⑨ 유막의 강도가 크고 전기 절연성능이 있을 것

⑩ 휴지기간이 길면 방청능력이 있고 오일 포밍에 대한 소포성이 있을 것

3) 냉동기유의 선택

① 입형 저속압축기 : 300번 냉동기유(#300), 암모니아, 프레온용

② 고속다기통 압축기 : 150번 냉동기유(#150)(증발온도가 $-30℃$ 이상이면 #150, 증발온도가 $-10℃$ 이상이면 #300)

③ 초저온 냉동기 : 90번 냉동기유(#90)

④ 터보 냉동기유는 제작회사의 지정오일을 사용한다.

4) 압축기에서의 적정 유압

① 소형 = 정상저압 + 0.5kg/cm^2

② 입형 저속 = 정상저압 + $0.5 \sim 1.5\text{kg/cm}^2$

③ 고속다기통 = 정상저압 + $1.5 \sim 3\text{kg/cm}^2$

④ 터보＝정상저압＋6kg/cm²

⑤ 스크루＝토출압력(고압)＋2~3kg/cm²

5) 냉동장치의 윤활방법

① **비말 급유식** : 피스톤 행정이 짧은 소형 저속에 채택되며 크랭크축에 부착된 밸런스 웨이터나 오일디퍼를 이용하여 축의 회전 시 오열을 튀겨 윤활하는 방식

② **강제 급유식** : 오일펌프로 오일의 압력을 높여 크랭크실보다 높은 압력으로 급유하여 윤활하는 방식

㉠ 유순환 계통도

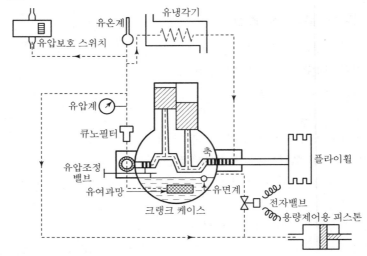

㉡ 윤활유 순환경로 순서

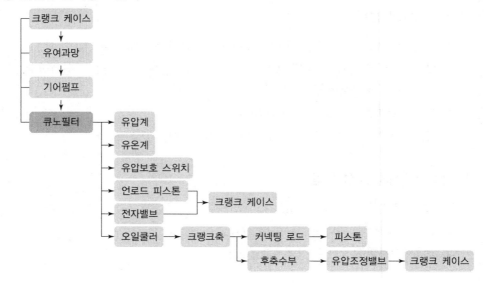

> **참고** **오일 안전밸브(Oil Reief Valve)**
>
> 유순환계통 내에서 이상유압 상승 시 크랭크 케이스 내로 오일을 회수하여 유압 상승으로 인한 파손 및 오일해머 등을 방지하기 위해 큐노필터 후방에 나사로 고정되어 있다.

6) 오일 기어 펌프

강제 급유식에서는 기어펌프를 주로 사용하는데, 그 이유는 다음과 같다.

① 구조가 간단하고 고장이 적다.
② 저속으로도 일정한 압력을 얻을 수 있다.
③ 유체의 마찰저항이 적다.
④ 소형으로도 고압을 얻을 수 있다.

7) 압축기 유면(오일 액면)이 낮아지는 원인, 영향 및 대책

① 원인
  • 오일 포밍 현상 시
  • 피스톤링 및 슬리브 마모 시
  • 유분리기, 반유기 불량 및 축봉부 누설 시

② 영향
  • 토출가스 온도 상승
  • 윤활유 열화 및 탄화
  • 소요동력 증대
  • 냉동능력 감소

③ 대책
  • 압축기를 분해하여 피스톤링 및 슬리브 점검교환
  • 유분리기 및 유회수장치 점검
  • 축봉부 누설 점검

8) 윤활장치 부속장치

① **큐노필터(Kuno Fillter)** : 오일펌프 출구에 설치하고 오일을 여과(특수여과망)시킨 후 오일쿨러, 언로우드(Unload), OPS(오일차단스위치)에 오일을 공급한다.
② **오일 안전밸브** : 큐노필터 후방에 나사로 끼워 설치한다. 이상 유압이 작동하여 오일을 크랭크 케이스 내로 유출하여 유압 상승에 의한 피해를 방지한다.

···02 압축기 용량 계산

1 압축기의 피스톤 압출량

압축기에서 냉매가스를 압축할 수 있는 능력으로 1시간당 압축기가 흡입하여 토출하는 냉매 가스의 양으로 냉동능력을 결정할 때 중요하게 사용된다.

1) 왕복동 압축기

$$V_a(\mathrm{m^3/h}) = \frac{\pi}{4}D^2LNR \times 60$$

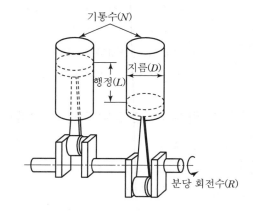

여기서, V_a : 피스톤 토출량

$\frac{\pi}{4}D^2L$: 실린더의 체적($\mathrm{m^3}$)

D : 실린더 지름(m)

L : 피스톤 행정 길이(m)

N : 기통수(m)

R : 분당 회전수(rpm)

2) 회전식 압축기

$$V_a(\mathrm{m^3/h}) = \frac{\pi}{4}(D^2 - d^2)tR \times 60$$

여기서, D : 실린더 안지름(m)

d : 피스톤의 바깥지름(m)

t : 피스톤의 두께(m)

R : 분당 회전수(rpm)

3) 스크루 압축기

$$V_a(\mathrm{m^3/h}) = KD^3\frac{L}{D}R \times 60$$

여기서, K : 기어의 형에 따라 정해지는 계수

D : 로터의 지름(m)

L : 압축에 유효하게 작용하는 로터의 길이(m)

R : 수로터의 1분간 회전수(rpm)

② 압축기에서의 각종 효율

1) 체적효율(η_v)

$$\eta_v = \frac{\text{실제 피스톤 토출량}}{\text{이론적 피스톤 토출량}}$$

> **참고** 체적효율이 감소하는 원인
>
> • 압축비가 클 때
> • 클리어런스가 클 때
> • 흡입가스가 과열될 때(비체적이 클수록)
> • 압축기가 소형이거나 회전수가 빠를 때

2) 압축효율(η_c, 지시효율)

$$\eta_c = \frac{\text{이론상 가스를 압축하는 데 필요한 동력(이론동력)}}{\text{실제로 가스를 압축하는 데 필요한 동력(지시동력)}}$$

3) 기계효율(η_m)

$$\eta_m = \frac{\text{실제로 가스를 압축하는 데 필요한 동력(지시동력)}}{\text{실제 압축기를 운전하는 데 필요한 동력(축동력)}}$$

[04장] 출제예상문제

01 펌프의 보수관리 시 점검사항 중 맞지 않는 것은?

① 윤활유 작동 확인

② 축수 온도

③ 스터핑 박스의 누설온도

④ 다단 펌프에 있어서 프라이밍 누설 확인

해설

원심식 펌프는 펌프 가동 전 프라이밍(내부에 물을 가득 채우는 것)을 실시하나 누설과는 관련이 없다.

02 압축기의 상부간격(Top Clearance)이 크면 냉동장치에 어떤 영향을 주는가?

① 토출가스 온도가 낮아진다.

② 윤활유가 열화되기 쉽다.

③ 체적효율이 상승한다.

④ 냉동능력이 증가한다.

해설

압축기의 상부간격이 크면 냉동장치에 윤활유가 열화되기 쉽다.

03 2단 압축장치의 구성 기기가 아닌 것은?

① 고단 압축기

② 증발기

③ 팽창밸브

④ 캐스케이드 응축기(콘덴서)

해설

2단 압축기의 구성

㉠ 저단 압축기　　　㉡ 고단 압축기

㉢ 응축기　　　　　㉣ 수액기

㉤ 중간냉각기(기액 분리기)

㉥ 저온 증발기

㉦ 제1 · 2팽창밸브

㉧ 수냉각기

04 터보 냉동기와 왕복동식 냉동기를 비교했을 때 터보 냉동기의 특징으로 맞는 것은?

① 회전수가 매우 빠르므로 동작밸런스나 진동이 크다.

② 보수가 어렵고 수명이 짧다.

③ 소용량의 냉동기에는 한계가 있고 생산가가 비싸다.

④ 저온장치에서도 압축단수가 적어지므로 사용도가 넓다.

해설

터보 냉동기(원심부)는 소용량에는 제작상 한계가 있고 비싸며 대형화됨에 따라 냉동톤당의 가격이 싸다.

05 스크루 압축기의 장점이 아닌 것은?

① 흡입, 토출밸브가 없어 밸브의 마모, 소음이 없다.

② 냉매의 압력손실이 커서 효율이 저하된다.

③ 1단의 압축비를 크게 취할 수 있다.

④ 체적효율이 크다.

해설

스크루 압축기의 장점은 ①, ③, ④ 외에도,

㉠ 소형으로 대용량의 가스를 처리할 수 있다.

㉡ 냉매가스와 오일이 같이 토출된다.

㉢ 가스의 유동 저항이 작다.

㉣ 고속회전으로 소음이 크다.

㉤ 별도의 오일펌프가 필요하다.

㉥ 압입, 흡입, 토출의 3행정을 갖는다.

㉦ 액 흡입의 영향을 비교적 받지 않는다.

정답　01 ④　**02** ②　**03** ④　**04** ③　**05** ②

06 다음 회전식(Rotary) 압축기의 설명 중 틀린 것은?

① 흡입밸브가 없다.
② 압축이 연속적이다.
③ 회전수가 매우 적다.
④ 왕복동에 비해 구조가 간단하다.

해설
회전식 압축기는 일반적으로 1,000rpm 이상에서 블레이드가 정확히 실린더 벽에 밀착된다. 가정용 냉장고는 1,725rpm, 상업용 압축기는 약 1,000~1,800rpm에서 운전된다.

07 냉동용 압축기의 안전헤드(Safety Head)는?

① 액체 흡입으로 압축기가 파손되는 것을 막기 위한 것이다.
② 워터재킷을 설치한 실린더 헤드(Cylinder Head)를 말한다.
③ 토출가스의 고압을 막아주므로 안전밸브를 따로 둘 필요가 없다.
④ 흡입압력의 저하를 방지한다.

해설
압축기의 안전헤드는 액체 흡입으로 압축기가 파손되는 것을 막기 위한 안전장치이다.

08 스크루 압축기의 장점이 아닌 것은?

① 흡입 및 토출밸브가 없다.
② 크랭크 샤프트, 피스톤 링 등의 마모 부분이 없어 고장이 적다.
③ 냉매의 압력 손실이 없어 체적효율이 향상된다.
④ 고속회전으로 인하여 소음이 작다.

해설
스크루 압축기는 2개의 맞물린 나사 형상의 로터 회전으로 가스를 압축하는 것이므로 단점은 소음이 크고 음향에 의해 고장 발견이 어려우며, 전력소비가 많고 가격이 비싸다.

09 압축기 종류에 따른 정상적인 유압이 아닌 것은?

① 터보 = 정상저압 + 6kg/cm^2
② 입형 저속 = 정상저압 + 0.5~1.5kg/cm^2
③ 고속다기통 = 정상저압 + 1.5~3kg/cm^2
④ 고속다기통 = 정상저압 + 6kg/cm^2

해설
고속다기통의 유압 = 정상저압 + 1.5~3kg/cm^2

10 -30℃ 이하에서 1단 압축할 경우 다음과 같은 좋지 않은 이유 때문에 2단 압축을 행한다. 이러한 좋지 않은 이유에 해당되지 않는 것은?

① 압축기 토출증기의 온도 상승
② 압축비 상승
③ 압축기 체적효율 감소
④ 압축기 행정 체적의 증가

해설
2단 압축과 압축기의 행정 체적은 관련이 없다.

11 캐비테이션 방지책으로 잘못 서술하고 있는 것은?

① 단흡입을 양흡입으로 바꾼다.
② 손실수두를 작게 한다.
③ 펌프의 설치위치를 낮춘다.
④ 펌프 회전수를 빠르게 한다.

해설
캐비테이션 방지책으로는 펌프의 회전수를 느리게 한다.

정답 **06** ③ **07** ① **08** ④ **09** ④ **10** ④ **11** ④

12 부하가 감소되면 서징(Surging) 현상이 일어나는 압축기는?

① 터보 압축기
② 왕복동 압축기
③ 회전 압축기
④ 스크루 압축기

해설

터보 압축기는 부하가 감소되면 서징 현상이 일어난다.

13 건조포화증기를 흡입하는 압축기가 있다. 고압이 일정한 상태에서 저압이 내려가면 이 압축기의 냉동능력은 어떻게 되는가?

① 증대한다.
② 변하지 않는다.
③ 감소한다.
④ 감소하다가 점차 증대한다.

해설

고압은 일정하나 저압이 내려가면 압축비가 커지기 때문에 압축기의 냉동능력은 감소한다.

14 압축기의 운전 중 이상음이 발생하는 원인이 아닌 것은?

① 기초볼트의 이완
② 토출밸브, 흡입밸브의 파손
③ 피스톤 하부에 다량의 오일이 고임
④ 크랭크 샤프트 등의 마모

해설

압축기의 운전 중 이상음의 발생원인
㉠ 기초볼트의 이완
㉡ 토출밸브, 흡입밸브의 파손
㉢ 크랭크 샤프트 등의 마모

15 2단 압축 냉동 사이클에서 중간냉각을 행하는 목적이 아닌 것은?

① 고단 압축기가 과열되는 것을 방지한다.
② 고압 냉매액을 과랭시켜 냉동효과를 증대시킨다.
③ 고압 측 압축기의 흡입가스 중의 액을 분리시킨다.
④ 저단 측 압축기의 토출가스를 과열시켜 체적효율을 증대시킨다.

해설

중간냉각기
저단 측 압축기의 출구에 설치하여 저단 측 압축기의 토출가스의 과열을 제거하여 고단 압축기가 과열되는 것을 방지한다.

16 부스터(Booster) 압축기란?

① 2단 압축냉동에서 저압압축기를 말한다.
② 2원 냉동에서 저온용 냉동장치의 압축기를 말한다.
③ 회전식 압축기를 말한다.
④ 다효압축을 하는 압축기를 말한다.

해설

부스터 압축기
2단 압축냉동에서 저압과 고압의 중간압력까지 압축하는 압축기

17 냉동기의 토출가스 압력이 높아지는 원인에 해당되지 않는 것은?

① 냉각수 부족
② 불응축 가스 혼입
③ 냉매의 과소 충전
④ 응축기의 물때 부착

해설

냉매가 부족하면 압축기 흡입가스가 과열된다.

18 압축기 분해 시, 다음 부품 중 제일 나중에 분해되는 것은?

① 실린더 커버
② 세이프티 헤드 스프링
③ 피스톤
④ 토출밸브

해설
피스톤은 압축기 분해 시 제일 나중에 분해된다.

19 압축기의 용량제어의 목적이 아닌 것은?

① 기동 시 경부하 기동으로 동력을 증대시킬 수 있다.
② 압축기를 보호할 수 있고 기계의 수명이 연장된다.
③ 부하변동에 대응한 용량제어로 경제적인 운전이 가능하다.
④ 일정한 온도를 유지할 수 있다.

해설
압축기 용량제어는 기동 시 경부하 기동으로 동력 소비를 절감시킬 수 있다.

20 다음 중 고속다기통 압축기의 장점이 아닌 것은?

① 체적효율이 높다.
② 부품교환 범위가 넓다.
③ 진동이 적다.
④ 용량에 비하여 기계가 적다.

해설
고속다기통 압축기는 체적효율의 감소가 많아진다(압축기가 커질수록).

21 암모니아 냉동기의 압축기에 공랭식을 채택하지 않는 이유는?

① 토출가스의 온도가 높기 때문에
② 압축비가 작기 때문에
③ 냉동능력이 크기 때문에
④ 독성가스이기 때문에

해설
암모니아 냉동기의 압축기에 공랭식을 채택하지 않는 이유는 토출가스의 온도가 높기 때문이다.

22 2단 압축을 채용하는 목적이 아닌 것은?

① 냉동능력을 증대시키기 위해
② 압축비가 2 이상일 때 채택
③ 압축비를 감소시키기 위해
④ 체적효율을 증가시키기 위해

해설
압축비가 6 이상이면 2단 압축을 채용한다.

23 다음 중 압축기와 관계없는 효율은?

① 체적효율   ② 기계효율
③ 압축효율   ④ 슬립효율

해설
압축기의 효율
㉠ 체적효율   ㉡ 기계효율   ㉢ 압축효율
④ 슬립은 전동기(모터)와 관계된다.

24 고속다기통 압축기에서 정상운전 상태로서의 유압은 저압보다 얼마나 높아야 하는가?

① $0 \sim 1.5 \mathrm{kg/cm^2}$ ② $1.5 \sim 3.0 \mathrm{kg/cm^2}$
③ $3.5 \sim 4.0 \mathrm{kg/cm^2}$ ④ $4.5 \sim 5.0 \mathrm{kg/cm^2}$

정답   **18** ③   **19** ①   **20** ①   **21** ①   **22** ②   **23** ④   **24** ②

해설

고속다기통 압축기에서 정상운전 시 유압은 저압보다 $1.5\sim3.0kg/cm^2$ 정도 높아야 한다.

25 압축기의 압축비가 커지면 어떤 현상이 일어나겠는가?

① 압축비가 커지면 체적효율이 증가한다.
② 압축비가 커지면 체적효율이 저하된다.
③ 압축비가 커지면 소요동력이 작아진다.
④ 압축비와 체적효율은 아무런 관계가 없다.

해설

압축기의 압축비가 커지면 나타나는 현상
㉠ 체적효율이 저하된다.
㉡ 소요동력이 증대한다.
㉢ 토출가스의 온도가 상승한다.
㉣ 압축기의 과열이 일어난다.
㉤ 윤활유의 열화 및 탄화가 발생한다.
㉥ 냉동능력이 감소한다.
㉦ 냉매 순환량이 감소한다.

26 가열원이 필요하며 압축기가 필요 없는 냉동기는?

① 터보 냉동기   ② 흡수식 냉동기
③ 회전식 냉동기   ④ 왕복동식 냉동기

해설

흡수식 냉동기
가열원이 필요하며 압축기가 필요 없고 증발기, 흡수기, 재생기, 응축기 등이 필요하다.

27 축봉장치(Shaft Seal)의 역할로서 부적당한 것은?

① 냉매누설 방지   ② 오일누설 방지
③ 외기침입 방지   ④ 전동기의 슬립 방지

해설

축봉장치(샤프트 – 실)의 역할
㉠ 냉매누설 방지
㉡ 오일누설 방지
㉢ 외기침입 방지

28 다음 중 압축기의 과열원인이 아닌 것은?

① 냉매 부족   ② 밸브 누설
③ 공기의 혼입   ④ 부하 감소

해설

압축기의 과열원인
㉠ 냉매 부족   ㉡ 공기의 혼입   ㉢ 밸브 누설

29 건조포화증기를 압축기에서 압축시킬 경우 토출되는 증기의 양상은 어떻게 되는가?

① 과열증기   ② 포화증기
③ 포화액   ④ 습증기

해설

건조포화증기를 압축기에서 압축시키면 포화증기 온도보다 높은 과열증기가 발생한다.

30 원심압축기에 관한 다음 설명 중 틀린 것은?

① 가스는 축방향으로 회전차(Impeller)에 혼입되고 반경방향으로 나간다.
② 냉매의 유량을 가이드 베인이 제어한다.
③ 정지 중에는 윤활유 히터를 켜둘 필요가 없다.
④ 서징은 운전상 좋지 않은 현상이다.

해설

원심식 압축기는 프레온 냉동장치에서 오일포밍을 방지하기 위하여 히터(Heater)를 설치하는데, 무정전 히터로서 연중무휴로 히터에 통전하여 오일의 온도를 일정하게 한다.

정답   25 ②   26 ②   27 ④   28 ④   29 ①   30 ③

31 터보 압축기의 능력조정방법으로 옳지 않은 방법은?

① 흡입 댐퍼(Damper)에 의한 조정
② 흡입 베인(Vane)에 의한 조정
③ 바이패스(By-pass)에 의한 조정
④ 클리어런스 체적에 의한 조정

해설
클리어런스(간극) 체적에 의한 조정은 왕복동 압축기의 용량제어방법이다.

32 냉동장치의 기기 중 직접 압축기의 보호 역할을 하는 것과 관계없는 것은?

① 안전밸브
② 유압보호 스위치
③ 고압차단 스위치
④ 증발압력 조정밸브

해설
증발압력 조정밸브
한 대의 압축기로 유지온도가 다른 여러 대의 증발실을 운용할 때 제일 온도가 낮은 냉장실의 압력을 기준으로 운전되기 때문에 고온 측의 증발기에 증발압력 조정밸브를 설치하여 압력이 한계치 이하가 되지 않도록 한다.

33 냉동장치의 압축기에서 가장 이상적인 압축과정은?

① 등온 압축
② 등엔트로피 압축
③ 등적 압축
④ 등압 압축

해설
냉동장치에서 압축기의 압축은 등엔트로피 압축이다.

34 운전 중에 있는 암모니아 압축기의 압력계가 고압은 8kg/cm², 저압은 진공도 100mmHg를 나타내고 있다. 이 압축기의 압축비는 얼마인가?

① 약 7
② 약 8
③ 약 9
④ 약 10

해설
$760 - 100 = 660\mathrm{mmHg}$(절대압 기준)

$1.033 \times \dfrac{660}{760} = 0.897\mathrm{kg/cm^2}$

$\therefore$ 압축비 $= \dfrac{8 + 1.033}{0.897} = 10$

35 입형 단동 압축기로 직경 200mm, 행정 200mm, 회전수 450rpm, 실린더수 2개의 피스톤 배제량은 얼마인가?

① 약 33.92m³/h
② 약 339.29m³/h
③ 약 539.75m³/h
④ 약 3,397.9m³/h

해설
$A = \dfrac{\pi}{4}D^2 = \dfrac{3.14}{4} \times 0.20^2 = 0.0314\mathrm{m^2}$

$Q = (0.0314 \times 0.2 \times 2 \times 450) \times 60 \fallingdotseq 339.12\mathrm{m^3/h}$

36 압축기 클리어런스 값이 크면 어떤 영향이 있는가?

① 냉동능력이 증대된다.
② 토출가스 온도는 변화가 없다.
③ 체적효율이 증대된다.
④ 윤활유가 열화되기 쉽다.

해설
압축기의 클리어런스 값이 크면 압축기의 윤활유가 열화되기 쉽다.

37 저단 측 토출가스의 온도를 냉각시켜 고단 측 압축기가 과열되는 것을 방지하는 것은?

① 부스터
② 인터쿨러
③ 콤파운드 압축기
④ 익스팬션탱크

해설

인터쿨러
저단 측 토출가스의 온도를 냉각시켜 고단 측 압축기가 과열되는 것을 방지하는 장치

38 다음 중 냉동기 윤활유의 구비조건으로 적합하지 않은 것은?

① 고점도액일 것
② 전기적 절연내력이 클 것
③ 냉매가스와 용해가 적을 것
④ 인화점이 높을 것

해설

윤활유가 고점도이면 압축기에 사용되는 윤활유의 기능이 상실된다. 따라서 점도는 적당해야 한다.

39 압축기에 대해서 옳은 것은?

① 토출가스 온도는 압축기의 흡입가스 과열도가 클수록 높아진다.
② 프레온 12를 사용하는 압축기에는 토출온도가 낮아 워터재킷(Water Jacket)을 부착한다.
③ 톱 클리어런스(Top Clearance)가 클수록 체적효율이 커진다.
④ 토출가스 온도가 상승하여도 체적효율은 변하지 않는다.

해설

압축기의 흡입가스 과열도가 클수록 토출가스 온도가 높아진다(과열도＝출구가스 온도－입구가스 온도).

40 압축기에서 냉매를 압축하는 궁극적인 목적은 무엇인가?

① 저압으로 하기 위하여
② 액화하기 위하여
③ 저열원으로 하기 위하여
④ 팽창하기 위하여

해설

압축기에서 냉매를 압축하는 궁극적인 목적은 액화가 용이하게 하기 위함이다.

41 원심(Turbo) 압축기의 특징이 아닌 것은?

① 임펠러(Impeller)에 의해 압축된다.
② 보통 전동기로 구동되지만, 증속장치가 필요하다.
③ 부하가 감소되면 서징이 일어난다.
④ 주로 공기 냉각용으로 직접팽창방식을 사용한다.

해설

압축기의 설치목적은 냉매가스의 압력과 온도를 상승시켜 상온에서 냉매의 액화를 용이하게 하는 데 있다.

42 왕복동 압축기의 특징이 아닌 것은?

① 압축이 단속적이다.
② 진동이 크다.
③ 크랭크 케이스 내부압력이 저압이다.
④ 압축능력이 적다.

해설

왕복동 압축기는 압축능력이 많다.

43 회전날개형 압축기에서 회전날개의 부착하는 방법은?

① 스프링 힘에 의하여 실린더에 부착한다.
② 원심력에 의하여 실린더에 부착한다.
③ 고압에 의하여 실린더에 부착한다.
④ 무게에 의하여 실린더에 부착한다.

해설
회전날개형 압축기는 회전날개를 원심력에 의해 실린더에 부착한다.

44 포핏(Poppet)밸브의 사용처에 관한 설명으로 가장 옳은 것은?

① 암모니아 입형 저속압축기에 많이 사용한다.
② 카 쿨러에 많이 사용한다.
③ 프레온 소형 압축기에 많이 사용한다.
④ 고속압축기의 토출밸브에 사용한다.

해설
포핏밸브
중량이 무겁고 구조가 튼튼하며 암모니아(NH_3) 입형 저속에 많이 사용하는 밸브

45 다음 NH_3 냉동기 운전에 관한 설명 중 가장 위험한 것은?

① 액해머 현상이 일어나고 있다.
② 압축기 냉각수온이 높아지고 있다.
③ 냉동장치에 수분이 들어 있다.
④ 증발기에 적상이 과도하게 끼어 있다.

해설
압축기 운전 중 가장 위험한 것은 액해머(리퀴드백) 현상이 일어날 때이다.

46 압축기의 톱 클리어런스(Top Clerance)가 크면 어떠한 영향이 나타나는가?

① 체적효율이 증대한다.
② 냉동능력이 감소한다.
③ 압축가스 온도가 저하한다.
④ 윤활유가 열화하지 않는다.

해설
압축기의 톱 클리어런스(간극)가 크면 냉동능력이나 체적효율 감소가 온다.

47 증발온도가 다른 2개의 증발기에서 발생하는 냉매가스를 압축하는 다효압축 시 저압 흡입구는 어디에 연결되어 있는가?

① 피스톤 상부
② 피스톤 행정 최하단 실린더 벽
③ 피스톤 하부
④ 피스톤 행정 중간 실린더 벽

해설
다효압축
증발온도가 다른 두 개의 증발기에서 발생하는 압력이 다른 가스를 1개의 압축기로 동시에 흡입하며 저압 흡입구는 피스톤 상부에 연결된다.

48 피스톤의 지름이 150mm, 행정이 90mm, 회전수가 1,500rpm이고, 6기통인 암모니아 왕복동 피스톤 토출량은 약 얼마인가?

① 211.9m³/h
② 311.9m³/h
③ 658.4m³/h
④ 858.4m³/h

해설
$$Q = \frac{\pi}{4}D^2 \cdot L \cdot N \cdot R \times 60$$
$$= \frac{3.14}{4} \times (0.15)^2 \times 0.09 \times 6 \times 1,500 \times 60$$
$$= 858.4\text{m}^3/\text{h}$$

정답 43 ② 44 ① 45 ① 46 ② 47 ① 48 ④

49 회전식 압축기의 설명 중 틀린 것은?

① 회전식 압축기는 조립이나 조정에 있어 고도의 공작 정밀도가 요구되지 않는다.
② 잔류가스의 재팽창에 의한 체적효율의 감소가 적다.
③ 회전식 압축기는 구조가 간단하다.
④ 왕복동식에 비해 진동과 소음이 적다.

해설
회전식 압축기
회전식은 고정익형, 가변익형이 있다. 그 특징은 ②, ③, ④ 외에도 압축이 연속적이므로 고진공을 얻을 수 있고 왕복동식에 비해 부품의 수가 적고 구조가 간단하다.

50 펌프의 캐비테이션 방지책으로 잘못된 것은?

① 양흡입펌프를 사용한다.
② 펌프의 회전차를 수중에 완전히 잠기게 한다.
③ 펌프의 설치위치를 낮춘다.
④ 펌프 회전수를 빠르게 한다.

해설
캐비테이션(공동현상)
펌프에서 압력 저하 시 유체가 증발하여 소음, 진동, 부식, 급수불능 등이 발생한다. 이때 펌프의 회전수를 감소시키면 방지책이 될 수 있다.

51 왕복동 압축기의 기계효율(η_m)에 대한 설명으로 옳은 것은?

① $\dfrac{\text{지시동력}}{\text{축동력}}$
② $\dfrac{\text{이론적 동력}}{\text{지시동력}}$
③ $\dfrac{\text{지시동력}}{\text{이론적 동력}}$
④ $\dfrac{\text{축동력} \times \text{지시동력}}{\text{이론적 동력}}$

해설
왕복동 압축기의 기계효율 $= \dfrac{\text{지시동력}}{\text{축동력}}$

52 왕복 압축기에서 실린더 수 Z, 직경 D, 실린더 행정 L, 매분 회전수 N일 때 이론적 피스톤 압출량의 산출식으로 옳은 것은?(단, 압출량의 단위는 m³/h이다.)

① $V = D^2 \cdot L \cdot Z \cdot N \cdot 60$
② $V = \dfrac{\pi D^2}{4} \cdot Z \cdot L \cdot N \cdot 60$
③ $V = \dfrac{\pi D^2}{4} \cdot L^3 \cdot Z \cdot N \cdot 60$
④ $V = \dfrac{\pi D^2}{4} \cdot L \cdot Z \cdot N$

해설
$$V = \dfrac{\pi D^2}{4} \cdot Z \cdot L \cdot N \cdot 60 \, \text{m}^3/\text{h}$$

53 회전식 압축기(Rotary Compressor)의 특징에 대한 설명으로 옳지 않은 것은?

① 왕복동식에 비해 구조가 간단하다.
② 기동 시 무부하로 기동될 수 있으며 전력소비가 크다.
③ 잔류가스의 재팽창에 의한 체적효율 저하가 적다.
④ 진동 및 소음이 적다.

해설
고속다기통 왕복동식 압축기는 기동 시 무부하 기동이 가능하다.

54 압축방식에 의한 분류 중 체적 압축식 압축기가 아닌 것은?

① 왕복동식 압축기　② 회전식 압축기
③ 스크루 압축기　④ 흡수식 압축기

해설
흡수식 냉동기
㉠ 증발기　㉡ 흡수기
㉢ 재생기　㉣ 응축기

55 왕복 압축기의 용량제어방법이 아닌 것은?

① 흡입밸브 조정에 의한 방법
② 회전수 가감법
③ 안전두 스프링의 강도조정법
④ 바이패스방법

해설
안전두 스프링의 강도조정과 왕복동 압축기의 용량제어는 관련성이 없다.

56 냉동기유의 구비조건 중 옳지 않은 것은?

① 응고점과 유동점이 높을 것
② 인화점이 높을 것
③ 점도가 적당할 것
④ 전기절연 내력이 클 것

해설
냉동기 오일의 구비조건
㉠ 응고점이 낮을 것
㉡ 유동성이 좋을 것
㉢ 왁스 성분이 적을 것

57 냉동기를 운전하기 전에 준비해야 할 사항으로 옳지 않은 것은?

① 압축기 유면 및 냉매량을 확인한다.
② 응축기, 유냉각기의 냉각수 입·출구 밸브를 연다.
③ 냉각수 펌프를 운전하여 응축기 및 실린더 재킷의 통수를 확인한다.
④ 암모니아 냉동기의 경우는 오일히터를 기동 30~60분 전에 통전한다.

해설
터보식 냉동기는 오일 히터를 기동 30~60분 전에 통전한다.

58 다음 회전식(Rotary) 압축기의 설명 중 틀린 것은?

① 흡입밸브가 없다.
② 압축이 연속적이다.
③ 회전수가 100rpm 정도로 매우 적다.
④ 왕복동에 비해 구조가 간단하다.

해설
회전식 압축기는 압축이 연속적이라서 rpm이 크다.

59 압축기가 냉매를 압축할 때 단열압축과정에서 변하지 않는 것은?(단, 외부에 열손실이 없는 표준 냉동 사이클을 기준으로 할 것)

① 엔탈피   ② 엔트로피
③ 온도   ④ 압력

해설
단열압축 과정에서 엔트로피는 불변한다.

60 다음 중 펌프의 종류에서 작동부분이 왕복운동을 하는 왕복식 펌프는?

① 벌류트 펌프   ② 기어 펌프
③ 플런저 펌프   ④ 베인 펌프

해설
왕복식 펌프
㉠ 플런저   ㉡ 피스톤   ㉢ 워싱턴

61 터보 냉동기의 특징을 설명한 것이다. 옳은 것은?

① 마찰부분이 많아 마모가 크다.
② 소용량 제작이 용이하며 가격이 싸다.
③ 저온장치에서는 압축단수가 작아지며 효율이 좋다.
④ 저압냉매를 사용하므로 취급이 용이하고 위험이 적다.

해설 ·······
터보 냉동기는 대용량 제작이 가능하며, R-11 저압냉매를 사용하므로 취급이 간편하고 위험성이 적다.

62 압축기에서 보통 안전밸브의 작동압력으로 옳은 것은?

① 저압차단 스위치 작동압력보다 다소 낮게 한다.
② 고압차단 스위치 작동압력보다 다소 높게 한다.
③ 유압보호 스위치 작동압력과 같게 한다.
④ 고저압차단 스위치 작동압력보다 낮게 한다.

해설 ·······
압축기의 안전밸브 작동조절압력은 고압차단 스위치 작동조절압력보다 설정치가 다소 높다.

63 2단 압축장치의 중간냉각기의 역할이 아닌 것은?

① 압축기로 흡입되는 액냉매를 방지하기 위함이다.
② 고압응축액을 냉각시켜 냉동능력을 증대시킨다.
③ 저단 측 압축기 토출가스의 과열을 제거한다.
④ 냉매액을 냉각하여 그중에 포함되어 있는 수분을 동결시킨다.

해설 ·······
①, ②, ③은 2단 압축기의 중간냉각기 역할이다. 그 외에도 성적계수가 향상된다.

64 터보 냉동기 윤활 사이클에서 마그네틱 플러그가 하는 역할은?

① 오일 쿨러의 냉각수 온도를 일정하게 유지하는 역할
② 오일 중의 수분을 제거하는 역할
③ 윤활 사이클로 공급되는 유압을 일정하게 하여 주는 역할

④ 윤활 사이클로 공급되는 철분을 제거하여 장치의 마모를 방지하는 역할

해설 ·······
터보 냉동기 윤활 사이클에서 마그네틱 플러그는 철분을 제거하여 장치의 마모를 방지하는 역할을 한다.

65 1대의 압축기로 증발온도를 저온도로 낮출 경우 장치에 미치는 영향이 아닌 것은?

① 압축기 토출가스의 온도 상승
② 압축비 증대
③ 압축기 체적효율 감소
④ 압축기 행정 체적의 증가

해설 ·······
증발온도 저하와 압축기 행정 체적은 관련이 없다.

66 강제급유식에 기어펌프를 주로 사용하는 이유는?

① 유체의 마찰저항이 크다.
② 저속으로도 일정한 압력을 얻을 수 있다.
③ 구조가 복잡하다.
④ 대형으로만 높은 압력을 얻을 수 있다.

해설 ·······
기어펌프(회전식 펌프)
저속으로도 공급압력이 일정한 오일펌프

67 냉동기에서 압축기의 기능이라 할 수 없는 것은?

① 냉매를 순환시킨다.
② 응축기에 냉각수를 순환시킨다.
③ 냉매의 응축을 돕는다.
④ 저압을 고압으로 상승시킨다.

해설
응축기의 냉각수 순환은 쿨링타워의 기능이다.

68 단열압축, 등온압축, 폴리트로픽 압축에 관한 다음 사항 중 틀린 것은?

① 압축일량은 단열압축이 제일 크다.
② 압축일량은 등온압축이 제일 작다.
③ 실제 냉동기의 압축방식은 폴리트로픽 압축이다.
④ 압축가스 온도는 폴리트로픽 압축이 제일 높다.

해설
단열압축 시 압축가스 온도가 가장 높다.

69 다단압축을 하는 목적은?

① 압축비 증가와 체적효율 감소
② 압축비와 체적효율 증가
③ 압축비와 체적효율 감소
④ 압축비 감소와 체적효율 증가

해설
다단압축의 목적
㉠ 압축비 감소
㉡ 체적효율 증가

70 냉동기 운전 중 액압축이 일어난 경우에 나타나는 현상으로 옳은 것은?

① 토출배관이 따뜻해진다.
② 실린더에 서리가 낀다.
③ 실린더가 과열된다.
④ 축수하중이 감소된다.

해설
냉동기 운전 중 액압축(리퀴드 해머)이 일어나면 실린더에 서리가 낀다.

71 원심식 냉동기의 서징 현상에 대한 설명 중 옳지 않은 것은?

① 흡입가스 유량이 증가되어 냉매가 어느 한계치 이상으로 운전될 때 주로 발생한다.
② 전류계의 지침이 심하게 움직인다.
③ 고압이 저하되며, 저압이 상승한다.
④ 소음과 진동을 수반하고 베어링 등 운동부분에서 급격한 마모현상이 발생한다.

해설
원심식 냉동기는 유량이 어느 한계치 이하일 때 서징(Surging) 현상이 발생한다.

72 고속다기통 압축기의 정상유압으로 옳은 것은?

① 정상저압＋0.5～1.5kg/cm²
② 정상저압＋1.5～3.0kg/cm²
③ 정상저압＋4.5～5.5kg/cm²
④ 정상저압＋6.5～8.5kg/cm²

해설
① 입형 저속유압
② 고속다기통 유압

73 냉동 윤활장치에서 유압이 낮아지는 원인이 아닌 것은?

① 오일이 부족할 때
② 유온이 낮을 때
③ 유여과망이 막혔을 때
④ 유압조정 밸브가 많이 열렸을 때

해설
㉠ 유온이 높으면 유압의 저하가 온다.
㉡ 유온이 낮으면 유압이 상승한다.

정답 68 ④ 69 ④ 70 ② 71 ① 72 ② 73 ②

74 암모니아 냉동장치에서 실린더 직경 150mm, 행정 90mm, 회전수 1,170rpm, 기통수가 6기통일 때 법정 냉동능력(RT)은?(단, 냉매상수는 8.4이다.)

① 98.2
② 79.7
③ 59.2
④ 38.9

해설

$$RT = \frac{\frac{3.14}{4} \times (0.15)^2 \times 0.09 \times 1,170 \times 6 \times 60분}{8.4}$$
$$= 79.7$$

75 냉동기에 사용하는 윤활유의 구비조건으로서 틀린 것은?

① 불순물을 함유하지 않을 것
② 인화점이 높을 것
③ 냉매와 분리되지 않을 것
④ 응고점이 낮을 것

해설

냉동기의 냉매와 윤활유는 반드시 분리되어야 한다.

76 냉동장치 운전 중 유압이 이상저하되었다. 원인으로 옳은 것은?

① 유온이 너무 낮을 때
② 오일 배관계통이 막혀 있을 때
③ 유량조정밸브 개도가 과소할 때
④ 크랭크 케이스 내의 유 여과기가 막혀 있을 때

해설

유압의 이상저하는 크랭크 케이스 내의 유 여과기가 폐쇄되었을 때 발생한다.

77 터보 압축기의 특징으로 맞지 않는 것은?

① 임펠러에 의한 원심력을 이용하여 압축한다.
② 응축기에서 가스가 응축하지 않을 경우 이상고압이 발생한다.
③ 부하가 감소하면 서징을 일으킨다.
④ 진동이 적고, 한 대로도 대용량이 가능하다.

해설

터보형 압축기는 일정압력 이상으로 오르지 않는다.

78 회전식 압축기의 설명으로 틀린 것은?

① 용량제어가 없고 분해조립 및 정비에 특수한 기술이 필요하다.
② 대형 압축기와 저온용 압축기로 사용하기 적당하다.
③ 왕복동식처럼 격간이 없어 체적효율, 성능계수가 양호하다.
④ 소형이고 설치면적이 작다.

해설

회전식 압축기(연속압축기)는 일반적으로 소용량이다.

79 저온을 얻기 위해 2단 압축을 했을 때의 장점은?

① 성적계수가 향상된다.
② 설비비가 적게 든다.
③ 체적효율이 저하한다.
④ 증발압력이 높아진다.

해설

2단 압축 시 장점
㉠ 성적계수 향상
㉡ 냉동능력 증가
㉢ 체적효율 증가

정답 **74** ② **75** ③ **76** ④ **77** ② **78** ② **79** ①

80 용적형 압축기에 대한 설명으로 맞지 않는 것은?

① 압축실 내의 체적을 감소시켜 냉매의 압력을 증가시킨다.
② 압축기의 성능은 냉동능력, 소비동력, 소음, 진동값 및 수명 등 종합적인 평가가 요구된다.
③ 압축기의 성능을 측정하는 데 유용한 두 가지 방법은 성능계수와 단위 냉동능력당 소비동력을 측정하는 것이다.
④ 개방형 압축기의 성능계수는 전동기와 압축기의 운전효율을 포함하는 반면, 밀폐형 압축기의 성능계수에는 전동기효율이 포함되지 않는다.

해설

$$성능계수 = \frac{냉매\ 냉동효과}{압축기\ 압축일의\ 열당량}$$

④ 개방식, 밀폐식 모두 전동기 효율이 포함된다.

81 다음 중 2단 압축 2단 팽창 냉동 사이클에서 사용되는 중간냉각기의 형식은?

① 플래시형
② 액냉각형
③ 직접팽창식
④ 저압수액기식

해설

중간냉각기의 기능
㉠ 고단압축기 과열 방지
㉡ 고압냉매액을 과랭시켜 냉동효과 증대
㉢ 고압 측의 액을 분리하여 리퀴드백(Liquid Back) 방지

82 냉동기 운전 중 토출압력이 높아져 안전장치가 작동할 때 점검하지 않아도 되는 것은?

① 계통 내에 공기 혼입 유무
② 응축기의 냉각수량, 풍량의 감소 여부
③ 토출배관 중의 밸브 잠김 이상 여부
④ 냉매액이 넘어오는지의 유무

해설

냉매액은 액분리기로 처리한다.

83 냉동기유의 구비 조건으로 맞지 않는 것은?

① 냉매와 접하여도 화학적 작용을 하지 않을 것
② 왁스 성분이 많을 것
③ 유성이 좋을 것
④ 인화점이 높을 것

해설

냉동기유는 산에 대한 안정성이 좋고 왁스(Wax) 성분이 적어야 한다.

[05장] 응축기

···01 응축기와 냉각탑

1 응축기의 기능

냉동기의 4대 구성요소의 하나인 응축기는 압축기에서 토출된 고온·고압의 냉매가스를 상온 이하의 물이나 공기를 이용하여 냉매가스 중의 열을 흡수하여 응축 액화시킨다.

※ 응축기에서 제거해야 되는 열량
  응축기에서 방출하는 열량은 증발기에서 흡수하는 열량과 압축기에서 소비하는 일량과의 합.
  즉 $q_1 = q_2 + AW$

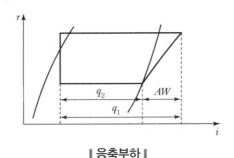

▎응축부하▎

2 응축기의 부하 계산

1) 쿨링타워 냉각수 입·출구 온도차를 이용한 응축부하 계산

$$Q_1 = w \cdot C \cdot \Delta t$$

여기서, Q_1 : 응축부하(kcal/h) w : 냉각수량(kg/h)
  C : 비열(kcal/kg·℃) Δt : 냉각수 입·출구 온도차(℃)

2) 평균온도차를 이용한 응축부하 계산

$$Q_1 = K \cdot A \cdot \Delta t_m$$

여기서, Q_1 : 응축부하(kcal/h) K : 전열계수 열통과율(kcal/m²·h·℃)
  A : 전열면적(m²) Δt_m : 응축온도와 냉각수 산술평균온도차(℃)

참고 **평균온도차**

응축온도와 냉각수 입출구의 평균온도차를 말하는 것으로, 대수 평균온도차와 산술 평균온도차가 있으나 일반적으로 산술 평균온도차를 많이 사용한다.

1. 산술평균온도차

$$\Delta t_m = \frac{\Delta t_1 + \Delta t_2}{2} = t_1 - \frac{t_{w1} + t_{w2}}{2}$$

여기서, Δt_1 : 냉각수 입구 온도차

Δt_2 : 냉각수 출구 온도차

t_1 : 응축온도

t_{w1} : 냉각수 입구 온도

t_{w2} : 냉각수 출구 온도

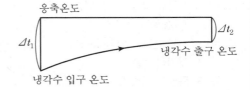

2. 대수평균온도차

$$\Delta t = \frac{\Delta t_1 - \Delta t_2}{\ln\left(\dfrac{\Delta t_1}{\Delta t_2}\right)}$$

3 응축기의 종류

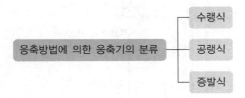

참고 **응축기의 종류**

- 수랭식은 공랭식보다 절연효과가 크다.
- 공랭식은 통풍이 잘되고 신선한 곳에 설치해야 한다.
- 수랭식은 설치유지비가 공랭식에 비해 크다.
- 수랭식은 수리점검이 곤란하다.
- 공랭식은 응축온도 및 압력이 높아서 동력소비가 크다.

1) 입형 셸 앤드 튜브(Shell and Tube)식 응축기

① 특징

㉠ 셸 내에 냉매, 튜브 내에 냉각수가 흐른다(높이가 약 4.8m이다).

㉡ 튜브 내에는 스월(Swirl)이 부착되어 냉각수가 관벽을 따라 선회하면서 흐른다.

ⓒ 대형 암모니아 냉동장치에 주로 사용된다.

ⓓ 냉각수 소비량이 커서 수량이 풍부하고 수질이 좋은 곳에 사용한다.

ⓔ 냉각수 입·출구 온도차는 3~4℃이다.

> **참고** **응축기의 종류**
>
> 1. 수랭식 응축기
>   - 입형 셸 앤드 튜브식 응축기
>   - 7통로식 응축기
>   - 셸 앤드 코일식 응축기
>   - 횡형 셸 앤드 튜브식 응축기
>   - 2중관식 응축기
> 2. 대기식 응축기
> 3. 증발식 응축기
> 4. 공랭식 응축기

ⓕ 기타
   - 열통과율 : 750kcal/m^2·h·℃
   - 냉각수량 : 20L/min·RT
   - 전열면적 : 1.2m^2/RT

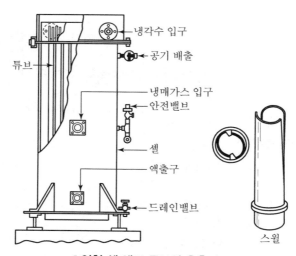

‖ 입형 셸 앤드 튜브식 응축기 ‖

② 장단점

장점	단점
• 설치면적이 작아도 된다. • 옥외 설치가 가능하다. • 운전 중에도 냉각관 청소가 용이하다. • 전열이 양호하며 과부하에 잘 견딘다.	• 냉각수 소비량이 크다. • 냉각관의 부식이 크다. • 냉매액의 과냉각이 잘 안 된다.

2) 횡형 셸 앤드 튜브식 응축기

① 특징

㉠ 셸 내에 냉매, 튜브 내에 냉각수가 흐른다.

㉡ 수액기 역할을 겸할 수 있다.

㉢ 냉매의 종류에 관계없이 소형에서 대형까지 다양하게 사용된다.

㉣ 입구, 출구에 각각의 수실이 있으며, 판으로 막혀 있다.

㉤ 냉각수 입출구 온도차는 6~8℃이다.

㉥ 콘덴싱 유닛(Condonsing Unit) 조립에 적합하다.

㉦ 기타

- 열통과율 : 900kcal/m^2 · h · ℃
- 전열면적 : 0.8~0.9m^2/RT
- 냉각수량 : 12L/min · RT

② 장단점

장점	단점
• 냉각수가 적게 든다. • 설치면적이 좁아도 된다. • 전열이 양호하다. • 소형화할 수 있다.	• 과부하에 견디지 못한다. • 냉각관이 부식되기 쉽다. • 냉각관 청소가 곤란하다.

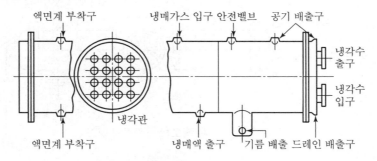

‖ 횡형 셸 앤드 튜브식 응축기의 구조 ‖

3) 7통로식 응축기

① 특징

ㄱ 셸 내에 냉매, 튜브 내에 냉각수가 흐른다.

ㄴ 1개의 셸 내에 7개의 튜브가 있다(구조는 직경 200mm, 길이 4,800mm의 원통에 외경 51mm의 냉각관).

ㄷ 암모니아 냉동장치에 주로 사용한다.

ㄹ 냉동능력에 따라 적당한 대수를 조립하여 사용할 수 있다.

ㅁ 기타

• 열통과율 : 1,000kcal/m^2 · h · ℃

• 전열면적 : 0.9m^2 · RT

• 냉각수량 : 12L/min · RT

② 장단점

장점	단점
• 전열이 양호하다.	• 냉각관의 청소가 곤란하다.
• 설치면적이 작아도 된다.	• 구조가 복잡하고 설비비가 많이 든다.
• 냉동능력에 따라 조립사용이 가능하다.	• 압력강하로 인하여 한 대로 큰 용량의 냉동장
• 호환성이 있어 수리가 가능하다.	치에 사용할 수 없다.

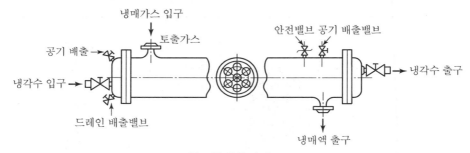

‖ 7통로식 응축기의 구조 ‖

4) 2중관식 응축기

① 특징

ㄱ 외관 및 내관으로 구성되어 내관에는 냉각수가 흐르고 외관에는 냉매가 흐른다.

ㄴ 냉매와 냉각수는 역류되어 흐르므로 과냉각이 양호하다.

ㄷ 소형 프레온용 중소형 NH_3 장치용으로 사용하며 유닛화되어 패키지 에어컨(Package Air Conditioner) 등에 사용한다.

ㄹ 기타

- 열통과율 : $900\text{kcal/m}^2 \cdot \text{h} \cdot ℃$
- 전열면적 : $0.8 \sim 1.0\text{m}^2/\text{RT}$
- 냉각수량 : $10 \sim 12\text{L/min} \cdot \text{RT}$

② 장단점

장점	단점
• 전열이 양호하다. • 과냉각이 양호하다. • 냉각수가 적게 필요하다.	• 냉각관 청소가 곤란하다. • 냉각관 부식 발견이 어렵다. • 냉매 누설 발견이 어렵다. • 대형에는 부적합하다.

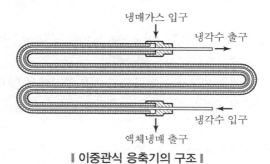

‖ 이중관식 응축기의 구조 ‖

5) 셸 앤드 코일(Shell and Coil)식 응축기

① 특징

ㄱ 셸 내에는 냉매, 코일 내에는 냉각수가 흐른다.

ㄴ 소용량의 프레온 냉동장치에 주로 사용된다.

ㄷ 양질의 냉각수를 얻을 수 있는 곳에서 주로 사용한다.

ㄹ 기타

- 열통과율 : $500\text{kcal/m}^2 \cdot \text{h} \cdot ℃$
- 전열면적 : $0.8 \sim 1.0\text{m}^2/\text{RT}$
- 냉각수량 : $12\text{L/min} \cdot \text{RT}$

② 장단점

장점	단점
• 소형 경량화할 수 있다. • 제작비가 적게 든다. • 수량이 적게 든다.	• 냉각관 청소가 곤란하다. • 냉각관 교환이 곤란하다.

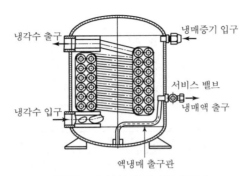

∥ 셀 앤드 코일식 응축기의 구조 ∥

6) 대기식 응축기

① 특징

　㉠ 냉각수의 감열 및 증발잠열을 이용하여 냉매를 냉각시킨다(냉각수 분포용 응축기).

　㉡ 겨울철에는 공랭식으로도 사용 가능하다.

　㉢ 하부에는 냉매가스 입구가 있고 응축된 액은 중간에서 뽑아낸다.

　㉣ 암모니아 중대형 냉동장치에 주로 사용된다.

　㉤ 기타

　　• 열통과율 : 600kcal/m² · h · ℃

　　• 전열면적 : 1.4m²/RT

　　• 냉각수량 : 15L/min · RT

② 장단점

장점	단점
• 냉각관 청소가 용이하다. • 대용량 제작이 가능하다. • 수질이 나쁜 곳에도 사용 가능하다.	• 압력강하가 크다(튜브 길이가 길어지면). • 냉각수가 많이 필요하다. • 설치장소가 커야 한다. • 냉각관 부식성이 크다.

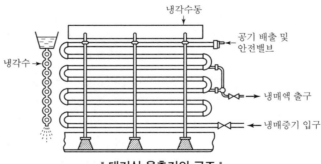

∥ 대기식 응축기의 구조 ∥

7) 증발식 응축기

응축기 냉각관 코일에 냉각수를 분무노즐에 의하여 분무하고 여기에 유속 3m/s 정도의 바람을 보내 냉각관 표면의 물을 증발시켜 냉각시키는 응축기이다.

① 특징

　㉠ 냉각수의 증발에 의해 냉매가 응축된다.

　㉡ 물의 증발잠열을 이용하므로 냉각수의 소비가 적다.

　㉢ 외기 습구온도의 영향을 많이 받게 된다.

　㉣ 주로 암모니아 냉동장치에 사용되나, 중형의 프레온 냉동장치에도 많이 사용된다.

　㉤ 냉매의 압력 강하가 크다.

　㉥ 기타

　　• 열통과율 : 암모니아, 프레온의 $200{\sim}280kcal/m^2 \cdot h \cdot ℃$

　　• 전열면적 : $1.3{\sim}1.5m^2/RT$

　　• 냉각수량 : 순환수량의 $8L/min \cdot RT$

　　• 보급수량 : $0.1L/min \cdot RT$

② 장단점

장점	단점
• 냉각수가 가장 적게 든다. • 냉각탑을 별도로 사용할 필요가 없다. • 옥외 설치가 가능하다.	• 구조가 복잡하고 설비비가 비싼 편이다. • 전열이 다소 불량하다. • 청소 및 보수가 곤란하다. • 압력강하가 크다.

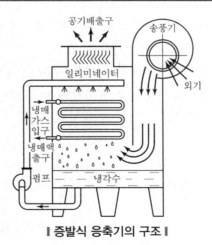

▌ 증발식 응축기의 구조 ▌

> **참고**
>
> 증발식 응축기의 일리미네이터는 냉각관에서 분무되는 냉각수의 일부가 배기와 함께 밖으로 비산되는 것을 방지하여 냉각수를 절약한다.

8) 공랭식 응축기

공기나 풍속으로 냉매기체를 액화시키는 응축기이다.

① 종류

　㉠ 자연대류식 : 공기의 자연대류를 이용하여 냉각시킴, 주로 소형 냉동장치에 많이 쓰임

　㉡ 강제대류식 : 팬을 부착하여 3m/s 정도의 풍속으로 공기를 강제 순환시키는 방법

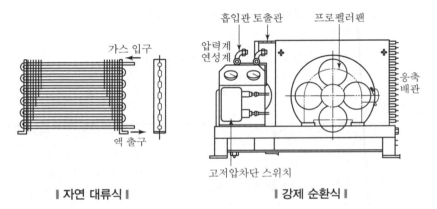

| 자연 대류식 | | 강제 순환식 |

② 특징

　㉠ 관 내에는 냉매가스, 관 외의 외부 공기와 접촉시켜 냉매를 응축시킨다.

　㉡ 통풍이 좋은 곳에 설치하여야 한다.

　㉢ 냉각수가 필요 없으므로 냉각수용 배관, 배수시설 등이 필요 없다.

　㉣ 응축온도가 수랭식에 비해 높고, 응축기 형상이 커야 한다.

　㉤ 냉각관의 부식이 적다.

　㉥ 기타

　　• 열통과율 : $20 \sim 25 \text{kcal/m}^2 \cdot \text{h} \cdot \text{℃}$

　　• 전열면적 : $12 \sim 15 \text{m}^2/\text{RT}$

　　• 풍속 : $2 \sim 3\text{m/s}$

　※ 냉매증기와 공기와의 온도차는 15℃ 정도이며, 외기 온도가 30～35℃이면 응축온도는 45～50℃ 정도이다(NH_3 냉동기는 공랭식이 불가능하다).

4 냉각탑

1) 응축기용 냉각탑(쿨링 타워)

① 역할

응축기 출구의 온도가 높은 냉각수를 냉각시켜 다시 응축기 입구로 이동시켜 사용할 수 있게 하는 냉각수 재생장치이다.

② 특징

㉠ 수원이 풍부하지 못하거나 냉각수를 절약하고자 할 때 사용한다.

㉡ 물의 증발잠열을 이용함으로써 외기 습구온도의 영향을 많이 받는다.

㉢ 냉각 시 냉각수의 회수율은 95%이다.

> **참고** 송기방법에 따른 분류
>
> • 대기식 냉각탑 : 바람이 잘 통하도록 사방에 통풍창을 갖고 있으며 전동기가 없으므로 소음이 적고 동력 소비가 적다.
> • 강제 대류형 냉각탑 : 공기를 송풍기로 강제 순환시키는 방법으로 물과 공기를 교차형(직교형)과 반대로 흐르게 하는 역류형(대류형)이 있다.

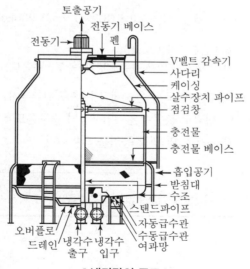

‖ 냉각탑의 구조 ‖

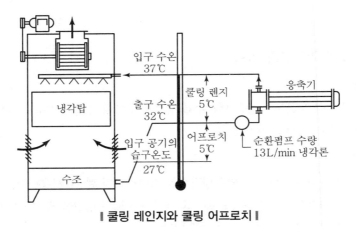

▌쿨링 레인지와 쿨링 어프로치 ▌

※ 냉각탑의 출구 온도는 대기의 습구온도보다 낮아지는 일이 없으며, 일반적으로 냉각탑 입구관은 출구관보다 약간 크다.

③ 냉각탑의 능력 산정

　ㄱ 냉각탑의 능력(표준 능력)

　　　• 수량 : 13L/min　　　• 입구 수온 : 37℃　　　• 냉각수 출구 수온 : 32℃

$$Q_1 = w \cdot C \cdot \Delta t = 13 \times 60 \times (37-32) = 3,900 \text{kcal/h}$$

　　　여기서, w : 순환수량(L/min)

　　　　　　Δt : 냉각수 입구 수온－냉각수 출구 수온(℃)

　ㄴ 쿨링 레인지 : 냉각수 입구 수온－냉각수 출구 수온＝37－32＝5℃

　ㄷ 쿨링 어프로치 : 냉각수 출구수온－입구공기 습구온도＝32－27＝5℃

　ㄹ 1냉각톤 : 3,900kcal/h의 냉각 능력을 의미한다.

> **참고**
>
> 쿨링 레인지는 클수록, 쿨링 어프로치는 적을수록 냉각능력은 양호해진다.

5 응축기 관리

1) 공랭식 응축기의 세관

① 압축공기로 불어 준다.

② 0.4~0.6MPa의 압력증기로 증기세척을 한다.

③ 솔이나 와이어 브러시 등으로 세척한다.

> **참고** 수랭식 응축기의 화학세관법
>
> • 정치법
> • 순환법
> • 염산, 황산, 쿨민 등 세제법

2) 수랭식 응축기의 세관

① 화학적 세관법

ㄱ 냉매 배관 내부에 유막이 끼었을 때는 R-11을 사용하여 세척을 한다.

ㄴ 물때를 제거할 때는 염산(10~20%)의 묽은 용액으로 씻고 다시 인산(10~20%)으로 씻은 다음 맑은 물로 씻어야 한다.

ㄷ 쿨민세관 : 염산(HCl)이나 인산에 비해 부식성은 적으나 가격은 비싼 편이다.

　• 청관제 : 쿨민 ASC를 7~10% 첨가하여 순환시킨다.

　• 방청제 : 세관작업이 끝난 다음 냉각수나 냉수에 쿨민 RC-1을 2% 정도 첨가시켜 순환시키면 물때가 끼는 것이 방지된다.

② 기계적 세관법

냉매 또는 냉각수 배관 내에 와이어 브러시를 꽂고 워터건(Water Gun, 250PSI)으로 여러 차례 반복하여 스케일을 제거한다.

> **참고** 냉각탑 세정을 확인하는 방법
>
> • 세정 중 나오는 물때의 정도
> • 냉각수 펌프의 토출압력 등의 확인
> • 압축기 고압 측의 압력 변화
> ※ 참고사항 : 응축기 보안관리

[05장] 출제예상문제

01 수랭식 응축기의 능력은 냉각수 온도와 냉각수량에 의해 결정이 되는데, 응축기의 능력을 증대시키는 방법에 관한 사항 중 틀린 것은?

① 냉각수온을 낮춘다.
② 응축기의 냉각관을 세척한다.
③ 냉각수량을 늘린다.
④ 냉각수 유속을 줄인다.

해설
냉각수 유속을 가급적 빨리 한다.

02 냉동능력이 45냉동톤인 냉동장치의 수직형 셀 앤드 튜브 응축기에 필요한 냉각수량은 약 얼마인가?(단, 응축기 입구 온도는 23℃이며, 응축기 출구 온도는 28℃라고 함)

① 38,844L/h ② 43,200L/h
③ 51,870L/h ④ 60,250L/h

해설
응축기에서 냉동의 경우 정수는 1.3, 공조기에서는 1.2이다. 1냉동톤은 3,320kcal/h이므로,

$$냉각수량 = \frac{1.3 \times (45 \times 3,320)}{(28-23)} = 38,844L/h$$

03 증발식 응축기에 대한 설명 중 옳지 않은 것은?

① NH_3 장치에 주로 사용된다.
② 물의 증발열을 이용한다.
③ 냉각탑을 사용하는 것보다 응축압력이 높다.
④ 소비 냉각수의 양이 제일 적다.

해설
증발식 응축기
㉠ 압력강하가 크므로 고압 측 배관에 주의해야 한다.
㉡ 냉각수의 증발에 의하여 응축된다.
㉢ 외기의 습구온도 영향을 많이 받는다. 즉, 습도가 높으면 능력이 저하된다.

04 다음 중 열통과율이 가장 좋은 응축기는?

① 증발식
② 입형 셀 앤드 튜브식
③ 횡형 셀 앤드 튜브식
④ 7통로식

해설
㉠ 증발식 : 물의 증발열 580kcal/kg(30℃에서)
㉡ 입형 셀 앤드 튜브식 : 750kcal/m² · h · ℃
㉢ 횡형 셀 앤드 튜브식 : 900kcal/m² · h · ℃
㉣ 7통로식 : 1,000kcal/m² · h · ℃
㉤ 대기식 : 600kcal/m² · h · ℃

05 대기 중의 습도가 냉매의 응축온도에 관계있는 응축기는?

① 입형 셀 앤드 튜브 응축기
② 공랭식 응축기
③ 횡형 셀 앤드 튜브 응축기
④ 증발식 응축기

해설
증발식은 외기의 습구온도에 의해 능력이 좌우된다.

정답 01 ④ 02 ① 03 ③ 04 ④ 05 ④

06 수직형 셀 앤드 튜브 응축기의 설명이 잘못된 것은?

① 설치면적이 작아도 되며 옥외 설치가 가능하다.
② 유분리기의 응축기 사이에는 균압관을 설치하는 것이 좋다.
③ 대형 NH₃ 냉동장치에 사용된다.
④ 응축열량은 증발기에서 흡수한 열량과 압축기 열량의 합과 같다.

해설
㉠ 수직형 셀 앤드 튜브 응축기에서는 응축기 상부와 수액기 상부를 연결하는 균압관이 연결된다.
㉡ 수액기 하부에 배유밸브가 설치된다.

07 전열면적이 20m²인 응축기에서 응축수량 0.2톤/분, 열통과율 800kcal/m²·h·℃, 냉각수 입구 온도가 32℃, 출구 온도는 40℃일 때, 산술평균 온도차는 몇 ℃인가?

① 3℃
②, 5℃
③ 6℃
④ 9℃

해설

$$산술평균\ 온도차 = 응축온도 - \left(\frac{냉각수\ 입구\ 수온\ + \ 냉각수\ 출구\ 수온}{2}\right)$$

$$응축부하 = 800 \times 20 \times \Delta t = 200 \times 60 \times (40-32)$$

$$\therefore \Delta t = \frac{200 \times 60 \times 8}{800 \times 20} = 6℃$$

08 응축압력이 상승되는 원인으로 옳은 것은?

① 유분리기의 기능 양호
② 부하의 급격한 감소
③ 외기온도 상승
④ 냉각수량 과다

해설
공랭식의 경우 응축압력은 외기온도가 상승하면 높아진다.

09 횡형 셀 앤드 튜브식 응축기에 부착하지 않는 것은?

① 냉각수 배관 출입구
② 역지밸브(Check Valve)
③ 가용전
④ 워터 드레인밸브(Water Drain Valve)

해설
횡형 셀 앤드 튜브식 응축기의 구조
㉠ 수실(물통)   ㉡ 냉각관
㉢ 냉매 출구관   ㉣ 냉매 입구관
㉤ 안전밸브   ㉥ 냉각수 입출구
㉦ 드레인밸브   ㉧ 에어벤트
㉨ 액면계   ㉩ 에어피지용 소켓

10 증발식 응축기에 관한 사항 중 옳은 것은?

① 응축온도는 외기의 건구온도보다 습구온도의 영향을 더 많이 받는다.
② 냉각수의 현열을 이용하여 냉매가스를 응축시킨다.
③ 응축기 냉각관을 통과하여 나오는 공기의 엔탈피는 감소한다.
④ 냉각관 내 냉매의 압력강하가 적다.

해설
증발식 응축기의 응축온도는 외기의 건구온도보다 습구온도의 영향을 더 많이 받는다. 주로 암모니아 장치에 사용하며 중형의 프레온 장치에도 사용하는 응축기이다.

11 냉동능력이 5냉동톤이며 그 압축기의 소요 동력이 5마력(PS)일 때 응축기에서 제거하여야 할 열량은 몇 kcal/h인가?

① 18,790kcal/h ② 21,100kcal/h

③ 19,760kcal/h ④ 20,900kcal/h

해설

1RT=3,320kcal/h, 1PS · h=632kcal

$\therefore (3,320 \times 5) + (632 \times 5) = 19,760$kcal/h

12 냉각탑 부속품 중 일리미네이터(Eliminator) 가 있는데 그 사용목적은?

① 물의 증발을 양호하게 한다.

② 공기를 흡수하는 장치이다.

③ 물이 과냉각되는 것을 방지한다.

④ 수분이 대기 중에 방출되는 것을 막아주는 장치이다.

해설

일리미네이터는 수분이 대기 중에 방출되는 것을 막아주는 장치이다.

13 다음 쿨링타워에 대한 설명 중 옳은 것은?

① 냉동장치에서 쿨링타워를 설치하면 응축기는 필요 없다.

② 쿨링타워에서 냉각된 물의 온도는 대기의 습구 온도보다 높다.

③ 타워의 설치장소는 습기가 많고 통풍이 잘되는 곳이 적합하다.

④ 송풍량을 많게 하면 수온이 내려가고 대기의 습구온도보다 낮아진다.

해설

냉각탑(Cooling Tower)에서 냉각수는 외기의 습구온도보다 낮게 냉각시킬 수 없다. 즉, 냉각된 물의 온도는 대기의 습구온도보다 다소 높다.

14 다음 설명 중 옳은 것은?

① 냉각탑의 입구 수온은 출구 수온보다 낮다.

② 응축기의 냉각수 출구 온도는 입구 온도보다 낮다.

③ 응축기에서의 방출열량은 증발기에서 흡수하는 열량과 같다.

④ 증발기의 흡수열량은 응축열량에서 압축열량을 뺀 값과 같다.

해설

증발기의 흡수열량=응축열량−압축열량

15 고압 측 액관에 설치한 여과기의 메시(Mesh) 는 어느 정도인가?

① 40~60mesh ② 80~100mesh

③ 120~140mesh ④ 160~180mesh

해설

㉠ 고압 측 액관에 사용되는 여과기 : 80~100mesh

㉡ 가스관에 사용되는 여과기 : 40mesh

16 수랭식 응축기의 응축압력에 관한 사항 중 옳은 것은?

① 수온이 일정한 경우 유막 물때가 두껍게 부착하여도 수량을 증가하면 응축압력에는 영향이 없다.

② 냉각관 내의 냉각수 속도가 빨라지면 횡형 셸 앤드 튜브식 응축기의 열통과율은 커지고 응축압력에 영향을 준다.

③ 냉각수량이 풍부한 경우에는 불응축 가스의 혼입영향은 없다.

④ 냉각수량이 일정한 경우에는 수온에 의한 영향은 없다.

해설

냉각관 내의 냉각수 속도가 빨라지면 횡형 셸 앤드 튜브식 응축기는 열통과율이 커지면서 응축압력에 영향을 준다.

정답 **11** ③ **12** ④ **13** ② **14** ④ **15** ② **16** ②

17 소요 냉각수량 120L/min, 냉각수 입출구 온도차 6℃인 수랭 응축기의 응축부하는?

① 43,200kcal/h
② 14,400kcal/h
③ 12,000kcal/h
④ 66,400kcal/h

> **해설**
> $Q = 120 \times 1 \times 6 \times 60 = 43,200$kcal/h
> (물의 비열=1kcal/kg · ℃, 1시간=60분)

18 다음 그림에서 고압액관은 어느 것인가?

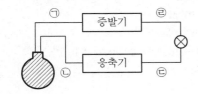

① ㉠
② ㉡
③ ㉢
④ ㉣

> **해설**
> 응축은 고압부에서 일어나므로, 여기서는 ㉢ 선이 고압 액관 배관이다.

19 다음 응축기에 대한 설명 중 옳은 것은?

① 수랭식 응축기에서는 냉각수의 흐르는 속도가 클수록 열통과율이 크지만 부식될 염려가 있다.
② 냉각관 내에 물때가 많이 끼어도 냉각수량은 변하지 않는다.
③ 응축기의 안전밸브의 최소구경은 압축기의 피스톤 압출량에 의해서 산출된다.
④ 해수를 냉각수로 사용하는 응축기에서는 동합금이 부식을 일으키기 때문에 일반적으로 스테인리스 강관을 사용한다.

> **해설**
> 수랭식 응축기는 냉각수의 유속이 클수록 열통과율은 크지만 부식의 우려가 있다.

20 냉동기 운전 중 수랭식 응축기의 파열을 방지하기 위한 부속기기에 해당되지 않는 것은?

① 냉각수 플로 스위치(온도)
② 냉각수 플로 스위치(압력)
③ 차압 스위치
④ 유압 보호장치

> **해설**
> 수랭식 응축기의 파열을 방지하기 위한 부속기기
> ㉠ 냉각수 온도 플로 스위치
> ㉡ 냉각수 압력 플로 스위치
> ㉢ 차압 스위치

21 증발식 응축기 설계 시 1RT당 전열면적은?

① 1.3~1.5m²/RT
② 3.5~4m²/RT
③ 5~6.5m²/RT
④ 7.5~9m²/RT

> **해설**
> 증발식 응축기
> ㉠ 프레온 냉매 : 1.3m²/RT
> ㉡ 암모니아(NH₃) 냉매 : 1.5m²/RT

22 셸 앤드 튜브 응축기는?

① 공랭식 응축기이다.
② 수랭식 응축기이다.
③ 역류식 응축기이다.
④ 강제대류식 응축기이다.

> **해설**
> 셸 앤드 튜브 응축기 : 수냉각식 응축기

23 입형 셸 앤드 튜브식 응축기의 장점이 아닌 것은?

① 과부하에 잘 견딘다.

② 운전 중에도 냉각관 청소가 용이하다.

③ 과냉각이 양호하다.

④ 옥외 설치가 가능하다.

> **해설**
> 입형 셸 앤드 튜브식 응축기는 냉매액이 냉각수와 냉매가 평행하므로 과랭이 잘되지 않는다.

24 냉동장치의 운전상태에 관한 사항이다. 옳은 것은?

① 증발기 내의 냉매는 피냉각물체로부터 열을 흡수함으로써 증발기 내를 흘러감에 따라 온도가 상승한다.

② 응축온도는 냉각수 입구 온도보다 약간 높다.

③ 크랭크 케이스 내의 유온은 흡입가스에 의하여 냉각되므로 흡입가스 온도보다 낮아지는 경우도 있다.

④ 압축기 토출 직후의 증기온도는 응축과정 중의 냉매온도보다 낮다.

> **해설**
> 냉동장치에서 응축온도는 냉각수 입구 온도보다 약간 높다.

25 다음 중 냉각탑과 응축기 사이에 순환되는 물의 명칭은?

① 정수 ② 냉각수
③ 응축수 ④ 온수

> **해설**
> 냉각수 : 냉각탑과 응축기 사이에 순환되는 물

26 냉동장치가 어떤 조건하에서 운전할 때 냉동능력이 5RT이고, 압축기 동력이 5kW이면, 응축기에서 방출하여야 할 열량은?(단, 1RT = 3,320 kcal/h이다.)

① 123,500kcal/h

② 20,900kcal/h

③ 29,000kcal/h

④ 14,260kcal/h

> **해설**
> $1kWh = 860kcal$
> $5 \times 860 = 4300kcal$
> $3,320 \times 5 = 16,600kcal$
> $\therefore\ Q = 4,300 + 16,600 = 20,900kcal/h$

27 응축온도 및 증발온도가 냉동기의 성능에 미치는 영향에 관한 사항 중 옳은 것은?

① 응축온도가 일정하고 증발온도가 낮아지면 압축비는 증가한다.

② 증발온도가 일정하고 응축온도가 높아지면 압축비는 감소한다.

③ 응축온도가 일정하고 증발온도가 높아지면 토출가스 온도는 상승한다.

④ 응축온도가 일정하고 증발온도가 낮아지면 냉동능력은 증가한다.

> **해설**
> 응축온도가 일정한 가운데 증발온도가 낮아지면 증발압력이 낮아져서 압축비(응축/증발)가 커진다.

28 수랭식 응축기에서 시간당 12,000kcal의 열을 제거하고 있을 때 18℃의 물을 매분 40L 사용했다면 냉각수 출구 온도는 몇 ℃가 되겠는가?

① 21℃ ② 23℃
③ 25℃ ④ 27℃

정답 23 ③ 24 ② 25 ② 26 ② 27 ① 28 ②

해설

$$t = \frac{12,000}{60 \times 40 \times 1} + 18 = 23℃$$

29 열통과에 대한 설명 중 가장 바른 것은?

① 열이 기체에서 기체로 이동하는 것이다.
② 열이 기체에서 고체로 이동하는 것이다.
③ 열이 고체벽을 사이에 두고 유체 "A"에서 "B"로 이동하는 것이다.
④ 열이 고체벽 "A"에서 다른 고체벽 "B"로 이동하는 것이다.

해설

㉠ 열통과 : 열이 고체벽을 사이에 두고 유체 "A"에서 "B"로 이동하는 것이다.
㉡ 열통과율 : kcal/m² · h · ℃

30 응축기의 냉각관 청소시기로 옳은 것은?

① 매월 1회 　　　② 매년 1회
③ 3개월에 1회 　　④ 6개월에 1회

해설

응축기의 냉각관 청소세관은 매년 1회 이상이 이상적이다.

31 냉동장치의 안전운전을 위한 주의사항 중 틀린 것은?

① 압축기와 응축기 간에 스톱밸브가 닫혀 있는 것을 확인한 후가 아니면 압축기를 가동시키지 말 것
② 주기적으로 유압을 체크할 것
③ 운전휴지 중 실내온도가 빙점 이하로 내려갈 가능성이 있을 때는 응축기 및 수배관에서 물을 완전히 뽑아 동파를 방지할 것
④ 압축기를 처음 가동 시에는 정상으로 가동되는가를 확인할 것

해설

압축기와 응축기 간의 스톱밸브가 열려 있을 때 압축기 가동이 이루어져야 한다.

32 보일러의 부속품 중 온수보일러에 사용하지 않는 것은?

① 순환펌프 　　　② 수면계
③ 릴리프 관 　　　④ 릴리프 밸브

해설

수면계 : 증기보일러 증기드럼 내 수위측정계

33 다음 중 불응축 가스가 주로 모이는 곳은?

① 증발기 　　　　② 액분리기
③ 압축기 　　　　④ 응축기

해설

불응축 가스가 주로 모이는 곳은 응축기이다.

34 바깥지름 54mm, 길이 2.66m, 냉각관 수 28개로 된 응축기가 있다. 입구 냉각수온 22℃, 출구 냉각수온 28℃이며, 응축온도는 30℃이다. 이때의 응축부하 Q(kcal/h)는 약 얼마인가?(단, 냉각관의 열통과율(K)은 900kcal/m² · h · ℃이고, 온도차는 산술평균 온도차를 이용한다.)

① 25,300 　　　② 43,700
③ 56,858 　　　④ 79, 682

해설

응축면적 $= \pi DL$
$\qquad = 3.14 \times 0.054 \times 2.66 \times 28$
$\qquad = 12.63 \text{m}^2$

$\Delta t_m = \frac{28 + 22}{2} = 25$

$30 - 25 = 5℃$

$\therefore Q = 12.63 \times 900 \times 5 = 56,835 \text{kcal/h}$

[06장] 증발기

···01 증발기(Evaporator)

1 증발기의 역할

냉동장치의 4대 구성요소인 팽창밸브의 교축작용에 의해 온도와 압력이 낮아진 저온·저압의 액냉매가 증발하면서 피냉각 물체로부터 열을 흡수하므로 일종의 열교환기이며, 특히 실제 냉동목적이 달성되는 기기이다.

2 증발기의 냉각능력

1) 냉동부하와 브라인 유량의 관계

$$Q_2 = W \cdot C \cdot \Delta t$$

여기서, Q_2 : 냉동부하(kcal/h), W : 브라인 유량(kg/h)
C : 브라인의 비열(kcal/kg·℃), Δt : 브라인 쿨러의 입·출구 온도차(℃)

2) 냉동부하와 냉각관 면적의 관계

$$Q_2 = K \cdot A \cdot \Delta t_m$$

여기서, K : 냉각관의 열통과율(kcal/m²·h·℃)
A : 전열면적(m²)
Δt_m : 브라인 평균온도와 증발온도차(℃)

> **참고** 산술 평균온도차
>
> 산술평균온도차$(\Delta t_m) = \dfrac{\Delta t_1 + \Delta t_2}{2} = \dfrac{t_{b1} + t_{b2}}{2} - t_2$
>
> 여기서, Δt_1 : 브라인 입구 온도차(℃)
> Δt_2 : 브라인 출구 온도차(℃)
> t_{b1} : 브라인 입구 온도차(℃)
> t_{b2} : 브라인 출구 온도차(℃)
> t_2 : 증발온도(℃)
>
>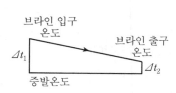

❸ 증발기의 종류

1) 팽창방식에 따른 분류

① 직접 팽창식
냉각관 내에 냉매를 흐르게 하여 피냉각물체로부터 직접 열을 흡수하는 방식(1차 방식)

ㄱ) 장점
- 시설이 간단하고 순환냉매량이 적다.
- 실온과 증발온도와 차이가 적어 효율적인 운전이 가능하다.

ㄴ) 단점
- 냉매 누설 시 냉장품의 소손이 우려된다.
- 팽창밸브의 운전관리가 불편하다.

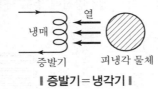

‖ 증발기＝냉각기 ‖

② 간접 팽창식
액냉매의 증발잠열에 의해 냉각된 브라인(2차 냉매)을 냉각관에 순환시켜 현열로써 물 또는 공기를 냉각시키는 방식(2차 방식)

ㄱ) 장점
- 운전이 정지되어도 냉장실 온도 상승이 느리다.
- 냉매 누설로 인한 냉장품의 손상이 적다.
- 냉장실이 여러 대라도 능률적 운전이 가능하다.

ㄴ) 단점
- 설비가 복잡하고 설치비가 많이 든다.
- 소요동력이 증대하여 운전비가 많이 든다.

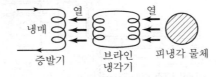

‖ 증발기 ≠ 냉각기 ‖

참고 **냉매 상태에 따른 분류**

- 건식 증발기
- 만액식

- 반만액식 증발기
- 액순환식

---

2) 증발기 내부 냉매 상태에 따른 증발기 분류

① 건식 증발기

　　㉠ 증발기 내 냉매액이 25%, 냉매가스가 75% 비율로 존재한다.

　　㉡ 냉매는 증발기 상부에서 하부로 공급된다.

　　㉢ 냉매액량이 적으므로 전열이 불량하다.

　　㉣ 냉장고, 에어컨 등 공기 냉각용 증발기로 이용된다.

② 반만액식 증발기(습식 증발기)

　　㉠ 증발기 내 액이 50%, 가스가 50% 존재한다.

　　㉡ 냉매공급방식은 하부에서 상부로 이루어진다(Up Feed 방식).

　　㉢ 냉각관에 오일이 체류할 가능성이 있으므로 유회수에 유의하여야 한다.

　　㉣ 암모니아 냉동장치의 직접 팽창방식에 주로 사용된다.

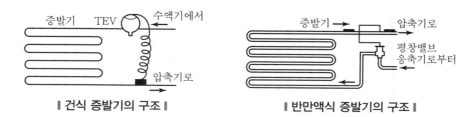

‖ 건식 증발기의 구조 ‖　　　　‖ 반만액식 증발기의 구조 ‖

③ 만액식 증발기(냉매액 증발기)

　　㉠ 증발기 내에 액 75%, 가스 25%가 존재한다.

　　㉡ 전열이 양호한 증발기이다.

　　㉢ 증발기 내 오일이 체류할 가능성이 있으므로 프레온(Freon) 냉동장치에서는 유회수장치를 필요로 한다.

　　㉣ 냉매량이 많이 소요되는 증발기이다.

　　㉤ 충분한 용량의 액분리기를 필요로 한다.

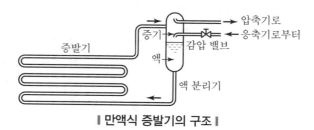

‖ 만액식 증발기의 구조 ‖

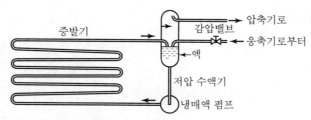

‖ 액순환식 증발기의 구조 ‖

④ 액순환식 증발기(냉매액 펌프식 증발기)

 ㉠ 증발기에서 증발하는 총 냉매의 4~6배의 액냉매를 액펌프에 의해 강제순환시킨다.

 ㉡ 증발기 출구에 냉매액으로 80%가 존재하는 증발기이다.

 ㉢ 전열이 가장 양호하며 증발기 내에 오일이 체류하지 않는다.

 ㉣ 냉매량이 많이 소요되며 액펌프 및 저압수액기 등의 설비가 많이 필요하다(대용량에 채택하는 증발기이다).

 ㉤ 급속동결 냉동장치 등에 많이 사용된다.

 ㉥ 리퀴드백의 방지가 용이하며 제상(Defrost)의 자동화가 용이하다.

 ㉦ 저압수액기와 액펌프 사이에는 1.2m 정도의 일정한 낙차가 필요하다.

3) 구조에 의한 증발기의 종류

① 관코일식 증발기

 ㉠ 나관을 구부린 모양으로 프레온 건식 소형에 많이 사용된다.

 ㉡ 구조가 간단하며 제상이 용이하다.

 ㉢ 전열이 불량하다.

 ㉣ 냉장고 쇼케이스 등의 증발기로 사용된다.

② 핀튜브식 증발기

 ㉠ 자연 대류식

  • 냉각관 표면에 핀을 부착시킨 관을 코일상으로 만든 냉각기이다.

  • 프레온 건식 소형에 사용되며 동관에 동판 알루미늄판 등의 핀을 부착시킨다.

 ㉡ 강제 대류식

  • 핀코일 증발기에 팬을 장치하여 강제대류시키는 방법이다.

  • 자연대류에 비해 3~5배의 열통과율을 얻는다.

  • 관 내의 공기순환이 신속하게 이루어지며 관 내 온도가 균일하게 된다.

  • 냉각기 설치가 간단하고 제상드레인 처리가 용이하다.

  • '유닛쿨러(Unit Cooler)'라고도 한다.

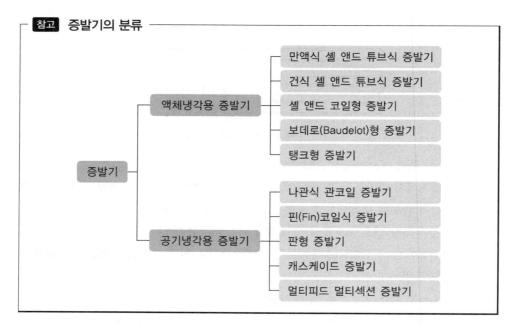

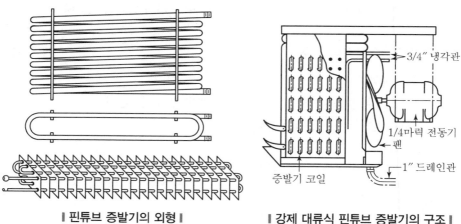

| 핀튜브 증발기의 외형 |　　　| 강제 대류식 핀튜브 증발기의 구조 |

③ 플레이트식 증발기

　　㉠ 알루미늄판 2장을 압접하여 그 사이를 냉매의 통로로 만든 구조이다.

　　㉡ 가정용 냉장고, 쇼케이스 등의 냉장고에 많이 사용된다.

④ 캐스케이드 증발기

　　㉠ 액냉매를 냉각관 내에 차례대로 순환시켜 증발된 기체냉매와 분리시키면서 냉각하는 방식이다.

　　㉡ 공기동결용의 선반 및 벽코일로 제작사용된다.

　　㉢ 액분리기가 있어 액흡입을 방지한다.

• 냉매의 순환은 ❷ → ❶ → ❹ → ❸ → ❻ → ❺ 순으로 이루어진다.

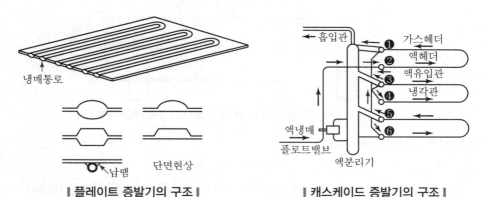

∥ 플레이트 증발기의 구조 ∥ **∥ 캐스케이드 증발기의 구조 ∥**

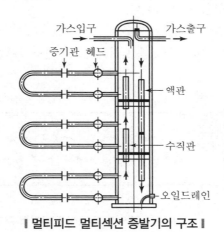

∥ 멀티피드 멀티섹션 증발기의 구조 ∥

⑤ **멀티피드 멀티섹션 증발기**

ㄱ 냉매 공급 및 증기분리방식을 취한다.

ㄴ 암모니아 냉매로 사용하는 공기동결실의 동결선반으로 이용된다.

⑥ **만액식 셸 앤드 튜브식 증발기**

ㄱ 셸 내에는 냉매, 튜브 내에는 브라인이 흐른다.

ㄴ 브라인 냉각장치로 사용한다.

ㄷ 증발기 내의 액면을 일정하게 유지하기 위해 플로트 팽창밸브를 사용한다.

ㄹ 냉매 충전량이 많으므로 관의 동파 방지에 유의한다.

ㅁ 프레온 냉동장치에서는 열교환기를 설치하여 냉동능력을 향상시킨다.

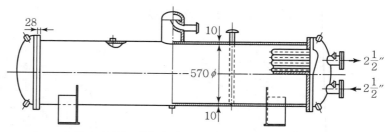

‖ 암모니아용 만액식 셸 앤드 튜브식 증발기의 구조 ‖

⑦ 건식 셸 앤드 튜브식 증발기

ㄱ 셸 내에는 브라인, 튜브 내에는 냉매가 흐른다.

ㄴ 냉매량은 적으나 열통과율이 나쁘므로 핀튜브를 부착하여 전열을 향상시킨다.

ㄷ 온도식 자동팽창밸브를 사용한다.

ㄹ 냉각관 동파 위험이 적다.

ㅁ 배플 플레이트(Baffle Plate)를 설치하여 브라인의 흐름을 고르게 한다.

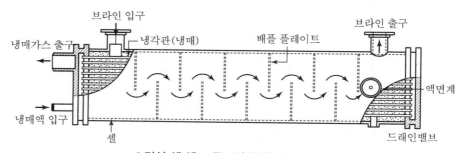

‖ 건식 셸 앤드 튜브식 증발기의 구조 ‖

⑧ 셸 앤드 코일식 증발기

ㄱ 셸 내에는 브라인이 순환하고 튜브 내에는 냉매가 흐른다.

ㄴ 열교환이 불량하다.

ㄷ 소형 프레온 냉동장치에 사용되며, 음료수 등을 냉각시킨다.

⑨ 탱크용 증발기(브라인 제빙장치 냉각용)

ㄱ 암모니아 만액식 증발기로 제빙장치에 주로 사용한다.

ㄴ 헤링본형 증발기라고도 한다.

ㄷ 상부에는 가스헤드가 있고 하부에는 액헤드가 있다.

ㄹ 플로트 팽창밸브를 사용한다.

※ 탱크 내에는 교반기(Agitator)에 의해 브라인이 0.75m/s 정도의 속도로 순환한다(교반기란 증발기와 브라인냉매, 브라인냉매와 얼음통의 열전달을 좋게 하기 위한 프로펠러이다).

⑩ 보데로 증발기(Baudelot Cooler)

　㉠ 냉각관 상부에 피냉각 액체가 흐르고 냉매는 냉각관 내를 순환하는 구조이다.

　㉡ 구조는 대기식 응축기와 비슷하나 작용은 반대이다.

　㉢ 식품공업에서 물, 우유 등을 냉각시킬 때 사용한다.

　㉣ 암모니아는 만액식을, 프레온은 습식을 사용 하며, 저압 측 플로트 밸브를 사용한다.

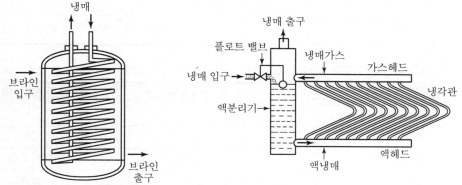

┃ 셀 앤드 코일식 증발기의 구조 ┃　　　　┃ 탱크형 증발기의 구조 ┃

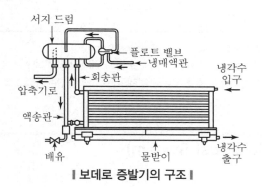

┃ 보데로 증발기의 구조 ┃

3) 직접 · 간접팽창식 증발기

① **직접팽창식** : 냉각하여야 할 장소 중의 냉각관 내에 직접 냉매를 순환시켜 피냉각 물체로부터 직접 냉매의 증발잠열(kJ/kg)을 흡수 냉각시키는 방법이다.

② **간접팽창식** : 냉매의 증발에 의해서 냉각된 브라인 냉매나 물 등을 순환시켜 물이나 공기 등 피냉각 물체로부터 현열(감열)에 의해 냉각시키는 방법이다.

> **참고** 프레온 냉동장치에서 2중 입상관의 특징
>
> • 증발기가 여러 대이고 언로더 장치가 있는 경우 부하가 감소되었을 때 오일이 트랩에 고여 굵은 관을 막아 A관으로만 가스가 통과하여 오일을 회수한다.
> • 최대부하 시에는 A 및 B관을 통해 가스가 통과되면서 오일을 회수시킨다.

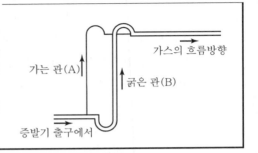

▼ **직접식 팽창, 간접식 팽창의 비교**

조건	직접식 팽창	간접식 팽창
① 냉매의 증발온도	고	저
② 소요동력	소	대
③ 설비의 복잡성	간단하다.	복잡하다.
④ 냉매충전량	많다.	적다.
⑤ RT당 냉매순환량	적다.	많다.
⑥ 냉동능력의 저장성	없다.	있다.

※ CA 냉장고(Controlled Atmosphere Storage Room)
　청과물을 저장하는 경우 보다 좋은 저장성을 얻기 위해 냉장고 내의 산소를 3~5% 감소시키고 탄산가스를 3~5% 증대시켜 청과물의 호흡작용을 억제하면서 냉장하는 냉장고를 의미한다.

┅02 제상장치(Defrost System)

1 제상장치

공기를 냉각하는 증발기에서 대기 중의 습기가 성에가 되어 냉각관에 부착된다. 이 서리는 매우 가벼우며 공기를 함유하고 있어 열전도 방해 및 전열을 불량하게 하므로 제거해야 하는데, 이를 '제상(Defrost)'이라고 한다.

1) 증발기에 서리가 생기는 이유

공기 중에 함유된 수분이 온도가 낮아진 냉각관 표면에 응축 동결되어 서리가 만들어진다.

2) 적상(Frost)이 심할 경우 냉동장치에 미치는 영향

① 전열이 이루어지지 않아서 냉장실 내 온도가 상승한다(압축기 소요전류 감소).

② 액압축 현상이 나타난다.

③ 증발온도 및 압력이 낮아진다.

④ 압축비가 증대된다.

⑤ 토출가스 온도 상승으로 윤활유가 열화 및 탄화된다.

⑥ 냉각능력당 소요동력이 증대한다.

⑦ 냉동능력이 감소한다.

⑧ 리퀴드백(액백)의 우려가 발생한다.

3) 제상

냉각관 표면에 서리가 생기는 것은 막을 수 없으므로 일정시간 운전을 하고 난 후에는 서리를 제거해 주어야 한다.

4) 제상방법

① 전열히터 제상 : 증발기에 직접 히터(Heater)를 설치하여 그 열에 의해서 제상을 행하며 소형 냉동장치 등에 많이 사용된다.

② 온공기 제상 : 압축기 정지 후 증발기 팬을 가동하여 외기의 따뜻한 공기로써 제상을 한다.

③ 살수식 제상 : 증발기의 팬을 정시시킨 후 냉각관 표면에 따뜻한 물을 뿌려서 제상을 한다.

④ 브라인 분무 제상 : 따뜻한 브라인을 냉각관 표면에 뿌려서 제상을 한다.

⑤ 고압가스(핫가스) 제상 : 압축기에서 토출되는 고온·고압의 냉매가스를 증발기로 바로 보내어 그 응축열에 의해서 제상이 이루어진다.

⑥ 압축기 정지제상 : 압축기를 정지하고 증발기 팬을 가동시켜 실내공기의 온도 상승으로 제상하는 방법이다(1일에 6~8시간 동안 정지시킨다). 다만, 냉장실온이 2~5℃ 정도에서 저장품에 이상이 없는 경우 채용한다.

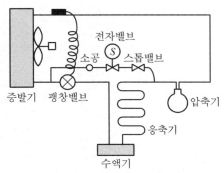

‖ 소형 냉동기의 제상장치 ‖

ㄱ 제상방법
- 적상과대로 증발압력이 저하되면 전자밸브가 열린다.
- 고온의 가스가 증발기로 들어가 제상을 실시한다.
- 일정시간이 지난 후 증발압력이 상승하면 전자밸브가 닫힌다.
- 정상운전한다.

ㄴ 소공의 역할
과열증기를 교축 팽창시켜 압력을 낮추어 증발기에서 응축액화되지 않도록 하여 리퀴드백을 방지한다.

[06.장] 출제예상문제

01 일반적으로 벽코일과 동결실의 선반으로 많이 사용되는 증발기 형식은?

① 헤링본식(Herring-bone Type) 증발기
② 핀 튜브식(Finned Tube Type) 증발기
③ 평판식(Plate Type) 증발기
④ 캐스케이드식(Cascade Type) 증발기

> **해설**
> 캐스케이드식 증발기의 특징
> ㉠ 액 냉매를 공급하고 가스를 분리한다.
> ㉡ 공기동결실 선반에 사용한다.

02 다음 증발기에 대한 설명 중 옳은 것은?

① 증발기에 많은 성에가 끼는 것은 냉동능력에 영향을 주지 않는다.
② 냉동부하에 대해 증발기의 전열면적이 작으면 냉동능력당의 전력소비가 증대된다.
③ 냉동부하에 대해 냉매순환량이 적으면 증발기 출구에서 냉매가스의 과열도가 작아진다.
④ 액순환식의 증발기에서는 냉매액만이 흐르고 냉매증기는 일체 없다.

> **해설**
> 냉동부하에 대해 증발기의 전열면적이 작으면 냉동능력당의 전력소비가 증대한다.

03 다음 중 제빙용 냉동장치의 증발기로서 가장 적합한 것은?

① 탱크형 냉각기
② 반만액식 냉각기
③ 건식 냉각기
④ 관 코일식 냉각기

> **해설**
> 제빙용 냉동장치의 증발기는 탱크형 냉각기(주로 NH_3 용)이며 만액식이며 전열이 양호하다.

04 냉동 사이클의 변화에서 증발온도가 일정할 때 응축온도가 상승할 경우의 영향으로 맞는 것은?

① 성적계수 증대
② 압축일량 감소
③ 토출가스 온도 저하
④ 플래시 가스 발생량 증가

> **해설**
> 증발온도 일정, 응축온도 상승 시에는 플래시 가스의 발생이 증가한다.

05 증발기의 설명 중 틀린 것은?

① 건식 증발기는 냉매량이 적어도 되는 이익이 있고, 프레온과 같이 윤활유를 용해하는 냉매에 있어서는 유가 압축기에 들어가기 쉽다.
② 만액식 증발기는 냉매 측에 열전달률이 양호하므로 주로 액체 냉각용에 사용한다.
③ 만액식 증발기를 프레온을 냉매로 하는 것은 압축기에 유를 돌려보내는 장치가 필요 없다.
④ 액순환식 증발기는 액화 냉매량의 4~5배의 액을 액펌프를 이용해 강제 순환시킨다.

> **해설**
> 만액식 증발기에는 유분리기를 반드시 설치하여 프레온 냉매 사용 시에는 분리된 오일을 크랭크 케이스로 회수하고, 암모니아 사용 시에는 오일 탄화를 예방하기 위해 분리된 오일을 외부로 배출시킨다.

정답 01 ④ 02 ② 03 ① 04 ④ 05 ③

06 팽창밸브 직후의 냉매의 건조도 $x=0.14$이고, 증발잠열이 400kcal/kg이라면 냉동효과는?

① 56kcal/kg
② 213kcal/kg
③ 344kcal/kg
④ 566kcal/kg

> **해설**
> $Q=(1-0.14)\times400=344\text{kcal/kg}$

07 액순환식 증발기에 대한 설명 중 알맞은 것은?

① 증발기가 여러 대가 되면 팽창밸브도 여러 개가 된다.
② 전열을 양호하게 하기 위하여 공랭식에 주로 사용된다.
③ 증발기 출구에서 액이 80% 정도이고 기체가 20% 정도까지 차지한다.
④ 다른 증발기에 비해 전열작용이 50% 정도 양호하다.

> **해설**
> 액순환식 증발기는 증발기 출구에서 액이 80% 정도이고 기체가 20% 정도이다.

08 만액식 증발기에서 전열을 좋게 하는 조건 중 틀린 것은?

① 냉각관이 냉매에 잠겨 있거나 접촉해 있을 것
② 관 간격이 넓을 것
③ 관면이 거칠거나 핀이 부착되어 있을 것
④ 평균 온도차가 클 것

> **해설**
> 만액식 증발기(냉매액, 75%, 냉매증기 25%)는 전열을 좋게 하려면 관의 폭이 좁고 관경이 좁아야 한다.

09 증발기 내의 압력에 의해서 작동하는 팽창밸브는?

① 저압식 플로트밸브
② 정압식 자동팽창밸브
③ 온도식 자동팽창밸브
④ 수동팽창밸브

> **해설**
> 정압식 자동팽창밸브는 증발기 내의 압력에 의해서 작동한다.

10 흡수식 냉동장치에서 냉매인 물이 5℃ 전후의 온도로 증발하고 있다. 이때 증발기 내부의 압력은?

① 약 7mmHg · a 정도
② 약 32mmHg · a 정도
③ 약 75mmHg · a 정도
④ 약 108mmHg · a 정도

> **해설**
> 약 7mmHg · a 진공절대압에서 비점은 5℃이다.

11 제빙용으로 적당한 증발기는?

① 플레이트식 증발기
② 헤링본식 증발기
③ 셸 앤드 튜브식 건식 증발기
④ 팬코일식 증발기

> **해설**
> 헤링본식 증발기는 제빙용으로 사용된다.

12 아래 그림과 같은 A, B의 증발기에 관한 설명 중 옳은 것은?

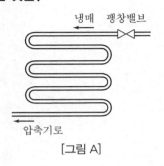

[그림 A]

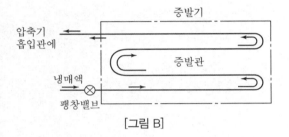

[그림 B]

① A와 B는 건식 증발기이며 전열은 A가 더 양호하다.
② A는 건식, B는 만액식 증발기이며 전열은 B가 더 양호하다.
③ A는 건식, B는 반만액식이며 전열은 B가 더 양호하다.
④ A와 B는 반만액식 증발기이며 전열은 A와 B가 동등하다.

해설
㉠ 그림 A : 건식 증발기
㉡ 그림 B : 반만액식 증발기(전열이 양호)

13 프레온 냉동장치를 능률적으로 운전하기 위한 대책이 아닌 것은?

① 이상고압이 되지 않도록 주의한다.
② 냉매 부족이 없도록 한다.

③ 습압축이 되도록 한다.
④ 각부의 가스 누설이 없도록 유의한다.

해설
냉동장치는 언제나 건조증기 압축이 되도록 운전하여야 한다.

14 액순환식 증발기에 대한 설명 중 알맞은 것은?

① 오일이 체류할 우려가 크고 제상 자동화가 어렵다.
② 전열을 양호하게 하기 위하여 공랭식에 주로 사용된다.
③ 증발기 출구에서 액은 80% 정도이고 기체는 20% 정도까지 차지한다.
④ 다른 증발기에 비해 전열작용이 80% 정도 양호하다.

해설
액순환식 증발기는 증발기 출구에서 냉매액은 80%, 기체(가스)는 20% 정도이다.

15 다음 증발기에 대한 설명 중 옳은 것은?

① 증발기에 많은 성에가 끼는 것은 냉동 능력에 영향을 주지 않는다.
② 직접 팽창식보다 간접 팽창식 증발기가 RT당 냉매 충전량이 적다.
③ 만액식 증발기에서 냉매 측의 전열을 좋게 하기 위한 방법으로는 관경을 크고 관 간격을 넓게 하는 방법이 있다.
④ 액순환식의 증발기에서는 냉매액만이 흐르고 냉매증기는 전혀 없다.

해설
간접 팽창식보다 직접 팽창식이 RT당 냉매 충전량이 많다.

16 온도 자동팽창 밸브에서 감온통의 부착위치는?

① 팽창밸브 출구
② 증발기 입구
③ 증발기 출구
④ 수액기 출구

해설

감온통의 부착위치 : 증발기 출구

17 만액식 냉각기에 있어서 냉매 측의 열전달률을 좋게 하는 것이 아닌 것은?

① 냉각관이 액 냉매에 접촉하거나 잠겨 있을 것
② 관 간격이 좁을 것
③ 유막이 존재하지 않을 것
④ 관면이 매끄러울 것

해설

만액식 증발기에서 전열을 좋게 하려면 관면이나 내부를 거칠게 하거나 핀을 부착한다.

[07.장] 팽창밸브

···01 팽창밸브의 역할

1 팽창밸브(Expansion Valve)의 기능

냉동기의 4대 구성요소인 응축기에서 응축 액화된 고온 고압의 액냉매를 증발기에서 증발하기 쉽도록 저온·저압의 상태로 만들고, 부하 변동에 따라 적당한 냉매량을 증발기에 공급해주는 기기이며 종류가 다양하다.

2 팽창밸브의 유량제어 유형별 특징

1) 부하에 비하여 밸브 개도가 적정일 때

① 증발기 출구에서 모든 냉매가 기체상태이다.
② 압축기 흡입가스는 건포화 증기상태이다.
③ 토출가스 온도는 적정하다.

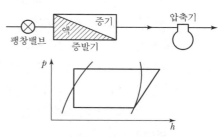

‖ 밸브 개도 적정 ‖

2) 부하에 비하여 밸브 개도가 클 때

① 압축기 흡입가스 상태는 습증기 상태이다.
② 압축기 흡입관상에 서리가 생기며 리퀴드백(심하면 리퀴드해머) 현상을 유발한다.
③ 토출가스 온도는 낮다.

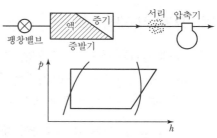

‖ 밸브 개도가 클 때 ‖

3) 부하에 비하여 밸브 개도가 작을 때

① 증발기 출구에 도달하기 전에 냉매는 증발이 완료된다.
② 흡입가스는 과열증기 상태이다.
③ 토출가스 온도는 높아진다(실린더는 과열된다).

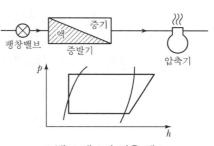

‖ 밸브 개도가 작을 때 ‖

···02 팽창밸브의 종류

1 수동식 팽창밸브(MEV : Manual Expansion Valve)

① 냉동부하의 변동에 대응하여 수동에 의해 냉매 소요량을 조절공급한다.

② 암모니아 냉동장치에 주로 사용된다.

③ 온도식 자동팽창밸브나 저압 측 플로트밸브를 사용하는 곳에 고장을 대비하여 바이패스(By-pass) 팽창밸브로 사용한다.

④ 구조는 일반 밸브와 비슷하다(니들밸브를 사용한다).

⑤ 팽창밸브를 과도하게 잠그면 다음과 같은 현상이 발생한다.

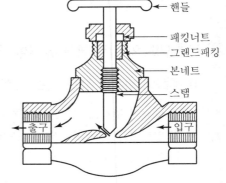

| 수동식 팽창밸브의 계통도 |

- 증발압력이 낮아진다.
- 냉동능력당 소요동력이 증대한다.
- 윤활유 탄화 및 열화로 윤활 불량을 초래한다.
- 토출가스 온도가 상승한다.
- 냉동능력 감소 및 냉동실 온도가 상승한다.
- 흡입가스의 과열로 압축기가 과열된다.
- 냉동고 내 온도가 상승한다.
- 축마력이 감소한다.

2 모세관식 팽창밸브

지름과 길이는 냉동장치의 용량, 운전조건, 냉매 충전량 등에 따라 다르나 일반적으로 관의 길이 1m 전후, 직경 0.8~2mm 정도를 사용하고 그 저항으로 교축감압시킨다. 교축 정도가 일정하므로 증발부하 변동에 따라 유량 조절이 불가능하다.

① 가늘고 긴 모세관을 이용하여 팽창작용을 행한다.

② 정지 시 고 · 저압이 균일하게 되어 기동시 압축기의 부하가 적어진다.

③ 가정용 소형 냉동기나 창문형 에어컨 등 소형 냉동장치에 사용한다.

④ 건조기와 스트레이너가 반드시 필요하다.

⑤ 유량 조절밸브가 없으므로 냉매 충전량이 정확해야 한다.

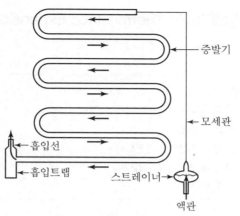

❚ 모세관식 팽창밸브의 계통도 ❚

③ 정압식 팽창밸브(AEV : Automatic Expansion Valve)

① 증발기 내 압력을 일정하게 유지시킨다.

② 부하 증대에 따른 유량제어가 불가능하다.

③ 냉동부하의 변동이 적을 때 사용한다(소요량의 냉동장치에 사용한다).

④ 냉수, 브라인 등의 동결 방지용으로 사용한다.

⑤ 부하나 증발기의 크기, 압축기 용량이 맞아야 원활하게 작동한다.

> [밸브의 작동상황]
> 증발부하 증가 시 증발기 내의 압력 P_1이 스프링압력 P_2보다 높아지면 침밸브가 상승하여 냉매량이 감소하고 증발부하 감소 시 증발압력이 낮아지면($P_1 > P_2$) 침밸브가 내려와서 냉매량이 증가됨

※ 벨로스(Bellows)와 다이어프램(Diaphragm) 등을 사용하는 것이 있고 작동은 증발압력이 높아지면 밸브가 닫히고 낮아지면 열려 증발압력을 일정히 유지한다.

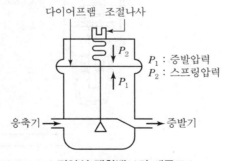

❚ 정압식 팽창밸브의 계통도 ❚

④ 온도식 자동팽창밸브(TEV : Thermostatic Expansion Valve)

1) 내부 균압형

[밸브의 작동상황]
- $P_1 > P_2 + P_3$: 밸브가 열림
- $P_1 < P_2 + P_3$: 밸브가 닫힘

    여기서, P_1 : 감온통에서 감지한 과열도
          P_2 : 증발기 내 냉매의 증발압력
          P_3 : 스프링의 압력

① 주로 프레온 냉매를 사용하는 냉동용 공기조화용에 널리 사용한다. 즉, 1/2~50HP 정도에 사용되며, 부하 변동에 따라 냉매유량 제어가 가능하다.

② 증발기 출구 냉매의 과열도에 의하여 개폐되며 출구의 과열도를 3~8℃ 정도 일정하게 유지한다.

  ※ 과열도＝흡입관 내의 냉매가스 온도－증발기 내 냉매의 포화온도

③ 증발기 출구 냉매가스의 온도가 상승하면(과열도 증가, P_1 압력 증대) 밸브가 열려서 냉매의 유량을 증가시킨다. 쿨링 레인지는 클수록, 쿨링 어프로치는 작을수록 냉각능력은 양호해진다.

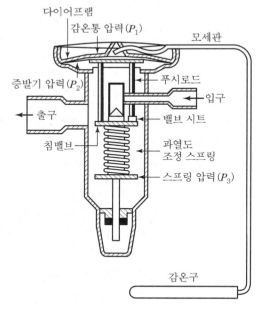

‖ 온도식 자동팽창밸브의 계통도 ‖

참고 감온통의 설치위치

1. 증발기 출구 측 가까이 흡입관과 수평으로 설치
2. 감온통의 부착
   • 흡입관 지름이 7/8″(20mm) 이하일 때 : 흡입관의 수직 상단
   • 흡입관 지름이 7/8″(20mm) 이상일 때 : 흡입관 수평의 45° 하단

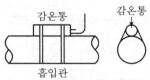

| 7/8″ 이하의 흡입관인 경우 |　| 7/8″ 이상의 흡입관인 경우 |

2) 외부 균압형

① 증발기가 길어서 증발관 내의 압력강하가 크면(0.14kg/cm² 이상) 증발기 출구 온도가 입구 온도보다 낮아져 과열도가 감소되므로 팽창밸브가 적게 열리고 냉매 공급량이 줄어들게 되어 냉동능력이 감소하게 된다.
② 외부 균압관에 의해 강하된 압력을 다이어프램 하부로 유도하여 압력강하의 영향을 없애준다.
③ 증발기 출구 감온통 부착위치를 넘어 압축기 흡입관 상부에 부착한다.

참고 냉매분배기

직접팽창식 증발기에서 팽창밸브와 증발기 입구 사이에 설치하여 증발기로의 냉매 공급을 균등히 하고 압력강하의 영향을 방지하여 최소의 압력강하로 하기 위함이다. 즉, 최대의 냉매 분배 효율로 최소의 압력강하를 얻기 위함이다.

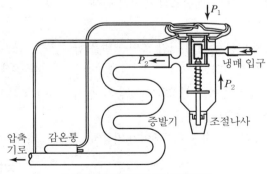

| 외부 균압형 TEV의 계통도 |

⑤ 파일럿 온도식 자동팽창밸브(Pilot TEV)

주 팽창밸브와 파일럿을 사용하는 온도식 자동팽창밸브로 구성되어 있다. 일반적인 온도식 자동팽창밸브의 크기는 단독용량에 한계가 있어서 대용량이 되면 큰 통과유량이 필요할 때 파일럿식을 채택한다.

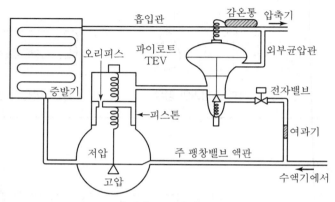

‖ 파일럿 TEV의 계통도 ‖

① 대용량(100−250RT)의 만액식 증발기에 주로 사용한다.
② 파일럿 TEV의 개도에 비례하여 주 팽창밸브가 열린다.
③ 파일럿 TEV 전에 전자밸브와 여과기를 설치한다.
  • 전자밸브 : 운전 시 열리고 정지 시 닫힘
  • 여과기 : 파일럿 TEV나 주 팽창밸브의 오리피스 폐쇄 방지

⑥ 저압 측 플로트 밸브

① 만액식 증발기 또는 액펌프식 증발기 등에 사용한다.
② 부하 변동에 따른 증발기 저압 측의 액면을 항상 일정하게 유지한다.
③ 밸브 전에 전자밸브를 설치하여 냉동기 정지 시 냉매를 차단한다.
④ 부하 변동에 따른 신속한 유량제어가 가능하다.

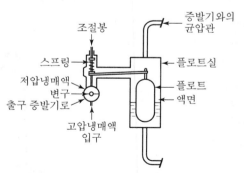

‖ 저압 측 플로트 밸브의 계통도 ‖

7 고압 측 플로트 밸브

① 응축부하에 따라 응축기나 수액기 액면을 항상 일정하게 유지한다.

② 증발기 용량의 25%에 상당하는 액분리기를 설치하여야 한다.

③ 고압 측 수액기의 액면이 높아져 플로트 밸브가 올라가면 증발기로 냉매가 공급되고, 액면이 낮
아져 플로트 밸브가 내려가면 냉매 공급이 차단된다.

④ 주로 터보 냉동기에 사용되고 있다.

※ 고압 측 플로트 밸브에는 벤트관이 설치되며 플로트실 상부에 공기 등 불응축 가스가 고이면 압력이 높아 플
로트가 뜨지 않아서 냉매의 유입이 잘 안 되므로 이것을 빠져나가게 하기 위해 설치한다.

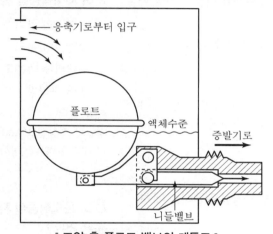

| 고압 측 플로트 밸브의 계통도 |

[07.장] 출제예상문제

01 정압식 팽창밸브의 설명 중 틀린 것은?

① 부하 변동에 따라 자동적으로 냉매 유량을 조절한다.
② 증발기 내의 압력을 일정하게 유지시켜 주는 냉매 유량 조절밸브이다.
③ 단일 냉동장치에서 냉동부하의 변동이 적을 때 사용한다.
④ 냉수 브라인 등의 동결을 방지할 때 사용한다.

해설
정압식 팽창밸브
증발기 내의 압력을 일정하게 유지하며 부하 변동에 대응하여 유량제어를 할 수 없다. 소용량에 사용하며 냉수 브라인 등의 동결을 방지할 때 사용한다.

02 냉동장치의 팽창밸브 용량을 결정하는 데 해당하는 것은?

① 밸브 시트의 오리피스 직경
② 팽창밸브의 입구 직경
③ 니들밸브의 크기
④ 팽창밸브의 출구의 직경

해설
팽창밸브의 용량 결정에는 밸브 시트의 오리피스 직경이 이용된다.

03 간접팽창식과 비교한 직접팽창식 냉동장치의 설명이 아닌 것은?

① 소요동력이 작다.
② RT당 냉매 순환량이 적다.
③ 감열에 의해 냉각시키는 방법이다.
④ 냉매증발온도가 높다.

해설
㉠ 직접팽창식 : 냉매의 잠열 이용
㉡ 간접팽창식 : 피냉각 물질의 감열 이용

04 정압식 자동팽창밸브(AEV)는 어느 것에 의하여 제어작용을 행하는가?

① 증발기의 압력
② 증발기의 온도
③ 냉매의 응축온도
④ 냉동 부하량

해설
정압식 팽창밸브(Automatic Expansion Valve)는 증발기 내의 압력을 일정하게 유지하기 위한 것이다.

05 온도작동식 자동팽창밸브에 대한 설명이다. 옳은 것은?

① 실온을 서모스탯에 의하여 감지하고, 밸브의 개도를 조정한다.
② 팽창밸브 직전의 냉매온도에 의하여 자동적으로 개도를 조정한다.
③ 증발기 출구의 냉매온도에 의하여 자동적으로 개도를 조정한다.
④ 팽창밸브를 통하는 냉매온도에 의하여 자동적으로 개도를 조정한다.

해설
온도작동식 자동팽창밸브는 증발기 출구의 냉매온도에 의해 감온통의 작동으로 자동적 개도를 조정한다.

정답 **01** ① **02** ① **03** ③ **04** ① **05** ③

06 냉동장치에 대한 다음 설명 중 맞는 것은?

① R-12의 경우는 드라이어를 사용하나 R-22의 경우는 필요하지 않다.
② 암모니아의 경우에는 유분리기를 쓰지 않는다.
③ R-12의 경우는 압축기의 물재킷이 반드시 필요하다.
④ R-22의 자동팽창밸브는 암모니아에 사용될 수 없다.

해설
㉠ R-22는 프레온 냉매 중 냉동능력이 가장 좋다.
㉡ 팽창밸브는 겸용이 불가능하다.

07 다음 그림기호 중 정압식 자동팽창밸브를 나타내는 것은?

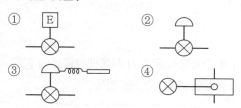

해설
㉠ 정압식 : AEV
㉡ 온도식 : TEV
㉢ 파일럿식 : PEV

08 팽창밸브에 관한 설명 중 틀린 것은?

① 팽창밸브의 조절이 양호하면 증발기를 나올 때 가스 상태를 건조포화증기로 할 수 있다.
② 팽창밸브에 될 수 있는 대로 낮은 온도의 냉매액을 보내면 냉동능력이 증대한다.
③ 팽창밸브를 과도하게 조이면 증발기 내부가 저압, 저온이 되어 증발기 출구의 가스가 가열되므로 압축기는 과열압축이 된다.

④ 팽창밸브를 조절할 때는 서서히 개폐하는 것보다 급히 개폐하는 것이 빨리 안정된 운전상태로 들어갈 수 있으므로 좋다.

해설
팽창밸브를 조절할 때는 서서히 개폐하여야 안정된 운전상태로 들어간다.

09 온도식 자동팽창밸브에 대하여 옳은 것은?

① 증발기가 너무 길어 증발기의 출구에서 압력강하가 커지는 경우에는 내부균압형을 사용한다.
② R-12에 사용하는 팽창밸브를 R-22 냉동기에 그대로 사용해도 된다.
③ 팽창밸브가 지나치게 적으면 압축기 흡입가스의 과열도는 크게 된다.
④ 냉매의 유량은 증발기의 입구 냉매가스 과열도에 제어된다.

해설
팽창밸브가 지나치게 적으면 압축기 흡입가스의 과열도는 크게 된다.

10 직접 팽창의 냉동방식에 비해 브라인식은 어떤 장점이 있는가?

① RT당 냉동능력이 크다.
② 설비가 간단하다.
③ 같은 냉장온도에 비해 증발온도가 높게 된다.
④ 운전비가 적게 소요된다.

해설
브라인식(간접팽창식)은 냉매 사용(직접팽창식)보다 RT당 냉동능력이 크다.

11 다음 중 냉동장치에 관한 설명이 옳지 않은 것은?

① 안전밸브가 작동하기 전에 고압차단 스위치가 작동하도록 조정한다.
② 온도식 자동팽창밸브의 감온통은 증발기의 입구 측에 붙인다.
③ 가용전은 응축기의 보호를 위하여 사용한다.
④ 파열판은 주로 터보 냉동기의 저압 측에 사용한다.

해설
온도식 자동팽창밸브의 감온통은 증발기의 출구에 수평관으로 부착해야 한다.

12 압력과 온도를 동시에 낮추어 주는 곳은?

① 증발기　　　　② 압축기
③ 응축기　　　　④ 팽창밸브

해설
팽창밸브는 압력, 온도를 하강시키는 역할을 한다.

13 간접식과 비교한 직접팽창식 냉동기의 특징이 아닌 것은?

① 냉매순환량이 적다.
② 냉매의 증발온도가 높다.
③ 구조가 간단하다.
④ 냉매 소비량(충전량)이 적다.

해설
직접팽창식 냉동기는 냉매충전량이 간접식에 비해 많다.

14 감온식 팽창밸브(TEV)의 작동에 관계없는 것은?

① 압축기의 압력
② 증발기 내 냉매의 증발압력

③ 스프링의 압력
④ 감온통 내의 가스압력

해설
TEV 작동에 관계되는 압력
㉠ P_1 : 감온통 내의 압력
㉡ P_2 : 과열도 스프링 압력
㉢ P_3 : 증발기 내의 증발압력

15 $-15\,℃$에서 건조도 0인 암모니아 가스를 교축 팽창시켰을 때 변화가 없는 것은?

① 비체적　　　　② 압력
③ 엔탈피　　　　④ 온도

해설
㉠ 교축과정 : 엔탈피 변화가 없다.
㉡ 단열압축 : 엔트로피 변화가 없다.

16 아래 그림에서 온도식 자동팽창밸브의 감온통 부착 위치로 가장 적당한 것은?

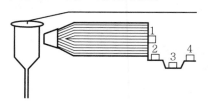

① 1　　　　　　　② 2
③ 3　　　　　　　④ 4

해설
㉠ 흡입관경이 $\dfrac{7}{8}$″ 이하일 때 : 관의 상부에 부착
㉡ 흡입관경이 $\dfrac{7}{8}$″ 이상일 때 : 관의 중앙부에서 45° 하부에 설치

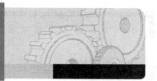

08장 냉동장치의 부속장치

··· 01 부속기기

1 수액기(Liquid Reciever)

1) 설치목적

응축기에서 응축된 액을 일시 저장하는 고압용기로 일정량을 팽창밸브를 통해 증발기로 공급한다(응축기에서 액화한 냉매를 팽창밸브로 보내기 전 잠시 저장하는 용기).

2) 특징

① 수액의 크기
- 암모니아 냉동장치 : 충전냉매량의 1/2을 회수할 수 있는 크기
- 프레온 냉동장치 : 충전량을 전부 회수할 수 있는 크기

② 수액기에 응축된 액은 전체 용량의 3/4 이상을 넘지 않도록 한다.

③ 수액기 상부에는 안전밸브를 설치한다.

④ 수액기의 액면계에는 금속제 보호커버를 씌워서 파손을 방지하며 파손 시 냉매의 분출을 방지하기 위해 수동 및 자동밸브를 설치한다.

⑤ 지름이 다른 두 대의 수액기를 병렬로 설치하는 경우 수액기 상단을 일치시킨다.

⑥ 수액기는 응축기 하부에 위치하도록 하고 이들 사이에는 균압관을 설치하여 냉매액이 순조롭게 유입되도록 한다.

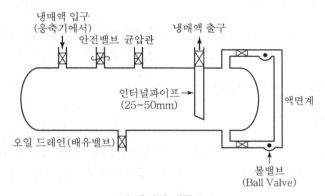

▌ 수액기의 계통도 ▌

> **참고 균압관**
>
> • 응축기와 수액기 상부를 연결하는 관으로 양측의 압력을 균일하게 하여 수액기로의 냉매 유입이 원활할 수 있도록 한다.
> • 일반적으로 응축기의 냉각수온이 낮고 수액기가 설치된 실온이 높으면 응축된 냉매가 수액기로 자유롭게 낙하되지 못하는 경우가 있다.
> • 수액기의 액면계에는 금속 커버를 씌우고 파손 시 냉매의 누출을 방지하기 위해 수동이나 자동체 크밸브를 설치한다.

> **참고 수액기 동판과 경판 두께의 관계**
>
> • $R = D$: 경판과 동판의 두께를 같게 한다.
> • $R > D$: 동판보다 경판의 두께를 두껍게 한다.
> • $R < D$: 경판보다 동판의 두께를 두껍게 한다.

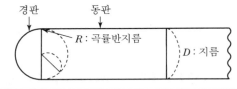

3) 수액기 파손 원인

① 외부로부터의 타격
② 무리한 조임으로 일어나는 힘의 불균형
③ 운전 중의 압력 변화
④ 냉매의 과충전

4) 수액기 파손 예방대책

수액기의 사고나 화재 시 폭발을 방지하기 위해 안전밸브나 가용전을 설치한다.

② 불응축 가스퍼저(Gas Purger)

1) 불응축 가스

냉동장치를 순환하면서 응축하지 않는 가스로서, 장치 외부에서 침입하는 공기나 윤활유 탄화에 따른 윤활유 가스 등이 포함되어 있다. 즉, 응축기에서 응축액화되지 않은 가스를 말한다.

2) 설치목적

냉동장치 내에 혼입된 불응축 가스를 냉매와 분리시켜 장치 밖으로 방출시켜 준다.

> **참고**
>
> 1. **불응축 가스 혼입 원인**
>   - 냉동장치의 신설이나 보수 후 진공작업 불충분
>   - 냉매나 윤활유 충전 시 부주의
>   - 저압 측 진공으로 인한 공기 침입
>   - 오일의 탄화 시 발생하는 연기
>   - 냉매의 화학분해 시 발생하는 염산이나 불화수소산 등의 잔류
>
> 2. **불응축 가스의 악영향**
>   - 응축압력 상승
>   - 윤활유 불량으로 활동부 마모 우려
>   - 체적효율 상승
>   - 소요동력 증대
>   - 토출가스 온도 상승으로 실린더 과열
>   - 압축비 상승
>   - 축수하중 증대
>   - 냉동능력 감소

3) 가스퍼저의 종류와 이용법

① 자체의 에어퍼지(Air Purge)

　㉠ 냉동장치의 운전을 정지시킨다.

　㉡ 응축기 입·출구 밸브를 닫는다.

　㉢ 냉각수를 충분히 통수시켜 냉매가스를 최대한 응축시킨다.

　㉣ 에어퍼지 밸브를 천천히 열어 냉매의 손실에 유의하며 공기를 방출시킨다.

② 불응축 가스퍼저

　㉠ 스톱밸브 ❶을 열어 고압 액냉매가 팽창밸브를 통해 냉각드럼 내를 냉각시키도록 한다.

　㉡ 불응축 가스 스톱밸브 ❷를 열어 수액기 및 응축기 상부로부터 불응축 가스가 포함된 고압가스를 드럼 내로 유입시킨다.

　㉢ 드럼 내에서 냉매가스는 응축되고 불응축 가스만 드럼 상부에 모인다.

　㉣ 스톱밸브 ❷를 닫고 ❸을 열어 응축된 냉매액을 수액기로 회수시키고 ❸을 닫는다.

　㉤ 드럼 내에는 불응축 가스만 남아 있고 흡입가스 온도까지 냉각시킨다.

　㉥ 스톱밸브 ❹를 약간 열어 드럼 내의 불응축 가스를 방출하고 방출이 끝나면 ❹를 닫는다.

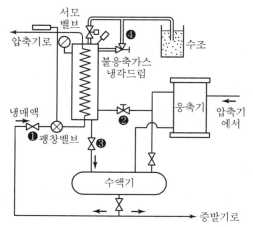

‖ 불응축 가스퍼저의 계통도 ‖

③ 오일, 유분리기(Oil Seperater)

1) 오일의 분리 목적

압축기 토출가스 중에 오일 미립자가 함께 토출되면 응축기, 증발기 등에서 유막을 형성하여 전열을 방해하고 압축기에서는 윤활유가 부족하여 윤활작용이 불량해진다.

2) 설치목적

압축기와 응축기 사이에 설치하여 냉매가스 중의 오일을 분리하여 냉동장치에서의 전열 방해 및 윤활 불량을 방지한다.

3) 설치위치

① NH₃ 냉동기 : 압축기에서 멀수록 온도가 낮고 오일의 점도도 커지므로 분리하기가 용이하다 (압축기와 응축기의 3/4지점).
② 프레온 냉동기 : 프레온은 온도가 높을수록 냉매가스 중의 오일이 잘 분리된다(압축기와 응축기의 1/4지점).

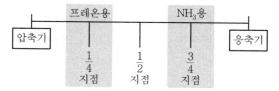

‖ NH₃ 냉동기와 프레온 냉동기의 유분리기 설치위치 ‖

4) 유분리기의 종류

① 원심분리형 : 원통 내 선회판을 붙여 가스에 회전운동을 함으로써 오일 입자를 분리시킨다.

② 가스충돌분리형 : 용기 내 가스를 유입하여 방해판에 의해 충돌하여 기름방울이 판에 부착하는 작용을 이용한다.

③ 유속감소분리형 : 토출가스를 비교적 큰 용기에 유입하여 가스의 속도를 늦게하여 냉매가스보다 무거운 기름방울을 분리시킨다.

5) 유분리기를 반드시 설치해야 하는 경우

① 만액식 증발기를 사용하는 경우

② 운전 중에 다량의 오일이 토출가스와 함께 유출된다고 여겨지는 경우

③ 토출가스 배관이 길어지는 경우(9m 이상)

④ 증발온도가 낮은 저온장치인 경우

6) 분리된 오일의 처리

① 암모니아 냉매 : 토출가스 온도가 높아 오일이 탄화되기 쉬우므로 오일은 재사용하지 않고 폐유시킨다.

② 프레온 냉매 : 분리된 오일은 압축기 크랭크 케이스로 회수하여 재사용한다.

4 오일, 유냉각기(Oil Cooler)

1) 설치목적

윤활유의 온도가 상당히 높아지는 경우 오일펌프에서 나온 오일을 냉각시켜 오일의 기능을 향상시킨다.

2) 설치위치

NH_3 냉동장치에서처럼 토출가스의 온도가 높아서 윤활유의 탄화 및 열화될 우려가 있는 곳에 설치한다.

3) 암모니아 배유 계통도

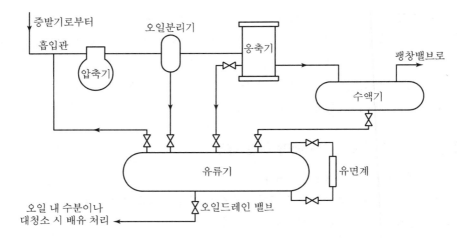

5 냉매의 액분리기(Accumulator)

1) 설치목적

증발기와 압축기 사이의 흡입배관에 설치하고 냉동장치의 흡입가스 중에 냉매액이 혼입되었을 때 이것을 분리하여 가스만을 압축기에 흡입시킴으로써 액압축 현상을 방지하며 압축기를 보호한다.

> **참고** **액압축 현상(Liquid Back)**
>
> 증발기로 유입된 냉매 일부가 증발기에서 기체로 충분히 증발하지 못하고 액체상태로 압축기로 들어가게 되는 현상

2) 설치위치

① 증발기 출구와 압축기 사이의 흡입관
② 증발기보다 높은 위치

3) 용량

증발기 내용적의 20~25% 정도의 크기

4) 설치를 필요로 하는 경우

① NH_3 냉동장치
② 만액식 브라인 쿨러를 사용하는 냉동장치
③ 부하 변동이 극심한 냉동장치(재빙장치, 대형냉장실 유지용 냉동장치)

5) 액분리기에서 분리된 냉매의 처리방법

① 증발기로 되돌려 보내주는 방법

② 열교환에 의해 액을 증발시켜 압축기로 흡입시키는 방법

③ 고압 측 수액기로 보내는 방법

6 냉매액 회수장치(Liquid Return System)

1) 설치목적

액분리기로 분리한 액냉매를 액류기로 받은 후 고압 측 수액기로 회수하는 장치를 말한다. 액분리기의 플로트 스위치는 다량의 액이 모여 액회수장치로 처리할 수 없을 만큼 액면이 높아지면 작동하여 압축기를 정지시킨다.

2) 작동방법

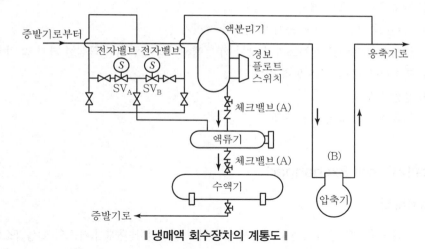

‖ 냉매액 회수장치의 계통도 ‖

① 정상 운전 시 : 저압 측 전자밸브(SV_A)가 열려 있고 고압 측 전자밸브(SV_B)가 닫혀 있어 액류기는 저압이 되어 액분리기에서 분리된 냉매액은 액류기로 유입된다.

② 액회수 시

   ㉠ 액류기에서 액냉매가 일정높이에 도달하면 플로트 스위치가 작동하여 SV_A를 닫고 SV_B를 열어 액류기 내는 저압에서 고압으로 바뀌게 된다.

   ㉡ 액류기 내의 냉매액은 체크밸브(B)를 통해 수액기로 회수된다.

   ㉢ 액회수에 필요한 일정시간이 경과하면 타이머 스위치에 의해 SV_B가 닫히고 SV_A가 열리므로 액류기는 다시 저압이 되어 액분리기에서 분리된 냉매가 액류기로 유입된다.

    ⓔ 리퀴드백(Liquid Back) 현상 : 증발기에 유입된 냉매액이 전부 증발하지 못하고 냉매액
       일부가 압축기 쪽으로 유입되어 타격하는 현상이다. 그 원인은 다음과 같다.

- 팽창밸브의 개도가 클 때
- 증발기 냉각관에 유막 또는 적상과대로 열교환이 불량할 때
- 급격한 부하 변동이 있을 때
- 냉매 충전량이 과다할 때
- 흡입관에 오목부나 트랩 등에 냉매액이 고이는 부분이 있을 때
- 냉매액 분리기의 기능이 불량일 때
- 냉동기 기동조작 부주의
- 압축기 용량 과대 및 증발기 용량 부족일 때

3) 리퀴드백 현상 시 악영향

① 흡입관의 적상과대
② 토출가스의 온도 저하
③ 실린더가 냉각되어 이슬이 맺히거나 서리가 낌
④ 극심하면 크랭크 케이스까지 상이 끼며 액해머링이 일어나 극심한 타격 및 압축기 파손 우려
⑤ 축수하중 증대, 소요동력 증대
⑥ 윤활유 열화
⑦ 전류계나 압력계 지침 하락

7 열교환기(Heat Exchanger)

1) 설치목적

① 고온·고압의 냉매액을 과냉각시키기 위해 설치한다(플래시 가스의 발생감소와 냉동효과의
   증대).
② 저온·저압의 흡입가스를 과열시키기 위해 설치한다(냉동능력 증대와 성적계수 향상 및 압
   축기에서의 액압축 방지).
③ 만액식 증발기의 오일회수장치에서는 오일과 냉매를 분리하는 역할도 한다.
④ R-12, R-500 등 냉매는 5℃ 과열 시 가장 효과가 크다.

2) 종류

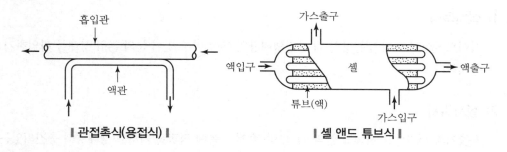

∥ 관접촉식(용접식) ∥　　　　　**∥ 셸 앤드 튜브식 ∥**

> **참고** 플래시 가스(Flash Gas)
>
> 1. 발생원인
>   - 냉매액관이 직사광선에 노출될 때
>   - 액관이 방열하지 않고 따뜻한 곳을 통과할 때
>   - 액관이 현저하게 수직으로 입상하거나 지나치게 길 때
>   - 액관, 액관밸브, 전자밸브, 드라이어, 스트레이너 등의 구경이 작은 경우
>   - 여과기나 드라이어, 건조기 등이 막힌 경우
>
> 2. 플래시 가스가 장치에 미치는 영향
>   - 팽창밸브의 능력 감소로 인한 냉매순환량 부족으로 냉동능력 감소
>   - 증발압력이 낮아져 압축비가 상승하므로 능력당 소요동력 증가
>   - 흡입가스 과열로 토출가스 온도 상승
>   - 실린더 과열, 윤활유 열화 및 활동부의 마모 우려

---

3) 열교환기가 설치된 냉동장치도와 $P-h$ 선도

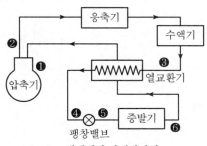

h_3-h_4 : 액냉매의 과냉각과정
h_1-h_6 : 흡입가스의 과열과정

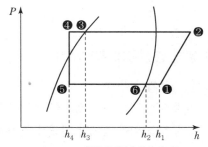

h_3-h_4 : 액냉매의 과냉각과정
h_1-h_6 : 흡입가스의 과열과정

> **참고** 열교환기가 설치되었을 때의 냉동효과
>
> $q = h_1 - h_6 = h_3 - h_4$

8 냉매액 흐름 투시경(Sight Glass, Magic Eye)

1) 설치목적

사이트 글라스이며 냉동장치 내 충전냉매량의 부족 여부 및 수분의 혼입 상태를 확인하기 위해 설치한다.

2) 설치위치

응축기와 팽창밸브 사이 고압의 액관, 즉 수액기 쪽에 적정 설치하여 냉매량이 충전되었는지의 여부를 확인한다.

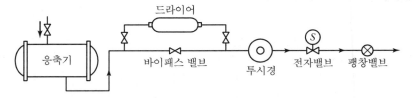

3) 수분 침입 확인

건조 시 → 요주의 시 → 다량 혼입
(녹색)　　　(황록색)　　　(황색)

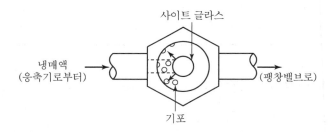

4) 냉매 충전량의 확인시기

① 기포가 없을 때
② 투시경 내 기포가 있으나 움직이지 않을 때
③ 투시경 입구 측에만 기포가 있을 때
④ 기포가 가끔 보일 때

⑨ 건조기(Dryer, 제습기)

1) 설치목적

프레온 냉동장치의 운전 중 냉매 및 오일에 혼입된 수분을 제거하여 수분에 의한 나쁜 영향을 방지하기 위해 설치한다.

2) 설치위치

팽창밸브 직전의 고압액관에 설치한다.

3) 건조제의 종류

① 실리카겔(SiO_2)
② 활성 알루미나(Al_2O_3)
③ 소바비드(S/V, 규소의 일종)
④ 몰리큘러시브(Molecular Sieve, 합성제올라이트)

참고 **냉동장치에서 수분이 침입하는 원인 및 영향**

1. 수분 침입의 원인
   - 저압 측의 진공운전 시 공기와 함께 침입
   - 진공작업의 불충분으로 수분이 잔류하였을 때
   - 냉매와 오일의 충전작업 시 공기와 함께 침입
   - 수분이 혼입된 냉매나 오일을 충전하였을 때

2. 수분 침입 시 장치에 미치는 영향

프레온 냉동장치밸브	암모니아 냉동장치
• 팽창밸브 동결 폐쇄	• 장치 부식
• 불화수소산, 염산의 생성으로 장치 부식 촉진	• 유탁액 현상 유발
• 동부착 현상	• 흡입압력 저하

3. 수분이 냉동장치에 미치는 일반적 영향
   - 팽창밸브의 니들밸브에서 수분의 동결로 밸브의 작동 불량
   - 오리피스 폐쇄로 작동 불능
   - 윤활유를 열화시켜 오일 불량 초래

🔟 냉매 여과기(Filter, Strainer)

1) 설치목적

냉동장치계통 중에 혼입된 이물질(먼지, 금속찌꺼기)을 제거하기 위한 장치이다.

2) 설치위치

① 압축기 흡입 측
② 팽창밸브 직전
③ 고압액관
④ 크랭크 케이스 내 저유통
⑤ 오일펌프 출구
⑥ 펌프 흡입 측
⑦ 드라이어 내부

> **참고** 구조에 따른 여과기의 종류
> - 라인(Line) 여과기
> - 앵글(Angle) 여과기
> - Y형 여과기
> - 핑거(Finger) 여과기

3) 규격

① 액관에 사용되는 여과기 : 80~100mesh
② 가스관에 사용되는 여과기 : 40mesh

> **참고** 메시(Mesh)
> 가로 · 세로 각각 1인치 되는 면적에 나타난 그물의 눈금 수로서 메시의 눈금값이 클수록 그물의 눈금이 촘촘하게 되어 있다.

11 균압관(균형압력관)

1) 설치목적

응축기 내부압력과 수액기 내부압력은 이론상 같으나 실제로는 응축기의 냉각수온이 낮고 수액기가 설치된 기계실의 온도가 높기 때문에 수액기 압력이 높아지는 경우가 있어 응축기 내의 냉매액이 수액기로 흘러내리지 못하게 된다. 이때 압력을 똑같이 해주게 되면 낙차에 의해 냉매액이 흘러내리게 되므로 응축기 상부와 수액기 상부를 관(Pipe)으로 연결한 것이다.

2) 설치위치

① 응축기 상부와 수액기 상부
② 압축기와 다른 압축기 사이
③ 응축기와 다른 응축기 사이
④ 수액기와 다른 수액기 사이

3) 설치 예

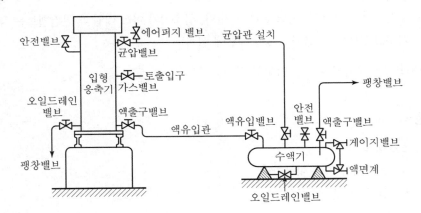

···02 냉동기 안전장치

1 안전밸브 및 가용전, 파열판

1) 설치목적

압축기나 압력용기 내부의 냉매가스 압력이 상승하여 이상고압이 되었을 때 작동하며, 냉매가스를 장치의 저압 측이나 대기 중에 분출시켜 장치의 파손 및 위험을 방지하기 위한 기기이다.

2) 작동압력

정상 고압보다 0.5MPa 정도 높을 때

※ 장치내압 시험압력의 $\frac{8}{10}$배 이하

3) 설치위치

① 압축기와 압축기 토출 측 스톱밸브 사이에 설치
② 고압차단 스위치(HPS)와 함께 설치(단, 압축기가 여러 대일 때 안전밸브는 각 압축기마다 설치하고 HPS는 토출가스 공동헤드에 설치)
③ HPS 작동압력의 $\frac{9}{10}$ 이상일 것

4) 종류

① 스프링식
  • 스프링의 장력을 이용한다.
  • 고압장치에 많이 사용한다.

② 중추식
  • 추의 중량을 이용하여 가스압력이 상승하였을 때 작동한다.
  • 일반적으로 사용되지 않는다.

③ 파열판(Rupture Disk)식
  • 압력용기에 설치하여 내부압력이 이상 상승하였을 때 박판이 파열되어 가스를 분출한다(주로 터보 내 냉동기의 저압 측에 설치한다).
  • 1회용으로 한 번 사용하고 나면 새로운 것으로 교체해야 한다.
  • 분출구경의 크기에 따라 플랜지형(대구경), 유니언형(중구경), 나사형(소구경)으로 구분하여 설치한다.

④ 가용전(Fusible Plug)식

- 가용합금의 주성분은 납(Pb), 주석(Sn), 안티몬(Sb), 카드뮴(Cd), 비스무트(Bi) 등으로 되어 있으며 녹는 온도는 68~78℃ 정도이다.
- 프레온 수액기나 냉매용기 등에 설치하여 불의의 사고 시 가용합금이 녹아 냉매가스를 방출시킨다.
- 가용전 구경은 안전밸브의 $\frac{1}{2}$ 이상이어야 한다.

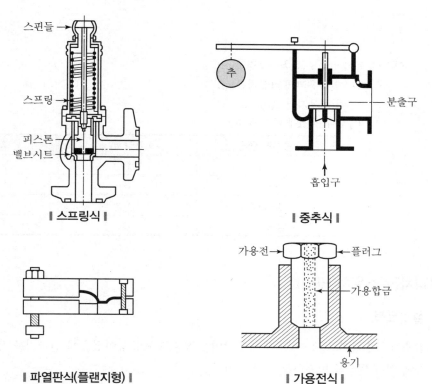

| 스프링식 | | 중추식 |

| 파열판식(플랜지형) | | 가용전식 |

5) 안전밸브의 구경 산정

① 압축기용

$$d_1 = C_1 \sqrt{V}$$

여기서, d_1 : 안전밸브 최소구경(mm)

V : 압축기 피스톤 토출량(m³/h)

C_1 : 각 냉매에 따른 정수

냉매 종류	C_1	냉매 종류	C_1
R-12	1.5	R-13	2.6
R-21	1.2	R-22	1.6
R-500	1.5	R-502	1.9
아황산가스	1.1	암모니아	0.9

② 압력용기용

$$d_2 = C_2 \sqrt{DL}$$

여기서, d_2 : 안전밸트 최소구경(mm)

　　　D : 압축용기의 바깥지름(m)

　　　L : 압력용기의 길이(m)

　　　C_2 : 각 냉매에 따른 정수

냉매의 종류	고압 측	저압 측
R-12	9	11
R-22	8	11
R-500	9	11
암모니아	8	11

2 고압차단 스위치(HPS)

1) 설치목적

압축기 안전장치로 냉동장치에서 고압이 일정 이상으로 높아졌을 때 압축기를 정지시켜 고압 상승에 의한 위해를 방지하는 역할을 한다.

2) 작동압력

정상고압+0.4MPa

3) 설치위치

① 1대의 압축기 제어 시 압축기와 토출 측 스톱밸브 사이에 설치
② 여러 대의 압축기 제어 시 토출가스의 공동헤드에 설치

4) 작동 시 점검사항

① 냉각수온 및 수량
② 냉각수 펌프 고장 및 냉각수 배관 계통의 막힘
③ 응축기의 유막이나 스케일 상태
④ 불응축 가스 혼입 여부
⑤ 응축부하

5) 냉동장치에서 안전밸브가 설치되어 있는 장소

① 압축기 토출관
② 응축기 상부
③ 수액기 상부
④ 불응축 가스 퍼저
⑤ 만액식 증발기
⑥ 2원 냉동장치의 팽창 탱크 상부
⑦ 액 순환식 증발기의 액펌프와 저압 수액기의 사이
⑧ 2단 압축 냉동장치의 중간 냉각기
⑨ 유회수장치의 유류기

> **참고**
>
> 수동복귀형 고압차단 스위치(HPS)에서는 한 번 작동을 한 후에는 반드시 리셋 버튼(Reset Button)을 눌러주어야만 스위치가 닫혀 압축기가 운전을 하게 된다.

❸ 저압차단 스위치(LPS)

1) 설치목적

운전 중 저압이 일정압력 이하가 되면 저기접점이 차단되어 압축기를 정지시키고 정지 중 저압의 상승으로 일정한 압력 이상이 되면 접점이 붙어 압축기를 재기동시켜줌으로써 저압의 이상저하에 의한 영향을 방지할 수 있다.

2) 설치위치

압축기 흡입관상에 설치

3) 종류

① **압축기용 LPS** : 저압이 저하되면 압축기를 정지시키고 저압이 상승되면 압축기가 재기동된다.

② **언로드용 LPS** : 저압이 저하되면 용량제어용 전자밸브가 열려 무부하 운전을 유지하고 저압이 상승하면 정상운전된다.

4 고저압차단 스위치(DPS)

1) 설치목적

HPS와 LPS가 조합된 스위치로서 고압(HPS)과 저압(LPS) 중 어느 한쪽이라도 이상이 있으면 압축기를 정지한다.

2) 작동방법

① **고압차단 스위치** : 이상고압이 되면 벨로스가 왼쪽으로 이동하고 고정못을 중심으로 아래쪽으로 힘이 가하여 접점 A가 떨어져 압축기가 정지하고 접점 B가 붙어 경보 및 램프가 작동된다.

② **저압차단 스위치** : 저압이 일정압력 이하가 되면 E레버가 고정못을 중심으로 아래쪽으로 힘이 가해지고 접점 C가 떨어져 압축기가 정지된다.

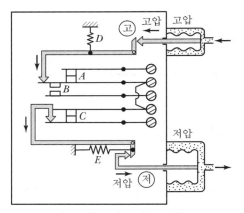

‖ 고저압차단 스위치의 계통도 ‖

5 유압보호 스위치(OPS)

1) 설치목적

강제윤활방식의 압축기에서 유압이 일정압력 이하가 되어서 일정시간(60~ 90초) 동안 정상압력에 도달하지 못하면 압축기를 정지시켜 윤활 불량에 의한 압축기의 소손을 방지한다(전동기회로차단 압축기 정지).

2) 특징

① 압력 검출용 벨로스가 2개 있어 양쪽의 압력차에 의해 작동한다.
② 타이머(Timer)를 가지고 있어 일정시간이 지나고 난 뒤에 작동한다.

3) 종류

① 바이메탈식 OPS
② 가스통식 OPS

··· 03 자동제어장치

1 전자밸브(Solenoid Valve)

1) 특징

① 작동식과 파일럿식이 있다.

② 전자코일에 전류를 통하게 하여 밸브 본체를 자동으로 개폐한다.

③ 전류가 흐를 경우 전자 코일에 의해 전기자가 들어올려지게 되고 전류가 차단되면 전기자의 무게 때문에 밸브가 닫힌다.

④ 파일럿식 전자밸브는 밸브와 전기자를 분리한 형태로 대용량에 사용되고, 주 밸브는 출입구의 압력차에 의해 작동된다.

⑤ 용량 및 액면 조정, 온도제어, 리퀴드백의 방지, 냉매 및 브라인 냉매 물의 흐름제어에 사용한다.

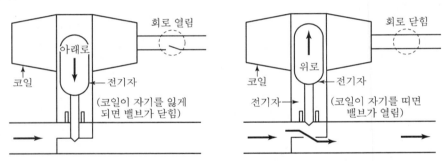

▮ 전자밸브의 작동원리 ▮

2) 설치 시 주의사항

① 출입구를 확인하여 유체의 흐름방향과 일치시킴

② 코일 부분이 상부에 위치하도록 수직으로 설치

③ 전자밸브 직전에는 가능한 여과기를 설치

④ 용량에 맞추어 사용하고 사용전압에 주의

> **참고** 냉동기 액관 중에 전자밸브를 설치하는 이유
>
> 압축기 정지와 동시에 닫혀서 냉동기 정지 중 고압 측 냉매액이 저압 측(증발기)에 들어가 고여 있다가 재기동 시 압축기로서 리퀴드백 현상을 일으키거나 기동부하가 커지는 것을 방지하기 위함이다.

2 증발압력 조정밸브(EPR)

증발기 및 압축기 사이의(증발기 출구) 배관에 설치하고 증발압력이 일정압력 이하가 되면 밸브를 조여 증발기 내의 냉매압력이 일정압력 이하가 되는 것을 방지한다.

1) 설치목적

운전 중 증발압력이 낮아져서 압축비 상승으로 인한 부작용을 방지하고 냉수, 브라인의 동결을 방지하기 위해 설치한다.

2) 설치위치

① 증발기가 1대일 때 : 증발기 출구 압축기 흡입관상에 설치
② 증발기가 여러 대일 때 : 증발온도가 높은 곳에 설치하고 가장 낮은 곳에만 체크밸브를 설치

3) 설치가 필요한 경우

① 1대의 압축기로 증발온도가 서로 다른 여러 대의 증발기를 사용하는 경우(고온 측 증발기에 설치)
② 냉수 및 브라인의 동결 우려가 있는 경우
③ 냉장실의 온도가 일정온도 이하로 내려가면 안 되는 경우
④ 야채 냉장고에서 동결을 방지하기 위해
⑤ 냉장고 등에서 지나치게 제습되는 것을 방지하기 위해

4) 설치 예

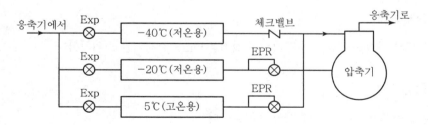

3 흡입압력 조정밸브(SPR)

1) 설치목적

흡입압력이 일정압력 이상으로 되었을 때 과부하로 인한 전동기의 소손을 방지하기 위해 설치한다.

2) 설치위치

증발기와 압축기 사이에서 압축기 흡입관상에 설치

3) 설치를 필요로 하는 경우

① 흡입압력의 변동이 심한 장치인 경우
② 기동 시 높은 흡입압력을 필요로 하는 장치인 경우
③ 장시간 높은 흡입압력을 필요로 하는 장치인 경우
④ 고압가스 제상으로 인하여 흡입압력이 높아지는 경우
⑤ 압축기로의 리퀴드백(액압축)이 자주 일어나는 장치인 경우

4) 종류

① 직동식 흡입압력 조정밸브
② 내부 파일럿 흡입압력 조정밸브
③ 외부 파일럿 흡입압력 조정밸브

4 온도 조절기(TC)

1) 설치목적

온도의 변화를 검출하여 전기적인 접점을 On, Off시키는 스위치이다.

2) 종류

온도를 측정하는 부분에 따라서 구분한다.
① **바이메탈식** : 팽창력이 다른 두 가지의 금속(니켈＋황동)을 접합시켜, 온도가 변화하였을 때 나타나는 굴곡작용으로 전기적인 접점을 개폐하며 종류는 와권형, 원판형, 평판형 등이 있다.
② **가스압력식(감온통식)** : 온도를 감지하는 부분에 감온통을 설치하여 감온통 내의 압력 변화에 따라 전기적인 접점을 개폐한다.
③ **전기저항식** : 온도의 변화에 의하여 저항이 변화하는 금속(백금선, 니켈선)을 사용하여 전기 접점을 개폐하며 공기조화기에 사용한다.

5 습도 조절기(습도스위치)

1) 설치목적

공기 중에 함유된 습도의 많고 적음에 따라 전기접점을 개폐하여 습도를 조절한다.

2) 설치위치

평균습도를 검출할 수 있는 곳으로 바닥에서 1.5m 되는 곳

3) 작동원리

습도에 따라 신축하는 모발이나 나일론 리본에 스냅(Snap) 작용을 작동시켜 전기접점을 개폐한다.

4) 측정범위

공기조화용 장치에 주로 사용되며 상대습도 20~96%까지 측정 가능하다(차습도는 상대습도 2% 정도).

> **참고** 스냅(Snap)작용
> • '찰각' 하는 소리를 내며 붙거나 떨어지는 동작
> • 전기접점의 방전으로 접점의 손상, 융착을 방지

6 절수밸브(압력자동급수밸브)

1) 설치목적

수랭식 응축기의 부하 변동에 비례하여 냉각수를 제어한다.
① 냉각수 절약
② 응축압력의 일정 유지

2) 종류

① 압력 작동형 절수밸브 : 응축압력이 상승하면 밸브가 열려 냉각수가 통수되고, 압력이 저하되면 밸브가 닫혀 냉각수 공급을 중단한다.
② 온도식 절수밸브 : 감온통이 설치되어 응축온도를 검지하여 온도 상승 시 밸브가 열려 냉각수를 통수시킨다.
③ 압력역작동형 : 수열원 히트펌프식에 이용한다.

7 단수 릴레이

1) 설치목적

① 수냉각기의 냉수 출입구의 압력차를 검출하여 수량의 감소를 확인함으로써 동결을 방지, 즉 브라인쿨러, 수냉각기 또는 수랭식 응축기에서 브라인이나 냉수 및 냉각수가 감수 또는 단수되었을 때 압축기를 정지시켜 수량을 감지한다.

② 응축기 냉각수 출입구의 압력차를 검출함으로써 수량이 감소할 경우 압축기를 정지시킴으로써 응축압력의 상승을 방지하는 데 사용된다.

2) 설치위치

브라인 및 냉수입구 측 배관에 설치

3) 종류

① 단압식 릴레이
② 차압식 릴레이
③ 수류식 단수릴레이

[08장] 출제예상문제

01 드라이어(Dryer)에 관한 사항 중 맞는 것은?

① 암모니아 액관에 설치하여 수분을 제거한다.

② 냉동장치 내에 수분이 존재하는 것은 좋지 않으므로 냉매 종류에 관계없이 설치하여야 한다.

③ 프레온은 수분과 잘 용해하지 않으므로 팽창밸브에서의 동결을 방지하기 위하여 설치한다.

④ 건조제로는 황산, 염화칼슘 등의 물질을 사용한다.

해설
프레온 냉매는 수분과 잘 용해하지 않으므로 팽창밸브에서의 동결을 방지하기 위하여 드라이어를 설치한다.

02 유압 압력조정밸브는 냉동장치의 어느 부분에 설치되는가?

① 오일펌프 출구

② 크랭크 케이스 내부

③ 유여과망과 오일펌프 사이

④ 오일쿨러 내부

해설
유압 압력조정밸브는 오일펌프 출구에 장착한다.

03 액순환식 증발기와 액펌프 사이에 반드시 부착해야 하는 것은?

① 전자밸브   ② 여과기

③ 역지밸브   ④ 건조기

해설
액순환식 증발기와 액펌프 사이에는 반드시 역지밸브를 설치한다.

04 냉동기 운전 중 토출압력이 높아져 안전장치가 작동하거나 냉매가 유출되는 사고 시 점검하지 않아도 되는 것은?

① 계통 내에 공기혼입 유무

② 응축기의 냉각수량, 풍량의 감소 여부

③ 응축기와 수액기 간, 균압관의 이상 여부

④ 유분리기의 이상 여부

해설
유분리기는 증발기에서 유회수구를 통하여 전자밸브를 거쳐 유분리기(열교환기)에서 냉매는 열교환시켜 압축기로 보내고 오일은 압축기 케이스로 보낸다.

05 온도식 액면 제어밸브에 설치된 전열히터의 용도는?

① 감온통의 동파를 방지하기 위해 설치하는 것이다.

② 냉매와 히터가 직접 접촉하여 저항에 의해 작동한다.

③ 주로 소형 냉동기에 사용되는 팽창밸브이다.

④ 감온통 내에 충진된 가스를 민감하게 작동토록 하기 위해 설치하는 것이다.

해설
온도식 액면 제어밸브에 설치된 전열히터는 감온통 내에 충진된 가스를 민감하게 작동토록 하기 위해 설치한다.

06 냉동장치에서 전자밸브를 사용하는데 그 사용목적 중 가장 거리가 먼 것은?

① 리퀴드백(Liquid Back) 방지

② 냉매, 브라인의 흐름제어

③ 습도제어

④ 온도제어

정답 **01** ③ **02** ① **03** ③ **04** ④ **05** ④ **06** ③

해설

전자밸브의 기능

㉠ 리퀴드백 방지

㉡ 냉매, 브라인의 흐름제어

㉢ 온도제어

---

07 다음은 흡입압력 조정밸브를 설치하는 경우에 대한 설명이다. 틀린 것은?

① 높은 흡입압력으로 장시간 운전할 경우

② 흡입압력이 낮아 압축비가 커질 경우

③ 저전압에서 높은 흡입압력으로 운전해야 할 경우

④ 흡입압력의 변화가 많은 장치일 경우

해설

흡입압력 조정밸브가 필요한 경우

㉠ 높은 흡입압력으로 장시간 운전하는 경우

㉡ 저전압에서 높은 흡입압력으로 운전하는 경우

㉢ 흡입압력의 변화가 많은 장치의 경우

---

08 수액기를 설치할 때 2개의 수액기 지름이 서로 다른 경우 어떻게 설치해야 안전성이 있는가?

① 상단을 일치시킨다.

② 하단을 일치시킨다.

③ 중단을 일치시킨다.

④ 어느 쪽이든 관계없다.

해설

수액기가 2개일 때 수액기의 지름이 서로 다르면 상단을 일치시킨다.

---

09 제상방법이 아닌 것은?

① 압축기 정지 제상

② 핫 가스 분무 제상

③ 살수식 제상

④ 증발압력 조정 제상

해설

㉠ 증발압력 조정밸브(EPR)

㉡ 흡입압력 조정밸브(SPR)

---

10 다음 중 냉동기의 토출압력이 이상상승 시 제일 먼저 작동되는 안전장치는?

① 안전두 스프링

② 저압차단 스위치

③ 고압차단 스위치

④ 유압차단 스위치

해설

안전장치의 작동압력

㉠ 안전두 : 정상압력 + 3kg/cm^2

㉡ 고압차단 스위치 : 정상고압 + 4kg/cm^2

㉢ 안전밸브 : 정상고압 + 5kg/cm^2

---

11 다음 중 전자밸브를 작동시키는 주 원리는?

① 냉매의 압력

② 영구자석 철심의 힘

③ 전류에 의한 자기작용

④ 전자밸브의 소형 전동기

해설

전자밸브(솔레노이드 밸브)는 전류에 의한 자기작용을 이용한다.

---

12 냉동장치의 냉각기에 적상이 심할 때 미치는 영향이 아닌 것은?

① 냉동능력 감소

② 냉장고 내 온도 저하

③ 냉동능력당 소요동력 증대

④ 리퀴드백 발생

해설

냉동장치에 적상(서리현상)이 생기면 냉동장치 내 온도가 상승한다(전열이 불량하기 때문에).

정답 **07** ② **08** ① **09** ④ **10** ① **11** ③ **12** ②

13 가용전(Fusible Plug)에 대한 설명으로 틀린 것은?

① 프레온 장치의 수액기, 응축기 등에 사용한다.

② 용융점은 냉동기에서 75℃ 이하로 한다.

③ 구성성분은 주석, 구리, 납으로 되어 있다.

④ 토출가스의 영향을 직접 받지 않는 곳에 설치해야 한다.

해설
가용전의 주성분은 비스무트, 카드뮴, 납, 주석이다.

14 다음 중 냉동장치에 관한 설명이 옳지 않은 것은?

① 안전밸브가 작동하기 전에 고압차단 스위치가 작동하도록 조정한다.

② 온도식 자동팽창밸브의 감온통은 증발기의 입구 측에 붙인다.

③ 가용전은 응축기의 보호를 위하여 사용한다.

④ 파열판은 주로 터보 냉동기의 저압 측에 사용한다.

해설
온도식 자동팽창밸브의 감온통은 증발기의 출구 측에 부착시킨다.

15 다음 중 압축기 보호를 위한 장치가 아닌 것은?

① 가용전

② 안전헤드

③ 안전밸브

④ 유압보호 스위치

해설
가용전은 응축기를 보호하는 안전장치이다.

16 다음 냉동장치의 제어장치 중 온도제어장치에 해당되는 것은?

① EPR   ② TC

③ LPS   ④ OPS

해설
① EPR : 증발압력 조정밸브

② TC : 온도 조절기

③ LPS : 저압차단 스위치

④ OPS : 유압조절 스위치

17 압축기가 1대일 경우 고압차단 스위치(HPS)의 압력 인출위치는?

① 토출스톱밸브 직후

② 토출밸브 직전

③ 토출밸브 직후와 토출스톱밸브 직전 사이

④ 고압부 어디라도 관계없다.

해설
압축기가 1대이면 고압차단 스위치의 압력 인출위치는 토출밸브 직후와 토출스톱밸브 직전 사이이다.

18 냉동장치에 설치하는 압력계에 관한 설명으로 옳은 것을 모두 고른 것은?

> ㉮ 진공부의 눈금은 불필요하다.
> ㉯ 압력계의 장착부는 검사, 수리 등을 위하여 떼어내기 좋게 장착한다.
> ㉰ 압력계의 장착부는 냉매가스가 누설되지 않도록 용접한다.
> ㉱ 압력계는 냉매가스의 작용에 견디는 것이어야 한다.

① ㉮, ㉯   ② ㉯, ㉰

③ ㉰, ㉱   ④ ㉯, ㉱

해설

압력계

㉠ 눈금은 반드시 필요하다.

㉡ 떼어내기 편리하도록 용접하여 장착하지 않는다.

㉢ 냉매가스의 작용에 견뎌야 한다.

19 냉동장치의 고압 측에 안전장치로 사용되는 것 중 부적당한 것은?

① 스프링식 안전밸브　② 플로트 스위치

③ 고압차단 스위치　　④ 가용전

해설

㉠ 플로트 저압밸브는 팽창밸브이다.

㉡ 압력 스위치에는 고압, 저압 스위치가 있다.

20 냉동장치에 이용되는 부속기기 중 직접 압축기의 보호 역할을 하는 것이 아닌 것은?

① 온도자동 팽창밸브　② 안전밸브

③ 유압보호 스위치　　④ 액분리기

해설

압축기의 보호장치

㉠ 유압보호 스위치　　㉡ 액분리기

㉢ 안전밸브　　　　　㉣ 고압스위치

㉤ 안전두

21 다음 설명 중 틀린 것은?

① 유압보호 스위치의 종류는 바이메탈식과 가스통식이 있다.

② 단수 릴레이는 수랭 응축기 및 브라인 냉각기의 단수 및 감수 시 압축기를 차단시키는 스위치다.

③ 왕복동식 압축기 기동 시 유압보호 스위치의 차압 접점은 붙어 있다.

④ 파열판은 일단 동작된 후 내부 압력이 낮아지면 가스의 방출이 정지되며, 다시 사용할 수 있다.

해설

파열판은 1회용 안전장치이다.

22 터보 냉동기의 구조에서 불응축 가스퍼지, 진공작업, 냉매 충전, 냉매 재생의 기능을 갖추고 있는 장치는?

① 플로트 체임버 장치　② 전동장치

③ 일리미네이터 장치　　④ 추기회수장치

해설

추기회수장치는 불응축 가스의 퍼지, 진공작업 등에 관한 기능을 가진 터보 냉동기의 부속품이다.

23 암모니아 냉동기에서 불응축 가스 분리기(Gas-purger)의 작용에 대한 설명 중 틀린 것은?

① 응축기에서 냉매와 같이 액화되지 않은 공기를 분리시킨다.

② 분리된 냉매가스는 압축기에 흡입된다.

③ 분리된 액체 냉매는 수액기로 들어간다.

④ 분리된 공기는 수조를 통해 대기로 방출된다.

해설

불응축 가스는 암모니아(NH_3) 냉동기에서 물통에 방출시키고, 프레온의 경우 제거된 불응축 가스는 대기 중에 방출시킨다.

24 압축기에서 보통 안전밸브의 분출압력은 고압차단 스위치(HPS) 작동압력에 비하여 어떻게 조정하면 좋은가?

① 고압차단 스위치 작동압력보다 다소 낮게 한다.

② 고압차단 스위치 작동압력보다 다소 높게 한다.

③ 고압차단 스위치 작동압력과 같게 한다.

④ 고압차단 스위치 작동압력보다 낮거나 높아도 관계없다.

해설
압축기에서 안전밸브의 분출압력은 HPS보다 다소 높게 조정하여 분출되게 한다.

25 저압차단 스위치(LPS)의 작동에 의하여 장치가 정지되었을 때 점검사항에 속하는 사항이다. 틀린 것은?

① 응축기의 냉각수 단수 여부 확인 조치
② 압축기의 용량제어장치의 고장 여부
③ 저압 측의 적상 유무 확인
④ 팽창밸브의 개도 점검

해설
LPS는 저압이 일정 이하가 되면 전기적 접점이 떨어져서 압축기의 운전이 정지된다.

26 다음 중 냉동장치의 부속기기에 대한 설명으로 잘못된 것은?

① 여과기는 팽창밸브 직전에 부착하고 가스 중의 먼지를 제거하기 위해 사용한다.
② 암모니아 냉동장치의 유분리기에서 분리된 유(油)는 유류(油溜)로 보내 냉매와 분리 후 회수한다.
③ 액순환식 냉동장치에 있어 유분리기는 압축기의 흡입부에 부착한다.
④ 프레온 냉동장치에 있어서는 유와 잘 용해되므로 특별한 유회수장치가 필요하다.

해설
유분리기
㉠ 프레온 냉동장치 : 압축기에서 응축기 사이 $\frac{1}{4}$ 지점에 설치한다.
㉡ 암모니아 냉동창치 : 압축기에서 응축기 사이 $\frac{3}{4}$ 지점에 설치한다.

27 프레온 냉동장치에 열교환기 설치목적으로서 적합지 않은 것은?

① 냉매액을 과냉각시켜 플래시 가스 발생 방지
② 만액식 증발기의 유회수장치에서는 오일과 냉매를 분리
③ 흡입가스를 약간 과열시킴으로써 리퀴드백 방지
④ 팽창밸브 통과 시 발생되는 플래시 가스량을 증가시켜 냉동효과를 증대

해설
열교환기는 팽창밸브에서 냉매가 통과 시 발생되는 플래시 가스량을 감소시켜 냉동효과를 증대시킨다.

28 흡입압력 조정밸브(SPR)에 대한 설명 중 틀린 것은?

① 흡입압력이 일정압력 이하가 되는 것을 방지한다.
② 저전압에서 높은 압력으로 운전될 때 사용한다.
③ 종류에는 직동식, 내부파일럿 작동식, 외부파일럿 작동식 등이 있다.
④ 흡입압력의 변동이 많은 경우에 사용한다.

해설
흡입압력 조정밸브는 압축기의 흡입압력이 일정한 조정압력 이상이 되는 것을 막아 전동기 과부하를 방지한다.

29 다음 중 압력자동 급수밸브의 역할은?

① 냉각수온을 제어한다.
② 수압을 제어한다.
③ 부하변동에 대응하여 냉각수량을 제어한다.
④ 응축압력을 제어한다.

해설
압력자동 급수밸브 역할은 부하변동에 대응하여 냉각수량을 제어하는 것이다.

30 다음 중 불응축 가스가 주로 모이는 곳은?

① 증발기
② 액분리기
③ 압축기
④ 응축기

해설

불응축 가스가 주로 모이는 곳
㉠ 응축기 상부
㉡ 수액기 상부
㉢ 증발식 응축기에서는 액의 헤더

31 저압수액기와 액펌프의 설치 위치로 가장 적당한 것은?

① 저압수액기 위치를 액펌프보다 약 1.2m 정도 높게 한다.
② 응축기 높이와 일정하게 한다.
③ 액펌프와 저압 수액기 위치를 같게 한다.
④ 저압 수액기를 액펌프보다 최소 5m 낮게 한다.

해설

저압수액기는 액펌프보다 약 1.2m 정도 높게 설치한다.

32 전자밸브(솔레노이드 밸브)에 대한 설명 중 옳은 것은?

① 전자코일에 전류가 흐르면 밸브는 닫힌다.
② 밸브를 수직으로 설치하여야 정상적인 작동을 한다.
③ 압력스위치와 결합시켜 사용할 수 없다.
④ 직동 전자밸브에는 밸브시트 구경의 제한이 없다.

해설

전자밸브는 밸브를 수직으로 설치하여야 사용이 가능하다.

33 다음 중 단수 릴레이의 종류에 속하지 않는 것은?

① 단압식 릴레이
② 차압식 릴레이
③ 수류식 릴레이
④ 온도식 릴레이

해설

단수 릴레이의 종류
㉠ 단압식
㉡ 차압식
㉢ 수류식

34 냉동장치에서는 자동제어를 위하여 전자밸브가 많이 쓰이고 있는데 그 사용 예가 아닌 것은?

① 액압축 방지
② 냉매 및 브라인 물의 흐름제어
③ 용량 및 액면 조정
④ 고수위 경보

해설

고수위 경보에 맥도널(플로트)이 필요하나 냉동장치에서는 사용되지 않는다.

35 다음 중 암모니아 불응축 가스 분리기의 작용에 대한 설명으로 옳은 것은?

① 분리된 공기는 수조로 방출된다.
② 암모니아 가스는 냉각되어 응축액으로 되어 유분리기로 되돌아간다.
③ 분리기 내에서 분리된 공기는 온도가 상승한다.
④ 분리된 암모니아 가스는 압축기로 흡입된다.

해설

암모니아용 불응축 가스로 분리된 공기는 물탱크(수조)로 방출된다.

정답 **30** ④ **31** ① **32** ② **33** ④ **34** ④ **35** ①

36 냉동기 운전 중 증발기로부터 리퀴드백으로 인하여 압축기의 흡입밸브 및 토출밸브 등의 파손되는 것을 방지하기 위해 설치하는 것은?

① 증발압력 조정밸브
② 흡입압력 조정밸브
③ 고압차단스위치
④ 저압차단스위치

해설
흡입압력 조정밸브의 용도
㉠ 압축기 과부하 방지
㉡ 압축기 운전 안정
㉢ 리퀴드백 방지

37 냉동설비에 설치된 수액기의 방류둑 용량에 관한 설명으로 옳은 것은?

① 방류둑 용량은 설치된 수액기 내용적의 90% 이상으로 할 것
② 방류둑 용량은 설치된 수액기 내용적의 80% 이상으로 할 것
③ 방류둑 용량은 설치된 수액기 내용적의 70% 이상으로 할 것
④ 방류둑 용량은 설치된 수액기 내용적의 60% 이상으로 할 것

해설
냉동설비 수액기의 방류둑 용량은 설치된 수액기 내용적의 90% 이상이 되어야 한다.

38 다음 냉동장치에 대한 설명 중 옳은 것은?

① 고압차단 스위치의 작동압력은 안전밸브 작동압력보다 조금 높게 한다.
② 온도식 자동팽창밸브의 감온통은 증발기의 입구 측에 붙인다.

③ 가용전은 프레온 냉동장치의 응축기나 수액기 보호를 위하여 사용된다.
④ 파열판은 암모니아 왕복동 냉동장치에만 사용된다.

해설
① 안전밸브 작동압력 > 고압차단 스위치 압력
② 감온통 위치 : 증발기 출구
④ 파열판 안전장치 : 응축기, 수액기에 부착

39 냉매 건조기(Dryer)에 관한 설명 중 맞는 것은?

① 암모니아 가스관에 설치하여 수분을 제거한다.
② 압축기와 응축기 사이에 설치한다.
③ 프레온은 수분과 잘 용해하지 않으므로 팽창밸브에서의 동결을 방지하기 위하여 설치한다.
④ 건조제로는 황산, 염화칼슘 등의 물질을 사용한다.

해설
프레온 냉매는 수분과 잘 용해하지 않으므로 팽창밸브에서 동결 방지를 위해 냉매 건조기(드라이어)를 설치한다.

40 냉동 제조시설 중 압축기 최종단에 설치한 안전장치의 작동 점검 실시기준으로 옳은 것은?

① 3월에 1회 이상
② 6월에 1회 이상
③ 1년에 1회 이상
④ 2년에 1회 이상

해설
냉동기 압축기 최종단에 설치한 안전밸브는 1년에 1회 이상 점검이 필요하다.

41 저단 측 토출가스의 온도를 냉각시켜 고단 측 압축기가 과열되는 것을 방지하는 것은?

① 부스터　　　　② 인터쿨러
③ 콤파운드 압축기　④ 익스텐션탱크

해설
인터쿨러는 고단 측 압축기의 과열 방지용으로 사용된다.

42 부하 측(저압 측) 압력을 일정하게 유지시켜 주는 밸브는?

① 감압밸브　　　　② 안전밸브
③ 체크밸브　　　　④ 앵글밸브

해설
감압밸브
부하 측의 압력을 일정하게 유지시키는 밸브

43 고압수액기에 부착되지 않는 것은?

① 액면계　　　　② 안전밸브
③ 전자밸브　　　④ 오일드레인 밸브

해설
고압수액기의 부속품
액면계, 안전밸브, 오일드레인 밸브

44 스윙(Swing)형 체크밸브에 관한 설명으로 틀린 것은?

① 호칭 치수가 큰 관에 사용된다.
② 유체의 저항이 리프트(Lift)형보다 적다.
③ 수평배관에만 사용할 수 있다.
④ 핀을 축으로 하여 회전시켜 개폐한다.

해설
스윙형 체크밸브는 수평, 수직배관에 사용한다.

45 냉동장치의 기기 중 직접 압축기의 보호 역할을 하는 것과 관계없는 것은?

① 안전밸브
② 유압보호 스위치
③ 고압차단 스위치
④ 증발압력 조정밸브

해설
증발압력 조정밸브(EPR)
한 대의 압축기로 유지온도가 다른 여러 대의 증발실을 운용할 때 가장 온도가 낮은 냉장실의 압력을 기준으로 운전되기 때문에 고온 측의 증발기에 EPR을 설치하여 압력이 한계치 이하가 되지 않게 조정한다.

[09.장] 빙축열 및 제빙장치

···01 빙축열

1 정의

빙축열이란 값싼 심야전력(오후 11시~오전 9시까지)으로 야간에 냉동기를 가동하여 빙축조에 얼음을 얼려 놓았다가 주간에 이 얼음을 녹여 냉방하는 시스템이다.

> **참고 빙축열의 장점**
>
> - 열원기기의 용량 축소
> - 효율적인 에너지 관리
> - 쾌적한 냉방
> - 운전경비 절감효과
> - 축열조 설치공간 축소
> - 안정적인 냉방
> - 운전 및 운영상의 효율성 적합

2 축열방식

1) 전부하 축열방식

주간의 냉방부하 100%를 심야시간대에 축열하였다가 주간에 냉동기를 가동하지 않고 빙축조의 방랭에 의해서만 냉방하는 운전방식이다. 냉방용량이 크면서 냉방시간이 짧거나 불규칙한 장소에 적합하다(건물, 종교단체, 대회의장, 실내경기장에 유리함).

2) 부분부하 축열방식

심야시간에 냉동기를 가동하여 주간 부하의 일부를 축열하고 주간 냉방 시 냉동기와 빙축열조를 동시에 가동하여 냉방하는 방식이다. 전부하 축열방식에 비해 축열조와 냉동기의 용량을 줄일 수 있으므로 초기 투자비와 설치비는 감소하나 운전비가 증가한다(현재 국내에서 적용되고 있는 빙축열 시스템 방식).

① **선단방식** : 냉동기를 축열조의 상류 측에 배치한다.
② **후단방식** : 냉동기를 축열조의 하류 측에 배치한다.

③ 해빙방식

1) 직접해빙방식

① 심야시간대에 냉동기를 가동하여 제빙용 튜브 표면 위에 얼음을 얼리고 해빙 시 튜브 표면 위의 얼음과 직접 접촉하여 해빙이 진행되어 냉방을 하게 된다. 축열조에 저장된 얼음이 완전히 해빙될 때까지 낮은 온도의 안정된 냉수를 장시간 사용할 수 있다.

② 이 방식은 얼음과 직접 열교환하므로 타 방식과 비교하여 해빙 효율이 가장 높다.

2) 간접해빙방식

① 심야시간대에 냉동기를 가동하여 제빙용 튜브 표면 위에 얼음을 얼리고, 해빙 시 공조부하를 처리하여 온도가 상승된 브라인이 빙축열조의 제빙용 튜브 내부를 순환하면서 해빙이 진행되는 방식이다.

② 배관 시스템이 모두 밀폐회로로 구성되므로 펌프 동력을 감소시킬 수 있고, 축열조 내의 냉수는 순환하지 않으므로 축열조 내 수질관리가 불필요하다.

④ 빙축열 시스템의 분류

1) 정적 제빙형

고체상태의 얼음을 비유동상태 이후에 사용한다.

2) 동적 제빙형

고체상태의 얼음을 유동성을 가지는 결정상의 얼음을 사용한다.

▼ 정적 제빙형과 동적 제빙형의 비교

분류	종류	특성
정적 제빙형 (Static Type)	관외착빙형	완전동결형(Static Ice Builder), 직접접촉식(Ice on Coil)
	관내착빙형	관내착빙형(Ice in Coil)
	캡슐형	아이스렌즈(Ice Lens), 아이스볼(Ice Ball)
동적 제빙형 (Dynamic Type)	빙박리형	빙박리형(Ice Harvest Type)
	액체식 빙생성형	• 직접식 ┌ 리퀴드 아이스(Liquid Ice) 방식 　　　　├ 과냉각 아이스 방식 　　　　├ 직평행 직접열교환방식 　　　　└ 비수용 유체 이용 직접열교환방식 • 간접식

▼ 빙축열 시스템의 구성

제빙방식	빙축 시스템		특성
정적 (Static) 방식	캡슐	아이스볼	플라스틱 볼을 원형 탱크 또는 사각 콘크리트 형태의 축열조 내에 충진하여 볼 내부의 상변화에 따른 잠열을 이용, 야간에는 축열조에 낮은 온도의 브라인으로 볼을 얼리고 냉방 시에는 브라인이 얼음을 녹이며 냉방
		아이스렌즈	원형의 탱크 축열조 내에 플라스틱 렌즈를 순서대로 배열하여 그 주위에 저온을 브라인을 순환시켜 렌즈 내부 물질을 얼리고, 주간 냉방 시에는 건물 부하에 의해 온도가 상승한 브라인이 아이스 렌즈 사이로 순환되어 캡슐 내의 얼음을 녹이며 냉방
	직접접촉 (가장 선호하는 방식)	간접해빙	야간에는 코일 내부에 낮은 온도의 브라인이 순환하면서 코일 외부의 물을 얼려서 잠열을 저장하고, 주간에는 빙점 이상의 브라인이 순환하면서 코일 외부의 얼음을 녹여서 잠열로 빙열 냉방
		직접해빙	야간에는 코일 내부에 낮은 온도의 브라인이 순환하면서 코일 외부의 물을 얼려서 잠열을 저장하고, 주간에는 빙점 이상의 브라인이 순환하면서 코일 외부의 얼음을 녹여서 잠열을 빙열하여 냉방하는 시스템
동적 (Dynamic) 방식	박리	동적 제빙	고압의 액냉매가 팽창밸브를 거쳐 제빙판에서 저압의 가스냉매가 되어 제빙판 하부에서 유입되어 제빙판 외부의 물을 얼리고 다시 고압 측의 뜨거운 가스를 사용하여 탈빙시킨 후 판형의 얼음이 빙축열조로 떨어지면서 박편의 조각 얼음으로 만들어져 저장 후 주간에는 축열조에 저장된 0℃의 물로 냉방
	슬러리 (가장 선호하는 방식)	동적 제빙의 일종	통이나 튜브형의 별도의 제빙기(ORE)에서 긴 튜브 내에 들어 있는 플라스틱 로드(Rod) 상부에 고정시킨 크랭크축에 튜브 내에 생성된 얼음 입자를 긁어 슬러리로 만든 다음 슬러리펌프로 축열조에 저장시켰다가 주간에는 축열조에 저장된 슬러리를 재순환수와 믹싱하여 냉방

···02 냉동기 선단운전방식과 후단운전방식

1 냉동기 선단방식(Up – stream)

냉동기를 축열조의 상류 측에 배치하는 방식으로 고온의 유체가 냉동기에 유입되어 냉동기가 고온 운전을 하여 효율이 높다. 반면 축열조에 유입되는 유체 온도가 낮으므로 축열조 방랭 효율이 다소 떨어질 수 있다. 따라서 냉동기 선단 운전에 적합한 방랭 특성을 갖는 시스템을 고려하는 것이 중요하다.

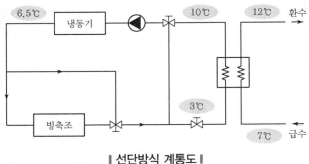

∥ 선단방식 계통도 ∥

2 냉동기 후단방식(Downs – stream)

냉동기를 축열조 하류 측에 배치하는 방식으로 냉동기에 유입되는 유체는 일단 축열조를 거쳐 냉각된 온도의 유체이므로 냉동기효율이 떨어진다. 빙축조 방냉 특성 개선이 요구되는 방식이다.

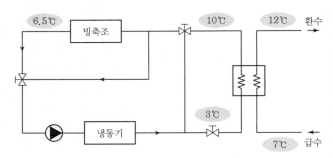

∥ 후단방식 계통도 ∥

선단방식과 후단방식은 자동제어 시스템에서 설정 온도에 따라 냉동기에서 해야 할 일의 양과 빙축조에서 이용할 에너지량을 조정하여 필요한 방식대로 채택할 수 있다. 단, 냉동기 후단방식으로 시스템을 구성했을 경우 항상 저온으로 운전되므로 냉동기 성적계수(COP)가 낮아 냉동기의 용량이 커지고 소비전력이 많은 결점이 있다.

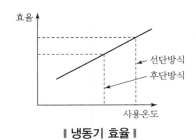

∥ 냉동기 효율 ∥

┅┅03 시스템 구성

1 직접해빙방식

야간에는 코일 내부에 낮은 온도의 브라인이 순환하면서 코일 외부의 물을 얼려서 잠열을 저장하고 주간에는 축열조의 얼음과 직접 접촉한 0℃의 빙축냉수(열량 40%)와 빙점 이상의 브라인(열량 60%)을 순환시켜 냉방하는 방식으로 박리나 슬러리에 근접하는 해빙 특성 및 부하 대응성을 갖는 시스템이다.

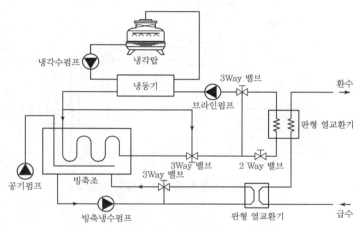

┃ 직접해빙방식 계통도 ┃

2 간접해빙방식

야간에는 코일 내부에 낮은 온도의 브라인이 순환하면서 코일 외부의 물을 얼려서 잠열을 저장하고 주간에는 빙점 이상의 브라인이 순환하면서 코일 외부의 얼음을 녹여서 잠열을 방열하여 냉방하는 시스템이다.

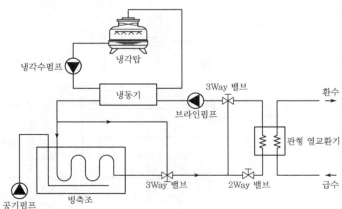

┃ 간접해빙방식 계통도 ┃

③ 아이스볼(Ice Ball) 빙축열 시스템

플라스틱 볼(Plastic Ball)을 원형 스틸 탱크(Steel Tank) 혹은 사각의 콘크리트 형태의 축열조 내에 충진하여 볼 내부의 상변화에 따른 잠열을 이용하는 방식으로 야간에는 축열조에 낮은 온도의 브라인으로 볼을 얼리고 주간 냉방 시에는 건물 부하에 의해 온도가 상승한 브라인이 볼 사이로 순환되어 아이스볼 내의 얼음을 녹이며 건물을 냉방하는 시스템이다.

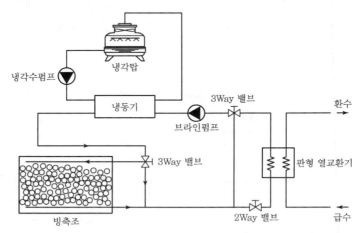

‖ 아이스볼 빙축열 시스템의 계통도 ‖

④ 아이스렌즈(Ice Lens) 빙축열 시스템

원형의 스틸 탱크로 만든 축열조 내에 플라스틱 랜즈(Plastic Lens)를 순서대로 배열하여 그 주위에 저온의 브라인을 순환시켜 렌즈 내부의 물질을 얼리고 주간 냉방 시에는 건물 부하에 의해 온도가 상승한 브라인이 아이스렌즈 사이로 순환되어 캡슐 내의 얼음을 녹이며 건물을 냉방하는 시스템이다.

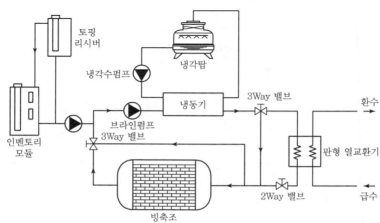

‖ 아이스렌즈 빙축열 시스템의 계통도 ‖

5 박리(Harvest) 빙축열 시스템

동적 제빙방식으로 고압의 액냉매가 팽창밸브를 거쳐 제빙판에서 저압의 가스 냉개가 되어 제빙판 하부에서 유입되어 제빙판 외부의 물을 얼리고 다시 고압 측의 뜨거운 가스를 사용하여 탈빙시킨 후 판형의 얼음이 빙축열조로 떨어지면서 박편의 조각 얼음으로 만들어져 저장되었다가 주간에는 축열조에 저장된 0℃의 물을 사용하여 냉방하는 시스템이다.

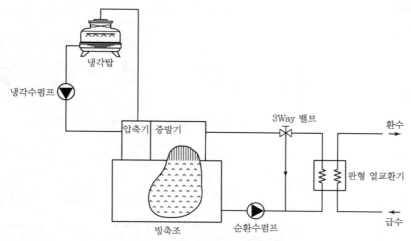

∥ 박리 빙축열 시스템의 계통도 ∥

6 슬러리(Slurry) 빙축열 시스템

동적 제빙방식의 일종으로 셸 앤드 튜브(Shell & Tube)형의 별도의 제빙기(ORE)에서 긴 튜브 내에 들어 있는 플라스틱 로드 상부에 고정시킨 크랭크축에 의하여 튜브 내에 생성된 얼음 입자를 긁어 슬러리로 만든 다음 슬러리펌프로 축열조에 저장시켰다가 주간에는 축열조에 저장된 슬러리를 재순환수와 믹싱하여 냉방하는 시스템이다.

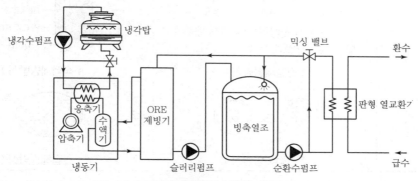

∥ 슬러리 빙축열 시스템의 계통도 ∥

⋯04 시스템별 특성 비교

▼ 정적, 동적 제빙형 빙축열 시스템의 특징

구분	직접접촉(Ice on Coil)	
	직접해빙방식	간접해빙방식
적용 냉동기	저온용 냉동기(스크루, 터보)	
축열조 설치면적	정육면체 경우 최소	
제빙형태	※ 튜브 내부의 저온 브라인에 의해 외부 물이 얼음으로 상변화 ‖ 간접제빙방식 ‖	
해빙형태		

구분	아이스볼	슬러리
적용 냉동기	저온용 냉동기(스크루, 터보)	제빙용 냉동기(스크루)
축열조 설치면적	정육면체의 경우 최소	최대 설치면적 필요
제빙형태	※ 볼 외부의 저온 브라인에 의해 내부 물이 얼음으로 상변화 ‖ 간접제빙방식 ‖	‖ 직접제빙방식 ‖
해빙형태	‖ 간접해빙방식 ‖	‖ 간접해빙방식 ‖

[비고] • 스크루 냉동기 사용 시 : 안전관리총괄자(1인), 안전관리책임자(1인), 안전관리요원(2인 이상)
　　　 • 터보 냉동기(저압) 사용 시 : 유자격증자 없음

▼ 해빙방식 특성

구분	직접접촉	
	직접해빙방식	간접해빙방식
부하 대응력	빙점에 가장 가까운 0℃의 물을 직접 공급하고 열교환기를 쓰지 않아도 되므로 부하대응력이 신속하고 저온급기방식 적용이 가능함	냉동기 선단방식 채택으로 높은 COP를 유지하면서 축열조 내부를 순환하는 브라인과 냉동기에서 냉각된 브라인을 혼합하여 순환하므로 적은 소요동력으로 부하 대응 가능
안정성	튜브 외부의 얼음과 직접접촉하여 급격한 부하변동에도 대응 가능하며, 에어펌프의 교반작용에 의하여 빙축조의 냉수 입출구 온도가 일정하게 유지됨	환봉 형태의 얼음과 튜브 내의 브라인이 접촉하므로 초기에는 얼음이 녹으며 생기는 용융수층으로 인해 열전달 저항이 커져 부하 변동에 대한 대응이 상대적으로 떨어지나 에어펌프의 교반작용 및 충격에 의하여 중반부에는 얼음이 깨져 해빙 특성이 회복됨
용량제어	얼음 두께를 정확히 측정하여 제빙과 해빙을 할 수 있으며 간접적으로는 수위레벨의 변동에 따라 제어가 가능하므로 제빙과 해빙이 100%에 도달할 수 있음	
유지관리	• 육안으로 제빙 확인이 용이하며 빙축조 내부 접근이 가능하므로 유지관리가 용이함 • 축열조를 미냉방 시에 단순히 축열조 내부의 물을 드레인(Drain)시키면 됨	
A/S 및 정비	국산품이 주종이므로 A/S 대응력 우수	
구분	아이스볼	슬러리
부하 대응력	냉동기 후단방식으로 볼의 해빙 특성이 좋지 않아 축열조 출구의 브라인 온도가 높아서 상대적으로 냉동기 소요 동력이 큼	빙점의 에틸렌글리콜을 순환시키므로 부하 대응력이 좋으나 에틸렌글리콜을 사용하므로 열교환기를 필히 사용해야 함
안정성	용기 내의 얼음과 브라인이 접촉하는 면적이 초기에는 넓은 편이나 용기 내의 얼음이 녹으며 생기는 용융수층으로 인해 열전달 저항이 커져 부하 변동에 대한 대응이 상대적으로 떨어짐	미립자 형태의 슬러리와 물이 집적 접촉하고 접촉 면적이 넓어 해빙이 진행되므로 급격한 부하 변동에도 대응이 가능하나 축열조에 저장된 슬러리가 뭉쳐 얼음군으로 형성되면 열교환능력이 저하됨
용량제어	직접 측정은 불가능하며 볼의 팽창량에 따른 축열조 내 브라인의 변동량에 따라 간접적으로 제어하기 때문에 제빙과 해빙이 100%까지 도달하기 어려움	브라인 동도와 온도 변화에 함수 관계를 이용하므로 축열량 확인이 어려움(축열 시 글리콜의 농도가 진해짐)
유지관리	• 청소할 경우 축열조 내에 볼이 가득 차 있어 매우 어려움 • 브라인의 농도 관리를 계속적으로 해야 하며 브라인의 농도가 낮아지면 동파 우려(볼의 파손으로 농도 묽어짐) 발생	제빙 중 ORE 하부에 과냉각이 발생하여 얼음이 얼어붙어 떨어지지 않아 ORE 파손 우려 발생
A/S 및 정비	수입사 의존으로 신속한 A/S 대응력 부족(주요 부품 손상 시 부품 조달 어려움)	수입사 의존으로 신속한 A/S 대응력 부족(주요 부품 손상 시 부품 조달 어려움)

▼ 빙축열 시스템의 적합성   상 : ● 중 : ○ 하 : △

구분	직접접촉		아이스볼	슬러리
	직접해빙방식	간접해빙방식		
축열조 용량	●	●	●	△
장비 설치 면적	●	●	●	△
초기 투자비	○	●	○	△
제빙 효율	○	○	○	●
해빙 효율	○	△	△	●
부하 대응성	○	△	△	●
축열량 제어	●	●	○	△
	얼음 두께를 육안으로 확인 가능	얼음 부피 확인 용이	제빙 시 볼 내부의 얼음 부피 상승에 의한 수위량 확인	브라인 농도와 온도 변화의 함수 관계 이용
시스템 안정성	●	●	○	△
	시스템 단순	시스템 단순	시스템 단순	시스템 복잡
A/S 측면	●	●	△	△
	국산품이 주종이므로 A/S 대응력 우수 (냉동기 제조 업체가 대부분)		전 장비가 외산이며 A/S 부품 조달이 어려움	

···05 시스템 구성 및 기능

1 저온냉동기

① 심야에는 얼음을 얼리기 위하여 영하의 온도로 가동(제빙운전)되며 주간에는 일반 냉동기와 동일한 상태(상온운전)로 운전된다.

② 일반적으로 소형 건물에는 스크루 냉동기, 중대형에는 터보식 냉동기를 적용한다. 또한 모든 냉동기는 빙축열 전용으로 설계 · 제작되며 탈CFC계 냉매를 사용한다.

ㄱ 스크루 냉동기(R-22)

스크루 냉동기는 고압이므로 「고압가스 안전관리법」에 따라 정기검사 및 국가기술 자격증 소지자가 운전한다(안전관리총괄자 : 1인, 안전관리책임자 : 1인, 안전관리원 2인 이상).

ㄴ 터보 냉동기(R-123)

터보 냉동기는 저압이므로 「고압가스 안전관리법」에 저촉되지 않거나 검사나 자격증 소지자 채용이 필요 없다.

2 빙축코일

① 빙축코일에 사용하는 파이프는 고밀도 PE(HDPE : High Density Polyethylene)를 적용하여 기존 스틸코일의 단점인 부식에 대한 문제가 완전히 해결되어 수명이 반영구적이며, 코일의 무게가 60% 이상 감소하여 현장 설치 및 운반이 가능하다.

② 조립이 완료되면 코일 내에 공기를 $6kg/cm^2$(시스템 사용 압력 $4kg/cm^2$)로 가압하여 누설 여부를 체크한다.

③ 하자 발생 시 유지 · 보수가 용이하다.

3 빙축조

① 빙축조는 사용자의 요구에 따라 FRP, 철재, 콘크리트 또는 모듈(Module)형으로 제작되어 낮시간에 필요한 냉방부하를 심야에 얼음의 형태로 저장한다.

② 모듈형 빙축조는 현장 시공형과 달리 공장 제작형으로 공사기간이 단축되고 현장에서 발생되는 제품 품질의 저하 요인을 제거하였으며 유지 · 보수가 용이하다.

4 냉각탑

냉동기와 연동으로 운전되며 냉동기에서 발생되는 응축 열량을 처리하기 위해 일정 온도의 냉각수를 공급한다.

5 열교환기

① 1차 측의 브라인과 2차 냉방부하 측의 냉수를 서로 열교환시켜 필요한 냉방 열량을 처리한다.
② 설치 면적과 전열 효율을 고려하여 열교환기를 선정한다.

6 자동밸브

냉방부하 조건에 따라 축열조에서 방출되는 브라인 유량을 자동으로 조절하여 부하 측으로 공급되는 냉수 온도를 일정하게 유지시켜 주고, 축열 운전과 방열 운전을 운전 모드에 따라 자동으로 결정하여 시스템 흐름을 형성한다.

7 공기펌프

빙축조 하부에 설치된 공기 분배 파이프에 공기를 불어넣어 줌으로써 제빙 시 균질의 얼음으로 얼게 하고 열교환을 촉진시켜 제빙 효율을 향상시킨다. 또한 해빙 시에도 해빙 효율을 증대시켜 준다.

06 시스템 운전방법

1 제빙운전

심야전력 공급시간인 22:00부터 익일 08:00까지 진행되는 축랭 운전 모드이다. 축열 운전이 시작되면 냉동기는 저온 운전 상태로 브라인 펌프와 함께 가동되고 냉동기에서 냉각된 브라인은 빙축열조의 제빙용 코일로 순환되면서 제빙 운전이 진행된다. 자동 운전반에서는 액위발신기(Level Transmitter)의 신호를 받아 패널에 "축열완료"라고 표시된다.

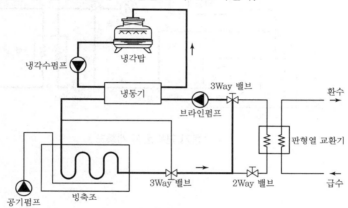

‖ 제빙운전 계통도 ‖

2 축열조 단독운전

축열조 내의 제빙된 얼음을 녹여 주간의 냉방부하에 대응하는 운전 모드이다. 이 운전 모드에서는 축열조에 저장된 축열량만으로 냉방 운전을 수행하게 되는 냉동기는 가동되지 않는다. 따라서 냉방부하량이 적거나 외기온도가 비교적 낮은 운전 조건에서 작동된다.

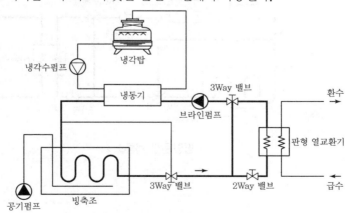

‖ 축열조 단독운전 계통도 ‖

③ 냉동기 단독운전

냉동기를 통하여 건물의 냉방을 시행하는 과정이다. 축열조의 해방운전을 강제로 지연시키거나 완전방열 상태일 경우 냉동기의 단독운전만으로 냉방부하에 대응하는 운전 모드이다.

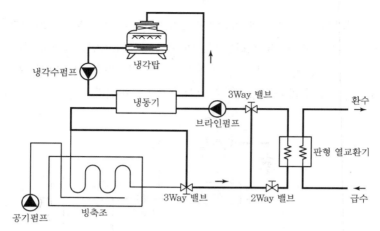

┃ 냉동기 단독운전 계통도 ┃

④ 병렬운전

주간 냉방부하를 빙축열량과 냉동기를 동시에 가동시켜 운전하는 모드이다. 기존 공조냉방방식에 비해 설비용량을 축소할 수 있으며, 효율적인 전력 사용이 가능한 운전 모드이다.

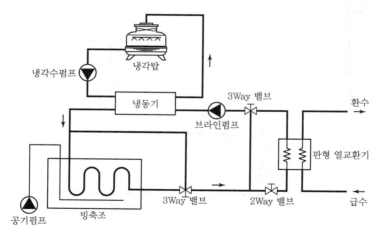

┃ 병령운전 계통도 ┃

[09장] 출제예상문제

01 제빙장치 중 결빙한 얼음을 제빙관에서 떼어낼 때 관 내의 얼음 표면을 녹이기 위해 사용하는 기기는?

① 주수조
② 양빙기
③ 저빙고
④ 용빙조

해설
용빙조
결빙한 얼음을 제빙관에서 떼어낼 때 관 내의 얼음 표면을 녹이기 위해 사용한다.

02 동결장치 상부에 냉각코일을 집중적으로 설치하고 공기를 유동시켜 피냉각물체를 동결시키는 장치는?

① 송풍 동결장치
② 공기 동결장치
③ 접촉 동결장치
④ 브라인 동결장치

해설
공기를 유동시키는 동결장치에서 냉각물체를 동결시키는 장치는 송풍 동결장치이다.

03 축열장치 중 수축열장치의 특징으로 틀린 것은?

① 냉수 및 온수 축열이 가능하다.
② 축열조의 설계 및 시공이 용이하다.
③ 열용량이 큰 물을 축열재로 이용한다.
④ 빙축열에 비하여 축열공간이 작아진다.

해설
수축열장치는 빙축열방식에 비해 축열공간이 커진다.

정답   01 ④   02 ①   03 ④

PART

02

공기조화 및 기기

01. 공기조화의 정의 및 선도

⋯01 공기조화의 정의

어느 장소의 공기 상태(기상조건이 주가 되는 기온, 습도, 바람, 일사, 소음, 먼지 등)를 실내에 있는 사람 또는 물품에 대하여 가장 적합한 상태로 유지하는 것으로, 공기의 건구온도와 그 분포 상태, 공기의 습도와 그 분포 상태, 공기의 신선도 및 공기 중에 포함되어 있는 물질의 종류와 양(청정도), 공기의 유동상태(기류)를 가장 좋은 조건으로 유지하여 공기의 적당한 상태, 즉 온도, 습도, 기류, 청정도가 가장 바람직한 상태이다.

■ 공기조화의 분류

1) 보건용 공기조화

사무실, 주택, 백화점, 극장 등의 실내 인원에 대한 쾌적 환경을 만드는 것을 목적으로 한다. 즉 보건, 위생 및 근무환경을 향상시키기 위한 쾌감용 공기조화이다.

2) 산업용 공기조화

공장, 연구소, 창고, 전산실 등과 같이 생산 공정이나 물품의 환경 조성, 기계에 대하여 가장 적당한 실내조건을 유지하는 것이다. 즉, 대상물질의 온도, 습도의 변화 및 유지와 환경의 청정화로 인한 생산성 향상을 목적으로 한다.

■ 유효온도, 수정유효온도

1) 유효온도(ET)

온도, 습도, 기류를 하나로 조합한 상태의 온도감각을 상대습도 100%, 풍속 0m/s일 때 느껴지는 온도감각으로 표시한다.

2) 수정유효온도(CET)

유효온도에서 복사온도의 영향을 고려하여 건구온도 대신 글로브(Globe) 온도계의 온도로 대치시켜서 만든 유효온도를 말한다.

> **참고** **중앙식공조기 구성(AHU : Air Handling Unit)**
>
> - 공기여과기 AF(Air Filter)
> - 공기냉각감습기 AC(Air Cooler or Dehumidifier)
> - 공기예열기 PH(Preheater)
> - 공기가습기 AH(Air Humidifier)
> - 에어와셔 AW(Air Washer)
> - 공기가습기 S(Spray)
> - 공기예냉기 PC(Precooler)
> - 공기재열기 RH(Reheater)
> - 일리미네이터 E(Eliminater)
> - 공기냉각코일 CC(Cooling Coil)
> - 송풍기 F(Fan)

③ 불쾌지수(UI)

공기의 온도와 습도만으로 쾌감의 지표로 하는 UI(Uncomfort Index)를 사용한다.

$$D = 0.72(t + t') + 40.6$$

여기서, t : 건구온도(℃), t' : 습구온도(℃)

> **참고** **불쾌지수에 대한 체감상태**
>
> | 재료 | 체감상태 |
> | --- | --- |
> | 70 이하 | 쾌적 |
> | 75 이하 | 보통 |
> | 80 이하 | 조금 불쾌 |
> | 85 이상 | 불쾌 |

④ 공기조화설비의 계통도

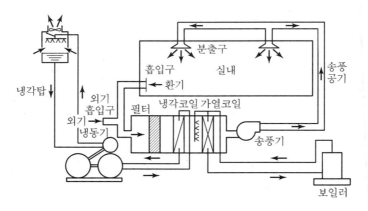

1) 열원장치

① 보일러 · 냉동기 및 흡수식 냉 · 온수기, 냉축열설비, 히트펌프 등의 배관을 포함하는 장치를 의미한다.

② 가스, 전기, 기름 등의 에너지를 이용하여 증기, 온수, 냉수 등의 열매체를 만들고 공기처리장치로 보내는 기능을 한다.

2) 공기처리장치(공기조화기)

① 공기의 가열, 가습, 냉각, 감습을 하는 장치이다(혼합실, 가열코일, 냉각코일, 필터, 가습노즐이 포함된다).

② 먼지, 불순물 등을 제거하는 공기정화장치도 포함되어 있다.

3) 열운반장치

냉열, 온열을 운반하는 송풍기, 덕트, 펌프, 배관 등과 같이 공기처리장치에서 실내까지 열을 운반한다.

4) 자동제어장치

실내의 온도, 습도 등을 목표로 하는 일정한 값으로 유지하며, 운전을 경제적이고 안전하게 하도록 하는 장치로 각종 기기의 운전, 정지, 유량의 조절 등을 하는 장치이다.

···02 공기의 성질과 공기선도

1 공기의 성질 및 공기의 온도

① 지구상의 공기는 질소 78%, 산소 21%, 아르곤·탄산가스 등 1%, 기타의 기체들과 수증기의 혼합물로서 대부분 질소나 산소 등으로 구성되어 있다.

② 수증기를 함유하지 않는 공기를 건조공기, 수증기를 함유한 것을 습공기라고 하며, 건조공기는 자연적으로 존재하지 않고 대기는 모두 습공기 형태로 되어 있다.

> **참고 공기와 수분**
>
> • 지구상의 공기는 반드시 수분을 함유하고 있다.
> • 수분은 공기의 분자와 분자 사이에 마치 그릇에 담겨지는 것처럼 수분이 잔알로 되어 출입을 한다.
> • 공기 중의 수분은 액상태의 물방울로서 우리 눈에 보이기도 하며, 기체로 돌아가서 자취를 감추기도 한다.

㉠ 건구온도(DB, ℃) : 공기 온도를 보통 수은, 알코올 등의 온도계로 측정한 온도로서 일반적으로 온도라고 하면 건구온도를 의미한다.

㉡ 습구온도(WB, ℃) : 온도계 감열부를 물에 젖은 헝겊으로 싼 상태에서 가리키는 온도로서 습구온도계로 측정한 온도이다.

㉢ 노점온도(DP, ℃) : 습공기가 일정한 압력 상태에서 수분의 증감 없이 냉각될 때 수증기가 응결을 시작하는 공기의 온도를 그 습공기의 노점온도라고 한다.

㉣ 절대습도(x, kg/kg′) : 습공기에서 수증기의 중량(kg)을 건조공기의 중량(kg′)으로 나눈 값을 절대습도라고 한다.

$$절대습도(x) = 0.622 \times \frac{P_w}{P - P_w}$$

여기서, P : 대기압(kg/cm²)
P_w : 수증기의 분압(kg/cm²)

㉤ 상대습도(φ, %RH) : 습공기의 수증기 분압(P_w)과 그 온도와 같은 온도의 포화증기의 수증기 분압(P_s)의 비를 백분율로 표시한 것이다.

$$상대습도(\varphi) = \frac{P_w}{P_s} \times 100\%$$

ⓗ 비교습도(ϕ, %) : 상대습도가 100%일 때 절대습도와 포화습도의 비를 비교습도(포화도)라고 한다.

$$비교습도(\phi) = \frac{x(습공기 \ 절대습도)}{x_3(동일 \ 온도의 \ 포화공기 \ 절대습도)} \times 100\%$$

$$= 상대습도 \times \frac{대기압 - 동일 \ 온도 \ 포화습공기 \ 수증기 \ 분압}{대기압 - (상대습도 \times 동일 \ 온도 \ 포화습공기 \ 수증기 \ 분압)}$$

② 공기선도

일명 습공기선도는 건구온도, 습구온도, 상대습도, 절대습도, 엔탈피, 비체적 등의 열역학적 성질을 표시하는 선도이다.

1) 상태점

건구온도 10℃와 절대습도가 5(g/kg′)인 공기는 가로와 세로좌표가 마주치는 점의 상태가 된다.

2) 포화선

포화상태의 각 점들을 선도상에서 서로 연결한 곡선이다.

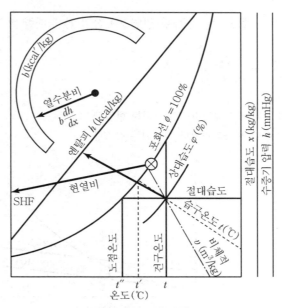

| 습공기선도의 구성 |

3) 비체적선

비체적은 송풍량을 계산하는 경우 풍량을 무게로 환산할 때 사용되며, 선도상에서는 오른쪽으로 기울기가 심한 직선 형태로 나타난다.

4) 엔탈피선

공기조화에서는 건구온도 0℃, 절대습도 0g/kg′인 공기 1kg의 엔탈피를 0kcal라 하며 0kcal/kg′라고 표시한다. 엔탈피값은 습구온도선을 좌측으로 향해 똑바로 연장해 간 곳에 눈금지어져 있다.

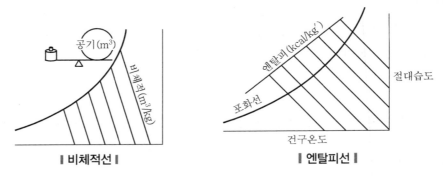

∥ 비체적선 ∥   ∥ 엔탈피선 ∥

5) 현열비(SHF)선

공기에 가해지거나 제거되는 전 열량(현열량＋잠열량)에 대한 현열량 비를 현열비라 한다.

$$SHF = \frac{q_S}{q_T} = \frac{q_S}{q_S + q_L}$$

여기서, q_S : 공기에 가해지거나 제거되는 현열량
        q_L : 공기에 가해지거나 제거되는 잠열량

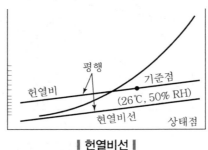

∥ 현열비선 ∥

6) 열수분비선(u)

열수분비는 공기선도 왼편 상부에 분도기 모양으로 되어 있으며, 절대습도 변화에 대한 엔탈피 변화의 비를 의미한다.

$$u = \frac{h_2 - h_1}{x_2 - x_1}$$

여기서, h_1, h_2 : 상태 1, 2인 공기의 엔탈피
x_1, x_2 : 상태 1, 2인 공기의 절대습도

열수분비선은 습도 조정 등의 계산에 사용된다.

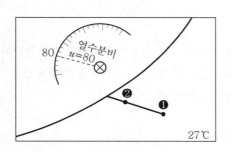 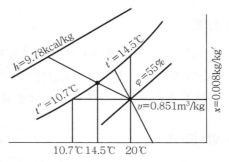

‖ 열수분비선 ‖

참고 습공기의 상태변화

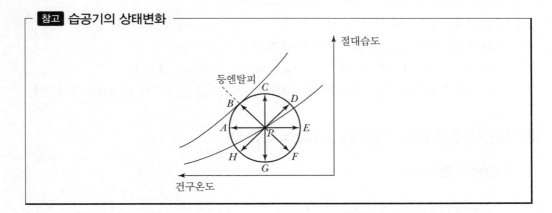

3 냉 · 난방도일(D : Degree Day)

$$D = (t_r - t_0) \times \Delta d$$
$$= (설정한 \ 실내온도 - 냉 \cdot 난방기간 \ 동안 \ 매일 \ 평균 \ 외기온도) \times 냉 \cdot 난방기간(Day)$$

① 냉 · 난방도일(D) : 냉 · 난방기간 외기 평균온도와 실내온도 차이값
② 냉방도일(CD : Cooling degree Day)
③ 난방동일(HD : Heating degree Day)

4 결로

1) 정의

습 · 공기가 차가운 벽이나 천장, 바닥 등에 닿으면 공기 중에 함유된 수분이 응축되어 그 표면에 이슬이 맺히는 현상이다. 결로현상은 공기와 접한 물체의 온도가 그 공기의 노점온도보다 낮을 때 일어나며, 온도가 0℃ 이하가 되면 결상, 결빙이 된다.

2) 방지대책

① 공기와 접촉면 온도를 노점온도 이상으로 유지한다.
② 공기층이 밀폐된 2중 유리(Pair Glass)로 사용한다.
③ 벽체에 단열체를 부착시킨다.
④ 벽면의 온도를 노점온도 이상으로 유지한다.
⑤ 실내 수증기량 사용을 억제하고 다습한 외기를 도입하지 않는다.
⑥ 습기가 구조체 내로 전달되는 것을 차단할 수 있도록 실내 측에 방습막을 부착한다.

5 건공기, 습공기의 엔탈피(kcal/kg = kJ/kg)

1) 건공기 엔탈피(h_a)

$$h_a = C_p \cdot t = 0.24t$$

2) 수증기 엔탈피(h_v)

$$h_v = r + C_{vp} \cdot t = 597.5 + 0.44t$$

3) 습공기 엔탈피(h_w)

$$h_w = h_a + x \cdot h_v$$
$$= C_p \cdot t + x(r + C_{vp} \cdot t)$$
$$= 0.24t + x(597.5 - 0.44t)$$

여기서, C_{vp} : 수증기의 정압비열(0.44kcal/kg · ℃=1.842kJ/kg · K)

  t : 건구온도(℃)

  r : 0℃에서 포화수의 증발잠열(597.5kcal/kg=2,502kJ/kg)

  h_a : 건조공기 엔탈피(kJ/kg=kcal/kg)

  x : 습공기의 절대습도(kg/kg′)

01.장 출제예상문제

01 공기조화의 기본요소에 해당하지 않는 것은?

① 감습　　　　　② 가습
③ 순환　　　　　④ 형태

해설
공기조화의 기본요소
㉠ 감습
㉡ 가습
㉢ 순환

02 다음 중 공기조화기의 구성요소가 아닌 것은?

① 공기여과기　　　② 공기가열기
③ 송풍기　　　　　④ 공기압축기

해설
공기조화기의 구성요소
㉠ 공기여과기
㉡ 공기가열 및 냉각기
㉢ 송풍기

03 일상생활에서 적당한 실온과 상대습도는?

	[실온, ℃]	[상대습도, %]
①	20~26	30~70
②	25~30	10~30
③	20~26	10~30
④	29~32	30~70

해설
일상생활에 적당한 공기 조건
㉠ 실온 : 20~26℃
㉡ 상대습도 : 30~70%

04 공기가 노점온도보다 낮은 냉각코일을 통과하였을 때의 상태를 기술한 것 중 틀린 것은?

① 상대습도 저하
② 절대습도 저하
③ 비체적 저하
④ 건구온도 저하

해설
㉠ 공기가 노점온도보다 낮으면 결로가 생긴다.
㉡ 공기가 냉각되면 상대습도가 증가한다.
※ 그러나 공기가 노점온도보다 낮은 냉각코일을 통과하면 상대습도는 일정하다.

05 상대습도 60%, 건구온도 25℃인 습공기의 수증기 분압은 얼마인가?(단, 25℃ 포화 수증기 압력은 23.8mmHg이다.)

① 14.28mmHg　　② 9.52mmHg
③ 0.02kg/cm^2　　④ 0.013kg/cm^2

해설
23.8×0.6＝14.28mmHg

06 공기조화설비 중에서 열원장치의 구성요소로 적당하지 않은 것은?

① 냉각탑　　　　　② 냉동기
③ 보일러　　　　　④ 덕트

해설
열원장치 : 보일러, 냉동기, 냉각탑
④ 덕트는 열원의 이송기구이다.

07 유효온도와 관계가 없는 것은?

① 온도   ② 습도

③ 기류   ④ 압력

> **해설**
>
> 유효온도와 관계되는 것 : 온도, 습도, 기류

08 다음 설명 중 틀린 것은?

① 불포화상태에서의 건구온도는 습구온도보다 높게 나타난다.

② 공기에 가습, 감습이 없어도 온도가 변하면 상대습도는 변한다.

③ 습공기 절대습도와 포화습공기 절대습도의 비를 포화도라 한다.

④ 습공기 중에 함유되어 있는 건조공기의 중량을 절대습도라 한다.

> **해설**
>
> 건조공기 중 수증기의 중량을 절대습도라 한다.

09 불쾌지수가 커지는 경우의 공기변화 중 직접적인 관계가 없는 것은?

① 건구온도의 상승

② 습구온도의 상승

③ 절대습도의 상승

④ 비체적의 상승

> **해설**
>
> 불쾌지수가 커지는 경우에는 공기의 건구온도 상승, 습구온도 상승, 절대습도의 상승이 원인이 된다.

10 공기조화의 제어대상과 거리가 먼 것은?

① 온도   ② 소음

③ 청정도   ④ 기류분포

> **해설**
>
> 공기조화 3대 요소
> ㉠ 온도   ㉡ 청정도   ㉢ 기류분포

11 공기조화설비의 구성요소가 아닌 것은?

① 공기조화기   ② 연료가열기

③ 열원장치   ④ 자동제어장치

> **해설**
>
> 공기조화설비의 구성요소
> ㉠ 열원장치   ㉡ 열운반장치
> ㉢ 공기조화기   ㉣ 자동제어장치

12 다음 용어 중에서 습공기선도와 관계가 없는 것은?

① 엔탈피   ② 열용량

③ 비체적   ④ 노점온도

> **해설**
>
> ㉠ 몰리에르 선도
> - 등압선   • 등엔탈피선
> - 등엔트로피선   • 등온선
> - 등비체적선   • 등건조도선
>
> ㉡ 공기선도
> - 상대습도   • 절대습도
> - 노점온도   • 건구온도
> - 습구온도   • 비체적선
> - 엔탈피선 등

13 공업공정 공조의 목적에 대한 설명으로 적당하지 않은 것은?

① 제품의 품질 향상

② 공정속도의 증가

③ 불량률의 감소

④ 신속한 사무환경 유지

정답   **07** ④   **08** ④   **09** ④   **10** ②   **11** ②   **12** ②   **13** ④

해설

공업공정 공조의 목적
㉠ 제품의 품질 향상
㉡ 공정속도의 증가
㉢ 불량률의 감소

14 다음 공기의 성질에 대한 설명 중 틀린 것은?

① 최대한도의 수증기를 포함한 공기를 포화공기라 한다.
② 습공기의 온도를 낮추면 물방울이 맺히기 시작하는 온도를 그 공기의 노점온도라고 한다.
③ 건조공기 1kg에 혼합된 수증기의 질량비를 절대습도라 한다.
④ 우리 주변에 있는 공기는 대부분의 경우 건조공기이다.

해설

우리 주변의 공기는 습공기이다.

15 공기조화의 개념을 가장 바르게 설명한 것은?

① 실내의 온도를 20℃로 유지하는 것
② 실내의 습도를 항상 일정하게 유지하는 것
③ 실내의 공기를 청정하게 유지하는 것
④ 실내 또는 특정장소의 공기를 사용목적에 적합한 상태로 조정하는 것

해설

공기조화
실내 또는 특정장소의 공기를 사용목적에 적합한 상태로 조정하는 것

16 공기조화의 목적에 대한 기술로서 옳은 것은?

① 공기의 정화와 온도만을 조절하는 설비이다.
② 공기의 정화와 기류 및 음향을 조절한다.
③ 공기의 온도와 습도만을 조절하는 설비이다.
④ 공기의 정화와 온도, 습도 및 기류를 조절한다.

해설

공기조화란 공기의 정화, 온도, 습도, 청정도, 속도, 기류를 조절하는 것을 의미한다.

17 공기조화에 관한 설명으로 틀린 것은?

① 공기조화는 일반적으로 보건용 공기조화와 산업용 공기조화로 대별된다.
② 공장, 연구소, 전산실 등과 같은 곳은 보건용 공기조화이다.
③ 보건용 공조는 실내 인원에 대한 쾌적 환경을 만드는 것을 목적으로 한다.
④ 산업용 공조는 생산공정이나 물품의 환경조성을 목적으로 한다.

해설

공장에서는 보건용 공기조화방식이 아닌 산업용 공기조화방식이 필요하다.

18 공기조화는 크게 보건용 공기조화와 산업용(공업용) 공기조화로 구분될 수 있다. 아래의 설명 중 보건용 공기조화로만 취급하기 어려운 것은?

① A라는 사람이 근무하는 전자계산기실의 공기조화
② B라는 사람이 근무하는 일반사무실의 공기조화
③ C라는 사람이 쇼핑하는 백화점의 공기조화
④ D라는 사람이 살고 있는 주택의 공기조화

[해설]
전자계산실의 공기조화는 산업용 공기조화방식을 채택하여야 한다.

19 다음 중 공기조화의 정의를 가장 바르게 설명한 것은?

① 일정한 공간의 요구에 알맞은 온도를 적절히 조정하는 것
② 일정한 공간의 습도를 조정하는 것
③ 일정한 공간의 청결도를 조정하는 것
④ 일정한 공간의 요구에 온도, 습도, 청정도, 기류 속도 등을 조정하는 것

[해설]
공기조화란 공기의 정화, 온도, 습도, 청정도, 속도, 기류를 조절하는 것을 의미한다.

20 온도, 습도, 기류의 영향을 하나로 모아서 만든 온열 쾌감지표는?

① 실내건구온도
② 실내습구온도
③ 상대습도
④ 유효온도

[해설]
유효온도
온도, 습도, 기류의 영향을 하나로 모아서 만든 온열 쾌감지표이다.

21 공기조화 설비를 하는 이유가 아닌 것은?

① 사용자에게 쾌감 제공
② 작업능률의 증진
③ 화재를 미연에 방지
④ 건강, 유지의 도모

[해설]
공기조화기의 설비 이유는 ①, ②, ④에 해당된다.

22 디그리 데이(Degree Day)에 관한 설명이다. 옳은 것은?

① 최대열부하를 계산하는 방법이다.
② 연료의 소비량을 예측할 수 있다.
③ 냉 · 난방이 필요한 개월 수와 온도의 합으로 나타낸다.
④ 온도 대신 압력을 사용하여 나타낸다.

[해설]
디그리 데이(度日, 도일)를 알고 있으면 쉽게 난방기간 중의 소요열량을 산출할 수 있다.

23 공기를 가열하였을 때 감소하는 것은?

① 엔탈피
② 절대습도
③ 상대습도
④ 비체적

[해설]
공기를 가열하면 상대습도가 감소한다.

24 다음 중 건조공기의 구성요소가 아닌 것은?

① 산소
② 질소
③ 수증기
④ 이산화탄소

[해설]
건조공기에는 수증기가 없다.

25 실내에 있는 사람이 느끼는 더위, 추위의 체감에 영향을 미치는 수정유효온도의 주요 요소는?

① 기온, 습도, 기류, 복사열
② 기온, 기류, 불쾌지수, 복사열
③ 기온, 사람의 체온, 기류, 복사열
④ 기온, 주위의 벽면온도, 기류, 복사열

[해설]
수정유효온도(CET : Corrected Effective Temperature)의 주요 요소는 기온, 습도, 기류, 복사열 등이다.

26 다음의 공기선도에서 (2)에서 (1)로 냉각, 감습을 할 때 현열비(SHF)의 값을 구하면 어떻게 표시되는가?

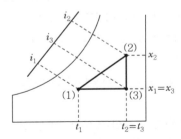

① $SHF = \dfrac{i_2 - i_3}{i_2 - i_1}$　　② $SHF = \dfrac{i_3 - i_1}{i_2 - i_1}$

③ $SHF = \dfrac{i_2 - i_1}{i_3 - i_1}$　　④ $SHF = \dfrac{i_3 + i_1}{i_2 + i_1}$

해설

현열비$(SHF) = \dfrac{i_3 - i_1}{i_2 - i_1}$

27 쾌감용 공기조화에 해당되는 것은?

① 제품창고
② 전자계산실
③ 전화국 기계실
④ 학교

해설

공기조화
㉠ 보건용 공기조화 : ④
㉡ 산업용 공기조화 : ①, ②, ③

28 겨울철 창면을 따라서 존재하는 냉기에 의해 외기와 접한 창면에 존재하는 사람은 더욱 추위를 느끼게 하는 현상을 콜드 드래프트라 한다. 다음 중 콜드 드래프트의 원인으로 볼 수 없는 것은?

① 인체 주위의 온도가 너무 낮을 때
② 주위벽면의 온도가 너무 낮을 때
③ 창문의 틈새가 많을 때
④ 인체 주위의 기류속도가 너무 느릴 때

해설

인체 주위의 기류속도가 너무 빠르면 콜드 드래프트(Cold Draft)의 원인이 된다.

[02.장] 공기의 상태변화

··· 01 습공기선도상의 상태변화

1 단열상태의 혼합

아래 상태 ❶의 습공기 G_1(kg)과 상태 ❷의 공기 G_2(kg)의 외부로부터 열 및 수분의 주고 받음이 없이 단열적으로 혼합하여 상태 ❸의 공기 G_3(kg)이 되는 경우

> • 혼합공기의 건구온도 $t_3 = \dfrac{G_1 t_1 + G_2 t_2}{G_1 + G_2}$
>
> • 혼합공기의 절대온도 $x_3 = \dfrac{G_1 x_1 + G_2 x_2}{G_1 + G_2}$
>
> • 혼합공기의 엔탈피 $h_3 = \dfrac{G_1 h_1 + G_2 h_2}{G_1 + G_2}$

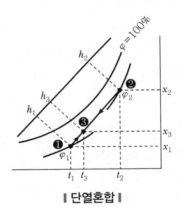

| 단열혼합 |

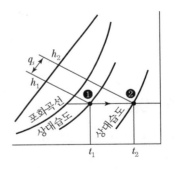

| 현열만의 가열 |

② 절대습도의 변화 없이 가열 또는 냉각

- 상태 ❶에서 상태 ❷로 변화하는 경우는 수평선상을 이동하는 변화가 된다.
- 공기에 주어진 현열량 q_S는 다음과 같다.

$$q_S = G(h_2 - h_1) = \gamma Q \cdot (h_2 - h_1) = 1.2Q \cdot (h_2 - h_1)$$
$$= G \cdot C \cdot \Delta t = 0.24 G \cdot \Delta t$$
$$= \gamma Q \cdot C \cdot \Delta t = 1.2 \times 0.24 \times Q \times \Delta t = 0.29 Q \cdot \Delta t$$

여기서, G : 공기량(kg/h)
Q : 공기량(m³/h)
C : 공기의 비열(kcal/kg · ℃)
Δt : 온도차(℃)
γ : 20℃ 공기의 비중량(1.2kg/m³)

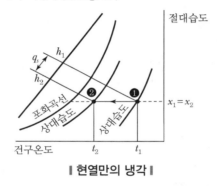

‖ 현열만의 냉각 ‖

③ 가습, 감습

- 건구온도가 일정한 상태에서 가습, 감습되는 공기의 상태를 나타낸 것이다.
- 가습 시에는 ↑ 방향으로, 감습 시에는 ↓ 방향으로 변화한다.
- 이 상태 변화 시에 필요한 열량 q_L은 다음과 같다.

$$q_L = G(h_2 - h_1) = G \cdot r \cdot \Delta x = 597.5 G \cdot \Delta x$$
$$= 597.5 \times 1.2 \times Q \times \Delta x$$
$$= 717 \cdot Q \cdot \Delta x$$

여기서, r : 0℃ 물의 증발잠열(717 = 597.5 × 1.2)

• ❶ → ❷ 사이의 가습량 또는 감습량 $L(\text{kg/h})$은 다음과 같다.

$$L = G(x_2 - x_1)$$

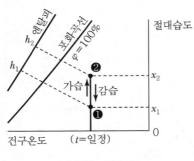

‖ 가습, 감습 ‖

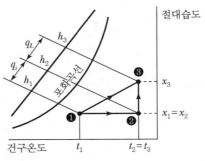

‖ 가열, 가습 ‖

4 온도와 습도가 동시에 변화하는 가열 또는 냉각

• 상태 ❷로부터 상태 ❶까지 냉각 감습하는 경우의 감습량 $\Delta x = x_2 - x_1$, 온도강하량 $\Delta t = t_2 - t_1$, 엔탈피 감소량 $\Delta h = h_2 - h_1$이 된다.

• Δh는 상태 ❷부터 상태 ❶로 변화하는 사이에 공기로부터 제거되는 열량이다.

• 이 열량은 공기의 온도를 제거시키기 위하여 제거되는 현열부하와 감습하기 위하여 제거해야 할 잠열부하의 합으로 표시한다.

현열부하 : $q_S = G(h_3 - h_1) = G \cdot C \cdot \Delta t = 0.29 \cdot Q \cdot \Delta t$

잠열부하 : $q_L = G(h_2 - h_3) = Gr \cdot \Delta x = 717 \cdot Q \cdot \Delta x$

여기서, r : 물의 증발잠열(597.5kcal/kg)

x : 절대습도$(\text{kg/kg}')$

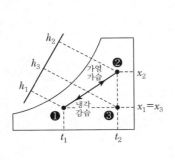

‖ 냉각 감습 ‖

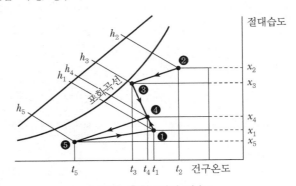

‖ 예냉, 혼합, 냉각 감습 ‖

참고 **바이패스팩터, 콘택트팩터**

공기가 냉난방용 코일을 통과해도 코일과 접촉하지 못하고 지나가는 공기의 비율을 바이패스팩터(BF : By-pass Factor)라 하고, 전체 공기에 비해 코일과 접촉한 비율을 콘택트팩터(CF : Contact Factor)라고 한다.

- $\mathrm{BF} = \dfrac{\text{바이패스한 공기량}}{\text{코일을 통과한 공기량}}$

- $1 - \mathrm{BF} = \mathrm{CF}$

- $\mathrm{BF} = \dfrac{t_2 - t_s}{t_1 - t_s} = \dfrac{h_2 - h_s}{h_1 - h_s} = \dfrac{x_2 - x_s}{x_1 - x_s}$

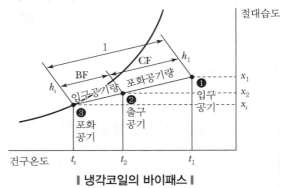

⎪ 냉각코일의 바이패스 ⎪

참고

- 597.5 : 0℃에서 물의 증발잠열(kcal/kg)
- 717 : 0℃에서 물의 증발잠열(kcal/m³)
- 6.24 : 건공기의 정압비열(kcal/kg · ℃)
- 0.29 : 건공기의 정압비열(kcal/m³ · ℃)
- 1kW＝1kJ/s
- 1kcal＝4.186kJ

[02.장] 출제예상문제

01 외기온도 30℃와 환기온도 25℃를 1 : 3의 비율로 혼합하여 바이패스 팩터(BF)가 0.2인 코일에 냉각, 감습하는 경우의 코일 출구온도는 몇 ℃인가?(단, 코일 표면온도는 12℃이다.)

① 18.85
② 16.85
③ 14.6
④ 12.85

해설

$$BF = \frac{t_2 - t_s}{t_1 - t_s}$$

$$t_2 = t_s + BF(t_1 - t_3)$$

$$t_2 = 12 + 0.2(25 - 12) = 14.6℃$$

02 다음 계통도와 같은 공조장치에서 5점의 공기는 습공기선도의 어느 위치에 해당하는가?

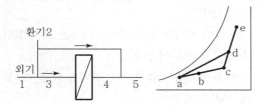

① a
② b
③ c
④ d

해설

㉠ a : 냉각기 출구   ㉡ b : 혼합공기
㉢ c : 환기   ㉣ e : 외기

03 습공기의 절대습도와 그와 동일온도의 포화 습공기의 절대습도의 비로 나타낸 것은?

① 상대습도
② 절대습도
③ 노점온도
④ 포화도

해설

포화도
습공기의 절대습도와 그와 동일한 포화습공기의 절대습도의 비이다.

04 공기조화 과정 중 30℃인 습공기를 80℃ 온수로 가습한 경우에 대한 설명 중 부적합한 것은?

① 절대습도가 증가한다.
② 건구온도가 증가한다.
③ 엔탈피가 증가한다.
④ 상대습도가 증가한다.

해설

습공기 중 온수를 가습하면 습도, 엔탈피가 증가한다.

05 공기조화장치 중에서 온도와 습도를 조절하는 것은?

① 공기여과기
② 열교환기
③ 냉각코일
④ 공기가열기

해설

냉각코일은 공기조화에서 온도와 습도를 조절한다.

06 습공기 절대습도와 그와 동일온도의 포화습공기 절대습도의 비로 나타내며 단위는 %로 나타내는 것은?

① 절대습도
② 상대습도
③ 비교습도
④ 관계습도

해설

$$비교습도 = \frac{습공기의 \ 절대습도}{포화습공기의 \ 절대습도} \times 100\%$$

07 겨울난방에 적당한 건구온도는 몇 ℃인가?

① 7~10
② 12~15
③ 20~22
④ 27~30

해설
겨울난방에 적당한 건구온도는 20~22℃이다.

08 공기를 가열했을 때 감소하는 것은?

① 엔탈피
② 절대습도
③ 상대습도
④ 비체적

해설
공기를 가열하면 상대습도가 감소한다.

09 다음 공기의 상태를 표시하는 용어들 중에서 단위표시가 틀린 것은?

① 상대습도 : %
② 엔탈피 : kcal/m³ · ℃
③ 절대습도 : kg/kg′
④ 수증기 분압 : mmHg

해설
엔탈피의 단위는 kcal/kg이다.

10 다음 중 공기를 가습하는 방법으로 부적당한 것은?

① 직접팽창코일의 이용
② 공기세정기의 이용
③ 증기의 직접분무
④ 온수의 직접분무

해설
공기의 가습
㉠ 공기세정기 이용
㉡ 증기분무 이용
㉢ 온수 직접분무 이용

11 상대습도(ϕ)를 옳게 표시한 것은?

① $\phi = \dfrac{수증기압}{포화수증기압} \times 100\%$

② $\phi = \dfrac{포화수증기압}{수증기압} \times 100\%$

③ $\phi = \dfrac{수증기중량}{포화수증기압} \times 100\%$

④ $\phi = \dfrac{포화수증기중량}{수증기중량} \times 100\%$

해설
상대습도
습공기의 수증기 분압과 그 온도와 같은 온도의 포화증기의 수증기 분압의 비를 백분율로 표시한다.

12 다음 설명 중 틀린 것은?

① 지구상에 존재하는 모든 공기는 건조공기로 취급된다.
② 공기 중에 수증기가 많이 함유될수록 상대습도는 높아진다.
③ 지구상의 공기는 질소, 산소, 아르곤, 이산화탄소 등으로 이루어졌다.
④ 공기 중에 함유될 수 있는 수증기의 한계는 온도에 따라 달라진다.

해설
지구상에 존재하는 모든 공기는 습공기로 취급된다.

13 난방 시의 상대습도와 실내 기류의 값으로 적당한 것은?

① 60~70%, 0.13~0.18m/s
② 40~50%, 0.13~0.18m/s
③ 20~30%, 0.10~0.25m/s
④ 60~70%, 0.10~0.25m/s

정답 **07** ③ **08** ③ **09** ② **10** ① **11** ① **12** ① **13** ②

적당한 난방 조건
㉠ 상대습도 : 40~50%
㉡ 기류속도 : 0.13~0.18m/s

14 다음 용어 중 습공기선도와 관계가 없는 것은?

① 비체적   ② 열용량
③ 노점온도   ④ 엔탈피

열용량이란 어떤 유체를 온도 1℃ 상승시키는 데 필요한 열(kcal/℃)이다(질량×비열).

15 유효온도와 관계가 없는 것은?

① 온도   ② 습도
③ 기류   ④ 압력

유효온도(ET : Effective Temperature)
온도, 습도, 기류를 하나로 조합한 상태의 온도감각으로 상대습도 100%, 풍속 0m/s일 때 느껴지는 온도감각이다.

16 실내의 현열부하가 45,000kcal/h이고, 잠열부하가 15,000kcal/h일 때 현열비(SHF)는 얼마인가?

① 0.75   ② 0.67
③ 0.33   ④ 0.25

$$현열비 = \frac{현열부하}{총부하}$$
$$= \frac{45,000}{45,000 + 15,000} = 0.75$$

17 불쾌지수를 구하는 공식으로 옳은 것은? (단, t : 건구온도, t' : 습구온도)

① $0.72(t + t') + 40.6$

② $0.85(t + t') + 40.6$

③ $0.72(t - t') + 50.6$

④ $0.85(t - t') + 50.6$

불쾌지수 UI(Uncomfort Index)
$UI = 0.72(t + t') + 40.6$
여기서, t : 건구온도, t' : 습구온도

18 습구온도 30℃의 공기 20kg과 습구온도 15℃의 공기 40kg을 단열 혼합하면 습구온도는 어떻게 되겠는가?

① 27℃   ② 25℃
③ 23℃   ④ 20℃

$30 × 20 = 600$, $15 × 40 = 600$
$$\therefore \frac{600 + 600}{20 + 40} = 20℃$$

19 바이패스 팩터란?

① 냉각코일 또는 가열코일과 접촉하지 않고 그대로 통과하는 공기비율
② 송풍되는 공기 중에 있는 습공기와 건공기의 비율
③ 신선한 공기와 순환공기의 중량비율
④ 흡입되는 공기 중의 냉방, 난방의 공기비율

바이패스 팩터
냉각코일 또는 가열코일과 접촉하지 않고 그대로 통과하는 공기비율

20 실내 상태점을 통과하는 현열비선과 포화곡선과의 교점이 나타내는 온도로 취출 공기가 실내 잠열부하에 상당하는 수분을 제거하는 데 필요한 코일 표면온도는?

① 코일장치 노점온도 ② 바이패스 온도
③ 실내장치 노점온도 ④ 설계온도

(해설) •————————————————————
실내장치 노점온도
취출 공기가 실내 잠열부하에 상당하는 수분을 제거하는 데 필요한 코일 표면온도이다.

21 공기에서 수분을 제거하여 습도를 조정하기 위해서는 어떻게 하는 것이 옳은가?

① 공기의 유로 중에 가열코일을 설치한다.
② 공기의 유로 중에 공기의 노점온도보다 높은 온도의 코일을 설치한다.
③ 공기의 유로 중에 공기의 노점온도와 같은 온도의 코일을 설치한다.
④ 공기의 유로 중에 공기의 노점온도보다 낮은 온도의 코일을 설치한다.

(해설) •————————————————————
공기에서 수분을 제거하기 위해서는 공기의 유로 중에 공기의 노점보다 낮은 온도의 코일을 설치하면 습도가 조정된다.

22 다음 기기 중 공기의 온도와 습도를 변화시킬 수 없는 것은?

① 공기 재열기   ② 공기 필터
③ 공기 가습기   ④ 공기 예냉기

(해설) •————————————————————
공기 필터
실내에서 발생되는 오염물질 제거기(건성, 점성, 전기, 활성탄 사용)

23 다음 설명 중 옳지 않은 것은?

① 공기조화장치에서 취급하는 공기는 모두 건공기이다.
② 건공기는 수증기를 포함하지 않는 공기이다.
③ 습공기의 전압은 건공기 분압과 수증기 분압의 합과 같다.
④ 포화공기란 최대한도의 수증기를 포함한 공기를 말한다.

(해설) •————————————————————
공기조화장치에서 취급하는 공기는 모두 습공기이다.

24 공기가 노점온도보다 낮은 냉각코일을 통과하였을 때의 상태를 기술한 것 중 틀린 것은?

① 상대습도 저하   ② 절대습도 저하
③ 비체적 저하   ④ 건구온도 저하

(해설) •————————————————————
공기가 노점온도보다 낮으면 이슬점이 맺히며 상대습도가 냉각코일을 통과할 때 증가한다.

25 다음의 습공기선도에 나타낸 공기의 상태점에서 노점온도는?

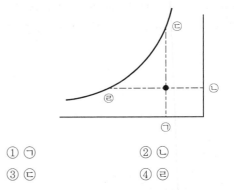

① ㉠   ② ㉡
③ ㉢   ④ ㉣

(해설) •————————————————————
㉠ 습구온도 하강
㉡ 건구온도 하강
㉢ 습구온도 상승

26 건구온도 30℃, 상대습도 50%인 습공기 500m³/h를 냉각코일에 의하여 냉각한다. 코일의 장치 노점온도는 10℃이고 바이패스 팩터가 0.1 이라면 냉각된 공기의 온도(℃)는 얼마인가?

① 10   ② 12

③ 24   ④ 28

> **해설**
> $30 - 10 = 20℃$
> $20 \times 0.1 = 2℃$
> $\therefore \; t = 10 + 2 = 12℃$
> $\quad t_2 = t_s + (t_1 - t_s)\mathrm{BF} = 10 + (30 - 10) \times 0.1 = 12℃$

27 공기선도에 관한 아래 그림에서 구성요소의 연결이 올바르게 된 것은?

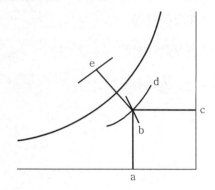

① a : 건구온도, b : 비체적,   c : 노점온도

② a : 습구온도, c : 절대습도, d : 엔탈피

③ b : 비체적,   c : 절대습도, e : 엔탈피

④ c : 상대습도, d : 절대습도, e : 열수분비

> **해설**
> ㉠ a : 건구온도   ㉡ b : 비체적
> ㉢ c : 절대습도   ㉣ d : 상대습도
> ㉤ e : 엔탈피

28 습공기를 절대습도의 변화 없이 가열하거나 냉각하면 실내 현열비(SHF)의 변화는 어떻게 되는가?

① SHF=0 선상을 이동한다.

② SHF=0.5 선상을 이동한다.

③ SHF=1 선상을 이동한다.

④ SHF는 나타나지 않는다.

> **해설**
>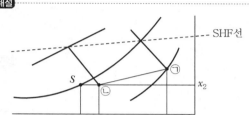

[03장] 공조방식

공조방식은 크게 중앙식과 개별식으로 구별할 수 있다. 제어방식에 의한 분류로는 전체제어방식, 존별제어방식, 개별제어방식이 있다.

···01 중앙방식

1 전공기방식(All Air System)

중앙공조기로부터 덕트를 통해 냉·온풍을 공급받는 방식이다. 이 방식의 적용은 $10,000m^2$ 이하의 소규모나 중규모 이상의 다층 건축물의 내부존, 극장의 관객석 등 사람이 많은 곳, 병원 수술실, 공장의 클린룸 등에서 활용된다.

▼ 전공기방식의 장단점

장점	단점
• 송풍량이 충분하므로 실내공기의 오염이 적다. • 팬을 설치하면 외기 냉방이 가능하게 된다. • 실내에는 취출구와 흡입구를 설치하면 되고, 팬코일 유닛과 같은 기구가 노출되지 않는다. • 실내 유효면적을 넓힐 수 있고 실내 배관으로 인한 누수 염려도 없다.	• 덕트가 대형이 되므로 많은 면적을 차지한다. • 송풍 동력이 크고 공기 – 수방식에 비해서 에너지 효율이 좋지 못하다. • 대형의 공조실을 필요로 한다. • 냉·온풍 운반에 필요한 팬의 소요동력이 냉온수를 운반하는 펌프 동력보다 많이 필요하다.

1) 단일덕트방식

① 구조

중앙공기조화기로부터 조정된 냉·온풍 공기를 하나의 덕트를 통하여 각 실로 보내어 알맞은 온도, 습도를 유지하는 방식이다.

② 특징

㉠ 공기조화기(AHU)가 중앙 기계실에 설치되어 있으므로 운전, 보수, 관리가 용이하며, 소음·진동이 전파될 염려가 없다.

㉡ 존(Zone) 수가 작을 경우에는 설비비가 적게 드나 다층 대규모 건물 등과 같이 존 수가 많아지면 공기조화실 면적이나 덕트 공간이 커지기 때문에 설비비가 많이 소요된다.

㉢ 대기냉방 운전이 가능하다.

㉣ 각 실 사이의 부하 변동이 다른 건물에서는 각 실 사이의 온·습도 불평형이 생겨 제어 성능이 떨어진다.

㉤ 적용대상은 극장, 백화점, 스튜디오, 공장 등의 단일 구획으로서 큰방에 널리 쓰이며, 대규모 건물에서도 부하 변동이 적은 내주부 계통에 사용된다.

㉥ 냉·온풍의 혼합 손실이 없으므로 에너지가 절약되고 전공기방식의 특성이 있다.

㉦ 실내부하가 감소될 경우에 송풍량을 줄이면 실내오염이 심하다.

> **참고**
>
> 1. 존(Zone)
>   - 전체 건물을 몇 개의 구역으로 나누었을 때 그 하나의 구역을 의미
>   - 건물이 동서남북에 면하여 있을 때 동존, 서존, 남존, 북존 및 내주부 존의 열부하는 시간대에 따라 변한다.
>   - 조닝 : 존으로 나누어서 단독으로 공조를 하는 것
> 2. 내주부
>
> 건물의 벽면에서 3~6m 정도는 일사나 외기온도의 영향을 크게 받아서 부하의 변화가 아주 심하게 되는데 이 부분을 외주부라고 하며, 건물의 내부처럼 일사의 영향도 없고 부하의 변동이 적은 부분을 내주부라고 한다.

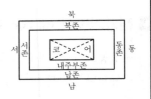

2) 2중덕트방식

① 구조

중앙의 공기조화기로부터 온풍과 냉풍을 동시에 만들고 이것을 각각 별개의 덕트로 각 실에 보내며 각 실의 가까운 위치에 마련된 혼합실(Mixing Box, Air Blender)에 혼합시켜 송풍하여 공조한다. 냉·온풍을 혼합댐퍼에 의해 일정한 비율로 혼합시킨 후 각 존 또는 실로 보내는 멀티존방식이 2중덕트방식이다. 또한 정풍량, 변풍량 공급방식이 있다.

② 특징

ⓐ 각 실, 각 존의 개별 온·습도의 제어가 가능하다.

ⓑ 계절별로 장치의 변환 운전이 필요하다.

ⓒ 덕트가 2개의 계통이므로 다른 방식에 비하여 덕트 공간이 커진다.

ⓓ 혼합실의 설치비가 많이 소요된다.

ⓔ 풍량이 단일덕트식에 비하여 많으므로 운전 동력비가 많이 소요된다(에너지소비량이 많다).

ⓕ 제어 성능은 좋으나 다른 방식에 비하여 설비비가 많이 소요된다.

ⓖ 외기 냉방이 가능하다.

ⓗ 용도가 다른 존 수가 많은 대규모 건물에 적합하다.

ⓘ 혼합상자에서 소음과 진동이 발생하며 덕트 샤프트 및 덕트 스페이스를 크게 차지한다.

3) 각층유닛방식

① 구조

각층에서 독립된 유닛인 2차 공조기의 공기조화실을 설치하고 온도제어는 각 존 내에 마련된 실내온도 조절기에 의하여 이루어지도록 하는 방식이다. 외기용 1차 중앙공조기가 1차 외기

를 가열, 가습, 냉각, 감습하여 각층 유닛으로 보내면 혼합 가열 또는 혼합 냉각되어 취출되며 환기덕트는 필요 없다.

② 특징

⊙ 각 층마다 부하 변동을 용이하게 처리할 수 있으며 부분부하운전이 가능하다.

ⓒ 공기조화실, 덕트 등의 소요 공간이 커진다.

ⓒ 장치가 세분화되므로 설비비가 많이 소요되고, 기기를 관리하기가 곤란하다.

ⓒ 백화점, 다목적 빌딩 등 각층마다 부하 패턴이 달라서 조닝을 해야 할 경우에 적합하다.

ⓒ 외기용 공조기가 있는 경우 습도제어가 쉽고 외기를 도입하기가 쉽다.

ⓒ 중앙기계실의 경우 면적을 작게 차지하고, 송풍기 동력도 적게 들며, 환기덕트가 필요 없거나 또는 작아도 된다.

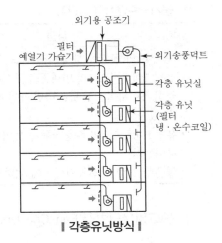

┃ 각층유닛방식 ┃

4) 덕트 병용 패키지방식

① 구조

각층에 있는 패키지 공조기(PAC)로 냉·온풍을 만들어 덕트를 통해 각 실로 송풍하는 방식이다. 그리고 패키지 내부에 송풍기와 냉·온수 코일(직접팽창코일 DX)을 내장하고 냉온수의 혼합비를 조절하여 실온을 제어하는 방식이다.

② 특징

⊙ 중앙기계실에 냉동기 설치방식에 비해 설비비가 저렴하다.

ⓒ 운전을 위한 전문 기술자가 필요 없다.

ⓒ 기계실 면적이 작아도 된다.

ⓒ 유닛에 냉동기를 내장하므로 부분운전에 중앙의 열원장치를 운전하지 않아도 된다.

ⓒ 고장률이 높고 수명이 짧으므로 보수 비용이 크다.

ⓒ 중소규모 건물, 호텔, 아파트 등의 개별 제어가 요구되는 경우에 적합하다.

ⓒ 냉방 시에 각층은 독립적인 운전이 가능하므로 에너지 절감효과가 크다.

ⓒ 급기를 위한 덕트 샤프트가 필요 없다.

ⓒ 각층에 공조기 패키지형이 분산 배치되므로 유지관리가 번거롭다.

ⓒ 공조제어가 그 위치제어이므로 편차가 크고 습도제어가 불편하며 공조기로 외기의 도입이 곤란한 것도 있다.

② 공기 – 수방식

공기 – 수방식은 공기방식과 수방식을 병용한 것이다.

▼ 공기 – 수방식의 장단점

장점	단점
• 큰 부하의 공간에 대해서도 덕트가 작게 된다. • 유닛 1대로서 1개의 미니존을 구성하므로 조닝이 극히 용이하며 수동으로 하면 개별 제어를 쉽게 할 수 있다. • 유닛 1대로 극소의 존을 만들 수 있어서 존의 구성이 용이하다. • 열운반 동력은 전공기방식에 비하면 적게 든다.	• 필터의 저성능으로 실내 청정도가 높지 않다. • 유닛의 소음이 발생하기가 쉽다. • 수배관을 필요로 하므로 누수의 우려가 있다. • 유닛 부속인 필터의 청소를 필요로 하고 다수의 유닛을 설치할 때는 복잡하다. • 실내에 수배관이 있으므로 누수의 염려와 유닛의 소음예방 및 유닛의 설치 스페이스가 필요하다.

1) 팬코일유닛방식(Fan Coil Unit System, 덕트 병용)

① 구조

팬코일과 덕트를 이용하여 코일, 팬, 필터를 내장한 유닛에 냉수 또는 온수를 보내어 실내 공기를 냉각, 가열하면서 덕트를 통하여 공기를 보내는 방식이다.

② 특징

㉠ 개별 제어가 가능하다.

㉡ 부분 사용이 많은 건물에서는 경제적 운전이 가능하다.

㉢ 외주부의 창 아래에 설치함으로써 창면의 콜드 드래프트를 방지할 수 있다.

㉣ 전공기에 비해 외주부 부하에 상당하는 풍량을 줄일 수 있으므로 샤프트 천장 속 등의 덕트 스페이스가 적게 된다.

㉤ 각 실에 수배관을 해야 한다.

㉥ 외기 송풍량을 크게 할 수 없다.

㉦ 건물의 페리미터 존, 호텔 존, 객실, 병원, 주택, 아파트 등 기존에 설치된 건물에 설치하여 사용하기가 무난하다.

2) 유인유닛방식(IDU : Induction Unit System)

① 구조

1차 공기조화기로써 조성한 1차 공기(PA)를 고속덕트로 각 실에 설치된 유인유닛으로 보내고 노즐로부터 분출하는 1차 공기의 유인작용에 의하여 실내로 공기를 순환시키는 방식이다. 즉, 1차 공기를 PA(Primary Air), 2차 공기를 SA(Secondary Air), 1차 공기, 2차 공기(실내공기)가 혼합된 합계공기를 TA(Total Air)라 하고, 유인비(TA/PA)는 3~4이다.

② 특징

ⓐ 각 유닛마다 제어가 가능하므로 각 실 제어가 용이하다.

ⓑ 덕트 공간이 비교적 작다.

ⓒ 유닛의 여과기가 막히기 쉬우므로 자주 청소를 해야 한다.

ⓓ 유닛이 실내의 유효공간을 감소시킨다.

ⓔ 1차 공기 덕트는 고속덕트방식으로 되므로 단일덕트방식보다 덕트가 작게 된다.

ⓕ 송풍기나 전동기와 같은 가동기계가 없기 때문에 전기배선이 전혀 필요 없으나 노즐에서의 취출 공기음이 문제가 될 수 있다.

ⓖ 개별 제어가 용이하므로 호텔 객실, 병원의 병실 및 고층 건물의 외주부 존에 적당하다.

ⓗ 중앙공조기는 1차 공기만 처리하므로 규모를 작게 할 수 있다.

ⓘ 실내 부하의 종류에 따라 조립을 쉽게 할 수 있고 부하 변동에 따른 적응성이 좋다.

ⓙ 각 유닛마다 수배관을 해야 하므로 누수의 염려가 있다.

ⓚ 유닛 값이 비싸고 소음이 있다.

ⓛ 외기 냉방 효과가 적다.

3) 복사냉난방방식

① 구조

ⓐ 복사열을 이용한 냉난방방식은 바닥, 천장 또는 복사면으로 하여 실내 현열부하의 50∼70%를 처리하도록 하고 나머지의 현열부하와 잠열부하는 중앙공조기로부터 덕트를 통해 공급되는 공기로 처리하는 방식이다.

ⓑ 건물의 벽, 바닥, 천장 등의 구조체나 장치의 표면을 증기, 온수 등의 고온 열매를 통하거나 가스의 연소, 전기히터를 사용하여 표면을 덥혀 표면에서 방사하는 복사열에 의해 난방하는 방식이다.

② 특징

ⓐ 복사열을 사용하므로 쾌감도가 높다(단, 외기 부족현상이 적다).

ⓑ 실내에 유닛이 노출되지 않는다(건물의 축열을 기대할 수 있다).

ⓒ 인테리어의 현열부도 처리할 수 있다.

ⓓ 실내 송풍을 감소시킬 수 있기 때문에 덕트 설치면적 및 운전 동력이 적게 든다.

ⓔ 조명이나 일사가 많은 방의 냉방에 효과적이다.

ⓕ 직접난방 이외에는 단독으로 사용할 수 없고 덕트방식과 조합하여 사용한다.

ⓖ 천장이 높은 방, 조명이나 일사가 특히 많은 방, 겨울철에 윗면이 차가워지는 방 등에 적합하다.

ⓗ 바닥에 방열기를 설치하지 않기 때문에 이용 공간이 넓다.

ⓒ 냉방 시에 조명 부하나 일사에 의한 부하를 쉽게 처리할 수 있다.

ⓒ 단열시공이 완벽해야 하고 시설비가 많이 소요된다.

ⓒ 냉방 시에는 패널의 결로 현상이 발생하며 풍량이 적어서 보통이상의 풍량을 필요로 하는 경우에는 불편하다.

③ 수방식(All Water Sytem)

수방식(전수방식)은 보일러나 냉동기로부터 온수나 냉수를 각 실에 있는 유닛(FCU)으로 공급시켜 냉난방을 한다.

- 장점 : 덕트가 없으므로 덕트 설치면적이 필요하지 않다.
- 단점 : 공기가 도입되지 않으므로 실내공기의 오염이 심하게 되는 우려가 있다.

1) 팬코일유닛방식

① 구조

에어필터, 냉ㆍ온수 코일 및 전동기에 직결된 소형 송풍기를 한 개의 케이싱에 넣어 코일에 냉수를 보내고 실내 공기를 순환시켜 실내부하를 처리하는 방식이다.

② 특징

㉠ 개별 제어를 할 수 있다(수동으로도 제어가 가능하다).

㉡ 전공기방식에 비하여 반송 동력이나 열의 반송을 위한 공간도 작아진다.

㉢ 실내의 이용 조건에 대응하기 쉽다.

㉣ 증설이 비교적 간단하다(단, 팬코일 유닛 내의 팬으로부터 소음이 있다).

㉤ 팬코일의 송풍기 압력이 낮기 때문에 성능이 좋은 필터를 사용할 수 없다.

㉥ 전공기방식에 비해서 외기 냉방의 적용이 어렵다.

㉦ 주택, 여관, 음식점과 같이 거주밀도가 낮고, 실내에 이동식 가습기와 같은 가습장치가 있는 곳에 적합하다.

㉧ 유닛을 창문 밑에 설치하면 콜드 드래프트(Cold Drafe)를 줄일 수 있다.

㉨ 덕트방식에 비해 유닛의 위치 변경이 쉽다.

㉩ 덕트 샤프트나 스페이스가 필요 없다.

㉪ 중앙기계실의 면적이 작아도 되고 냉ㆍ온수가 펌프에 이송된다.

㉫ 각 실의 수배관으로 인한 누수의 염려가 있다.

㉬ 외기량이 부족하여 실내공기의 오염이 심하다.

···02 개별방식

개별식은 냉동 사이클을 이용하여 냉난방을 하게 된다. 즉, 증발기에서 냉매가 증발할 때 냉각되는 열을 이용하여 냉방하며 응축기에서 냉매가 응축할 때 방출하는 열량을 이용하여 난방을 한다.

▼ 개별방식의 장단점

장점	단점
• 설치나 철거가 간편하다. • 운전 조작이 쉽고 유지관리에 특별한 기술을 필요로 하지 않는다. • 제품이 규격화되어 있고 용도 및 용량에 따라 쉽게 선택할 수 있다. • 히트펌프식은 냉방, 난방 겸용이 가능하다. • 개별 제어가 용이하다.	• 설치 장소에 제한을 받는다. • 실내 설치 시 설치면적을 차지한다. • 실내 유닛이 분리되지 않는 일체형의 경우 진동, 소음이 발생한다. • 응축기의 열풍으로 주위 건물에 피해를 주는 경우가 있다. • 외기량이 부족하다.

1 패키지방식

1) 구조

냉동기, 냉각코일, 에어필터, 송풍기, 자동제어기기를 하나의 케이스 내에 조립한 것으로, 냉각 코일에 냉매를 사용한 직접팽창형이고 냉매방식이다. 단, 전열 코일이나 온수, 증기를 이용하면 난방이 가능하다.

2) 특징

① 설치가 간단하다.
② 운전이나 유지관리가 쉽다.
③ 특별한 기계실이 필요 없고 설치 면적도 작다.
④ 소음이 크다.
⑤ 부분적인 냉방이 용이하다.
⑥ 소규모 건물(사무실, 상가, 주택)이나, 대규모 건물에서도 부하 상태 및 운전시간이 다른 방, 전산실 등에 적합하다.

❷ 룸쿨러(Room Cooler)방식

룸에어컨방식이며 창문에 설치하는 창설치형과 스플러형, 멀티유닛형이 있다.

1) 구조

① 냉매를 사용한 직접팽창형으로 공조에 필요한 기기이다.
② 냉동기, 냉각코일, 에어필터, 송풍기, 자동제어기기를 하나의 상자에 넣어둔 형태이다.

2) 특징

① 설치가 간단하고 운전, 유지관리가 쉽다.
② 냉방할 수 있는 면적이 작다.

> **참고 룸쿨러방식 유형**
>
> • **창설치형** : 실내 측에 증발기, 시로코 팬(Siroco Fan) 부착, 실외기에는 압축기, 응축기, 축류팬을 설치한다.
> • **스프릿형** : 실외 측 유닛을 외벽 밖에 설치한다.
> • **멀티유닛형** : 실외기에 압축기와 응축기, 실내유닛에는 증발기와 송풍기를 설치하며, 실내유닛은 천장걸이형과 벽걸이형이 있다.

❸ 멀티유닛방식

1) 구조

압축기가 내장되어 수열원 히트펌프유닛으로 운전하는데 공통의 수배관에 전부의 유닛이 연결되어 있고 전체의 유닛이 유기적으로 결합되어 있으므로 반개별식이라고도 한다.

2) 특징

① 열회수가 이루어져서 에너지 절약형이 된다.
② 중앙 기계실에 냉동기를 필요로 하지 않으며 설치면적이 작아도 된다.
③ 각 유닛마다 실온으로서 자동적으로 개별 제어를 할 수 있다.
④ 열회수 운전을 이용하며, 대형의 보일러가 필요 없다.
⑤ 주상복합 건물로 하층이 상점가이고, 상층이 아파트인 경우 열회수가 효과적이다.
⑥ 고층 사무소 건물, 백화점 등에 적합하다.

[03장] 출제예상문제

01 다음 공조방식 중 개별식에 해당되는 것은?

① 덕트 병용 패키지방식
② 유인유닛방식
③ 단일덕트방식
④ 패키지방식

해설

개별 방식(냉매방식)
㉠ 패키지방식
㉡ 룸쿨러방식
㉢ 멀티유닛방식

02 다음 중 팬코일유닛방식을 채용하는 이유로 부적당한 것은?

① 개별 제어가 쉽다.
② 환기량 확보가 쉽다.
③ 운송동력이 적게 소요된다.
④ 중앙기계실의 면적을 줄일 수 있다.

해설

팬코일유닛방식의 특징
㉠ 개별 제어가 쉽다.
㉡ 펌프에 의해 냉·온수를 이송하므로 송풍기에 의한 공기의 이송동력보다 적게 든다.
㉢ 중앙기계실의 면적을 줄일 수 있다.

03 다음 공조방식에서 전공기방식이 아닌 것은?

① 단일덕트방식
② 2중덕트방식
③ 멀티존유닛방식
④ 팬코일유닛방식

해설

팬코일유닛방식은 전수방식에 해당된다.

04 다음 중 사무실, 호텔, 병원 등의 고층건물에 적합한 공기조화방식은?

① 단일덕트방식　② 유인유닛방식
③ 이중덕트방식　④ 재열방식

해설

유인유닛방식(IDU 방식)이 적합한 장소
㉠ 고층 사무소 빌딩　㉡ 호텔
㉢ 회관　㉣ 병원

05 (a), (b), (c)와 같은 관로의 국부저항계수 (전압기준)가 큰 것부터 작은 것 순서로 나열했을 때 가장 적당한 것은?

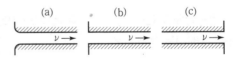

① (a) > (b) > (c)　② (a) > (c) > (b)
③ (b) > (c) > (a)　④ (c) > (b) > (a)

해설

마찰저항계수 크기
(c) > (b) > (a)

06 공기조화방식은 중앙방식과 개별방식으로 분류할 수 있다. 또한 중앙방식은 전공기방식, 공기－수방식 및 수방식으로 분류할 수 있는데 공기－수방식이 아닌 것은?

① 각층유닛방식
② 팬코일유닛방식(덕트 병용)
③ 유인유닛방식
④ 복사냉난방방식

정답　**01** ④　**02** ②　**03** ④　**04** ②　**05** ④　**06** ①

해설
각층유닛방식은 전공기방식에 해당된다.

07 혼합실(Mixing Chamber)을 이용하여 냉풍과 온풍을 자동혼합하여 각 실내에 공급하는 공조방식은?

① 팬코일유닛(Fan Coil Unit)방식
② 단일덕트(Single Duct)방식
③ 재열(Reheating)방식
④ 2중덕트(Double Duct)방식

해설
혼합실을 이용하여 냉풍과 온풍을 자동 혼합하여 각 실내에 공급하는 공기조화방식은 2중덕트방식이나, 에너지 손실이 크다.

08 냉난방에 필요한 전 송풍량을 하나의 주덕트만으로 분배하는 방식은?

① 단일덕트방식
② 이중덕트방식
③ 멀티존유닛방식
④ 팬코일유닛방식

해설
단일덕트방식은 냉난방에서 전 송풍량을 하나의 주덕트만으로 분배하는 공조방식이다.

09 공조방식을 분류한 것 중 전공기방식이 아닌 것은?

① 단일덕트방식 ② 유인유닛방식
③ 이중덕트방식 ④ 각층유닛방식

해설
유인유닛방식은 공기수방식에 해당된다.

10 최근 공기조화방식을 설계하는 데 있어서 중점적으로 고려되고 있는 사항이 아닌 것은?

① 건물의 규모
② 에너지 절약대책
③ 잔업시간에 대한 경제적 운전대책
④ 설비의 수명과 지출비용의 경제성 비교

해설
공기조화방식의 설계 시 고려사항
㉠ 에너지 절약대책
㉡ 잔업시간에 대한 경제적 운전대책
㉢ 설비의 수명과 지출비용의 경제성 비교

11 다음 중 공기조화설비에서 단일덕트방식의 장점에 들지 않는 것은?

① 덕트가 1계통이므로 시설비가 적게 들고 덕트 스페이스도 작게 차지한다.
② 냉풍과 온풍을 혼합하는 혼합상자가 필요 없으므로 소음과 진동도 적다.
③ 냉·온풍의 혼합손실이 없으므로 에너지가 절약적이다.
④ 덕트 스페이스를 크게 차지한다.

해설
단일덕트방식은 덕트 스페이스를 작게 차지한다.

12 단일덕트 정풍량방식의 특징이 아닌 것은?

① 공조기가 기계실에 있으므로 운전, 보수가 용이하고 진동·소음의 전달 염려가 적다.
② 송풍량이 크므로 환기량도 충분하다.
③ 존 수가 적을 때는 설비비가 다른 방식에 비해서 적게 든다.
④ 변풍량방식에 비하면 연간의 송풍동력이 적고 에너지가 절약된다.

해설
단일덕트 정풍량방식은 각 실마다 부하 변동 때문에 온도차가 크고 연간 소비동력이 크다.

13 다음은 이중덕트방식에 대한 설명이다. 옳지 않은 것은?

① 중앙식 공조방식으로 운전, 보수관리가 용이하다.
② 실내부하에 따라 각 실 제어나 존(Zone)별 제어가 가능하다.
③ 열매가 공기이므로 실온의 응답이 아주 빠르다.
④ 단일덕트방식에 비해 에너지 소비량이 적다.

해설
이중덕트방식은 단일덕트방식에 비해 에너지 소비량이 많다.

14 다음과 같은 공기조화방식의 분류 중 공기-수방식이 아닌 것은?

① 인덕션유닛방식   ② 팬코일유닛방식
③ 복사냉난방방식   ④ 멀티존유닛방식

해설
멀티존유닛방식은 2중덕트방식이다.

15 다음의 공기조화방식 중에서 개별방식이 아닌 것은?

① 룸쿨러방식
② 멀티유닛형 룸쿨러방식
③ 패키지방식
④ 팬코일유닛방식

해설
팬코일유닛방식은 중앙식 공조방식에서 수(水)방식에 속한다.

16 다음 공기조화방식 중 중앙 공기조화방식이 아닌 것은 어느 것인가?

① 전공기방식
② 공기수방식
③ 전수방식
④ 냉매방식

해설
냉매방식은 개별식 공기조화방식이다.

17 전공기방식에 대한 설명 중 잘못된 것은?

① 공기-수방식에 비해 에너지 절약면에서 유리하다.
② 실내공기의 오염이 적다.
③ 외기 냉방이 가능하다.
④ 대형의 공조기실이 필요하다.

해설
전공기방식은 열매체인 냉·온풍의 운반에 필요한 팬의 소요동력이 냉·온수를 운반하는 펌프동력보다 많이 든다.

18 다음 설명 중 중앙식 공기조화방식에 대한 공통적인 특징으로 적당한 것은?

① 실내에는 취출구와 흡입구를 설치하면 되고, 팬코일 유닛과 같은 기구가 노출되지 않는다.
② 큰 부하를 가진 방에 대해서도 덕트가 작게 되고, 덕트 스페이스가 작다.
③ 취급이 간단하고 대형의 것도 누구든지 운전할 수 있다.
④ 대규모 건물에 채용하면 설비비가 절감되고, 보수관리가 편리하다.

해설
중앙식 공기조화방식은 대규모 건물에 채택하면 설비비가 절감되고 보수관리가 용이하다.

19 다음 중 대규모 건축물에서 중앙공조방식이 개별공조방식보다 우수한 점은?

① 유지관리가 편리하다.
② 개별 제어가 쉽다.
③ 국소운전이 편리하다.
④ 조닝이 쉽다.

해설
개별공조방식보다는 중앙공조방식이 대규모 건축물에서는 유지관리가 편리하다.

20 1차 공조기로부터 보내온 고속공기가 노즐 속을 통과할 때의 유인력에 의하여 2차 공기를 유인하여 냉각 또는 가열하는 방식을 무엇이라 하는가?

① 패키지유닛방식
② 유인유닛방식
③ FCU방식
④ 바이패스방식

해설
유인유닛방식은 1차 공기, 2차 공기, 혼합공기가 필요하다.

21 외기냉방이 불가능한 공기조화방식은?

① 정풍량 단일덕트방식
② 변풍량 단일덕트방식
③ 팬코일유닛방식
④ 각층유닛방식

해설
팬코일유닛방식은 전수방식이라서 소규모의 건물이나 주택 등, 즉 재실 인원이 적은 경우에는 외기 도입이 불필요하다.

22 팬코일유닛방식(Fan Coil Unit System)의 특징을 설명한 것이다. 바르지 않은 것은?

① 고도의 실내 청정도를 높일 수 있다.
② 부하 증가 시 유닛 증설만으로 대처할 수 있다.
③ 다수 유닛이 분산 설치되어 관리보수가 어렵다.
④ 각 유닛마다 조절할 수 있어 개별 제어에 적합하다.

해설
팬코일유닛방식(전수방식)은 펌프에 의해 냉·온수가 이동하므로 외기량이 부족하여 실내공기오염이 심하다.

23 전공기 공조방식의 장점이 아닌 것은?

① 외기냉방이 가능하다.
② 청정도 제어가 용이하다
③ 동절기 가습이 용이하다.
④ 개별 제어가 가능하다.

해설
전공기방식은 중앙공조기로부터 덕트를 통해 냉·온풍을 공급받기 때문에 개별 제어가 불가능하다.

24 다음 중 중앙 공기조화방식으로 각 실내의 온도조절이 가장 잘되는 방식은?

① 멀티존유닛방식
② 패키지방식
③ 팬코일유닛방식
④ 단일덕트방식

해설
팬코일유닛방식은 수방식으로 각 실내의 온도조절이 용이하다.

25 다음 그림에서 설명하는 공기조화방식은?

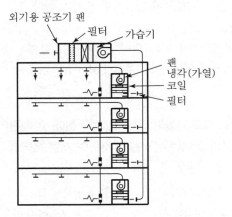

① 단일덕트방식 　　② 이중덕트방식
③ 가변풍량 방식 　　④ 각층유닛방식

해설 ·················
각층유닛방식
각층마다 2차 공조기를 설치하고 중앙공조기(1차 공조기)가 외기를 가열가습, 냉각감습하여 2차 공조기로 보내 환기와 혼합시킨다.

26 다음 공조방식 중 에너지 손실이 가장 큰 공조방식은?

① 2중덕트방식 　　② 각층유닛방식
③ FC유닛방식 　　④ 유인유닛방식

해설 ·················
이중덕트방식은 냉풍, 온풍을 혼합시키기 때문에 에너지 손실이 가장 크다.

27 패키지유닛방식의 특징이 아닌 것은?

① 중앙기계실의 면적을 작게 차지한다.
② 취급이 간단해서 단독운전을 할 수 있고, 대규모 건물 부분공조가 용이하다.
③ 송풍기 정압이 높으므로 제진효율이 높아진다.
④ 시공이 용이하고 공기가 단축된다.

해설 ·················
패키지유닛방식의 특징은 ①, ②, ④의 내용이다.

28 중앙의 공기조화기로부터 온풍과 냉풍을 혼합하여 각 실에 공급하는 방식은?

① 재열방식 　　② 단일덕트방식
③ 이중덕트방식 　　④ 팬코일유닛방식

해설 ·················
이중덕트방식
중앙의 공기조화기로부터 온풍과 냉풍을 혼합하여 각 실에 공급한다.

29 공조방식의 설치위치에 따른 분류 중 중앙식(전공기) 공조방식의 설명이 아닌 것은?

① 이동보관이 용이하다.
② 많은 배기량에도 적응성이 있다.
③ 공조기가 기계실에 집중되어 있어 관리가 용이하다.
④ 계절 변화에 따른 냉난방 전환이 용이하다.

해설 ·················
이동보관이 용이한 것은 개별공조방식의 특징이다.

30 코일, 팬, 필터를 내장하는 유닛으로서, 여름에는 코일에 냉수를 통과시켜 공기를 냉각감습하고 겨울에는 온수를 통과시켜 공기를 가열하는 공기조화방식은?

① 덕트병용 패키지공조기방식
② 각층유닛방식
③ 유인유닛방식
④ 팬코일유닛방식

정답　**25** ④　**26** ①　**27** ③　**28** ③　**29** ①　**30** ④

해설

팬코일유닛방식(FCU)

㉠ 코일, 팬, 필터가 내장된 유닛이다.

㉡ 외기를 도입하지 않은 방식, 팬코일유닛으로 외기를 직접 도입하는 방식, 덕트병용 팬코일유닛방식

31 공기조화방식을 공기방식, 수방식, 냉매방식, 공기 – 수방식으로 분류할 때 그 기준은?

① 열의 분배방법에 의한 분류

② 제어방식에 의한 분류

③ 열을 운반하는 열매체에 의한 분류

④ 공기조화기의 설치방법에 의한 분류

해설

공기조화방식은 열을 운반하는 열매체에 의한 분류에 의해 전공기방식, 공기 – 수방식, 전수방식 등이 있다.

32 개별공조방식의 특징에 대한 설명으로 틀린 것은?

① 설치 및 철거가 간편하다.

② 개별 제어가 어렵다.

③ 히트펌프식은 냉난방을 겸할 수 있다.

④ 실내 유닛이 분리되어 있지 않은 경우는 소음과 진동이 있다.

해설

개별공조방식은 개별 제어가 용이하다.

33 단일덕트 정풍량방식의 특징이 아닌 것은?

① 실내부하가 감소될 경우에 송풍량을 줄여도 실내공기가 오염되지 않는다.

② 고성능 필터의 사용이 가능하다.

③ 기계실에 기기류가 집중 설치되므로 운전, 보수관리가 용이하다.

④ 각 실이나 존의 부하변동이 서로 다른 건물에서는 온·습도에 불균형이 생기기 쉽다.

해설

단일덕트 정풍량방식은 실내부하가 감소될 경우 송풍량을 줄이면 실내의 공기오염이 심하다.

34 덕트시설이 필요 없고 각 실에 수 배관이 필요하며 실내에 유닛을 설치하여 개별 제어를 하는 공조방식은?

① 각층유닛식　　　② 유인유닛식

③ 복사냉난방식　　④ 팬코일유닛식

해설

팬코일유닛방식(전수방식)

중앙기계실의 냉·열원기기로부터 냉수 또는 온수나 증기를 배관을 통해 각 실에 있는 팬코일유닛에 공급한다. 수동으로 제어가 가능하고 개별 제어가 용이하다.

35 중앙식 공조기에서 외기 측에 설치되는 기기는?

① 공기예열기　　　② 일리미네이터

③ 가습기　　　　　④ 송풍기

해설

공기예열기는 중앙식 공조기에서 외기 측에 설치한다.

36 개별공조방식의 특징이 아닌 것은?

① 국소적인 운전이 자유롭다.

② 실내에 유닛의 설치면적을 차지한다.

③ 외기 냉방을 할 수 있다.

④ 취급이 간단하다.

해설

개별공조방식은 외기 냉방이 불가능하다.

37 다음 설명 중 개별식 공기조화방식으로 볼 수 있는 것은?

① 사무실 내에 패키지형 공조기를 설치하고, 여기에서 조화된 공기는 패키지 상부에 있는 취출구로 실내에 송풍한다.

② 사무실 내에 유인유닛형 공조기를 설치하고, 외부의 공기조화기로부터 유인유닛에 공기를 공급한다.

③ 사무실 내에 팬코일유닛형 공조기를 설치하고, 외부의 열원기기로부터 팬코일유닛에 냉·온수를 공급한다.

④ 사무실 내에는 덕트만 설치하고, 외부의 공기조화기로부터 덕트 내에 공기를 공급한다.

해설
②, ③, ④는 중앙식 공기조화방식이다.

38 패키지유닛 공조방식의 특징이 아닌 것은?

① 취급이 간단해서 단독운전을 할 수 있고 대규모 건물의 부분 공조가 용이하다.

② 실내에 설치하는 경우 급기를 위한 덕트 샤프트가 필요 없다.

③ 압축기를 실외기에 설치함으로써 소음을 적게 할 수 있다.

④ 기계실이 필요하고 실내부하 및 운전시간이 다른 방에는 부적당하다.

해설
패키지 공조기는 하나의 케이스에 내장하기 때문에 별도의 기계실이 필요하지 않고 운전시간이 다른 방에 적합하다.

39 2중덕트방식에 대한 설명 중 틀린 것은?

① 실의 냉난방 부하가 감소되어도 취출공기의 부족현상이 없다.

② 실내습도의 완전한 조절이 가능하다.

③ 동시에 냉난방을 행하기가 용이하다.

④ 설비비 및 운전비가 많이 든다.

해설
2중덕트방식은 전공기방식이므로 송풍량이 많아서 실내 습도의 완전한 조절이 어렵다.

40 독립계통으로 운전이 자유롭고 냉수 배관이나 복잡한 덕트 등이 없기 때문에 소규모 상점이나 사무실 등에서 사용되는 경제적인 공조방식은?

① 중앙식 공기방식
② 팬코일유닛 공조방식
③ 패키지유닛 공조방식
④ AHU공조방식

해설
패키지유닛 공조방식
소규모 상점, 사무실, 개인 사무실에 사용이 용이하다.

41 다음과 같은 특징을 갖고 있는 공조방식은?

Ⓐ 각 유닛마다 제어가 가능하므로 개별실 제어가 가능하다.
Ⓑ 고속덕트를 사용하므로 덕트 스페이스를 작게 할 수 있다.
Ⓒ 1차 공기와 2차 냉·온수를 공급하므로 실내 환경 변화에 대응이 용이하다.

① 유인유닛방식
② 패키지유닛방식
③ 단일덕트 정풍량방식
④ 덕트병용 패키지방식

해설

Ⓐ, Ⓑ, Ⓒ의 내용에 따른 공조방식은 유인유닛방식이다.

42 다음 중 소규모인 건물에 가장 적합한 공조방식은?

① 패키지유닛방식   ② 인덕션유닛방식

③ 이중덕트방식   ④ 복사냉난방방식

해설

소규모 건물에 가장 적합한 공조방식은 패키지유닛방식이다.

43 1대의 응축기(실외기)로 여러 대의 냉각코일(실내기)을 운영하는 방식으로 실외기의 설치면적을 줄일 수 있어 많이 사용되는 형식을 무엇이라 하는가?

① 룸쿨러방식   ② 패키지유닛방식

③ 멀티유닛방식   ④ 히트펌프방식

해설

멀티유닛방식

1대의 응축기(실외기)로 여러 대의 실내기 냉각코일을 운영한다.

44 각종 공조방식 중에서 개별공조방식의 장점으로 틀린 것은?

① 개별 제어가 가능하다.

② 실내유닛이 분리되어 있지 않은 경우는 소음과 진동이 있다.

③ 취급이 용이하다.

④ 외기냉방이 용이하다.

해설

개별공조방식은 외기냉방이 어렵다.

45 겨울철 창문의 창면을 따라서 존재하는 냉기가 토출기류에 의하여 밀려 내려와서 바닥을 따라 거주구역으로 흘러 들어와 인체에 과도한 차가움을 느끼게 하는 현상을 무엇이라 하는가?

① 쇼크 현상   ② 콜드 드래프트

③ 도달거리   ④ 확산반경

해설

콜드 드래프트

창문 냉기가 토출기류에 의하여 밀려 내려와 인체에 과도한 차가움을 느끼게 하는 현상

46 실내에서 폐기되는 공기 중의 열을 이용하여 외기 공기를 예열하는 열회수방식은?

① 열펌프방식   ② 열파이프방식

③ 턴어라운드방식   ④ 팬코일방식

해설

턴어라운드방식

실내에서 폐기되는 공기 중의 열을 이용하여 외기 공기를 예열하는 열회수방식이다.

47 밀폐식 수열원 히트펌프유닛방식의 설명으로 옳지 않은 것은?

① 유닛마다 제어기구가 있어 개별 운전이 가능하다.

② 냉난방부하를 동시에 발생하는 건물에서 열회수가 용이하다.

③ 외기냉방이 가능하다.

④ 사무소, 백화점 등에 적합하다.

해설

㉠ 각층유닛방식은 외기냉방이 가능하다.

㉡ 수열원은 동절기 지하수에 의해 냉매를 증발시키는 히트펌프로서 외기냉방은 불가능하다.

정답   **42** ①   **43** ③   **44** ④   **45** ②   **46** ③   **47** ③

48 패키지 개별공조방식은 열매체에 의한 분류 중 어느 방식에 해당되는가?

① 냉매방식
② 공기방식
③ 수방식
④ 수-공기방식

 해설

패키지 개별공조방식은 냉매방식에 해당된다.

49 중앙식 공기조화장치의 장점이 아닌 것은?

① 중앙기계실에 집중되어 있으므로 보수관리가 용이하다.
② 설치이동이 용이하므로 이미 건축된 건물에 적합하다.
③ 대규모 건물에서 공기조화를 할 때 설비비, 경상비가 저렴하다.
④ 공기조화용 기계가 별실에서 멀리 떨어져 있으므로 소음이 적다.

해설

중앙식 공기조화는 이동이 불편하고 고정식이다.

04장 공기조화 부하

┈01 냉난방부하

1 냉방부하 발생요인

구분	부하의 발생요인	현열	잠열
실내취득열량	벽체로부터의 취득열량	○	
	유리로부터의 취득열량	○	
	극간풍에 의한 취득열량	○	○
	인체의 발생열량	○	○
	기구로부터의 발생열량	○	○
기기로부터 취득열량	송풍기에 의한 취득열량	○	
	덕트로부터의 취득열량	○	
재열 부하	재열기의 취득열량	○	
외기 부하	외기도입 취득열량	○	○

2 난방부하 발생요인

구분	부하의 발생요인	현열	잠열
실내손실열량	외벽, 창유리, 지붕, 내벽, 바닥	○	
	극간풍(틈새바람)	○	○
기기손실열량	덕트	○	
외기 부하	환기, 극간풍	○	○

③ 부하의 개념

```
                              ┌─ 벽체로부터의 부하
                              ├─ 유리로부터의 부하
                   실내 취득부하 ├─ 극간풍에 의한 부하
                              ├─ 인체 발생부하
                              └─ 기구 발생부하
          냉방부하
                   기기 내 취득부하 ┌─ 송풍기로부터의 부하
                              └─ 덕트로부터의 부하
                   재열부하
                   외기부하

          난방부하 ┌─ 전열에 의한 부하(실내 손실열량)
               ├─ 기기 손실열량(덕트 등)
               └─ 외기부하(극간풍, 환기 등)
```

> **참고 TAB**
>
> 1. 공기조화설비의 에너지 반송매체인 공기와 물에 관하여 시공된 설비 시설에 출입하는 양이나 질이 설계치에 합당한가를 시험하고 오차가 있는 경우 조정하여 최종적으로 설비 계통을 평가하는 분야이다.
> 2. TAB란 빌딩 내에서 설계 목표를 달성하기 위해 모든 환경 계통을 시험한 후 조정하여 균형을 잡는 과정이다.
> 3. TAB 대상 건물은 공기조화설비가 설치되는 모든 종류의 건물에 해당된다.
>
> 4. TAB의 목적
>   - 설계 목표에 적합한 시설의 완성
>   - 운전 및 보수자료 활용
>   - 설계 및 시공결과 확인 및 정량화
>   - 초기 투자비의 절감
>   - 설계 및 시공의 오류 수정
>   - 운용 비용의 절감
>   - 시설 및 기기 수명 연장
>   - 품질 제고

··· 02 냉방부하

1 벽체로부터의 부하

1) 구조체가 태양복사의 영향을 받지 않는 경우(내벽, 바닥)

$$q_1 = K \cdot A \cdot \Delta t$$

여기서, q_1 : 취득열량(kcal/h=kW)
K : 열통과율(kcal/m² · h · ℃=kW/m² · K)
A : 구조체의 면적(m²)
Δt : 구조체 내외의 온도차(℃)

2) 구조체가 태양 복사의 영향을 받는 경우(외벽, 지붕)

$$q_2 = K \cdot A \cdot \Delta t_e$$

여기서, q_2 : 취득열량(kcal/h=kW)
K : 열통과율(kcal/m² · h · ℃=kW/m² · K)
A : 구조체의 면적(m²)
Δt_e : 상당외기 온도차(℃)

2 유리로부터의 부하

유리면에 닿은 태양복사열은 일부가 반사되고 일부는 흡수되며 나머지는 투과한다. 흡수한 열은 유리의 온도를 상승시키고 그 다음 대류 및 복사에 의하여 실내로 열이 전달된다.

$$q = I_G \cdot A \cdot K_S + K \cdot A \cdot \Delta t$$

여기서, q : 취득열량(kcal/h=kW)
I_G : 유리를 통과하는 전일사량(kcal/m² · h=kW/m² · h)
K_S : 차폐계수
K : 유리열관류율(kcal/m² · h · ℃=kW/m² · K)
Δt : 유리면 내외의 온도차(℃)

3 극간풍(틈새바람)에 의한 부하

$$q = q_S + q_L = 0.29 \cdot Q \cdot \Delta t(t_o - t_r) + 717 \cdot Q \cdot \Delta x$$

여기서, q : 취득 전열량(kcal/h=kW), q_S : 취득 현열부하(kcal/h=kW)

q_L : 취득 잠열부하(kcal/h=kW), Q : 극간풍량(m³/h)

t_o : 외기온도(℃), t_r : 실내온도(℃)

x_o : 외기 절대습도(kg/kg′), x_r : 실내 절대습도(kg/kg′)

0.24 : 건공기의 정압비열(kcal/kg · ℃)

0.29 : 건공기의 정압비열(kcal/m³ · ℃)

717 : 0℃에서 증발잠열(kcal/m³)

597.5 : 0℃에서 물의 증발잠열(kcal/kg · ℃)

4 인체 발생부하

$$q_T = n(q_S + q_L)$$

여기서, q_T : 취득열량(kcal/h=kW)

n : 재실자 수

q_S : 1인당 인체 발생 현열량(kcal/h=kW)

q_L : 1인당 인체 발생 잠열량(kcal/h=kW)

5 기구 발생부하

1) 조명기구 발생열량

① 백열등 : 0.86kcal/h · W

② 형광등 : 1.00kcal/h · W

2) 동력기기 발생열량

$$q = \frac{860 \cdot N \cdot \eta_c}{\eta}$$

여기서, q : 발생열량(kcal/h), N : 전동기 출력(kW)

η_c : 부하율(%), η : 전동기 효율(%)

※ 1kWh=860kcal=3,600kJ

6 송풍기로부터의 부하

실내 취득열량의 5~13%

7 덕트로부터의 부하

실내 취득열량의 3~7%

8 재열부하(재열기 가열부하)

$$q = 0.24\,G(t_2 - t_1) = 0.29\,Q(t_2 - t_1)$$

여기서, q : 재열부하(kcal/h=kW)

$G,\ Q$: 송풍 공기량(kg/h, m³/h)

$t_2,\ t_1$: 재열기 입출구 공기온도(℃)

0.24 : 공기의 비열(kcal/kg · ℃)

0.29 : 공기의 비열(kcal/m³ · ℃)

9 외기부하

$$q = q_L + q_S = 0.29\,Q(t_0 - t_1) + 717\,Q(x_0 - x_1)$$

여기서, q : 외기 전 부하(kW)

q_L : 외기 잠열부하(kW)

q_S : 외기 현열부하(kW)

Q : 외기량(m³/h)

$t_0,\ t_1$: 실내 온도(℃)

$x_0,\ x_1$: 실내외 절대습도(kg/kg′)

717 : 0℃에서 물의 증발잠열(kcal/m³)

···03 난방부하

1 전열에 의한 부하(벽, 지붕, 바닥, 창유리)

$$q = K \cdot A \cdot \Delta t \times k$$

여기서, q : 손실열량(kcal/h＝kW)

K : 열관류율(kcal/m² · h · ℃＝kW/m² · K)

A : 구조체 면적(m²)

Δt : 구조체 내외 온도차(℃)

k : 방위계수

▼ 방위계수

방위	수평, 북	북동, 북서	동, 서	동남, 남서	남
계수	1.2	1.15	1.1	1.05	1.0

1) 외벽, 내벽 등의 열관류율(K)

$$K = \cfrac{1}{\cfrac{1}{\alpha_i} + \cfrac{d_1}{\lambda_1} + \cfrac{d_2}{\lambda_2} + \cdots\cdots + \cfrac{d_n}{\lambda_n} + \cfrac{1}{\alpha_o}}$$

여기서, α_i : 내표면 열전달률(kcal/m² · h · ℃＝kW/m² · K)

α_o : 외표면 열전달률(kcal/m² · h · ℃＝kW/m² · K)

d : 구조체의 두께(m)

λ : 열전도율(kcal/m · h · ℃＝kW/m² · ℃)

2) 온도차

① 건물 구조체 유리창이 모두 외기에 접한 경우에는 외기온도와 실내온도의 차이를 구한다.

② 난방하지 않은 방에 접할 때는 외기온도와 실내온도 차이의 1/2을 취한다.

$$q_T = q_S + q_L$$
$$q_S = 0.29\,Q(t_o - t_i)$$
$$q_L = 717\,Q(x_o - x_i)$$

여기서, q_T : 취득전열량(kcal/h＝kW)

q_S : 취득현열량(kcal/h＝kW)

q_L : 취득잠열량(kcal/h＝kW)

γ : 공기의 비중량(1.2kg/m³)

c_P : 공기의 정압비열(0.24W/m² · ℃)

r : 물의 증발잠열(597.5kcal/kg＝2,256kJ/kg＝698W/m² · ℃)

Q : 극간풍량(m³/h)

t_o : 외기온도(℃)

t_i : 실내온도(℃)

x_o : 외기 절대습도(kg/kg′)

x_i : 실내 절대습도(kg/kg′)

2 외기부하

$$q_T = q_S + q_L$$
$$q_S = 0.29\,Q(t_o - t_i)$$
$$q_L = 717\,Q(x_o - x_i)$$

여기서, q_T : 외기 전 부하(kcal/h＝kW)

q_L : 외기 잠열부하(kcal/h＝kW)

q_S : 외기 현열부하(kcal/h＝kW)

[04장] 출제예상문제

01 냉난방부하 계산 시 잠열을 계산하지 않아도 되는 것은?

① 인체 발생열
② 커피포트 발생열
③ 태양 일사열
④ 틈새바람

해설

현열부하
㉠ 지붕이나 벽으로부터의 열량
㉡ 지붕, 벽으로부터의 통과열
㉢ 유리창 등의 열량

02 공기조화기의 가열코일에서 30℃ DB의 공기 3,000kg/h를 40℃ DB까지 가열하였을 때의 가열열량(kcal/h)은?(단, 공기의 비열은 0.24 kcal/kg·℃이다.)

① 7,200
② 8,700
③ 6,200
④ 5,040

해설

$Q = 3,000 \times 0.24 \times (40 - 30) = 7,200 \text{kcal/h}$

03 난방부하가 3,000kcal/h인 온수난방시설에서 방열기의 입구 온도가 85℃, 출구 온도가 25℃, 외기온도가 −5℃일 때, 온수의 순환량은 얼마인가?(단, 물의 비열은 1kcal/kg·℃이다.)

① 50kg/h
② 75kg/h
③ 150kg/h
④ 450kg/h

해설

$\dfrac{3,000}{1 \times (85 - 25)} = 50 \text{kg/h}$

04 건축물의 벽이나 지붕을 통하여 실내로 침입하는 열량을 구할 때 관계없는 요소는?

① 면적
② 열관류율
③ 상당온도차
④ 차폐계수

해설

건축물의 벽이나 지붕을 통하여 실내로 침입하는 열량과 관계되는 것
㉠ 면적
㉡ 열관류율
㉢ 상당온도차

05 인체로부터의 발생열량에 대한 설명 중 틀린 것은?

① 인체 발열량은 사람의 활동상태에 따라 달라진다.
② 식당에서 식사하는 인원에 대해서는 음식물의 발열량도 포함시킨다.
③ 인체 발생열에는 감열과 잠열이 있다.
④ 인체 발생열은 인체 내의 기초대사에 의한 것이므로 실내온도에 관계없이 일정하다.

해설

인체의 발생열은 실내온도에 관계하여 일정하지 않다.

06 소요동력 2kW의 송풍기를 사용하는 공조장치에서의 송풍기 취득열량은 몇 kcal/h인가?

① 2,000
② 1,720
③ 1,680
④ 1,500

해설

1kWh = 860kcal
∴ 860×2 = 1,720kcal

정답 01 ③ 02 ① 03 ① 04 ④ 05 ④ 06 ②

07 일반적으로 겨울철에 실내에서 손실되는 열만을 계산하여 난방부하로 하는 경우가 많다. 그러면 다음 중 난방부하 계산 시에 계산하여야 할 부하는 어느 것인가?

① 유리창을 통한 일사열
② 실내 인원의 운동에 의한 열
③ 송풍기 가동에 의한 열
④ 외벽체를 통한 온도차에 의한 열

해설
겨울철 난방부하는 외벽체를 통한 온도차에 의한 열손실이다.

08 습공기의 정압비열은 $C_p = 0.24 + 0.441x$로 나타낸다. 여기서 x는 무엇을 가리키는가?

① 상대습도
② 습구온도
③ 건구온도
④ 절대습도

해설
㉠ 0.24 : 공기의 정압비열(kcal/kg · ℃)
㉡ 0.441 : 수증기의 정압비열(kcal/kg · ℃)
㉢ x : 절대습도(kg/kg′)

09 다음 공조부하 중 현열, 잠열로 이루어진 것은?

① 외벽부하
② 내벽부하
③ 조명기기의 발생열량
④ 틈새바람의 의한 부하

해설
틈새바람(극간풍)은 현열, 잠열로 이루어진다.

10 냉방부하 계산 시 실내에서 취득하는 열량이 아닌 것은?

① 기구, 조명 등의 발생열량
② 유리에서의 침입열량
③ 인체 발생열량
④ 송풍기로부터 발생한 열량

해설
송풍기는 실내 취득열량이 아니고 기기로부터의 취득열량이다.

11 패널난방에서 실내 주벽의 온도 $t_w = 25℃$, 실내공기의 온도 $t_a = 15℃$라고 하면 실내에 있는 사람이 받는 감각온도 t_e는 몇 ℃인가?

① 10
② 15
③ 20
④ 25

해설
$$t_e = \frac{t_w + t_a}{2} = \frac{25 + 15}{2} = 20℃$$

12 송풍 공기량을 $Q(\text{m}^3/\text{h})$, 외기 및 실내온도를 각각 t_0, $t_r(℃)$라 할 때 침입 외기에 의한 취득 열량 중 현열부하를 구하는 공식은?

① $q = 600\,Q(t_0 - t_r)$
② $q = 715\,Q(t_0 - t_r)$
③ $q = 0.28\,Q(t_0 - t_r)$
④ $q = 0.24\,Q(t_0 - t_r)$

해설
$q = 0.28\,Q(t_0 - t_r)$ (극간풍에 의한 부하)

정답 **07** ④ **08** ④ **09** ④ **10** ④ **11** ③ **12** ③

13 열부하 계산 시 적용되는 열관류율(k)에 대한 설명으로 틀린 것은?

① 열관류율이란 전도, 대류, 복사에 의한 열전달의 모든 요인들을 혼합하여 하나의 값으로 나타낸 값이다.
② 단위는 kcal/kg · ℃이다.
③ 열관류율이 커지면 열부하도 커진다.
④ 고체벽을 사이에 두고 유체에서 유체로 열이 이동하는 비율을 말한다.

해설
㉠ 열관류율 단위 : kcal/m² · h · ℃
㉡ 열전도율의 단위 : kcal/m · h · ℃

14 난방부하에 포함되지 않는 것은?

① 벽체를 통한 부하
② 외기부하
③ 틈새부하
④ 인체 발생부하

해설
인체 발생부하(현열+잠열)는 냉방부하이다.

15 공기조화기에서 외면을 단열시공하는 이유가 아닌 것은?

① 외부로부터의 열침입 방지
② 외부로부터의 소음 차단
③ 외부로부터의 습기 차단
④ 외부로부터의 충격 차단

해설
공기조화의 외면을 단열시공하는 경우 그 목적은 ①, ②, ③과 같다.

16 다음 중 잠열부하를 제거하는 경우 변화하지 않는 상태량은?

① 상대습도　　② 비체적
③ 절대습도　　④ 건구온도

해설
건구온도는 H_2O를 배제한 경우이므로 잠열부하와는 관련이 없다.

17 어떤 실내의 취득 현열량을 구하였더니 30,000kcal/h, 잠열이 10,000kcal/h이었다. 실내를 25℃, 50% 유지하기 위해 취출 온도차 10℃로 송풍하고자 한다. 이때 현열비는?

① 0.7　　② 0.75
③ 0.8　　④ 0.85

해설
$30,000+10,000=40,000$kcal/h
$\therefore \frac{30,000}{40,000} \times 100 = 75\%$

18 난방부하 계산 시 여유율을 고려하여 계산에 포함하지 않는 부하는?

① 유리를 통한 전도율
② 도입 외기부하
③ 조명부하
④ 벽체의 축열부하

해설
㉠ 백열등의 경우
$q_E=0.86\times$조명기구 와트(W)$\times$조명점등률
㉡ 형광등의 경우(안정기가 실내에 있는 경우)
0.86$\times$조명가구 와트$\times$조명점등률$\times$1.2
※ 안정기 발열량은 형광등의 20% 가산

19 다음 중 조명부하를 쉽게 처리할 수 있는 취출구는?

① 아네모스텟   ② 축류형 취출구

③ 웨이형 취출구   ④ 라이트 트로퍼

해설

라이트 트로퍼 취출구는 조명부하를 쉽게 처리할 수 있다.

20 냉방을 하는 경우 일반적으로 거실의 실내온도는 몇 ℃로 하는가?

① 29~32   ② 25~28

③ 18~23   ④ 16~18

해설

㉠ 난방 : 18~23℃

㉡ 냉방 : 25~28℃

21 건구온도 20℃, 절대습도 0.008kg/kg(DA)인 공기의 비엔탈피는 약 얼마인가?(단, 공기의 정압비열(C_p)=0.24kcal/kg · ℃ 수증기의 정압비열(C_p)=0.441kcal/kg · ℃이다.)

① 7.0kcal/kg(DA)   ② 8.3kcal/kg(DA)

③ 9.6kcal/kg(DA)   ④ 11.0kcal/kg(DA)

해설

$$h_w = h_a + xh_v = C_p \cdot t + x(\gamma - C_{vp} \cdot t)$$
$$= 0.24 \times 20 + 0.008(597.5 + 0.44 \times 20)$$
$$= 4.8 + 4.8504 = 9.6504 \text{kcal/kg}'$$

22 최대 열부하에 대한 설명으로 옳은 것은?

① 실내에서 발생하는 부하를 1년간에 걸쳐 합계한 부하

② 환기를 위해 외기를 공조기로 도입하여 실내의 온 · 습도 상태까지 냉각감습하거나, 가열가습하는 데 필요한 부하

③ 실내에서 발생되는 부하가 일주일 중에서 가장 큰 값으로 되는 시각의 부하

④ 공조설비의 용량을 결정하기 위하여 연중 가장 추운 날 또는 가장 더운 날로 가정된 설계용 외기조건을 이용하여 계산된 부하

해설

최대 열부하

공조설비의 용량을 결정하기 위해 연중 가장 추운 날 또는 가장 더운 날로 가정된 설계용 외기조건을 이용하여 계산된 부하이다.

23 다음 그림에서 설명하고 있는 냉방부하의 변화요인은?

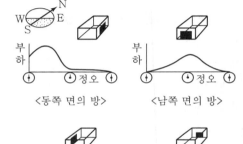

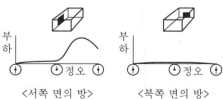

① 방의 크기

② 방의 방위

③ 단열재의 두께

④ 단열재의 종류

해설

시간별 냉방부하 : 방의 방위가 다르다.

24 외기온도 −5℃일 때 공급 공기를 18℃로 유지하는 히트펌프 난방을 한다. 방의 총 열손실이 50,000kcal/h일 때 외기로부터 얻은 열량은 몇 kcal/h인가?

① 43,500　　　　② 46,047
③ 50,000　　　　④ 53,255

해설

$$50,000 \times \frac{(273-5)}{(273+18)} = 46,048 \text{kcal/h}$$

25 냉방부하의 취득열량에는 현열부하와 잠열부하가 있다. 잠열부하를 포함하는 것은?

① 덕트로부터의 취득열량
② 인체로부터의 취득열량
③ 벽체의 전도에 의해 침입하는 열량
④ 일사에 의한 취득열량

해설

인체에는 현열 및 잠열부하가 포함된다.

26 건구온도 30℃, 상대습도 50%인 습공기 500m³/h를 냉각코일에 의하여 냉각한다. 냉각코일의 표면온도는 10℃이고 바이패스 팩터가 0.1 이라면 냉각된 공기의 온도(℃)는 얼마인가?

① 10　　　　　　② 12
③ 24　　　　　　④ 28

해설

$$t_4 = t's + (t_3 t's) \times BF = 10 + (30-10) \times 0.1 = 12℃$$

27 다음 중 냉방부하 계산 시 현열부하에만 속하는 것은?

① 인체 발생열　　② 기구 발생열
③ 송풍기 발생열　④ 틈새바람에 의한 열

해설

송풍기 발생열은 잠열부하가 없으므로 현열부하가 계산된다.

28 난방공조에서 실내온도(코일의 입구온도)가 23℃, 현열량 4,000kcal/h, 풍량이 2,400kg/h 이면 코일의 출구온도는?

① 26.95℃　　　　② 29.94℃
③ 33.42℃　　　　④ 36.52℃

해설

$$4,000 = 2,400 \times 0.24(t_2 - 23)$$

$$t_2 = \frac{4,000}{2,400 \times 0.24} + 23 = 29.94℃$$

※ 공기의 비열 = 0.24kcal/kg · ℃

29 공조부하 계산에 있어서 백열등의 1kW당 발생열량은 얼마인가?

① 641kcal/h　　　② 680kcal/h
③ 860kcal/h　　　④ 1,000kcal/h

해설

$$1\text{kWh} = 102\text{kg} \cdot \text{m/s} \times 3,600\text{s/h} \times \frac{1}{427}\text{kcal/kg} \cdot \text{m}$$

$$= 860\text{kcal}$$

30 공조용 송풍량 결정 등의 원인이 되는 열부하는?

① 실내열부하　　② 장치열부하
③ 열원부하　　　④ 배관부하

해설

실내부하(기타)
㉠ 급기 덕트에서의 손실
㉡ 송풍기의 동력열

정답　**24** ②　**25** ②　**26** ②　**27** ③　**28** ②　**29** ③　**30** ①

31 어떤 실의 난방부하가 5,000kcal/h일 때 저압증기 방열기의 방열면적은 몇 m²인가?

① 4.5　　　　　② 6.6

③ 7.7　　　　　④ 8.8

해설

증기난방 표준방열량 = 650kcal/m² · h

$$\therefore \frac{5,000}{650} = 7.69 m^2$$

32 난방부하가 3,500kcal/h인 방의 온수 방열량의 방열 면적은 몇 m²인가?

① 5.4　　　　　② 6.6

③ 7.8　　　　　④ 8.9

해설

$$EDR = \frac{H_R}{450} = \frac{3,500}{450} = 7.8 m^2$$

33 다음의 냉방부하 중 현열부하만 생기는 것은?

① 인체　　　　　② 틈새바람

③ 외기　　　　　④ 유리창

해설

유리창의 냉방부하는 현열부하이다.

34 실내 냉방부하 중에서 현열부하가 2,500 kcal/h, 잠열부하가 500kcal/h일 때 현열비는 약 얼마인가?

① 0.2　　　　　② 0.83

③ 1　　　　　④ 1.2

해설

총부하 = 2,500 + 500 = 3,000kcal/h

$$\therefore \frac{2,500}{3,000} = 0.83$$

35 다음 그림은 열의 흐름을 나타낸 것이다. 열 흐름에 대한 용어로 틀린 것은?

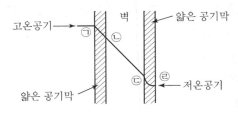

① ㉠ → ㉡ : 열전달　　② ㉡ → ㉢ : 열관류

③ ㉢ → ㉣ : 열전달　　④ ㉠ → ㉣ : 열통과

해설

㉡ → ㉢ : 고체벽에서는 열전도가 나타난다.

36 다음 중 현열비를 구하는 식은?

① 현열비 $= \dfrac{\text{현열부하}}{\text{잠열부하}}$

② 현열비 $= \dfrac{\text{잠열부하}}{\text{잠열부하} + \text{현열부하}}$

③ 현열비 $= \dfrac{\text{현열부하}}{\text{잠열부하} + \text{현열부하}}$

④ 현열비 $= \dfrac{\text{잠열부하}}{\text{현열부하}}$

해설

현열비 $= \dfrac{\text{현열부하}}{\text{현열부하} + \text{잠열부하}}$

※ 전부하 = 현열부하 + 잠열부하

37 냉동기의 용량 결정에 있어서 실내 취득열량이 아닌 것은?

① 벽체로부터의 열량

② 인체 발생열량

③ 기구 발생열량

④ 덕트로부터의 열량

해설

덕트로부터의 열량은 기기로부터의 취득열량이다.

38 다음은 어느 실의 열 발생에 따른 부하를 처리하기 위한 급기풍량(m³/h)의 계산식이다. 계산식에서 Δt는 무엇을 나타내는가?

$$Q(풍량) = \frac{q_s}{\rho \times C_p \times \Delta t}$$

① 상당외기 온도차

② 실내외 온도차

③ 실내 설정온도와 실내 취출온도차

④ 유효온도차

해설

㉠ Δt : 실내 설정온도와 실내 취출온도차

㉡ q_s : 부하량

㉢ ρ : 공기밀도

㉣ C_p : 정압비열

39 13,500m³/h의 풍량을 나타낸 것으로 맞는 것은?

① 225CMM

② 225CMS

③ 13,500CMM

④ 13,500CMS

해설

$풍량 = \dfrac{13,500}{60} = 225CMM(m^3/min)$

40 건축물의 내벽, 내창, 천장 등을 통하여 손실되는 열량을 계산할 때 관계없는 것은?

① 열통과율

② 면적

③ 인접실과 온도차

④ 방위계수

해설

방위계수는 건축물의 동서남북 방위에 따라 열손실계수가 달라진다.

41 인체 활동 시의 대사를 표시하는 단위는?

① RMR

② BMR

③ MET

④ CET

해설

MET

대사량을 나타내는 단위이며 열적으로 쾌적상태에서의 안정 시 대사를 기준으로 한다.

$1MET = 50kcal/m^2 \cdot h$

05장 공기조화 기기와 덕트

┅ 01 공기조화 기기

1 송풍기

- 기체를 모아서 수송하기 위한 목적으로 사용한다.
- 공기조화 및 환기용으로 사용되는 송풍기는 저속덕트에서는 100mmAq 이하의 것이 많고, 고속 덕트에서는 300mmAq 이하가 보통이다.
- 송풍기는 건물의 내부에 설치되므로 소음이나 진동이 적어야 한다.

> **참고**
>
> - 팬(Fan) : 0.1kgf/cm²(1,000mmAq) 미만
> - 블로어(Blower) : 0.1~1.0kgf/cm²(1,000~10,000mmAq)
> - 압축기 : 1.0kgf/cm² 이상

1) 송풍기의 종류

2) 날개 형식에 따른 송풍기의 분류

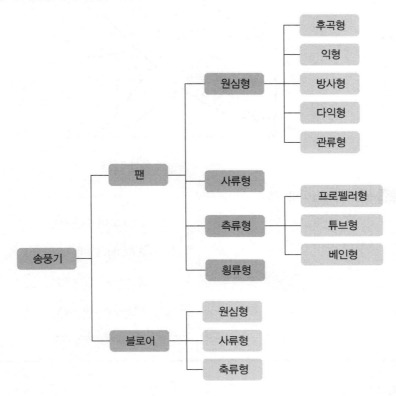

3) 송풍기의 특징

① 송풍기의 번호(No.)

- $No. = \dfrac{임펠러(깃)의\ 지름mm}{150mm} \rightarrow 다익형$

- $No. = \dfrac{임펠러(깃)의\ 지름mm}{100} \rightarrow 축류형$

② 소요동력

$$kW = \frac{Q \times P_T}{102 \times 60 \times \eta_T} = \frac{Q \times P_S}{102 \times 60 \times \eta_S}$$

여기서, Q : 풍량(m³/min) P_T : 전압(mmAq)

P_S : 정압(mmAq) η_T : 전압효율(%)

η_S : 정압효율(%)

※ 동력(kW) = 102kg · m/s

동력(PS) = 75kg · m/s

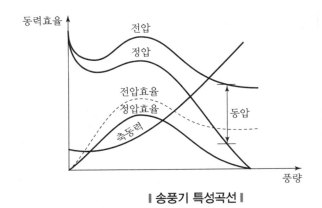

┃ 송풍기 특성곡선 ┃

참고 풍량 제어방식의 구분

풍량 제어방식 ─┬─ 토출댐퍼에 의한 제어
　　　　　　　├─ 흡입댐퍼에 의한 제어
　　　　　　　├─ 흡입베인에 의한 제어
　　　　　　　├─ 회전수에 의한 제어
　　　　　　　└─ 가변피치에 의한 제어

③ 송풍기의 법칙

회전수 변화($N_1 \rightarrow N_2$)	임펠러 지름의 변화($d_1 \rightarrow d_2$)
• 풍량 변화, $Q_2 = \left(\dfrac{N_2}{N_1}\right)Q_1$	• 풍량 변화, $Q_2 = \left(\dfrac{d_2}{d_1}\right)^3 Q_1$
• 정압 변화, $P_2 = \left(\dfrac{N_2}{N_1}\right)^2 P_1$	• 정압 변화, $P_2 = \left(\dfrac{d_2}{d_1}\right)^2 P_1$
• 동력 변화, $KW_2 = \left(\dfrac{N_2}{N_1}\right)^3 KW_1$	• 동력 변화, $KW_2 = \left(\dfrac{d_2}{d_1}\right)^5 KW_1$

④ 송풍기의 법칙 변화

송풍기변수	정수	법칙	공식
회전속도 변수 ($N_1 \rightarrow N_2$)	송풍기 크기	풍량(Q_2)은 회전속도비에 비례하여 변화	$Q_2 = Q_1\left(\dfrac{N_2}{N_1}\right)$
		압력(P_2)은 회전속도비의 2제곱에 비례하여 변화	$P_2 = P_1\left(\dfrac{N_2}{N_1}\right)^2$
		동력(L_2)은 회전속도비의 3제곱에 비례하여 변화	$L_2 = L_1\left(\dfrac{N_2}{N_1}\right)^3$

송풍기변수	정수	법칙	공식
송풍기 날개크기 $(D_1 \rightarrow D_2)$	회전속도	풍량(Q_2)은 송풍기 크기비의 3제곱에 비례하여 변화	$Q_2 = Q_1 \left(\dfrac{D_2}{D_1} \right)^3$
		압력(P_2)은 송풍기 크기비의 2제곱에 비례하여 변화	$P_2 = P_1 \left(\dfrac{D_2}{D_1} \right)^2$
		동력(L_2)은 송풍기 크기비의 5제곱에 비례하여 변화	$L_2 = L_1 \left(\dfrac{D_2}{D_1} \right)^5$

2 보일러(원동기)

- 보일러란 연료의 연소열로 물을 가열함으로써 대기압 이상의 압력을 가진 증기를 발생하거나, 물을 가열하여 온수로 만들어 다른 곳으로 공급하는 장치이다.
- 보일러는 노, 보일러 본체, 부속장치 및 부속부품으로 구성된다.

1) 재질에 따른 보일러의 분류

2) 보일러의 특징

① 주철제 보일러

조립식이므로 운반이 편리하며 쉽게 부식되지 않으나 강도가 적으므로 저압용으로 사용된다.

② 강판제 보일러

- 입형 보일러 : 설치가 쉽고 설치 면적도 작지만 소용량이므로 소규모 난방에 사용된다.
- 노통 보일러(코르니쉬 보일러, 랭커셔 보일러) : 구조가 간단하여 청소는 쉬우나 설치면적이 크고 증기발생시간이 오래 걸리므로 최근에는 생산되지 않고 있다.
- 연관 보일러 : 크기에 비해 전열면적이 크므로 증기 발생이 빠르고 열효율도 좋으나 내부 청소가 곤란하다.
- 노통·연관 보일러 : 노통 보일러와 연관 보일러의 장점을 살린 구조로서 효율이 좋고 설치도 쉬우며 수관 보일러보다 가격이 저렴하다.
- 수관 보일러 : 동일한 크기의 다른 보일러에 비해 전열면적이 크고 관 수량이 적으므로 증기 발생이 빠르고 고압증기를 만들기에 용이하며 대용량에 적당하다.

3) 보일러 용량

보일러 용량은 정격용량(최대 연속부하에서 단위시간마다의 용량)을 증발량(kg/h) 또는 열출력(kcal/h)으로 표시하며, 이 중 정격용량에는 환산증발량(상당증발량)이 사용된다.

$$G_e = \frac{G_a(h_2 - h_1)}{539\text{kcal/kg}} = \frac{G_a(h_2 - h_1)}{2,256\text{kJ/kg}} [\text{kg/h}]$$

여기서, G_e : 환산증발량(kg/h)

$\quad\quad\quad G_a$: 실제증발량(kg/h)

$\quad\quad\quad h_2$: 보일러 출구에서의 증기 엔탈피(kcal/kg = kJ/kg)

$\quad\quad\quad h_1$: 보일러 입구에서의 급수 엔탈피(kcal/kg = kJ/kg)

4) 보일러 효율

보일러 효율은 연료가 완전연소할 때의 이론적 발열량에 대한 발생증기 또는 온수가 흡수한 열량의 비를 의미한다.

$$\eta = \frac{\text{시간당 실제로 발생된 증기가 유효한 열량}}{\text{시간당 공급연료가 완전연소로서 발생할 수 있는 이론적 공급열량}} \times 100\%$$

$$= \frac{G_a(h_2 - h_1)}{G_f \cdot H_l} \times 100\%$$

$$= \frac{539\,G_e}{G_f \cdot H_l} \times 100\% = \frac{2,256\,G_e}{G_f \cdot H_l} \times 100\%$$

여기서, G_f : 연료소비율(kg/h)

H_l : 연료의 저발열량(kcal/kg=kJ/kg)

G_e : 상당증발량(kg/h)

G_a : 실제 증발량(kg/h)

5) 연소효율

연료 1kg의 연소 시 완전히 연소(저위발생량)할 때의 열량과 실제로 발생하는 열량의 비를 의미한다.

$$\eta = \frac{\text{실제 발생열량}}{\text{완전연소 시 발생열량}} \times 100\%$$

③ 난방용 방열기

1) 방열기의 분류

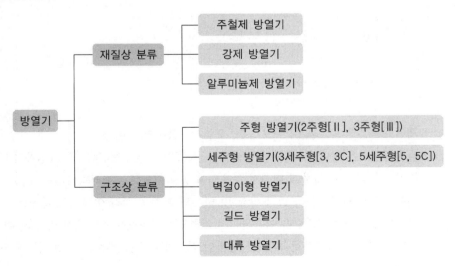

2) 방열기 표준방열량

열매	표준방열량 (kcal/m² · h)	표준온도차 (℃)	표준상태에서의 온도(℃)	
			열매온도	실온
증기	650(0.76kW)	83.5	102	18.5
온수	450(0.53kW)	61.5	80	18.5

3) 각종 방열기 도시방법

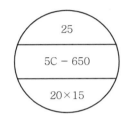

여기서, 25 : 방열기 섹션 수(쪽수)
5C : 5세주 방열기
650 : 높이(mm)
20 : 공급관지름(mm)
15 : 환수관지름(mm)

4 공기조화 부속기기

1) 에어필터

① 공조를 하고 있는 실내에서는 공기의 청정도도 제어할 필요가 있으며, 특히 공기 중의 먼지 또는 오염물질을 제거하기 위하여 공기조화기기 속 등에 설치되는 기기를 에어필터라고 한다.

② 에어필터의 성능은 공기를 통과시킬 때의 압력손실, 먼지를 어느 정도 에어필터 내에 멈춰둘 수 있는가 하는 것을 나타내는 보진용량 및 공기 중의 먼지를 어느 정도 제거할 수 있는가를 나타내는 제진효율에 의해서 표시된다.

$$\text{여과효율(제진효율)} \ \eta = \left(1 - \frac{C_2}{C_1}\right) \times 100\%$$

여기서, C_2 : 입구 측의 공기 중 먼지농도
C_1 : 출구 측의 먼지농도

• 제진효율은 여과효율, 진애포집률, 오염제거율이라도 한다.
• 효율측정법은 중량법, 비색법(변색도법, NBS법), 계수법(DOP법)의 3가지 방법이 있다. 중량법은 커다란 입자에 대해서 사용되며 공조용으로는 프리필터 등에 사용되고, 공조용 에어필터의 제진효율은 필터 상류 및 하류의 분진을 각각 여과지로 채집하여 광투과량이 같도록 통과되는 공기량을 이용하는 비색법으로 나타내는 것이 일반적이다. 마지막으로 계수법은 광산란식 입자계수기를 사용하여 입견과 개수를 계측하여 농도를 측정함으로써 표집률을 구한다.

▼ 여과기의 분류

여과작용에 의한 분류		보수관리상의 분류	
충돌점착식	여과재 교환형, 유닛 교환형 자동식 충돌점착식	자동청소형	여과재 사용
건성여과식	유닛교환형, 자동이동형, 고성능 필터(HEPA)형	자동재생형	오염 매트(Mat) 자동제거
전기식	2단 전하식, 2단 하전식, 1단 하전식	정기청소법	여과재 청소 후 재사용
		여과재 교환형	오염된 여과재를 새것으로 교체
활성탄흡착식	원통형, 지그재그형, 바이패스형	유닛 교환형	유닛 자체를 새것으로 교체

2) 공기 냉각코일

① 공기 냉각코일의 분류

구분		특징
핀현상에 의한 분류	플레이트 핀코일	관에 직각으로 금속판 핀을 넣은 것
	헬리컬 핀코일	리본 모양의 핀을 관에 감은 것
열매체에 의한 분류	냉수형 코일	관 속에 냉수를 흐르게 하여 공기를 냉각시키는 것
	직접 냉각코일	관 속에 냉매를 직접 팽창시키면 증발열이 발생하게 되고 그 열에 의해 공기를 냉각시키는 것

② 대수 평균온도차(LMTD)

- 냉수형 코일에서 냉수의 출구 헤더 측으로부터 공기가 유입되어 공기의 통과 방향과 물의 통과 방향이 역으로 된 것을 의미한다.
- 공기의 통과 방향과 물의 통과 방향이 같은 것을 '평행류'라고 한다.

- 산정식

$$대수\ 평균온도차 = \frac{\Delta t_1 - \Delta t_2}{\ln\dfrac{\Delta t_1}{\Delta t_2}} = \frac{\Delta t_1 - \Delta t_2}{2.3\log\dfrac{\Delta t_1}{\Delta t_2}}$$

여기서, Δt_1 : 공기 입구 측에서 공기와 물의 온도차(℃)

Δt_2 : 공기 출구 측에서 공기와 물의 온도차(℃)

역류일 때 : $\Delta t_1 = t_1 - t_{w2}$, $\Delta t_2 = t_2 - t_{w1}$

병류일 때 : $\Delta t_1 = t_1 - t_{w1}$, $\Delta t_2 = t_2 - t_{w2}$

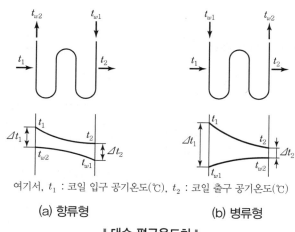

여기서, t_1 : 코일 입구 공기온도(℃), t_2 : 코일 출구 공기온도(℃)

(a) 향류형   (b) 병류형

┃ 대수 평균온도차 ┃

③ 코일의 선정

- 공기류와 수류의 방향은 역류가 되도록 한다.
- 냉수용 코일을 통과하는 공기의 풍속은 2~3m/s가 되도록 한다.
- 물의 속도는 일반적으로 1m/s 전후가 되도록 한다.
- 수온의 상승은 일반적으로 5℃ 전후로 한다.
- 코일의 설치는 관이 수평으로 놓이게 한다.

▼ 공기조화 코일의 분류

분류 기준	코일 종류	특징
설치목적에 따른 분류	예열코일	외기로 예열하여 가습효율을 높인다.
	예냉코일	외기를 예냉하여 냉각코일의 용량을 줄인다.
	가열코일	난방 시 급기를 가열한다.
	냉각코일	냉방 시 급기를 냉각 감습한다.
냉매, 열매에 따른 분류	냉수코일	관 내에 냉수를 흘려서 공기를 냉각시킨다.
	온수코일	관 내에 온수를 흐르게 하여 공기를 가열한다.
	냉·온수코일	냉방 시 냉수, 난방 시 온수로 통하게 한다.
	증기코일	관 내에 증기를 흐르게 하여 공기를 가열한다.
	직접팽창코일	관 내에 냉매를 통하게 한다.
핀 종류에 따른 분류	나선형 핀코일	전열효과를 높이기 위해 관 외부에 나선형 핀을 부착한다.
	플레이트코일	플레이트 핀을 관 외부에 부착한다.
	슬릿 핀코일	슬릿 핀을 관 외부에 부착한다.

분류 기준	코일 종류	특징
코일 내 유량에 따른 분류	풀 서킷코일	일반적으로 많이 사용
	더블 서킷코일	유량이 많아서 코일 내에 물의 유속이 너무 클 때
	하프 서킷코일	유량이 적을 때 사용
코일 표면 건습 상태 분류	건코일	코일 표면의 온도가 통과공기의 노점온도보다 높을 때
	습코일	코일 표면의 온도가 통과공기의 노점보다 낮을 때

3) 공기가열코일

① 공기가열코일의 종류

구분	특징
온수코일	온도 40~60℃의 온수를 관 내에 통하는 것이며 자동제어밸브에 의한 유량제어 또는 온도제어를 하고, 냉수 코일과 겸용할 때가 많으며 이것을 냉 온수코일이라고 한다.
증기코일	관 내에 0.1~0.2atg의 증기를 통하여, 열수는 온수코일보다 적게 된다.
냉매코일	열펌프를 사용하여 공기 측 코일을 공랭식 응축기로 하며 냉매의 응축열량을 공기에 주게 된다.
전열코일	관의 중심에 전열선이 있고 그 주위에 마그네슘 전열재를 채운 것으로 소형 패키지 또는 항온실의 재열기로 사용된다.

② 코일 내 물의 유속(W)

$$W = \frac{L}{60 \times a \times n \times 10^3} \, [\text{m/s}]$$

③ 코일의 필요열수(N)

$$N = \frac{g_t}{F \times K \times C_w \times \text{MTD}} \, [\text{열}]$$

여기서, L : 수량(L/min)
a : 냉수관 내 단면적(m^2)
n : 냉수관 튜브수(서킷수×단수)
q_t : 전열부하(kg/h)
F : 코일의 전 면적(m^2)
K : 열관류율(kcal/$\text{m}^2 \cdot \text{h} \cdot$ ℃)
C_w : 습면 보정계수
MTD : 대수평균온도차(℃)

④ 코일의 동결 방지방법

- 운전 정지 시에는 외기 댐퍼를 전개로 하도록 송풍기와 인터록한다.
- 외기 댐퍼는 충분히 기밀된 것이라야 한다.
- 온수 코일에 있어서는 야간의 운전 정지 중에 순환펌프를 운전하여 코일 내의 물을 유동시 킨다.
- 운전 중에는 전열 교환기를 사용하여 외기온도를 1℃ 이상으로 해서 도입한다.
- 외기와 환기가 충분히 혼합되도록 각 덕트의 개구부를 배치한다.
- 증기코일에 있어서는 압력 0.5atg 이상의 증기를 사용하고 코일의 관이 수평일 때는 관에 경사를 두어 관 내에 응축수가 고이지 않게 배열한다.

⑤ 난방용 증기코일의 선정방법

- 증기코일은 열수가 적으므로 전면 풍속은 3~5m/s로 선정한다.
- 증기압은 0.1~2.0atg가 많이 사용되며, 한랭지에 있어서는 동결 방지상 0.5atg 이상을 사용한다.
- 증기코일용 트랩의 용량은 피크 시 증기량의 3배 이상의 것으로 한다.

4) 가습방식

가습형식	세분화		가습방식
수분무식	원심식		전동기 원반을 고속회전하여 송풍기에 의해 공기 중에 가습
	초음파식		120~320W 전력을 사용하여 초음파로 소규모 사무실에 가습
	분무식		가압펌프의 압력으로 노즐을 통해 온수를 분무하여 가습
증기식	증기 발생식	전열식	가습관 내에 물을 증기 또는 전열기로 가열하여 증발가습
		전극식	전극판을 물속에 넣어 전기에너지에 의해 증기가습
		적외선식	물을 적외선으로 가열하여 증기가습
	증기 공급식	과열증가식	증기를 과열시켜 직접 공기 중에 가습
		분무식	수증기를 분무 노즐에서 압력으로 증기가습
증발식	회전식		물에서 회전체가 고속으로 회전, 물을 비산시킴으로써 가습
	모세관식		흡수성이 강한 섬유류를 물에 적셔서 모세관으로 가습
	적하식		가습용 충전재의 상부에서 물을 뿌리고 가습

> **참고 감습장치(Dehumidifier)**
>
> 공기 속에 포함되어 있는 수분을 제거 하는 장치의 총칭으로, 일반적으로 다음의 4종을 단독 또는 복합해서 사용한다.
>
> 1. **냉각감습장치** : 냉각코일 또는 공기세정기를 사용하며, 공기 조화의 기본적인 조작의 하나이다. 냉각과 감습을 동시에 필요로 할 때는 유리하지만 냉각을 필요로 하지 않을 때는 재열(再熱)을 필요로 하므로 열량이 소모된다.
> 2. **압축감습장치** : 공기를 압축기로 압축하고 냉각기로 냉각해 수분을 응축시킨다. 소요 동력이 커지므로 냉동기가 없는 소규모의 장치와 공기 액화 등에 이용되고 있다.
> 3. **흡수식 감습장치** : 염화리튬, 트리에틸렌 글리콜 등의 흡수제를 사용한다. 공기를 분무 상태인 흡수제 속으로 통과시켜 감습하고, 흡수제는 가열, 농축, 냉각되어 재생되므로 연속적인 처리가 이루어진다.
> 4. **흡착식 감습장치** : 실리카겔, 활성 알루미나, 생석회 등의 흡착제를 사용하여 두 개의 탑에서 흡습, 재생을 교대로 행한다. 장치는 간단하며 저습도의 공기를 얻을 수 있지만, 재생에 대량의 열량을 필요로 하므로 풍량이 적어도 되는 건조실 등에 사용되고 있다.

5) 에어와셔

공기에 분무수를 접촉시킴으로써 물과 공급의 열교환과 동시에 수분의 교환에 의해 습도조절 및 먼지나 냄새를 제거한다.

① 에어와셔의 종류

구분		특징
분무형 가습	횡형 저속식	종래에 가장 일반적으로 사용되고 있으며 전면 풍속은 2~3m/s를 사용한다.
	횡형 고속식	전면 풍속은 5~8m/s를 사용하고 단면적을 소형으로 한다.
	유닛형 고속식	전면 풍속은 10m/s 전후를 사용하며, 공장 생산형이고 천장에 매달아 사용할 때가 많다.
충진형 가습	캐필러리형	글라스울의 필터형 유닛을 충진물로 사용하며, 길이 1m 이내이다.
	여류형	공장 생산형이며 유닛으로 사용한다.

② 에어와셔의 성능

성능은 다음과 같은 조건에 따라 변화한다.

• 공기량과 분무 수량비(물공기비)

• 분무된 물방울의 입자 지름

• 공기와 유속

• 공기와 물의 유효 접촉거리

③ 부속장치

- 루버(Louver) : 공기입구 부분에서 공기의 흐름을 균일하게 하는 장치이다.
- 일리미네이터(Eliminator) : 공기출구 부분에서 물방울이 급기와 함께 혼입하지 않도록 하는 장치이다.
- 플러딩노즐(Flooding Nozzle) : 상부에 위치하며, 일리미네이터의 더러움을 방지하기 위해 물을 분무하여 청소할 때 사용한다.

···02 덕트

덕트란 필요한 온도, 습도, 청정도로 처리된 공기를 실내로 공급하거나 오염된 공기를 실외로 배출하기 위하여 사용되는 수송관을 의미한다.

1 덕트의 재질

① 일반적으로 아연도금강판이 사용된다.
② 기타 : 열간압연박강판, 냉간압연강판, 동판, 알루미늄판, 스테인리스강판, 염화바닐 등

2 덕트의 압력

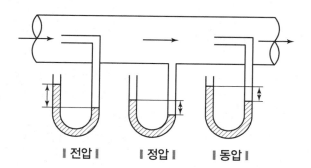

| 전압 | | 정압 | | 동압 |

3 덕트의 치수 결정법

1) 등마찰법

덕트의 단위길이당 마찰저항이 일정한 상태가 되도록 덕트마찰손실선도에서 직경을 구하는 방법으로 쾌적용 공조의 경우 흔히 적용된다.

2) 정압재취득법

1개의 급기덕트에 몇 개의 취출구가 순차적으로 있을 때 1구간에서 말단으로 가면서 덕트저항이 점차적으로 증가하고 각 취출구에서의 취출로 인하여 전압은 감소된다. 이 방식은 고속덕트에 적합하고 송풍기에서 최초의 분기부까지의 정압손실 및 취출구의 저항손실만을 계산한다.

3) 등속법

덕트 내의 풍속을 일정하게 유지할 수 있도록 덕트 치수를 결정하게 하는 방법이다.

4 덕트와 보온

1) 덕트 내의 흐름

① 일반적으로 공기가 덕트 내를 흐를 때는 공기의 압력, 풍속 등을 연속의 식 및 베르누이식으로 구할 수 있다.

$$P_1 + \frac{v_1^2 \cdot \gamma}{2g} + Z_1\gamma = P_2 + \frac{v_2^2 \cdot \gamma}{2g} + Z_2\gamma + \Delta P$$

여기서, Z : 중심선의 높이(m)

g : 9.8(m/s^2)

v : 풍속(m/s)

γ : 공기의 비중량(kg/m^3)

ΔP : 압력손실

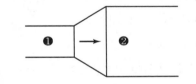

② P_1을 정압이라고 하고 동압은 $\dfrac{v_2^2 \cdot \gamma}{2g}$ 이며, $P_1 + \dfrac{v_1^2}{2g} \cdot \gamma$을 전압이라고 한다.

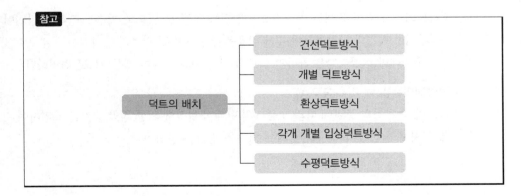

참고

덕트의 배치
- 건선덕트방식
- 개별 덕트방식
- 환상덕트방식
- 각개 개별 입상덕트방식
- 수평덕트방식

③ 직선 덕트의 마찰저항

지름 d, 길이 L의 직선 원형 덕트에 풍속 vm/s로 공기가 흐를 때의 마찰손실(ΔP)은 다음과 같다.

$$마찰손실(\Delta P) = \lambda \frac{L}{d} \cdot \frac{v^2}{2g} \cdot \gamma[\text{mmAq}]$$

여기서, λ : 마찰저항계수

④ 국부저항

덕트의 굴곡부나 분기관, 그 밖의 이형 부분에 있어서의 압력손실은 다음과 같다.

$$압력손실(\Delta P) = \zeta \frac{v^2}{2g} \cdot \gamma[\text{mmAq}]$$

여기서, ζ : 국부저항계수

2) 덕트의 크기 결정

덕트방식에는 고속덕트방식과 저속덕트방식의 두 가지가 있으며, 덕트 풍속이 15m/s 이하를 저속, 15m/s를 넘는 것을 고속으로 구분한다. 덕트의 크기 결정방법에는 등속도법, 등마찰손실법, 정압재취득법 등이 있다.

① 등속도법(정속법)
- 덕트 각부에 있어서의 풍속이 일정할 수 있도록 치수를 정하는 방법이다.
- 간단하게 각부의 저항 계산을 할 수 있으나 각 취출구, 흡입구까지의 저항을 균일하게 하기가 거의 불가능하므로 일반적으로 사용되지 않는다.

② 등마찰손실법(정압법)
- 덕트의 단위길이에 대한 마찰저항이 일정하게 될 수 있도록 치수를 정하는 방법이다.
- 국부저항 직관의 마찰저항에 대한 비율을 추정하여 전 덕트의 등가길이를 내고 이것에 단위길이에 대한 마찰저항을 곱하면 덕트의 전 압력의 손실이 계산되므로 편리하다.

③ 정압재취득법(덕트 취출구용)
덕트의 각 구간의 풍량에 따라서 풍속의 단계적 현상에 의한 정압 증가를 고려하여 각 취출구에 있어서의 정압이 일정하게 되는 치수를 정하는 방법이다.

3) 덕트의 이음

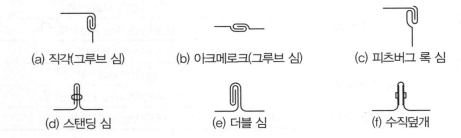

(a) 직각(그루브 심) (b) 아크메로크(그루브 심) (c) 피츠버그 록 심

(d) 스탠딩 심 (e) 더블 심 (f) 수직덮개

4) 원형 덕트에서 장방형 덕트의 환산

$$d = 1.3 \left\{ \frac{(a \times b)^5}{(a+b)^2} \right\}^{\frac{1}{8}}$$

여기서, a : 원형 덕트의 직경 또는 상당직경
b : 4각 덕트의 장변 길이
c : 4각 덕트의 단변 길이

동일한 원형 덕트에 대한 4각 덕트의 장변과 단변의 치수는 여러 가지로 조합할 수 있는데 장변과 단변의 비를 '아스펙트비(Aspect Ratio)'라 하며 보통 4 : 1 이하가 바람직하다. 가능한 한 8 : 1을 넘지 않는 범위로 한다.

5 취출과 흡입

냉난방 시 냉풍이나 온풍을 실내에 공급하는 기기이다.

1) 취출구의 종류

취출구 방식	취출구 종류
천장 취출구	아네모스탯(Anemostat)형
	웨이(Way)형
	팬(Pan)형
	라이트 트로퍼(Light-Troffer)형
	다공판(Multi-Vent)형
라인형 취출구	브리즈라인(Breeze Line)형
	캄라인(Calm Line)형

취출구 방식	취출구 종류
라인형 취출구	T-라인(T-Line)형
	슬롯라인(Slot Line)형
	T-바(T-Bar)형
축류형 취출구	노즐(Nozzle)형
	펑커 루버(Punka Louver)형
베인 격자형 취출구	베인(Vane) 격자형

2) 취출구의 종류

방식	분류	종류	설치 예	냉방 시 최고 취출온도차
천장 취출 (하향)	광산형 (Ceiling Diffuser)	원형	아네모스탯형, 팬형, 노드라프트형	11~14℃
		라인형	천장슬롯형, 브리즈라인형, T라인형, 트로퍼형	10~12℃
		각형	TCSX형, TMDC형, 아네모스탯형	11~14℃
	축류형	노즐	천장노즐형, 펑카루버	4~8℃
	다공패널	–	전면천장취출, 멀티벤트 취출구	4~8℃
측벽 취출 (횡향)	광산형 (Wall Diffuser)	각형	유니버설형	8~10℃
		반원형	아네모스탯형	10~12℃
	축류형	노즐	벽설치 노즐	7~10℃
		가변방향	펑카루버	7~10℃
	라인형	–	슬롯형	7~10℃
상면 또는 취대 취출 (상향)	광산형	–	슬롯형, 유니버설형	7~10℃

※ 취출공기의 유인작용

3) 취출 풍량과 속도

① 취출풍량(Q)

$$Q(\mathrm{m^3/h}) = \frac{\text{실내현열부하}(\mathrm{kcal/h})}{0.29[\text{실내온도}(℃) - \text{분출온도}(℃)]}$$

실내온도와 분출온도의 차는 다음 표와 같으며 도달거리는 분출구로부터 분출기류의 중심속도가 0.25m/s의 속도로 되는 위치까지의 수평거리를 의미한다.

▼ 실내온도와 분출온도의 차

설치높이(m)	허용온도차(℃)		
	벽붙이형 분출구		천장붙이형 분출구
	풍량이 많을 때	풍량이 적을 때	디퓨저형 분출구
2.4	–	–	11.0
3.0	8.3	11.0	12.2
3.6	9.5	12.2	13.1
4.2	10.5	13.3	14.2
4.8	11.5	14.5	15.0
5.4	12.8	15.5	16.1
6.0	14.0	16.7	16.7

② 취출속도 : 아래 표의 속도의 범위로 한다.

실용도	분출속도(m/s)
방송실	1.5~2.5
주택, 아파트, 극장, 호텔 침실	2.5~3.5
개인 사무실	4.0
영화관	5.0
일반 사무실	5.0~6.25
상점	7.5
백화점	10.0

참고 취출 관련 용어

• 아스펙트비(Aspect Ratio) : 덕트 단면의 긴 변을 짧은 변으로 나눈 값으로 4 이하로 한다.
• 1차 공기 : 취출구로부터 취출된 공기
• 그릴 : 취출구의 전면에 설치하는 면격자
• 2차 공기 : 취출공기(1차 공기)로 유인되어 운동하는 실내공기
• 도달거리 : 취출구에서 취출한 공기가 진행해서 취출기류의 중심선상의 풍속이 0.25m/s로 된 위치까지의 수평거리
• 강하도 : 수평으로 취출된 공기가 어느 거리만큼 진행했을 때의 기류 중심선과 취출구 중심의 거리
• 셔터 : 취출구의 후부에 설치하는 풍량조정용 또는 개폐용 기구
• 도달거리 : 취출구로부터 기류의 중심속도(V)가 0.25m/s로 되는 곳까지의 수평거리(L_{max})를 최대도달거리라고 한다. 또 유속중심속도(V)가 0.5m/s로 되는 곳까지의 수평거리(L_{min})를 최소도달거리라고 한다.
• 안티스머징 링(Anti-Smudging Ring) : 천장취출구에서는 취출기류나 유인된 실내공기 중에 함유된 먼지 등으로 취출구 주위의 천장면이 검게 더러워지는 것을 스머징(Smudging)이라 하는데 이 현상을 방지하기 위하여 취출구 주위에 안티스머징 링을 붙이기도 한다.

4) 흡입구의 종류

흡입구는 공조에서 실내공기를 환기시키는 장치이다. 벽 설치형과 바닥 설치형, 천장 설치형으로 나뉘고, 격자형(고정베인)이 가장 많이 사용된다.

설치위치	종류
천장용	• 라인형 흡입구 • 라이트 트로퍼형 흡입구 • 격자형 흡입구 • 화장실 배기용 흡입구
벽형	• 격자형 흡입구 • 펀칭메탈(Pumching Metal)형 흡입구
바닥형	머시룸(Mushroom)형 흡입구

5) 흡입구의 허용 풍속

흡입구의 위치	허용 풍속(m/s)
거주구역의 상부에 있을 때	4.0 이상
거주구역 내에서 좌석보다 멀 때	3.0~4.0
거주구역 내에서 좌석보다 가까울 때	2.0~3.0
도어 그릴 또는 벽 갤러리	2.5~5.0
도어의 언더컷	3.0
공장	4.0 이상
주택	2.0

6 환기

1) 환기법

① 자연환기

환기 에너지원으로 자연의 힘을 이용하여 급기 배기하는 것으로 풍압을 이용하는 방식, 온도차를 이용하는 방식, 풍압과 온도차를 병용하는 방식이 있다.

② 기계환기

기계적인 힘을 에너지원으로 사용하는 방식으로 송풍기 등을 이용하여 강제로 급기 배기하는 방식이다.

2) 환기량

① 실내 연소물 및 실내 용기로부터 유독가스에 의한 환기량

$$Q = \frac{C_K}{C_1 - C_0}\,[\mathrm{m^3/h}]$$

여기서, C_K : 유독가스 발생량($\mathrm{m^3/h}$)

C_1 : 허용농도($\mathrm{m^3/m^3}$)

C_0 : 도입외기의 가스농도($\mathrm{m^3/m^3}$)

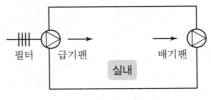

‖ 제1종 환기법 ‖

② 끽연에 의한 환기량

$$Q = \frac{M}{0.017}\,[\mathrm{m^3/h}]$$

여기서, M : 끽연량(g/h)

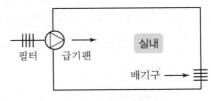

‖ 제2종 환기법 ‖

③ 먼지에 의한 환기량

$$Q = \frac{Q_d}{C_d - C_0}\,[\mathrm{m^3/h}]$$

여기서, Q_d : 먼지 발생량(mg/h)

C_d : 허용 먼지량($\mathrm{mg/m^3}$)

C_0 : 도입외기 먼지량($\mathrm{mg/m^3}$)

▼ 환기방식

환기등급	급기	배기	환기량	실내압력	비고
제1종	기계	기계	임의, 일정	임의	공조와 함께 쓰이는 경우가 많음
제2종	기계	자연	임의, 일정	정압	적당한 배기용 개구가 필요, 청정실에 적합
제3종	자연	기계	임의, 일정	부압	적당한 급기용 개구가 필요, 오염실에 적합
자연보조	자연	자연보조	유한 불특정	부압	• 루프 벤틸레이터(Roof Ventilator) $3 < n < 10$ • 모니터 루프(Momitor Roof) $10 < n < 30$
자연 (재4종)	자연	자연	유한 불특정	부정	침입 외기 환기 $0.5 < n < 9$

※ η : 시간당 환기횟수

④ 산소량에 의한 환기량

$$Q = \frac{Q_{CO_2}}{C_{CO_2} - C_{CO}} [\text{m}^3/\text{h}]$$

여기서, Q_{CO_2} : 1인당의 CO_2 발생량(m^3/h)

C_{CO_2} : 탄산가스 허용농도(m^3/m^3)

C_{CO} : 대기 중의 탄산가스 농도(m^3/m^3)

⑤ 실내 연소기구에 의한 환기량

실내의 수용인원을 결정하기 어려운 실에 대한 환기량은 객석의 면적 1m^2당 온·습도 조정장치가 없는 경우에는 외기 $75\text{m}^3/\text{h}$, 온·습도 조정장치가 있을 경우에는 $25\text{m}^3/\text{h}$로 한다.

> **참고 환기**
>
> • 자연환기 : 모니터 루프나 루프 벤틸레이터 사용
> • 기계환기 : 급기팬, 배기팬 사용
>
> ▼ 환기 종류
>
> | 환기 종류 | 조합 | 특성 |
> |---|---|---|
> | 제1종 환기 | 급기팬+배기팬 | 송풍기설치(실내정압, 부압 유지) |
> | 제2종 환기 | 급기팬+자연배기 | 급기용 송풍기(오염공기 침입 방지) |
> | 제3종 환기 | 자연급기+배기팬 | 배기용 송풍기(실내부압) |
> | 자연환기(중환기) | 자연급기+자연배기 | − |

7 덕트 부속품

1) 풍량조절 댐퍼

① 통과 풍량의 조절 또는 폐쇄에 사용되는 기구를 의미한다.

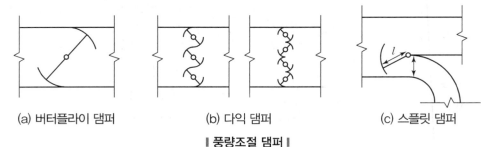

(a) 버터플라이 댐퍼	(b) 다익 댐퍼	(c) 스플릿 댐퍼

∥ 풍량조절 댐퍼 ∥

② 그림 (a)는 버터플라이 댐퍼로 소형 덕트에 사용되며, 대형 덕트에서는 베인이 크게 되어 개폐가 곤란하게 되므로 (b)의 다익 댐퍼를 사용한다. (c)는 스플릿 댐퍼라고 하여 주로 분지 부분에 설치하여 분지 덕트 내의 풍량 제어용으로 사용된다.

▼ 댐퍼의 종류별 특징

댐퍼 종류		특징
풍량조절 댐퍼 (VD)	버터플라이 댐퍼	소형 덕트용, 풍량 조절용, 와류 발생
	루버 댐퍼 (다익 댐퍼)	평행익형은 주로 대형 덕트 개폐용, 대향익형은 루버댐퍼 일종으로 풍량 조절용으로 사용되며, 공기 누설 발생
	스플릿 댐퍼	덕트 분기부에 설치
방화 댐퍼(FD)	루버형 댐퍼	대형의 4각 덕트용(퓨즈용 72℃에 용해)
	피봇형 댐퍼	• 회전축(피봇)에 고정됨 • 화재 시 퓨즈가 녹음 • 날개 1장
	슬라이드형 댐퍼	퓨즈가 녹으면 댐퍼는 자중으로 차단
	스윙형 댐퍼	퓨즈가 녹으면 댐퍼는 자중으로 덕트 폐쇄
방연 댐퍼(SD)	스모그 댐퍼	연기감자기와 연동, 감온퓨즈를 갖추면 방화 댐퍼 기능

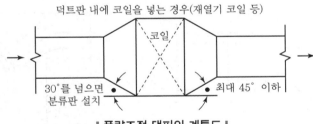

| 풍량조절 댐퍼의 계통도 |

2) 방화 댐퍼

화재 시 화염이 덕트 내에 침입하였을 때 퓨즈가 용해되어 자동적으로 폐쇄되는 것이며 덕트가 방화구획을 통과하는 곳에 사용된다.

3) 방연 댐퍼

방연 댐퍼는 연기 감지기 운동의 댐퍼를 말하며, 실내에 설치된 연기 감지기로서 화재 초기 시에 발생한 연기를 탐지하여 댐퍼를 폐쇄시켜 다른 방화구획에 연기가 침입하는 것을 방지한다.

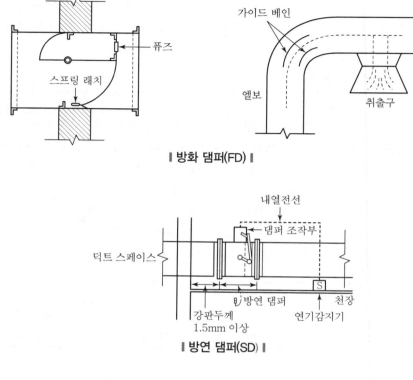

┃ 방화 댐퍼(FD) ┃

┃ 방연 댐퍼(SD) ┃

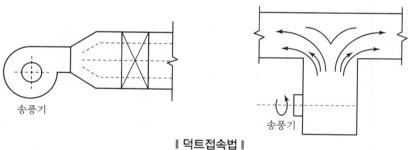

┃ 덕트접속법 ┃

4) 가이드 베인

① 덕트의 곡부에 있어서 덕트의 곡률 반지름이 덕트 긴 변의 1.5배 이내일 때는 가이드 베인을 설치해서 저항을 적게 한다.

② 가이드 베인의 설치는 곡부의 기류를 세분해서 발생하는 와류의 크기를 적게 하는 데 그 목적 이 있다.

8 전열교환기

1) 구조 및 원리

① 전열교환기는 공기 대 공기의 열교환기로서 현열은 물론 잠열까지도 교환되는, 즉 엔탈피 교환장치이다.

② 공조시스템에서 배출되는 배기와 도입되는 외기의 절연교환으로서 공조기는 물론 보일러나 냉동기의 용량을 줄일 수 있고 연료비를 절약할 수 있는 에너지 절약 기기이다.

③ 중앙공조시스템이나 공장 등에서 환기 시 에너지 회수를 목적으로 사용한다.

2) 전열교환기 응용

전열교환기는 대부분 일반공조용으로 외기와 배기의 전열교환용으로 사용되나 보일러에 공급되는 외기를 예열하여 효율을 높이기도 한다. 또한 쓰레기 소각 시 발생하는 열을 이용하여 난방용으로 이용하거나 폐열을 회수하는 장치로 응용될 수 있다.

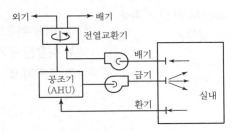

‖ 전열교환기 설치 이용 예 ‖

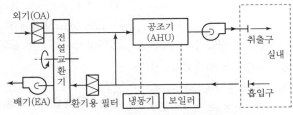

‖ 전열교환기 단일덕트 응용 예 ‖

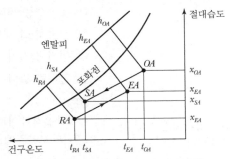

‖ 전열교환기 이용 냉방 시 상태변화 ‖

[05장] 출제예상문제

01 보일러 사고 원인 중 파열사고의 원인이 될 수 없는 것은?

① 압력 초과　　　　② 저수위
③ 고수위　　　　　④ 과열

해설
보일러 운전 중 고수위 운전은 습증기의 발생으로 캐리오버(기수공발)의 원인이 되며, 종래에는 워터해머, 즉 관 내 수격작용의 원인이 된다.

02 보일러를 계획적으로 관리하기 위해서는 보일러의 용량, 사용조건 등에 따라서 연간 계획을 세워야 한다. 계획 항목이 아닌 것은?

① 운전계획　　　　② 연료계획
③ 정비계획　　　　④ 기록계획

해설
보일러의 연간계획 항목
㉠ 운전계획　　㉡ 연료계획　　㉢ 정비계획

03 공기조화용 취출구 종류에서 원형 또는 원추형 팬을 달아 여기에 토출기류를 부딪히게 하여 천장면에 따라서 수평판 사이로 공기를 내보내는 구조로 되어 있고 유인비 및 소음 발생이 적은 취출구는?

① 팬형 취출구
② 웨이형 취출구
③ 아네모스탯형 취출구
④ 라인형 취출구

해설
팬형 취출구
원형과 각형이 있으며 중앙에 원판 모양의 팬을 붙인 것으로 콜드 드래프트가 생기지 않도록 한다.

04 원심송풍기의 풍량제어방법으로 적당하지 않은 것은?

① 온오프제어　　　② 회전수제어
③ 흡입베인제어　　④ 댐퍼제어

해설
원심식 송풍기의 풍량제어방법
㉠ 토출댐퍼에 의한 제어
㉡ 흡입댐퍼에 의한 제어
㉢ 흡입베인에 의한 제어
㉣ 회전수에 의한 제어

05 덕트 취출의 최소도달거리라는 것은 취출구에서 취출한 공기가 진행해서 취출기류의 중심선상의 풍속이 몇 m/s 된 위치까지의 거리인가?

① 0.1　　　　　　② 0.5
③ 1.0　　　　　　④ 2.0

해설
인간에게 쾌적감을 주는 기류의 크기는 온풍에서 약 0.5m/s 정도, 냉풍에서는 0.3~0.5m/s로 되어, 필요 이상의 속도는 도리어 불쾌감을 준다.

06 공기 중의 냄새나 유해가스의 제거에 유효하게 사용되는 필터는?

① 초고성능 필터
② 자동식 롤 필터
③ 전기 집진기
④ 활성탄 필터

해설
활성탄 흡착식 여과기는 유해가스나 냄새 등을 제거한다.
(필터의 모양은 패널형, 지그재그형, 바이패스형이 있다.)

정답　**01** ③　**02** ④　**03** ①　**04** ①　**05** ②　**06** ④

07 보일러 안전장치의 하나인 연소안전장치는 자동보일러의 필수 부속기기이다. 그 사용목적이 아닌 것은?

① 버너 점화 시의 안전성을 확보한다.

② 연료가 미연소상태로 연소실로 유입되지 않도록 한다.

③ 보일러의 압력이나 온도가 일정치를 초과할 경우에 경보를 울린다.

④ 운전 중 이상이 발생했을 경우, 보일러를 정지시킴과 동시에 경보를 발생시킨다.

해설
보일러 압력이나 온도가 일정치를 초과하면 인터록에 의해 보일러 운전이 차단되어야 하며, 경보기는 저수위 장치에서 필요하다.

08 송풍기 상사법칙에 대한 내용으로 옳은 것은?

① 압력은 회전수 변화의 3승에 비례한다.

② 동력은 회전수 변화의 5승에 비례한다.

③ 동력은 날개직경 변화의 2승에 비례한다.

④ 풍량은 날개직경 변화의 3승에 비례한다.

해설

㉠ 풍량 $Q_1 = \left(\dfrac{D_1}{D_2}\right)^3 \left(\dfrac{n_1}{n_2}\right) Q_2 [\mathrm{m^3/min}]$

㉡ 정압 $P_1 = \left(\dfrac{D_1}{D_2}\right)^2 \left(\dfrac{n_1}{n_2}\right)^2 P_2 [\mathrm{kg/m^2}]$

㉢ 동력 $L_1 = \left(\dfrac{D_1}{D_2}\right)^5 \left(\dfrac{n_1}{n_2}\right) L_2 [\mathrm{kW}]$

09 다음 중 분기부분에 설치하여 분기덕트 내의 풍량조절용으로 적당한 것은?

① 버터플라이 댐퍼　　② 다익 댐퍼

③ 스플릿 댐퍼　　　　④ 방화 댐퍼

해설
스플릿 댐퍼

㉠ 분기부에 설치하여 풍량조절용으로 사용된다.

㉡ 누설이 많아 폐쇄용으로는 부적당하다.

㉢ 구조가 간단하고 가격이 싸다.

㉣ 주 덕트의 압력강하는 적다.

10 공기조화용 덕트 부속기기에서 실내에 설치된 연기감지기로 화재 초기에 발생된 연기를 탐지하여 덕트를 폐쇄시키므로 다른 구역으로 연기의 침투를 방지시켜주는 부속기기는 무엇인가?

① 방연 댐퍼　　　　② 체임버

③ 방화 댐퍼　　　　④ 풍량조절 댐퍼

해설
화재 초기에 다른 구역으로 연기의 침투를 방지시켜주는 댐퍼가 방연 댐퍼이다.

11 덕트의 용도별 허용 소음치인 NC(Noise Criterion)의 평균치(dB)가 은행 및 우체국에 가장 적당한 것은?

① 10　　　　　　　② 20

③ 40　　　　　　　④ 80

해설
은행이나 우체국에 설치하는 덕트의 허용 소음치(NC)는 40 정도이다.

12 다음은 보일러의 수압시험을 하는 목적이다. 부적합한 것은?

① 균열 유무 조사

② 보일러의 변형 조사

③ 이음매의 공작이 잘되고 못됨을 조사

④ 각종 스테이의 효력 조사

해설 --------

보일러 수압시험의 목적은 ①, ②, ③과 같다.

13 보일러 취급자의 부주의로 발생한 사고의 원인은?

① 보일러 구조상의 결함

② 보일러 설계상의 결함

③ 보일러 재료 선택의 부적당

④ 증기 발생 압력의 과다와 이상 감수

해설 --------

①, ②, ③의 사고는 제작상의 취급 부주의가 원인이며 압력 과다, 이상 감수(저수위 사고)는 보일러 취급자의 부주의 사고이다.

14 연도나 굴뚝으로 배출되는 배기가스에 선회력을 부여함으로써 원심력에 의해 연소가스 중에 있던 입자를 제거하는 집진기는?

① 세정식 집진기

② 사이클론 집진기

③ 전기 집진기

④ 원통다관형 집진기

해설 --------

원심력 집진장치 : 사이클론 집진기

15 보일러의 종류에 따른 전열면적당 증발률이 옳은 것은?

① 노통보일러 : $30 \sim 50 \mathrm{kgf/m^2 \cdot h}$

② 연관보일러 : $30 \sim 65 \mathrm{kgf/m^2 \cdot h}$

③ 직립보일러 : $15 \sim 20 \mathrm{kgf/m^2 \cdot h}$

④ 노통연관보일러 : $30 \sim 60 \mathrm{kgf/m^2 \cdot h}$

해설 --------

전열면의 증발률

㉠ 전열면적이 큰 보일러는 전열면적당 증발률이 크다.

㉡ 전열면적당 증발률 크기 비교

　노통연관보일러 > 연관보일러 > 노통보일러 > 직립보일러

16 보일러 내부의 수위가 내려가 과열되었을 때 응급조치사항 중 타당하지 않은 것은?

① 안전밸브를 열어 증기를 빼낼 것

② 급수밸브를 열어 다량의 물을 공급할 것

③ 댐퍼 및 재를 받는 곳의 문을 닫을 것

④ 연료의 공급밸브를 중지하고 댐퍼와 1차 공기의 입구를 차단할 것

해설 --------

보일러 내부의 수위가 내려가 과열되면 응급조치로 보일러 운전을 중지한다.

17 보일러 청소의 화학적 방법에서 염산을 많이 사용하는 이유가 아닌 것은?

① 스케일 용해 능력이 우수하다.

② 물에 대한 용해도가 작아서 세관 후 세척이 쉽다.

③ 가격이 저렴하여 경제적이다.

④ 부식 억제제의 종류가 많다.

해설 --------

염산은 물에 대한 용해도($60 \pm 5 \mathrm{℃}$)가 커서 세관 후 세척이 수월하다.

18 증기방열기의 표준방열량의 값은 몇 kcal/m² · h인가?

① 450 　　　　② 650

③ 750 　　　　④ 850

해설 --------

표준방열량

㉠ 증기난방 : $650 \mathrm{kcal/m^2 \cdot h}$

㉡ 온수난방 : $450 \mathrm{kcal/m^2 \cdot h}$

정답　13 ④　14 ②　15 ③　16 ②　17 ②　18 ②

19 저속덕트의 이점에 속하지 않는 것은?

① 덕트 소음이 작다.
② 덕트 스페이스가 작게 된다.
③ 설비비가 싸다.
④ 덕트에서의 저항이 적다.

해설
저속덕트(15m/s 이하)는 덕트의 스페이스가 크게 된다.

20 공조기에 사용되는 에어필터의 여과효율을 검사하는 데 사용되는 방법과 거리가 먼 것은?

① 중량법 　　　　② DOP법
③ 변색도법 　　　④ 체적법

해설
여과효율법
중량법, 변색도법(NBS법), 계수법(DOP법)

21 다음 덕트의 부속품 중에서 풍량조절용 댐퍼가 아닌 것은?

① 버터플라이 댐퍼 　② 루버 댐퍼
③ 베인 댐퍼 　　　④ 방화 댐퍼

해설
방화 댐퍼는 방연 댐퍼이다.

22 덕트 내를 흐르는 풍량을 조절 또는 폐쇄하기 위해 쓰이는 댐퍼로서 특히 분기되는 곳에 설치하는 풍량조절 댐퍼는?

① 루버 댐퍼 　　　② 볼륨 댐퍼
③ 스플릿 댐퍼 　　④ 방화 댐퍼

해설
스플릿 댐퍼(Split Damper)는 분기부에 설치하여 덕트 내의 풍량을 조절 또는 폐쇄한다.

23 수관식 보일러의 장점이 아닌 것은?

① 구조상 고압, 대용량에 적합하다.
② 전열면적이 크고, 효율이 높다.
③ 관수 순환이 빠르고, 증기 발생속도가 빠르다.
④ 구조가 단순하여 청소, 검사, 수리가 쉽다.

해설
수관식 보일러는 구조가 복잡하여 청소나 검사, 수리가 불편하다.

24 공기 예열기 사용 시 이점을 열거한 것 중 아닌 것은?

① 열효율 증가 　　② 연소효율 증가
③ 저질탄 연소 가능 　④ 노내 온도 저하

해설
공기 예열기를 사용하면 노내 온도가 상승한다.

25 다음 중 점검구(Access Door)가 필요치 않은 곳은?

① 주 덕트 중간
② 방화댐퍼의 퓨즈를 교체할 수 있는 곳
③ 풍량조절 댐퍼의 점검 및 조정이 필요한 곳
④ 덕트 내의 코일이나 송풍기가 내장되어 있는 곳

해설
주덕트의 중간에는 점검구가 필요 없다.

26 댐퍼 중 대형 덕트에 사용하는 것은?

① 방화 댐퍼 　　　② 다익 댐퍼
③ 스플리터 댐퍼 　④ 볼륨 댐퍼

해설
㉠ 소형 덕트형 : 버터플라이 댐퍼
㉡ 분지 댐퍼 : 스플릿 댐퍼
㉢ 대형 덕트형 : 다익 댐퍼

27 덕트 설계 시 고려하지 않아도 되는 것은?

① 덕트로부터의 소음

② 덕트로부터의 열손실

③ 덕트 내를 흐르는 공기의 엔탈피

④ 공기의 흐름에 따른 마찰저항

해설

덕트의 설계 시 고려사항

㉠ 덕트의 소음

㉡ 덕트로부터의 열손실

㉢ 공기의 흐름에 따른 마찰저항

28 고속덕트와 저속덕트를 구분하는 풍속기준은 주 덕트에서 몇 m/s인가?

① 20　　　　　　② 15

③ 7　　　　　　④ 30

해설

덕트에서 저속덕트와 고속덕트의 풍속기준은 주 덕트에서 15m/s이다.

㉠ 저속덕트 풍속 : 15m/s 이하

㉡ 고속덕트 풍속 : 15m/s 초과

29 표준대기압 상태의 환수량 및 환수온도가 각각 1,000kg/h, 60℃이고 발생증기량 및 압력이 각각 1,000kg/h, 4kg/cm²인 증기보일러가 있다. 이 증기보일러의 환산증발량을 구하면 몇 kg/h인가?(단, 압력 4kg/cm²인 포화증기의 엔탈피는 656kcal/kg이다.)

① 1,000　　　　② 1,106

③ 2,000　　　　④ 2,212

해설

$$환산증발량 = \frac{발생증기량 \times (포화증기엔탈피 - 급수엔탈피)}{539(538.8)}$$

$$= \frac{1,000(656-60)}{538.8} = 1,106kg/h$$

30 팬의 효율을 표시하는 데 사용되는 정압효율에 대한 올바른 정의는?

① 팬의 축동력에 대한 공기의 저항력

② 팬의 축동력에 대한 공기의 정압동력

③ 공기의 저항력에 대한 팬의 축동력

④ 공기의 정압동력에 대한 팬의 축동력

해설

팬의 정압효율은 팬의 축동력에 대한 공기의 정압동력을 의미한다.

31 다음 중 보일러에 사용하는 안전밸브의 필요 조건이 아닌 것은?

① 분출압력에 대한 작동이 정확할 것

② 안전밸브의 지름과 리프트(Lift)가 충분하여 분출증기량이 많을 것

③ 밸브의 개폐동작이 완만할 것

④ 분출 전후에 증기가 새지 않을 것

해설

안전밸브는 밸브의 개폐동작이 신속하여야 한다.

32 공기조화용 흡입구의 일반 공장 내에서 허용 풍속은 얼마인가?

① 2m/s 이상

② 3m/s 이상

③ 4m/s 이상

④ 5m/s 이상

해설

흡입구의 풍속

㉠ 주택 : 2.0m/s

㉡ 공장 : 4.0m/s 이상

정답 27 ③ 28 ② 29 ② 30 ② 31 ③ 32 ③

33 냉방 시 공조기의 송풍량 계산과 관계있는 것은?

① 송풍기와 덕트로부터의 취득열량
② 외기부하
③ 펌프 및 배관부하
④ 재열부하

해설

냉방부하 기기로부터의 취득열량
㉠ 송풍기에 의한 취득열량
㉡ 덕트로부터의 취득열량

34 보일러의 3대 구성요소가 아닌 것은?

① 보일러 본체
② 연소장치
③ 부속품과 부속장치
④ 분출장치

해설

보일러의 3대 구성요소
㉠ 본체
㉡ 연소장치
㉢ 부속장치(분출장치 등)

35 취출 기류의 방향 조정이 가능하고, 댐퍼가 있어 풍량 조절이 가능하나, 공기저항이 크며, 공장, 주방 등의 국소냉방에 적합한 것은?

① 다공판형
② 베인격자형
③ 펑커루버형
④ 아네모스탯형

해설

축류형 펑커루버(Punka Louver) 취출구는 미용실, 사진실, 주방, 버스, 선박 등에 사용한다.

36 다음 중 가습효율이 가장 좋은 방법은?

① 온수 분무
② 증기 분무
③ 가습 팬(Pan)
④ 초음파 분무

해설

가습방식
㉠ 수분무식
㉡ 증기식(가습효율이 가장 높다.)
㉢ 증발식

37 온수보일러의 출력표시 단위로 가장 적합한 것은?

① kg/kcal
② kcal/h
③ kg/kg′
④ kcal/kg

해설

온수보일러의 출력표시(kcal/h)
㉠ 0.58MW가 50만 kcal/h이다.
㉡ 가스용 온수 보일러는 232.6kW가 20만 kcal/h이다.
㉢ 온수보일러 697.8kW가 증기 1톤 보일러에 해당(60만 kcal/h)한다.

38 보일러 운전상의 장애로 인한 역화(Back Fire)의 방지대책으로 옳지 않은 것은?

① 점화방법이 좋아야 하므로 착화를 느리게 한다.
② 공기를 노내에 먼저 공급하고 다음에 연료를 공급한다.
③ 노 및 연도 내에 미연소가스가 발생하지 않도록 취급에 유의한다.
④ 점화 시 댐퍼를 열고 미연소가스를 배출시킨 뒤 점화한다.

해설

보일러 운전 시 점화 시에는 열량이 큰 연료로 착화를 신속히 하여야 한다. 착화가 느리면 가스폭발 우려가 있다.

39 보일러수를 탈산소할 목적으로 사용하는 약제로 묶인 것은?

> [보기]
> ㉠ 탄닌　　　　㉡ 리그닌
> ㉢ 히드라진　　㉣ 탄산소다
> ㉤ 아황산나트륨

① ㉠-㉡-㉢
② ㉠-㉣-㉤
③ ㉠-㉢-㉤
④ ㉠-㉢-㉣

해설
탈산소재 : 탄닌, 히드라진, 아황산나트륨

40 공기조화용 덕트 부속기기에는 덕트 내의 풍속, 풍량, 온도, 압력, 먼지 등을 측정하기 위하여 측정구를 설치한다. 이와 같은 측정구는 엘보와 같은 곡관부에서 덕트 폭의 몇 배 이상 떨어진 장소에서 실시하는가?

① 7.5배 이상
② 8.5배 이상
③ 9.5배 이상
④ 6.5배 이상

해설
공기조화용 덕트 시설에는 풍속, 풍량, 온도, 압력, 먼지 등을 측정하기 위하여 측정구를 설치한다. 이와 같은 측정구는 엘보와 같은 곡관부에서 덕트 폭의 7.5배 이상 떨어진 장소에서 실시한다.

41 덕트 치수를 결정하는 데 있어서 유의해야 할 사항으로 잘못된 것은?

① 덕트의 굴곡은 1.5~2.0으로 한다.
② 덕트의 확대부 각도는 30° 이하, 축소부는 60° 이하가 되도록 한다.
③ 동일 풍량의 경우, 가장 표면적이 작은 것은 원형 덕트이고, 다음이 장방형 덕트이다.
④ 건축적인 사정으로 장방형 덕트를 사용하는 경우에도 종횡비는 4 이하로 하는 것이 좋다.

해설
덕트의 확대 및 축소에서 단면적비가 75% 이하의 확대 및 축소를 하는 경우 정압손실을 줄이기 위해 확대의 경우 15° 이하(고속 덕트는 8° 이하), 축소의 경우 30° 이하(고속 덕트는 15° 이하)로 한다.

42 보일러의 증발량이 20ton/h이고 본체 전열면적이 400m²일 때 이 보일러의 증발률은 얼마인가?

① $30 \mathrm{kg/m^2 \cdot h}$
② $40 \mathrm{kg/m^2 \cdot h}$
③ $50 \mathrm{kg/m^2 \cdot h}$
④ $60 \mathrm{kg/m^2 \cdot h}$

해설
$$증발률 = \frac{보일러\ 증발량}{전열면적} = \frac{20 \times 1,000}{400}$$
$$= 50 \mathrm{kg/m^2 \cdot h}$$

43 다음 감습장치에 대한 내용 중 옳지 않은 것은?

① 압축식 감습장치는 동력 소비가 작은 편이다.
② 냉각식 감습장치는 노점온도 제어로 감습한다.
③ 흡수식 감습장치는 흡수성이 큰 용액을 이용한다.
④ 흡착식 감습장치는 고체 흡수제를 이용한다.

해설
㉠ 압축을 이용하는 감습장치(습도의 감소)는 압축 시 동력 소비가 큰 편이다.
㉡ 감습장치의 종류
 • 압축식
 • 냉각식
 • 흡수식
 • 흡착식

44 보일러 사용 중에 돌연히 비상사태가 발생해서 긴급하게 운전정지를 하지 않으면 안 된다고 판단했을 때의 순서로 맞는 것은?

> ㉠ 연료의 공급을 중지한다.
> ㉡ 연소용 공기공급을 중지한다.
> ㉢ 댐퍼는 개방한 채로 두고 취출송풍을 가한다.
> ㉣ 급수를 시킬 필요가 있을 때에는 급수를 보내고 수위 유지를 도모한다.
> ㉤ 주증기 밸브를 닫는다.

① ㉠-㉡-㉢-㉣-㉤
② ㉠-㉡-㉣-㉢-㉤
③ ㉠-㉡-㉣-㉤-㉢
④ ㉠-㉤-㉡-㉢-㉣

해설
보일러 긴급정지 순서는 ㉠-㉡-㉣-㉤-㉢ 순이다.

45 공기조화용 덕트 부속기기의 댐퍼 종류에서 주로 소형 덕트의 개폐용으로 사용되며 구조가 간단하고 완전히 닫았을 때 공기의 누설이 적으나 운전 중 개폐조작에 큰 힘을 필요로 하며 날개가 중간 정도 열렸을 때 와류가 생겨 유량조절용으로 부적당한 댐퍼는?

① 버터플라이 댐퍼
② 평행익형 댐퍼
③ 대향익형 댐퍼
④ 스플릿 댐퍼

해설
버터플라이 댐퍼는 주로 소형 덕트의 개폐용이다. 단, 유량조절은 부적당하다.

46 다음 중 냉각코일을 결정하는 부하가 아닌 것은?

① 실내 취득열량
② 외기부하
③ 펌프 배관부하
④ 기기 내 취득열량

해설
펌프의 배관부하는 냉각코일 부하와는 관련이 없으며, 펌프의 전동기는 기기의 취득열량이다.

47 원심 송풍기의 번호가 No.2일 때 깃의 지름은 얼마인가?(단, 단위는 mm)

① 150
② 200
③ 250
④ 300

해설
No.1=150mm
∴ 150×2=300mm

48 보일러에서 발생한 증기가 증기의 공급관 속을 흐르는 것은 보일러에서 방열기까지의 무엇에 의하여 순환되는 것인가?

① 압력차
② 온도차
③ 속도차
④ 밀도차

해설
보일러에서 발생된 증기는 방열기까지의 압력차에 의해 배관 내를 순환한다.

49 온수난방장치의 체적이 700L이다. 이 경우 개방식 팽창탱크의 필요 체적은 약 몇 L인가?(단, 초기 수온은 5℃, 보일러 운전 시 수온을 80℃로 하고 각각의 온도에 대한 물의 밀도는 0.99999 kg/L 및 0.97183kg/L로 하며, 개방식 팽창탱크의 용량은 온수팽창탱크의 2배로 한다.)

① 40.5
② 41.2
③ 43.5
④ 45.7

해설
$$V = 700 \times \left(\frac{1}{0.97183} - \frac{1}{0.99999} \right) \times 2$$
$$= 700 \times (1.028986551 - 1.00001) \times 2 = 40.5377L$$

50 보일러 수위가 낮으면 어떤 현상이 일어나는가?

① 습증기 발생의 원인이 된다.
② 수면계에 물때가 붙는다.
③ 보일러가 과열되기 쉽다.
④ 습증기압이 높아 누설된다.

해설
보일러 수위가 낮아 저수위 사고가 발생되면 보일러 과열이나 폭발 현상이 나타난다.

51 보일러를 단기간 정지했을 경우에 사용하는 보존법은?

① 건조보존법　　　② 만수보존법
③ 밀폐보존법　　　④ 석회보존법

해설
보일러는 2~3개월 정도 휴지하려면 만수보존(단기보존)법을 사용한다.

52 다음 송풍기의 종류 중 축류형 송풍기는?

① 다익형　　　　　② 터보형
③ 프로펠러형　　　④ 리밋로드형

해설
축류형 송풍기
㉠ 디스크형
㉡ 프로펠러형

53 기류 속에 혼입된 물방울을 제거하기 위하여 냉각코일이나 에어와셔 출구 쪽에 설치하는 기기는?

① 일리미네이터　　② 루버
③ 플러딩 노즐　　　④ 바이패스 댐퍼

해설
일리미네이터 : 물방울 제거용 기기

54 다음 덕트 재료 중에서 고온의 공기 및 가스가 통과하는 덕트 및 방화댐퍼, 보일러의 연도 등에 가장 많이 사용되는 재료는?

① 열간 압연 박강판
② 동판
③ 알루미늄판
④ 염화비닐

해설
열간 압연 박강판은 덕트의 재료로서 가장 많이 사용된다.

55 다음 공기조화용 흡입구 중 바닥 밑에 설치되어 사용되는 것은?

① 머시룸형
② 그릴형
③ 레지스터형
④ 아네모스탯형

해설
머시룸(Mushroom)형의 흡입구는 바닥에 설치한다.

56 다음 댐퍼 중 기본적인 기능이 다른 하나는?

① 버터플라이 댐퍼
② 루버 댐퍼
③ 대향익형 루버 댐퍼
④ 피벗 댐퍼

해설
①~③ 풍량조절 댐퍼
④ 방화 댐퍼

정답　50 ③　51 ②　52 ③　53 ①　54 ①　55 ①　56 ④

57 보일러의 능력을 나타내는 것으로 실제로 급수로부터 소요증기를 발생시키는 데 필요한 열량을 기준상태로 환산하여 나타내는 환산증발량이라는 것이 있다. 다음 중 환산증발량에 관한 설명으로 옳은 것은?

① 100℃의 포화수를 100℃의 건포화 증기로 증발시키기 위하여 필요한 열량을 기준으로 하여 실제 증발량을 환산한 것

② 37.8℃의 포화수를 100℃의 건포화증기로 증발시키기 위하여 필요한 열량을 기준으로 하여 실제 증발량을 환산한 것

③ 100℃의 포화수를 소요증기로 증발시키기 위하여 필요한 열량을 기준으로 하여 실제 증발량을 환산한 것

④ 37.8℃의 포화수를 소요증기로 증발시키기 위하여 필요한 열량을 기준으로 하여 실제 증발량을 환산한 것

해설

$$환상증발량 = \frac{시간당 \; 증기발생량 \times (발생증기엔탈피 - 급수엔탈비)}{539} \; [kg/h]$$

58 다음의 특징을 갖는 보일러는 어느 것인가?

> 구조가 간단하고 내부 청소가 쉬우며, 전열면적이 적은데다 수부가 크므로 증기 발생은 느리나 취급이 용이하다.

① 노통보일러　　　② 연관식 보일러
③ 주철제 보일러　　④ 기관차형 보일러

해설

노통보일러
㉠ 구조가 간단하다(취급이 용이하다).
㉡ 내부 청소가 수월하다.
㉢ 전열면적이 작다.
㉣ 수부가 커서 증기 발생이 느리다.

59 덕트 상당장이란 무엇인가?

① 덕트의 실제길이를 말한다.
② 덕트의 길이를 원형 덕트로 환산한 것이다.
③ 덕트계통에서 국부저항 손실을 같은 저항값을 갖는 직선덕트의 길이로 환산한 것이다.
④ 덕트의 직경을 20cm 환산한 덕트 길이다.

해설

덕트 상당장
덕트계통에서 국부저항 손실을 같은 저항값을 갖는 직선덕트의 길이로 환산한 값이다.

60 덕트의 부속품에 대한 설명이다. 잘못된 것은?

① 소형의 풍량 조절용으로는 버터플라이 댐퍼를 사용한다.
② 공조덕트의 분기부에는 베인형 댐퍼를 사용한다.
③ 화재 시 화염이 덕트 내에 침입하였을 때 자동적으로 폐쇄되도록 방화댐퍼를 사용한다.
④ 화재 초기 시 연기감지로 다른 방화구역에 연기가 침입하는 것을 방지하는 방연댐퍼를 사용한다.

해설

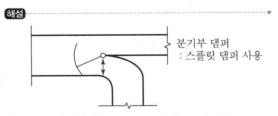
분기부 댐퍼
: 스플릿 댐퍼 사용

61 다음 중 풍량조절용 댐퍼가 아닌 것은?

① 버터플라이 댐퍼　　② 베인 댐퍼
③ 루버 댐퍼　　　　　④ 릴리프 댐퍼

해설

릴리프 댐퍼는 방출장치에 해당된다.

정답　**57** ①　**58** ①　**59** ③　**60** ②　**61** ④

62 냉수코일에 대한 설명 중 옳지 않은 것은?

① 물의 속도는 일반적으로 1m/s 전후이다.

② 코일을 통과하는 공기의 풍속은 7~8m/s 정도이다.

③ 입구 수온과 출구 수온의 차이는 일반적으로 5℃ 전후이다.

④ 코일의 설치는 관이 수평으로 놓이게 한다.

해설

코일

예열코일, 예냉코일, 가열코일, 냉각코일이 있고, 열매의 종류에 따라 냉수코일, 온수코일, 냉온수코일, 증기코일, 직접 팽창코일이 있다.

② 냉수코일의 풍속은 2.0~3.0m/s 정도이다.

63 열교환기에서 냉수코일 출구 측의 공기와 물의 온도차를 6℃, 냉수코일 입구 측의 공기와 물의 온도차를 16℃라고 하면 대수평균 온도차(℃)는 약 얼마인가?

① 2.67   ② 8.37

③ 10.0   ④ 10.2

해설

$$\Delta t_m = \frac{16-6}{2.3\log\left(\dfrac{16}{6}\right)} = \frac{10}{0.9646} = 10.4$$

64 사용 중인 보일러의 점화 전 일반 준비사항으로 옳지 않은 것은?

① 수면계 수위를 확인할 것

② 압력계 기능을 확인할 것

③ 연료가 석탄일 경우에는 오일펌프와 프리히터를 작동시킬 것

④ 댐퍼, 안전밸브, 급수장치를 조절할 것

해설

오일펌프 및 프리히터 작동은 석탄이 아닌 중유 사용 시에 필요하다.

65 보일러에서 절탄기(Economizer)를 사용하였을 때 얻을 수 있는 이점이 아닌 것은?

① 보일러의 열효율이 향상된다.

② 보일러의 증발능력이 증가된다.

③ 보일러판의 열응력을 감소시킨다.

④ 저온부식 방지 및 통풍력이 증대된다.

해설

연도에 절탄기를 설치하면 저온부식이 일어나고 통풍력이 감소한다. 단, 보일러의 열효율은 상승한다.

66 공조설비에 사용되는 보일러에 대한 설명으로 틀린 것은?

① 증기보일러의 보급수는 가능한 한 연수장치로 처리할 필요가 있다.

② 보일러 효율은 연료가 보유하는 고위발열량을 기준으로 하고, 보일러에서 발생한 열량과의 비를 나타낸 것이다.

③ 관류보일러는 소요 압력의 증기를 짧은 시간에 발생시킬 수 있다.

④ 보일러의 증기압력이 이상으로 높아지면 보일러가 파괴될 위험성이 있으므로 안전장치로서 본체에 안전밸브를 설치할 필요가 있다.

해설

$$효율 = \frac{시간당\ 증기발생량 \times (발생증기엔탈피 - 급수엔탈피)}{시간당\ 연료소비량 \times 연료의\ 저위발열량} \times 100\%$$

67 루버댐퍼에 관한 설명 중 옳은 것은?

① 취출구에 설치하여 풍량 조절

② 덕트 도중에서의 풍량 조절

③ 분기점에서의 풍량 조절

④ 다른 구역으로 연기의 침투를 방지

해설
루버댐퍼
풍량 조절용으로 사용되며, 취출구에 설치한다.

68 다음 중 보일러 파열로 인하여 위험을 초래하는 현상과 관계없는 것은?

① 구조가 불량할 때

② 연료선택 부주의로 증발량이 높을 때

③ 구성재료가 불량할 때

④ 제한압력을 초과해서 사용할 때

해설
증발량이 높은 보일러는 정상작동 운전에 의해 복구가 가능하다.

69 다음 중 공기조화기의 구성요소가 아닌 것은?

① 공기여과기 ② 공기가열기

③ 공기세정기 ④ 공기압축기

해설
공기조화설비(공조설비)
열원장치, 열운반장치, 공기조화기, 터미널 기구, 자동제어장치 등

70 환기공조용 저속덕트 송풍기로서 저항 변화에 대한 풍량, 동력 변화가 크고 정숙운전에 사용하기 알맞은 것은?

① 시로코 팬 ② 축류 송풍기

③ 에어 포일팬 ④ 프로펠러형 송풍기

해설
시로코 팬
환기공조용 저속덕트 송풍기로서 저항 변화에 대해 풍량, 동력 변화가 크고 정숙운전에 사용하기 알맞은 송풍기이다. 일명 '다익팬'이라고 한다.

71 다음 중 저속덕트방식의 풍속에 해당되는 것은?

① 35~43m/s ② 26~30m/s

③ 16~23m/s ④ 8~12m/s

해설
㉠ 저속덕트 : 풍속 15m/s 이하
㉡ 고속덕트 : 풍속 15m/s 초과

72 원형 덕트의 지름을 사각 덕트 지름으로 변형시킬 때, 원형 덕트의 d와 사각 덕트의 긴 변 길이 a 및 짧은 변 길이 b의 관계식을 나타낸 것 중 옳은 것은?

① $d = \left[\dfrac{a \times b^5}{(a \times b)^2} \right]^{\frac{1}{8}}$

② $d = 1.3 \times \left[\dfrac{a^5 \times b}{(a+b)^2} \right]^{\frac{1}{8}}$

③ $d = 1.3 \times \left[\dfrac{(a \times b)^5}{(a+b)^2} \right]^{\frac{1}{8}}$

④ $d = \left[\dfrac{a^5 \times b}{(a+b)^2} \right]^{\frac{1}{8}}$

해설
원형 덕트의 직경 또는 상당 직경(d)
$$d = 1.3 \times \left[\frac{(a \times b)^5}{(a+b)^2} \right]^{\frac{1}{8}}$$

정답 **67** ① **68** ② **69** ④ **70** ① **71** ④ **72** ③

73 공기에서 수분을 제거하여 습도를 조정하기 위해서는 어떻게 하는 것이 옳은가?

① 공기의 유로 중에 가열코일을 설치한다.
② 공기의 유로 중에 공기의 노점온도보다 높은 온도의 코일을 설치한다.
③ 공기의 유로 중에 공기의 노점온도와 같은 온도의 코일을 설치한다.
④ 공기의 유로 중에 공기의 노점온도보다 낮은 온도의 코일을 설치한다.

해설
공기 중 수분을 제거하여 습도를 조정하기 위해서는 공기의 유로 중에 공기의 노점보다 낮은 온도의 코일을 설치하여 수분을 제거한다.

74 밀폐식 온수보일러에만 설치된 부속장치는?

① 팽창탱크　　　② 스팀트랩
③ 공기빼기밸브　④ 압력계

해설
온수보일러의 부속장치
㉠ 팽창탱크
㉡ 순환펌프
㉢ 송수주관
㉣ 환수주관
㉤ 공기빼기밸브(개방식 온수보일러의 경우)

75 방열기는 주로 개구부 근처에 설치하는데 이는 실내공기의 어떠한 작용을 이용한 것인가?

① 전도　　　② 대류
③ 복사　　　④ 전달

해설
방열기는 주로 개구부 근처에 설치하여 대류작용을 이용하여 난방을 실시한다.

76 보일러 운전 중 미연소가스로 인한 폭발에 관한 안전사항으로 옳은 것은?

① 방폭문을 부착한다.
② 연도를 가열한다.
③ 스케일을 제거한다.
④ 배관을 굵게 한다.

해설
방폭문(폭발구)
보일러 운전 중 미연소가스로 인한 폭발 시 폭발가스를 안전한 장소로 대피시킨다.

77 보일러 취급 시 주의사항이다. 옳지 않은 것은?

① 보일러의 수면계 수위는 중간위치를 기준 수위로 한다.
② 점화 전에 미연소가스를 방출시킨다.
③ 연료계통의 누설 여부를 수시로 확인한다.
④ 보일러 저부의 침전물 배출은 부하가 가장 클 때 하는 것이 좋다.

해설
보일러 저부의 침전물 배출은 부하가 가장 클 때가 아니라 가장 작을 때 실시한다.

78 보일러 취급 부주의로 작업자가 화상을 입었을 때의 응급처치방법으로 틀린 것은?

① 화상부를 냉수에 담가 화기를 빼도록 한다.
② 물집이 생겼으면 터뜨리지 말고 그냥 둔다.
③ 기계유나 변압기유를 바른다.
④ 상처부위를 깨끗이 소독한 다음 외용 항생제를 사용하고 상처를 보호한다.

해설
작업자가 화상을 입었을 때 기름유 냉각은 금물이다.

정답　**73** ④　**74** ①　**75** ②　**76** ①　**77** ④　**78** ③

79 송풍기의 축동력 산출 시 필요한 값이 아닌 것은?

① 송풍량　　　　② 덕트의 단면적
③ 전압효율　　　　④ 전압

해설

송풍기의 축동력

$$kW = \frac{전압 \times 송풍량}{102 \times 60 \times 전압효율} \, (PS)$$

80 다음 가습기 중 부하에 대한 응답이 빠르고 가습효율이 100%에 가까우며 대용량의 중앙식 공조방식에 적합한 가습기는?

① 물분부식 가습기
② 증발팬 가습기
③ 증기 가습기
④ 소형 초음파 가습기

해설

증기 가습기
가습효율 응답이 빠르고 가습효율이 100%에 가깝다.

81 증기보일러 및 온수온도가 120℃를 넘는 온수보일러에서 최대 연속증발량보다 많은 취출량을 갖는 경우에 설치해야 할 부속기기는?

① 안전밸브　　　　② 체크밸브
③ 릴리프관　　　　④ 압력계

해설

120℃ 이상의 온수보일러에서는 방출밸브보다 안전밸브를 설치한다.

82 다음 취출에 관한 용어 설명 중 틀린 것은?

① 1차 공기 : 취출구로부터 취출된 공기
② 2차 공기 : 1차 공기로부터 유도되어 운동하는 실내의 공기

③ 내부유인 : 취출구의 내부에 실내공기를 흡입해서 이것과 취출 1차 공기를 혼합해서 취출하는 작용
④ 유인비 : 덕트 단면의 장변을 단변으로 나눈 값

해설

유인비는 유인유닛에서 사용한다.

$$k(유인비) = \frac{1차 \ 공기 + 2차 \ 공기}{1차 \ 공기}$$

83 물탱크에 증기코일 또는 전열히터를 사용해 물을 가열 증발시켜 가습하는 것으로 패키지 등의 소형 공조기에 사용되는 가습방법은?

① 수 분무에 의한 방법
② 증기 분사에 의한 방법
③ 고압수 분무에 의한 방법
④ 가습팬에 의한 방법

해설

물탱크에 증기코일 또는 전열히터를 사용해 물을 가열 증발시켜 가습하는 방식은 가습팬에 의한 방법이다.

84 송풍기의 풍량을 증가하기 위해 회전속도를 변경시킬 때 다음 상사법칙에 대한 설명 중 옳은 것은?

① 소요동력은 회전수의 제곱에 반비례한다.
② 소요동력은 회전수의 3제곱에 비례한다.
③ 정압은 회전수의 3제곱에 비례한다.
④ 정압은 회전수의 제곱에 반비례한다.

해설

㉠ 풍량 $\times \left(\dfrac{N_2}{N_1}\right)$

㉡ 풍압 $\times \left(\dfrac{N_2}{N_1}\right)^2$

㉢ 동력 $\times \left(\dfrac{N_2}{N_1}\right)^3$

85 다음 중 노통연관 보일러에 대한 설명으로 옳지 않은 것은?

① 노통 보일러와 연관 보일러의 장점을 혼합한 보일러이다.
② 보일러 열효율이 80~85% 정도로 좋다.
③ 형체에 비해 전열면적이 크다.
④ 수관식 보일러보다는 가격이 비싸다.

해설
노통연관 보일러는 구조상 수관식 보일러보다 제작이 용이하여 가격이 저렴하다.

86 설치면적이 작으며 구조가 간단하고 취급이 용이하나 비교적 효율이 낮은 보일러는?

① 연관 보일러
② 입형 보일러
③ 수관 보일러
④ 노통연관 보일러

해설
입형 보일러
설치면적이 작으며 구조가 간단하고 취급이 용이하나 비교적 효율이 낮다.

87 다음은 노통연관식 보일러의 특징을 열거한 것이다. 옳지 않은 것은?

① 부하변동에 따른 압력변동이 적다.
② 크기에 비하여 전열면적이 작다.
③ 보유수량이 크므로 기동시간이 약간 길다.
④ 분할반입이 불가능하다.

해설
노통연관식 보일러는 원통형 보일러 중 전열면적이 가장 크고 열효율이 높다.

88 공기조화기의 냉각코일 용량을 구할 때 관계가 없는 것은?

① 송풍량
② 재열부하
③ 외기부하
④ 배관부하

해설
냉각코일 용량과 배관부하는 연관성이 없다.

89 실리카겔, 활성 알루미나 등의 고체를 사용하여 공기의 수분을 제거하는 감습방법은?

① 냉각감습
② 압축감습
③ 흡수감습
④ 흡착감습

해설
흡착감습은 실리카겔, 활성 알루미나 등의 고체를 사용하여 공기 중의 수분을 제거하는 방법이다.

90 공조설비비 중 차지하는 비율(%)이 가장 큰 것은?

① 냉동기 설비
② 공기조화기 및 덕트
③ 보일러 설비
④ 냉각탑 설비

해설
공조설비 비용에서 가장 비율이 큰 것은 공기조화기 및 덕트의 시설 비용이다.

91 다음 중 고속에서도 비교적 정숙한 운전을 할 수 있는 것은?

① 다익 송풍기
② 리밋 로드 송풍기
③ 터보 송풍기
④ 관류 송풍기

해설
터보 송풍기(원심식)는 고속에서도 비교적 정숙한 운전이 가능하다.

정답 85 ④ 86 ② 87 ② 88 ④ 89 ④ 90 ② 91 ③

92 수조 내의 물이 진동자의 진동에 의해 수면에서 작은 물방울이 발생되어 가습되는 가습기의 종류는?

① 초음파식　　　　② 원심식
③ 전극식　　　　　④ 진동식

해설
초음파식 가습기는 수조 내의 물이 진동자의 진동에 의해 수면에서 작은 물방울이 발생되어 가습된다.

93 송풍기에서 오버로드(Over Load)가 일어나는 경우로 옳은 것은?

① 풍량이 과잉인 경우
② 풍량이 과소인 경우
③ 풍량이 적정인 경우
④ 장치저항이 적은 경우

해설
송풍기에서 오버로드는 풍량이 과잉일 때 발생한다.

94 온수 베이스 보드 난방(Hot Base Board Heating)에서 가열면의 공기 유동을 조절하기 위한 장치는?

① 라디에이터　　　② 드레인 밸브
③ 그릴　　　　　　④ 서모스탯

해설
그릴
온수 베이스 보드 난방에서 가열면의 공기 유동을 조절한다.

95 보일러의 부속품 중 온수보일러에 사용하지 않는 것은?

① 순환펌프　　　　② 수면계
③ 릴리프관　　　　④ 릴리프 밸브

해설
수면계
증기보일러 증기드럼 내 수위측정계

96 에어필터의 선정 및 설치에 관한 설명이다. 잘못된 것은?

① 공조기 내의 에어필터는 송풍기의 흡입 측, 코일의 앞쪽에 설치한다.
② 고성능의 HEPA 필터나 전기식 필터는 송풍기의 출구 측에 설치한다.
③ 고성능의 HPEA 필터를 사용하는 경우는 프리필터를 설치하는 것이 좋다.
④ 성능 표시로서 포집 효율은 측정방법에 따라 계수법＞비색법＞중량법 순으로 나타난다.

해설
에어필터 효율 측정법의 효율
중량법 ＞ 비색법 ＞ 계수법

97 대형 덕트에서 덕트의 강도를 높이기 위해 덕트의 옆면 철판에 주름을 잡아주는 것을 무엇이라 하는가?

① 보강 바　　　　　② 다이아몬드 브레이크
③ 보강 앵글　　　　④ 슬립

해설
다이아몬드 브레이크
대형 덕트에서 덕트의 강도를 높이기 위해 덕트의 옆면 철판에 주름을 잡아두는 것

98 공기세정기에서 유입되는 공기를 정화시키기 위한 것은?

① 루버　　　　　　② 댐퍼
③ 분무 노즐　　　　④ 일리미네이터

해설

루버(Louver)
공기세정기에서 유입되는 공기를 정화시키는 기기이다.

99 다음 중 보일러에서 점화 전에 운전원이 점검 확인하여야 할 사항은?

① 증기압력 관리
② 집진장치의 매진 처리
③ 노내 여열로 인한 압력 상승
④ 연소실 내 잔류가스 측정

해설

보일러 점화 전 연소실 내 잔류가스가 있으면 프리퍼지(치환)가 우선이다.

100 수분이 많이 함유된 증기가 보일러에서 발생될 때의 해(害)에 대한 설명 중 틀린 것은?

① 건조도를 증가시킨다.
② 기관의 열효율을 저하시킨다.
③ 배관에 부식이 발생하기 쉽다.
④ 열손실이 증가한다.

해설

건조도가 증가하면 수격작용(워터해머)이 방지되고 엔탈피가 증가한다.

101 공조기의 필터 저항을 10mmAq, 냉각코일 저항을 20mmAq, 가열코일 저항을 7mmAq라 하고, 취출구와 토출덕트의 전 저항은 각각 5mmAq라 할 때 팬의 전압(mmAq)은?

① 10
② 25
③ 34
④ 47

해설

$10 + 20 + 7 + (5 \times 2) = 47 \text{mmAq}$

102 덕트 각부에 있어서의 풍속이 일정하게 될 수 있도록 치수를 정하는 덕트의 설계법은?

① 등온법
② 등속도법
③ 등마찰손실법
④ 정압재취득법

해설

등속도법
덕트 내 풍속이 일정하게 되도록 치수를 정한다.

103 다음 중 배관 및 덕트에 사용되는 보온 단열재가 갖추어야 할 조건이 아닌 것은?

① 열전도율이 클 것
② 불연성 재료로서 흡습성이 작을 것
③ 안전사용온도 범위에 적합할 것
④ 물리 · 화학적 강도가 크고 시공이 용이할 것

해설

보온 단열재는 열전도율이 작아야 한다.

104 세주형 주철방열기 호칭법에서 원을 3등분하여 상단에 표시하는 것은?

① 유입관의 크기
② 유출관의 크기
③ 절(섹션)수
④ 방열기의 종류와 높이

해설

주철제 방열기의 표시사항

105 팬코일 유닛과 관계없는 것은?

① 송풍기
② 여과기
③ 냉 · 온수코일
④ 가습기

해설

가습기는 공기에 직접 가습시킨다.

106 공기조화기에서 사용하는 에어필터 중에서 병원의 수술실이나 클린룸 시설에 가장 적합한 필터는?

① 룰 필터
② 프리 필터
③ HEPA 필터
④ 활성탄 필터

> **해설**
> HEPA(High Efficiency Perticulate Air) 필터
> 건성여과식 고성능 필터는 유닛형으로 방사성 물질을 취급하는 등 클린룸, 바이오클린룸 등에서 미립자를 여과시켜 99.9% 성능을 가진다.

107 에어필터(Air Filter)의 제진효율에 관한 식으로 올바른 것은?(단, 입구 측 공기 중의 먼지농도 : C_1, 출구 측 먼지농도 : C_2이다.)

① 제진효율 $= \dfrac{C_2}{C_1} \times 100$

② 제진효율 $= \dfrac{C_1}{C_2} \times 100$

③ 제진효율 $= \left[1 - \dfrac{C_2}{C_1}\right] \times 100$

④ 제진효율 $= \left[1 - \dfrac{C_1}{C_2}\right] \times 100$

> **해설**
> 제진효율 $= \left[1 - \dfrac{C_2}{C_1}\right] \times 100$

108 물과 공기의 접촉면적을 크게 하기 위해 증발포를 사용하여 수분을 자연스럽게 증발시키는 가습방식은?

① 초음파식
② 가열식
③ 원심분리식
④ 기화식

> **해설**
> 기화식 가습방식은 증발포를 사용한다.

109 셀튜브형 열교환기에 관한 설명이다. 옳은 것은?

① 전열관 내 유속은 내식성이나 내마모성을 고려하여 1.8m/s 이하가 되도록 하는 것이 바람직하다.
② 동관을 전열관으로 사용할 경우 유체온도는 150℃ 이상이 좋다.
③ 증기와 온수의 흐름은 열교환 측면에서 병행류가 바람직하다.
④ 열관류율은 재료와 유체의 종류에 따라 거의 일정하다.

> **해설**
> 셀튜브형 열교환기 절연관 내 유속은 1.8m/s 이하가 바람직하다.

110 다음 펌프 중에서 비속도가 가장 작은 펌프는?

① 축류펌프
② 사류펌프
③ 볼류트펌프
④ 터빈펌프

> **해설**
> 비속도가 큰 순서
> 축류펌프＞사류펌프＞볼류트펌프＞터빈펌프

111 가스보일러의 점화 시 주의사항 중 맞지 않은 것은?

① 연소실 내의 용적 4배 이상의 공기로 충분히 환기를 행할 것
② 점화는 3~4회로 착화될 수 있도록 할 것
③ 갑작스런 실화 시에는 연료공급을 즉시 차단할 것
④ 점화버너의 스파크 상태가 정상인가 확인할 것

> **해설**
> 보일러 점화 시 착화는 한번에 되도록 한다.

112 가열코일에 사용되는 핀의 형태 중에서 공기 측 열전달률이 가장 높은 것은?

① 평판 핀
② 파형 핀
③ 슬릿 핀
④ 슈퍼 슬릿 핀

해설

슈퍼 슬릿 핀
가열코일에 사용되는 핀 중에서 공기 측 열전달률이 가장 높다.

113 공조덕트의 취출구에 대한 설명이다. 옳지 않은 것은?

① 천장 취출구의 경우 온풍 취출이면 도달거리가 짧아진다.
② 취출구의 배치는 최소 확산반경이 겹치지 않도록 해야 한다.
③ 베인형 취출구에서 베인 각도를 확대하면 소음을 줄일 수 있다.
④ 베인형 취출구의 천장 설치의 경우 냉방 시는 베인 각도를 작게 한다.

해설

베인의 각도는 0~45°까지 확대가 가능하나 그 이상이면 소음이 커진다.

114 200rpm으로 운전되는 송풍기가 4kW의 성능을 나타내고 있다. 회전수를 250rpm으로 상승시키면 동력은 몇 kW가 소요되는가?

① 5.5
② 7.8
③ 8.3
④ 8.8

해설

$$4 \times \left(\frac{250}{200}\right)^3 = 7.8125 \text{kW}$$

(동력은 회전수 증가의 3승에 비례한다.)

115 다음 중 공기의 감습방법에 해당되지 않는 것은?

① 흡수식
② 흡착식
③ 냉각식
④ 가열식

해설

감습방법
㉠ 흡수식
㉡ 흡착식
㉢ 냉각식

116 거실의 창문 밑에 설치할 주철제 방열기의 상당방열면적은 6m²로 산출되었다. 표준상태에서 이 방열기가 가지는 방열량은 몇 kcal/h인가? (단, 증기난방인 경우)

① 2,700
② 3,300
③ 3,900
④ 4,500

해설

방열기 증기 표준방열량은 650kcal/m² · h이므로,
650×6 = 3,900kcal/h

117 공조용 전열교환기의 이용에 관한 설명이다. 옳은 것은?

① 배열회수에 이용되는 배기는 탕비실, 주방 등을 포함한 모든 공간의 배기를 포함한다.
② 회전형 전열교환기의 로터 구동 모터와 급배기 팬은 반드시 연동 운전할 필요가 없다.
③ 중간기 외기냉방을 행하는 공조시스템의 경우에도 별도의 덕트 없이 이용할 수 있다.
④ 외기량과 배기량의 밸런스를 조정할 때 배기량은 외기량의 40% 이상을 확보해야 한다.

해설

전열교환기 외기(OA), 배기(EA)량의 밸런스 조정 시 배기량은 외기 도입량의 40% 이상을 확보해야 한다.

정답 112 ④ 113 ③ 114 ② 115 ④ 116 ③ 117 ④

118 EDR = $\dfrac{\text{방열기의 전열량}}{\text{표준 전열량}}$ 에서 EDR은 무엇 인가?

① 증발량

② 상당방열면적

③ 응축수량

④ 실제방열량

해설
EDR(Equivalent, Direct, Radiation)은 상당방열면적 (m²)을 의미한다.

119 가습팬에 의한 가습장치의 설명으로 틀린 것 은?

① 온수가열용에는 증기 또는 전기가열기가 사용 된다.

② 가습장치 중 효율이 가장 우수하다.

③ 응답속도가 느리다.

④ 패키지 등의 소형 공조기에 사용한다.

해설
가습팬은 증기가습이 가습장치 중 효율이 가장 높다.

120 장방형 저속덕트의 장변의 길이가 850mm 일 때 시공하여야 할 아연도 강판의 두께로 가장 적 당한 것은?

① 0.3mm

② 0.5mm

③ 0.8mm

④ 1.2mm

해설
덕트의 장변 길이별 아연도 강판의 두께
㉠ 450mm 이하 : 0.5mm
㉡ 760~1,500mm : 0.8mm
㉢ 2,210mm 이상 : 1.2mm

121 HEPA 필터의 성능시험방법으로 적당한 것 은?

① 중량법

② 변색도법

③ DOP법

④ 여과법

해설
HEPA
고성능 필터(건성여과식)는 송풍기 출구에 설치하고 먼 지제거율이 99.9% DOP법의 성능을 가진다.

122 공기 세정기에서 물방울이 출구공기에 섞여 나가는 것을 방지하는 비산방지장치는?

① 루버

② 분무노즐

③ 플러딩노즐

④ 일리미네이터

해설
일리미네이터 : 물방울 비산 방지장치

123 가습효율이 100%에 가까우며 무균이면서 응답성이 좋아 정밀한 습도제어가 가능한 가습기 는?

① 물분무식 가습기

② 증발팬 가습기

③ 증기 가습기

④ 소형 초음파 가습기

해설
증기 가습기
가습효율이 100%에 가까우며 무균성, 응답성이 좋은 가습기

124 공기조화기에 속하지 않는 것은?

① 공기가열기

② 공기냉각기

③ 덕트

④ 공기여과기(에어필터)

해설
덕트 : 열 운반장치

125 온수 및 증기코일의 설계에 대한 설명 중 틀린 것은?

① 온수코일의 헤더 상부에는 공기배출밸브를 설치한다.
② 증기코일의 전면풍속은 6~9m/s 정도로 선정한다.
③ 온수코일의 유량제어는 2방 또는 3방 밸브를 사용한다.
④ 증기코일은 온수에 비하여 열 수를 작게 할 수 있다.

해설
증기코일의 전면풍속은 3~4m/s로 계산한다.

126 공기조화에서 덕트 외면을 단열시공하는 이유가 아닌 것은?

① 외부로부터의 열침입 방지
② 외부로부터의 소음 차단
③ 외부로부터의 습기 차단
④ 외부로부터의 충격 차단

해설
덕트 단열시공과 외부 충격차단은 관련성이 없다.

127 다음 취출구 중 내부유인성능을 가지고 있으며 취출온도차를 크게 반영할 수 있는 것은?

① 아네모스탯형 취출구
② 라인형 취출구
③ 노즐형 취출구
④ 유니버설형 취출구

해설
아네모스탯형 취출구
내부유인성능을 가지고 있으며 취출온도차를 크게 반영할 수 있는 취출구이다.

06장 난방설비

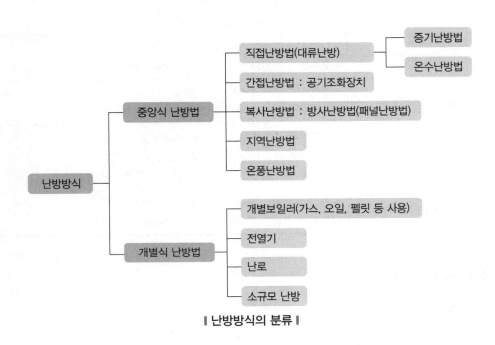

‖ 난방방식의 분류 ‖

┅ 01 증기난방(스팀난방)

❶ 난방 원리

① 보일러의 물은 기름, 가스, 전기 등의 열원에 의해 가열되어 증기를 발생시키며, 이때 발생한 증기는 메인 파이프, 헤더를 거쳐 수직 또는 수평 방향의 공급파이프를 지나 방열기를 통하여 실내의 방열기로 공급된다.

② 실내 방열기에서 응축잠열을 방출하여(수증기의 응축잠열을 이용) 실내를 따뜻하게 한 후 응축수는 트랩에서 증기와 분리되며, 환수관으로 유입된 물은 환수 주관을 거쳐 응축수 탱크로 집수한 후 펌프에 의해 보일러로 들어간다.

2 증기난방의 종류

분류 기준	종류 및 특징
증기압력	• 고압식 : 1kgf/cm^2 이상 • 저압식 : 0.15~0.35kgf/cm^2
배관방법	• 단관식 : 증기와 응축수가 동일 배관 • 복관식 : 증기와 응축수가 서로 다른 배관
증기 공급방법	• 상향식 : 증기가 상향으로 공급 • 하향식 : 증기가 하향으로 공급
응축수 환수법	• 중력환수식 : 응축수의 자연 중력작용으로 환수 • 기계환수식 : 응축수 펌프로 보일러에 강제환수 • 진공환수식 : 진공펌프로 응축수와 (공기제거)순환
환수관의 배관	• 건식 환수관 : 환수주관을 보일러수면보다 높게 • 습식 환수관 : 환수주관을 보일러수면보다 낮게

3 증기난방의 특징

1) 장점

① 가열시간이 빠르고 난방 개시시간이 짧다.

② 온수난방에 비하여 배관 지름이 작으므로 설비비가 적게 든다.

③ 증기가 필요한 건물은 난방과 급기가 병용되어 장치를 단순화시킬 수 있다.

④ 대규모 건물에서는 비교적 쉽게 소정의 열분배를 할 수 있다.

2) 단점

① 열매체 온도가 높기 때문에 실내온도의 변화가 크고 난방효과가 나쁘다.

② 방열량의 조정이 곤란하다.

③ 순환관이 부식하기 쉽다.

④ 트랩의 보수에 시간이 소요된다.

⑤ 한랭지에서는 동결의 문제가 발생하기 쉽다.

⑥ 관 내 응축수에 의해 수격작용의 발생이 염려된다.

4 적용

병원, 사무소, 학교 등의 중 · 대규모의 건축물

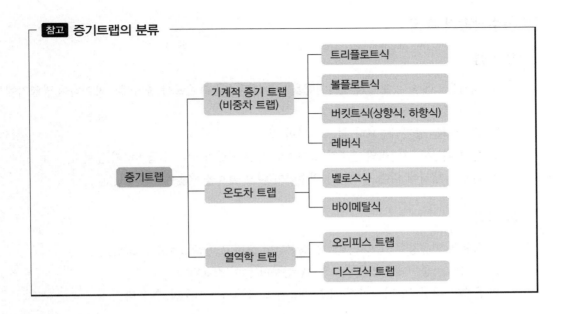

참고 **증기트랩의 분류**

- 증기트랩
  - 기계적 증기 트랩 (비중차 트랩)
    - 트리플로트식
    - 볼플로트식
    - 버킷트식(상향식, 하향식)
    - 레버식
  - 온도차 트랩
    - 벨로스식
    - 바이메탈식
  - 열역학 트랩
    - 오리피스 트랩
    - 디스크식 트랩

···02 온수난방(스팀난방)

1 온수난방의 종류

분류 기준	종류 및 특징
온수 온도	• 온수식 : 보통 85~90℃의 온수 사용 • 고온수식 : 보통 100~230℃의 고온수 사용
온수 순환방법	• 중력환수식 : 중력작용에 의한 자연순환 • 강제순환식 : 펌프 등의 기계력에 의한 강제순환
배관방법	• 단관식 : 급탕관과 환·복귀탕관이 동일 배관 • 복관식 : 급탕관과 환·복귀탕관이 서로 다른 배관
온수의 공급방법	• 상향공급식 : 급탕주관을 최하층에 배관, 수직관을 상향분기 • 하향공급식 : 급탕주관을 최상층에 배관, 수직관을 하향분기

2 온수난방의 특징

1) 장점

① 외기온도에 따라 보일러의 가열량을 가감하거나 온수 온도를 중앙에서 제어하여 방열기에서의 방열량을 조절할 수 있다.
② 관 부식은 증기난방보다 적고 수명이 길다.
③ 온수 때문에 보일러의 연소를 정지해도 예열이 있어 실온이 급변하지 않는다.
④ 온수는 냉각에 의한 증기보다 열손실이 없고 열효율이 높다.

2) 단점

① 장치의 열용량이 크므로 예열에 장시간이 요하고 연료 소비량도 크다.
② 설비비는 중·대규모에서는 증기난방보다 많이 소요된다.
③ 온수용 주철보일러는 수두 제한 때문에 고층에서는 사용할 수 없다.

> 참고
> • 물은 비열(kJ/kg·K)이 높아서 데우기는 어려우나 한 번 데워놓으면 잘 식지는 않는다.
> • 증기난방과 온수난방은 대류난방이므로 방열기가 필요하다.

3 적용 대상

주택, 아파트, 병원 등의 소·중규모의 건축물

▼ 난방, 산업 응용에 의한 보일러의 분류

분류	구분	종류	특성
원통형 보일러 (증기용, 온수용)	입형 보일러	입형 횡관 보일러	–
		입형 연관 보일러	–
		코크란 보일러	효율이 높음
	노통 보일러	코르니시 보일러	노통이 1개
		랭커셔 보일러	노통이 2개
	노통연관 보일러 (복합식 보일러)	노통연관 팩케이지 보일러	육지용 보일러
		하우든 존슨 보일러	선박용 보일러
		부르동 카프스 보일러	선박용 보일러
	연관식 보일러	횡연관 보일러	외분식 보일러
		기관차 보일러	–
		가관차형 보일러	케와니 보일러

분류	구분	종류	특성
수관식 보일러	자연순환식	바브콕 웰콕스 보일러	–
		야로 보일러	–
		스네기 보일러	–
		다쿠마 보일러	–
	강제순환식	스터어링 보일러	–
		라몬트 노즐 보일러	–
	관류 보일러	벤슨 보일러	–
		슐쳐 보일러	–
		앳모스 보일러	–
		람진 보일러	–
특수 보일러	열매체 보일러	다우삼 보일러	–
	간접가열 보일러	러플러 보일러	–
		슈미트하트만 보일러	–
	특수연료 보일러	베게스 보일러	–
		바크 보일러	–
	폐열 보일러	하이네 보일러	–
		리보일러	–

03 복사난방(방사난방, 패널난방)

① 난방 원리

가열코일(패널)을 바닥이나 천장, 벽 등에 매설하고 건축물 실내의 벽, 바닥 등을 가열하여 그 표면 온도를 높여서 실내의 평균복사온도(MRT)를 상승시키는 방식이다.

② 저온복사방식

① 각 가열면의 허용최고온도는 바닥 30℃, 천장 43℃, 벽 40~60℃ 정도이다.
② 실내의 상하 온도차가 적고 실내온도를 낮게 하여도 열복사에 의한 따뜻한 느낌으로 난방효과가 변화하지 않으며 건물로부터의 열손실이 감소할 수 있다.

3 고온복사방식

① 큰 공장의 경우 건물 내 전부를 난방하지 않고 바닥면 가까이의 사람이 있는 장소만을 난방한다.

② 표면온도는 140~150℃ 정도로 가열하여 난방한다.

▼ 패널(코일) 시공

패널	벽면코일(벽패널)	코일 열전도율
• 바닥패널 : 패널 면적이 크다. • 천장패널 : 패널 면적이 작다. • 벽패널 : 시공이 불편하다.	• 그릿 코일법 • 벤드 코일법 • 벽면 그릿 코일법	동관 > 강관 > 폴리에틸렌관

4 복사난방의 특징

1) 장점

① 복사에 의한 난방의 쾌감도가 크다.

② 상하 온도차가 적다.

③ 실내에 방열기가 없으므로 방면적 이용도가 크다.

④ 바닥면에서 예열이 이용되므로 연료 소비량이 적다.

⑤ 공기의 대류가 적어서 공기의 오염도가 적다.

2) 단점

① 방열량이 작아 건축물 자체를 보온적으로 만들어야 하므로 설비비가 많이 소요된다.

② 매설관 때문에 준공 후의 수리나 보존이 매우 번거롭다.

③ 고장 시 발견이 어렵고 벽표면이나 시멘트 모르타르 부분에 균열이 발생한다.

5 적용 대상

공장, 체육관 등 천장이 높은 건물 또는 백화점 입구

···04 온풍난방

1 난방 원리

더운 공기를 방안에 보내어 난방하는 방법으로, 공기를 가열하는 방법에는 온풍로에 의한 직접 가열식과 열교환기를 사용하는 간접 가열식이 있다.

2 온풍난방의 특징

1) 장점

① 설비비가 적다.
② 장치의 열용량이 극히 적으므로 예열시간이 짧고 연료비가 적다.
③ 온기로의 효율이 크다.
④ 온풍의 온기차가 크므로 보통의 공조방식에 비해 덕트는 소형으로 할 수 있다.
⑤ 소규모 실내나 중규모 건물의 난방이 가능하다.

2) 단점

① 취출풍량이 적으므로 실내 상하의 온도차가 크다.
② 덕트 보온에 주의하지 않으면 온도강하 때문에 난방이 불충분하다.
③ 소음이 발생하기 쉽다.
④ 여과장치가 없으면 공기오염도에 민감하다.

3 적용 대상

공장, 주택 등의 소규모 건축물

⋯05 난방배관 시공의 구배

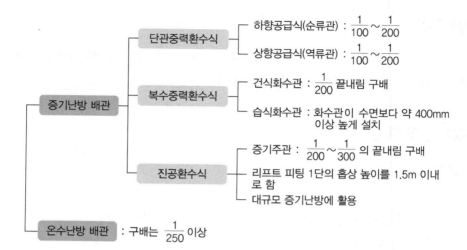

[06장] 출제예상문제

01 다음은 증기난방의 특징을 설명한 것이다. 옳지 않은 것은?

① 온수에 비하여 열이 운반능력이 크다.
② 온수에 비하여 관경을 작게 해도 된다.
③ 온수에 비하여 환수관의 부식이 적다.
④ 온수에 비하여 설비 및 유지비가 싸다.

해설
증기난방은 산소 등 가스의 발생이 심하여 점식 및 관의 부식이 심하다.

02 복사난방의 설계에 사용하는 온도로서, 방을 구성하는 각 벽체의 표면온도를 평균하여 복사난방에서의 쾌감 기준으로 삼는 온도가 있다. 이를 무엇이라 하는가?

① 실내공기온도
② 복사난방온도
③ 평균복사온도
④ 평균바닥온도

해설
MRT(Mean Radiant Temperature)
평균복사온도는 복사난방의 설계에 사용하는 온도로서 방을 구성하는 각 벽체의 표면온도를 평균하여 복사난방에서의 쾌감 기준으로 삼는 온도이다.

03 온수난방과 비교한 증기난방의 장점 중 맞는 것은?

① 방열량의 제어가 쉽다.
② 방열기의 배관의 치수가 작다.
③ 증기 보일러의 취급이 용이하다.
④ 스팀 해머링의 문제가 없다.

해설
증기난방은 방열량이 커서 방열기(라디에이터)의 배관의 치수가 작다.

04 다음 중 진공식 증기난방장치의 특징이 아닌 것은?

① 보통 큰 건물에 적용된다.
② 방열량을 광범위하게 조절할 수 있다.
③ 수증기 순환이 원활하다.
④ 파이프 치수가 커진다.

해설
진공환수식 증기난방의 특징
㉠ 큰 대규모 난방에 적용된다.
㉡ 방열량을 광범위하게 조절할 수 있다.
㉢ 수증기 순환이 원활하다.

05 온풍난방의 특징을 바르게 설명한 것은?

① 예열시간이 짧다.
② 조작이 복잡하다.
③ 설비비가 많이 든다.
④ 소음이 생기지 않는다.

해설
온풍난방은 공기의 비열이 적어서 예열시간이 짧다.

06 온수난방의 장점을 열거한 것 중 잘못된 것은?

① 난방부하의 변동에 따른 온도조절이 용이하다.
② 열용량이 크므로 실내온도가 급변하지 않는다.
③ 설비비가 증기난방의 경우보다 적게 든다.
④ 증기난방보다 쾌감도가 좋다.

해설
온수난방은 배관이 커야 하기 때문에 설비비가 증기난방보다 많이 든다.

07 다음 난방설비에 관한 설명 중 옳지 않은 것은?

① 증기난방의 방열기는 주로 열의 복사작용을 이용하는 것이다.
② 온수난방은 주택, 병원, 호텔 등의 거실에 적합한 난방방식이다.
③ 증기난방은 학교, 사무소와 같은 건축물에 사용할 수 있는 난방방식이다.
④ 전기열에 의한 난방은 편리하지만, 경제적이지 못하다.

해설
증기난방의 방열기는 주로 대류작용을 이용한다.

08 온수난방설비에서 고온수식과 저온수식의 기준온도는 몇 ℃인가?

① 50   ② 80
③ 100   ④ 150

해설
㉠ 100℃ 이상 : 고온수난방
㉡ 100℃ 미만 : 저온수난방

09 증기난방의 장점으로 옳은 것은?

① 스팀 해머링 등 소음이 작다.
② 증기순환이 빠르며 실내 방열량 조정이 쉽다.
③ 환수관에서 부식이 적고 보일러 취급이 용이하다.
④ 열의 운반능력이 크고 유지비가 싸다.

해설
증기난방
㉠ 해머링에 의해 소음이 크다.
㉡ 실내방열량 조정이 어렵다.
㉢ 환수관에서 부식이 심하다.
㉣ 열의 운반능력이 크고 유지비가 싸다.

10 증기난방에서 사용되는 부속기기인 감압밸브를 설치하는 데 있어서 주의사항이 아닌 것은?

① 감압밸브는 가능한 한 사용개소에 가까운 곳에 설치한다.
② 감압밸브로 응축수를 제거한 증기가 들어오지 않도록 한다.
③ 감압밸브 앞에서는 반드시 스트레이너(Strainer)를 설치하도록 한다.
④ 바이패스는 수평 또는 위로 설치하고 감압밸브의 구경과 동일 구경으로 한다.

해설
㉠ 응축수를 제거하는 것은 증기트랩이다.
㉡ 습증기가 들어오지 못하게 하는 것으로 기수분리기, 비수방지기가 있다.

11 온수난방에 설치되는 팽창탱크에 대한 설명이다. 올바르지 않은 것은?

① 팽창된 물을 밖으로 배출하여 장치를 안전하게 유지한다.
② 운전 중 장치 내 압력을 소정의 압력으로 유지하고, 온수 온도를 유지한다.
③ 운전 중 장치 내의 온도 상승에 의한 물의 체적 팽창과 압력을 흡수한다.
④ 개방식은 장치 내의 주된 공기배출구로 이용되고, 온수보일러의 도피관으로도 이용된다.

정답 07 ① 08 ③ 09 ④ 10 ② 11 ①

해설

온수난방에서 팽창된 물은 팽창탱크에 저장하였다가 팽창관을 통하여 다시 보일러로 되돌려준다.

12 다음 중 중앙식 난방법이 아닌 것은?

① 개별난방법　　　② 직접난방법
③ 간접난방법　　　④ 복사난방법

해설

난방법
㉠ 개별식 난방
㉡ 중앙식 난방
 • 직접난방(온수, 증기)
 • 간접난방
 • 복사난방

13 복사난방의 특징으로 옳은 것은?

① 외기온도 변화에 따른 방열량 조절이 쉽다.
② 천장이 높은 곳에는 부적합하며 시공이 쉽다.
③ 방열기가 필요 없으며 바닥 이용면적이 크다.
④ 대류난방에 비해 바닥면의 먼지가 상승하기 쉽다.

해설

복사난방은 패널난방이기 때문에 방열기가 불필요하며 바닥의 이용면적이 크다.

14 온수난방에만 사용하는 기기는?

① 응축수 펌프
② 열저장탱크
③ 방열기
④ 팽창탱크

해설

팽창탱크(개방식, 밀폐식)는 온수보일러에만 설치된다.

15 복사난방의 설명이 아닌 것은?

① 설비비가 적게 든다.
② 매설관 때문에 준공 후의 수리나 보존이 매우 번거롭다.
③ 바닥면에서 예열이 이용되므로 연료 소비량이 적다.
④ 실내의 벽, 바닥 등을 가열하여 평균복사온도를 상승시키는 방법이다.

해설

복사난방은 벽, 바닥, 천장 등에 코일(패널)을 설치한 난방이라서 고장 발견이 어렵고 설비비가 많이 소요된다(단, 난방의 쾌감도가 좋고 실내온도 분포가 고르게 나타난다).

16 난방효율이 가장 높은 난방방식은?

① 온수난방　　　② 열펌프난방
③ 온풍난방　　　④ 복사난방

해설

열펌프 히트난방은 열손실이 적어서 난방효율이 높다.

17 난방 열원으로서의 증기와 고온수를 비교 설명한 것 중 올바른 것은?

① 고저가 심하고 넓은 지역에 산재해 있는 낮은 건물의 난방에는 증기가 유리하다.
② 고온수 난방방식은 간헐운전에 적당하다.
③ 증기난방방식은 부하에 대한 응답속도가 빠르다.
④ 배관 거리가 비교적 짧은 경우에는 증기를 사용하면 배관 지름이 커진다.

해설

증기난방방식은 부하에 대한 응답속도가 온수난방에 비해 빠르고 낮은 건물에는 온수난방이 유리하다. 또한 고온수난방은 연속운전에 유익하고 온수난방에는 배관 지름이 커진다.

정답　12 ①　13 ③　14 ④　15 ①　16 ②　17 ③

18 복사난방의 장점이 아닌 것은?

① 복사열에 의해 쾌감도가 높다.
② 실내온도의 고른 분포가 가능하다.
③ 실온이 낮아도 난방효과를 얻을 수 있다.
④ 외기에 따른 방열량 조절이 쉽다.

해설
복사난방은 외기에 따른 방열량 조절이 쉽지 않으며, 온수난방은 외기에 따른 방열량 조절이 수월하다.

19 복사난방에 관한 설명 중 맞지 않는 것은?

① 복사난방은 주야를 계속 난방해야 하는 곳에 유리하다.
② 단열층 공사비가 많이 들고 배관의 고장 발견이 어렵다.
③ 대류난방에 비하여 설비비가 많이 든다.
④ 방열체의 열용량이 작으므로 외기온도에 따라 방열량의 조절이 쉽다.

해설
복사난방은 방열체의 열용량이 커서 외기온도에 따라 방열량의 조절이 불편하다.

20 저온수 난방방식의 방열기 표준방열량으로 옳은 것은?

① 450kcal/m² · h
② 550kcal/m² · h
③ 650kcal/m² · h
④ 750kcal/m² · h

해설
㉠ 온수 : 450kcal/m² · h
㉡ 증기 : 650kcal/m² · h

21 증기압력에 따라 분류한 증기난방방식에 속하는 것은?

① 고압식　　② 중력식
③ 기계식　　④ 습식

해설
증기난방방식
㉠ 저압식 : 0.1~0.35kg/cm²g
㉡ 고압식 : 1.0kg/cm²g 이상

22 강제순환식 난방에서 실내손실 열량이 3,000 kcal/h이고, 방열기 입구수온이 50℃, 출구수온이 42℃일 때 펌프 용량은 몇 kg/h인가?

① 254kg/h　　② 313kg/h
③ 342kg/h　　④ 375kg/h

해설
$$x = \frac{3,000}{(50-42) \times 1} = 375\text{kg/h}$$

23 온풍난방을 하고 있는 사무실 내의 거주 환경에서 적합한 건구온도는 몇 ℃인가?

① 22　　② 28
③ 30　　④ 33

해설
사무실 난방 시 적정 건구온도는 22℃이다.

24 복사난방에 대한 설명 중 옳은 것은?

① 복사난방의 공간 이용도는 낮다.
② 복사난방은 방열기가 필요하다.
③ 복사난방은 쾌감도가 좋다.
④ 복사난방은 환기에 의한 손실열량이 크다.

해설
복사난방은 온도 분포가 균일하여 쾌감도가 좋다.

정답　18 ④　19 ④　20 ①　21 ①　22 ④　23 ①　24 ③

25 고온수난방의 특징으로 적당하지 않은 것은?

① 고온수난방은 증기난방에 비하여 연료가 절약된다.
② 고온수난방방식의 설계는 일반적인 온수난방방식보다 쉽다.
③ 공급과 환수의 온도차를 크게 할 수 있으므로 열수송량이 크다.
④ 장거리 열수송에 고온수일수록 배관경이 작아진다.

해설
고온수난방방식의 설계는 일반적인 온수난방방식보다 어렵다.

26 간접난방(온풍난방)에 관한 설명으로 옳지 않은 것은?

① 연소장치, 송풍장치 등이 일체로 되어 있어 설치가 간단하다.
② 예열부하가 거의 없으므로 기동시간이 아주 짧다.
③ 방열기기나 배관 등의 시설이 필요 없으므로 설비비가 싸다.
④ 실내 층고가 높을 경우에도 상하의 온도차가 적다.

해설
온풍난방은 실내 층고가 높을 경우에는 상하의 온도차가 크다.

27 다음은 증기난방과 온수난방을 비교한 것이다. 틀린 것은?

① 증기난방보다 온수난방의 쾌적도가 더 좋다.
② 증기난방보다 온수난방의 취급이 더 용이하다.
③ 온수난방보다 증기난방의 가열시간이 더 빠르다.
④ 온수난방보다 증기난방의 설비비가 더 많이 든다.

해설
온수난방은 관경이 커서 설비비가 증기난방보다 더 많이 든다.

28 다음 중 진공환수식 증기난방에 관한 설명으로 틀린 것은?

① 보통 큰 건물에 적용된다.
② 구배를 경감시킬 수 있다.
③ 환수를 원활하게 유통시킬 수 있다.
④ 파이프 치수가 커진다.

해설
진공환수식 증기난방(진공도 $100 \sim 250$mmHg)은 응축수의 배출이 빨라서 파이프 치수가 작아도 된다.

29 온풍난방에 대한 설명 중 맞는 것은?

① 설비비는 다른 난방에 비해 고가이다.
② 열용량이 크고 예열시간이 길다.
③ 토출공기온도가 높으므로 쾌적도가 떨어진다.
④ 실내층고가 높을 경우에는 상하의 온도차가 작다.

해설
온풍난방은 토출공기온도가 높아서 쾌적도가 떨어진다.

30 증기난방과 온수난방을 비교한 것 중 맞는 것은?

① 쾌적도에서는 온수난방이 좋다.
② 온수난방이 증기난방보다 부식이 크다.
③ 증기난방은 현열을 이용하고, 온수난방은 잠열을 이용한다.
④ 증기난방은 예열 및 냉각이 늦으며 동결위험이 적다.

해설
② 부식은 증기난방이 크다.
③ 증기난방 : 잠열 이용, 온수난방 : 현열 이용
④ 증기난방은 예열이 빠르고 냉각도 빠르다.

31 온풍난방에 대한 설명으로 옳지 않은 것은?

① 예열시간이 짧고 간헐운전이 가능하다.
② 가스연소로 덕트나 연도의 과열에 따른 화재 우려가 없다.
③ 설치가 간단하여 전문 기술자를 필요로 하지 않는다.
④ 송풍온도가 고온이 되므로 덕트를 소형으로 할 수 있다.

해설
온풍난방
배기가스 또는 연소가스온도 상승으로 과열에 따른 화재 우려가 있다.

32 온수난방에 이용되는 밀폐형 팽창탱크에 관한 설명으로 옳지 않은 것은?

① 공기층의 용적을 작게 할수록 압력의 변동은 감소한다.
② 개방형에 비해 용적은 크다.
③ 통상 보일러 근처에 설치되므로 동결의 염려가 없다.
④ 개방형에 비해 보수점검이 유리하고 가압실이 필요하다.

해설
밀폐형 팽창탱크는 공기층의 용적을 크게 할수록 압력의 변동은 감소한다.

33 온풍난방법에서의 특징에 대한 설명 중 맞는 것은?

① 예열부하가 작아 예열시간이 짧다.
② 송풍기의 전력소비가 작다.
③ 송풍 덕트의 스페이스가 필요 없다.
④ 실온과 동시에 실내의 습도와 기류의 조정이 어렵다.

해설
온풍난방은 공기의 비열이 낮아서 예열부하가 작아 예열시간이 짧다.

34 다음 설명 중 ( ) 안에 적당한 용어는?

> 강제순환식 온수난방에서는 순환펌프의 양정이 그대로 온수의 ( )가(이) 된다.

① 비중량   ② 순환량
③ 순환수두   ④ 마찰계수

해설
순환펌프의 양정 = 순환수두(가득수두)가 된다.

35 다음의 난방방식 중 방열체가 필요 없는 것은?

① 온수난방   ② 증기난방
③ 복사난방   ④ 온풍난방

해설
온풍난방은 방열체가 필요 없이 팬에 의해 열풍이 방열된다.

36 온풍난방기에서 사용되는 배기통 공사 시의 주의사항으로 틀린 것은?

① 배기통이 가연성 벽이나 천장을 통과하는 부분에는 슬리브를 사용한다.
② 배기통의 직경은 온풍난방기의 배기통 접속구 치수와 같은 규격을 사용하도록 한다.
③ 배기통의 가로길이는 되도록 길게 하고, 구부리는 곳은 4개소 이내로 하여 통풍저항을 줄인다.
④ 배기통 선단은 옥외로 내고, 우수침입 및 역풍을 방지하는 배기통 톱을 고정시키고 모든 방향으로 통풍이 되는 위치에서 풍압대가 아닌 것으로 한다.

해설
배기통의 가로길이는 되도록 짧게 하며 구부리는 곳은 3개소 이내가 이상적이다.

37 다음 중 보일러 스케일의 방지책으로 적합하지 않은 것은?

① 청정제를 사용한다.
② 급수 중의 불순물을 제거한다.
③ 보일러 판을 미끄럽게 한다.
④ 수질분석을 통한 급수의 한계값을 유지한다.

해설
스케일 방지책은 ①, ②, ④ 외에도 연수기 사용, 세관작업 등이 있다.

38 드럼이 없이 수관만으로 되어 있고 가동시간이 짧으며 과열되어 파손되어도 비교적 안전한 보일러는?

① 주철제 보일러   ② 관류 보일러
③ 원통형 보일러   ④ 노통연관식 보일러

해설
관류 보일러
드럼이 없고 가동시간이 짧으며 효율이 높고 파열 시 피해가 적다.

39 증기난방의 부속기기인 감압밸브의 사용목적에 해당하지 않는 것은?

① 증기의 질을 향상시킨다.
② 방열기기나 증기 사용기기에 적합한 온도로 조절하기 위한 수단으로 사용된다.
③ 고압증기는 저압증기에 비하여 비체적이 크므로 배관경을 크게 설치해야 한다.
④ 증기사용설비에서 사용 압력조건, 즉 온도조건으로 운전하기 위해서 사용된다.

해설
고압증기는 저압증기에 비하여 비체적(m^3/kg)이 작아서 배관경을 작게 할 수 있다.

07장 환기

01 환기의 개요

1 정의

환기란 일정공간에 있는 공기의 오염을 막기 위하여 실외부로부터 청정한 공기를 공급하여 실내의 공기를 실외로 배출하고 실내의 오염공기를 교환 또는 희석시키는 것을 말한다.

2 환기의 분류

① 인간환기
② 물질환기

02 환기의 목적

1 일반적 목적

① 실내 공기의 열, 증기, 취기, 분진 등 유해물질에 의한 오염과 산소농도의 감소 등에 의한 재실자의 불쾌감이나 위생적 증대를 방지한다.
② 생산공정이나 품질관리에 있어서 원료나 제품의 보존을 위한 주변 환경의 악화로부터 보호한다.

2 장소별 환기의 목적

1) 거실

① 재실자의 건강　　　② 재실자의 안전　　　③ 재실자의 쾌적성

2) 주방

① 취기 제거　　　② 열이나 습기 제거　　　③ 연소가스 제거

3) 보일러실

① 열의 제거   ② 연소용 공기 공급

4) 탕비실

① 열의 제거   ② 연소가스 제거   ③ 습기 제거

5) 창고

① 열이나 습기 제거   ② 취기 제거   ③ 유해가스 제거

6) 배전실

① 취기나 열의 제거   ② 습기의 제거   ③ 습기 제거

7) 세탁실

① 열이나 습기 제거   ② 취기 제거

8) 기계실

열이나 습기 제거

9) 욕실

습기 제거

10) 공장 작업장

① 작업자의 건강   ② 안전작업

03 환기방식

1 자연환기(중력환기)

① 실내외의 온도차에 의한 부력과 외기의 풍압에 의한 실내외의 압력차에 의해 이루어지는 환기이다.
② 자연급기와 자연배기의 조합이다(제4종 환기법).

2 강제환기(기계환기)

1) 정의

① 환풍기, 즉 급기팬, 배기팬을 그 원동력으로 하는 환기이다.

② 에너지 소모는 많으나 용도의 목적에 따라 환기량 및 실내압력을 조정할 수 있다.

2) 강제환기의 종류

① 제1종 환기

- 급기팬, 배기팬의 조합이다.
- 급기와 배기 측에 송풍기를 설치하여 환기량, 급기량 변화에 의해 실내압력이 정압(+), 또는 부압(−)으로 유지된다.

② 제2종 환기

- 급기팬과 자연배기의 조합이다.
- 급기용 송풍기가 필요하며 실내를 가압함으로써 오염 공기의 침입을 방지하는 환기로, 연소용 공기가 필요한 보일러실 등에 적합하다.

③ 제3종 환기

- 자연급기와 배기팬의 조합이다.
- 배기용 송풍기가 필요하며 실내공기를 강제적으로 배출시키는 환기이다.
- 실내는 부압(−)이 되며 화장실이나 욕실 등의 환기에 이상적이다.

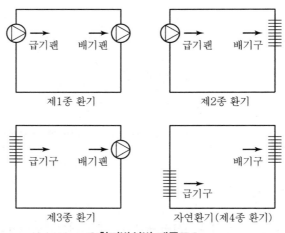

┃ 환기방식별 계통도 ┃

▼ 환기방식의 특징

분류	급기	배기	환기량	실내 압력	특징
제1종 환기	기계	기계	• 임의 가능 • 일정	임의 가능	공조와 함께 사용하는 경우가 많다.
제2종 환기	기계	자연	• 임의 가능 • 일정	정압 유지	• 적당한 배기용 개구가 필요하다. • 청정실에 적합하다.
제3종 환기	자연	기계	• 임의 가능 • 일정	부압 유지	• 적당한 급기용 개구가 필요하다. • 오염실에 적당하다.
자연보조환기	자연	자연 보조	• 유한 가능 • 불특정	부압 유지	• 루프 벤틸레이터는 $3 < n < 10$ • 모니터 루프는 $10 < n < 30$
자연환기	자연	자연	• 유한 가능 • 불특정	부 · 정	침입 외기 환기만은 $0.5 < n < 9$

···04 환기작용

1 희석환기(전체 환기)

① 열기나 유해물질이 실내에 산재되어 있거나 이동되는 경우에 적용한다.
② 급기로 실내에 전체 공기를 희석하여 배출시킨다.

2 직중환기

유해물질이 한 구역에 집중되어 있는 경우 그 구역만을 집중적으로 환기시키는 데 사용하는 환기법으로 적용한다.

3 국소환기

① 주방이나 공장, 실험실에서 오염물질의 확산 및 방산을 가능한 한 국소화시키려고 하는 경우에 적용하는 환기이다.
② 일반적으로 후드를 사용한다.
③ 효과적인 환기를 위해서 국소환기에서 누설된 유해물질들은 집중환기법 또는 희석환기법에 의해 배출하는 것이 바람직하다.

[07.장] 출제예상문제

01 어떤 방의 체적이 $2 \times 3 \times 2.5$m이고 실내온도를 21℃로 유지하기 위하여 실외온도 5℃의 공기를 3회/h로 도입할 때 환기에 의한 손실열량은 약 몇 kcal/h인가?

① 210
② 284
③ 720
④ 460

해설

$Q_1 = n \cdot V = 0.29n \cdot V(t_o - t_r)$

$n = 3$회, $V = 2 \times 3 \times 2.5 = 15\text{m}^3$

$\therefore 0.29 \times 3 \times 15 \times (21 - 5) = 209\text{kcal/h}$

02 자연환기에 관한 설명 중 틀린 것은?

① 자연환기는 실내외의 온도차에 의한 부력과 외기의 풍압에 의한 실내외의 압력차에 의해 이루어진다.

② 자연환기에 의한 방의 환기량은 그 방의 바닥 부근과 천장 부근의 공기 온도차에 의해 결정되는데, 급기구 및 배기구의 위치와는 무관하다.

③ 자연환기는 자연력을 이용하므로 동력은 필요하지 않지만 항상 일정한 환기량을 얻을 수 없다.

④ 자연환기로 공장 등에서 다량의 환기량을 얻고자 할 경우에는 벤틸레이터를 지붕면에 설치한다.

해설

자연환기구는 급기구나 배기구의 위치가 중요한 역할을 하게 된다(방의 바닥 부근과 천장 부근의 공기 온도차에 의한다).

03 다음 기계환기 중 제1종 환기(병용식)로 맞는 것은?

① 강제급기와 강제배기

② 강제급기와 자연배기

③ 자연급기와 강제배기

④ 자연급기와 자연배기

해설

제1종 환기법 : 강제급기와 강제배기 병용

04 가정의 주방이나 가스레인지 상부 측 후드를 이용하여 배기하는 환기법은?

① 국부환기, 제3종 환기

② 전체환기, 제3종 환기

③ 국부환기, 제2종 환기

④ 전체환기, 제2종 환기

해설

가정의 주방, 가스레인지 상부 측 후드는 국부환기(제3종 환기)를 사용한다.

05 다음 중 환기의 효과가 가장 큰 환기법은?

① 제1종 환기

② 제2종 환기

③ 제3종 환기

④ 제4종 환기

해설

제1종 환기

급기팬과 배기팬을 사용하여 효과가 가장 크다.

06 환기를 계획할 때 실내 허용 오염도의 한계를 말하며 % 또는 ppm으로 나타내는 용어는?

① 불쾌지수
② 유효온도
③ 쾌감온도
④ 서한도

해설
서한도
실내 허용 오염도의 한계(%, ppm 등)를 나타내는 용어

07 다음 중 환기에 대한 설명으로 틀린 것은?

① 실내의 오염공기를 신선공기로 희석하거나 확산시키지 않고 배출한다.
② 실내에서 발생하는 열이나 수증기를 제거한다.
③ 실내압력을 +압력상태로 유지시키면서 환기하는 방식이 제3종 환기법이다.
④ 재실자의 건강, 안전, 쾌적성, 작업능률을 향상시킨다.

해설
제3종 환기법
㉠ 급기는 자연급기
㉡ 배기는 기계배기

08 공연장의 건물에서 관람객이 500명이고 1인당 CO_2 발생량이 $0.05m^3/h$일 때 환기량(m^3/h)은?(단, 실내 허용 CO_2 농도는 600ppm, 외기 CO_2 농도는 100ppm이다.)

① 30,000
② 35,000
③ 40,000
④ 50,000

해설
$$Q = \frac{G}{C_r - C_o} \times 10^6 = \frac{25}{600-100} \times 10^6 = 50,000 m^3/h$$

[08장] 공조제어설비 설치

⋯ 01 직류회로

1 전기의 본질

1) 물질과 전기

① 모든 물질은 분자 또는 원자의 집합으로 되어 있고, 분자는 원자로 구성되어 있으며, 원자는 양전기를 가진 원자핵과 주위를 돌고 있는 음전기를 가진 몇 개의 전자로 구성되어 있다. 원자핵은 전자와 같은 수의 양자와 전기적 성질을 가지고 있지 않은 중성자 및 양성자로 되어 있다.

② **전자와 양자** : 전자의 질량은 9.10955×10^{-31}kg이며, 양자는 1.67261×10^{-25}kg으로 전자의 약 1,840배가 된다.

2) 전기량

1개의 전자는 1.60219×10^{-19}C의 전기량을 가지므로,

$$1C = \frac{1}{1.60219 \times 10^{-19}} \times 10^{19} = 0.624개 \ 전자의 \ 과부족으로 \ 생기는 \ 전하량이다.$$

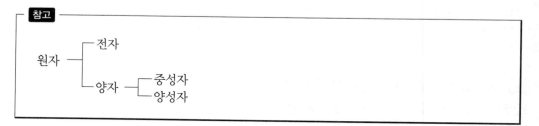

참고

원자 ┬ 전자
     └ 양자 ┬ 중성자
            └ 양성자

2 전압과 전류

1) 전류

① 전자의 흐름으로서, 1초에 1C의 전하가 이동하였을 때의 전류의 크기를 1A(암페어)라고 한다. 전지의 경우 음극에서 양극으로 흐른다.

② 1초 동안에 도체의 단면을 이동하는 전하(전기량)로 나타낸다[전기량 단위 : 쿨롱(Coulomb)이다].

$$전류(I) = \frac{Q}{t}[\text{A}]$$

여기서, Q : 전기량(C), t : 시간(sec), I : 전류(A)

2) 전압

① 전기적인 압력을 의미하며, 크기는 볼트(V)로 나타낸다.
② 1C의 전기량이 이동할 때의 일에 따라 정해진다.
③ 전압을 연속적으로 만들어 주는 힘을 기전력이라고 한다.

$$전압(V) = \frac{W}{Q}[\text{V}]$$

여기서, W : 일(J), V : 전압(전위차)(V), Q : 전기량(C)

3) 저항

① 전류의 흐름을 방해하는 전기적 양으로 전압과 전류의 비로 정한다.
② 저항의 크기를 나타내는 상수를 전지저항 R로 표시하고 단위는 옴(Ω)으로 나타낸다.

$$저항(R) = \frac{V}{I}[\Omega]$$

여기서, R : 저항(Ω)

❸ 옴의 법칙(Ohm's Law)

도체에 전압이 가해졌을 때 흐르는 전류(I)의 크기는 도체의 저항(R)에 반비례하며, 가해진 전압(V)에 비례한다.

$$전류(I) = \frac{V}{R}[\text{A}]$$

참고

• $전류(I) = \dfrac{V}{R}[\text{A}]$, $전압(V) = IR[\text{V}]$, $저항(R) = \dfrac{V}{I}[\Omega]$

• $전류(I) = GV[\text{A}]$, $전압(V) = \dfrac{I}{G}[\text{V}]$, $컨덕턴스(G) = \dfrac{I}{V}[\text{℧}]$

1) 컨덕턴스(Conductance)

저항의 역수로서 전류가 흐르기 쉬운 정도를 나타낸다.

$$컨덕턴스(G) = \frac{1}{R}[\mho]$$

여기서, $I = GV$ 또는 $\frac{I}{V} = G$

> **참고**
>
> G의 단위로는 지멘스(siemens, S) 또는 모(mho, $\mho$ 또는 $\frac{1}{\Omega}$)를 사용한다.

4 저항의 접속

1) 직렬 접속(Serives Connection)

① 합성저항

$$R_S = R_1 + R_2 + R_3 \cdots\cdots R_n[\Omega]$$

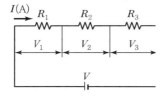 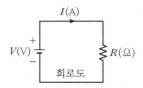

② 각 저항의 전압 강하

$$V_1 = \frac{R_1}{R_s}[V], \quad V_2 = \frac{R_2}{R_s}[V], \quad V_3 = \frac{R_3}{R_s}[V]$$

$$전류(I) = \frac{V}{R_s} = \frac{V}{R_1 + R_2 + R_3}[A]$$

> **참고**
>
> 각 전압 강하의 합은 가해진 전압 V와 동일하며, 전류는 각 저항의 크기에 관계없이 동일하다.

2) 병렬 접속(Parallel Connection)

① 합성저항

$$합성저항(R_P) = \cfrac{1}{\cfrac{1}{R_1} + \cfrac{1}{R_2} + \cfrac{1}{R_3}}[\Omega]$$

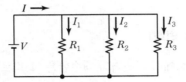

② 각 저항에 흐르는 전류

$$전류(I) = I_1 = \frac{R_P}{R_1}I_1, \ I_2 = \frac{R_P}{R_2}I_2, \ I_3 = \frac{R_P}{R_3}I_2$$

$$\left(I_1 = \frac{V}{R}[A], \ I_2 = \frac{V}{R_2}[A], \ I_3 = \frac{V}{R_3}[A]\right)$$

> **참고**
>
> 전체의 전류 I는 각 전류의 합과 같고, 각 전류의 분배는 저항에 반비례한다.

3) 직 · 병렬 접속

$$합성저항(R_T) = R_1 + \cfrac{1}{\cfrac{1}{R_2} + \cfrac{1}{R_3}} = R_1 + \frac{R_2 R_3}{R_2 + R_3}[\Omega]$$

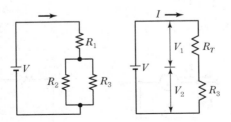

5 키르히호프의 법칙(Kirchhoff's Law)

1) 제1법칙(전류 평형의 법칙)

회로망 중의 접속점(Node)에 흘러 들어가고 나가는 전류의
대수합은 0이다.

$$I_1 + I_3 = I_2 + I_4 + I_5$$

2) 제2법칙(전압 평형의 법칙)

회로망 임의의 한 폐회로에서 기전력의 대수합은 그 회로의 전압강하의 대수합과 같다.

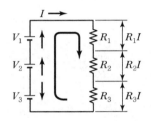

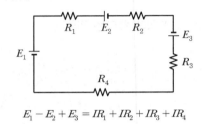

$$E_1 - E_2 + E_3 = IR_1 + IR_2 + IR_3 + IR_4$$

6 전압, 전류, 저항의 측정

1) 전압, 전류, 측정범위

① 전압계는 부하에 병렬, 전류계는 부하에 직렬로 접속하여 측정한다.
② 배율기(Multiplier) : 전압 측정범위 확대를 위해 전압계와 직렬로 접속하는 저항이다.
③ 분류기(Shunt) : 전류 측정범위 확대를 위해 전류계와 병렬로 접속하는 저항이다.

• 배율 : $n = \dfrac{I_0}{I_A}\left(1 + \dfrac{R_A}{R_s}\right)$

• 분류저항 : $R_s = \dfrac{R_A}{n-1}[\Omega]$

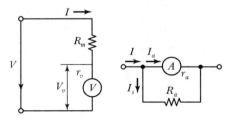

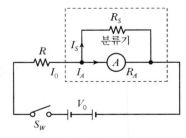

❙ 분류기 회로 ❙

2) 저항의 측정 : 휘트스톤 브리지(Wheatstone Bridge)

평형 조건 $PR = QX$에서 X를 미지 저항, PQR을 기지 저항이라 하면, $X = \dfrac{P}{Q}R$

저항을 측정하기 위해 4개의 저항과 검류계(Galvano Meter) G를 오른쪽 그림과 같이 브리지로 접속한 회로를 '브리지 회로'라고 한다.

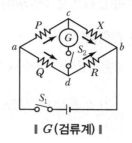

▌ G (검류계) ▌

7 전기저항

1) 도체의 저항

물체의 고유저항과 도체의 길이에 비례하고 단면적에 반비례한다. (전기저항은 전류의 흐름을 방해하는 성질의 크기이다.)

$$R = \rho \frac{L}{A} [\Omega]$$

　여기서, ρ : 고유저항($\Omega \cdot$ m), L : 길이(m), A : 단면적(m²)

2) 고유저항

길이 1m, 단면적 1cm²인 물체의 저항을 $\Omega \cdot$ m의 단위로 표시한다. 국제 표준 연동의 고유저항

$\rho = \dfrac{1}{58} \times 10^{-6} \Omega \cdot$ m $= 1.7241 \times 10^{-8} \Omega \cdot$ m

3) 도전율

전도율이며 고유저항의 역수로서 전류의 흐르기 쉬운 정도를 $\mho/$m $= \Omega^{-1}/$m $=$ S/m 의 단위로 나타낸다.

> **참고**
>
> 1. 컨덕턴스 : 전류가 흐르기 쉬운 정도를 나타내는 전기적인 양, 저항의 역수이다.
>   - 컨덕턴스$(G) = \dfrac{I}{R} [\mho]$, $R = \dfrac{I}{G} [\Omega]$　　　　• 기호 : S(지멘스)
> 2. 전도율(σ) : 고유저항과 전도율의 역수관계이다.
>   　전도율$(\sigma) = \dfrac{1}{\rho} = \dfrac{1}{\dfrac{RA}{L}} = \dfrac{L}{RA} [\mho/m]$

8 전력(Electric Powel)

1) 전력량(W)

단위시간에 전기가 한 일의 양을 전력량이라고 한다.

$$W = I^2Rt = (IR)It = VIt\,[\mathrm{J}]$$

2) 전력(P)

① 단위시간 동안에 공급 또는 소비된 전력량으로 나타내며, 단위로는 와트(W)를 사용한다.
② 전기가 $t(\mathrm{s})$ 동안에 $W(\mathrm{J})$ 의 일을 했다고 하면 전력기호 P 는 다음과 같다.

$$\bullet\ P = \frac{W}{t} = \frac{VIt}{t} = VI\,[\mathrm{W}]$$

$$\bullet\ P = VI = I^2R = \frac{V^2}{R}\,[\mathrm{W}]$$

※ 1W=1J/s, 1kWh=1,000Wh=3.6×10⁶W · s=3.6×10⁶J

1Wh=3,600W · s, $H = \frac{1}{4,186} I^2Rt = 0.24I^2Rt\,[\mathrm{cal}]$

1kWh=860kcal=3,600kJ

···02 교류회로

1 사인파 교류

1) 파형과 사인파 교류

① 교류의 크기와 방향이 시간에 대해 어떻게 변화
하는가를 그린 것을 교류의 '파형'이라고 한다.

② 오른쪽 그림과 같이 교류파형은 사인파의 형태를
가지므로 이러한 파형의 교류를 '사인파 교류'라
고 한다.

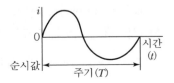

2) 사인파 교류의 발생

① 다음 그림에서처럼 자기장 중에 코일을 넣고 이것을 회전시키면 이 코일에는 전압이 발생한다.

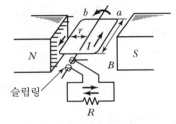

r : 코일의 반지름(m)

(a) 자기장의 코일

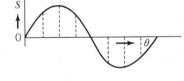

(b) 전압 발생

┃ 교류 발전기의 원리 ┃

② 코일에 발생하는 전압 v(V)는 다음과 같다.

> 기전력$(v) = 2Blu\sin\theta = V_m\sin\omega t[\text{V}]$
>
> 사인파 교류 일반식 $V = Blv\sin\theta = V_m\sin\omega t[\text{V}]$

여기서, L : 자기장 내 코일의 유효길이(m)

B : 평등자기장의 자속밀도(Wb/m^2)

θ : 자기장에 직각인 자기중심축과 코일면이 이루는 각

u : 코일의 속도(m/s)

③ $V_m = 2Blu[\text{V}]$는 사인파 전압의 최댓값을 표시한다.

※ V_m : 순시값 중 가장 큰 값, 최댓값

④ 각속도 : 1초 동안에 회전한 각도로서, t초 동안에 θ(rad)만큼 회전하면 각속도$(\omega) = \dfrac{\theta}{t}$ [rad/s]가 되어 회전각$(\theta) = \omega t$[rad]이 된다.

※ 각속도 단위 : rad/sec(라디안퍼세크)

3) 주기와 주파수

① 교류의 1회 변화를 1사이클이라 하며, 1사이클의 변화를 요하는 시간을 주기 T(s)라고 한다.

② 1사이클에 요하는 각도는 2π(rad)이므로, 주기 T(s)와 각속도 ω(rad/s) 사이에는 $T = \dfrac{2\pi}{\omega}$ [s] 관계가 성립된다.

※ T : 1Hz에 걸리는 시간을 주기 T로 표시

③ 주파수 f(Hz)는 1s 동안에 반복하는 사이클의 수를 나타내며, 단위로는 헤르츠(Hz)를 사용한다.

$$주파수(f) = \frac{1}{T} = \frac{1}{\dfrac{2\pi}{\omega}} = \frac{\omega}{2\pi}, \quad T = \frac{1}{f}[\sec]$$

그러므로 각속도$(\omega) = 2\pi f$[rad/s], $\theta = \omega t$[rad]

※ 각도$(\theta) = \dfrac{l}{r}$[rad], 각속도 기호 : ω(omega)

④ 사인파 교류 전압의 일반적 표시

기전력$(v) = V_m \sin\theta = V_m \sin\omega t = V_m \sin 2\pi f t$[V]

② 교류의 표시

1) 순시값과 최댓값(진폭)

전압$(v) = V_m \sin\omega t$[V], 전류$(i) = I_m \sin\omega t$[A]에서 순시값(u) 중 가장 큰 값 V_m(V)을 '최댓값' 또는 '진폭'이라고 한다.

2) 실횻값

교류 전류 i의 기준 크기는 일반적으로 그것과 동일한 일을 하는 직류 전류 I의 크기로 나타내며, 이 크기 I(A)를 교류 i(A)의 실횻값이라 한다.

① 전류$(I) = \dfrac{I_m}{\sqrt{2}} = 0.707 I_m$[V]

※ I_m, V_m : 최댓값(순시값 중에서 가장 큰 값)

② 사인파 전압의 순시값 v(V)를 실횻값 V(V)로 표시하면,

순시값 전압$(v) = V_m \sin\omega t = \sqrt{2}\, V \sin\omega t\,[\mathrm{V}]$

3) 평균값

교류 순시값의 1주기 동안의 평균을 취하여 교류의 크기로 나타낸 것을 교류의 '평균값'이라 한다.

① 평균값$(V_a) = \dfrac{2}{\pi} V_m = 0.637\, V_m\,[\mathrm{V}]$

② 실횻값(V)과 평균값(V_a)의 관계 $= \dfrac{V}{V_a} = \dfrac{\dfrac{V_m}{\sqrt{2}}}{V_m \dfrac{2}{\pi}} = \dfrac{\pi}{2\sqrt{2}} = 1.11$

▼ 교류의 크기

분류	특징
순시값(v)	교류는 시간에 따라 순간마다 파의 크기가 변화하므로 전류파형 또는 전압파형에서 어떤 임의의 순간에서 전류 또는 전압의 크기를 나타내는 값이다.
최댓값(V_m)	교류파형의 순시값 중에서 가장 큰 순시값이다.
실횻값(I)	주기파의 열효과의 대소를 나타내는 값으로 표현하며 일정 시간 동안 교류가 발생하는 열량과 직류가 발생하는 열량을 비교한 교류의 크기이다.
평균값(V_{av})	교류의 파 $(+)$, $(-)$가 같은 대칭파를 1주기 평균하면 0이 되어 크기는 표시할 수 없기 때문에 교류의 방향이 변하지 않는 반주기 동안의 파형, 즉 반파를 평균값이다.

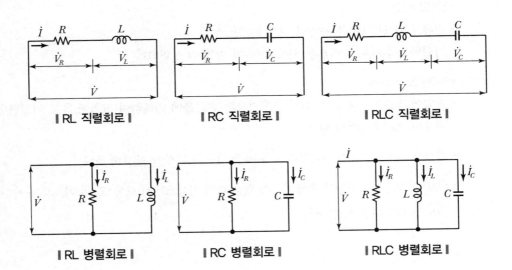

‖ RL 직렬회로 ‖   ‖ RC 직렬회로 ‖   ‖ RLC 직렬회로 ‖

‖ RL 병렬회로 ‖   ‖ RC 병렬회로 ‖   ‖ RLC 병렬회로 ‖

❸ 교류전류에 대한 RLC 회로

1) R 회로

저항 R에 관계하여 전압$(v) = \sqrt{2}\, V\sin\omega t\,[\mathrm{V}]$의 전압을 가할 때의 특성

▼ RLC 회로

회로	저항 또는 리액턴스(Ω)	전류		전압과 전류의 백터(전압 기준)
		순시값	실횻값	
R만의 회로 i V R I	R(저항)	$i = \sqrt{2}\,\dfrac{V}{R}\sin\omega t\,[\mathrm{A}]$	$I = \dfrac{V}{R}[\mathrm{A}]$	i $\dot{V}$ V와 I는 동상
L만의 회로 i V L I	$X_L = \omega L$ (유도 리액턴스)	$i = \sqrt{2}\,\dfrac{V}{\omega L}\sin\left(\omega t - \dfrac{\pi}{2}\right)[\mathrm{A}]$	$I = \dfrac{V}{\omega L}[\mathrm{A}]$	$\dfrac{\pi}{2}$ $\dot{V}$ i I가 $\dfrac{\pi}{2}\,\mathrm{rad}$ 만큼 뒤진다.
C만의 회로 i V C I	$X_C = \dfrac{1}{\omega C}$ (용량 리액턴스)	$i = \sqrt{2}\,\dfrac{V}{\dfrac{1}{\omega C}}\sin\left(\omega t + \dfrac{\pi}{2}\right)[\mathrm{A}]$	$I = \dfrac{V}{\dfrac{I}{\omega C}}[\mathrm{A}]$	i $\dfrac{\pi}{2}$ $\dot{V}$ I가 $\dfrac{\pi}{2}\,\mathrm{rad}$ 만큼 앞선다.

① 저항의 작용

- 전류(i)와 전압(v)은 동일한 위상 관계로 된다.
- 사인파 교류에서도 실횻값 사이에 '옴의 법칙'이 성립한다.

② 인덕턴스의 작용

- 코일에 흐르는 전류를 변화시키면 전류의 변화율에 비례하여 코일에 유도 기전력이 생겨 전류의 흐름을 방해한다.
- 회로의 전압(v)은 전류(i)보다 $\dfrac{\pi}{2}\,\mathrm{rad}(90°)$만큼 위상이 앞서게 된다.
- 유도 리액턴스 : 코일에 교류전류가 흐를 때의 저항으로서 보통 X_L의 기호로 표시하며, 단위로는 옴(Ω)을 사용한다.

참고 기본 교류회로

- 저항(R)만의 회로
- 인덕턴스(L) 코일만의 회로
- 정전용량(C)만의 회로(콘덴서만의 회로)

③ 정전용량의 작용

- 용량성 C(F)의 콘덴서에 직류전압 F(V)를 가한 경우 $Q = CV$(C)의 전하가 채워지면 전류는 흐르지 않게 되지만 교류전압을 가하게 되면 그 값과 방향이 시간과 함께 변화하여 전하가 전원과 콘덴서 사이를 이동하게 되므로 교류전류는 흐른다.
- 전류(i)는 전압(v)보다도 위상이 $\dfrac{\pi}{2}$rad($90°$) 앞선 파형이 된다.
- 용량성 리액턴스 : 콘덴서에 교류전류가 흐를 때의 저항으로서 보통 X_C의 기호로 표시되며 단위로는 옴(Ω)이 사용된다.

2) 리액턴스(Reactance)

① 유도 리액턴스(X_L) $= \omega L = 2\pi f L[\Omega]$

② 용량 리액턴스(X_C) $= \dfrac{1}{\omega C} = \dfrac{1}{2\pi f C}[\Omega]$

참고

- 저항(R)만의 회로에서는 전압과 전류의 위상차가 없고 동상이다
- 인덕턴스(L)만의 회로에서 전류는 전압보다 위상이 $\dfrac{\pi}{2}$rad($90°$) 뒤진다.
- 정전용량(C)만의 회로에서 전류는 전압보다 위상이 $\dfrac{\pi}{2}$rad($90°$) 앞선다.

4 교류전력

- 순시전력 : 교류회로에서는 전압과 전류의 크기가 시간에 다라 변화하므로 전압과 전류의 곱도 시간에 따라 변화하는데, 이 값을 '순시전력'이라고 한다.
- 유효전력 : 교류회로에서 순시전력을 1주기 평균한 값으로 '평균전력'이라고도 한다.

1) 교류의 전력과 역률

① 저항 부하의 전력

- 부하가 저항만으로 이루어진 경우
- 저항 R만인 부하회로에서의 교류전력 P는 순시전력을 평균한 값이다.

$$P = VI = 2\,VI\sin 2\omega t\,[\text{W}]$$

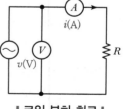

‖ 코일 부하 회로 ‖

- 저항 부하의 경우 전력의 평균값은 전압과 전류의 실횻값을 곱한 것과 같다.

② 리액턴스 부하의 전력

- 콘덴서 부하인 경우
- 순시전력 P는 전압의 2배의 주파수로 사인파 형태로 변화하고, 1주기에 대해 평균을 취하면 0이다.

$$P = VI\sin 2\omega t\,[\text{W}]$$

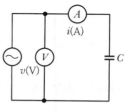

‖ 리액턴스 부하 회로 ‖

③ 임피던스 부하의 전력

- 일반 부하에서의 전력

$$P = VI\cos\theta\,[\text{W}]$$

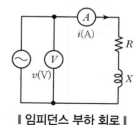

‖ 임피던스 부하 회로 ‖

④ 역률

- 교류회로의 전력은 일반적으로 평균전력 $P = VI\cos\theta$로 나타내며, 여기서 θ는 회로에 가한 전압 v와 전류 i의 위상차이다.
- $\cos\theta$를 '역률'이라고 하고 θ를 '역률각'이라고 한다.
- 부하 임피던스의 저항 성분이 $R(\Omega)$, 리액턴스 성분이 $X(\Omega)$, 임피던스가 Z일 경우 역률은 다음과 같이 산정한다.

$$\begin{aligned}
\text{역률}(\cos\theta) &= \frac{R}{Z} = \frac{R}{\sqrt{R^2 + X^2}} \\
&= \frac{R}{VI} = \frac{\text{유효전력}}{\text{피상전력}}
\end{aligned}$$

··· 03 시퀀스 제어(자동제어)

시퀀스 제어(Sequential Control)란 정성적 제어와 그것에 필요한 명령처리를 자동적으로 하는 제어, 즉 미리 정해 놓은 순서에 따라 제어의 각 단계를 순차적으로 행하는 제어이다. 조합회로와 순서회로가 있다.

1 시퀀스 제어계의 구성

1) 제어대상

제어하려는 목적의 장치를 '제어대상'이라고 한다.

2) 검출부

제어량이 소정의 상태인지 아닌지를 표시하는 2진 신호(0, 1)를 발생하는 부분이다.

3) 명령처리부

작업명령이나 검출신호, 미리 기억시켜 둔 신호 등에 의해서 제어명령을 만드는 부분이다.

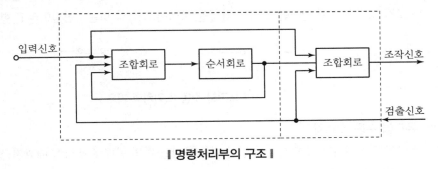

∥ 명령처리부의 구조 ∥

4) 제어부

제어명령의 신호를 증폭시켜 제어대상을 직접 제어할 수 있도록 하는 부분이다. 제어대상은 조작신호를 입력변수로 하고 제어대상의 실제의 상태를 출력변수로 한다. 이 출력변수는 각 검출단을 거쳐서 명령처리부에 피드백한다.

> ┌─ 참고 시퀀스 제어계의 특징 ──────────
> • 입력신호에서 출력신호까지 정해진 순서에 따라 일방적으로 제어명령이 전해진다.
> • 어떠한 조건을 만족하여도 제어신호가 전달된다.
> • 제어결과에 따라 조작이 자동적으로 이행된다.

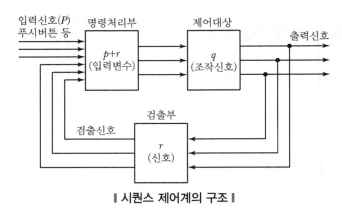

▍시퀀스 제어계의 구조 ▍

② 시퀀스 제어의 제어요소

1) 수동 스위치

① 복귀형 수동 스위치(PBS)
- 푸시버튼 스위치와 같이 사람이 조작하고 있는 동안에는 회로가 닫혀 있거나 열려 있다가, 조작을 중단하면 즉시 원래의 상태로 복귀하는 것
- 조작하고 있는 동안에만 닫히는 접점을 메이크 접점 또는 a접점이라고 한다.
- 조작하고 있는 동안에만 열리는 접점을 브레이크 접점 또는 b접점이라고 한다.

▍복귀형 수동 스위치의 기호 ▍

② 유지형 수동 스위치
- 나이프 스위치와 같이 사람이 일단 수동 조작을 하면 반대로 조작할 때까지 접점의 개폐 상태가 그대로 유지된다.
- 양쪽 푸시버튼 스위치, 셀렉터 스위치, 나이프 스위치, 토글 스위치, 키 스위치, 텀블러 스위치가 있다.

(a) 토글 스위치, 키 스위치   (b) 양쪽 푸시버튼 스위치, 텀블러 스위치
▍유지형 수동 스위치의 기호 ▍

┌───┐
│ **참고** **제어요소** │
│ │
│ • **전자계전기** : 유접점 시퀀스 제어에 사용되는 기기의 중심 역할을 하는 것으로 전자력에 의해 접 │
│   점을 개폐하는 장치이다. │
│ • **유지형 계전기** : 동작용과 복귀용의 2개의 코일을 가지고 있으며 동작코일이 여자되어 접점이 동 │
│   작한 후에 동작코일이 소자되어도 접점은 동작상태를 유지하고, 다음에 복귀형이 코일이 여자됨 │
│   으로써 접점이 처음의 상태로 복귀하도록 되어 있는 계전기이다. │
│ • **전자접촉기** : 큰 전류의 개폐를 할 수 있는 접점을 갖춘 전자계산기로서 교류용과 직류용이 있고 │
│   전기회로의 개폐 빈번도가 높은 전동기, 기타의 교류, 직류회로의 부하전류의 개폐에 사용된다. │
└───┘

2) 검출 스위치

① 리밋 스위치(Limit Switch)

접촉자에 어떤 물체가 닿을 때, 접촉자가 움직여서 접점이 개폐된다. 즉, 제어대상의 상태 또는
변화를 검출하기 위한 스위치로 액면, 압력, 온도, 전압 등의 제어량을 검출한다.

(a) 과부족 검출　　　　　　　　　(b) 위치 검출

‖ 리밋 스위치의 원리 및 기호 ‖

② 플로트 스위치(Float Switch)

액면을 검출하는 데 사용되는 스위치이다.

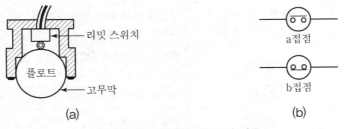

(a)　　　　　　　　　　　　　(b)

‖ 플로트 스위치의 구조 및 기호 ‖

▼ 제어기기 중 조작기기

분류	조작기기 종류
전기식	전자밸브, 전동밸브, 2상 서보전동기, 직류서보전동기, 펄스전동기
기계식	클러치, 다이어프램밸브, 밸브포지셔너, 유압식 조작기(안내밸브, 조작실린더, 조작피스톤, 분사관)

▼ 제어기기 변환요소의 종류

변환량	변환요소
압력 → 변위	벨로스, 스프링, 다이어프램
변위 → 압력	노즐플래퍼, 유압분사관, 스프링
변위 → 임피던스	가변저항기, 용량형 변압기, 가변저항스프링
변위 → 전압	포텐셔미터, 차동변압기, 전위차계
전압 → 변위	전자석, 전자코일
광 → 임피던스	광전관, 광전도셀, 광전트랜지스터
광 → 전압	광전지, 광선다이오드
방사선 → 임피던스	GM관, 전리함
온도 → 임피던스	측온저항체(측온열선, 서미스터, 백금, 니켈)
온도 → 전압	열전대 온도계 등 4개

▼ 제어기기 중 검출기기

제어	검출기	비고
자동조정용	전압검출기, 속도검출기	전자관 및 트랜지스터 증폭기, 자기증폭기, 회전계 발전기, 주파수검출법, 스피더
서보기구용	전위차계 자동변압기, 싱크로, 마이크로신	권선형 저항을 이용하여 변위, 변각 측정, 변위를 자기저항의 불균형으로 변환, 변각을 검출
공정제어용	압력계	벨로스, 다이어프램, 브르동관, 전기식, 전기저항식, 전리진공계
	유량계	조리개 위량계, 면적식 유량계, 전자식 유량계
	액면계	노즐식 오리피스식, 벤투리관, 플로트식
	온도계	전기저항식, 열전대식, 압력식, 바이메탈식, 방사식, 광고온계 등
	가스분석계	열전도식, 연소식, 자기식, 적외선식
	습도계	전기식 건습구 습도계, 광전관식, 노점습도계
	액체성분 분석계	pH계, 액체농도계

3) 전자 계전기

① 보조 계전기(릴레이, Ry)

- 코일에 전류가 흐르면, 철심이 전자석으로 되어 철편을 끌어당기므로 접점이 개폐된다.
- 실제의 계전기에는 1개의 코일에 의하여 몇 개의 접점이 동시에 개폐되도록 되어 있다.
- 접점에는 전류에 의해 코일이 여자될 때 닫히는 a접점과 열리는 b접점이 있다.

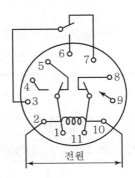

② 전자 개폐기(전자접촉기, MC)

- 전동기 제어 등의 전력제어 기구로 많이 사용된다.
- 선류 용량이 큰 주접점(3개의 a접점)과 이외에 보조접점(2개의 a접점과 b접점)이 4개 있다.
- 단자 b, c에 전류를 가하면 여자코일 MC가 여자되어 주접점과 보조접점이 동시에 동작된다.

③ 한시 계전기(타이머, T)

입력신호의 변화 발생 시간보다 정해진 시간만큼 뒤져서 출력신호의 변화가 나타나는 회로이기 때문에 시간지연회로라 하며, 접점이 일정 시간만큼 늦게 개폐된다.

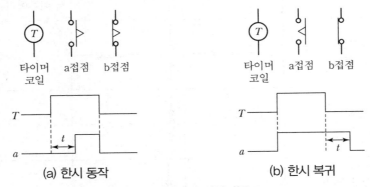

▌한시 계전기의 접점 기호▐

④ 무접점 계전기

트랜지스터, 다이오드, IC(집적회로) 등과 같이 접점을 가지지 않은 소자로 이루어진 전자회로에서도 전자 계산기와 같이 제어할 수 있는 회로를 '무접점 계전기'라 한다.

> **참고** 유접점 계전기
>
> • 기본적인 회로로서 논리적, 논리합, 논리부정, 기억, 시간지연의 5종류가 있다.
> • 접점회로에서 접점 A가 닫히면 릴레이(계전기) R이 부세되어 그 자신의 a접점 R을 닫아서 자기유지를 한다. 이 릴레이 R은 B를 열어서 자기유지를 줄 수 있다. 다시 말하면 A의 신호가 가해진 것을 기억하고 B의 신호에 의해 기억을 지울 수 있다.

▼ 접점의 도시기호

명칭	도기호		적요
	a접점(메이크)	b접점(브레이크)	
일반접점 (수동접점)			나이프 스위치, 절환 스위치처럼 접점의 개폐가 수용에 의해서 이루어지는 것에 사용한다.
수동조작 자동복귀접점			손을 떼면 복귀하는 접점으로 버튼 스위치, 조작 스위치 등의 접점에 사용한다.
기계적 접점			리미트 스위치처럼 접점의 개폐가 전기적 이외의 원인에 의해서 이루어지는 것에 사용한다.
계전기 접점			–
한시동작 접점			–
한시복귀 접점			–

3 시퀀스 제어의 기본논리회로

1) AND 회로(논리적 회로)

① C의 값이 1(코일에서는 자기를 띠고, 접점에서는 닫힌 때)이 되는 것은 A 및 B의 값이 모두 1일 때 뿐이며, 그 밖의 경우에 C의 값은 모두 0(코일에서는 자기를 잃고, 접점에서는 열린 때)가 된다.

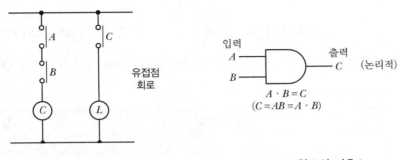

┃ 계전기에 의한 AND 회로 ┃   ┃ AND 회로의 기호 ┃

② 접점 $A \cdot B$가 닫히면 릴레이 ⓒ가 동작하고 접점 C가 닫혀 전등 ⓛ이 점등된다.

▼ AND 회로의 참값표

입력 신호값		출력 신호값
A	B	C
1	1	1
1	0	0
0	1	0
0	0	0

2) OR 회로(논리화 회로)

① 병렬의 입력 접점을 가지는 계전기 회로에서 2개의 입력 신호값을 A, B, 출력 신호값을 C 라 할 때 C가 1이 되는 것은 A가 1이거나 B가 1일 때, 또는 A, B가 모두 1일 때이며, C 가 0이 되는 것은 A, B가 모두 0일 때뿐이다.

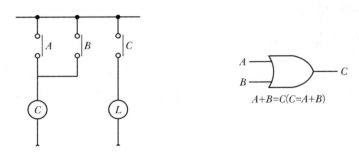

| 계전기에 의한 OR 회로 | | OR 회로의 기호 |

② 접점 A 혹은 B가 닫히면 ⓒ가 동작하고 접점출력 C가 닫혀 전등 ⓛ이 점등시킨다.

▼ OR 회로의 참값표

입력 신호값		출력 신호값
A	B	C
1	1	1
1	0	1
0	1	1
0	0	0

3) NOT 회로(부정회로)

① 입력과 출력의 신호값이 서로 반대가 되는 회로이다.

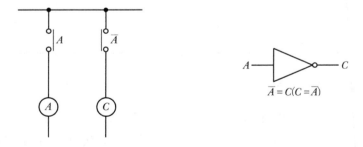

| 계전기에 의한 NOT 회로 | | NOT 회로의 기호 |

② 접점 A가 닫히면 ⓐ가 동작하며 접점 $\overline{A}$가 열려 부하 ⓛ를 복귀시킨다.

▼ NOT 회로의 참값표

입력 신호값	출력 신호값
A	C
1	0
0	1

4) NOR 및 NAND 회로

① OR 회로와 NOT 회로를 조합시킨 것을 NOR 회로라 하고 OR 소자의 참값표와 반대가 되며, AND 회로와 NOT 회로를 조합시킨 것을 NAND 회로라 하고 AND 회로의 참값표의 반대가 된다.

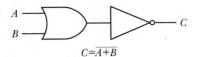

(a) NOR 회로의 동작

(b) NOR 회로의 동작(OR 논리화 부정회로)

∥ NOR 회로의 동작과 기호 ∥

▼ NOR 회로의 참값표

입력		출력
A	B	C
0	0	1
0	1	0
1	0	0
1	1	0

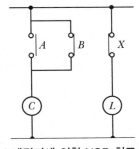

∥ 계전기에 의한 NOR 회로 ∥

② A 혹은 B가 닫히면 ⓒ가 동작하고 접점 C가 열리며 전등 ⓛ은 소등된다.

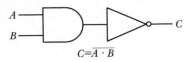

(a) NAND 회로의 동작

(b) NAND 회로의 동작

∥ NAND 회로의 동작과 기호 ∥

▼ NAND 회로의 참값표

입력		출력
A	B	C
0	0	1
0	1	1
1	0	1
1	1	0

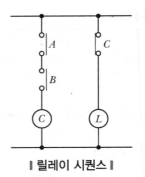

┃ 릴레이 시퀀스 ┃

③ $A \cdot B$가 닫히면 Ⓒ가 동작하고 C가 열려 전등 Ⓛ → "0"

[08장] 출제예상문제

01 접지공사의 목적으로 올바른 것은?

① 전류변동 방지, 전압변동 방지, 절연저하 방지

② 절연저하 방지, 화재 방지, 전압변동 방지

③ 화재 방지, 감전 방지, 기기손상 방지

④ 감전 방지, 전압변동 방지, 화재 방지

해설

접지공사의 목적

㉠ 감전 방지

㉡ 화재 방지

㉢ 기기손상 방지

02 시퀀스 제어에 속하지 않는 것은?

① 자동전기밥솥

② 전기세탁기

③ 가정용 전기냉장고

④ 네온사인

해설

시퀀스 제어가 사용되는 기기는 자동전기밥솥, 전기세탁기, 네온사인, 승강기 등이다.

03 전기저항에 관한 설명 중 틀린 것은?

① 전류가 흐르기 힘든 정도를 저항이라 한다.

② 도체의 길이가 길수록 저항이 커진다.

③ 저항은 도체의 단면적에 반비례한다.

④ 금속의 저항은 온도가 상승하면 감소한다.

해설

금속은 온도가 상승하면 저항이 증가한다.

04 전기량이 일정할 때 석출되는 물질의 양은 화학당량에 비례한다는 법칙은?

① 줄의 법칙

② 패러데이의 법칙

③ 키르히 호프의 법칙

④ 비오-사바르의 법칙

해설

패러데이의 법칙(Faraday's Law)

전기분해에 의해서 석출되는 물질의 양은 전해액을 통과한 총 전기량에 비례한다.

05 정전용량 $4\mu F$의 콘덴서에 $2,000V$의 전압을 가할 때 축적되는 전하는 얼마인가?

① $8 \times 10^{-1} C$

② $8 \times 10^{-2} C$

③ $8 \times 10^{-3} C$

④ $8 \times 10^{-4} C$

해설

$Q = E \cdot C$

$= 2,000 \times 4 \times 10^{-6} = 0.008C = 8 \times 10^{-3}C$

※ $1\mu = 10^{-6}$

전하량 $Q(C) = I(A) \cdot t(s) = I \cdot t$

06 전동기의 회전 방향과 관계있는 것은?

① 플레밍의 왼손 법칙

② 플레밍의 오른손 법칙

③ 렌츠의 법칙

④ 패러데이의 법칙

해설

플레밍의 왼손법칙

자계 안에 둔 도체에 전류가 흐를 때 도체에 작용하는 전자력의 방향에 관한 법칙으로 검지는 자계의 방향으로 하고 중지를 전류의 방향으로 하면 엄지의 방향이 전자력의 방향이 된다.

07 시퀀스도의 설명으로 가장 적합한 것은?

① 부품의 배치·배선상태를 구성에 맞게 그린 것이다.
② 동작 순서대로 알기 쉽게 그린 접속도를 말한다.
③ 기기 상호 간 및 외부와의 전기적인 접속관계를 나타낸 접속도를 말한다.
④ 전기 전반에 관한 계통과 전기적인 접속관계를 단선으로 나타낸 접속도이다.

해설
시퀀스도는 동작순서대로 알기 쉽게 그린 접속도를 말한다.

08 100V, 200W인 가정용 백열전구가 있다. 전압의 평균값은 몇 V인가?

① 약 60
② 약 70
③ 약 90
④ 약 100

해설
㉠ 전력의 단위 : 와트(W)
㉡ 전압의 단위 : 볼트(V)
㉢ 소비전력(P) $= I^2R = VI = \dfrac{V^2}{R}$
㉣ 전압(V) $= \dfrac{W(\mathrm{J})}{Q(\mathrm{C})} = V$

09 옴의 법칙에 대한 설명 중 옳은 것은?

① 전류는 전압에 비례한다.
② 전류는 저항에 비례한다.
③ 전류는 전압의 2승에 비례한다.
④ 전류는 저항의 2승에 비례한다.

해설
옴의 법칙
$$I = \dfrac{V}{R}$$

㉠ 전류는 전압에 비례한다.
㉡ 전류는 저항에 반비례한다.
㉢ 길이가 길수록, 단면적이 작을수록 전기저항이 커진다.
㉣ 저항은 길이에 비례하고 단면적에 반비례한다.

10 아크 용접작업 기구 중 보호구와 관계없는 것은?

① 헬멧
② 앞치마
③ 용접용 홀더
④ 용접용 장갑

해설
용접용 홀더는 용접연결기구이다.

11 정해진 순서에 따라 작동하는 제어를 무엇이라 하는가?

① 피드백 제어
② 무접점 제어
③ 변환제어
④ 시퀀스 제어

해설
시퀀스 제어는 정해진 순서에 따라 작동하는 제어이다.

12 고유저항에 대한 설명 중 맞는 것은?

① 저항(R)은 길이(l)에 비례하고 단면적(A)에 반비례한다.
② 저항(R)은 단면적(A)에 비례하고 길이(l)에 반비례한다.
③ 저항(R)은 길이(l)에 비례하고 단면적(A)에 비례한다.
④ 저항(R)는 단면적(A)에 반비례하고 길이(l)에 반비례한다.

해설
고유저항(R)은 길이(l)에 비례하고 단면적(A)에 반비례한다.

정답 07 ② 08 ③ 09 ① 10 ③ 11 ④ 12 ①

13 2개 이상의 전선이 서로 접촉되어 폭음과 함께 녹아 버리는 현상은?

① 혼촉   ② 단락

③ 누전   ④ 지락

해설

단락이란 2개 이상의 전선이 서로 접촉되어 폭음과 함께 녹아 버리는 현상이다.

14 저항이 250Ω이고 40W인 전구가 있다. 점등 시 전구에 흐르는 전류는 몇 A인가?

① 0.16   ② 0.4

③ 2.5   ④ 6.25

해설

전력$(P) = VI = (IR)I = I^2R$[W]

(1초 동안에 전기가 하는 일의 양이 전력이다.)

$40 = I^2 \times 250$

$\dfrac{40}{250} = 0.16$

$\therefore \sqrt{0.16} = 0.4$

15 100V 교류 전원에 1kW 배연용 송풍기를 접속하였더니 15A의 전류가 흘렀다. 이 송풍기의 역률은?

① 0.57   ② 0.67

③ 0.77   ④ 0.87

해설

$\dfrac{1\text{kW} \times 10^3 \text{W/kW}}{100\text{V}} = 10$

$\therefore$ 역률 $= \dfrac{10}{15} = 0.67$

16 용접 팁의 청소는 다음 중 무엇으로 해야 하는가?

① 철선이나 동선

② 동선이나 놋쇠선

③ 팁 클리너

④ 시멘트 바닥

해설

가스 용접에서 용접 팁의 청소는 팁 클리너로 한다.

17 교류 전압계의 일반적인 지시값은?

① 실횻값   ② 최댓값

③ 평균값   ④ 순시값

해설

교류는 계속해서 크기가 변화하므로 어떤 값을 기준 크기로 할 것인가가 문제이다. 교류의 크기는 최댓값으로 나타내는 경우도 있지만 보통 그 크기는 교류가 행한 일의 양에 의해 결정된다. 교류 전압계와 전류계의 눈금은 보통 실횻값이다.

18 $i = 50\sqrt{2}\sin\left(\omega t + \dfrac{\pi}{6}\right)$[A]의 값을 벡터로 표시한 것은 어느 것인가?

① $i = 50 \angle \dfrac{\pi}{6}$ ② $i = 50 \angle -\dfrac{\pi}{6}$

③ $i = 50\sqrt{2} \angle \dfrac{\pi}{6}$ ④ $i = 50\sqrt{2} \angle -\dfrac{\pi}{6}$

해설

사인파 교류는 크기와 위상각을 가진 벡터로 가정하여 취급할 수 있다.

$i = 50\sqrt{2}\sin\left(\omega t + \dfrac{\pi}{6}\right)$[A]의 벡터값 $i = 50 \angle \dfrac{\pi}{6}$

19 도체의 저항에 대한 설명으로 틀린 것은?

① 도체의 종류에 따라 다르다.

② 길이에 비례한다.

③ 도체의 단면적에 반비례한다.

④ 항상 일정하다.

해설

도체(Conductor)

금속 및 전해질 용액과 같이 전기가 잘 흐르는 물질이다. 도체의 전기저항은 재질, 길이, 단면적, 온도 등에 의해 결정된다. 어떤 일정온도에서 전기저항은 도체의 길이에 비례하고 단면적에는 반비례한다(고유저항은 Ω, m가 그 단위이다).

20 시퀀스 제어에 사용되는 무접점 릴레이의 특징으로 틀린 것은?

① 작동속도가 빠르다.

② 온도 특성이 양호하다.

③ 장치의 소형화가 가능하다.

④ 진동에 의한 오작동이 적다.

해설

시퀀스 제어에서 무접점 릴레이는 온도 특성이 양호하지 못하다.

21 아크 용접기의 2차 무부하 전압을 일정하게 유지시켜 감전사고를 예방하기 위해 부착하는 것은?

① 2차 권선장치

② 자동전격방지장치

③ 접지케이블장치

④ 리밋 스위치

해설

자동전격방지장치는 감전사고를 예방한다.

22 아크 용접작업 시 주의할 사항으로 틀린 것은?

① 우천 시 옥외작업을 금한다.

② 눈 및 피부를 노출시키지 않는다.

③ 용접이 끝나면 반드시 용접봉을 빼어 놓는다.

④ 장소가 협소한 곳에서는 전격방지기를 설치하지 않는다.

해설

아크 용접작업 시에는 장소에 관계없이 전격방지기를 설치하여 전기에 의한 감전사고를 예방한다.

23 저항이 5Ω인 도체에 2A의 전류가 1분간 흘렀을 때 발생하는 열량은 몇 J인가?

① 50   ② 100

③ 600   ④ 1,200

해설

$$W = Pt = \frac{V^2}{R}t$$

$$H = I^2Rt = 2^2 \times 5 \times 60 = 1,200J$$

(H : 저항 중에 발생되는 열량, 1분은 60초)

24 도선에 전류가 흐를 때 발생하는 열량으로 옳은 것은?

① 전류의 세기에 비례한다.

② 전류의 세기에 반비례한다.

③ 전류 세기의 제곱에 비례한다.

④ 전류 세기의 제곱에 반비례한다.

해설

도선에 전류가 흐를 때 발생하는 열량은 전류 세기의 제곱에 비례한다.

25 압축기 구동 전동기로 흐르는 전류가 5A이고 전압이 100V일 때 전동기의 소비전력량은 몇 W인가?

① 4　　　　　　　　② 20

③ 250　　　　　　　④ 500

해설

전력은 단위시간 내에 기기나 장치에 소비되는 전기에너지를 의미한다.

$W = Pt = I^2RT[A]$

$P = VI = I^2R = \dfrac{V^2}{R}[W]$

∴ 5×100=500W

26 주파수가 60Hz인 상용 교류에서 각속도는 몇 rad/sec인가?

① 141.4　　　　　　② 171.1

③ 377　　　　　　　④ 623

해설

$w = 2\pi n = 2 \times 3.14 \times 60 = 376.8 \text{rad/sec}$

27 불연속 제어에 속하는 것은?

① On-off 제어　　　② 서보 제어

③ 폐회로 제어　　　④ 시퀀스 제어

해설

㉠ On-off 제어 : 불연속동작

㉡ 연속동작 : 비례동작, 적분동작, 미분동작

28 주파수 80Hz의 사인파 교류의 각속도는?

① 160.2rad/sec　　　② 251.2rad/sec

③ 461.2rad/sec　　　④ 502.4rad/sec

해설

1주파의 각을 $2\pi(\text{rad})$로 정한다.

∴ $60 \times (2 \times 3.14) = 502.4 \text{rad/sec}$

29 다음 역률에 대한 설명 중 잘못된 것은?

① 전력과 피상전력의 비이다.

② 저항만이 있는 교류회로에서는 1이다.

③ 유효전류와 전 전류의 비이다.

④ 값이 0인 경우는 없다.

해설

역률

㉠ 전력과 피상전력과의 비이다.

㉡ 저항만이 있는 교류 회로에서는 1이다.

㉢ 유효전류와 전 전류의 비이다.

30 저항이 50Ω인 도체에 100V의 전압을 가할 때, 그 도체에 흐르는 전류는 몇 A인가?

① 0.5A　　　　　　② 2A

③ 5,000A　　　　　④ 5A

해설

$I = \dfrac{V}{R} = \dfrac{100}{50} = 2A$

31 교류 용접 시 표시란에 AW200이라고 표시되어 있을 때 200은 무엇을 나타내는가?

① 정격 1차 전류값

② 정격 2차 전류값

③ 1차 전류 최댓값

④ 2차 전류 최댓값

해설

교류 용접기 표시란에 AW200이라고 되어 있다면 정격 2차 전류값을 의미한다.

32 가정용 백열전등의 점등 스위치는 어떤 스위치인가?

① 복귀형 스위치　　　② 검출 스위치

③ 리밋 스위치　　　　④ 유지형 스위치

정답　**25** ④　**26** ③　**27** ①　**28** ④　**29** ④　**30** ②　**31** ②　**32** ④

해설

가정용 백열전등의 점등 스위치는 유지형 스위치를 사용한다.

33 다음 그림과 같은 논리회로는?

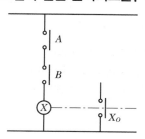

① OR 회로
② NOR 회로
③ NOT 회로
④ AND 회로

해설

AND(논리곱회로)

㉠ On(도통)＝1
㉡ Off(비도통)＝0
㉢ $Y = X_1 \cdot X_2$
㉣ 기호

입력		출력
X_1	X_2	Y
0	0	0
0	1	0
1	0	0
1	1	1

34 복귀형 수동 스위치의 a접점 기호는?

①
②
③
④

해설

㉠ ──o┴o── : 수동복귀 b접점

㉡ ──┴── : 수동복귀 a접점

35 전기기계·기구에서 절연상태를 측정하는 계기로 맞는 것은?

① 검류계
② 전류계
③ 절연저항계
④ 접지저항계

해설

㉠ 절연저항계 : 절연저항을 측정하는 계기

㉡ 절연저항 : 절연물에 직류전압을 가하면 아주 미소한 전류가 흐른다. 이때의 전압과 전류의 비로 구한 저항을 절연저항이라 한다(단위 : 메그옴, MΩ).

36 다음 중 전기로 인한 화재 발생 시의 소화물로서 가장 알맞은 것은?

① 모래
② 포말
③ 물
④ 탄산가스

해설

전기화재 시 소화물은 CO_2 소화기가 이상적이다.

37 전동공구 작업 시 감전의 위험성 때문에 해야 하는 것은?

① 단전
② 감지
③ 단락
④ 접지

해설

접지는 감전의 위험성을 방지한다.

38 전류계의 측정범위를 넓히는 데 사용되는 것은?

① 배율기
② 분류기
③ 역률기
④ 용량분압기

해설

분류기(Shunt)

어느 정도의 전류를 측정하려는 경우에 전기전도의 전류가 전류계의 정격보다 큰 경우에는 전류계와 병렬로 다른 전도를 만들고 전류를 분류하여 측정한다.

정답 33 ④ 34 ③ 35 ③ 36 ④ 37 ④ 38 ②

39 전기 용접 시 전격을 방지하는 방법으로 틀린 것은?

① 용접기의 절연 및 접지상태를 확실히 점검할 것
② 가급적 개회로 전압이 높은 교류용접기를 사용할 것
③ 장시간 작업 중지 때는 반드시 스위치를 차단시킬 것
④ 반드시 주어진 보호구와 복장을 착용할 것

해설
개회로(Open Circuit)
전류의 통로가 끊겨 있는 상태

40 다음 그림과 같은 회로는 무슨 회로인가?

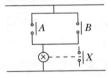

① AND 회로
② OR 회로
③ NOT 회로
④ NAND 회로

해설
OR 논리합회로(병렬접속)
A, B 중 한 개만 닫혀도 출력이 닫힌 상태로 동작하는 회로이다($X = A + B$).

41 두 자극 사이에 작용하는 힘의 크기는 두 자극 세기의 곱에 비례하고, 두 자극 사이의 거리의 제곱에 반비례하는 법칙은?

① 옴의 법칙
② 쿨롱의 법칙
③ 패러데이의 법칙
④ 키르히 호프의 법칙

해설
쿨롱의 법칙
두 자극 사이에 작용하는 힘의 크기는 두 자극 세기의 곱에 비례하고, 두 자극 사이의 거리의 제곱에 반비례하는 법칙

42 전장의 세기와 같은 것은?

① 유전속 밀도
② 전하 밀도
③ 정전력
④ 전기력선 밀도

해설
전장의 세기와 전기력선의 밀도는 같다.

43 전기용접기에 의한 감전사망의 위험성은 체내를 통과한 다음 어느 것에 의해서 결정되는가?

① 속도치
② 전류치
③ 수용치
④ 주행치

해설
전기용접기에 의한 감전사망의 위험성은 체내를 통과한 전류치에 의해 결정된다.

44 다음에 해당되는 법칙은?

> 들어오는 전류와 나가는 전류의 대수합은 0이다.

① 쿨롱의 법칙
② 옴의 법칙
③ 키르히호프의 제1법칙
④ 줄의 법칙

해설
키르히호프의 제1법칙
들어오는 전류와 나가는 전류의 대수합은 0이다.

45 교류 아크용접기 사용 시 안전유의사항으로 옳지 않은 것은?

① 용접변압기의 1차 측 전로는 하나의 용접기에 대해서 2개의 개폐기로 할 것
② 2차 측 전로는 용접봉 케이블 또는 캡타이어 케이블을 사용할 것
③ 용접기의 외함은 접지하고 누전차단기를 설치할 것
④ 일정 조건하에서 용접기를 사용할 때는 자동전격방지장치를 사용할 것

해설
① 하나의 용접기에는 용접변압기 개폐기도 1개일 것

46 불연속제어에 속하는 것은?

① On – Off 제어
② 비례제어
③ 미분제어
④ 적분제어

해설
㉠ On – Off 제어 : 불연속제어
㉡ 연속제어 : 비례제어, 미분제어, 적분제어

47 다음 단상 유도 전동기 중 기동전류가 가장 큰 것은?

① 콘덴서기동형
② 분상기동형
③ 반발기동형
④ 콘덴서 · 모터기동형

해설
분상기동형
단산유도전동기 중 기동전류가 가장 크다.

48 다음 중 전압계의 측정범위를 넓히기 위해서 사용되는 것은?

① 분류기
② 휘스톤브리지
③ 배율기
④ 변압기

해설
전압계의 측정범위를 넓히기 위해서는 배율기가 사용된다.

49 다음 중 고압선과 저압가공선이 병가된 경우 접촉으로 인해 발생하는 것과, 1, 2차 코일의 절연 파괴로 인하여 발생하는 현상과 관계있는 것은?

① 단락
② 지락
③ 혼촉
④ 누전

해설
혼촉은 1, 2차 코일의 절연 파괴로 인하여 발생한다.

50 다음 중 정전기 방전의 종류가 아닌 것은?

① 불꽃 방전
② 연면 방전
③ 분기 방전
④ 코로나 방전

해설
정전기 방전 : 불꽃 방전, 연면 방전, 코로나 방전

51 아크 용접작업에서 전격의 방지대책으로 올바르지 못한 것은?

① 용접기의 내부에 함부로 손을 대지 않는다.
② 절연 홀더의 절연부분이 노출 · 파손되면 곧 보수하거나 교체한다.
③ TIG 용접기나 MIG 용접기가 수랭식 토치에서 냉각수가 새어나오면 사용을 시작한다.
④ 맨홀 등과 같이 밀폐된 구조물 안이나 앞쪽이 막혀 잘 보이지 않는 장소에서 작업을 할 때에는 자동 전격방지기를 부착하여 사용한다.

해설
불활성 가스 아크용접(TIG, MIG)에서 수랭식 토치를 사용하는 경우 만일 물의 흐름이 정지되면 토치와 케이블이 소손될 우려가 있으므로 냉각수가 흐르지 않을 때 자동으로 전류의 흐름이 정지되도록 하는 보호장치가 필요하다.

정답 **45** ① **46** ② **47** ② **48** ③ **49** ③ **50** ③ **51** ③

52 유접점 시퀀스의 특징으로 틀린 것은?

① 수명이 길다.

② 소비전력이 많다.

③ 작동속도가 늦다.

④ 장치 외형이 크다.

해설

유접점 시퀀스는 무접점에 비해 수명이 짧다.

53 다음 회로에서 2Ω의 양단에 걸리는 전압강하 V는?

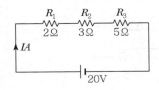

① 2

② 4

③ 6

④ 10

해설

$$V = \frac{R_1}{R_1+R_2+R_3} \times V = \frac{2}{2+3+5} \times 20 = 4$$

54 전류계 회로에서 전류를 측정하고자 한다. 전류계의 설명으로 틀린 것은?

① 전류계는 회로와 직렬로 연결하여 측정한다.

② 큰 전류를 측정하기 위해 분류기를 기동코일 계기와 병렬로 접속한다.

③ 전류계의 내부저항은 전류를 흐르지 못하게 할 만큼 커야 한다.

④ 전류계 단자 사이의 전압강하는 40~100mV 정도이다.

해설

전류계 내부저항은 전류가 흐르도록 저항이 적어야 한다.

55 시간적으로 변화하지 않는 일정한 입력신호를 단속신호로 변환하는 회로로서 경보용 부저신호의 발생 등에 많이 사용하는 것은?

① 선택 회로

② 플리커 회로

③ 인터로크 회로

④ 자기유지 회로

해설

플리커 회로

시간적으로 변화하지 않는 일정한 입력신호를 단속신호로 변환하는 회로로서 경보용 부저신호의 발생 등에 많이 사용한다.

56 20℃에서 4Ω의 동선이 온도 80℃로 상승하였을 때 저항은 몇 Ω이 되는가?(단, 동선의 저항온도계수는 0.00393이다.)

① 3.94

② 4.94

③ 5.94

④ 6.94

해설

$R = 4 \times (80-20) \times 0.00393 = 0.9432$

$\therefore R' = 4 + 0.9432 = 4.9432Ω$

57 반가산기의 더한 합 S와 자리올림 C에 대한 논리식이 적절하게 설명된 것은?

① $S = \overline{A} \cdot B + A \cdot \overline{B}, \ C = A + B$

② $S = \overline{A} \cdot B + A \cdot \overline{B}, \ C = A \cdot B$

③ $S = A \cdot B + \overline{A \cdot B}, \ C = A + B$

④ $S = A \cdot B + \overline{A \cdot B}, \ C = A \cdot B$

해설

㉠ $S = \overline{A} \cdot B + A \cdot \overline{B} = \overline{\overline{AB} + \overline{A\overline{B}}}$

㉡ $C = A \cdot B = \overline{\overline{AB}} = \overline{\overline{A} + \overline{B}}$

㉢ 반가산기(Half Adder) : 2진수의 1자리 덧셈을 행하는 회로 OR, AND, NOT 소자를 합쳐서 만든다.

58 전류 I, 시간 t, 전기량 Q라고 할 때 전기량은?

① $Q = I \cdot t$ ② $Q = \dfrac{I}{t}$

③ $Q = \dfrac{t}{I}$ ④ $Q = \dfrac{1}{[I \cdot t]}$

해설

전기량(Q)은 전류(I)와 시간(t)의 곱으로 산정한다.

59 다음 논리기호의 논리식으로 적절한 것은?

① $A \cdot B$ ② $A + B$

③ $\overline{A \cdot B}$ ④ $\overline{A + B}$

해설

㉠ $\overline{A \cdot B} = \overline{A \cdot B} = \overline{A} + \overline{B}$

㉡ NOT 기호 : ▷○—

㉢ AND 기호 : ⊃—

∴ 문제의 논리기호는 AND의 연산을 부정하는 회로로서 NAND 기호이며 $\begin{smallmatrix}A\\B\end{smallmatrix}$⊐○—Y로 변환

60 출력이 5kW인 직류전동기 효율이 80%이다. 이 직류전동기의 손실은 몇 W인가?

① 1,250 ② 1,350

③ 1,450 ④ 1,550

해설

직류전동기

타여자전동기, 자여자전동기(직권전동기, 분권전동기, 복권전동기)로 구분된다.

$5\text{kW} = 5{,}000\text{W}$

$5{,}000 \times 0.8 = 4{,}000\text{W}$, $5{,}000 \times 0.2 = 1{,}000\text{W}$

효율 $= \dfrac{\text{출력}}{\text{출력} + \text{손실}} \times 100 = 80\%$

$\dfrac{5{,}000}{5{,}000 + x}$, $x = \dfrac{5{,}000}{0.8} = 6{,}250$

∴ $6{,}250 - 5{,}000 = 1{,}250\text{W}$

61 그림은 8핀 타이머의 내부회로도이다. ⑤, ⑧접점을 옳게 표시한 것은?

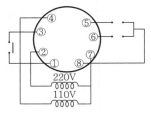

① ⑤ —○—△—○— ⑧

② ⑤ —○⌢○— ⑧

③ ⑤ —○——○— ⑧

④ ⑤ —○—○— ⑧

해설

① —○—△—○— : 한시동작 B접점

② —○⌢○— : 한시동작 A접점

③ —○——○— : 전기접점 A접점

④ —○—○— : 전기접점 B접점

62 일정 전압의 직류 전원에 저항을 접속하고 전류를 흘릴 때 이 전류의 값을 50% 증가시키면 저항값은 약 몇 배로 되는가?

① 0.12 ② 0.36

③ 0.67 ④ 1.53

해설

전류(I) $= \dfrac{Q}{t}$[A], 저항(R) $= \dfrac{1}{G}$[Ω]

$R = \dfrac{V}{I}$[Ω], $V = IR$[V], $I = \dfrac{V}{R}$[A]

전압은 전류에 비례, 전류는 저항 크기에 반비례한다.

∴ $R = \dfrac{V}{I} = \dfrac{1}{1 + 0.5} = 0.67$

정답 **58** ① **59** ③ **60** ① **61** ① **62** ③

09.장 공구관리 및 배관 일반

---01 배관 재료

관은 재질별로 다음과 같이 분류한다.

| | | 강관 |
| | 온도차 트랩 | 주철관 |

관의 분류 — 온도차 트랩 — 강관 / 주철관

비철금속관 — 동관 / 연관 / 알루미늄관 / 스테인리스관

비금속관 — PVC관 및 PE관 / 석면시멘트관 / 철근콘크리트관 / 원심력 철근콘크리트관 / 도관

1 관 재료의 선택

1) 관 재료의 선택 조건

① 관 내를 흐르는 유체의 화학적 성질

② 유체의 온도

③ 유체의 내압과 관이 받는 외압

④ 관의 외압에 접하는 환경조건

⑤ 관의 접합방법

⑥ 관의 중량과 수송조건

② 배관의 특징

1) 강관(Steel Pipe)

물, 공기, 유류, 가스, 증기 등의 유체배관 및 건축물, 공장, 선박, 가스배관, 광산 등에서 가장 광범위하게 사용되며, 특수고압의 유압배관 보일러의 수관이나 연관 등에 널리 사용된다.

① 특징

ㄱ 연관, 주철관에 비해 가볍고 인장강도가 크다.

ㄴ 내충격성, 굴요성이 크다.

ㄷ 관의 접합 작업이 용이하다.

ㄹ 연관, 주철관보다 가격이 저렴하다.

ㅁ 주철관에 비해 부식되기가 쉽다.

② 분류

ㄱ 재질상 분류

• 탄소강 강관 : 강관, 주철관으로 구분되며 일반적인 유체 수송에 사용된다.

• 합금강 강관 : 고온·고압하에서 사용되는 배관류로서 보일러나 증기관 같은 고온 부분에 사용된다.

• 스테인리스 강관 : 내식 및 내열용 등 고온강도를 필요로 하는 곳 또는 저온용 등 모든 배관에 이용된다.

ㄴ 제조상 분류

• 이음매 있는 강관(Seamed Welding Pipe)

 - 가스단접관 : 약 1,400℃까지 가열하여 다이 또는 로 패스(Low Pass)를 통과시켜 가공한다.

 - 전기용접관 : 강관을 원형으로 성형하여 자동 서브머지드 아크 용접에 의해 제조된다.

• 이음매 없는 강관(Seamless Pipe)

 - 강관의 제조법 중 가장 많이 사용한다.

 - 유체의 압력이 30MPa 이상인 고압에 사용한다.

③ 강관의 표시방법

ㄱ KS 규격에서 배관을 표시할 때 제조회사의 상표, 공업규격 표시, 관의 종류, 제조방법, 호칭방법, 제조연월일 및 스케줄 번호 등으로 표시한다.

ㄴ 배관용 탄소강관의 경우 백관은 백색, 흑관은 녹색으로 표시하며, 압력(고압) 강관은 적색으로 표시한다.

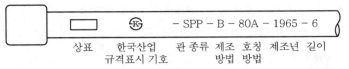

▌배관용 탄소강관 ▌

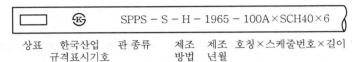

▌압력 배관용 탄소강관 ▌

ⓒ 강관의 제조방법 표시

-E	전기저항 용접관	-E-C	냉간완성 전기저항 용접관
-B	단접강관	-B-C	냉간완성 단접관
-A	아크용접관	-A-C	냉간완성 아크 용접관
-S-H	열간가공 이음매 없는 관	-S-C	냉간완성 이음매 없는 관
-E-G	열간가공 및 냉간가공 이 외의 전기저항 용접강관		

④ **강관의 종류**

㉠ 배관용 탄소강관(SPP)

- 일명 가스관이라고 하며, 350℃ 이하 1MPa 이하의 물, 증기, 가스, 공기, 오일 등의 유체 수송용으로 사용된다.
- 아연을 도금한 백관과 도금하지 않은 흑관이 있다.
- 인장강도 : 3MPa 이상, 호칭 지름 : 15−500A
- 제조방법에 따라 단접관, 전기저항 용접관, 이음매 없는 강관 등으로 구분한다.

참고 **관의 호칭법**

A	40	×	5	SPP	45
제조방법	관안지름		관두께	관재질	인장강도

㉡ 압력배관용 탄소강관(SPPS)

- 사용온도 350℃ 이하, 1~10MPa의 유체관에 사용한다.
- 유체 수입관에 사용된다.
- 호칭지름 : 6−500A

- 관의 호칭법은 스케줄 번호(Sch No.)에 의한다.
- 증기관, 유압관, 수압관에 사용한다.

> **참고**
>
> 관의 살두께 계산(t : mm)
>
> $$t = \left(\frac{PD}{175\sigma_w}\right) + 2.54$$
>
> 여기서, P : 사용압력(kg/cm^2), D : 관의 직경(mm), σ_w : 허용인장응력(kg/cm^2)

$$\text{Sch No.} = 10 \times \frac{P}{S}$$

여기서, P : 사용압력(kg/cm^2)

S : 허용응력(kg/mm^2) = 인장강도 $\times \dfrac{1}{4} = \dfrac{\text{인장강도}}{\text{안전율}}$

※ Sch No.가 클수록 관의 두께는 두껍게 된다.

ⓒ 고압배관용 탄소강관(SPPH)

- 350℃ 이하, 사용압력이 특히 높은 10MPa 이상의 고압배관용으로 적합하다.
- 호칭지름 : 6 − 500A(25종까지 있다.)
- 암모니아 합성배관이나 화학공업의 고압배관에 사용된다.
- 킬드강으로 이음매 없이 제조한다.

ⓔ 고온배관용 탄소강관(SPHT)

- 350~450℃의 고온에 사용, 특히 과열증기 배관에 적합하다.
- 호칭지름 : 6 − 500A(25종까지 있다.)

ⓜ 저온배관용 탄소강관(SPLT)

- 0℃ 이하의 낮은 온도에서 사용한다.
- 호칭지름 : 6 − 500A
- 석유화학공업 및 LPG 저장탱크 등의 제조에 이용된다.

ⓗ 배관용 아크 용접 탄소강관(SPW)

- 아크용접에 의해 제조된 일반 배관용 강관이다.
- 350℃ 이하의 온도에서, 가스수송관은 1MPa 이하, 그리고 일반 수도용수관은 1.5MPa 이하에 사용한다.
- 호칭지름 : 350 − 1500A
- 수압시험은 2.01MPa 이상으로 한다.

    ⓧ 배관용 합금강관(SPA)

      • 주로 고온 · 고압하에서 사용한다.

      • 호칭지름 : 6−500A

      • 두께는 주로 스케줄 번호로 표시한다.

    ⓞ 배관용 스테인리스강관(STS×TP)

      • 내식용, 내열용 및 고온 배관용 또는 저온 배관용에 사용한다.

      • 호칭지름 : 6−500A

      • 두께는 스케줄 번호로 표시한다.

    ⓩ 수도용 강관

      • 수도용 아연 도금강관(SPPW) : 수두 100m 이하의 급수배관용, 호칭지름 10−300A

      • 수도용 도복장강관(STPW) : 수두 100m 이하의 수송배관용, 호칭지름 80−1500A

    ⓒ 열전달용

      • 보일러 열교환기용 탄소강관(STH) : 관의 내외에서 열의 수수를 행할 목적으로 사용한다.

      • 보일러 열교환기용 합금강관(STHA)

      • 보일러 열교환기용 스테인레스 강관(STS×TB) : 보일러의 연관, 수관, 공기 예열관 등에 사용한다.

      • 저온 열교환기용 강관(STLT) : 빙점 이하의 낮은 온도의 열교환기, 응축기 튜브에 사용한다.

    ⓚ 구조용

      • 일반 구조용 탄소강관(SPS) : 토목, 건축, 철탑, 지주와 정밀 다듬질이 요구되는 기계 부품에 사용한다.

      • 기계 구조용 탄소강관(SM) : 기계, 항공기, 자동차 등의 기계 부품에 사용한다.

      • 구조용 합금 강관(STA) : 항공기, 자동차, 기타의 구조물용으로 사용한다.

2) 주철관(Cast Iron Pipe)

  ① 특징

    ㉠ 내구력이 크다.

    ㉡ 내식성이 강해 땅속 매설 시 부식이 적다.

    ㉢ 다른관에 비해 압축강도가 크다.

    ㉣ 압력이 낮은 저압(0.7~1MPa)에 사용한다.

    ㉤ 탄소량이 많아 취성이 커진다.

> **참고**
> • **주철관의 용도** : 급수관, 배수관, 통기관, 케이블매설관, 보수관, 가스공급관, 광산용 양수관, 화학공업용관
> • **용도별 분류** : 수도용, 배수용, 가스용, 광산용
> • **재질별** : 일반보통주철관, 고급주철관, 구상흑연주철관(덕차일 주철관)

② **종류**

   ㉠ 수도용 수직형 주철관 : 이음부의 모양에 따라 소켓관과 플랜지관의 2종류가 있으며 최대사용수두가 45m인 저압관과, 75m인 보통압관이 있다(관의 유효길이는 3~4m이다).

   ㉡ 수도용 원심력 사형 주철관
  • 사형을 회전시켜 원심력을 이용한 주조법에 의해 제작되며, 재질이 균일하고 강도가 커서 두께가 얇아도 된다.
  • 최대사용수두에 의해 100m의 고압관, 75m의 보통압관, 45m의 저압관 등이 있다.

   ㉢ 수도용 원심력 금형 주철관
  • 주형을 사형 대신 금형을 이용한 주조법이다.
  • 최대사용수두가 100m 이하인 고압관과 75m 이하인 보통압관이 있다.

   ㉣ 수도용 원심력 탁타일 주철관
  • 회전 주형에 의해 제조된 후 풀림 처리를 하여 관의 재질이 균일하다.
  • 보통의 주철관보다 수명이 연장된다.
  • 고압에 잘 견디고 높은 강도와 인성이 있다.
  • 내식성이 크고 충격에 강한 연성을 지니고 있다.
  • 우수한 가공성이 있다.
  • 산·알카리에 강하고 관의 무게를 경감시킬 수 있다.

   ㉤ 원심력 모르타르 라이닝 주철관
  • 관 내벽의 부식을 방지할 목적으로 관 내면에 모르타르를 바른 관이다.
  • 철과 물의 접촉이 없어 부식이 적다.
  • 마찰저항이 적으며 수질의 변화가 없다.
  • 취급 시 큰 하중과 충격에 유의한다.

   ㉥ 기타 주철관
  • 가스용 주철관 : 가정용 도시가스를 공급하기 위한 관
  • 광산용 주철관 : 광산 갱 내의 용수를 배출하는 데 사용
  • 배수용 주철관 : 내압이 작용하지 않으므로 관 두께가 얇은 것 사용

3) 비철금속관

① 동관 및 동합금관(Copper Pipes and Copper Alloy Pipe)

ㄱ) 특징

- 전기 및 열전도율이 좋다.
- 유연성이 커서 가공하기가 쉽다.
- 외부 충격에 약하다.
- 내식성이 좋고 수명이 오래 간다.
- 유체마찰저항이 적고 동파되지 않는다.
- 알카리성에는 강하고 산성에는 약하다.
- 가공성이 좋고 무게가 가볍다.
- 가격이 비싸다.

> **참고**
>
> 1. 동관의 표준치수는 K, L, M형의 3가지이다.
> - K(의료배관용)
> - L(의료, 급배수, 급탕수, 냉난방용)
> - M(의료, 급배수, 급탕수, 냉난방용)
> 2. 동의 기계적 성질
> - O(연질)
> - OL(반연질)
> - $\frac{1}{2}$H(반경질)
> - H(경질)
> 3. 두께별 분류
> K타입 > L타입 > M타입 > N타입

ㄴ) 종류

- 인탈산 이음매 없는 동관(DCuP)
  - 수소 취성이 없어 수소용접, 가공하기에 적합하고 관의 길이는 1m 이상의 직관 또는 코일상으로 되어 있다.
  - 용도 : 열교환기용, 냉난방기용, 급수관, 급탕관, 송유관, 가스관
- 타프피치 이음매 없는 동관(TCuP) : '인성 동관'이라고도 한다.
- 무산소 이음매 없는 동관(DCuO) : 전기 및 열의 전도성, 전연성이 풍부하고 용접성과 내식성이 좋으므로 전기용, 화학용에 적합하다.
- 이음매 없는 황동관(BsST) : 구리와 아연의 합금으로 기계적 성질과 내식성이 우수하다.

② 기타 합금동관

    ㉠ 규소청동관 : 관의 내식성이 좋고 기계적 성질이 우수하며 화학 공업에 이용된다.

    ㉡ 백동관 : 복수기, 기름 냉각 등의 열교환기에 이용된다.

    ㉢ 단동관 : 내구성이 양호하다.

    ㉣ 니켈 – 동 합금관 : 내식성이 좋고 기계적 강도가 크다.

③ 연관(Lead Pipe)

    ㉠ 특징

- 부식성이 적다(산에 강하고 알칼리에 침식됨).
- 굴곡이 용이하고 신축성이 좋다.
- 중량이 크고 가격이 비싸다.
- 상온에서 가공이 용이하다.
- 가격이 비싸다.
- 횡주배관에서 휘어 늘어지기 쉽다.

    ㉡ 종류

- 수도용 연관(PbPw) : 정수두 75m 이하에 사용한다. 순연관에 비해 두께가 얇고 중량이 가볍다.
- 배수용 통기 및 세정용 연관 : 건축물의 위생기구에 사용되는 연관, 상온에서 관을 구부리거나 넓히기가 쉽다.
- 경연관 : 화학 공업용의 경질 연관. 직관으로 길이는 보통 3m를 표준으로 한다.

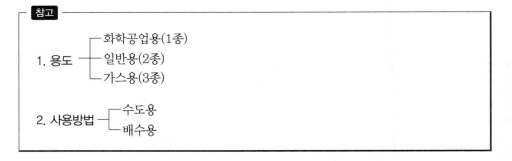

참고
```
              ┌ 화학공업용(1종)
   1. 용도 ────┼ 일반용(2종)
              └ 가스용(3종)

              ┌ 수도용
   2. 사용방법 ─┤
              └ 배수용
```

④ 알미늄관(Aluminium Pipe)

    ㉠ 은백색을 띠고 부식성도 거의 없다.

    ㉡ 순도가 높을수록 내식성이 좋으며, 동 다음으로 열과 전기 전도도가 높고, 용도로는 전기기기, 광학기기, 위생기기, 방직기기 등에 사용한다.

▼ 비금속관의 종류 및 특성

분류	종류	특성
합성수지관	경질염화 비닐관	• 가소성이 크고 가공이 용이하다. • 비중이 작고 강인하며 투명 또는 착색이 자유롭다. • 내수성, 내유성, 내약품성이 크다. • 쉽게 타지는 않으나 내열성은 금속에 비하여 낮다.
	폴리에틸렌관	• 전기절열성이 좋다. • 특히 산, 알칼리에 강하다. • 관, 판, 기계부품, 필름, 도료접착제에 사용된다.
콘크리트관	원심력 철근콘크리트관	• 상하수도, 배수관에 사용 • 흄관(Hume Pipe)
	철근콘크리트관	옥외배수관
석면시멘트관	에테닛관	석면과 시멘트 중량비 $1 : 5 \sim 1 : 6$
도관	비닐통관	농업용, 일반배수용
	후관	도시하수관용
	특후관	철도배수관용

···02 관 이음재료(Fittings)

1 신축이음

관 속을 흐르는 유체의 온도와 관 벽에 접하는 외부온도의 변화에 따라 관은 팽창 또는 수축하며, 철의 선팽창계수는 온도가 1℃ 변화할 때마다 1m에 대해 0.012mm 신축하게 된다. 즉, 온도변화에 따라 길이가 변화하여 열응력이 생기므로 배관계에서 열팽창을 흡수하여 완충 역할을 하기 위한 것이다.

1) 열팽창 및 열응력

① 관의 열팽창 길이

$$\Delta l = \alpha \cdot l \cdot \Delta t$$

여기서, Δl : 변화된 길이(mm)

l : 전 길이(mm)

α : 열팽창률(선팽창계수)

Δt : 온도차(℃)

② 열응력

$$\sigma = E\alpha\Delta t$$

여기서, σ : 열응력(kg/mm²)
E : 영률(세로 탄성계수, kg/mm²)
α : 선팽창계수
Δt : 온도차(℃)

2) 종류

① 상온 스프링(Cold Spring)
  ㉠ 열의 팽창을 받아 배관이 자유팽창을 하게끔 미리 계산을 해놓고 시공하기 전 미리 배관의 길이를 짧게 한다.
  ㉡ 절단길이는 계산에서 얻은 자유팽창량의 1/2 정도로 한다.

② 루프형 신축이음(Loop Type Expansion Joint)
  ㉠ 강관 또는 동관을 루프 모양으로 구부리고 그 구부림(곡관 신축벤드)을 이용하여 배관의 신축을 흡수한다.
  ㉡ 높은 온도와 고압에 잘 견디고 탄성력을 이용하여 신축을 흡수한다.
  ㉢ 장소를 크게 잡는 단점이 있으나 진동에 대한 완충효과가 크다.
  ㉣ 굽힘 반지름은 파이프 지름의 6배 이상으로 한다.
  ㉤ 고온·고압의 옥외배관에 많이 사용된다.

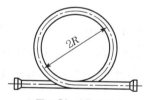

┃ 루프형 신축이음 ┃

③ 슬리브형 신축이음(미끄럼형, Sleeve Type Expansion Joint)
  ㉠ 압력 0.8MPa 이하의 공기, 가스, 기름배관에 사용된다.
  ㉡ 슬리브와 본체 사이에 패킹을 넣어 온수나 증기의 누설을 방지한다.
  ㉢ 종류
    • 50A 이하 : 나사식(청동제 이음쇠)
    • 65A 이상 : 플랜지식(슬리브 파이프는 청동제, 본체는 일부 주철 또는 전부가 주철제)

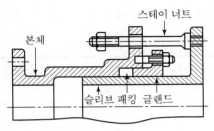

‖ 슬리브형 신축이음 ‖

④ 벨로스형 신축이음(파형이음)

    ㉠ 청동 또는 스테인리스강을 주름잡아 만든 이음이다.

    ㉡ 주로 냉난방용으로 이용된다.

    ㉢ 주름이 신축을 흡수하며 신축에 대한 응력을 받지 않고 누설이 없다.

    ㉣ 일명 패클리스(Packless) 신축이음쇠이다.

    ㉤ 고압배관에는 부적당하지만 설치공간을 넓게 차지하지 않는다.

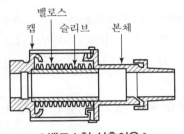

‖ 벨로스형 신축이음 ‖

⑤ 스위블형 신축이음(Swivel Type Expansion Joint)

    ㉠ 2개 이상의 엘보를 연결하여 한쪽이 팽창하면 비틀림을 일으켜서 팽창을 흡수한다(이음부의 나사회전을 이용한다).

    ㉡ 큰 신축에는 누설될 염려가 있다.

    ㉢ 보통 직관길이 30m당 만곡부 1.5m가 필요하다.

    ㉣ 주로 저압증기 및 온수난방용 배관에 많이 사용한다.

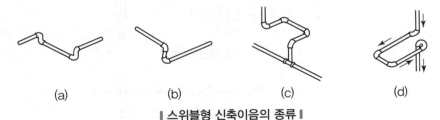

(a)   (b)   (c)   (d)

‖ 스위블형 신축이음의 종류 ‖

참고 **신축이음의 허용길이가 큰 순서**

루프형 > 슬리브형 > 벨로스형 > 스위블형

② 강관용 이음쇠

강관용 이음쇠(Steel Pipe Fittings)는 이음방법에 따라 나사식, 용접식, 플랜지식 등이 있다.

1) 나사식 이음쇠

① 나사식 가단주철제 관이음쇠

흑심가단주철 1종으로 만들고 50A 이하의 관에 사용되며, 제조 후 2.5MPa의 수압시험과 0.5MPa의 공기압시험에 이상이 없어야 한다.

㉠ 사용목적에 따른 분류

- 배관의 방향을 바꿀 때 : 엘보(Elbow), 벤드(Bend)
- 관을 중간에서 분기할 때 : 티(T), 와이(Y), 크로스(Cross)
- 같은 관을 직선으로 이을 때 : 소켓(Socket), 유니언(Union), 플랜지(Flange), 니플 (Nipple)
- 지름이 다른 관을 이을 때 : 이경엘보, 이경티, 이경소켓, 부싱(Bushing), 리듀서 (Reducer)

㉡ 관이음 표시도

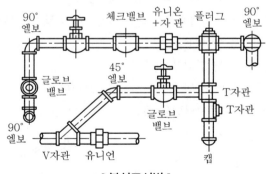

┃ 복선표시법 ┃

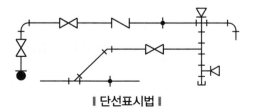

┃ 단선표시법 ┃

② 나사식 강관제 관이음쇠

　　㉠ 기름, 공기, 증기 등의 일반배관에 사용하는 이음쇠로 배관용 탄소강관과 같은 재질로 만든다.

　　㉡ 이음쇠의 종류 : 90° 밸브, 45° 밸브, 리턴밸브, 90° 소켓벤드, 평행(Parallel)니플 등이 있다.

③ 나사식 배수관 이음쇠

　　㉠ 0.35MPa의 수압시험 또는 0.15MPa의 공기압시험에서 누설이 없어야 한다.

　　㉡ 분기부의 곡률 반지름을 크게 하기 위해 45° Y 또는 90° Y 등의 이음을 이용한다.

　　㉢ 이음할 때 1/50의 기울기가 생겨서 수평배관에 기울기를 주게 된다.

　　㉣ 배관용 탄소강관을 배수관에 사용할 때는 나사결합형 배수관 이음쇠를 사용한다. (이음쇠의 안지름과 관의 안지름이 같음)

2) 용접이음

용접식 이음쇠는 접속부의 모양에 따라 맞대기 용접식과 삽입형 용접식으로 구분한다.

① 특징

　　㉠ 장점

　　　• 이음부의 강도가 크고 누설 우려가 없다.

　　　• 자재 및 작업의 공정 수가 감소한다.

　　　• 중량이 감소되고 유지비 및 보수비가 절약된다.

　　　• 돌기부가 없으므로 피복 공사에 용이하다.

　　　• 두께의 불균일한 부분이 없고 유체저항 손실이 적다.

　　　• 배관의 공간효율이 좋다.

　　㉡ 단점

　　　• 재질이 변형된다.

　　　• 잔류응력이 생긴다.

　　　• 품질검사가 곤란하다.

　　　• 균열 및 용접 결함이 생긴다.

② 종류

　　㉠ 맞대기 용접식 관이음쇠(일반용, 특수용)

　　　• 일반배관용 이음쇠 : 사용압력이 비교적 낮은 증기, 물, 가스, 공기 등 일반배관의 맞대기 용접 이음이며 일반적으로 50A 이상의 비교적 큰 관에 사용한다. 엘보 사용 시 엘보의 곡률반경은 롱형은 강관 호칭지름의 1.5배, 숏형은 호칭지름의 1.0배로 되어 있다.

- 특수배관 이음쇠 : 압력배관, 고압배관, 고·저온배관, 합금강배관, 스테인리스배관 등의 맞대기 용접 이음이다.

  ⓛ 슬리브 용접식 관 이음쇠
- 슬리브 용접식 슬리브의 길이는 관지름의 1.2~1.7배 정도이다.
- 삽입 용접식 관이음쇠는 특수배관용 맞대기 용접식 관이음과 같다.

  ⓒ 삽입형 용접식 이음쇠 및 플랜지관 이음쇠도 있다.

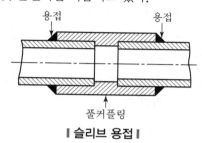

‖ 슬리브 용접 ‖

3) 플랜지 이음

① 특징

  ㉠ 관의 점검, 보수, 분기를 쉽게 하기 위해 사용되며 관 끝에 용접이음 또는 나사이음을 하고 양 플랜지 사이를 볼트로서 쉽게 결합할 수 있으므로 다양하게 사용된다.

  ⓛ 완전하게 조인 후 볼트의 나사산이 1~2산 정도 남게 한다.

  ⓒ 플랜지 결합 시 볼트를 대칭으로 균일하게 조인다.

  ⓔ 재료는 강, 주철, 주강, 단조강, 청동, 황동, 스테인리스 등이 사용된다. 모양은 보통 원형이나 지름이 작은 관에는 타원형, 사각형 등이 사용된다.

② 종류

관과 이음하는 방법에 따라 나사이음형, 삽입용접형, 소켓용접형, 랩조인트형, 맞대기용접형, 블라인드형 등이 있다.

▼ 플랜지 이음의 종류

종류	호칭압력(MPa)	용도
전면시트	1.6 이하	주철제 및 구리합금제
대평면시트	6.3 이하	부드러운 패킹 사용
소평면시트	1.6 이하	경질의 패킹 사용
삽입형 시트	1.6 이하	기밀을 요하는 곳
홈꼴형 시트	1.6 이하	위험성 유체배관 및 기밀 유지

3 주철관 이음

주철관 이음재를 통칭하여 이형관이라고 하며, 수도용과 배수용으로 구분된다.

▼ 주철제 이음재

종류	이형관 이음재 종류		
수도용 주철 이형관	• 90° 엘보 • 와이	• 45° 엘보 • 리듀서	• 곡관 • 단관
배수용 주철 이형관	• 90° 단곡관, 90° 장곡관, 60° 곡관, 22.5° 곡관 • Y관, 양Y관, 이형 Y관, 90° Y관, 90° 양Y관 • 이형 90° 양Y관 • 비누 T관, 이형배수 T관, 통기 T관, 이형통기 T관 • Y관, 이형 Y관, 배수 T관, 이형배수 T관, 이형관 플랜지(연관 이음용) • 확대관, U트랩, 이음관		

1) 소켓 이음(Socket Joint)

① 특징

주철관이 소켓 접합에 편리하도록 한쪽은 삽입구, 다른 쪽은 수구로 제조되어 있는 관을 사용한다.

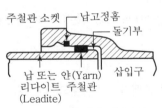

┃ 소켓 이음의 구조 ┃

② 소켓 이음 시 누설의 원인

㉠ 얀(마, yarn)이 많고 납이 적은 경우

㉡ 코킹하기 전에 관에 붙어 있는 납을 떼어내지 않은 경우

㉢ 코킹을 순서대로 하지 않고 불안정하게 하는 경우

> 참고
>
> 소켓 이음은 '연납이음(Lead Joint)'이라고도 하며, 주로 건축물의 배수관 및 지름이 작은 관에 사용한다.

2) 기계식 이음(Mechan Ical Joint)

① 고무링을 압륜으로 죄어 볼트로 체결한 것으로 소
   켓 이음과 플랜지 이음의 장점을 채택한 것이다.

② 굽힘성이 풍부하여 누수되지 않는다.

③ 접합작업이 간단하다.

④ 물속에서도 작업이 용이하다.

⑤ 고압에 잘 견디고 기밀성이 좋다.

⑥ 수중 작업이 가능하다.

⑦ 간단한 공구로 신속하게 이음이 가능하다.

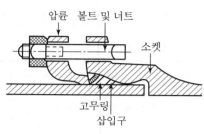

▮ 기계식 이음의 구조 ▮

3) 타이톤 이음(Tyton Joint)

① 고무링 한 개만으로 이음이 되고 소켓 내부 홈은
   고무링을 고정시키고 돌기부는 고무링이 있는 홈
   속에 들어맞게 되어 있다.

② 이음과정이 간편하여 관의 부설을 신속하게 할 수
   있다.

③ 온도 변화에 따른 신축이 자유롭다.

④ 이음부의 굽힘허용도는 300mm까지는 5°, 40mm 이하는 4°, 500mm 이하는 3°이다.

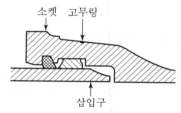

▮ 타이톤 이음의 구조 ▮

4) 플랜지 이음

① 플랜지가 달린 주철관을 플랜지끼리 맞대고 그 틈에
   패킹을 끼운 후 볼트와 너트를 조인다.

② 패킹 재료는 고무, 아스베스트(Asbest), 얀, 납
   등이다.

③ 고온의 증기 급기관의 패킹은 아스베스트, 연동판, 슈퍼히트패킹 등을 사용한다.

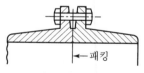

▮ 플랜지 이음의 구조 ▮

5) 노-허브 이음(No-Hub Joint)

① 노-허브 이음은 종래 사용하여 오던 소켓 이음을 혁신적으로 개량한 것이다.

② 스테인리스 커플링과 고무링만으로 쉽게 이음할 수 있는 방법이다.

③ 시공이 간편하여 경제성이 있어 고층건물의 배수관 등에 사용한다.

④ 드라이버 공구만으로 쉽게 이음할 수 있다.

⑤ 이음 시 누수가 발생히면 조임 벤드를 죄어 주거나 고무패킹만 교환하면 쉽게 보수가 가능하다.

❹ 동관 이음

동관 이음재는 관과 동일한 재질로 만들어진 것과 통합금 주물로 만들어진 것이 있다. 접속방법에 따라 땜 접합에 쓰이는 슬리브식 이음재와 관 끝을 나팔 모양으로 넓혀 플레이너트로 죄어서 접속하는 플레어식 이음재가 있다.

▼ 동관 이음재의 종류 및 특성

동관 이음재		종류 및 특성
순동 이음재		• 동관을 성형가공시킨 것을 의미한다. • 엘보, 티, 소켓, 리듀서 등이 있다. • 용접 시 가열시간이 짧아 공수 절감을 가져온다. • 벽 두께가 균일하므로 취약부분이 적다.
동합 이음재	나팔관식 접합용 이음재	• 큰 경 A, 작은 경 B의 순(A×B 호칭) • 동일 또는 평행한 중심선상에 있는 큰 경 A, 작은 경 B, 나머지 C의 순(A×B×C 호칭) • 최대 경 A, 이것과 평행한 중심선상에 있는 것 B, 남은 2개 중 큰 것 C, 작은 것 D의 순(A×B×C×D 호칭)
	동합금 주물 이음재 (청동주물 이음쇠 본체)	• 청동 주물로 이음쇠 본체를 만들고 관과의 접합부분을 기계 가공 후 다듬질한 것이다. • 이음쇠와 접합하는 동관 부분을 정확하게 다듬질하면 이들 사이의 틈새를 맞추는 것은 어렵지 않다.

1) 땜 접합

납땜 접합용 이음쇠를 이용하는 방법과 스웨이징(Swaging)하는 방법이 있다. 모세관 이음으로 연납땜, 결납땜으로 나눈다.

2) 플레어 접합(Flare Joint)

동관의 끝부분을 나팔 모양으로 넓혀 압축이음쇠를 사용하여 체결하는 방법이다. 관 지름 20mm 이하 동관의 이음이다.

3) 플랜지 접합(Flange Joint)

냉매 배관용으로 사용하며, 시트 모양에 따라 끼워맞춤형, 홈형, 유압플랜지형이 있다.

▼ 순동 이음재의 접합형태

90° 엘보 C×C	90° 엘보	U-벤드 C×C	어댑터 C×M	어댑터 Ftg×M
45° 엘보 C×C	티 C×C×C	이형 티 C×C×C	어댑터 C×F	어댑터 Ftg×F
수전 엘보	소켓 C×C	리듀서 C×C	캡 C	유니언 C×C

주) C : 이음쇠로 관이 들어가 접합되는 형태(FEMALE SOLDER CUP)
　Ftg : 이음쇠 외로 관이 들어가 접합되는 형태(FEMALE SOLDER CUP)
　F : ANSI 규격 관형 나사가 안으로 난 나사 이음용 이음쇠(FEMALE NPT THREAD)
　M : ANSI 규격 관형 나사가 밖으로 난 나사 이음용 이음쇠(MALE NPT THREAD)

5 스테인리스 강관 이음

▼ 이음쇠의 종류

이음쇠		종류
몰코 조인트 (Molco Joint) 이음쇠		90°, 45° 엘보, 소켓, 리듀서, 티, 보수용 소켓, 캡, 케이유니언, 어댑터 소켓, 어댑터 엘보, 수전 엘보, 수전 티, 암어댑터 엘보, 동결 방지용 유니언소켓, 수전소켓
용접식 이음쇠	맞대기 용접식 이음쇠	90°, 45° 엘보, 티, 리듀서, 캡
	플랜지 이음쇠	스터브엔드(Stubend)와 플랜지를 한 조로 한다. 스터브엔드의 재질은 STS 304 플랜지 및 너트, 볼트, 와셔의 재질을 SS41로 한다.

연관의 접합법		PVC 관의 접합법	
플라스탄 접합 (납+주석 합금)	• 직선 접합 • 맞대기 접합 • 수전소켓 접합 • 분기관 접합 • 만다린 접합	냉간 접합법	• 나사접합 • 냉간삽입접합
		열간 접합법	• 일단법 • 이단법
		플랜지 접합법	대구경의 접합
살붙임 납땜 접합	양질의 땜납법	테이퍼 코어(Taper Core) 접합법	플랜지 접합 보완
		용접법	열풍용접기 사용

6 밸브의 종류

배관에서 사용하는 부품 중 가장 중요한 것으로 관 속을 흐르는 유체(기체, 액체)의 흐름 조정, 방향 전환, 흐름의 단속, 압력 등을 조절하는 데 사용한다.

1) 글로브밸브(Globe Valve, 스톱밸브)

① 핸들을 회전시켜 스핀들의 나사에 의해 밸브가 상하로 움직여 유량을 조절한다. 밸브가 구형이며 직선배관 중간에 설치한다.

② 특징

　㉠ 유체의 폐쇄 및 유량 조절이 확실하다.

　㉡ 유체의 압력 손실이 크다.

　㉢ 입구와 출구가 일직선상에 있다.

　㉣ 50A 이하는 포금제 나사이음, 65A 이상은 플랜지 이음용이며 밸브디스크와 시트는 청동제, 본체는 주철이나 주강이다.

　㉤ 흐름을 직각으로 바꿀 때는 앵글밸브를 사용한다.

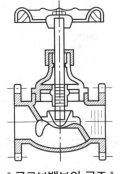

‖ 글로브밸브의 구조 ‖

참고
• 글로브밸브는 유량 조절용이며 디스크 모양은 평면형, 반구형, 원뿔형 등의 형상이 있다.
• 보통형 글로브밸브, Y형 글로브밸브, 앵글 글로브밸브, 니들밸브 등이 있다.

┌─ 참고 **니들밸브(Needle Valve)** ─────────────
│ 밸브의 디스크 모양을 원뿔 모양으로 바꾸어서 유체의 통과 면적이 극히 적으며 유량이 적거나
│ 유량 조절을 정확하게 행할 목적으로 사용한다.
└─────────────────────────────────────

2) 슬루스밸브(Sluice Valve)

① 게이트밸브(Gate Value)의 일종으로, 유체의 흐름을 단속하는 개폐용 밸브의 대표적인 밸브이다.

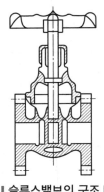

② 특징

　㉠ 유체흐름에 대한 저항이 적다.

　㉡ 난방배관에 적합하며 주로 중·저압의 차단용에 쓰인다.

　㉢ 리프트가 커서 개폐에 시간이 걸린다(바깥나사식 50A 이하용, 속나사식 65A 이상용).

　㉣ 유량 조절에는 적합하지 않다.

‖ **슬루스밸브의 구조** ‖

　㉤ 보닛(뚜껑)은 지름이 크거나 고압 유체용은 볼트형이고 작은 것은 유니언형이다.

　㉥ 밸브스템에는 상승식과 비상승식이 있다(상승식은 밸브 개폐 시 밸브봉이 상하로 움직이나 비상승식은 회전만 한다).

┌─ 참고 **디스크의 구조에 따른 종류** ──────────────────
│ • 웨지게이트밸브   • 평행 슬라이드밸브
│ • 더블디스크 게이트밸브   • 제수밸브
└───

3) 체크밸브(Check Valve, 역지밸브)

유체를 한쪽 방향으로만 흐르도록 한 밸브이다.

① 스윙형

　㉠ 핀을 축으로 회전시킴으로써 개폐한다.

　㉡ 가장 일반적으로 사용되는 형식이다.

　㉢ 50A 이상의 지름이 큰 관에 사용된다.

　㉣ 유체의 저항이 리프트형보다 적다.

　㉤ 수평, 수직 어느 배관에도 사용 가능하다.

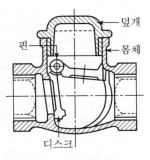

‖ 스윙형 체크밸브의 구조 ‖

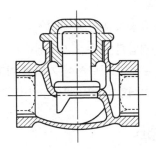

‖ 리프트형 체크밸브의 구조 ‖

참고
펌프 흡입관 하부에 사용되는 풋밸브(Foot Valve)도 체크밸브의 일종이다.

② 리프트형
㉠ 유체의 압력에 의해 밸브가 수직으로 올라가면서 밸브가 개폐된다.

㉡ 호칭 치수가 작은 관에 사용된다.

㉢ 흐름에 대한 마찰저항이 크다.

㉣ 수평배관에만 사용한다.

㉤ 유체가 밸브 내에서 Z형으로 흐른다.

㉥ 유체의 흐름이 정지되거나 배압이 높아질 경우 시트에 밀착하여 역류를 방지한다.

4) 콕밸브(Cock Valve)

① 회전밸브의 일종이며 축 주위를 90°(1/4) 회전시켜 개폐한다.

② 특징
㉠ 0~90° 사이에서 임의로 각도를 조절한다.

㉡ 개폐시간이 빠르다.

㉢ 주로 중압관에 사용된다.

㉣ 유체저항은 적으나 기밀 유지가 어렵다.

㉤ 플러그 밸브라고도 하며 유체의 흐름 방향에 따라
2방, 3방, 4방 밸브로 나누어진다.

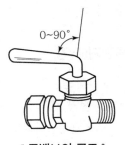

‖ 콕밸브의 구조 ‖

5) 나비밸브(Butterfly Valve)

① 버터플라이 밸브로서 원통의 몸체 속에서 밸브봉을 축으로 하여 평판이 회전함으로써 개폐
된다.

② 특징

㉠ 유량조절이 용이하다.

㉡ 저압관에 주로 사용된다.

㉢ 구조가 간단하여 가격이 저렴하다.

㉣ 기어형과 레버형의 2가지 구조가 있다.

6) 감압밸브

감압밸브는 고압과 저압 사이에 설치하여 고압 측 유체(물, 증기 등)의 압력을 부하 측의 요구에 필요한 압력으로 낮추어 주는 밸브이다. 압력제어방식에 따라 자력식, 타력식으로 나눈다.

⋯03 패킹과 방열재

📘 패킹(Packing)

이음부나 회전부의 접촉면에 삽입하여 액체나 기체 등이 누설되지 않도록 하는 것으로 관 내를 흐르는 유체의 물리적 · 화학적 · 기계적 성질에 따라 알맞은 것을 선택한다. 일명 개스킷(Gasket)이라고도 한다.

1) 플랜지 패킹

① 고무패킹

㉠ 천연고무

- 탄성이 우수하고 산, 알칼리에 강하며 열과 기름에 약하고 100℃ 이상에서는 사용이 불가능하다.

- 흡수성이 없으며 주로 급수, 배수, 공기 등에 사용된다.

㉡ 네오프렌(Neoprene) 합성고무 : 내열범위가 −46~121℃이며 물, 공기, 기름, 냉매 배관용에 사용된다.

② 석면 조인트 시트

광물질 패킹재로서 450℃까지의 고온에 사용되며 증기, 온수, 고온의 기름배관에 적합하고 슈퍼히트 석면이 많이 사용된다.

③ 합성수지 패킹

테플론(Teflon)은 가장 우수한 패킹 재료로 기름에도 침해되지 않으며 내열범위는 −260 ~260℃이고, 탄성이 부족하므로 석면, 고무, 금속 등과 조합하여 사용한다.

④ 금속 패킹

㉠ 구리 납, 연강, 스테인리스 강제 등의 연한 금속이 많이 사용된다.

㉡ 탄성이 적으므로 팽창, 수축, 진동 등으로 누설되는 경우가 있다.

⑤ 오일실(Oil Seal) 패킹

한지를 일정한 두께로 겹쳐서 내유가공을 한 것으로 내열도는 낮으나 펌프 기어박스 등에 사용된다.

2) 나사용 패킹

① 페인트

광명단을 혼합하여 사용하며, 고온의 오일 파이프를 제외하고는 모든 배관에 사용한다.

② 일산화연

냉매 배관에 사용되며 페인트에 소량의 일산화연을 섞어서 사용한다.

③ 액상 합성수지

화학약품에 강하고 내유성이 크며, 내열범위는 −30~130℃ 정도로 증기, 기름, 약품의 수송배관에 사용한다.

3) 그랜드 패킹

밸브의 회전부에 사용하며 누수를 막아주는 역할을 한다.

① 석면 각형 패킹

석면사를 각형으로 짜서 흑연과 윤활유를 침투시킨 것으로, 내열성·내산성이 좋아 대형의 밸브나 그랜드 너트에 사용한다.

② 석면 얀 패킹

석면사를 꼬아서 만든 것으로 소형 밸브, 수면계의 콕, 기타 소형 그랜드에 사용한다.

③ 아마존 패킹

면포, 즉 광목과 내열합성 고무를 가공 성형한 것으로 압축기의 그랜드에 사용한다.

④ 몰드 패킹

석면, 흑연, 수지 등을 배합 성형한 것으로 밸브, 펌프 등의 그랜드에 사용한다.

> **참고 그랜트 패킹의 구조상 구비조건**
>
> • 유체에 대하여 화학적으로 안정되어야 한다.
> • 금속을 부식시키지 않아야 한다.
> • 유체가 침투하지 않는 치밀한 것이어야 한다.
> • 마찰에 의한 마모가 적고 마찰계수가 적어야 한다.

2 보온방열재

- 방열 : 열이 고온에서 저온으로 이동하는 것을 방지하는 것
- 방열재 : 열전달을 방지하는 재료

1) 보온방열재료의 구비조건

① 보온능력이 클 것(열전도율이 적을 것)
② 오래 사용하여도 사용온도에 잘 견디고 변화되지 않으며 쉽게 구입할 수 있을 것
③ 가볍고 기계적 강도가 있을 것
④ 흡습성이나 흡수성이 없을 것
⑤ 시공이 쉽고 확실하며 가격이 저렴할 것
⑥ 비중이 작을 것
⑦ 다공질이며 기공이 균일할 것

2) 방열재료의 선택

① 경제성을 고려하여 두께나 재료를 선택해야 한다(방열재의 경제성＝단위 체적당 가격×열전도열).
② 열전도율이 $0.1kcal/m \cdot h \cdot ℃$ 이하가 되도록 해야 한다(재질에 수분이 많이 함유될수록 열전도율 증가).
③ 비중이 적은 것이 좋고 비중이 클수록 열전도율이 증가한다.

3) 유기질 방열재(유기질 보온재)

① 펠트

우모와 양모가 있으며 아스팔트를 방습한 것은 −60℃까지의 보냉용으로 사용할 수 있고 곡면의 시공에 매우 편리하다.

② 탄화코르크

㉠ 코르크 입자를 금형으로 압축 충전하고 300℃ 정도로 가열 제조한다. 아스팔트를 결합한 것을 탄화코르크라 하며 우수한 보온·보냉재이다.

㉡ 액체 및 기체를 쉽게 침투시키지 않아 냉매 배관, 냉각기, 펌프 등의 보냉용에 주로 사용한다.

③ 기포성 수지

합성수지 또는 고무질 재료를 사용하여 다공질 제품으로 만든 것으로, 열전도율이 낮고 가벼우며 흡수성은 좋지 않으나 굽힘성은 풍부하다.

④ 텍스류

톱밥, 목재, 펄프를 원료로 해서 압축관 모양으로 제작한 것

4) 무기질 방열재

① 석면

㉠ 아스베스트질 섬유로 되어 있으며, 400℃ 이하의 파이프, 탱크, 노벽 등의 방열재로 적합하다.

㉡ 사용 중 잘 갈라지지 않으므로 진동을 받는 장치의 보온재에 많이 사용된다.

② 암면

㉠ 안산암, 현무암에 석회질을 용융하여 섬유 모양으로 만든 것

㉡ 값은 저렴하나 석면보다 섬유가 거칠고 꺾이기 쉬우며 보냉용으로 사용할 때는 방습을 위해 아스팔트 가공을 한다.

㉢ 400℃ 이하의 파이프, 덕트, 탱크 등의 방열 보냉용으로 사용된다.

③ 규조토

다른 방열재에 비해 단열효과가 떨어지므로 다소 두껍게 사용하고 500℃ 이하의 파이프, 탱크, 노벽 등에 사용한다.

④ 탄산마그네슘

㉠ 열전도율이 가장 낮으며, 300~320℃에서 열분해를 한다.

㉡ 방습가공한 것은 습기가 많은 옥외배관에 적합하며 250℃ 이하의 파이프, 탱크의 보냉용으로 사용한다(염기성 탄산마그네슘 85%에 석면을 15% 혼합).

⑤ 발포폴리스티렌(Polystyrene)

  ㉠ 기계적 강도와 흡습성이 크며 판이나 통으로 사용된다.

  ㉡ 사용온도는 300℃이다.

⑥ 그라스울(Glass Wool)

  ㉠ 유리를 녹여서 섬유화한 것으로 울 상태 또는 접착제를 사용하여 판, 통의 모양이 있다.

  ㉡ 사용온도는 350℃이다.

⑦ 펄라이트(Pearlite)

  ㉠ 흑요석, 진주암 등을 1,000℃ 정도로 가열하여 만드나.

  ㉡ 가볍고, 흡습성이 적으며, 내화도가 높으며, 열전도율은 적다.

  ㉢ 사용온도는 650℃이다.

⑧ 규산칼슘

  ㉠ 기계적 강도가 크고, 내열성·내수성이 우수하고, 끓는물 속에서도 붕괴되지 않으며 650℃
    까지 사용한다.

  ㉡ 규산질, 석회질, 암면 등을 혼합하여 만든다.

⑨ 실리카 파이버

  사용온도는 1,100℃로 고온용에 적합하다.

⑩ 세라믹 화이버

  녹는점이 높고 내약품성이 우수하며, 사용온도는 1,200~1,300℃이다.

> **참고** **마스틱(Mastic)**
>
> 보온·보냉재를 옥외에 시공하였을 경우 보온·보냉을 외부의 화학적·물리적 자극에서 보호
> 하기 위해서는 내구성 및 기계적 강도가 뛰어난 물질로 피복해 주어야 하며, 이러한 조건에 적
> 합한 물질을 호칭하여 마스틱이라고 한다.
>
> **종류** 시멘모르타르, 아연철판, 하드시멘트(마포), 플러스터(면포)

5) 금속제 방열재

대표적인 금속제 방열재료는 알루미늄박이 있으며, 복사열의 반사 특성을 이용한다.

···04 냉동 배관의 도시법

1 배관 도면의 종류

1) 배치도(Plot Plam)

$\dfrac{1}{600} \sim \dfrac{1}{1,200}$ 의 축적에 의하여 관시설 전체를 나타내는 도면이다. 일반적으로 건물과 건물의 관계, 우물, 정화조, 연료탱크 등의 위치, 수도의 취입위치, 배수의 방류위치 등을 나타낸다.

2) 계통도(Flow Diagram)

주로 관의 계통, 관의 기능 등을 나타내는 것으로 축척에 관계없이 계통을 이해하기 쉬운 것을 목적으로 하여 그려져 있고, 입체적으로 그려진 것과 평면적으로 그려진 것이 있으며 입체도가 계통도를 겸하고 있는 경우도 있다. 특히 냉난방, 급배수, 전기, 가스 등의 설비에 있어 그 작동 계통이 표시되어 있는 도면으로 보통 단선으로 표시하며 관련 기기는 기호로 표시하여 계획도 및 설명도로 사용한다.

3) 배관도

배관도에서 설계도는 거의 배치도이며, 그중에서 특히 축척 $\dfrac{1}{100} \sim \dfrac{1}{200}$ 로 그려진 도면으로 배 관공사의 중심이 되는 도면을 배치도나 상세도와 구분하여 '배관도'라고 한다.

┌─ 참고 주요 배관도면 ─────────────

도면 종류	내용	축척
배치도	세면기, 변기, 보일러, 급배수, 위생설비 관계기기, 방열기, 공기조화기, 냉각탑, 난방, 긍조설비 배치도	$\dfrac{1}{100} \sim \dfrac{1}{200}$
평면도	각 층별 급수, 급탕, 배수, 통기, 소화, 가스, 공조, 냉난방용, 공기조화, 환기덕트 등의 배관도	$\dfrac{1}{50}, \dfrac{1}{100}, \dfrac{1}{200}$
계통도	급배수계통, 각종 배관계통, 공조, 난방용 배관도	$\dfrac{1}{50} \sim \dfrac{1}{100}$
상세도	기계실, 세면실, 화장실, 주방, 파이프 샤프트, 각종 탱크류, 펌프류, 기기류, 기초 등의 구조상세도(평면, 입면도)	$\dfrac{1}{20}, \dfrac{1}{50}$
배선도	자동제어계통, 동력계통 배선도	$\dfrac{1}{50}, \dfrac{1}{100}, \dfrac{1}{200}$

4) 상세도

배관도의 일부를 상세하게 나타내는 것으로 보일러의 둘레, 트랩이나 감압밸브의 둘레, 고가수조의 둘레 등 각 배관을 별도로 때내어 상세하게 그리는 도면을 말한다.

5) 배관의 제도

① 평면배관도(Plane Piping Drawing)

배관장치는 위에서 아래로 내려다 보고 그린 그림으로, 기계제도의 평면도와 같다.

② 입면배관도(Elevation Piping Drawing)

측면도와 같은 것으로 배관장치를 측면에서 본 것이며 평면도와 같은 방식으로 3각법으로 그린다. 작은 도면 이외에는 평면도와 입면도를 같은 도면에 작도하는 경우는 드물기 때문에 입면도의 위치를 명확하게 나타내기 위해서 평면도에 입면도의 작도위치, 즉 본 방향을 화살표로 명시한다.

③ 부분조립도(Partial Assembly Drawing)

배관조립도에 포함되어 있는 배관의 일부분을 작도한 그림이다. 일반적으로 등각투영법으로 표시한다.

④ 입체배관도(Isometrical Piping Drawing)

㉠ 배관도는 입체 공간을 X축, Y축, Z축으로 나누어 입체적인 형상을 평면에 나타낸 그림이다. 일반적으로 Y축에는 배관을 수직선으로 그리고 수평면에 존재하는 X축과 Y축이 120°로 만나도록 선을 그어 배관도를 그린다. 입체도면을 일반적 축척으로 표시하는 것이 원칙이나 입체도면은 일반적으로 축척을 기준으로 하지 않고 다만 배관의 중복으로 혼잡하여 판독하기 어려운 곳만 적당한 축척으로 그리는 경우도 있다.

㉡ 일명 '등각 투영법'이라고 한다(정투영도에 나타낸 데이터 또는 실물스케치에 의한 데이터를 기초로 축측투영법, 투시투영법, 시투영법에 의하여 그린 그림이다).

⑤ 정면도(Front View)

물체를 정면에서 본 그림이나 기계제도이며 물체의 형상과 기능을 가장 명료하게 나타내는 면을 정면도로 선택한다. 정면도는 반드시 그려야 하기 때문에 '주투상도'라고 하며 측면도, 평면도 등은 필요에 따라 그리는 것으로 이들은 '보조투상도'라고 한다.

⑥ 투상도

㉠ 정투상도 : 투사선이 평행하게 물체를 지나 투상면에 수직으로 닿고 투상된 물체가 투상면에 나란하기 때문에 어떤 물체의 형상을 정확하게 표현할 수 있다.

㉡ 등각투상도 : 정면, 평면, 측면을 하나의 투상면 위에 동시에 볼 수 있도록 두 개의 옆면 모서리가 수평선과 30°가 되게 하여 새축이 120°의 등각이 되도록 입체도로 투상한 것이다.

ⓒ 사투상도 : 투상선이 두상면을 사선으로 평행하도록 무한대의 수평시선으로 얻은 물체의 윤곽을 그리게 되면 육면체의 세 모서리는 경사축이 a각을 이루는 입체도가 되며 이를 그린 그림을 '사투상도'라고 한다.

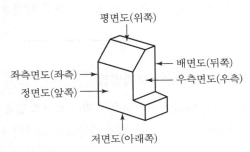

▼ **도면에 표시하는 냉동기 표시 문자기호**

유체의 종류		문자기호
공기		A
브라인 또는 2차 냉매		B
냉수		C
냉각수		CD
냉·온수		CH
배수관 또는 드레인관		D
연료가스		G
온수		H
연료유 또는 냉동기유		O
냉매	일반	R
	토출관	RD
	액관	RL
	흡입관	RS
증기		S
물(일반)		W

[주] 되돌아오는 관을 구별할 필요가 있을 경우에는 문자기호 뒤에 R을 부기하여 표시해도 좋다.

❷ 유체의 흐름방향 표시방법

1) 관 내의 흐름방향

관 내의 흐름방향은 관을 표시하는 선에 붙인 화살표 방향으로 표시한다.

2) 배관계의 부속품 · 기기 내의 흐름방향

배관계의 부속품 · 기기 내의 흐름방향을 특별히 표시할 필요가 있는 경우는 그 그림기호에 따르게 하거나 또는 배관을 표시하는 선 위에 화살표로 표시한다.

3) 운전조건에 따라 방향이 다른 경우 유체의 흐름방향 표시방법

히트펌프와 같이 운전조건에 따라 유체의 흐름방향이 다를 경우에는 배관 또는 배관계 내의 기기에 따른 화살표로 표시한다. 이 경우, 원칙적으로 냉방 운전 시에는 실선의 화살표, 또 난방 운전 시에는 파선의 화살표로 한다.

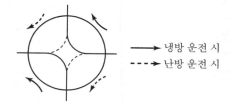

→ 냉방 운전 시
---→ 난방 운전 시

4) 관의 접속상태 표시방법

관을 표시하는 선이 교차되어 있을 경우에는 다음 표의 표시방법에 따라 각 관이 접속되어 있는지, 접속되어 있지 않는지 표시한다.

▼ 관의 접속상태 표시방법

관의 접속상태	표시방법	
접속되어 있지 않을 때	─┼─ ─┼ 또는 ─┤├─	
	교차	분기
접속되어 있을 때	─┼─	•

[주] 접속되어 있지 않음을 표시하는 선의 끊어진 곳, 접속되어 있음을 표시하는 둥근 점은 도면을 복사 또는 축소했을 때라도 명백하게 그려야 한다.

참고 치수기입법(높이 표시)

배관 도면을 작성할 때 사용하는 높이의 표시는 기준선(Base Line)을 설정하여 이 기준선으로부터 높이를 표시하며, 이것을 'EL 표시법'이라고 한다.

1. EL표시 : EL만 표시되어 있을 때는 배관의 높이를 관의 중심을 시준으로 하여 표시한 것이며, 기준선은 그 비장의 해수면으로 한다.
   - BOP(Bottom Of Pipe) 표시 : 지름이 다른 관의 높이를 표시할 때 관의 중심까지의 높이를 기준으로 표시하는 방법으로 관 바깥지름의 아랫면까지의 높이를 기준으로 표시하며, EL 다음에 높이를 쓰고 그 뒤에 BOP라고 쓴다.
   - TOP(Top Of Pipe) 표시 : BOP와 같은 방법으로 표시하며 관의 바깥지름 윗면을 기준으로 표시하는 방법이다.
2. GL(Ground Line) : 포장된 지표면을 기준으로 하여 장치의 높이를 표시한다.
3. FL(Floor Line) : 1층의 바닥면을 기준으로 한 높이로서 장치의 높이를 표시하는 데는 편리하나 공장 전체와 장치의 높이를 비교하는 데는 불편하다.
- EL+5,000 : 관의 중심이 기준면보다 5,000mm 높은 장소에 있다.
- EL−600BOP : 관의 밑면이 기준면보다 600mm 낮은 장소에 있다.
- EL−300TOP : 관의 윗면이 기준면보다 300mm 낮은 장소에 있다.

5) 입체적 표시(관의 접속상태)

굽은 상태	실제 모양	도시기호
파이프 A가 앞쪽으로 수직하게 구부러질 때		
파이프 B가 뒤쪽으로 수직하게 구부러질 때		
파이프 C가 뒤쪽으로 구부러져서 D에 접속될 때		

6) 관의 결합방식 표시방법

관의 결합방식은 다음 표의 그림 기호에 따라 표시한다.

▼ 관의 결합방식 표시방법

결합방식의 종류	그림기호	비고
일반	—┤—	조인트의 종류를 명시할 경우에는 그 명칭을 부기한다.
용접식	—•—	–
플랜지식	—┤├—	인통결합방식의 암(F), 수(M)의 구별은 다음에 따른다. F ┤├ M
소켓식	—)—	–
유니언식	—┤│├—	–
플레어 조인트식	—)—	–
퀵 조인트식	—◇—	–

7) 관조인트의 표시방법

▼ 고정식 관이음쇠의 표시방법

관조인트의 종류	그림기호	비고
엘보 및 벤드	또는	
티(T)		관의 결합방식 표시방법과 조합하여 사용한다. 지름이 다른 표시를 필요로 할 경우에는 그 호칭을 지시선을 사용하여 기입한다.
크로스		
리듀서		
디스트리뷰터		
휨 관조인트		예 고무호스, 플렉시블 튜브 등

8) 관 끝부분의 표시방법

관의 끝부분은 다음 표의 그림 기호에 따라 표시한다.

▼ 관 끝부분의 표시방법

끝부분의 종류	그림기호
블라인더 플랜지, 스냅 커버 플랜지	
나사박음식 캡 및 나사박음식 플러그	
용접식 캡	
체크조인트	
핀치오프	

참고 KSB 0051

이음종류	연결방법	도시기호	예시	이음종류	연결방식	도시기호
관이음	나사형			신축이음	루프형	
	용접형				슬리브형	
	플랜지형				벨로스형	
	턱걸이형				스위블형	
	납땜형					

9) 냉동공조용 밸브의 표시방법

밸브는 다음 표의 그림기호에 따라 표시한다. 다만, 이들의 기능을 상세히 표시할 필요가 있는 경우에는 여기에 따르지 않아도 좋다.

▼ 밸브의 표시방법

밸브의 종류	그림기호	비고
밸브(일반)		수동밸브임을 표시할 필요가 있는 경우에는 다음에 따른다. 밸브가 닫혀 있는 상태를 표시할 경우에는 다음 보기에 따른다.
3방향 밸브	또는	–
4방향 밸브	또는	–

밸브의 종류		그림기호	비고
앵글밸브			-
볼밸브			-
체크밸브			-
안전밸브		또는	-
게이트밸브			-
버터플라이밸브			-
풋밸브			-
볼탭			-
수동 팽창밸브			-
자동팽창밸브	일반		-
	온도식 (외부 균압형)		-
	온도식 (내부 균압형)		-
	정압식		-
	전자식		-
	플로트식		-
	플로트식 (원심냉동기용)		-
캐필러리 튜브 (Capillary Tube)			-

밸브의 종류		그림기호	비고
조작밸브	일반		–
	다이어프램 밸브		–
	다이어프램 3방향 밸브		–
	전동밸브 또는 전자밸브		그림은 전동밸브인 경우를 표시하며, 전자밸브인 경우에는 구동부의 기호 M 대신에 S를 사용한다.
	전동 3방향 밸브 또는 전자 3방향 밸브	또는	
	전동 4방향 밸브 또는 전자 4방향 밸브	또는	
	실린더식		–
	플로트식		–
조정밸브	일반		–
	증발압력	EPR	–
	흡입압력	SPR	–
	응축압력 또는 정압	CPR	–
	용량	CTR	–
	유압	OPR	–

밸브의 종류		그림기호	비고
조정밸브	제수 밸브 (압력식)	WTR	–
	제수 밸브 (온도식)	WTR	–

10) 콕의 표시방법

콕은 다음 표의 그림기호를 사용여 표시한다.

콕의 종류	그림기호	비고
콕		–
3방향 콕	또는	–
4방향 콕		–

11) 공조냉동 배관 부속품의 표시방법

배관 부속품은 다음 표의 그림기호를 사용하여 표시한다.

▼ 배관 부속품의 표시방법

부속품의 종류	그림기호	비고
스트레이너	또는 S	–
드라이어	또는 D	–
필터 드라이어	또는	–
사이트 글래스		–
스프레이		–

12) 냉동기계 압축기의 표시방법

압축기는 다음 표의 그림기호를 사용하여 표시한다.

▼ 압축기의 표시방법

압축기의 종류	그림기호	비고
일반		필요에 따라 종류를 명기한다.
밀폐형 일반		–
로터리형		–
스크루형 또는 원심형		–
왕복동형	또는	–

13) 열교환기의 표기방법

열교환기는 다음 그림의 그림 기호를 사용하여 표시한다.

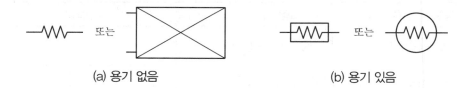

(a) 용기 없음　　　　　　　　　　　(b) 용기 있음

14) 계기의 표시방법

계기는 다음 표의 그림기호를 사용하여 표시한다. 다만, 종류, 기능 등을 상세히 표시할 필요가 있는 경우에는 여기에 따르지 않아도 좋다.

▼ 계기의 표시방법

계기의 종류		그림기호	비고
계기	일반	○	–
	현장부착	○	현장부착과 패널부착을 구별할 필요가 없을 경우에는 모두 현장부착의 그림기호를 사용한다.
	패널부착	⊖	
압력계		ⓟ	–
온도계		ⓣ	–
유량계		—ⓕ—	–
액면계		ⓛⓖ	–

15) 파열판 및 용기마개의 표시방법(안정장치)

‖ 판열판 ‖   ‖ 용기마개 ‖

16) 공기조화 냉동부속기기의 표시방법

부속기기는 다음 표의 그림기호를 사용하여 표시한다. 다만, 종류를 명시할 필요가 있을 경우에는 그 명칭을 부기한다.

▼ 부속기기의 표시방법

부속기기의 종류	그림기호	비고
펌프	▷	–
송풍기	◖ 또는 ✕	–

···**05** 배관 공작

1 배관공구와 기계

1) 강관공작용 나사 접합용 공구

관의 절단과 나사 절삭 및 관의 조립 시 관을 고정시키는 공구를 의미하며, 파이프 바이스의 크기는 고정이 가능한 관경의 치수로 나타낸다.

① 파이프 바이스(Pipe Vise)
　　㉠ 관의 절단이나 나사를 낼 때 관을 움직이지 않도록 고정하는 기구
　　㉡ 크기는 관을 고정할 수 있는 관의 지름으로 표시
　　㉢ 대구경 관에는 체인을 이용한 체인바이스를 사용하며 관의 구부림 작업에는 기계바이스를 사용한다.

▼ 파이프 바이스

호칭치수	호칭번호	파이프치수	사용범위(인치)
50	#0	6~50A	$\frac{1}{8} \sim 2$
80	#1	6~65A	$\frac{1}{8} \sim 3\frac{1}{2}$
105	#2	6~90A	$\frac{1}{8} \sim 3\frac{1}{2}$
130	#3	6~115A	$\frac{1}{8} \sim 4\frac{1}{2}$
170	#4	15~150A	$\frac{1}{2} \sim 6$

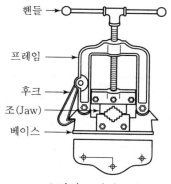

핸들

프레임

후크

조(Jaw)

베이스

❙ 파이프 바이스의 구조 ❙

② 파이프 커터(Pipe Cutter)

㉠ 관을 필요한 길이대로 절단하는 데 사용한다.

㉡ 1개의 날에 2개의 롤러날이 있는 것과, 3개의 날이 있는 것의 2종류가 있다.

㉢ 커터의 크기는 관을 절단할 수 있는 관경으로 표시한다.

▼ 날수에 대한 호칭번호와 파이프 치수

1개 날		3개 날	
호칭번호	파이프 치수	호칭번호	파이프 치수
1	6~32A	–	–
2	6~50A	2	15~50A
3	25~75A	3	32~75A
–	–	4	65~100A
–	–	5	100~150A

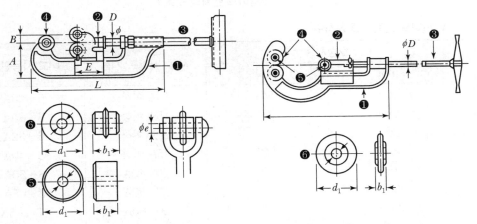

‖1개 날 파이프 커터의 구조‖　　‖3개 날 파이프 커터의 구조‖

③ 파이프 렌치(Pipe Wrench)

㉠ 관이음에서 나사 맞춤을 할 때 또는 관 자체를 회전시킬 때 사용하는 공구이다.

㉡ 종류로는 체인 파이프 렌치와 조정체인 파이프 렌치가 있다.

㉢ 200mm 이상, 즉 8″(inch) 이상의 관에는 체인 파이프 렌치를 사용한다.

㉣ 크기는 사용할 수 있는 최대의 관을 물었을 때의 전장으로 표시하며 호칭치수도 표시한다.

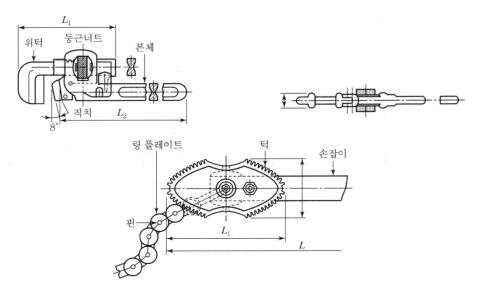

┃ 파이프 렌치의 구조 ┃

▼ 파이프 렌치의 호칭치수

호칭치수		사용 파이프 지름	비고(사용관경)
mm	통칭		
200	8″	15A 이하	6~20A
250	10″	15A 이하	6~25A
300	12″	20A 이하	6~32A
350	14″	25A 이하	8~40A
450	18″	20~40A	8~50A
600	24″	32~50A	8~65A
900	36″	50~80A	15~95A
1,200	48″	65~100A	25~125A

2) 관 벤딩(Bending)용 기계

① 램식(Ram Type) 벤더

램의 작동에 의해 관을 굽히며, 주로 공장용으로 큰 관지름의 관을 대량으로 벤딩 가공할 때
사용한다(수동유압식은 50A, 모터 이용 동력식은 100A 이하).

② 로터리식(Rotary Type) 벤더

㉠ 공장 등에 설치하여 동일 치수의 모양을 다량으로 구부리는 데 편리하다.

㉡ 가스관과 압력관을 관의 호칭지름 100A까지 구부릴 수 있다(두께에 관계없이 강관, 스테
인리스 강관, 동관 벤딩용).

㉢ 관의 구부림 반경은 관경의 2.5배 이상이어야 한다.

③ 유압식(Fluid Type) 파이프 벤더

관의 호칭지름 200A까지 상온 가공이 가능한 동력식과, 100A까지 사용되는 수동식이 있다.

참고

1. 쇠톱(Hack Saw)

관과 둥근 환봉 등의 절단용 공구로 피팅홀(Fiting Bole)의 간격에 따라 200mm, 250mm, 300mm의 종류가 있다. 톱날의 나사산수는 재질에 따라 알맞은 것을 선택한다.

2. 파이프 리머(Pipe Reamer)

관의 절단 후 관 단면의 안쪽에 생기는 거스러미(Burk)를 제거하는 공구이다.

▼ 재질별 톱날의 산수

인치당 톱날의 산수	사용이 가능한 재질
14	동합금, 주철, 경합금
18	경강, 동, 납, 탄소강
24	강관, 합금강, 형강
32	박관, 구도용 강관, 소경합금강

3) 동관용 공구

① 토치 램프(Torch Lamp)
  ㉠ 납땜, 동관접합, 벤딩 등의 작업을 하기 위해 국부 가열용으로 사용하는 공구
  ㉡ 가솔린과 석유용이 있음

② 사이징 툴(Sizing Tool) : 동관의 끝을 정확하게 원형으로 가공하는 공구

③ 튜브벤더(Tube Bender) : 동관 굽힘용 공구

④ 익스펜더(Expander) : 동관의 확관용 공구

⑤ 튜브커터(Pipe Cutter) : 동관 절단용 공구

⑥ 플레어링 툴 세트(Flaring Tool Set) : 동관의 압축 접합용 공구(나팔관 확관기)

⑦ 티 뽑기(Extractors) : 직관에서 분기관 성형 시 사용하는 공구

4) 연관용 공구

① 연관톱(Plumber Saw) : 연관 절단 공구(일반 쇠톱으로도 가능)

② 봄볼(Bome Ball) : 주관에 구멍을 뚫을 때 사용하는 공구

③ 드레서(Dresser) : 연관 표면의 산화 피막을 제거하는 공구

④ 벤드벤(Bend Ben) : 연관의 굽힘 작업에 사용하는 공구

⑤ 턴핀(Turn Pin) : 관 끝을 접합하기 쉽게 관끝 부분에 끼우고 마아레트로 정형한다.

⑥ **토치램프(Torch Lamp)** : 연관, 즉 납관의 땜에 사용, 배관의 국부 가열용, 연료는 휘발유, 등유를 사용

⑦ **말렛(Mallet)** : 턴핀을 때려 박거나 접합부 주위를 오므리는 데 사용하는 나무

> **참고** 합성수지관 접합용 공구
> - **가열기(Heater)** : 토치램프에 가열기를 부착하여 경질염화비닐관 폴리에틸렌관 등을 이음하기 위해 가열한다.
> - **열풍용접기(Hor Jet)** : 경질염화바닐관의 접합 및 수리를 위한 용접 시 사용한다.
> - **커터(Cutter)** : 경질염화비닐관 전용 공구로, 관을 절단할 때 사용한다.

5) 주철관용 공구

① **라인형 파이프 커터(Line Type Pipe Cutter)** : 주철관 절단 공구이다. 75~150A용은 8개의 날, 75~200A용은 10개의 날로 구성된다.

② **납 용해용 공구** : 냄비, 파이어포트, 납물용 국자, 산화납 제거기

③ **클립(Clip)** : 소켓 접합 시 납물의 비산을 방지하기 위해 사용한다.

④ **코킹정(Chisels)** : 코킹을 하기 위해 사용한다. 소켓 접합 시 얀(Yarn)을 박아 넣거나 다지는 공구이다. 1~7번 세트가 있고 얇은 것부터 순차적으로 사용한다.

2 관의 절단 및 절삭

1) 절단용 공구

① **기계톱(Hack Sawing Machine)** : 활 모양의 프레임에 톱날을 끼워서 크랭크 작용에 의한 왕복절삭운동과 이송운동으로 재료를 절단한다.

② **고속 숫돌 절단기(Abrasive Cut off Machine)** : 두께가 0.5~3mm 정도의 얇은 연삭 원판을 고속회전시켜 재료를 절단하는 기계이다. 절단 가능한 것은 100mm까지이고 연삭 절단기의 회전수는 약 200~300rev/min이다.

③ **띠톱기계** : 모터에 장치된 원동 폴리를 종동 폴리와의 둘레에 띠톱날을 회전시켜 재료를 절단한다.

④ **가스절단기** : 산소-아세틸렌 또는 산소-프로판 가스의 불꽃을 이용하여 절단 토치로 절단부를 미리 예열한 다음 여기에 산소를 불어넣어 절단하는 방법이다.

⑤ **강관 절단기** : 강관의 절단만을 하는 기계로서, 선반과 같이 강관을 회전시켜 바이트로 절단한다.

2) 나사 절삭기

① 수동형

㉠ 오스터형 : 관 끝에 나사를 낼 때 사용하는 공구로 4개의 체이서(Chaser, 다이스)가 한 조로 이루어져 있으며 3개의 조(가이드)로 관을 지지하고 있다.

▼ 사용 관경

호칭번호	관경
102(112R)	3A~32A
104(114R)	15A~50A
105(115R)	40A~80A
107(117T)	65A~100A

㉡ 리드형
- 관에 나사를 낼 때 사용되며 체이서는 2개가 1조로 되어 있으며 4개의 조(가이드)에 의해 관의 중심을 지지하므로 나사를 곱게 낼 수가 있다.
- 소형이므로 좁은 공간에서도 작업이 가능하다.

② 동력형(Pipe Machine) : 동력을 이용한 나사 절삭기로 작업 능률이 높다.

㉠ 오스터(Oster)형 동력 나사 절삭기 : 수동의 오스터형 또는 리드형 나사 절삭기를 이용한 동력용으로 주로 50A 이하의 관에 사용한다.

㉡ 호브(Hob)형 동력 나사 절삭기 : 호브를 이용한 나사 절삭전용 기계로 관지름 50A 이하, 65~150A, 80~200A의 3종류가 있다(호브는 100~180rpm의 저속회전).

㉢ 다이헤드(Die Head)형 동력나사 절삭기 : 관용 나사의 치형을 가진 체이서 4개가 1조로 되어 있으며 관의 절단에서 절삭까지 할 수가 있다(관의 절단, 나사 절삭, 거스러미 제거).

㉣ 만능나사 절삭기 : 직관은 물론 곡관, 니플의 나사내기 및 절단에 사용하는 전용기계이다.

3) 기계톱(Hack Sawing Machine)

관 또는 환봉을 절단하는 기계이다.

4) 고속숫돌절단기(Abrasive Cut off Machine)

두께 0.5~3mm 정도의 얇은 연삭원판을 고속회전시켜 재료를 절단한다. 연삭숫돌은 알런덤(Alundum), 카보런덤(Carborundum) 등의 입자를 소결한 것이고 절단이 가능한 관의 지름은 10mm까지이다.

③ 관 구부리기(벤딩)

1) 강관용 벤딩(수동식 벤딩)

① 냉간 벤딩 : 수동 롤러나 수동 벤더에 의한 상온 벤딩

② 열간 벤딩 : 800~900℃ 정도로 가열하여 굽힌다.

> **참고 수동식 벤딩의 작업방법**
>
> • 굽힘 반지름은 지름의 3~4배 정도가 알맞다(저항을 없애려면 지름의 6배 이상 휘어줌)
> • 열간 벤딩 시 주입하는 모래는 입자가 가늘고 잘 건조된 것을 사용한다(습한 모래를 사용할 때는 관 속에 치밀하게 채워지지 않고 가열할 때 관 속에 증기가 발생하여 위험을 초래할 수 있다).
> • R게이지는 R에서 관지름의 1/2을 뺀 후 함석판을 오려 만든다.
> • 가열은 휘는 방향의 반대쪽을 가열해 주고 용접선은 위로 오게 하며 바이스에 물려 휘어나가면서 작업한다.
> ※ 현재는 강관에 수동벤딩을 거의 적용하지 않는다.

2) 동관용 벤딩

① 냉간 굽힘에서 곡률반지름은 지름의 4~5배 정도로 하여 관지름이 20mm 이하인 관을 구부 릴 때는 동관 전용 벤더를 사용한다.

② 열간 굽힘에서 관의 지름이 클 경우 600~700℃ 정도로 가열해서 작업을 한다(두께가 두꺼 운 경우에는 관 내에 모래를 넣어 열간 굽힘한다).

3) 연관의 벤딩

① 지름이 작은 연관은 상온에서 구부릴 수 있지만 일반적으로 토치램프를 사용하여 100℃ 정도 로 가열하여 굽힌다.

② 구부린 후 심봉을 빼고 토치램프로 가열하면서 수정한다.

> **참고 관의 지지장치**
>
> • 행거(Hanger) : 배관 시공상 하중을 위에서 걸어 당겨 지지한다.
> • 서포트(Support) : 배관 시공상 배관 하중을 아래에서 위로 지지하는 지지쇠이다.
> • 리스트레인트(Restraint) : 신축으로 인한 배관의 좌우, 상하 이동을 구속하고 제한하는 목적에 사용한다.
> • 브레이스(Brace) : 펌프류, 압축기 등에서 발생하는 진동, 수력작동, 충격, 지진 등에서 진동현상 등을 제한하는 지지쇠이다.

분류	종류	특징
행거	리지드행거	수직방향에 변위가 없는 곳에 사용한다.
	스프링행거	부하용량 35~14,000kg, 로크핀이 있으며 하중조정은 턴 버클로 한다.
	콘스탄트행거	지정이동거리 범위 내에서 배관의 상하방향의 이동에 하중을 지지한다.
서포트	스프링서포트	상하이동은 자유로우며, 파이프 하중에 따라 스프링 완충작용을 한다.
	롤러서포트	관을 지지하면서 신축을 자유롭게 하며, 롤러가 관을 받친다.
	파이프슈	배관의 벤딩부분과 수평부분에 관으로 영구히 고정시킨다.
	리지드서포트	I형 빔으로 만든 지지대, 정유시설 송수관에 많이 사용한다.
리스트레인트	앵커	일종의 리지드서포트로, 이동 및 회전 방지용으로 사용한다.
	스톱	일정한 방향의 이동과 관이 회전하는 것을 구속, 나머지 방향은 자유롭다.
	가이드	파이프랙 위의 배관의 벤딩부와 신축이음 부분에 설치한다.
브레이스	방진기	진동 방지용(스프링식, 유압식)
	완충기	충격 완화용(스프링식)
		충격 완화용(유압식)

4) 강관의 관의 길이 산출

① 파이프의 실제 길이

㉠ 배관에서 모든 치수는 관의 중심에서 중심까지를 mm로 나타낸다.

㉡ 정확한 치수를 내기 위해서는 부속의 중심에서 단면까지의 중심길이와 파이프의 유효나사길이 또는 삽입길이를 정확히 알고 있어야 한다.

㉢ 파이프의 실제 길이

$$l = L - 2(A - a)$$

여기서, l : 파이프의 실제 길이

L : 전체 길이

A : 부속의 중심길이

a : 삽입길이

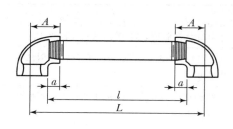

‖ 관의 길이 산출 ‖

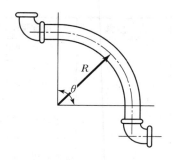

‖ 곡관부의 길이 산출 ‖

㉣ 관 길이 산출의 예

▼ 나사의 유효길이 및 삽입길이

호칭지름	유효나사 길이	삽입길이
15A(1/2)	15mm	11mm
20A(3/4)	17mm	13mm
25A(1)	19mm	15mm
32A	21mm	17mm
40A	23mm	19mm

▼ 부속의 중심길이

부속 호칭	90° 엘보	티(T)	45° 엘보	유니언
1/2(15A)	27	27	21	21
3/4(20A)	32	32	25	25
1(25A)	38	38	29	29

② 곡관부의 길이 산출

$$l = 2\pi R \times \frac{\theta}{360} = \pi D \times \frac{\theta}{360}$$

여기서, R : 곡률의 반지름, θ : 각도, D : 지름

③ 빗변의 길이 산출(45°)

$$l = \sqrt{l_1{}^2 + l_2{}^2} = l_2 \times 1.414$$

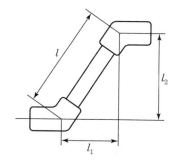

4 냉매 배관 시공

1) 흡입가스 배관

① 흡입관의 지름

　㉠ 냉매가스 중 용해되어 있는 오일이 확실하게 운반될 수 있을 정도의 속도(수평관 : 3.5m/s 이상, 수직관 : 6m/s 이상)가 확보될 것

　㉡ 과도한 압력손실 및 소음이 나지 않을 정도의 속도로 억제할 것

　㉢ 흡입관에 의하여 생기는 총 마찰손실압력이 흡입온도로 1℃의 강하에 상당하는 압력을 넘지 않도록 할 것

② 흡입관의 시공상 주의사항

　㉠ 운전 중, 최대·최소부하에 관계없이 소량의 기름이 항상 일정하게 압축기로 반송될 것

　㉡ 두 갈래의 흐름이 합류하는 곳은 T이음을 하지 말고 Y이음을 할 것

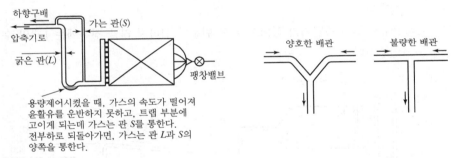

┃2층 수직상승관┃　　　　　　　┃관의 합류┃

　㉢ 압축기가 증발기 아래에 있을 경우, 정지 중에 액회된 냉매가 압축기에 떨어지지 않도록 시공할 것

　㉣ 흡입관의 수직상승길이가 대단히 길 때는 약 10m마다 중간 트랩(Trap)을 설치할 것(유회수를 쉽게 하기 위해)

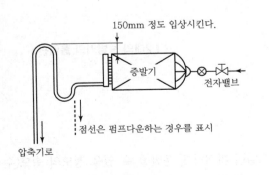

┃증발기 출구의 입상┃

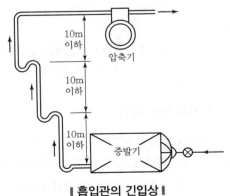

┃흡입관의 긴입상┃

ⓜ 각 증발기에서 흡입주관으로 늘어가는 관은 반드시 주관의 위로 접속할 것(액냉매나, 오 일이 흘러 내리는 것을 방지하기 위해)

ⓗ 압축기의 입구 근처에는 트랩을 설치하지 말 것(재가동 시 액압축 방지)

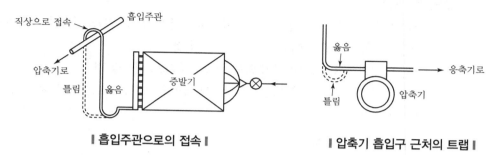

‖ 흡입주관으로의 접속 ‖　　　　　　　**‖ 압축기 흡입구 근처의 트랩 ‖**

ⓐ 2대 이상의 증발기가 서로 다른 수준으로 되어 있고, 압축기가 증발기 아래에 있을 경우 흡입관은 작은 트립을 만들어 증발기 윗부분보다 150mm 이상까지 올린 다음 압축기로 향한다.

ⓞ 2대 이상의 증발기가 있어도 부하 변동이 심하지 않을 경우에는 1개의 수직상승관으로 연결한다.

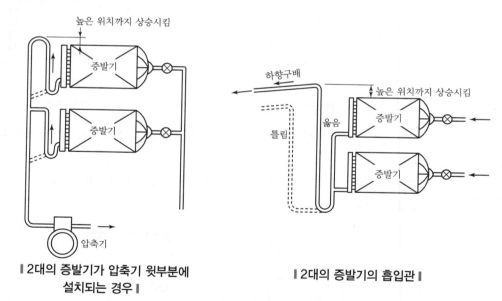

‖ 2대의 증발기가 압축기 윗부분에　　　　**‖ 2대의 증발기의 흡입관 ‖**
설치되는 경우 ‖

2) 토출가스 배관

① 토출관의 지름

ⓐ 냉매가스 중에 용해되어 있는 오일이 확실하게 운반될 수 있을 정도의 속도(수평관 : 3.5m/s 이상, 수직관 : 6m/s 이상)가 확보될 것

ⓛ 관, 관이음 부분, 스톱밸브 등은 배관저항, 누설 등을 고려하여 될 수 있는 한 그 수를 적게 할 것

ⓒ 과도의 압력손실 및 소음이 발생하지 않을 정도로 속도를 억제할 것(일반적으로 20m/s 이하)

ⓔ 토출관에 의하여 생기는 전 마찰손실압력은 0.2kg/cm²를 넘지 않을 것

② **토출관 시공상의 주의사항**

ⓐ 압축기와 응축기가 같은 위치에 있을 경우에는, 일단 수직상승관을 설비한 다음 하향구배한다.

ⓑ 휴지 중 배관 속의 오일이 압축기에 역류하는 것을 방지 하기 위하여, 수직상승 토출관의 아래에 오일트랩을 설치한다(수직상승길이 2.5m 이상의 경우).

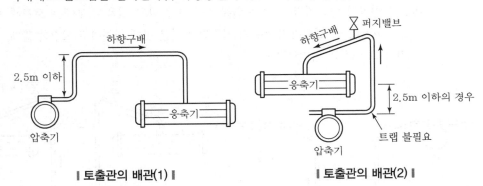

| 토출관의 배관(1) | | 토출관의 배관(2) |

ⓒ 압축기가 응축기보다 아래에 있을 경우 토출관의 수직상승길이가 길어질 때는 약 10m마다 중간트랩을 설치한다(정지 중 압축기로 오일 역류 방지).

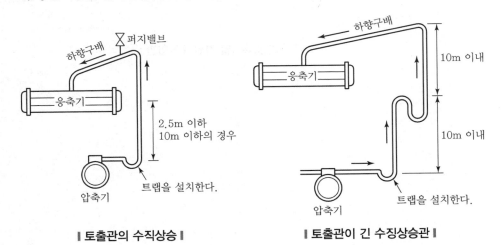

| 토출관의 수직상승 | | 토출관이 긴 수징상승관 |

ⓔ 압축기에 광범위한 용량조절장치가 있을 경우, 수직상승관 속의 유속을 확보하기 위하여 2중 수직상승관을 사용한다.

ⓜ 소음기(消音器)는 수직상승관에 부착하되, 될 수 있는 한 압축기 근처에 부착한다.

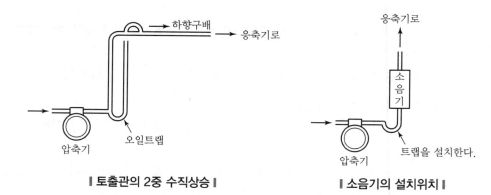

∥ 토출관의 2중 수직상승 ∥　　　　**∥ 소음기의 설치위치 ∥**

ⓑ 2대 이상의 압축기가 각각 독립된 응축기를 갖고 있을 경우에는 토출관 중에 균압관(Equalizer)을 설치하되 응축기 입구의 가까운 곳에 설치하고 될수록 짧게, 토출관과 같거나 그 이상의 굵기로 한다.

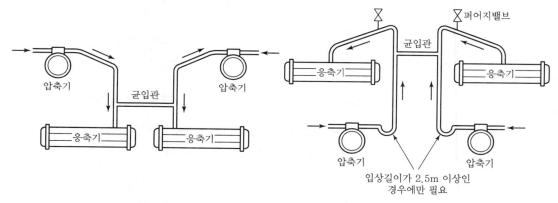

∥ 2대의 압축기일 경우의 균압관 ∥

⑤ 암모니아(NH₃) 프레온 냉매 배관

1) 냉매 배관 시공

① 암모니아 배관

㉠ 암모니아 배관 재료에는 동 및 동합금은 부식하므로 강관을 사용하며 패킹 재료도 암모니아의 녹지 않는 천연고무를 사용한다.

㉡ 흡입관은 하향구배로 하고 U자 트랩을 만들지 말아야 한다.

㉢ 토출관은 응축기를 향하여 하향구배로 하여 정지 중에 응축된 액이 압축기 쪽으로 흐르게 해야 하며, 토출관이 합류하는 경우는 Y형으로 접속하는 것이 좋다.

㉣ 응축기와 수액기 사이의 액관은 응축기의 액이 수액기에 잘 흘러내려 응축기의 응축 효과를 방해하지 않도록 하고, 불응축 가스 존재 시 방출할 수 있도록 배관해야 한다.

※ 횡형 암모니아 응축기와 수액기 사이 균압관이 없을 때는 중력에 의해 액이 흘러내리도록 유속은 30m/min 이하로 하고, 최소직선으로 30cm의 낙차를 주어야 한다.

㉤ 수액기에서 증발기까지 액관은 암모니아가 오일과의 용해성이 적고, 암모니아보다 오일이 무거워 배관이 처지거나 U자 트랩 등에 오일이 고여 액의 흐름을 저해하므로, 트랩부에 오일 드레인 밸브를 설치, 배유시켜야 한다.

㉥ 워터재킷(Water Jacket)의 배관 : 실린더를 냉각하기 위하여 실린더 또는 헤드부에 냉각수 통로를 만들어 보통 분당 1.4L 정도의 냉각수를 냉동톤당 순환시켜야 한다. 압축기 흡입가스 온도가 0℃ 이상일 경우는 워터재킷을 수동 또는 전자밸브를 사용하여 물의 순환량을 조절한다. 압축기 흡입가스 온도가 저온인 0℃ 이하의 경우, 압축기 정지 중 물이 얼 가능성이 있기 때문에 다음 그림과 같이 배관하여 냉각수 입구 전자밸브가 압축기 기동 시 열리고 드레인 전자밸브는 닫혀 냉각수가 순환하다 압축기가 정지하면 입구 전자밸브는 닫히고 드레인 전자밸브가 열려 물이 드레인되는데, 냉각수가 드레인될 때 체크밸브를 통해 공기가 들어가 워터재킷 내의 물을 드레인시킨다.

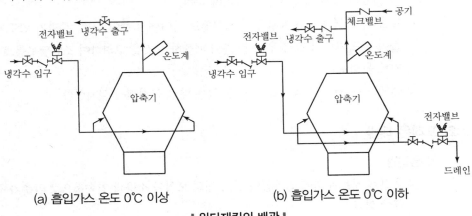

(a) 흡입가스 온도 0℃ 이상   (b) 흡입가스 온도 0℃ 이하

‖ 워터재킷의 배관 ‖

② 액순환 펌프의 배관

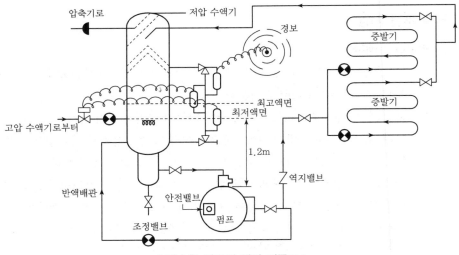

‖ 액순환 펌프의 배관 계통도 ‖

㉠ 펌프의 안전밸브는 토출밸브을 열지 않고 운전할 경우 위험을 방지하기 위해서 설치한다.

㉡ 증발기에서 저압 수액기 사이의 배관은 압력손실을 적게 하고 트랩부 등을 설치하지 않는다.

㉢ 최저액면 위치에서 펌프의 흡입구를 1.2m 이상 낮게 설치하여 펌프 흡입구의 저항, 밸브 저항 등을 보상한다.

㉣ 저압 수액기 내에서 냉매액의 흡입구는 액면에서 300mm 이상 낮게 하여 저압 수액기에서 배관에 들어올 때의 저항을 보상한다.

㉤ 펌프 흡입관 내 유속은 암모니아인 경우 1m/s 이하이다.

㉥ 펌프의 토출배관에는 펌프와 될 수 있는 대로 가까운 곳에 체크밸브를 붙여 정전 등으로 펌프가 정지되었을 때 증발기에서 액이 역류하는 것을 방지해야 한다. 특히, 하방 공급방식 증발기 사용 시에는 필히 붙여야 한다.

㉦ 토출 측 반액 배관은 토출구와 체크밸브 사이에서 해야 하며, 증발기 입구에 전자밸브를 붙여 온도 제어를 할 경우 토출 측이 폐쇄하는 것을 고려하여 조압밸브를 붙여 저압 수액기로 돌려보낸다.

㉧ 액 펌프는 저압 수액기에서 될 수 있는 대로 근접해서 설치한다.

2) 프레온 배관

① 흡입관

㉠ 운전 중에는 부하에 관계없이 장치 내의 오일이 소량씩 연속적으로 압축기에 회수되도록 해야 한다.

ⓛ 압축기 가까이에 트랩을 설치하면 액이나 오일이 고여 액해머나 오일해머의 우려가 있으므로 피해야 한다.

ⓒ 흡입관의 입상이 긴 경우 약 10m마다 입상관 도중에 트랩을 설치하여 입상관 내를 올라가는 윤활유가 증발기에 돌아가지 않게 해야 한다.

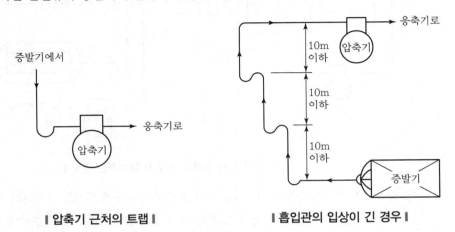

| 압축기 근처의 트랩 | | 흡입관의 입상이 긴 경우 |

ⓔ 증발기와 압축기가 같은 위치인 경우가 가장 일반적으로 설치되는 방법으로, 흡입관을 증발기 높이보다 150mm 이상 입상시켜 증발기의 냉매 증발을 균등하게 하고 정지 중 증발기 냉매가 압축기로 넘어가지 않게 한다.

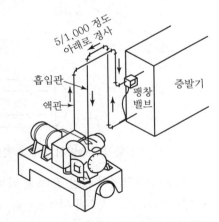

| 증발기와 압축기가 같은 위치인 경우 |

ⓜ 압축기가 증발기 하부에 위치하는 경우, 흡입 가스 배관에 역루프를 설치하여 증발기 상부보다 150mm 이상 입상시켜 정지 중 증발기의 액 냉매가 낙차에 의하여 압축기로 흡입되어 재가동식 오일 포밍(Oil Foaming) 현상이 일어나는 것을 방지하고, 증발기 한 대가 정지 중일 경우 정지 중인 증발기에 액 냉매나 오일이 고이는 것을 방지한다.

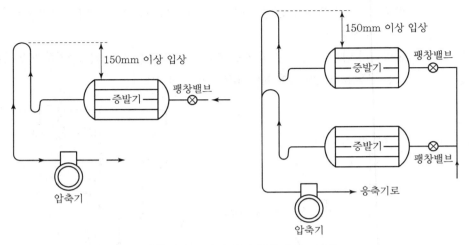

┃ 압축기가 증발기 하부에 위치하는 경우 ┃

ⓗ 압축기가 증발기 상부에 위치하는 경우는 증발기 출구에 트랩을 설치하여 오일이 다소 고
이게 하는 편이 오일 회수가 용이하며, 여러 대의 증발기에서 흡입 주관에 연결되는 경우
는 주관의 위쪽에 접속하여 주관 내의 오일이 무부하 상태일 때 증발기로 돌아가는 것을
방지해야 한다.

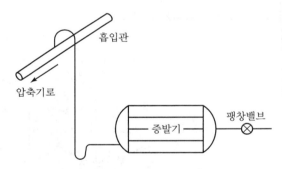

┃ 압축기가 증발기 상부에 위치하는 경우 ┃

ⓐ 이중 입상관 : 프레온 냉동장치의 흡입 및 토출 입상 배관에서 냉매 유속이 늦어지면 오
일이 올라갈 수 없게 되어 오일 회수가 어려워진다. 특히, 부하경감장치가 설치되어 있는
경우 부하경감장치가 작동하면 냉매 유속이 감소하여 오일 회수가 어려우므로 이중 입상
관을 설치한다.

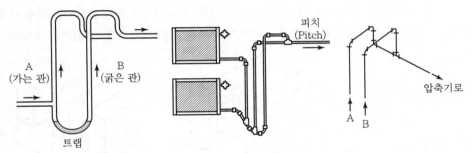

| 이중 입상관 | | 이중 입상관의 설치와 트랩부 | | 흡입 주관의 연결 |

가는 관(A)과 굵은 관(B)의 이중 관을 설치하여 굵은 관 입구에 트랩을 설치하여, 최소부하 시에는 오일이 트랩에 고여 굵은 관을 막아 A관으로만 가스가 통과하여 오일을 회수하고, 최대부하(전부하) 시에는 A, B 두 관을 통해 가스가 통과하면서 오일을 회수한다. 트랩부는 되도록 적게 하여 압축기 유면 변동을 억제해야 한다.

참고 입상관

관이 수직으로 서있고 냉매는 밑에서 흐르도록 되어 있는 관으로, 이와 같은 관에서는 오일이 압축기로 회수되도록 해야 하는데, 이를 위해서는 흡입가스 온도, 흡입가스 속도, 관의 내경 등에 신경을 써야 한다.

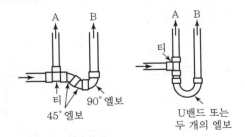

| 트랩의 세부도 |

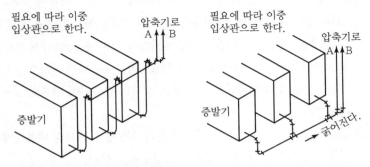

| 여러 대의 증발기가 같은 위치에 있고 압축기가 위에 설치되는 경우 |

◎ 여러 대의 증발기가 같은 위치에 있고, 압축기가 아래에 설치되는 경우 각 증발기로부터의 흡입관은 공통 흡입관 위에까지 루프를 사용하고, 공통 흡입관은 증발기 위로 설치한다.

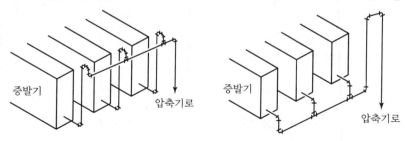

‖ 여러 대의 증발기가 같은 위치에 있고 압축기가 아래에 설치되는 경우 ‖

② 토출관

㉠ 경부하로 운전될 경우 배관 내에 오일이 고이지 않게 하고 여러 대의 압축기를 병렬 운전할 때는 가스의 충돌로 진동이 없게 해야 하며, 압축기 정지 중에도 응축된 냉매액이 압축기 쪽으로 역류하지 않게 배관에 신경을 써야 한다.

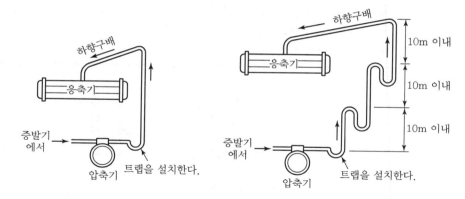

‖ 토출배관의 입상 ‖

㉡ 토출관의 입상이 2.5m 이상, 10m 이하로 길어지는 경우에는 배관 중의 오일이 압축기로 역류하는 것을 방지하기 위해 입상이 시작되는 곳에 트랩을 설치하고, 10m 이상 길어지는 경우는 10m마다 중간트랩을 설치하여 정지 중 오일이 역류하는 것을 방지해야 한다.

㉢ 토출관의 합류는 T이음으로 하지 말고 Y이음으로 하여 가스의 충돌과 맥동(Impulse)을 방지하고, 한 대의 압축기가 정지해도 정지된 압축기에 냉매와 오일이 유입하는 것을 방지해야 한다.

㉣ 압축기와 응축기가 같은 위치에서 설치되는 경우 비교적 대용량에서는 압축기에서 2.5m 이하로 입상시켜 응축기 쪽으로 하향구배로 한다.

㉤ 2대의 압축기 위에 2대의 응축기가 설치되는 경우에는 응축기 가까운 부분에 토출관의 크기나 그보다 굵은 균압관을 되도록 짧게 설치하는 것이 좋다.

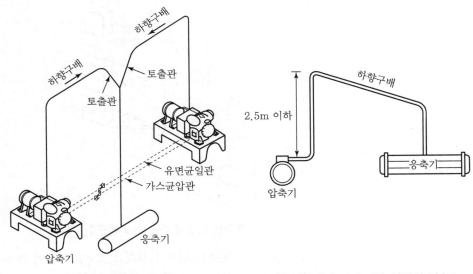

┃ 토출관의 합류(Y이음) ┃   ┃ 압축기와 응축기가 같은 위치인 경우 ┃

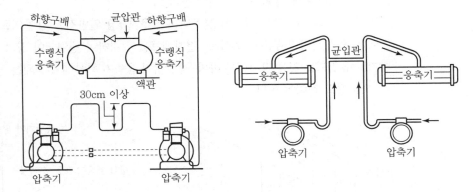

┃ 토출관의 균압관 설치 ┃

③ 냉매 액관

　㉠ 액관에서는 플래시 가스 발생을 방지하는 것이 중요한 문제이므로, 드라이어 밸브, 여과
　　망 등의 설치 시 과도한 압력 강하가 없도록 하고, 열교환기 등을 설치하여 액냉매를 충분
　　히 과냉각시켜야 하며, 2대 이상의 증발기가 있을 때는 냉매 분배를 균등하게 배관해야
　　한다.

　㉡ 액관의 입상이 길어지면 관내 압력 강하가 커져 플래시 가스가 발생하므로 액관 및 밸브
　　부속품의 구경을 크게 하여 가능한 한 압력 강하를 줄여야 하며, R-12일 경우 5m,
　　R-22일 경우 10m 이상 입상하게 되면 응축기의 위치를 바꾸거나 열교환기, 액펌프, 액
　　관의 방열, 응축온도를 높게 하는 등의 방법으로 플래시 가스를 제거하는 방법을 취해야
　　한다.

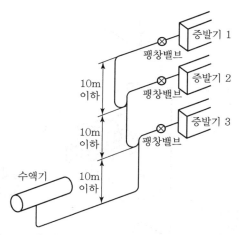

∥ 액관의 플래시 가스 처리 배관 ∥

ⓒ 서로 높이가 같지 않은 증발기가 응축기 위에 설치되고 열교환기 등이 없어 플래시 가스
가 발생하는 경우 각 증발기로 플래시 가스가 분배되도록 해야 한다. 처음 생긴 플래시 가
스는 2번 증발기에 흡입되도록 해야 한다.

ⓓ 증발기와 응축기가 같은 위치에 설치되는 경우, 가장 일반적인 방법으로 액배관을 최저
2~3m 입상시켜 역루프로 만들고, 전자밸브를 설치하여 냉매액이 정지 중에 차가운 증
발기로 유입되는 것을 방지해야 하며, 증발기가 응축기 하부에 설치되는 경우도 역루프를
2~3m 정도 취해야 한다.

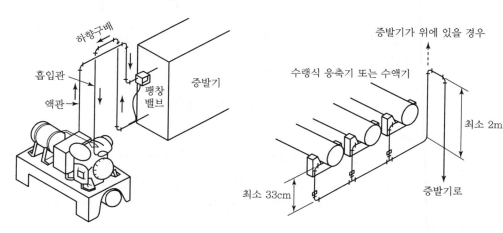

∥ 증발기와 응축기가 같은 위치인 경우 ∥   **∥ 증발기가 응축기 아래 위치인 경우 ∥**

[09장] 출제예상문제

01 배관 내의 유체를 일정한 방향으로 흐르도록 하며, 역류를 방지하고자 하는 목적으로 설치되는 밸브는?

① 게이트밸브(Gate Valve)
② 체크밸브(Check Valve)
③ 콕(Cock)
④ 안전밸브(Relief Valve)

해설
체크밸브는 역류 방지밸브이다. 그 종류는 스윙식, 리프트식, 디스크식이 있다.

02 25A 강관의 관용 나사산 수는 길이 25.4mm에 대하여 몇 산이 표준인가?

① 19산　　　　　② 14산
③ 11산　　　　　④ 8산

해설
25A 강관의 관용 나사산 수는 길이 25.4mm(1인치)에서 11산이다.

03 동관의 가지관 이음에서 본관에는 가지관의 안지름보다 얼마나 큰 구멍을 뚫는가?

① 1~2mm
② 3~5mm
③ 6~7mm
④ 8~9mm

해설
동관의 가지관 이음에서 본관에는 가지관의 안지름보다 1~2mm 더 큰 구멍을 뚫는다.

04 나사식 강관 이음쇠(파이프 조인트)에 대한 다음 설명 중 맞는 것은?

① 소구경(小口徑)이고, 저압의 파이프에 사용한다.
② 관로의 방향을 일정하게 할 때 사용한다.
③ 저압 대구경의 파이프에 사용한다.
④ 파이프의 분기점에는 사용해서는 안 된다.

해설
나사식 강관 이음쇠는 소구경이고 저압의 파이프에 사용한다.

05 다음 그림은 KS 배관 도시기호에서 무엇을 표시하는가?

① 부싱　　　　　② 줄이개
③ 줄임 플랜지　　④ 플러그

06 가스배관 재료의 구비조건에 들지 않는 것은?

① 관 내의 유통이 원활할 것
② 토양이나 지하수에 대하여 충분히 부식성이 있을 것
③ 접합이 쉽고, 유체의 누설이 충분히 방지될 것
④ 절단 가공에 용이하고 가벼울 것

해설
가스배관은 토양이나 지하수에 대하여 내식성이 커야 한다.

07 양털, 쇠털 등의 동물섬유로 만든 유기질 보온재는?

① 석면
② 펠트
③ 양면
④ 규조토

해설

펠트
우모나 양모가 있으며 아스팔트를 가공한 것은 −60℃까지 보냉용으로 사용 가능하며, 곡면 시공에 용이하다.
※ 코르크는 곡면 시공에는 어렵다.

08 파이프 내의 압력이 높아지면 고무링은 더욱 더 파이프 벽에 밀착되어 누설을 방지하는 접합방법은?

① 기계적 접합
② 플랜지 접합
③ 빅토릭 접합
④ 소켓 접합

해설

빅토릭 접합
파이프 내의 압력이 높아지면 고무링은 더욱 더 파이프 벽에 밀착되어서 누설을 방지하는 주철관의 접합이다.

09 동관을 용접이음하려고 한다. 다음 용접법 중 가장 적당한 것은?

① 가스 용접
② 플라스마 용접
③ 테르밋 용접
④ 스폿 용접

해설

동관은 가스 용접이 이상적이다.

10 사용압력 120kg/cm², 허용응력 30kg/mm²인 압력 배관용 탄소강 강관의 스케줄(Schedule) 번호는?

① 30
② 40
③ 100
④ 140

해설

$$Sch = 10 \times \frac{P}{S} = 10 \times \frac{120}{30} = 40$$

11 가스 용접작업의 안전사항에 해당되지 않는 것은?

① 기름 묻은 옷은 인화의 위험이 있으므로 입지 않도록 한다.
② 역화하였을 때에는 산소밸브를 좀 더 연다.
③ 역화의 위험을 방지하기 위하여 역화방지기를 사용하도록 한다.
④ 밸브를 열 때는 용기 앞에서 몸을 피하도록 한다.

해설

가스 용접 시 역화가 발생하면 산소밸브는 차단시킨다.

12 드릴링 작업 후 관통 여부를 조사하는 방법 중 틀린 것은?

① 손가락을 넣어 본다.
② 빛에 비추어 본다.
③ 철사를 넣어 본다.
④ 전등으로 비추어 본다.

해설

드릴링 작업 후 관통 여부 조사방법
㉠ 빛에 비추어 본다.
㉡ 철사를 넣어 본다.
㉢ 전등으로 비추어 본다.

13 관 끝을 막을 때 사용하는 부속은?

① 플러그(Plug)
② 니플(Nipple)
③ 유니언(Union)
④ 벤드(Bend)

해설

플러그나 캡은 관 끝을 막을 때 사용하는 부속이다.

정답 07 ② 08 ③ 09 ① 10 ② 11 ② 12 ① 13 ①

14 다음 중 사용 중에 부서지거나 갈라지지 않아서 진동이 있는 장치의 보온재로서 적합한 것은?

① 석면　　　　　② 암면
③ 규조토　　　　④ 탄산마그네슘

〔해설〕
석면 무기질 보온재는 사용 중에 부서지거나 갈라지지 않아서 진동이 있는 장치의 보온재로서 적합하다.

15 다음은 동관 공작용 작업공구이다. 해당사항이 적은 것은 어느 것인가?

① 토치 램프　　　② 사이징 툴
③ 튜브 벤더　　　④ 봄볼

〔해설〕
봄볼은 연관에 구멍을 내는 공구이다.

16 다음 중 나사이음에 사용되는 장비가 아닌 것은?

① 파이프 바이스　　② 파이프 커터
③ 드레서　　　　　④ 리드형 나사절삭기

〔해설〕
드레서는 연관 표면의 산화물 제거용 공구이다.

17 지름 20mm 이하의 동관을 구부릴 때는 동관 전용 벤더가 사용되는데 최소곡률 반지름은 관지름의 몇 배인가?

① 1~2배　　　　② 2~3배
③ 4~5배　　　　④ 6~7배

〔해설〕
20mm 이하의 동관의 구부림 작업 시에는 최소곡률 반지름이 관지름보다 4~5배 정도 사이즈가 되도록 동관 전용 벤더로 구부린다.

18 다음과 같이 25A×25A×25A의 티에 20A관을 직접 A부에 연결하고자 할 때 필요한 이음쇠는 어느 것인가?

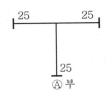

① 유니언　　　　② 니플
③ 이경부싱　　　④ 플러그

〔해설〕

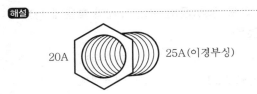

19 다음 강관용 이음쇠 중 관을 도중에서 분기할 때 사용하는 이음쇠는?

① 벤드　　　　　② 엘보
③ 소켓　　　　　④ 와이

〔해설〕
와이(Y)는 강관용 이음쇠 중 관을 도중에 분기할 때 사용된다.

20 용접 강관을 벤딩할 때 구부리고자 하는 관을 바이스에 어떻게 물려야 되는가?

① 용접선을 안쪽으로 향하게 한다.
② 용접선을 바깥쪽으로 향하게 한다.
③ 용접선을 중간에 놓는다.
④ 용접선은 방향에 관계없이 물린다.

〔해설〕
용접 강관을 벤딩(굴곡)할 때에는 구부리고자 하는 관을 용접선의 중간에 놓고 관을 바이스에 물린다.

21 보온재나 보냉재의 단열재는 무엇을 기준으로 구분하는가?

① 사용압력   ② 내화도

③ 열전도율   ④ 안전사용온도

해설

보온재, 보냉재, 단열재, 내화재의 구별기준은 안전사용온도로 한다.

22 비교적 점도(粘度)가 큰 유체 또는 약간의 저항에도 정출(晶出)하는 유체의 흐름에 사용되는 것은?

① 콕   ② 안전밸브

③ 글로브밸브   ④ 앵글밸브

해설

글로브밸브는 비교적 점도가 큰 유체 또는 약간의 저항에도 정출하는 유체의 흐름에 사용된다.

23 관의 직경이 크거나 기계적 강도가 문제될 때 유니언 대용으로 결합하여 쓸 수 있는 것은?

① 이경소켓   ② 플랜지

③ 니플   ④ 부싱

해설

플랜지 이음은 50A 이상이나 관의 직경이 크거나 기계적 강도가 문제될 때 유니언 이음 대용으로 결합한다.

24 2개 이상의 엘보를 사용하여 배관의 신축을 흡수하는 신축이음은?

① 루프형 이음   ② 벨로스형 이음

③ 슬리브형 이음   ④ 스위블형 이음

해설

스위블형 이음은 2개 이상의 엘보를 사용하여 배관의 신축을 흡수하는 신축이음이다.

25 동관접합 중 동관의 끝을 넓혀 압축이음쇠로 접합하는 접합방법을 무엇이라고 표현하는가?

① 플랜지 접합   ② 플레어 접합

③ 플라스턴 접합   ④ 빅토리 접합

해설

플레어 접합은 압축이음이며 동관 접합 중 동관의 끝을 넓혀 압축이음쇠로 접합하는 방법이다.

26 나사식 이음쇠 중 배관을 분기할 때 사용되지 않는 것은?

① 티   ② 크로스

③ 플랜지   ④ 와이

해설

플랜지는 분기용이 아니고 직선이음용이다.

27 동관의 가공에 플레어(Flare) 공구를 사용할 수 있는 것은 관지름이 얼마 이하일 때인가?

① 15mm   ② 20mm

③ 25mm   ④ 32mm

해설

20mm 이하의 동관일 경우 플레어 공구를 사용하여 압축이음(플레어 이음)으로 관을 연결한다.

28 고압배관용 탄소강 강관의 기호는?

① SPLT   ② SPP

③ SGP   ④ SPPH

해설

㉠ SPLT : 저온배관용 탄소강관

㉡ SPP : 일반배관용 탄소강관

㉢ SPPH : 고압배관용 탄소강관

㉣ SPPS : 압력배관용 탄소강관

정답   **21** ④   **22** ③   **23** ②   **24** ④   **25** ②   **26** ③   **27** ②   **28** ④

29 350℃ 정도 이하에서 사용하는 압력배관에 쓰이는 압력배관용 탄소강관의 기호는 무엇인가?

① SPP
② SPPS
③ SPHT
④ SPLT

해설
SPPS
압력배관용 탄소강관(10~100kg/cm²)의 기호로, 350℃ 이하의 배관에 사용된다.

30 쇠톱의 사용법에서 안전관리에 적합하지 않은 것은?

① 초보자는 잘 부러지지 않는 탄력성이 없는 톱날을 쓰는 것이 좋다.
② 날은 가운데 부분만 사용하지 말고 전체를 고루 사용한다.
③ 톱날을 틀에 끼운 후 두세 번 시험하고 다시 한 번 조정한 다음에 사용한다.
④ 톱작업이 끝날 때에는 힘을 알맞게 줄인다.

해설
톱날은 반드시 탄력성이 있어야 절삭성도 양호하다.

31 온도계의 표시방법으로 옳은 것은?

① Ⓢ
② Ⓞ
③ Ⓟ
④ Ⓣ

해설

Ⓣ : 온도계   Ⓟ : 압력계

32 동관작업 시 사용되는 공구와 용도에 관한 다음 설명 중 틀린 것은?

① 플레어링 툴 세트-관을 압축 접합할 때 사용
② 튜브벤더-관을 구부릴 때 사용
③ 익스팬더-관 끝을 오므릴 때 사용
④ 사이징 툴-관을 원형으로 정형할 때 사용

해설
익스팬더는 동관의 확관기이다.

33 다음 보온재의 설명 중 규산칼슘계 보온재의 조건으로 맞는 것은?

① 가연성이며 유해한 연기를 발생하지 않아야 한다.
② 내한성, 내약품성, 내흡수성이 있어야 하고 변질되지 않아야 한다.
③ 중량이며 강도가 있어야 한다.
④ 작업성, 가공성이 좋지 않아도 된다.

해설
규산칼슘 보온재(650℃까지 사용)는 내한성, 내약품성, 내흡수성이 있어야 하고, 변질되지 않아야 한다.

34 관 이음의 도시기호에서 용접이음 기호는?

① ───●───
② ───┼───
③ ───┼┼───
④ ───∈───

35 강관용 공구 중 파이프 커터날의 종류는?

① 1매 날, 2매 날
② 1매 날, 3매 날
③ 2매 날, 4매 날
④ 2매 날, 3매 날

해설
강관용 파이프 커터날은 1매 날, 3매 날이 있다.

36 안산암, 현무암 등에 석회석을 섞어 용해하여 만든 무기질 단열재로서 400℃ 이하의 파이프, 덕트, 탱크 등의 보온재로 사용되는 것은?

① 탄산마그네슘

② 규조토

③ 석면

④ 암면

해설

암면(안산암 + 현무암 + 석회석)

무기질 단열재이며 400℃ 이하의 파이프, 덕트, 탱크 등의 보온재이다.

37 다음 중 공구별 역할을 바르게 나타낸 것은?

① 펀치 : 목재나 금속을 자르거나 다듬는다.

② 니퍼 : 금속편을 물려서 잡고 구부리고 당긴다.

③ 스패너 : 볼트나 너트를 조이고 푸는 데 사용한다.

④ 소켓렌치 : 금속이나 개스킷류 등에 구멍을 뚫는다.

해설

① 펀치 : 단단한 표면을 통해 구멍을 뚫는 데 사용한다.

② 니퍼 : 전선의 피복을 벗기거나 선재를 절단한다.

④ 소켓렌치 : 주로 육각 볼트와 너트를 풀거나 조일 때 사용한다.

38 다음 중 동파이프에 대한 설명으로 틀린 것은?

① 가공이 쉽고 얼어도 다른 금속보다 파열이 쉽게 되지 않는다.

② 내식성이 좋으며 수명이 길다.

③ 연관이나 철관보다 운반이 쉽다.

④ 마찰저항이 크다.

해설

동파이프는 마찰저항이 작다.

39 열전도가 좋아 급유관이나 냉각, 가열관으로 사용되나 고온에서 강도가 떨어지는 파이프는?

① 강관

② 플라스틱관

③ 주철관

④ 동관

해설

동관은 고온에서 강도가 저하된다.

40 배관의 부식 방지를 위해 사용되는 도료가 아닌 것은?

① 광명단

② 알루미늄

③ 산화철

④ 석면

해설

석면은 무기질 보온재이다.

41 일반 접합의 티(Tee)를 나타낸 것은?

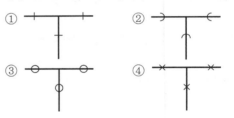

해설

① 일반 나사접합

② 턱걸이 이음

③ 납땜 접합

④ 용접 접합

42 유체의 저항이 적어서 대형 배관용으로 사용되는 밸브는?

① 글로브밸브

② 슬루스밸브

③ 체크밸브

④ 안전밸브

해설

슬루스밸브는 유체의 저항이 적어서 대형 배관용으로 사용된다.

43 관접합부의 수밀, 기밀 유지와 기계적 성질 향상, 작업공정 감소의 효과를 얻을 수 있는 접합법은?

① 용접접합
② 플랜지접합
③ 리벳접합
④ 소켓접합

해설
용접접합은 관접합부의 수밀, 기밀 유지와 기계적 성질 향상 작업공정의 감소효과를 가져올 수 있다.

44 다음 나사 패킹제 중 냉매 배관에 많이 사용하며 빨리 굳어 페인트에 조금씩 섞어서 사용하는 것은?

① 광명단(Supper Heat)
② 액상 합성수지
③ 페인트
④ 일산화연

해설
일산화연은 나사 패킹으로 냉매 배관용으로 사용되며, 빨리 굳어 페인트에 조금씩 섞어서 사용한다.

45 다음 그림이 나타내는 관의 결합방식으로 적당한 것은?

① 용접식   ② 플랜지식
③ 소켓식   ④ 유니언식

해설
소켓식(턱걸이 이음)의 결합방식 기호이다.

46 소구경 강관을 조립할 때 또는 막혔을 때 쉽게 수리하기 위하여 사용하는 연결부속은 어느 것인가?

① 니플
② 유니언
③ 캡
④ 엘보

해설
㉠ 소구경용 : 유니언
㉡ 대구경 : 플랜지

47 보기와 같은 냉동기의 냉매 배관도에서 고압액 냉매 배관은 어느 부분인가?

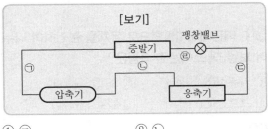

① ㉠   ② ㉡
③ ㉢   ④ ㉣

해설
고압액 냉매 배관은 응축기 이후가 되므로 ㉢이 된다.

48 사용압력이 $10kg/cm^2$의 비교적 낮은 증기, 물, 기름, 가스 및 공기배관용에 사용하며 아크 용접에 의해 제조된 관은?

① 배관용 아크 용접 탄소강관
② 고압 배관용 탄소강관
③ 아크 스테인리스 강관
④ 배관용 합금강관

해설

SPRY(배관용 아크 용접 탄소강관)은 사용압력이 비교적 낮은 증기, 물, 기름, 가스 및 공기배관에서 10kg/cm² 이하용으로 사용된다.

49 다음은 동관에 관한 설명이다. 틀린 것은?

① 전기 및 열전도율이 좋다.

② 가볍고 가공이 용이하며 동파되지 않는다.

③ 산성에는 내식성이 강하고 알칼리성에는 심하게 침식된다.

④ 전연성이 풍부하고 마찰저항이 작다.

해설

동관은 산성에는 침식되나 알칼리에는 침식되지 않는다.

50 배관에서 3방향으로 유체를 분기하여 나누어 보낼 때 쓰이는 부속품은?

① 리듀서(Reducer) ② 소켓(Socket)

③ 크로스(Cross) ④ 엘보(Elbow)

해설

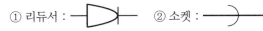

① 리듀서 :   ② 소켓 :

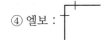

③ 크로스 :   ④ 엘보 :

51 300A 강관을 B(inch) 호칭으로 지름을 표시하면?

① 2B ② 4B

③ 10B ④ 12B

해설

1인치 = 25.4mm, 300A = 300mm

$$\therefore \frac{300}{25.4} \fallingdotseq 12인치$$

52 강관의 피복재료로 적당하지 않은 것은?

① 규조토 ② 석면

③ 기포성 수지 ④ 광명단

해설

광명단은 페인트 밑칠용으로 사용한다.

53 무기질 보온재로서 원통상으로 가공하며 400℃ 이하의 파이프, 덕트, 탱크 등의 보온·보냉용으로 사용하는 것은?

① 규조토 ② 글라스 울

③ 암면 ④ 경질 폴리우레탄 폼

해설

암면 보온재는 400℃ 이하의 파이프, 덕트, 탱크 등의 보온·보냉용이다.

54 배관재료 부식 방지를 위하여 사용하는 도료가 아닌 것은?

① 래커 ② 아스팔트

③ 페인트 ④ 아교

해설

아교는 접착제이다.

55 다음 중 양모나 우모를 사용한 피복재료이며, 아스팔트로 방습피복한 보냉용 또는 곡면의 시공에 사용되는 것은?

① 펠트 ② 코르크

③ 기포성 수지 ④ 암면

해설

펠트

㉠ 양모나 우모를 사용한다.

㉡ 곡면 시공에 사용된다.

㉢ 아스팔트로 방습피복한 경우 −60℃까지 보냉용으로 사용한다.

정답 49 ③ 50 ③ 51 ④ 52 ④ 53 ③ 54 ④ 55 ①

56 다음에서 분해조립이 가능한 배관연결 부속은?

① 부싱, 티 ② 플러그, 캡
③ 소켓, 엘보 ④ 플랜지, 유니언

해설
플랜지(대구경관용), 유니언(소구경관용)은 관의 분해나 조립이 가능한 부속이다.

57 다음 중 강관용 공구가 아닌 것은?

① 파이프 바이스
② 파이프 커터
③ 드레서
④ 동력 나사절삭기

해설
드레서는 연관 표면의 산화물 제거용 공구이다.

58 수평배관을 서로 연결할 때 사용되는 이음쇠는?

① 엘보(Elbow) ② 티(Tee)
③ 유니언(Union) ④ 캡(Cap)

해설
유니언은 수평배관 이음쇠이다.

59 관 속을 흐르는 유체가 가스일 경우 도시기호는?

① —O—⊙ ② —G—⊙
③ —S—⊙ ④ —A—⊙

해설
㉠ O : 오일 ㉡ S : 증기
㉢ W : 물 ㉣ G : 가스
㉤ A : 공기

60 관 절단 후 절단부에 생기는 비트(거스러미)를 제거하는 공구는?

① 클립
② 사이징 툴
③ 파이프 리머
④ 쇠톱

해설
파이프 리머는 거스러미 제거용 공구이다.

61 다음 중 무기질 단열재에 해당되지 않는 것은?

① 펠트 ② 유리면
③ 암면 ④ 규조토

해설
펠트는 유기질 단열재이다.

62 다음 중 나사용 패킹이 아닌 것은?

① 네오프렌 ② 일산화연
③ 액상 합성수지 ④ 페인트

해설
네오프렌
고무 패킹재로서 플랜지 패킹이다.

63 배관에서 지름이 다른 관을 연결하는 데 사용하는 것은?

① 캡 ② 유니언
③ 리듀서 ④ 플러그

해설
리듀서
배관에서 지름이 다른 관을 연결하는 부속이다.

64 다음 유체의 문자기호의 의미가 다른 것은?

① 공기-A
② 가스-G
③ 유류-O
④ 물-S

해설

물 : W, 스팀 : S

65 다음 중 관의 지름이 다를 때 사용하는 이음쇠가 아닌 것은?

① 리듀서
② 부싱
③ 리턴 벤드
④ 편심 이경 소켓

해설

리턴 벤드
동일 관을 연결시키는 이음쇠이다.

66 배관에 설치되어 관 속의 유체에 혼입된 불순물을 제거하는 기기는?

① 트랩
② 체크밸브
③ 스트레이너
④ 안전밸브

해설

스트레이너
여과기로서 U자형, V자형, Y자형의 3가지가 있다.

67 냉매에 따른 배관 재료를 선택할 때 옳지 못한 것은?

① 염화에틸-이음매 없는 알루미늄관
② 프레온-배관용 스테인리스 강관
③ 암모니아-압력배관용 탄소강 강관
④ 암모니아-저온배관용 강관

해설

㉠ 염화메틸 냉매[R-40 : CH_3Cl]
㉡ 프레온 냉매는 알루미늄을 부식시킨다(Mg을 2% 이상 함유한 Al 합금).

㉢ 알루미늄관은 전기기기, 광학기기, 위생기기, 방직기기, 항공기 제작용이다.

68 다음 중 유량조절용으로 가장 적합한 밸브의 도시기호는?

①
②
③
④

해설

유량조절용 밸브 : ─▷◁─ (글로브 밸브)

69 다음의 기호가 표시하는 밸브는?

① 볼밸브
② 글로우밸브
③ 수동밸브
④ 앵글밸브

70 주로 저압증기나 온수배관에서 호칭지름이 작은 분기관에 이용되며, 굴곡부에서 압력강하가 생기는 이음쇠는?

① 슬리브형
② 스위블형
③ 루프형
④ 벨로스형

해설

스위블형 신축조인트
주로 저압증기나 온수배관에 사용하며 작은 분기관에 사용한다.

71 다음 중 나사용 패킹으로 냉매 배관에 주로 많이 쓰이는 것은?

① 고무
② 몰드
③ 일산화연
④ 합성수지

정답 64 ④ 65 ③ 66 ③ 67 ① 68 ② 69 ④ 70 ② 71 ③

해설

나사용 패킹
㉠ 페인트
㉡ 일산화연 : 냉매 배관용
㉢ 액상합성수지

72 다음 보온재 중 안전사용 온도가 가장 높은 것은?

① 세라믹 파이버
② 규산칼슘
③ 규조토
④ 탄산마그네슘

해설

① 세라믹 파이버 : 1,300℃ 이하
② 규산칼슘 : 650℃ 이하
③ 규조토 : 500℃ 이하
④ 탄산마그네슘 : 250℃ 이하

73 다이 헤드형 동력나사 절삭기로 할 수 없는 작업은?

① 파이프 벤딩
② 파이프 절단
③ 나사 절삭
④ 리머 작업

해설

벤딩 작업
램식, 로터리식 등의 벤딩기기로 벤딩이 가능하다.

74 다음 중 구리관 이음용 공구와 관계없는 것은?

① 사이징 툴(Sizing Tool)
② 익스팬더(Expander)
③ 오스터(Oster)
④ 플레어링 공구(Flaring Tool)

해설

오스터는 강관의 나사내기에 사용되는 공구이다.

75 냉동장치의 배관에 있어서 유의할 사항이 아닌 것은?

① 관의 강도가 적합한 규격이어야 한다.
② 냉매의 종류에 따라 관의 재질을 선택해야 한다.
③ 관 내부의 유체 압력손실이 커야 한다.
④ 관의 온도 변화에 의한 신축을 고려해야 한다.

해설

냉동장치의 배관은 관 내부의 유체압력 손실이 적어야 한다.

76 간접가열식 급탕설비의 가열관으로 가장 적당한 것은?

① 알루미늄관
② 강관
③ 주철관
④ 동관

해설

동관은 간접가열식 급탕설비의 가열관으로 이상적이다.

77 배관용 아크 용접 탄소강강관(SPW)에 대한 설명 중 틀린 것은?

① 비교적 사용압력이 낮은 배관에 사용한다.
② 자동 서브머지드 용접으로 제조한다.
③ 가스, 물 등의 유체 수송용이다.
④ 관호칭은 안지름×두께이다.

해설

SPW의 특징
㉠ 비교적 사용압력이 낮은 배관용
㉡ 자동 서브머지드 용접으로 제조
㉢ 가스, 물 등의 유체 수송용
㉣ 관호칭은 내경기준

78 다음 중 전자밸브를 나타낸 것은?

① ② ③ ④

해설
③ 전자밸브(솔레노이드밸브)

79 용접접합을 나사접합에 비교한 것 중 옳지 않은 것은?

① 누수가 적고 보수에 비용이 절약된다.
② 유체의 마찰손실이 많다.
③ 배관상으로 공간 효율이 좋다.
④ 접합부의 강도가 크다.

해설
용접접합은 유체의 마찰손실이 적다.

80 공구와 그 사용법을 바르게 연결한 것은?

① 바이스-암나사 내기
② 그라인더-공작물 연마
③ 리머-공작물을 고정
④ 핸드 탭-구멍의 내면 다듬질

해설
① 바이스 : 숫나사 내기
③ 리머 : 거스러미 제거
④ 핸드 탭 : 암나사 내기

81 교류 아크 용접기에서 감전을 방지하기 위해 전격방지기를 사용하는데 전격방지기는 무엇을 조정하는가?

① 1차 측 전류   ② 2차 측 전류
③ 1차 측 전압   ④ 2차 측 전압

해설
전격 방지기 : 2차 측 전압 조정

82 강관의 이음용 이음쇠 중 벤드의 종류에 해당하지 않는 것은?

① 암수 롱 벤드   ② 45° 롱 벤드
③ 리턴 벤드   ④ 크로스 벤드

해설
T, Y, 크로스는 관의 분기용 벤드이다.

83 가스관의 맞대기 용접을 할 때 유의사항 중 틀린 것은?

① 관 단면을 V형으로 가공한다.
② 관을 지지대에 올려놓고 편심이 되지 않게 고정한다.
③ 관의 중심축을 맞춘 후 3~4개소에 가접을 한다.
④ 가접 후 본용접은 하향용접보다 상향용접을 하는 것이 좋다.

해설
가스관의 맞대기 용접의 경우 하향용점이 상향용접보다 편리하다.

84 매설 주철관 파이프를 절단할 때 가장 많이 사용하는 것은?

① 원판 그라인더
② 링크형 파이프 커터
③ 오스터
④ 체인블록

해설
링크형 파이프 커터 : 200A 이상의 매설 주철관 절단용

85 파이프의 표시법 중 틀린 것은?

① 가스관은 G자로 표시한다.

② 파이프는 하나의 실선으로 표시한다.

③ 수증기 관은 S자로 표시한다.

④ 관을 파단하여 표시하는 경우에는 화살표 방향으로 표시한다.

해설

화살표는 유체의 흐름방향 표시에 사용한다.

86 전동공구의 사용상 안전수칙이 아닌 것은?

① 전기드릴로 아주 작은 물건이나 긴 물건에 작업할 때에는 지그를 사용한다.

② 전기 그라인더나 샌더가 회전하고 있을 때 작업대 위에 공구를 놓아서는 안 된다.

③ 수직 휴대용 연삭기의 숫돌의 노출각도는 90°까지만 허용된다.

④ 이동식 전기드릴 작업 시에는 장갑을 끼지 말아야 한다.

해설

연삭기 최대노출각도(안전커버 노출각도)

㉠ 스탠드용 : 125°

㉡ 원통용 : 180°

㉢ 평면용 : 150°

87 다음 중 게이트밸브의 도시기호는?

해설

① 체크밸브　　　　② 글로브밸브

③ 게이트밸브　　　④ 전자밸브

88 금속 패킹 재료로 적당치 않은 것은?

① 납　　　　　　　② 구리

③ 연강　　　　　　④ 탄산마그네슘

해설

금속 패킹 재료

㉠ 납　　　㉡ 구리　　　㉢ 연강

89 다음 보온재의 구비조건 중 틀린 것은?

① 열전도성이 적을 것

② 수분 흡수가 좋을 것

③ 내구성이 있을 것

④ 설치공사가 쉬울 것

해설

보온재는 흡수성이나 흡습성이 적어야 한다.

90 다음 중 유기질 보온재인 코르크에 대한 설명이 옳지 않은 것은?

① 액체나 기체를 잘 통과시키지 않는다.

② 입상(粒狀), 판상(版狀) 및 원통으로 가공되어 있다.

③ 굽힘성이 좋아 곡면 시공에 사용해도 균열이 생기지 않는다.

④ 냉수 · 냉매배관, 냉각기, 펌프 등의 보냉용에 사용된다.

해설

④는 펠트류에 해당하는 내용이다.

91 동관의 납땜 이음 시 이음쇠와 동관의 틈새는 몇 mm 정도가 가장 적당한가?

① 0.04~0.2mm　　② 0.5~1.0mm

③ 1.2~1.8mm　　　④ 2.0~3.5mm

해설

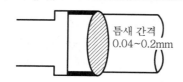

틈새 간격
0.04~0.2mm

---

92 다음 그림은 냉동용 그림기호(KS B 0063)에서 무엇을 표시하는가?

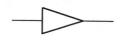

① 리듀서
② 디스트리뷰터
③ 줄임 플랜지
④ 플러그

해설

──────▷── : 리듀서(줄임쇠)

---

93 시트 모양에 따라 삽입형, 홈꼴형, 유합형 등이 있으며, 냉매 배관용으로 사용되는 이음법은?

① 플레어 이음
② 나사 이음
③ 납땜 이음
④ 플랜지 이음

해설

플랜지 이음
㉠ 삽입형　㉡ 홈꼴형　㉢ 유합형
㉣ 전면　　㉤ 대평면　㉥ 소평면

---

94 다음 보온재 중 최고사용온도가 가장 큰 것은?

① 탄산마그네슘
② 규조토
③ 암면
④ 펄라이트

해설

① 탄산마그네슘 : 250℃ 이하
② 규조토 : 250℃
③ 암면 : 400℃ 이하
④ 펄라이트 : 650℃

---

95 관이음 KS(B 0063) 도시기호 중 틀린 것은?

① 플랜지 이음 : ──╫──
② 소켓 이음 : ──⊂──
③ 유니언 이음 : ──╫╫──
④ 용접 이음 : ──N──

해설

용접 이음 : ──✕──

---

96 냉매배관의 시공에 대한 설명 중 맞지 않는 것은?

① 기기 상호 간의 길이는 가능한 한 길게 한다.
② 관의 가공에 의한 재질의 변질을 최소화한다.
③ 압력손실은 지나치게 크지 않도록 한다.
④ 냉매의 온도와 압력에 충분히 견딜 수 있어야 한다.

해설

냉매배관의 기기 상호 간의 길이는 가능한 짧게 한다.

---

97 다음 중 불에 잘 타지 않으며 보온성, 보냉성이 좋고 흡수성은 좋지 않으나 굽힘성이 풍부한 유기질 보온재는?

① 기포성 수지
② 코르크
③ 우모펠트
④ 유리섬유

해설

기포성 수지
불에 잘 타지 않으며 보온성, 보냉성이 좋다. 흡습성은 좋지 않으나 굽힘성이 풍부한 유기질 보온재이다.

---

98 다음 KS 배관도시 기호 중 신축관 이음을 표시하는 기호는?

① ──┤
② ──[ ]──
③ ──◇──
④ ──▷──

정답　**92** ①　**93** ④　**94** ④　**95** ④　**96** ①　**97** ①　**98** ②

해설

⊏─────⊐ : 슬리브형 신축이음

99 다음 중 보온재를 선정할 때의 유의사항이 아닌 것은?

① 열전도율
② 물리적 · 화학적 성질
③ 전기 전도율
④ 사용온도 범위

해설
보온재는 전기 전도율이 극히 미미하다.

100 루프형 신축이음의 곡률반경은 관지름의 몇 배 이상이 좋은가?

① 1배   ② 2배
③ 4배   ④ 6배

해설

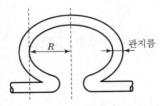

R : 6~8배(관지름)

101 배관의 부식 방지를 위해 사용하는 도료가 아닌 것은?

① 광명단   ② 연산칼슘
③ 크롬산아연   ④ 탄산마그네슘

해설
탄산마그네슘 : 무기질 보온재(250℃ 이하용)

102 관의 입체적 표시방법 중 관 A가 화면에 직각으로 앞쪽에 서 있으며, 관 B에 접속되어 있는 경우의 도면은?

①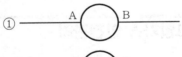

②

③

④

해설

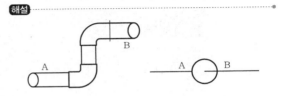

10장 유지보수 및 안전관리법규

┄ 01 고압가스 안전관리

1 저장능력 산정기준

1. 압축가스의 저장탱크 및 용기는 (식－1)의 계산식에 따라, 액화가스의 저장탱크는 (식－2)의 계산식에 따라, 액화가스의 용기 및 차량에 고정된 탱크는 (식－3)의 계산식에 따라 산정한다.

$$Q = (10P + 1)V_1 \qquad (식－1)$$

$$W = 0.9dV_2 \qquad (식－2)$$

$$W = \frac{V_2}{C} \qquad (식－3)$$

위의 계산식에서 Q, P, V_1, W, d, V_2 및 C는 각각 다음의 수치를 표시한다.

- Q : 저장능력(단위 : m³)
- P : 35℃(아세틸렌 가스의 경우에는 15℃)에서의 최고충전압력(단위 : MPa)
- V_1 : 내용적(단위 : m³)
- W : 저장능력(단위 : kg)
- d : 상용온도에서의 액화가스의 비중(단위 : kg/L)
- V_2 : 내용적(단위 : L)
- C : 저온용기 및 차량에 고정된 저온탱크와 초저온용기 및 차량에 고정된 초저온탱크에 충전하는 액화가스의 경우에는 그 용기 및 탱크의 상용온도 중 최고온도에서의 그 가스의 비중(단위 : kg/L)의 수치에 9/10를 곱한 수치의 역수, 그 밖의 액화가스의 충전용기 및 차량에 고정된 탱크의 경우에는 다음 표의 가스 종류에 따르는 정수

액화가스의 종류	정수
액화에틸렌	3.50
액화에탄	2.80
액화프로판	2.35
액화프로필렌	2.27

액화부탄	2.05
액화부틸렌	2.00
액화씨클로프로판	1.87
액화암모니아	1.86
액화부타디엔	1.85
액화트리메틸아민	1.76
액화메틸에테르	1.67
액화모노메틸아민	1.67
액화염화수소	1.67
액화시안화수소	1.57
액화황화수소	1.47
액화질소	1.47
액화탄산가스	1.47
액화아산화질소	1.34
액화산화에틸렌	1.30
액화염화메탈	1.25
액화염화비닐	1.22
액화4불화에틸렌	1.11
액화프레온 152a	1.08
액화산소	1.04
액화프레온 500	1.00
액화프레온 13	1.00
액화프레온 22	0.98
액화프레온 502	0.93
액화6불화항	0.91
액화프레온 115	0.90
액화아르곤	0.87
액화프레온 12	0.86
액화크세논	0.81
액화염소	0.80
액화취화수소	0.80
액화아황산가스	0.80
액화프레온 $13B_1$	0.79
액화프레온 114	0.76
액화프레온 C318	0.74
그 밖의 액화가스	1.05를 해당 액화가스의 48℃에서의 비중으로 나누어 얻은 수치

2. 저장탱크 및 용기가 다음 각 목에 해당하는 경우에는 제1호에 따라 산정한 각각의 저장능력을 합산한다. 다만, 액화가스와 압축가스가 섞여 있는 경우에는 액화가스 10kg을 압축가스 1m³로 본다.

가. 저장탱크 및 용기가 배관으로 연결된 경우

나. 가목의 경우를 제외한 경우로서 저장탱크 및 용기 사이의 중심거리가 30m 이하인 경우 또는 같은 구축물에 설치되어 있는 경우. 다만, 소화설비용 저장탱크 및 용기는 제외한다.

② 보호시설

1. 제1종보호시설

가. 학교 · 유치원 · 어린이집 · 놀이방 · 어린이놀이터 · 학원 · 병원(의원을 포함한다) · 도서관 · 청소년수련시설 · 경로당 · 시장 · 공중목욕탕 · 호텔 · 여관 · 극장 · 교회 및 공회당(公會堂)

나. 사람을 수용하는 건축물(가설건축물은 제외한다)로서 사실상 독립된 부분의 연면적이 1천 m² 이상인 것

다. 예식장 · 장례식장 및 전시장, 그 밖에 이와 유사한 시설로서 300명 이상 수용할 수 있는 건축물

라. 아동복지시설 또는 장애인복지시설로서 20명 이상 수용할 수 있는 건축물

마. 「문화재보호법」에 따라 지정문화재로 지정된 건축물

2. 제2종보호시설

가. 주택

나. 사람을 수용하는 건축물(가설건축물은 제외한다)로서 사실상 독립된 부분의 연면적이 100m² 이상 1천 m² 미만인 것

③ 냉동능력 산정기준

1. 원심식 압축기를 사용하는 냉동설비는 그 압축기의 원동기 정격(기기의 사용조건 및 성능의 범위를 말한다. 이하 같다) 출력 1.2kW를 1일의 냉동능력 1톤으로 보고, 흡수식 냉동설비는 발생기를 가열하는 1시간의 입열량(Heat Input) 6,640kcal를 1일의 냉동능력 1톤으로 보며, 그 밖의 것은 다음 산식에 따른다.

$$R = \frac{V}{C}$$

위의 산식에서 R, V 및 C는 각각 다음의 수치를 표시한다.

- R : 1일의 냉동능력(단위 : 톤)
- V : 다단압축방식 또는 다원냉동방식에 따른 제조설비는 다음 ①의 산식에 따라 계산된 수치, 회전피스톤형 압축기를 사용하는 것은 다음 ②의 산식에 따라 계산된 수치, 스크루형 압축기는 다음 ③의 산식에 따라 계산된 수치, 왕복동형 압축기는 다음 ④의 산식에 따라 계산된 수치, 그 밖의 것은 압축기의 표준회전속도에 있어서의 1시간의 피스톤압출량(단위 : m^3)

> ① $V_H + 0.08 V_L$
> ② $60 \times 0.785 tn(D^2 - d^2)$
> ③ $K \times D^3 \times n \times 60$
> ④ $0.785 \times D^2 \times L \times N \times n \times 60$

위의 ①~④까지의 산식에서 V_H, V_L, t, n, D, d, K, L 및 N은 각각 다음의 수치를 표시한다.
- V_H : 압축기의 표준회전속도에 있어서 최종단 또는 최종원 기통의 1시간의 피스톤 압출량 (단위 : m^3)
- V_L : 압축기의 표준회전속도에 있어서 최종단 또는 최종원 앞의 기통의 1시간의 피스톤 압출량(단위 : m^3)
- t : 회전피스톤의 가스압축부분의 두께(단위 : m)
- n : 회전피스톤의 1분간의 표준회전수(스크루형의 것은 로터의 회전수)
- D : 기통의 안지름(스크루형은 로터의 지름)(단위 : m)
- d : 회전피스톤의 바깥지름(단위 : m)
- K : 치형의 종류에 따른 다음 표의 계수

구분	대칭 치형	비대칭 치형
3% 어덴덤	0.476	0.486
2% 어덴덤	0.450	0.460

- L : 로터의 압축에 유효한 부분의 길이 또는 피스톤의 행정(行程)(단위 : m)
- N : 실린더 수
- C : 냉매가스의 종류에 따른 다음 표의 수치

냉매가스의 종류	압축기의 기통 1개의 체적이 5천 cm³ 이하인 것	압축기의 기통 1개의 체적이 5천 cm³를 넘는 것
프레온 21	49.7	46.6
프레온 114	46.4	43.5
노멀부탄	37.2	34.9
이소부탄	27.1	25.4

아황산가스	22.1	20.7
염화메탄	14.5	13.6
프레온 134a	14.4	13.5
프레온 12	13.9	13.1
프레온 500	12.0	11.3
프로판	9.6	9.0
프레온 22	8.5	7.9
암모니아	8.4	7.9
프레온 502	8.4	7.9
프레온 13B1	6.2	5.8
프레온 13	4.4	4.2
에탄	3.1	2.9
탄산가스	1.9	1.8

[비고]

1. 다원냉동방식에 따른 제조설비는 최종원의 냉매가스를 이 표의 냉매가스로 한다.
2. 다단압축방식 또는 다원냉동방식에 따른 제조설비는 최종단 또는 최종원의 기통을 이 표의 압축기의 기통으로 한다.
3. 위 표에서 규정하지 않은 냉매가스의 C값은 다음의 계산식에 따른다.

$$C = \frac{3,320\,V_A}{(i_A - i_B)\eta_V}$$

위 식에서 V_A, i_A, i_B 및 η_V는 각각 다음의 수치를 표시한다.
- V_A : $-15℃$에서의 그 가스의 건포화증기의 단위 질량당 부피(비체적)(단위 : m³/kg)
- i_A : $-15℃$에서의 그 가스의 건포화증기의 엔탈피(단위 : kcal/kg)
- i_B : 응축온도 30℃, 팽창밸브 직전의 온도가 25℃일 때 해당 액화가스의 엔탈피(단위 : kcal/kg)
- η_V : 압축기 기통 1개의 체적에 따른 체적효율로서 기통 한 개의 체적이 5,000cm³ 이하인 경우에는 0.75, 5,000cm³를 초과하는 경우에는 0.8로 한다.

2. 냉동설비가 다음 각 목에 해당하는 경우에는 제1호에 따라 산정한 각각의 냉동능력을 합산한다. 다만, 바목에만 해당하는 경우에는 합산하지 않을 수 있다.

가. 냉매가스가 배관에 의하여 공통으로 되어 있는 냉동설비

나. 냉매계통을 달리하는 2개 이상의 설비가 1개의 규격품으로 인정되는 설비 내에 조립되어 있는 것(유닛형의 것)

다. 2원(元) 이상의 냉동방식에 의한 냉동설비

라. 모터 등 압축기의 동력설비를 공통으로 하고 있는 냉동설비

마. 브라인(Brine)을 공통으로 사용하고 있는 2개 이상의 냉동설비(브라인 중 물과 공기는 포함하지 아니함)

바. 가~마목까지에도 불구하고 동일 건축물에서 동일 냉매를 사용하는 동일 용도(건축물의 냉ㆍ난방용과 그 외의 용도로 구분함)의 냉동설비

4 고압가스 냉동제조의 시설 · 기술 · 검사 및 정밀안전검진기준

1. 시설기준

가. 배치기준
압축기 · 기름분리기 · 응축기 및 수액기와 이들 사이의 배관은 인화성 물질 또는 발화성 물질(작업에 필요한 것은 제외한다)을 두는 곳이나 화기를 취급하는 곳과 인접하여 설치하지 않을 것

나. 가스설비기준
1) 냉매설비(제조시설 중 냉매가스가 통하는 부분을 말한다. 이하 같다)에는 진동 · 충격 및 부식 등으로 냉매가스가 누출되지 않도록 필요한 조치를 할 것
2) 냉매설비의 성능은 가스를 안전하게 취급할 수 있는 적절한 것일 것
3) 세로방향으로 설치한 동체의 길이가 5m 이상인 원통형 응축기와 내용적이 5천 L 이상인 수액기에는 지진 발생 시 그 응축기 및 수액기를 보호하기 위하여 내진성능 확보를 위한 조치를 할 것

다. 사고예방설비기준
1) 냉매설비에는 그 설비 안의 압력이 상용압력을 초과하는 경우 즉시 그 압력을 상용압력 이하로 되돌릴 수 있는 안전장치를 설치하는 등 필요한 조치를 마련할 것
2) 독성가스 및 공기보다 무거운 가연성 가스를 취급하는 제조시설 및 저장설비에는 가스가 누출될 경우 이를 신속히 검지하여 효과적으로 대응할 수 있도록 하기 위하여 필요한 조치를 마련할 것
3) 가연성 가스(암모니아, 브롬화메탄 및 공기 중에서 자기 발화하는 가스는 제외한다)의 가스설비 중 전기설비는 그 설치장소 및 그 가스의 종류에 따라 적절한 방폭성능을 가지는 것일 것
4) 가연성 가스 또는 독성가스를 냉매로 사용하는 냉매설비의 압축기 · 기름분리기 · 응축기 및 수액기와 이들 사이의 배관을 설치한 곳에는 냉매가스가 누출될 경우 그 냉매가스가 체류하지 않도록 필요한 조치를 마련할 것
5) 냉매설비에는 긴급사태가 발생하는 것을 방지하기 위하여 자동제어장치를 설치할 것

라. 피해저감설비기준
1) 독성가스를 사용하는 내용적이 1만 L 이상인 수액기 주위에는 액상의 가스가 누출될 경우에 그 유출을 방지하기 위한 조치를 마련할 것
2) 독성가스를 제조하는 시설에는 그 시설로부터 독성가스가 누출될 경우 그 독성가스로 인한 피해를 방지하기 위하여 필요한 조치를 마련할 것

마. 부대설비기준

냉동제조시설에는 이상사태가 발생하는 것을 방지하고 이상사태 발생 시 그 확대를 방지하기 위하여 압력계 · 액면계 등 필요한 설비를 설치할 것

바. 표시기준

냉동제조시설의 안전을 확보하기 위하여 필요한 곳에는 고압가스를 취급하는 시설 또는 일반인의 출입을 제한하는 시설이라는 것을 명확하게 알아볼 수 있도록 경계표지, 식별표지 및 위험표지 등 적절한 표지를 하고, 외부인의 출입을 통제할 수 있도록 경계책을 설치할 것

사. 그 밖의 기준

냉동제조시설에 설치 · 사용하는 제품이 「고압가스 안전관리법」 제17조에 따라 검사를 받아야 하는 경우에는 그 검사에 합격한 것일 것

2. 기술기준

가. 안전유지기준

1) 안전밸브 또는 방출밸브에 설치된 스톱밸브는 그 밸브의 수리 등을 위하여 특별히 필요한 때를 제외하고는 항상 완전히 열어 놓을 것
2) 냉동설비의 설치공사 또는 변경공사가 완공되어 기밀시험이나 시운전을 할 때에는 산소 외의 가스를 사용하고, 공기를 사용하는 때에는 미리 냉매설비 중의 가연성 가스를 방출한 후에 실시해야 하며, 그 냉동설비의 상태가 정상인 것을 확인한 후에 사용할 것
3) 가연성 가스의 냉동설비 부근에는 작업에 필요한 양 이상의 연소하기 쉬운 물질을 두지 않을 것

나. 점검기준

안전장치(액체의 열팽창으로 인한 배관의 파열 방지용 안전밸브는 제외한다. 이하 나목에서 같다) 중 압축기의 최종단에 설치한 안전장치는 1년에 1회 이상, 그 밖의 안전밸브는 2년에 1회 이상 조정을 하여 고압가스설비가 파손되지 않도록 적절한 압력 이하에서 작동이 되도록 할 것. 다만, 「고압가스 안전관리법」 제4조에 따라 고압가스특정제조허가를 받아 설치된 안전밸브의 조정주기는 4년(압력용기에 설치된 안전밸브는 그 압력용기의 내부에 대한 재검사 주기)의 범위에서 연장할 수 있다.

다. 수리 · 청소 및 철거기준

가연성 가스 또는 독성가스의 냉매설비를 수리 · 청소 및 철거할 때에는 그 작업의 안전 확보를 위하여 필요한 안전수칙을 준수하고, 수리 및 청소 후에는 그 설비의 성능유지와 작동성 확인 등 안전 확보를 위하여 필요한 조치를 마련할 것

3. 검사기준

가. 중간검사 · 완성검사 · 정기검사 및 수시검사의 검사항목은 시설이 적합하게 설치 또는 유지 · 관리되고 있는지 확인하기 위하여 다음의 검사항목으로 할 것

검사종류	검사항목
중간검사	제1호 나목의 시설기준에 규정된 항목 중 2)(가스설비의 설치가 끝나고 기밀 또는 내압 시험을 할 수 있는 상태의 공정으로 한정함), 3)(내진설계 대상 설비의 기초설치 공정에 한정함)
완성검사	제1호 시설기준에 규정된 항목. 다만, 중간검사에서 확인된 검사항목은 제외할 수 있다.
정기검사	① 제1호 시설기준에 규정된 항목[나목의 2)(내압시험에 한정함), 나목 3) 제외] 중 해당사항 ② 제2호 기술기준에 규정된 항목 중 가목 1) · 3), 나목
수시검사	각 시설별 정기검사 항목 중에서 다음에서 열거한 안전장치의 유지 · 관리 상태 중 필요한 사항과 「고압가스 안전관리법」 제11조에 따른 안전관리규정 이행 실태 ① 안전밸브, ② 긴급차단장치, ③ 독성가스 제해설비, ④ 가스누출 검지경보 장치, ⑤ 물분무장치(살수장치 포함) 및 소화전, ⑥ 긴급이송설비, ⑦ 강제환기시설, ⑧ 안전제어장치, ⑨ 운영상태감시장치, ⑩ 안전용 접지기기, 방폭전기기기, ⑪ 그 밖에 안전관리상 필요한 사항

나. 중간검사 · 완성검사 · 정기검사 및 수시검사는 시설이 검사항목에 적합한지 여부를 명확하게 판정할 수 있는 방법으로 실시할 것

4. 정밀안전검진기준

가. 정밀안전검진은 [고압가스 안전관리법 시행규칙」 제33조에 따른 정밀안전검진 대상 시설이 적절하게 유지 · 관리되고 있는지 확인하기 위해 검진분야별로 검진항목에 대해 실시할 것

검진분야	검진항목
일반분야	안전장치 관리 실태, 공장안전 관리 실태, 냉동기 운영실태, 계측설비 유지 · 관리 실태
장치분야	외관검사, 배관 두께 및 부식 상태, 회전기기 진동분석, 보온 · 보랭 상태
전기 · 계장분야	가스시설과 관련된 전기설비의 운전 중 열화상 · 절연저항 측정, 방폭설비 유지관리 실태, 방폭지역 구분의 적정성

나. 정밀안전검진은 검진항목을 명확하게 측정할 수 있는 방법으로 할 것

다. 사업자는 정밀안전검진을 실시하기 전에 그 시설의 안전확보를 위하여 가동중단에 따른 현장여건 등을 고려한 위험성 검토 및 안전대책을 사전에 마련할 것

5 안전관리자의 자격과 선임 인원

시설구분		저장 또는 처리능력	선임구분	
			안전관리자의 구분 및 선임 인원	자격 구분
고압가스 특정제조시설		–	안전관리 총괄자 : 1명	–
			안전관리 부총괄자 : 1명	–
			안전관리 책임자 : 1명	가스산업기사
			안전관리원 : 2명 이상	가스기능사 또는 한국가스안전공사가 산업통상자원부장관의 승인을 받아 실시하는 일반시설안전관리자 양성교육을 이수한 자(이하 "일반시설안전관리자 양성교육이수자"라 한다)
고압 가스 일반 제조 시설 · 충전 시설	1. 고압가스 일반제조시설 및 제2호 외의 충전시설	저장능력 500톤 초과 또는 처리능력 1시간당 2,400세제곱미터 초과	안전관리 총괄자 : 1명	–
			안전관리 부총괄자 : 1명	–
			안전관리 책임자 : 1명	가스산업기사
			안전관리원 : 2명 이상	가스기능사 또는 일반시설안전관리자 양성교육이수자
		저장능력 100톤 초과 500톤 이하 또는 처리능력 1시간당 480세제곱미터 초과 2,400세제곱미터 이하	안전관리 총괄자 : 1명	–
			안전관리 부총괄자 : 1명	–
			안전관리 책임자 : 1명	가스산업기사
			안전관리원 : 2명	가스기능사 또는 일반시설안전관리자 양성교육이수자
		저장능력 100톤 이하 또는 처리능력 1시간당 60세제곱미터 초과 480세제곱미터 이하	안전관리 총괄자 : 1명	–
			안전관리 부총괄자 : 1명	–
			안전관리 책임자 : 1명	가스기능사
			안전관리원 : 1명 이상	가스기능사 또는 일반시설안전관리자 양성교육이수자
		처리능력 1시간당 60세제곱미터 이하	안전관리 총괄자 : 1명	–
			안전관리 책임자 : 1명	가스기능사(공기를 충전하는 시설의 경우에는 한국가스안전공사가 산업통상자원부장관의 승인을 받아 실시하는 공기충전시설 안전관리 책임자 특별교육을 이수한 사람)
			안전관리원 : 1명 이상	가스기능사 또는 일반시설안전관리자 양성교육이수자

시설구분		저장 또는 처리능력	선임구분	
			안전관리자의 구분 및 선임 인원	자격 구분
고압 가스 일반 제조 시설 · 충전 시설	2. 자동차의 연료로 사용되는 법 제20조 제1항에 따른 특정고압가스(이하 "특정고압가스"라 한다) 충전시설	저장능력 500톤 초과 또는 처리능력 1시간당 2,400세제곱미터 초과	안전관리 총괄자 : 1명	−
			안전관리 부총괄자 : 1명	−
			안전관리 책임자 : 1명	가스산업기사
			안전관리원 : 2명 이상	가스기능사 또는 한국가스안전공사가 산업통상자원부장관의 승인을 받아 실시하는 고압가스자동차충전시설안전관리자 양성교육을 이수한 사람(이하 "고압가스자동차충전시설안전관리자 양성교육이수자"라 한다)
		저장능력 100톤 초과 500톤 이하 또는 처리능력 1시간당 480세제곱미터 초과 2,400세제곱미터 이하	안전관리 총괄자 : 1명	
			안전관리 부총괄자 : 1명	
			안전관리 책임자 : 1명	가스산업기사
			안전관리원 : 1명 이상	가스기능사 또는 고압가스자동차충전시설안전관리자 양성교육이수자
		저장능력 100톤 이하 또는 처리능력 1시간당 60세제곱미터 초과 480세제곱미터 이하	안전관리 총괄자 : 1명	
			안전관리 부총괄자 : 1명	
			안전관리 책임자 : 1명	고압가스자동차충전시설안전관리자 양성교육이수자
		처리능력 1시간당 60세제곱미터 이하	안전관리 총괄자 : 1명	
			안전관리 책임자 : 1명	고압가스자동차충전시설안전관리자 양성교육이수자
냉동제조시설		냉동능력 300톤 초과 (프레온을 냉매로 사용하는 것은 냉동능력 600톤 초과)	안전관리 총괄자 : 1명	−
			안전관리 책임자 : 1명	공조냉동기계산업기사
			안전관리원 : 2명 이상	공조냉동기계기능사 또는 한국가스안전공사가 산업통상자원부장관의 승인을 받아 실시하는 냉동시설안전관리 양성교육을 이수한 자(이하 "냉동시설안전관리자 양성교육이수자"라 한다)
		냉동능력 100톤 초과 300톤 이하(프레온을 냉매로 사용하는 것은 냉동능력 200톤 초과 600톤 이하)	안전관리 총괄자 : 1명	
			안전관리 책임자 : 1명	공조냉동기계산업기사 또는 현장실무경력이 5년 이상인 공조냉동기계기능사
			안전관리원 : 1명 이상	공조냉동기계기능사 또는 냉동시설안전관리자 양성교육이수자

시설구분	저장 또는 처리능력	선임구분	
		안전관리자의 구분 및 선임 인원	자격 구분
냉동제조시설	냉동능력 50톤 초과 100톤 이하(프레온을 냉매로 사용하는 것은 냉동능력 100톤 초과 200톤 이하)	안전관리 총괄자 : 1명	−
		안전관리 책임자 : 1명	공조냉동기계기능사 또는 현장실무 경력이 5년 이상인 냉동시설안전관리자 양성교육이수자
		안전관리원 : 1명 이상	공조냉동기계기능사 또는 냉동시설안전관리자양성교육이수자
	냉동능력 50톤 이하(프레온을 냉매로 사용하는 것은 냉동능력 100톤 이하)	안전관리 총괄자 : 1명	
		안전관리 책임자 : 1명	공조냉동기계기능사 또는 냉동시설안전관리자 양성교육이수자
저장시설	저장능력 100톤 초과(압축가스의 경우는 저장능력 1만 세제곱미터 초과)	안전관리 총괄자 : 1명	−
		안전관리 부총괄자 : 1명	−
		안전관리 책임자 : 1명	가스산업기사
		안전관리원 : 2명 이상	가스기능사. 다만, 그 중 1명은 일반시설안전관리자 양성교육이수자로 할 수 있다.
	저장능력 30톤 초과 100톤 이하(압축가스의 경우에는 저장능력 3천 세제곱미터 초과 1만 세제곱미터 이하)	안전관리 총괄자 : 1명	−
		안전관리 책임자 : 1명	가스기능사
		안전관리원 : 1명 이상	가스기능사 또는 일반시설안전관리자 양성교육이수자
	저장능력 30톤 이하(압축가스의 경우에는 저장능력 3천 세제곱미터 이하)	안전관리 총괄자 : 1명	
		안전관리 책임자 : 1명 이상	가스기능사 또는 일반시설안전관리자 양성교육이수자
판매시설	−	안전관리 총괄자 : 1명	−
		안전관리 책임자 : 1명 이상	가스기능사 · 한국가스안전공사가 산업통상자원부장관의 승인을 받아 실시하는 판매시설안전관리자 양성교육을 이수한 자 또는 냉동제조시설란의 안전관리 책임자 자격자(냉매가스의 판매에 한정한다)

시설구분	저장 또는 처리능력	선임구분	
		안전관리자의 구분 및 선임 인원	자격 구분
특정고압가스 사용신고시설	저장능력 250킬로그램(압축가스의경우에는 저장능력 100세제곱미터) 초과	안전관리 총괄자 : 1명	–
		안전관리 책임자(자동차의 연료로 사용되는 특정고압가스를 사용하는 시설의 경우는 제외한다) : 1명 이상	가스기능사 · 공조냉동기계기능사 · 냉동시설안전관리자 또는 한국가스안전공사가 산업통상자원부장관의 승인을 받아 실시하는 사용시설안전관리자 양성교육을 이수한 자(이하 "사용시설 안전관리자 양성교육이수자"라 한다)
	저장능력 250킬로그램(압축가스의 경우에는 저장능력 100세제곱미터) 이하	안전관리 총괄자 : 1명	–
용기 제조시설	용기제조시설	안전관리 총괄자 : 1명	–
		안전관리 부총괄자 : 1명	–
		안전관리 책임자 : 1명 이상	일반기계기사 · 용접기사 · 화공기사 · 금속기사 또는 가스산업기사
	용기부속품 제조시설	안전관리 총괄자 : 1명	–
		안전관리 부총괄자 : 1명	–
		안전관리 책임자 : 1명 이상	컴퓨터응용가공산업기사 · 금속재료산업기사 · 화공산업기사 또는 가스기능사
냉동기 제조시설		안전관리 총괄자 : 1명	–
		안전관리 부총괄자 : 1명	–
		안전관리 책임자 : 1명	일반기계기사 · 용접기사 · 금속기사 · 화공기사 또는 공조냉동기계산업기사
		안전관리원 : 1명 이상	공조냉동기계기능사
특정설비 제조시설	저장탱크 및 압력용기 제조시설	안전관리 총괄자 : 1명	–
		안전관리 부총괄자 : 1명	–
		안전관리 책임자 : 1명	일반기계기사 · 용접기사 · 금속기사 · 화공기사 및 가스산업기사
		안전관리원 : 1명 이상	가스기능사
	저장탱크 및 압력용기 외의 특정설비제조시설	안전관리 총괄자 : 1명	–
		안전관리 부총괄자 : 사업장마다 1명	–
		안전관리 책임자 : 1명 이상	일반기계기사 · 용접기사 · 금속기사 · 화공기사 · 가스산업기사. 다만, 냉동제조시설 부속품은 공조냉동기계산업기사로 할 수 있다.

6 안전관리자의 자격과 선임 인원

시설구분	저장능력 또는 수용가 수	선임 구분	
		안전관리자의 구분 및 선임 인원	자격
1. 액화석유가스 충전시설	가. 저장능력 500톤 초과	안전관리총괄자 : 1명	–
		안전관리부총괄자 : 1명	–
		안전관리책임자 : 1명 이상	가스산업기사 이상의 자격을 가진 사람
		안전관리원 : 2명 이상	가스기능사 이상의 자격을 가진 사람 또는 한국가스안전공사가 산업통상자원부장관의 승인을 받아 실시하는 충전시설 안전관리자 양성교육 이수자(이하 "충전시설 안전관리자 양성교육 이수자"라 한다)
	나. 저장능력 100톤 초과 500톤 이하	안전관리총괄자 : 1명	–
		안전관리부총괄자 : 1명	–
		안전관리책임자 : 1명 이상	가스기능사 이상의 자격을 가진 사람
		안전관리원 : 2명 이상	가스기능사 이상의 자격을 가진 사람 또는 충전시설 안전관리자 양성교육 이수자
	다. 저장능력 100톤 이하	안전관리총괄자 : 1명	–
		안전관리부총괄자 : 1명	–
		안전관리책임자 : 1명 이상	가스기능사 이상의 자격을 가진 사람 또는 현장실무 경력이 5년 이상인 충전시설 안전관리자 양성교육 이수자
		안전관리원 : 1명 이상	가스기능사 이상의 자격을 가진 사람 또는 충전시설 안전관리자 양성교육 이수자
	라. 저장능력 30톤 이하(자동차에 고정된 용기 충전시설만 해당한다)	안전관리총괄자 : 1명	–
		안전관리책임자 : 1명 이상	가스기능사 이상의 자격을 가진 사람 또는 충전시설 안전관리자 양성교육 이수자
1의2. 액화석유가스 배관망공급 시설	가. 수용가 500가구 초과	안전관리총괄자 : 1명	
		안전관리책임자 : 1명 이상	가스기능사 이상의 자격을 가진 사람
		안전관리원 1. 500가구 초과 1,500가구 이하인 경우에는 1명 이상 2. 1,500가구 초과인 경우에는 1천가구마다 1명 이상을 추가	가스기능사 이상의 자격을 가진 사람 또는 한국가스안전공사가 산업통상자원부장관의 승인을 받아 실시하는 일반시설 안전관리자 양성교육 이수자(이하 "일반시설 안전관리자 양성교육 이수자"라 한다)

시설구분	저장능력 또는 수용가 수	선임 구분	
		안전관리자의 구분 및 선임 인원	자격
1의2. 액화석유가스 배관망공급 시설	가. 수용가 500가구 초과	안전점검원 1. 배관 길이 15킬로미터 이하인 경우에는 1명 이상 2. 배관 길이 15킬로미터 초과인 경우에는 15킬로미터마다 1명 이상을 추가	가스기능사 이상의 자격을 가진 사람, 일반시설 안전관리자 양성교육 이수자 또는 한국가스안전공사가 산업통상자원부장관의 승인을 받아 실시하는 안전점검원 양성교육 이수자(이하 "안전점검원 양성교육 이수자"라 한다)
	나. 수용가 500가구 이하	안전관리총괄자 : 1명	–
		안전관리책임자 : 1명 이상	가스기능사 이상의 자격을 가진 사람 또는 일반시설 안전관리자 양성교육 이수자
		안전점검원 1. 배관 길이 15킬로미터 이하인 경우에는 1명 이상 2. 배관 길이 15킬로미터 초과인 경우에는 15킬로미터마다 1명 이상을 추가	가스기능사 이상의 자격을 가진 사람, 일반시설 안전관리자 양성교육 이수자 또는 안전점검원 양성교육 이수자
2. 액화석유가스 일반집단공급 시설	가. 수용가 500가구 초과	안전관리총괄자 : 1명	–
		안전관리책임자 : 1명 이상	가스기능사 이상의 자격을 가진 사람
		안전관리원 1. 500가구 초과 1,500가구 이하인 경우에는 1명 이상 2. 1,500가구 초과인 경우에는 1천 가구마다 1명 이상을 추가	가스기능사 이상의 자격을 가진 사람 또는 일반시설 안전관리자 양성교육 이수자
	나. 수용가 500가구 이하	안전관리총괄자 : 1명	–
		안전관리책임자 : 1명 이상	가스기능사 이상의 자격을 가진 사람 또는 일반시설 안전관리자 양성교육 이수자
3. 액화석유가스 저장소 시설	가. 저장능력 100톤 초과	안전관리총괄자 : 1명	–
		안전관리부총괄자 : 1명	–
		안전관리책임자 : 1명 이상	가스기능사 이상의 자격을 가진 사람
		안전관리원 : 2명 이상	가스기능사 이상의 자격을 가진 사람 또는 일반시설 안전관리자 양성교육 이수자

시설구분	저장능력 또는 수용가 수	선임 구분	
		안전관리자의 구분 및 선임 인원	자격
3. 액화석유 가스 저장소 시설	나. 저장능력 30톤 초과 100톤 이하	안전관리총괄자 : 1명	–
		안전관리부총괄자 : 1명	–
		안전관리책임자 : 1명 이상	가스기능사 이상의 자격을 가진 사람
		안전관리원 : 1명 이상	가스기능사 이상의 자격을 가진 사람 또는 일반시설 안전관리자 양성교육 이수자
	다. 저장능력 30톤 이하	안전관리총괄자 : 1명	
		안전관리책임자 : 1명 이상	가스기능사 이상의 자격을 가진 사람 또는 일반시설 안전관리자 양성교육 이수자
4. 액화석유 가스 판매 시설 및 영업소	–	안전관리총괄자 : 1명	
		안전관리책임자 : 1명 이상	가스기능사 이상의 자격을 가진 사람 또는 한국가스안전공사가 산업통상자원부장관의 승인을 받아 실시하는 판매시설 안전관리자 양성교육 이수자 (이하 "판매시설 안전관리자 양성교육 이수자"라 한다)
		안전관리원 : 1명 이상(자동차에 고정된 탱크를 이용하여 판매하는 시설만 해당한다)	판매시설 안전관리자 양성교육 이수자
5. 액화석유 가스 위탁 운송시설	가. 저장능력(자동차에 고정된 탱크의 저장능력 총합을 말한다. 이하 액화석유가스 위탁 운송시설에서 같다) 100톤 초과	안전관리총괄자 : 1명	–
		안전관리부총괄자 : 1명	–
		안전관리책임자 : 1명 이상	가스기능사 이상의 자격을 가진 사람
		안전관리원 : 2명 이상	가스기능사 이상의 자격을 가진 사람 또는 충전시설 안전관리자 양성교육 이수자
	나. 저장능력 30톤 초과 100톤 이하	안전관리총괄자 : 1명	–
		안전관리부총괄자 : 1명	–
		안전관리책임자 : 1명 이상	가스기능사 이상의 자격을 가진 사람
		안전관리원 : 1명 이상	가스기능사 이상의 자격을 가진 사람 또는 충전시설 안전관리자 양성교육 이수자
	다. 저장능력 30톤 이하	안전관리총괄자 : 1명	
		안전관리책임자 : 1명 이상	가스기능사 이상의 자격을 가진 사람 또는 충전시설 안전관리자 양성교육 이수자

시설구분	저장능력 또는 수용가 수	선임 구분	
		안전관리자의 구분 및 선임 인원	자격
6. 액화석유 가스 특정 사용시설 중 공동저 장시설	가. 수용가 500가구 초과	안전관리총괄자 : 1명	—
		안전관리책임자 : 1명 이상	가스기능사 이상의 자격을 가진 사람. 다만, 저장설 비가 용기인 경우에는 판매시설 안전관리자 양성교 육 이수자로 할 수 있다.
		안전관리원 1. 500가구 초과 1,500가구 이하인 경우에는 1명 이상 2. 1,500가구 초과인 경우에 는 1천 가구마다 1명 이상을 추가	가스기능사 이상의 자격을 가진 사람 또는 한국가 스안전공사가 산업통상자원부장관의 승인을 받아 실시하는 사용시설 안전관리자 양성교육 이수자 (이하 "사용시설 안전관리자 양성교육 이수자"라 한다)
	나. 수용가 500가구 이하	안전관리총괄자 : 1명	—
		안전관리책임자 : 1명 이상	가스기능사 이상의 자격을 가진 사람 또는 사용시 설 안전관리자 양성교육 이수자
7. 액화석유 가스 특정 사용시설 중 공동저 장시설 외 의 시설	가. 저장능력 250킬 로그램 초과(소 형저장탱크를 설 치한 시설은 저 장능력 1톤 초과)	안전관리총괄자 : 1명	—
		안전관리책임자 : 1명 이상	가스기능사 이상의 자격을 가진 사람 또는 사용시 설 안전관리자 양성교육 이수자
	나. 저장능력 250킬 로그램 이하(소 형저장탱크를 설 치한 시설은 저 장능력 1톤 이하)	안전관리총괄자 : 1명	—
8. 가스용품 제조시설	—	안전관리총괄자 : 1명	—
		안전관리부총괄자 : 1명	—
		안전관리책임자 : 1명 이상	일반기계기사 · 화공기사 · 금속기사 · 가스산업 기사 이상의 자격을 가진 사람 또는 일반시설 안전 관리자 양성교육 이수자(「근로기준법」에 따른 상 시근로자수가 10명 미만인 시설로 한정한다)
		안전관리원 : 1명 이상	가스기능사 이상의 자격을 가진 사람 또는 일반시 설 안전관리자 양성교육 이수자

⑦ 안전관리자의 자격과 선임 인원

사업 구분	저장능력 또는 처리능력	안전관리자의 종류별 선임 인원 및 자격	
		선임 인원	자격
가스도매사업 (도시가스사업자 외의 가스공급시설설치자를 포함한다)	–	안전관리 총괄자 : 1명	–
		안전관리 부총괄자 : 사업장마다 1명	–
		안전관리 책임자 : 사업장마다 1명	1. 가스기술사 2. 가스산업기사 이상의 자격을 가진 사람으로서 가스관계 업무에 종사한 실무 경력(자격 취득 전의 경력을 포함한다)이 5년 이상인 사람
		안전관리원 : 사업장마다 10명 이상	가스기능사 이상의 자격을 가진 사람 또는 한국가스안전공사가 산업통상자원부장관의 승인을 받아 실시하는 도시가스시설안전관리자 양성교육(이하 "안전관리자 양성교육"이라 한다)을 이수한 사람
		안전점검원 : 배관 길이 15킬로미터를 기준으로 1명 (다만, 가스도매사업자가 가스배관의 안전관리를 위하여 전액 출자한 기관에 업무를 위탁한 경우에는 그 대행기관의 안전점검원을 가스도매사업자의 안전점검원으로 본다.)	가스기능사 이상의 자격을 가진 사람, 안전관리자 양성교육을 이수한 사람 또는 한국가스안전공사가 산업통상자원부장관의 승인을 받아 실시하는 안전점검원 양성교육(이하 "안전점검원 양성교육"이라 한다)을 이수한 사람
일반도시 가스사업	–	안전관리 총괄자 : 1명	–
		안전관리 부총괄자 : 사업장마다 1명	–
		안전관리 책임자 : 사업장마다 1명 이상	가스산업기사 이상의 자격을 가진 사람
		안전관리원 1. 배관 길이가 200킬로미터 이하인 경우에는 5명 이상 2. 배관길이가 200킬로미터 초과 1천킬로미터 이하인 경우에는 5명에 200킬로미터마다 1명씩 추가한 인원 이상 3. 배관 길이가 1천킬로미터를 초과하는 경우에는 10명 이상	가스기능사 이상의 자격을 가진 사람 또는 안전관리자 양성교육을 이수한 사람
		안전점검원 : 배관 길이 15킬로미터를 기준으로 1명	가스기능사 이상의 자격을 가진 사람, 안전관리자 양성교육을 이수한 사람 또는 안전점검원 양성교육을 이수한 사람

사업 구분	저장능력 또는 처리능력	안전관리자의 종류별 선임 인원 및 자격	
		선임 인원	자격
도시가스 충전사업	저장능력 500톤 초과 또는 처리능력 1시간당 2,400세제곱미터 초과	안전관리 총괄자 : 1명	−
		안전관리 부총괄자 : 1명	−
		안전관리 책임자 : 1명	가스산업기사 이상의 자격을 가진 사람
		안전관리원 : 2명 이상	가스기능사 또는 안전관리자 양성교육을 이수한 사람
	저장능력 100톤 초과 500톤 이하 또는 처리능력 1시간당 480세제곱미터 초과 2,400세제곱미터 이하	안전관리 총괄자 : 1명	−
		안전관리 부총괄자 : 1명	−
		안전관리 책임자 : 1명	가스산업기사 이상의 자격을 가진 사람
		안전관리원 : 1명 이상	가스기능사 또는 안전관리자 양성교육을 이수한 사람
	저장능력 100톤 이하 또는 처리능력 1시간당 480세제곱미터 이하	안전관리 총괄자 : 1명	−
		안전관리 부총괄자 : 1명	−
		안전관리 책임자 : 1명	가스기능사 이상의 자격을 가진 사람 또는 안전관리자 양성교육을 이수한 사람
나프타부생가스·바이오가스 제조사업	저장능력 500톤 초과 또는 처리능력 1시간당 2,400세제곱미터 초과	안전관리 총괄자 : 1명	−
		안전관리 부총괄자 : 1명	−
		안전관리 책임자 : 1명	가스산업기사 이상의 자격을 가진 사람
		안전관리원 : 2명 이상	가스기능사 이상의 자격을 가진 사람 또는 안전관리자 양성교육을 이수한 사람
	저장능력 100톤 초과 500톤 이하 또는 처리능력 1시간당 480세제곱미터 초과 2,400세제곱미터 이하	안전관리 총괄자 : 1명	−
		안전관리 부총괄자 : 1명	−
		안전관리 책임자 : 1명	가스산업기사 이상의 자격을 가진 사람
		안전관리원 : 1명 이상	가스기능사 이상의 자격을 가진 사람 또는 안전관리자 양성교육을 이수한 사람
	저장능력 5톤 이상 100톤 이하 또는 처리능력 1시간당 50세제곱미터 이상 480세제곱미터 이하	안전관리 총괄자 : 1명	−
		안전관리 부총괄자 : 1명	−
		안전관리 책임자 : 1명	가스기능사 이상의 자격을 가진 사람 또는 안전관리자 양성교육을 이수한 사람

사업 구분	저장능력 또는 처리능력	안전관리자의 종류별 선임 인원 및 자격	
		선임 인원	자격
합성천연가스 제조사업	–	안전관리 총괄자 : 1명	–
		안전관리 부총괄자 : 1명	–
		안전관리 책임자 : 사업장 마다 1명	1. 가스기술사 2. 가스산업기사 이상의 자격을 가진 사람으로서 가스 관계 업무에 종사한 실무 경력(자격 취득 전의 경력을 포함한다)이 5년 이상인 사람
		안전관리원 : 사업장마다 5명 이상	가스기능사 이상의 자격을 가진 사람 또는 안전관리자 양성교육을 이수한 사람
특정가스 사용시설	–	안전관리 총괄자 : 1명	–
		안전관리 책임자(월 사용 예정량이 4천세제곱미터를 초과하는 경우에만 선임하고, 자동차 연료장치의 가스사용시설은 제외한다) : 1명 이상	가스기능사 이상의 자격을 가진 사람 또는 한국가스안전공사가 산업통상자원부장관의 승인을 받아 실시하는 사용시설안전관리자 양성교육(이하 "사용시설안전관리자 양성교육"이라 한다)을 이수한 사람

···02 기계설비 안전관리

1 기계설비성능점검업의 등록 요건

구분	요건
1. 자본금	1억 원 이상일 것
2. 기술인력	다음 각 목의 기술인력을 모두 갖출 것 가. 다음의 어느 하나에 해당하는 분야의 특급 책임기계설비유지관리자 1명 　　1)「국가기술자격법」에 따른 건축설비 분야 　　2)「국가기술자격법」에 따른 공조냉동기계 분야 또는 「건설기술 진흥법 시행령」 　　　별표 1에 따른 공조냉동 및 설비 전문분야 　　3)「국가기술자격법」에 따른 에너지관리 분야 나. 고급 이상인 책임기계설비유지관리자 1명 다. 중급 이상인 책임기계설비유지관리자 2명
3. 장비	다음 각 목의 장비를 모두 갖출 것 가. 적외선 열화상카메라 나. 초음파유량계 다. 디지털압력계 라. 데이터기록계 마. 연소가스분석기 바. 건습구온도계(乾濕球溫度計) 사. 표준온도계(標準溫度計) 아. 적외선온도계 자. 디지털풍속계 차. 디지털풍압계 카. 교류전력측정계 타. 조도계 파. 회전계(RPM 측정기) 하. 초음파두께측정기 거. 아들자캘리퍼스(아들자 Calipers : 아들자가 달려 두께나 지름을 재는 기구) 너. 이산화탄소(CO_2) 측정기 더. 일산화탄소(CO) 측정기 러. 미세먼지측정기 머. 누수탐지기 버. 배관 내시경카메라 서. 수질분석기

☑ 기계설비성능점검업의 등록 요건

1. 일반기준

가. 기계설비유지관리자는 책임기계설비유지관리자와 보조기계설비유지관리자로 구분하며, 책임기계설비유지관리자는 자격 및 경력 기준에 따라 특급 · 고급 · 중급 · 초급으로 구분한다. 이 경우 실무경력은 해당 자격의 취득 이전의 실무경력까지 포함한다.

나. 가목에도 불구하고 국토교통부장관은 기계설비의 안전하고 효율적인 유지관리를 위하여 책임기계설비유지관리자 및 보조기계설비유지관리자의 경력, 자격 · 학력 및 교육을 다음의 구분에 따른 점수 범위에서 종합평가하여 그 결과에 따라 등급을 특급 · 고급 · 중급 · 초급으로 조정하여 산정할 수 있다.

1) 실무경력 : 30점 이내

2) 보유자격 · 학력 : 30점 이내

3) 교육 : 40점 이내

다. 외국인 기계설비유지관리자의 인정 범위 및 등급

외국인 기계설비유지관리자는 해당 외국인의 국가와 우리나라 간의 상호인정 협정 등에서 정하는 바에 따라 자격을 인정하되, 그 인정 범위 및 등급에 관하여는 가목 및 나목을 준용한다.

라. 그 밖에 기계설비유지관리자의 실무경력 인정, 등급 산정 및 인정 범위 등에 필요한 방법 및 절차에 관한 세부기준은 국토교통부장관이 정하여 고시한다.

2. 세부기준

구분		자격 및 경력 기준		종합평가 결과에 따른 등급 산정
		보유자격	실무경력	
가. 책임기계설비유지관리자	1) 특급	가) 기술사	–	제1호 나목에 따라 특급으로 산정된 기계설비유지관리자
		나) 기능장	10년 이상	
		다) 기사	10년 이상	
		라) 산업기사	13년 이상	
		마) 특급 건설기술인	10년 이상	
	2) 고급	가) 기능장	7년 이상	제1호 나목에 따라 고급으로 산정된 기계설비유지관리자
		나) 기사	7년 이상	
		다) 산업기사	10년 이상	
		라) 고급 건설기술인	7년 이상	

구분		자격 및 경력 기준		종합평가 결과에 따른 등급 산정
		보유자격	실무경력	
가. 책임기계설비 유지관리자	3) 중급	가) 기능장	4년 이상	제1호 나목에 따라 중급으로 산정된 기계설비유지관리자
		나) 기사	4년 이상	
		다) 산업기사	7년 이상	
		라) 중급 건설기술인	4년 이상	
	4) 초급	가) 기능장	–	제1호 나목에 따라 초급으로 산정된 기계설비유지관리자
		나) 기사	–	
		다) 산업기사	3년 이상	
		라) 초급 건설기술인	–	
나. 보조기계설비유지관리자		기계설비기술자 중 기계설비유지관리자에 필요한 자격을 갖추었다고 국토교통부장관이 정하여 고시하는 사람		

[비고]
1. 위 표에서 "기술사", "기능장", "기사" 및 "산업기사"란 각각 「국가기술자격법」 제9조 제1호에 따른 국가기술자격의 등급 중 다음 각 목의 구분에 따른 분야의 국가기술자격 등급을 말한다.
   가. 기술사 : 건축기계설비 · 기계 · 건설기계 · 공조냉동기계 · 산업기계설비 · 용접 분야
   나. 기능장 : 배관 · 에너지관리 · 용접 분야
   다. 기사 : 일반기계 · 건축설비 · 건설기계설비 · 공조냉동기계 · 설비보전 · 용접 · 에너지관리 분야
   라. 산업기사 : 건축설비 · 배관 · 건설기계설비 · 공조냉동기계 · 용접 · 에너지관리 분야
2. 위 표에서 "건설기술인"이란 「건설기술 진흥법」 제2조 제8호에 따른 건설기술인 중 같은 법 시행령 별표 1에 따른 기계 직무분야의 공조냉동 및 설비 전문분야와 용접 전문분야의 건설기술인을 말한다. 이 경우 해당 건설기술인의 등급은 「건설기술 진흥법 시행령」 별표 1에 따른다.

③ 기계설비유지관리자의 선임기준

구분	선임대상	선임자격	선임 인원
1. 영 제14조 제1항 제1호에 해당하는 용도별 건축물	가. 연면적 6만 제곱미터 이상	특급 책임기계설비유지관리자	1
		보조기계설비유지관리자	1
	나. 연면적 3만 제곱미터 이상 연 면적 6만 제곱미터 미만	고급 책임기계설비유지관리자	1
		보조기계설비유지관리자	1
	다. 연면적 1만5천 제곱미터 이상 연면적 3만 제곱미터 미만	중급 책임기계설비유지관리자	1
	라. 연면적 1만 제곱미터 이상 연 면적 1만5천 제곱미터 미만	초급 책임기계설비유지관리자	1
2. 영 제14조 제1항 제2호에 해당하는 공동주택	가. 3천 세대 이상	특급 책임기계설비유지관리자	1
		보조기계설비유지관리자	1
	나. 2천 세대 이상 3천 세대 미만	고급 책임기계설비유지관리자	1
		보조기계설비유지관리자	1
	다. 1천 세대 이상 2천 세대 미만	중급 책임기계설비유지관리자	1
	라. 500세대 이상 1천 세대 미만	초급 책임기계설비유지관리자	1
	마. 300세대 이상 500세대 미만으 로서 중앙집중식 난방방식(지 역난방방식을 포함한다)의 공 동주택	초급 책임기계설비유지관리자	1
3. 영 제14조 제1항 제3호에 해당하는 건축물 등(같은 항 제1호 및 제2호에 해당 하는 건축물은 제외한다)	영 제14조 제1항 제3호에 해당하 는 건축물 등(같은 항 제1호 및 제2 호에 해당하는 건축물은 제외한다)	건축물의 용도, 면적, 특성 등을 고려하여 국토교통부장관이 정 하여 고시하는 기준에 해당하는 초급 책임기계설비유지관리자 또는 보조기계설비유지관리자	1

[비고]
1. 위 표에서 "선임자격"이란 해당 기계설비유지관리자 등급 이상을 보유한 사람으로서 다음 각 목의 구분에 따른 기준을 충족한 사람을 말한다. 이 경우 보조기계설비유지관리자는 초급 이상인 책임기계설비유지관리자로 선임할 수 있다.
   가. 제1호 및 제2호 : 다른 건축물 등의 기계설비유지관리자로 선임되어 있지 않은 사람
   나. 제3호 : 다른 건축물 등의 기계설비유지관리자로 선임되어 있지 않거나 국토교통부장관이 정하여 고시하는 범위
     이내에서 다른 건축물 등의 기계설비유지관리자로 선임되어 있는 사람
2. 건축물대장의 건축물현황도에 표시된 대지경계선 안의 지역 또는 연접한 2개 이상의 대지에 건축물 등이 둘 이상 있고, 그 관리에 관한 권원(權原)을 가진 자가 동일인인 경우에는 이를 하나의 건축물 등으로 보아 해당 건축물 등을 합산한 연면적 또는 세대를 기준으로 기계설비유지관리자를 선임해야 한다.

4 기계설비 유지관리 기술자 범위

1. 기계설비기술자의 범위

① 다음 각 목의 어느 하나에 해당하는 기계설비 관련 자격을 취득한 사람

　가. 「국가기술자격법」 제9조 제1호에 따른 기술·기능 분야의 국가기술자격 중 다음 표의 구분에 따른 국가기술자격을 취득한 사람

등급	기술·기능 분야
1) 기술사	건축기계설비·기계·건설기계·공조냉동기계·산업기계설비·용접·소음진동
2) 기능장	배관·에너지관리·판금제관·용접
3) 기사	일반기계·건축설비·건설기계설비·공조냉동기계·설비보전·메카트로닉스·용접·소음진동·에너지관리·신재생에너지발전설비(태양광)
4) 산업기사	건축설비·배관·정밀측정·건설기계설비·공조냉동기계·생산자동화·판금제관·용접·소음진동·에너지관리·신재생에너지발전설비(태양광)
5) 기능사	온수온돌·배관·전산응용기계제도·정밀측정·공조냉동기계·설비보전·생산자동화·판금제관·용접·특수용접·에너지관리·신재생에너지발전설비(태양광)

　나. 「건설기술 진흥법 시행령」 별표 1에 따른 기계 직무분야의 건설기술인 자격

　다. 「엔지니어링산업 진흥법 시행령」 별표 1에 따른 설비부문의 설비 전문분야의 엔지니어링기술자 자격

　라. 그 밖에 「건설산업기본법」 및 「자격기본법」에 따른 자격으로서 국토교통부장관이 정하여 고시하는 기계설비 관련 자격을 갖춘 사람

② 다음 각 목의 어느 하나에 해당하게 된 후 별표 6에 따른 유지관리교육의 교육과정 중 신규교육 또는 보수교육을 이수한 사람

　가. 「고등교육법」 제2조 각 호의 어느 하나에 해당하는 학교에서 국토교통부장관이 정하여 고시하는 기계설비 관련 학과의 학사, 석사 또는 박사 학위를 취득한 사람

　나. 「초·중등교육법 시행령」 제90조에 따른 특수목적고등학교 또는 같은 영 제91조에 따른 특성화고등학교에서 국토교통부장관이 정하여 고시하는 기계설비 관련 교육과정이나 학과를 이수하거나 졸업한 사람

　다. 그 밖에 관계 법령에 따라 국내 또는 외국에서 가목과 같은 수준 이상의 학력이 있다고 인정되는 사람

⋯03 냉동기 안전관리

1 증발기의 보안 관리

1) 증발 압력이 저하하는 원인

① 팽창밸브 개도 과소로 인한 냉매 부족
② 증발기 냉각관에 유막 및 적상이 끼어 열교환 불량
③ 냉매 충전량 부족
④ 부하 감소
⑤ 팽창밸브 및 여과망, 제습기 등의 막힘
⑥ 액관에 플래시 가스(Flash Gas) 발생 시

2) 증발압력 저하 시 장치에 미치는 영향

① 흡입가스 파열, 토출가스 온도 상승
② 실린더 과열로 오일의 단화 및 열화
③ 윤활 불량으로 활동부 마모 우려
④ 압축비 증대
⑤ 체적효율 감소
⑥ 냉매 순환량 감소
⑦ 냉동능력 감소
⑧ 전동기 구동 전류 감소
⑨ 능력당 소요 동력 증가

※ 장치에 미치는 영향은 냉매 부족의 경우와 부하 감소 및 열교환이 불량한 경우로 구분하여 생각할 필요가 있다.

3) 증발압력 저하 시의 대책

① 팽창밸브 조정에 신중을 기하여 적정 냉매량이 순환되도록 해야 한다.
② 적당한 시기에 체상 및 유드레인 작업을 행하여 냉각관에서 열교환이 저하되지 않도록 해야 한다.
③ 냉매 충전량과 부하 상태를 점검한다.
④ 배관계통을 점검하여 여과망, 제습비 등의 막힘에 주의하고 막힌 경우에는 수리 및 청소한다.
⑤ 액관의 방열 및 과냉각 등으로 플래시 가스 발생을 방지한다.

4) 응축압력 상승의 원인

① 응축기 냉각수량 부족 및 수온 상승(공랭식의 경우 송풍량 부족 및 외기온도 상승)
② 응축기 냉각관에 물때나 유막이 끼어 열교환이 불량한 경우
③ 불응축 가스의 혼입
④ 냉매의 과충전
⑤ 부하 증대
⑥ 응축기에 액냉매와 퇴적, 유효전열면적이 감소한 경우

5) 응축압력이 상승하여 장치에 미치는 영향

① 토출가스 온도 상승
② 실린더 과열로 오일 단화 및 열화
③ 윤활 불량으로 활동부 마모 우려
④ 압축비 증대
⑤ 체적효율 감소
⑥ 성적계수 감소
⑦ 냉매순환량 감소
⑧ 냉동능력 감소
⑨ 축수하중 증대
⑩ 능력당 소요동력 증가

6) 응축압력 상승 시의 대책

① 냉각수 배관을 점검하고 설계수량 등을 검토한다.
② 냉각관 청소 및 유를 수시로 드래인시킨다.
③ 가스퍼저 등을 작동, 불응축 가스를 퍼지한다.
④ 냉매 충전량과 부하 정도를 점검한다.
⑤ 응축기의 액냉매가 수액기로 잘 흘러 들어가도록 균입관 등을 점검한다.

···04 산업 안전

1 재해 발생

1) 발생원인에 따른 재해의 분류

① 직접원인

  ㉠ 물(物)적 원인(불안전 상태)

- 물(物) 자체의 결함
- 복장, 보호구의 결함
- 작업환경의 결함
- 경계표시, 설비의 결함
- 안전보호장치의 결함
- 물(物)의 배치 및 작업장소 불량
- 생산 공정의 결함

  ㉡ 인적 원인(불안전 행동)

- 위험 장소 부근
- 복장, 보호구의 잘못된 사용
- 운전 중인 기계 장치의 손질
- 위험물 취급 부주의
- 불안전한 자세, 동작
- 안전장치 기능 제거
- 기계, 기구의 잘못된 사용
- 불안전한 속도 조작
- 불안전한 상태 방치
- 감독 및 연락 불충분

② 간접원인

  ㉠ 기술적 원인

- 건물·기계·장치 설계 불량
- 생산방법의 부적당
- 구조 재료의 부적합
- 점검, 정비, 보존 불량

  ㉡ 교육적 원인

- 안전지식 부족
- 경험훈련의 미숙
- 위해·위험작업의 교육 불충분
- 안전수칙의 오해
- 작업방법의 교육 불충분

  ㉢ 신체적 원인

- 피로
- 근육 운동의 부적합
- 시력 및 청각 기능 이상
- 육체적 능력 초과

  ㉣ 정신적 원인

- 안전의식의 부족
- 방심 및 공상
- 판단력 부족 또는 그릇된 판단
- 주의력 부족
- 개성적 결함 요소

ⓜ 관리적 요인
- 안전관리 조직 결함
- 작업준비 불충분
- 작업지시 부적당
- 안전수칙의 미제정
- 인원배치 부적당

2) 재해 예방

① 재해 예방 4원칙
- ㉠ 예방가능의 원칙
- ㉢ 원인계기의 원칙
- ㉡ 손실우연의 원칙
- ㉣ 대책선정의 원칙

② 사고의 본질적 특성
- ㉠ 사고의 시간성
- ㉢ 필연성 중 우연성
- ㉡ 우연성
- ㉣ 사고의 재현 불가능

2 재해율

1) 재해율

① 연천인율 $= \dfrac{재해자수}{연평균근로자\ 수} \times 1,000$

② 빈도율, 도수율 $= \dfrac{재해발생건수}{연평균근로자\ 수} \times 1,000,000$

③ 강도율 $= \dfrac{근로손실일수}{근로총시간수} \times 1,000$

2) 안전점검

안전점검이란 안전확보를 위해 실태를 파악하여 설비의 불안전한 상태나 인간의 불안전한 행동에서 생기는 결함을 발견하고 안전대책의 이행상태를 확인하는 행동을 뜻한다.

① 안전점검의 목적
- ㉠ 설비의 안전 확보
- ㉢ 인적(人的) 안전행동상태 유지
- ㉡ 설비의 안전상태 확보
- ㉣ 합리적인 생산관리

② 안전점검의 종류
- ㉠ 정기점검 : 정해진 시간, 즉 주·월·분기 등 정기적으로 실시하는 점검으로 자체 검사를 포함
- ㉡ 수시점검(일상점검) : 작업 전, 작업 중, 작업 후에 수시로 실시하는 점검

  ⓒ 일시점검 : 일상 발견 시 또는 재해 발생 시 임시로 실시하는 점검

  ⓔ 특별점검 : 기계기구 등의 신설, 변경 시 및 고장 수리 등에 의해 부정기적으로 실시하는
  점검

3) 안전표시

 ① 안전표시의 목적

  안전표시는 유해 · 위험한 관계, 기구나 장소, 자재의 직접적인 위험성을 경고함으로써 작업
  환경을 통제하여 예상되는 재해를 사전에 예방하는 것으로, 시각적 자극으로 주의력을 키워
  인간의 불안전한 행동을 배제하고 재해를 예방, 안전한 상태를 유지하기 위해 부착한다.

 ② 안전표시의 구성

  ⓐ 모양(형상)

  ⓑ 색깔

  ⓒ 내용(부호, 그림, 문자 등)

 ③ 안전표시의 종류

  ⓐ 금지표지 : 적색 원형 바탕에 흑색 부호

  ⓑ 경고표지 : 황색 삼각형 바탕에 흑색 부호

  ⓒ 지시표지 : 청색 원형 바탕에 백색 부호

  ⓔ 안내표지 : 녹색 사각형 바탕에 백색 부호

❸ 취급 안전관리

1) 공구 취급 시 안전관리

 ① 일반 안전관리사항

  • 작업에 가장 알맞은 것인가, 불편한 점은 없는가를 충분히 검토한다.

  • 결함이 없는 완전한 공구를 사용한다.

  • 공구는 사용 전에 반드시 점검한다.

  • 손이나 공구에 기름이 묻어 있으면 미끄러져 놓치기 쉬우므로 잘 닦아 내도록 한다.

  • 올바른 사용법을 익힌 다음에 사용한다.

  • 본래의 용도 이외에는 절대로 사용하지 않는다.

  • 사용하는 공구를 기계, 재료, 제품 등 떨어지기 쉬운 곳에는 놓지 않도록 한다.

  • 예리한 물건을 다룰 때에는 장갑을 낀다.

  • 미끄럽거나 불안전한 신을 신고 작업해서는 안 된다.

  • 공구는 손으로 넘겨주거나 던져서는 절대로 안 된다.

- 올바른 방법으로 사용한다.
- 공구함 등에 정리를 하면서 사용한다.
- 불량 공구는 공구계에 반납하고 함부로 수리하지 않는다.
- 항상 작업 주위 환경에 주의를 기울이면서 작업한다.
- 공구는 항상 일정한 장소에 비치하여 놓는다.
- 사용 후 반드시 다시 사용할 수 있는 상태로 손질해서 보관한다.
- 작업 완료 시 공구의 수량, 훼손 유무 등을 점검한다.
- 망그러진 공구는 즉시 수리하여 다음 작업에 지장이 없도록 해 둔다.

② 스크루 드라이버(Screw Driver)
- 대가 구부러졌거나 끝이 둥글게 무딘 것은 사용하지 않는다.
- 자루가 망가졌거나, 불안전한 것에 사용해서는 안 된다.
- 특히 전기작업에는 자루와 금속 부분이 자루 밖으로 노출되지 않는 것을 사용해야 한다.
- 나사를 조일 때 날끝이 미끄러지지 않게 나사와 수직으로 대고 한손으로 가볍게 잡고 돌린다.
- 정이나 지렛대 대용으로 사용해서는 안 된다.
- 물건을 손에 쥐지 말고 반드시 바이스에 물린다.
- 날 끝이 나사의 머리 홈의 너비와 길이에 맞는 것을 사용해야 한다.

③ 해머(Hammer)
- 장갑 낀 손이나 기름 묻은 손으로 해머를 잡고 작업하지 않는다.
- 사용할 때 처음과 마지막에는 힘을 너무 가하지 않는다.
- 쐐기를 박아서 손잡이가 튼튼하게 박힌 것을 사용한다.
- 녹슨 것을 때릴 때에는 녹이 튀어 눈에 들어가면 실명될 우려가 있으므로 보안경을 쓴다.
- 사용면이 부서져 있는 것, 한쪽만 닳은 것, 심하게 변형된 것은 사용하지 않는다.
- 작업 시에는 타격하려는 곳에 눈을 집중시킨다.
- 대형 해머를 사용할 때는 자기의 역량을 고려하여 무리하지 않도록 한다.
- 공동작업을 할 때에는 상대방과 신호를 정하여 신호에 따라 작업을 진행한다.
- 장갑을 끼고 작업하면 자루 쥐는 힘이 적어지므로 장갑을 끼지 않는다.
- 해머로 때리기 전에 반드시 주위를 확인한 후에 때린다.
- 좁은 장소나 발판이 불량한 곳에서의 작업은 반동에 주의한다.
- 열처리된 것은 해머로 때리지 않는다.
- 긴 자루는 부러지기 쉬우므로 주의하고, 열간 작업 시에는 때때로 물에 식히면서 작업한다.

④ 정(Chisel)
   ㉠ 정작업 시에는 칩이 튀어 얼굴이나 눈 등을 다치기 쉽다.
      - 칩이 끊어져 나갈 무렵에는 가볍게 때린다.

• 사람이 서있지 않은 곳으로 정을 향하게 한다.

• 다른 사람이 상하지 않도록 비산 방지판을 세운다.

ⓛ 망치로 손가락을 때려 다치기 쉽다.

• 짧은 정은 사용하지 않는다.

• 손잡이의 중간 위쪽을 잡고 항상 똑같은 힘으로 같은 곳에 때린다.

• 끌의 머리부분이 버섯모양이거나 찌그러져 있으면 그라인더로 갈아서 사용한다.

ⓒ 쪼아내기(Chipping) 작업 시에는 방진 안경을 사용한다.

ⓔ 작업자의 눈은 정의 머리를 보지 말고 날 끝을 보면서 작업한다.

ⓜ 열처리한 재료는 정으로 작업하지 않는다.

ⓗ 자르기 시작할 때와 끝날 무렵에는 세게 치지 않는다.

ⓢ 정의 날은 중심부에 닿게 사용하며 공작물의 재질에 따라서 날 끝의 각도를 바꾸어야 한다(보통 $60 \sim 70°$).

ⓞ 정작업은 마주보고 하지 않는다.

⑤ 렌치(Wrench) 또는 스패너(Spanner)

ⓐ 무리하게 힘을 주지 말고 조심스럽게 사용한다.

ⓛ 스패너가 벗겨졌을 때를 대비하여 주위를 살핀다.

ⓒ 너트에 맞는 것을 사용한다.

ⓔ 스패너에 너트를 깊이 물리고 조금씩 앞으로 당기는 식으로 풀고 조인다.

ⓜ 스패너와 너트 사이에는 다른 물건을 끼우지 않는다.

ⓗ 양구 스패너 두 개를 연결하여 사용해서는 안 된다.

ⓢ 가급적 손잡이가 긴 것을 사용한다.

⑥ 줄(File)

ⓐ 줄작업 시 미끄러지면 일감에 손을 베일 위험이 있다.

• 한손은 날끝 쪽을, 다른 손은 손잡이를 잡고 똑같은 압력으로 부드럽게 밀어댄다.

• 지나치게 누르거나 빠른 속도로 작업해서는 안 된다.

ⓛ 손잡이가 줄에 튼튼하게 고정되어 있는지 확인한 다음에 사용한다.

ⓒ 손잡이가 빠졌을 때에는 조심하여 끼운다.

ⓔ 줄은 경도가 높고 취성이 커서 잘 부러지므로 충격을 주지 않는다.

ⓜ 줄의 균열(Crack) 유무를 확인한다.

ⓗ 줄작업의 높이는 작업자의 팔꿈치 높이로 하는 것이 좋다.

ⓢ 작업 자세는 허리를 낮추고 몸의 안정을 유지하며 전신을 이용할 수 있게 한다.

ⓞ 칩은 브러시로 제거한다.

ⓩ 줄의 손잡이는 정해진 크기로서 튼튼한 구금(口金 ; Mouth-Piece)을 끼운 것이 좋다.

⑦ 쇠톱(Hack Saw)

- 초보자는 잘 부러지지 않는 탄력성 있는 톱날을 쓰는 것이 좋다.
- 톱에 힘을 가할 때는 천천히 고르게 한다.
- 얇은 금속판을 자를 때는 판 양쪽에 나무를 대어 고정시킨 후 고운 날을 사용한다.
- 날은 가운데 부분만 사용하지 말고 전체를 고루 사용한다.
- 톱날을 틀에 끼운 후 두세 번 시험하고 다시 한 번 조정한 다음에 사용한다.
- 톱작업이 끝날 때에는 힘을 알맞게 줄인다.

⑧ 연삭(Grinding)

- 안전 커버(Cover)를 떼고서 작업해서는 안 된다.
- 숫돌바퀴에 균열이 있는지 확인한다(나무 해머로 가볍게 두드려 보아 맑은 음이 나는지 확인한다. 만약 상처가 있으면 탁음이 난다).
- 숫돌차의 과속 회전은 파괴의 원인이 되므로 유의한다.
- 숫돌차의 표면이 심하게 변형된 것은 반드시 수정(Dressing)해야 한다.
- 받침대(Rest)는 숫돌차의 중심선보다 낮게 하지 않는다. 작업 중 일감이 딸려 들어갈 위험이 있기 때문이다.
- 숫돌차의 주면(周面)과 받침대의 간격은 2~3mm 정도로 유지해야 한다.
- 숫돌차의 장치와 시운전은 정해진 사람만이 하도록 한다.
- 숫돌바퀴가 안전하게 끼워졌는지 확인한다.
- 연삭기의 커버는 충분한 강도를 가진 것으로 규정된 치수의 것을 사용한다.
- 패킹이 없는 숫돌차는 미리 숫돌차와 플랜지 사이에 플랜지와 같은 지름의 패킹을 끼우도록 한다.
- 플랜지의 조임 너트를 정확히 조이도록 한다.
- 숫돌차의 측면에 서서 연삭해야 한다.
- 스위치를 누르고 약 2~3분간 공전시킨 후 정상 회전속도가 될 때까지 기다렸다가 연삭한다.
- 숫돌차의 측면 사용은 매우 위험하므로 특별한 경우를 제외하고는 전면을 사용한다(캡형 숫돌차는 측면 사용이 가능하다).
- 반드시 보호안경을 써야 한다.
- 일감과 숫돌차의 접촉은 천천히 하고 적당한 압력으로 연삭한다.
- 이동식 연삭기는 반드시 회전이 멈춘 뒤 제자리에 놓는다.
- 회전하는 숫돌에 손을 대지 않는다.
- 작업 완료 시나 잠시 자리를 비울 때에는 반드시 스위치를 끈다.
- 플랜지는 반드시 숫돌차 지름의 1/3 이상 되는 것을 사용하되 양쪽을 모두 같은 크기로 한다.
- 부시의 구멍은 숫돌바퀴의 바깥둘레와 동심이어야 하며, 숫돌바퀴의 측면에 대해 직각이어야 한다.

2) 장치 취급 시 안전관리

① 전기 용접작업의 안전사항

- 용접작업 시에는 보호장비를 착용하도록 한다.
- 작업 전에 소화기 및 방화사를 준비한다.
- 시설물을 접지로 이용할 경우에는 반드시 시설물의 크기를 고려하도록 한다.
- 피용접물은 코드로 완전히 접지시킨다.
- 우천 시에는 옥외 작업을 하지 않는다.
- 장시간 작업할 경우에는 수시로 용접기를 점검하도록 한다.
- 용접봉을 갈아끼울 때는 홀더의 충전부가 몸에 닿지 않도록 한다.
- 용접봉은 홀의 클램프로부터 빠지지 않도록 정확히 끼운다.
- 가스관 및 수도관 등의 배관은 이를 접지로 이용하지 않도록 한다.
- 1차 및 2차 코드의 벗겨진 것은 사용을 금하도록 한다.
- 홀더는 항상 파손되지 않은 안전한 것을 사용하도록 한다.
- 헬멧 사용 시에는 차광 유리가 깨지지 않도록 보호하여야 한다.
- 작업장에서는 차광막을 세워 아크가 밖으로 새어 나가지 않도록 한다.
- 정격 사용률을 엄수하여 과열을 방지한다.
- 반드시 용접이 끝나면 용접봉을 빼어 놓는다.
- 작업자는 용접기 내부에 손을 대지 않도록 한다.
- 작업장 주위에는 인화물질이 없도록 사전에 조치하여야 한다.
- 작업을 중단할 경우에는 전원을 끄거나 커넥터를 풀어 두며, 전압이 걸려 있는 홀더를 버려 두지 않도록 한다.
- 기계는 땅 표면에서 약간 높게 하여 습기의 침입을 방지한다.
- 2차 측 단자의 한쪽과 기계의 외부 상자는 반드시 접지를 확실히 한다.
- 절대로 물기가 있거나 땀에 젖은 손으로 작업해서는 안 된다.
- 감전의 우려가 있는 탱크 속이나 협소한 곳에서는 간격 방지기를 배치한다.
- 작업장의 환기가 좋지 않으면 가스중독 또는 진폐증 등의 질병의 원인이 되기 쉬우므로 통풍을 해야 한다.

② 가스 용접작업의 안전사항

- 용접 착수 전에는 소화기 및 방화사 등을 준비하도록 한다.
- 작업하기 전에 안전기와 산소 조정기의 상태를 점검한다.
- 기름 묻은 옷은 인화의 위험이 있으므로 절대 입지 않도록 한다.
- 역화(逆火)하였을 때는 산소 밸브를 잠그도록 한다.
- 역화의 위험을 방지하기 위하여 안전기를 사용하도록 한다.

- 밸브를 열 때에는 용기 앞에서 몸을 피하도록 한다.
- 아세틸렌의 사용 압력을 0.1MPa 이하로 한다.
- 연결호스는 아세틸렌에 대하여 0.2MPa, 산소는 절단용이 1.5MPa의 내압에 합격한 것을 사용하여야 한다.
- 발생기에서 5m 이내 또는 발생기실에서 3m 이내의 장소에서 담배를 피우거나 불꽃이 일어날 행위는 엄금하도록 한다.
- 산소 용기는 산소가 15MPa의 고압으로 충전되어 있는 것이므로 용기가 파열되거나 폭발되지 않도록, 용기에 심한 충격 · 마찰을 주지 않는다.
- 토치 점화 시에는 조정기의 압력을 조정하고 먼저 토치의 아세틸렌 밸브를 먼저 열고 점화한 후 산소 밸브를 열며, 작업 완료 후에는 아세틸렌 밸브를 먼저 닫고나서 산소 밸브를 닫도록 한다.
- 가스의 누설 검사는 비눗물을 사용하도록 하며, 작업 후 화기나 가스의 누설 여부를 살핀다.
- 유해가스 · 연기 · 분진 발생이 심할 때에는 방진 마스크를 착용하도록 한다.
- 이동작업이나 출장작업 시에는 용기에 충격을 주지 않도록 주의한다.
- 작업하기 전에 주위에 가연물 등 위험물이 없는지 살펴보도록 한다.
- 압력 조정기를 산소 용기에 바꾸어 달 경우에는 반드시 조정 핸들을 풀도록 한다.
- 작업장은 환기가 잘되게 한다.
- 용접 이외의 목적, 즉 통풍, 조연(助燃) 등에 산소를 사용해서는 안 된다.
- 충전된 산소병에 햇빛이 직사되면 압력이 상승되어 위험하므로, 산소병은 햇빛이 들지 않는 장소에 두도록 한다.
- 산소병을 뉘어 놓지 않도록 하며, 부득이한 경우에는 강압밸브에 나무를 받쳐 놓도록 한다.
- 토치는 작업의 규모와 성질에 따라서 선택한다.
- 용기의 밸브는 천천히 열고 닫도록 한다.
- 토치 내에서 소리가 나거나 과열했을 때는 역화에 주의하도록 한다.
- 충전용기는 빈 용기와 구별하여 안전한 장소에 저장하도록 한다.
- 고무 호스와 아세틸렌병의 죔쇠는 황동 재료를 사용하고, 구리는 절대로 사용하지 말도록 한다.
- 산소용 호스와 아세틸렌 호스는 색이 구별된 것을 사용하도록 하며 고무 호스를 사람이 밟거나 차가 그 위를 지나지 않도록 한다.

> **참고** **기타 장치의 취급 시 안전관리**

1. 토치
   - 분해를 자주 하면 나사산이 마모되어 가스가 새거나 고장이 나므로 특별한 경우를 제외하고는 분해하지 않는다.
   - 기름이나 그리스를 바르지 않는다.
   - 팁의 점화는 용접용 라이터를 사용한다.
   - 토치가 가열되었을 때는 아세틸렌 가스를 멈추고 산소 가스만을 분출시킨 상태로 물속에서 식힌다.
   - 팁을 청소할 경우에는 반드시 팁 클리너(Tip Cleaner)를 사용한다.
   - 가스가 분출할 경우에는 반드시 가스 밸브를 잠그고 한다.
   - 팁을 바꿀 때에는 반드시 가스 밸브를 잠그고 한다.
   - 점화가 불량할 때는 고장난 곳을 점검하고 수리한 다음에 사용한다.
   - 토치나 팁을 작업대 등 지정된 장소에 놓으며 땅 위에 직접 놓아서는 안 된다.

2. 산소용기
   - 운반할 경우에는 반드시 캡을 씌운다.
   - 산소병의 표면 온도가 40℃ 이상 되지 않도록 하며 직사광선을 쬐지 않게 한다.
   - 겨울철에 용기가 동결 시에는 불로 녹이지 말고 더운물로 녹인다.
   - 조정기의 나사는 홈을 7개 이상 완전히 막아 넣는다.
   - 밸브 개폐 시 용기 앞에서 열지 말고 옆에서 열도록 한다.
   - 산소가 새는 것을 조사할 경우에는 비눗물을 사용한다.
   - 기름 묻은 손으로 용기를 만져서는 안 된다.
   - 사용이 끝났을 때는 밸브를 닫고 규정된 위치에 놓는다.
   - 운반 중 굴리거나 넘어뜨리거나 또는 던지거나 해서는 안 된다.

3. 아세틸렌 용기
   - 용기의 스핀들 부분에서 가스가 샐 때에는 용기의 밸브를 조심스레 꼭 잠가야 한다.
   - 용기는 주의깊게 취급하며, 충돌이나 충격을 주지 않는다.
   - 안전밸브의 개폐는 조심스레 하고 밸브를 $1\frac{1}{2}$ 회전 이상 돌리지 않는다.
   - 용기가 가열되어 새는 것을 방지하기 위해서 화기 부근에는 절대 두지 않는다.
   - 가스 조정기나 용기의 밸브에 호스를 연결시킬 때는 바르게 한다.
   - 용기 저장소는 화기 없는 옥외로서 환기가 잘되는 구조이어야 한다.
   - 용기 저장고의 온도는 35℃ 이하로 유지한다.
   - 가스 용접기나 가스 절단기에 점화시킬 때에는 팁의 끝을 아세틸렌 용기와 반대방향으로 해야 한다.
   - 용기가 발화되면 긴급조치를 한 후 전문가의 의견을 듣도록 한다.
   - 용해 아세틸렌의 용기에서 아세틸렌이 급격히 분출될 때에는 정전기가 발생되어 사람에게 해로우므로 급격히 분출시키지 않도록 한다.

4. 가스조정기

- 가스 조정기는 신중하게 다룬다.
- 산소용기에는 그리스나 기름 등을 접촉시키지 않는다.
- 밸브의 개폐를 신중하게 한다.
- 조정기는 사용 후에 조정 나사를 늦추어서 다시 사용할 때 가스가 한꺼번에 흘러 나오는 것을 방지하도록 한다.
- 산소용기에서 조정기를 떼어 놓을 때는 반드시 압력 조정 핸들을 풀어 놓는다. 그렇지 않고 밸브를 열면 조정기가 파손될 염려가 있다.

④ 보호구

1) 보호구 취급

① 안전모

- 모자를 쓸 때 모자와 머리 끝부분의 간격은 25mm 이상이 되도록 목의 턱끈을 조정한다.
- 올바른 착용방법에 따라 쓴다.
- 턱끈은 반드시 조여 맨다.
- 작업에 알맞은 것을 사용하며 전기공사 등을 할 때에는 폴리에틸렌제와 같은 절연성이 있는 것을 선택한다.
- 내장(內裝)이 땀이나 기름으로 더러워지므로 적어도 월 1회 정도는 세척하도록 한다.
- 낡았거나 손상된 것은 교체한다.
- 되도록 각 개인별 전용으로 한다.
- 화기를 취급하는 곳에서 모자의 몸체와 차양이 셀룰로이드로 된 것을 사용하여서는 안 된다.
- 산이나 알칼리를 취급하는 곳에서는 펠트나 파이버 모자를 사용해야 한다.
- 통풍이 잘되어야 한다.

② 작업복

- 기계작업을 할 때에는 끈이 있는 옷은 착용하지 않는 것이 좋다.
- 주머니는 가급적 수가 적은 것이 좋다.
- 정전기가 발생하기 쉬운 섬유질 옷의 착용을 금한다.
- 상의의 옷자락이 밖으로 나오지 않도록 한다.
- 화학적 성질에 대한 작업에는 화학약품에 내성이 강한 것을 착용한다.
- 자주 세탁하여 입도록 한다.
- 작업 의욕을 돋우기 위하여 외관이 좋은 디자인으로 만든다.
- 직종에 다라 여러 색채로 나누는 것도 효과적이다.

③ 보호장갑

- 회전하는 기계작업, 목공작업 등을 할 때에는 장갑을 착용하지 않도록 한다.
- 화학물질 등을 취급할 때는 화학약품에 대한 내성이 강한 것을 사용해야 한다.
- 손이나 손가락이 상하기 쉬운 작업을 할 때에는 작업에 적당한 토시, 장갑, 벙어리장갑을 사용하도록 한다.

④ 안전화

- 스크랩(Scrap)이나 파쇠철 때문에 갑피(甲皮)가 상하기 쉬운 작업장에서는 신발 끝 강철에 끝심이 들어 있어야 한다.
- 파쇠철 또는 고열물을 취급하는 작업장에서는 갑피와 고무 바닥을 압착시킨 내구력이 큰 것을 사용한다.
- 부식성 약품의 사용 시에는 고무제품 장화를 착용한다.
- 가죽에 해로운 분진이나 약품이 묻기 쉬우므로 일반화보다 자주 손질해야 한다.
- 용접공은 구두창에 쇠붙이가 없는 부도체의 안전화를 신어야 한다.
- 작거나 헐거운 구두를 신지 말아야 하며 튼튼한 신발을 신도록 한다.
- 미끄럼 방지가 되어 있는 것을 신도록 한다.
- 중량물을 취급하는 작업장에서는 앞축이 강철로 된 신발을 착용한다.

⑤ 귀마개

- 휴대하기에 편리하고 귓구멍에 알맞은 것을 사용한다.
- 손질이 쉽고, 깨끗해야 한다.
- 내열, 내습, 내한, 내유성이 있어야 한다.
- 오랜 시간 착용해도 압박감이 없어야 한다.
- 피부를 자극하지 않고 쉽게 파손되지 말아야 한다.
- 반차음(半遮音)된 것을 사용한다.

⑥ 마스크

㉠ 방진 마스크

- 방진 마스크에는 직결식과 격리식이 있다.
- 광물성 먼지 등을 흡입함으로써 인체에 해로울 때 사용한다.
- 취급이 간편하고 쉽게 파손되지 않아야 한다.
- 오랜 시간 사용해도 고통과 압박이 없어야 한다.
- 여과 효율이 좋아야 한다.
- 사용적(死容積)이 적어야 한다.
- 흡기·배기저항이 적어야 한다.
- 중량이 가벼워야 한다(직결식은 120g 이하).

- 시야가 넓어야 한다(아래쪽 시야 50° 이상).
- 안면에 밀착성이 좋아야 한다.
- 피부와 접촉하는 고무의 질이 좋아야 한다.
- 사용 후 손질이 간단해야 한다.

ⓒ 방독 마스크
- 방독 마스크는 격리식, 직결식, 직결식 소형으로 구분된다.
- 산소가 결핍(약 16%)되어 있는 곳에서 쓰면 질식한다.
- 기본지식을 알고 사용한다.
- 딱딱하게 변화된 흡수관은 사용하지 않는다.
- 맨홀이나 기관, 가스 탱크에서는 사용하지 않는다.
- 흡수관의 제독능력도 한도가 있어서 가스의 농도가 짙은 곳에서는 사용하지 않는다.

ⓒ 송풍 마스크
- 산소가 결핍된 곳이나 유해물의 농도가 짙은 곳에서 사용한다.
- 호스 마스크와 에어라인 마스크가 있다.

⑦ **보호안경**

ⓐ 차광안경
- 광선은 가시광선($400\sim700\mu m$ 의 파장), 자외선($400\mu m$ 보다 짧은 파장), 적외선($700\mu m$ 보다 긴 파장)이 있다.
- 작업에 적당한 것을 사용한다.
- 용접 및 평로 등의 작업에는 가시광선을 약하게 하여 고열발광을 관측할 수 있게 한다.

ⓑ 보안용 안경
  칩이 날아 튀기 쉬운 공작기계 및 먼지가 많은 곳에서는 보안용 안경을 꼭 착용해야 한다.

⑤ 전기 재해

1) 전기 및 화재취급

① 감전 전류

감전 전류(mA/sec)	영향
1	전기를 느낄 수 있을 정도의 전류
5	상당한 통감
10	견디기 어려운 고통
20	근육 수축이 심함, 행동 불능
30	위험 상태
40	치명적 결과 초래

② 감전사고

　　㉠ 감전사고 예방법

- 전기설비의 점검을 철저히 한다.
- 전기기기에 위험표지를 한다.
- 유자격자 이외에는 전기기계 · 기구의 조작을 금지한다.
- 설비의 필요 부분에는 보호접지를 한다.
- 노출된 충전 부분에는 절연용 보호구를 설치한다.
- 재해 발생 시의 처리순서를 미리 작성해 둔다.

　　㉡ 감전 방지조치

- 보호접지 : 전기기기를 금속 또는 철대 등으로 접지하였을 경우, 접지 저항값은 전로의 1선 지락전류의 암페어수에 150을 나눈 값 이하의 옴수가 되도록 한다.
- 이중 절연기기의 사용 : 전동드릴 등 수동용 공구에는 충전부와 케이스 등 사람이 접촉하는 부분 사이에 기능절연과 보호절연의 이중절연장치를 갖춘다.
- 비접지식 전로의 채용 : 변압기 내의 특별고압권선 또는 고압권선의 저압권선 사이에는 혼촉 방지판을 설치하고 혼촉 방지판에 보호접지공사를 실시한다.
- 누전차단기 : 전기기기에는 누전에 의한 감전재해를 확실히 방지하기 위하여 동기기가 접속되어 있는 전로에 누전차단기를 설치하여야 한다.

③ 전기작업 시의 안전

　　㉠ 안전작업공간

- 600V 이하의 노출된 충전 금속부가 있는 개폐장치, 그 이외의 설비에는 통전 중 안전하게 근로자가 접근할 수 있도록 최소 2.15m의 높이에는 장애물이 없도록 작업공간을 설

정해야 한다.
- 작업공간 한쪽에만 노출부나 통전부분이 있을 경우에는 0.75m, 작업공간 양쪽에 노출부나 충전부분이 있을 경우에는 1.35m를 유지해야 한다.

ⓛ 정전작업

▼ **정전작업 시의 조치사항**

조치사항	설명
무전압 상태의 유지	개폐기에는 시건장치를 하거나 통전금지에 관한 표찰을 부착하거나 감시인을 두어 개폐기를 확실히 개방할 것
잔류전하의 방전	개로된 전류가 전력 케이블, 전력 콘덴서 등을 가진 것은 안전한 방법에 의한 잔류전하의 방전 조치를 할 것
단락접지	개로된 전류가 고압 또는 특별고압이었을 때는 검전기에 의한 충전 여부를 확인하고 단락 접지 기구를 사용하여 확실한 접지 조치를 할 것

┌─ 참고 **재통전 시의 안전사항** ──────────────
- 감전의 위해가 없음을 확인할 것
- 단락접지기구를 제거할 것
└──────────────────────────────────

④ **전기 화재**
ⓐ 단락 및 혼촉
- 단락 : 2개 이상의 전선이 서로 접촉하는 현상으로 많은 전류가 흐르게 되어 배선에 고열이 발생하게 되며, 단락 순간에 폭음과 함께 전선이 녹아버리게 된다. 단락된 순간의 전압은 1,000~1,500A 정도가 되며, 단락 방지를 위해서는 퓨즈, 누전차단기 등을 설치한다.
- 혼촉 : 고압선과 저압가공선이 병가된 경우 접촉으로 인해 발생하거나 1·2차 코일의 절연 파괴로 인하여 발생한다.

ⓑ 누전과 지락
- 누전 : 전류가 설계된 부분 이외의 곳에 흐르는 현상으로, 누전전류는 최대공급전류의 1/2,000을 넘지 않아야 한다.
- 지락 : 누전전류의 일부가 대지로 흐르게 되는 것으로 보호접지를 하여야 한다.

ⓒ 누전 및 지락 방지대책
- 절연, 열화의 방지
- 과열, 습기, 부식의 방지

- 충전부와 수도관, 가스관 등을 이격
- 퓨즈, 누전차단기 설치

⑤ 정전기

　㉠ 정전기의 영향

　　방전에너지가 가열성 물질의 최소 착화에너지보다 큰 경우 가연성 가스, 폭발성 가스, 증기 또는 분진 등에 착화되어 화재, 폭발 등이 발생할 수 있다.

　㉡ 정전기의 예방대책

- 접지 조치
- 유속 조절
- 대전 방지제 사용
- 제전기 사용
- 70% 이상의 상대습도 부여

6 화재 및 소화

1) 소화방법

① 가연물의 제거에 의한 소화방법 : 제거효과
② 산소 공급을 차단하는 소화방법 : 질식효과(희석효과)
③ 냉각에 의한 온도 저하의 소화방법 : 냉각효과
④ 연속적 관계의 차단 소화방법 : 억제효과

2) 화재 종류별 소화방법

분류	A급 화재	B급 화재	C급 화재	D급 화재
명칭	보통화재	유류 · 가스화재	전기화재	금속화재
가연물	목재, 종이, 섬유	유류, 가스	전기	Mg분, Al분
적응 소화재	• 물 소화기 • 강화액 소화기	• 포말소화기 • CO_2 소화기 • 분말소화기 • 증발성 액체소화기	• 유기성 소화액 • CO_2 소화기 • 분말	• 건조사 • 팽창질식 • 팽창진주암
구분색	백색	황색	청색	–

···05 보일러 안전

1 보일러 사고의 구분

① 파열사고 : 압력 초과, 저수위, 과열부식 등의 취급상의 원인과 제작상의 원인은 파열사고의 원인이 될 수 있다.

② 미연소가스 폭발사고 : 연소 계통에 미연소가스가 충만 상태로 점화했을 경우 순간적인 연소에 의하여 큰 사고를 발생시킬 수 있다.

2 보일러 사고의 원인

① 제작상의 원인 : 재료 불량, 강도 부족, 설계 불량, 구조 불량, 부속기기·설비의 미비, 용접 불량 등

② 취급상의 원인 : 압력 초과, 저수위, 급수처리 불량, 부식, 과열, 미연소가스 폭발사고, 부속기기의 정비 불량 등

3 보일러 사고 발생이 쉬운 경우

① 무인 운전 시
② 조종자의 교대 전후
③ 증기부하의 변동이 심할 때
④ 정전 또는 정전 후 재통전 시
⑤ 노후된 보일러인 경우
⑥ 무허가제품을 사용한 경우
⑦ 점화 소화 후 30분 사이
⑧ 야간(특히 새벽)
⑨ 다른 임무가 과중할 경우
⑩ 음주작업 후
⑪ 취급자 이외의 보조자가 조종할 경우
⑫ 단속 운전을 자주 한 경우

4 각종 사고의 원인

1) 취급자 조작상의 원인

① 수위 유지(수면계 감시)
② 점화 및 소화(화염 감시 등)
③ 댐퍼의 조정 및 개폐도
④ 버너의 조종(화염 조종, 역화 방지)
⑤ 관수의 분출(실시 시간, 회수, 분출량)
⑥ 각종 밸브의 조작
⑦ 급수관리
⑧ 급유관리(예열, 여과, 배수)
⑨ 무인운전

2) 취급자 사전 점검상의 원인

① 급수계통(용수펌프, 인젝트밸브)

② 급유계통(연료유, 급유펌프밸브)

③ 송풍기 및 댐퍼

④ 화염 상태 및 버너

⑤ 연소실 및 전열면(부식 변형, 변질, 그을음 부착, 노내압)

⑥ 수면계

⑦ 저수위 안전장치, 압력제한 스위치

⑧ 자동연소 차단장치

⑨ 안전밸브 및 각종 밸브

⑩ 온도계, 압력계

5 각종 보일러 사고의 원인 및 대책

1) 과열

① 원인
- 보일러 이상 감수 시
- 동 내면에 스케일 생성 시
- 보일러수가 농축되어 있을 경우
- 보일러 수의 순환이 불량할 경우
- 전열면에 국부적인 열을 받았을 경우

② 보일러 과열 방지책
- 보일러 수위를 너무 낮게 하지 말 것
- 보일러 동 내면에 스케일 생성을 방지할 것
- 보일러수를 농축시키지 말 것
- 보일러수의 순환을 좋게 할 것
- 전열면에 국부적인 과열을 피할 것

2) 이상 감수

① 원인
- 수면계 수위를 오판했을 경우
- 수면계 주시를 태만히 했을 경우
- 분출장치 계통에서 누수가 발생했을 경우

- 급수펌프가 고장일 경우
- 수면계 연락관이 막혔을 경우

② 응급조치방법

- 연료의 공급을 중지하고 댐퍼를 닫는다.
- 공기의 공급을 중단한다.
- 수위의 확인을 실시한다.
- 증기밸브, 안전밸브를 수동으로 주의깊게 열고 보일러 압력을 점차로 내린다.
- 다른 보일러와의 연락을 차단한다.
- 과열면의 이상 유무를 확인한다.
- 감수의 원인을 확인한다.

3) 포밍, 프라이밍

① 발생원인

- 주 증기밸브를 급히 연 경우
- 고수위로 운전한 경우
- 증기부하가 과대한 경우
- 보일러수가 농축되었을 경우
- 보일러수 중에 부유물, 유지분, 불순물이 많이 함유되어 있을 경우

② 방지대책

- 주 증기밸브를 천천히 개방할 것
- 정상수위로 운전할 것
- 과부하가 되지 않도록 운전할 것
- 보일러수의 농축을 방지할 것
- 보일러수 처리를 철저히 하여 부유물, 유지분, 불순물을 제거할 것

참고 각종 보일러의 종류

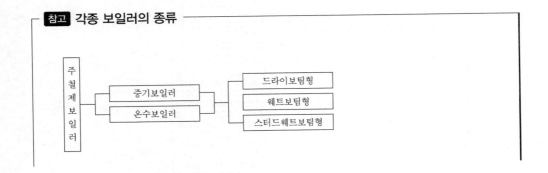

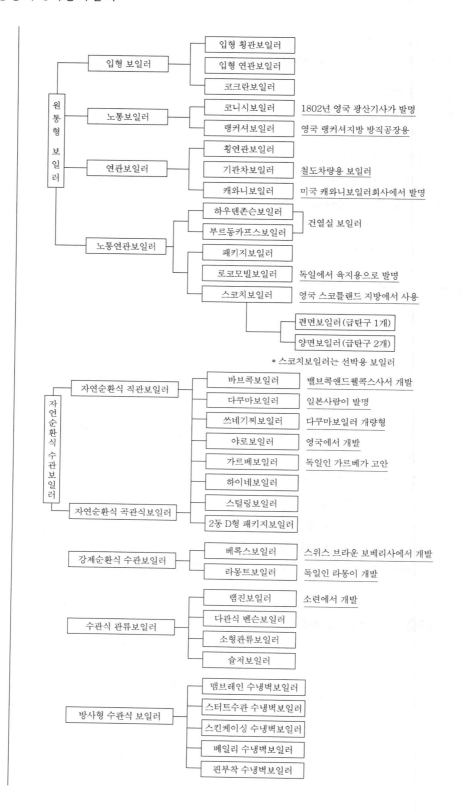

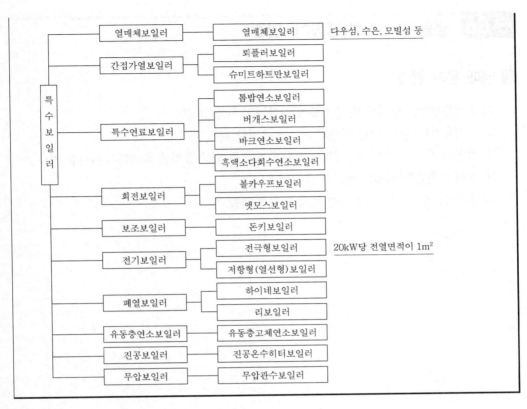

	열매체보일러	열매체보일러 — 다우섬, 수은, 모빌섬 등
	간접가열보일러	뢰플러보일러 / 슈미트하트만보일러
특수보일러	특수연료보일러	톱밥연소보일러 / 버개스보일러 / 바크연소보일러 / 흑액소다회수연소보일러
	회전보일러	볼카우프보일러 / 앳모스보일러
	보조보일러	돈키보일러
	전기보일러	전극형보일러 — 20kW당 전열면적이 $1m^2$ / 저항형(열선형)보일러
	폐열보일러	하이네보일러 / 리보일러
	유동층연소보일러	유동층고체연소보일러
	진공보일러	진공온수히터보일러
	무압보일러	무압관수보일러

참고 보일러 부속장치

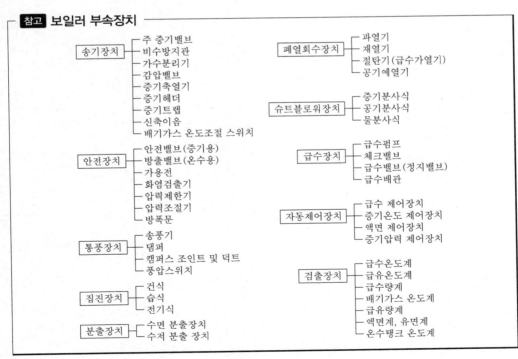

송기장치
- 주 증기밸브
- 비수방지관
- 가수분리기
- 감압밸브
- 증기축열기
- 증기헤더
- 증기트랩
- 신축이음
- 배기가스 온도조절 스위치

안전장치
- 안전밸브(증기용)
- 방출밸브(온수용)
- 가용전
- 화염검출기
- 압력제한기
- 압력조절기
- 방폭문

통풍장치
- 송풍기
- 댐퍼
- 캠퍼스 조인트 및 덕트
- 풍압스위치

집진장치
- 건식
- 습식
- 전기식

분출장치
- 수면 분출장치
- 수저 분출 장치

폐열회수장치
- 과열기
- 재열기
- 절탄기(급수가열기)
- 공기예열기

슈트블로워장치
- 증기분사식
- 공기분사식
- 물분사식

급수장치
- 급수펌프
- 체크밸브
- 급수밸브(정지밸브)
- 급수배관

자동제어장치
- 급수 제어장치
- 증기온도 제어장치
- 액면 제어장치
- 증기압력 제어장치

검출장치
- 급수온도계
- 급유온도계
- 급수량계
- 배기가스 온도계
- 급유량계
- 액면계, 유면계
- 온수탱크 온도계

···06 냉동 공기조화(냉동기) 안전

1 냉매 용기 취급

① 충전용기에는 넘어짐 및 충격을 방지하는 조치를 할 것
② 충전용기는 항상 40℃ 이하의 온도를 유지할 것
③ 가연성 가스를 저장하는 곳에는 휴대용 손전등 외의 등화를 휴대하지 아니할 것
④ 용기를 운반할 때에는 반드시 캡을 씌울 것
⑤ 충전용기의 표시는 지워지면 즉시 다시 도색할 것

[10장] 출제예상문제

01 가스용기의 취급 시 주의할 사항 중 잘못 설명한 것은?

① 용기를 사용하지 않을 때에는 밸브를 잠근다.
② 용기에 새겨 있는 각인을 말소하지 않는다.
③ 용기는 봉급힘 도구로 사용할 수 있다.
④ 용기를 떨어뜨리지 않도록 한다.

해설
가스용기 취급 시 주의사항
㉠ 용기를 사용하지 않을 때에는 밸브를 잠근다.
㉡ 용기에 새겨 있는 각인을 말소하지 않는다.
㉢ 용기를 떨어뜨리지 않는다.

02 용접작업 중 귀마개를 착용하고 작업을 해야 하는 용접작업은?

① 가스 용접작업
② 이산화탄소 용접작업
③ 플럭스 코어드 용접작업
④ 플래시 버트 용접작업

해설
맞대기 이음
㉠ 플래시 용접 : 접합부 전체를 가열한 다음 센 압력을 가하여 맞댄 면을 접합시키는 방법
㉡ 버트 용접 : 피용접물을 클램프 장치를 고정하여 용접면을 맞대어 전류를 통하면 저항열이 발생, 가열되어 이것을 가압해서 용접하는 방법

03 감전되거나 전기 화상을 입을 위험이 있는 작업에서 구비해야 할 것은?

① 보호구
② 구명구
③ 구급용구
④ 비상등

해설
감전되거나 전기 화상을 입을 위험이 있는 작업에서는 보호구가 필요하다.

04 사고의 본질적인 특성에 대한 설명으로 올바르지 못한 것은?

① 사고의 시간성
② 사고의 우연성
③ 사고의 정기성
④ 사고의 재현 불가능성

해설
사고의 본질적 특성
㉠ 사고의 시간성
㉡ 사고의 우연성
㉢ 사고의 재현 불가능성

05 다음 중 줄작업 시 유의해야 할 내용으로 적절하지 못한 것은?

① 미끄러지면 손을 베일 위험이 있으므로 유의하도록 한다.
② 손잡이가 줄에 튼튼하게 고정되어 있는지 확인한다.
③ 줄의 균열 유무를 확인할 필요는 없다.
④ 줄작업의 높이는 허리를 낮추고 몸의 안정을 유지하며 전신을 이용하도록 한다.

해설
줄작업 시 줄의 균열 유무를 반드시 확인하여야 한다.

06 낙하나 추락으로 인한 부상 방지용 보호구가 아닌 것은?

① 안전대
② 안전모
③ 안전화
④ 장갑

해설

장갑은 손을 보호하기 위한 보호구이지 낙하나 추락으로 인한 부상 방지용 보호구는 아니다.

07 산소용기의 가스 누설검사에 가장 안전한 것은?

① 비눗물 ② 아세톤
③ 유황 ④ 성냥불

해설

각종 가스의 누설검사 시 가장 간단한 방법은 비눗물 검사이다.

08 가스시설 중에서 가스가 누설되고 있을 때 가장 적절한 조치를 순서대로 나열한 것은?

> ⓐ 창문을 열어 통풍시킨다.
> ⓑ 판매점에 연락한다.
> ⓒ 중간밸브를 잠근다.
> ⓓ 용기밸브를 잠근다.

① ⓐ → ⓑ → ⓒ → ⓓ
② ⓓ → ⓒ → ⓐ → ⓑ
③ ⓑ → ⓐ → ⓓ → ⓒ
④ ⓒ → ⓑ → ⓐ → ⓓ

해설

가스 누설 시 조치순서
1. 용기밸브 차단
2. 중간밸브 차단
3. 창문을 열고 환기
4. 판매점에 연락

09 냉동장치의 냉매설비 기밀시험은?

① 설계압력 이상
② 설계압력 미만

③ 설계압력 1.5배 이상
④ 설계압력 1.5배 미만

해설

냉동장치의 냉매설비 기밀시험은 설계압력 이상 실시하며, 기밀시험 가스는 불활성 가스로 한다.

10 냉동제조시설에서 가스누설 검지 경보장치의 검출부 설치개수는 설비군의 바닥면 둘레 몇 m마다 1개 이상의 비율로 설치하여야 하는가?

① 5 ② 10
③ 15 ④ 20

해설

가스누설 검지장치는 냉동제조 설비군의 바닥면 둘레 10m마다 1개 이상의 비율로 설치한다.

11 정작업을 할 때 강하게 때리면 안 되는 경우는 어느 때인가?

① 전 작업에 걸쳐
② 작업 중간과 끝에
③ 작업 처음과 끝에
④ 작업 처음과 중간에

해설

정작업은 작업 처음과 끝날 때에는 강하게 때리지 않는다.

12 다음 중 보호구로서 갖추어야 할 조건이 아닌 것은?

① 착용 시 작업에 지장이 없을 것
② 대상물에 대하여 방호가 충분할 것
③ 보호구 재료의 품질이 우수할 것
④ 성능보다는 외관이 좋을 것

해설

보호구는 외관보다는 성능이 우수해야 한다.

정답 **07** ① **08** ② **09** ① **10** ② **11** ③ **12** ④

13 카바이드와 물의 작용방식에 의한 가스발생기의 종류가 아닌 것은?

① 주수식   ② 침지식
③ 투입식   ④ 주입식

해설

아세틸렌 발생기
㉠ 주수식
㉡ 침지식
㉢ 투입식

14 작업 중에 갑자기 정전이 발생되었을 때의 조치 중 틀린 것은?

① 즉시 전기 스위치를 차단한다.
② 비상발전기가 있으면 가동 준비를 한다.
③ 퓨즈를 검사한다.
④ 공작물과 공구는 원상태로 놓아 둔다.

해설

작업 중에 갑자기 정전이 발생되면 공작물과 공구는 분리시켜 놓는다.

15 정전작업 시의 안전관리사항 중 적합하지 못한 것은?

① 무전압 상태의 유지
② 잔류전하의 방전
③ 단락접지
④ 과열, 습기, 부식의 방지

해설

정전작업 시 안전관리
㉠ 무전압 상태의 유지
㉡ 잔류전하의 방전
㉢ 단락접지

16 용접용 가스용기 운반 시 안전한 방법은?

① 높은 곳에서 낮은 곳으로 떨어뜨린다.
② 전자석을 이용한다.
③ 로프로 묶어서 이동시킨다.
④ 용기를 트럭에서 내릴 때에는 레일을 이용하여 조용히 내린다.

해설

용접용 가스용기의 운반 시 용기를 트럭에서 내릴 때에는 레일을 이용하여 조용히 내린다.

17 고압가스 특정제조시설 기준에서 제2종 보호시설에 해당되는 곳은?

① 학교   ② 병원
③ 도서관   ④ 주택

해설

㉠ 제1종 보호시설 : 학교, 병원, 도서관
㉡ 제2종 보호시설 : 주택, 소규모 건물

18 재해발생 빈도율을 구하는 공식은?

① (재해발생 건수/연평균 근로자 수)×100
② (재해발생 건수/연평균 근로자 수)×1,000
③ (재해발생 건수/연평균 근로자 수)×1,000,000
④ (근로 손실일수/근로 총 시간수)×1,000

해설

$$재해발생\ 빈도율=\left(\frac{재해발생\ 건수}{연평균\ 근로자\ 수}\right)\times10^6$$

19 차광안경의 렌즈 색으로 적당한 것은?

① 적색   ② 자색
③ 갈색   ④ 회색

해설

차광안경의 렌즈 색으로는 자색이 이상적이다.

20 연소의 위험과 인화점, 착화점의 관계가 잘못된 것은?

① 인화점이 낮을수록 연소의 위험이 크다.
② 착화점이 높을수록 연소의 위험이 크다.
③ 산소 농도가 높을수록 연소의 위험이 크다.
④ 연소범위가 넓을수록 연소의 위험이 크다.

해설
착화점이 낮을수록 연소의 위험이 크다.

21 정의 머리가 버섯 모양으로 되면 어떤 현상이 일어나는가?

① 타격면이 넓어져 조준이 쉬워진다.
② 타격면이 커져서 때리기가 좋아진다.
③ 타격 순간 미끄러져 손을 다치기 쉽다.
④ 타격과 조준이 편리해 정확한 작업이 된다.

해설
정의 머리가 버섯 모양으로 되면 타격 순간 미끄러져 다치기 쉽다.

22 안전대의 보관장소로 부적당한 곳은?

① 햇빛이 잘 비추는 곳
② 부식성 물질이 없는 곳
③ 화기 등이 근처에 없는 곳
④ 통풍이 잘되고 습기가 없는 곳

해설
안전대의 보관장소
㉠ 부식성 물질이 없는 곳
㉡ 화기 등이 근처에 없는 곳
㉢ 통풍이 잘되고 습기가 없는 곳

23 다음 중 장갑을 끼고 하여도 좋은 작업은?

① 용접작업
② 줄작업
③ 선반작업
④ 셰이퍼작업

해설
용접작업 시에는 장갑 착용이 가능하다.

24 폭발 인화성 위험물 취급에서 주의할 사항 중 틀린 것은?

① 위험물 부근에는 화기를 사용하지 않는다.
② 위험물은 습기가 없고 양지바르고 온도가 높은 곳에 둔다.
③ 위험물은 취급자 외에 취급해서는 안 된다.
④ 위험물이 든 용기에 충격을 주든지 난폭하게 취급해서는 안 된다.

해설
폭발 인화성 위험물은 습기가 많고 음지인 곳, 온도가 낮은 곳에 둔다.

25 다음 중 장갑을 끼고 할 수 없는 작업은?

① 줄작업
② 해머작업
③ 용접작업
④ 건조기

해설
해머작업은 맨손으로 한다.

26 가연물의 구비조건이 아닌 것은?

① 표면적이 작을 것
② 연소 열량이 클 것
③ 산소와 친화력이 클 것
④ 열전도도가 작을 것

해설
가연물은 표면적이 커야 한다.

27 작업자의 안전태도를 형성하기 위한 가장 유효한 방법은?

① 안전에 관한 훈시
② 안전한 환경의 조성
③ 안전표지판의 부착
④ 안전에 관한 교육 실시

해설
작업자의 안전태도를 형성하기 위한 가장 유효한 방법은 안전에 관한 교육 실시이다.

28 제독작업에 필요한 보호구의 종류와 수량을 바르게 설명한 것은?

① 보호복은 독성가스를 취급하는 전 종업원 수의 수량을 구비할 것
② 보호장갑 및 보호장화는 긴급작업에 종사하는 작업원 수의 수량만큼 구비할 것
③ 소화기는 긴급작업에 종사하는 작업원 수의 수량을 구비할 것
④ 격리식 방독 마스크는 독성가스를 취급하는 전 종업원의 수량만큼 구비할 것

해설
격리식 방독 마스크는 독성가스를 취급하는 전 종업원의 수량만큼 구비한다.

29 줄작업 시의 안전수칙에 어긋나는 것은?

① 줄을 해머 대신 사용해서는 안 된다.
② 넓은 면은 톱 작업하기 전에 삼각 줄로 안내 홈을 만든다.
③ 마주보고 줄작업을 한다.
④ 줄눈에 끼인 쇠밥은 와이어 브러시로 제거한다.

해설
줄작업 시에는 서로 마주 바라보지 않고 단독으로 작업한다.

30 다음 중 재해조사 시에 유의하지 않아도 좋은 것은?

① 주관적인 입장에서 정확하게 조사한다.
② 재해발생 현장이 변형되지 않은 상태에서 조사한다.
③ 재해현상 사진이나 도면을 작성 및 기록해둔다.
④ 과거의 사고 경향을 참고하여 조사한다.

해설
재해조사 시에는 객관적인 입장에서 정확하게 조사한다.

31 연소실 내 폭발 등으로부터 보호하기 위한 안전장치는?

① 압력계
② 안전밸브
③ 가용마개
④ 방폭문

해설
연소실 내 가스폭발 방지용으로 방폭문(폭발구)을 설치한다.

32 드라이버 끝이 나사홈에 맞지 않으면 뜻밖의 상처를 입을 수 있다. 드라이버 선정 시 주의사항이 아닌 것은?

① 날 끝이 홈의 폭과 길이에 맞는 것을 사용한다.
② 날 끝이 수직이어야 하며 둥근 것을 사용한다.
③ 작은 공작물이라도 한 손으로 잡지 않고 바이스 등으로 고정시킨다.
④ 전기작업 시 자루는 절연된 것을 사용한다.

해설
드라이버의 끝이 둥근 것은 사용해서는 안 된다.

---

33 다음 가스용접법의 장점 중 틀린 것은?

① 응용범위가 넓다.

② 설비비용이 싸다.

③ 유해광선의 발생이 적다.

④ 가열범위가 넓다.

해설

가열범위가 넓은 것은 전기용접의 단점이다.

34 산소 아세틸렌 용접장치에서 ㉠ 산소 호스와 ㉡ 아세틸렌 호스의 색깔로 맞는 것은?

① ㉠ 적색, ㉡ 흑색　　② ㉠ 적색, ㉡ 녹색

③ ㉠ 녹색, ㉡ 적색　　④ ㉠ 녹색, ㉡ 흑색

해설

㉠ 산소 호스 : 녹색

㉡ 아세틸렌 호스 : 적색

35 보호구 선정조건에 해당되지 않는 것은?

① 종류　　　　　　② 형상

③ 성능　　　　　　④ 미(美)

해설

아름다움은 보호구 선정조건에 해당하지 않는다.

36 액체연료 사용 시 화재가 발생되었다. 조치사항으로 옳지 않은 것은?

① 모든 전기의 전원 스위치를 끈다.

② 연료밸브를 닫는다.

③ 모래를 사용하여 불을 끈다.

④ 물을 사용하여 불을 끈다.

해설

액체연료의 화재 시에는 포말 또는 분말소화기가 필요하다.

37 안전교육 중 양성교육의 교육 대상자가 아닌 것은?

① 운반차량 운전자

② 냉동시설 안전관리자가 되고자 하는 자

③ 일반시설 안전관리자가 되고자 하는 자

④ 사용시설 안전관리자가 되고자 하는 자

해설

안전관리자가 되려는 자는 안전교육 중 양성교육 대상자이다.

38 다음은 쇠톱작업 시의 유의사항이다. 틀린 것은?

① 모가 난 재료를 절단할 때는 모서리보다는 평면부터 자른다.

② 톱날을 사용할 때는 2~3회 사용한 다음 재조정하고 작업을 한다.

③ 절단이 완료될 무렵에는 힘을 적절히 줄이고 작업을 한다.

④ 얇은 판을 절단할 때는 목재 사이에 끼운 다음 작업을 한다.

해설

쇠톱작업 시 모가 난 쇠붙이를 자를 때는 톱날을 기울이고 모서리부터 자르기 시작하며, 둥근 강이나 파이프는 삼각줄로 안내 홈을 파고서 그 위를 자르기 시작한다.

39 전기 기기 방폭구조의 형태가 아닌 것은?

① 내압방폭구조　　② 안전증방폭구조

③ 특수방폭구조　　④ 차등방폭구조

해설

방폭구조의 종류

㉠ 내압방폭구조　　　㉡ 안전증방폭구조

㉢ 특수방폭구조　　　㉣ 압력방폭구조

㉤ 본질안전방폭구조

정답　**33** ④　**34** ③　**35** ④　**36** ④　**37** ①　**38** ①　**39** ④

CRAFTSMAN AIR-CONDITIONING

40 다음 중 「산업안전보건법」에 의한 작업환경 측정대상에 포함되지 않는 작업장은?

① 산소결핍 위험이 있는 작업장
② 유기용제 업무를 행하는 작업장
③ 강렬한 소음과 분진이 발생되는 옥내 작업장
④ 냉동 · 냉장 업무를 하는 작업장

해설

산업안전에 적용되는 사업장
㉠ 산소결핍의 위험이 있는 작업장
㉡ 유기용제 업무를 행하는 작업장
㉢ 강렬한 소음과 분진이 발생되는 옥내 작업장

41 작업 전 기계 및 설비에 대하여 점검하지 않아도 되는 것은?

① 방호장치의 이상 유무
② 동력전달장치의 이상 유무
③ 보호구의 이상 유무
④ 공구함의 이상 유무

해설

공구함은 기계 및 설비에 해당되지 않는다.

42 공조실 기능공이 전기에 의하여 감전되었다. 이때 응급조치방법이 아닌 것은?

① 인공호흡을 시킬 것
② 전원을 차단할 것
③ 즉시 의사에게 연락할 것
④ 감전자에게 뜨거운 물을 먹일 것

해설

전기 감전 시 응급조치방법
㉠ 인공호흡 실시
㉡ 즉시 전원 차단
㉢ 즉시 병원에 이송

43 다음 중 산소결핍 장소가 아닌 것은?

① 우물 내부   ② 맨홀 내부
③ 밀폐된 공간   ④ 보일러실

해설

산소결핍 장소
㉠ 우물 내부
㉡ 맨홀 내부
㉢ 밀폐된 공간 등

44 작업 시에 입는 작업복으로서 부적당한 것은?

① 주머니는 가급적 수가 적은 것이 좋다.
② 정전기가 발생하기 쉬운 섬유질 옷의 착용을 금한다.
③ 기계작업을 할 때는 끈이 있는 옷을 입지 않는다.
④ 화학약품 작업 시에는 화학약품에 내성이 약한 것을 착용한다.

해설

작업복은 화학약품 작업 시 화학약품 내성이 강한 것을 착용한다.

45 아세틸렌 가스용기의 보관장소로 적당한 것은?

① 습기가 있는 장소
② 발화성 물질이 없는 장소
③ 전류가 흐르는 전선 근처
④ 직사광선이 잘 드는 창고

해설

아세틸렌(C_2H_2) 가스는 위험도가 크고 폭발범위가 넓어서 발화성 물질이 없는 장소에 보관시킨다.

정답 40 ④ 41 ④ 42 ④ 43 ④ 44 ④ 45 ②

CHAPTER 10. 유지보수 및 안전관리법규 · **513**

46 안전모와 안전벨트의 용도는?

① 감독자 용품의 일종이다.
② 추락재해 방지용이다.
③ 전도 방지용이다.
④ 작업능률 가속용이다.

해설
안전모나 안전벨트 착용은 추락 시 재해를 방지한다.

47 독성가스를 냉매로 사용 시 수액기 내용적이 몇 L 이상이면 방류둑을 설치하는가?

① 10,000
② 8,000
③ 6,000
④ 4,000

해설
독성가스를 냉매로 사용 시 (암모니아 등) 수액기의 내용적은 10,000L 이상이면 반드시 파열을 대비하여 방류둑을 설치하여야 한다.

48 사고의 원인으로 불안전한 행위에 해당하는 것은?

① 작업상태 불량
② 기계의 결함
③ 물적 위험상태
④ 고용자의 능력 부족

해설
작업상태가 불량하면 사고의 원인이 되며 불안전한 행위에 해당된다.

49 다음 중 발화온도가 낮아지는 조건과 관계없는 것은?

① 발열량이 높을수록 발화온도는 낮아진다.
② 분자구조가 간단할수록 발화온도는 낮아진다.
③ 압력이 높을수록 발화온도는 낮아진다.
④ 산소농도가 높을수록 발화온도가 낮아진다.

해설
분자구조가 복잡할수록 착화온도는 낮아진다.

50 고압가스 저장실(가연성 가스) 주위에는 화기 또는 인화성 물질을 두어서는 안 된다. 이때 유지하여야 할 적당한 거리는?

① 1m
② 3m
③ 7m
④ 8m

해설
가연성 가스 주위에 인화성 물질은 8m 이상의 이격거리를 유지한다.

51 가스 용접 시 사용하는 아세틸렌 호스의 색은?

① 청색
② 적색
③ 녹색
④ 백색

해설
아세틸렌 가스의 호스 색상은 적색이다.

52 산소용접 시 사용하는 조정기의 취급에 대한 설명 중 틀린 것은?

① 작업 중 저압계의 지시가 자연 증가 시 조정기를 바꾸도록 한다.
② 조정기는 정밀하므로 충격이 가해지지 않도록 한다.
③ 조정기의 수리는 전문가에게 의뢰하여야 한다.
④ 조정기 각부의 작동이 원활하도록 기름을 친다.

해설
산소용접기는 기름을 치면 가연성 물질과 조연성 산소가 만나 폭발 위험이 초래된다.

정답 46 ② 47 ① 48 ① 49 ② 50 ④ 51 ② 52 ④

53 냉동설비 사업소의 경계표지방법으로 적당한 것은?

① 사업소의 경계표지는 출입구를 제외한 울타리, 담 등에 게시할 것
② 이동식 냉동설비에는 표시를 생략할 것
③ 외부 사람이 명확하게 식별할 수 있는 크기로 할 것
④ 당해 시설에 접근할 수 있는 장소가 여러 방향일 때는 대표적인 장소에만 게시할 것

해설
냉동설비 사업소의 경계표시로서 외부 사람이 명확하게 식별할 수 있는 크기로 한다.

54 안전 작업모를 착용하는 목적과 관계가 없는 것은?

① 분진에 의한 재해 방지
② 추락에 의한 위험 방지
③ 감전의 방지
④ 비산물로 인한 부상 방지

해설
분진에 의한 재해 방지를 위해서는 방진 마스크 등을 이용한다.

55 감전사고를 예방하기 위한 조치로서 적합하지 못한 것은?

① 전기설비의 철저한 점검
② 전기기기에 위험 표시
③ 설비의 필요부분에 보호접지 생략
④ 유자격자 이외에는 전자기계 조작 금지

해설
감전사고 예방을 위해서는 설비의 필요부분에 보호접지를 반드시 접속시킨다.

56 냉동기 운전 중 토출압력이 높아져 안전장치가 작동하거나 냉매가 유출되는 사고 시 점검하지 않아도 되는 것은?

① 계통 내에 공기혼입 유무
② 응축기의 냉각수량, 풍량의 감소 여부
③ 응축기와 수액기 간, 균압관의 이상 여부
④ 흡입관의 여과기 막힘 유무

해설
냉매유출과 흡입관 여과기와는 관련이 없으며 토출압력은 압축기에서 발생되므로 흡입관 여과기와는 관련이 없다. 단, 여과기의 이물질을 걸러내지 않으면 밸브나 팽창밸브의 오리피스 작동을 방해한다.

57 작업장에서 계단을 설치할 때 옳지 않은 것은?

① 계단 하나하나의 넓이를 동일하게 하지 않아도 된다.
② 경사가 완만하여야 한다.
③ 손잡이를 설치하여야 한다.
④ 견고하고 튼튼한 구조라야 한다.

해설
작업장 계단은 하나하나 폭과 간격이 균일하고 안전대가 설치되어야 한다.

58 정전기의 제거방법으로 적당치 않은 것은?

① 설비 주변에 적외선을 쪼인다.
② 설비 주변의 공기를 가습한다.
③ 설비의 금속부분을 접지한다.
④ 설비에 정전기 발생 방지 도장을 한다.

해설
정전기의 제거방법
㉠ 설비 주변의 공기를 가습한다.
㉡ 설비의 금속부분을 접지한다.
㉢ 설비에 정전기 발생 방지 도장을 한다.

59 줄을 사용할 때 주의점이 아닌 것은?

① 오일에 담근 후 사용한다.

② 연한 재료부터 사용한다.

③ 무리한 힘을 가하지 않는다.

④ 경도가 작은 재료에 사용한다.

해설

줄 사용 시에는 건조한 상태에서 실시해야 하므로 오일에 담그는 것은 금기사항이다.

60 안전관리의 제반활동사항에 관한 내용 중 거리가 먼 것은?

① 산업체에서 일어날 수 있는 재해의 원인을 찾아내고 그 원인을 제거한다.

② 재해로부터 인명과 재산을 보호하기 위한 제반 안전활동을 한다.

③ 재해로부터 오는 손실을 제거하여 기업의 이윤을 증대시킨다.

④ 안전사고의 범위에는 천재지변으로 인하여 발생한 것도 포함된다.

해설

천재지변은 자연재해이므로 안전관리와는 무관하다.

61 보호구의 착용작업과 착용보호구가 서로 잘못 연결된 것은?

① 전락 등 위험 방지 – 안전화

② 용접 등의 작업 – 보안경

③ 전기공사 시 감전 방지 – 활선작업용 보호구

④ 추락, 벌목, 하역작업 – 안전모

해설

전락 등 위험 방지 – 안전모

62 안전화가 갖추어야 할 조건으로 틀린 것은?

① 내유성

② 내열성

③ 누전성

④ 내마모성

해설

안전화의 구비조건

㉠ 내유성

㉡ 내열성

㉢ 내마모성

63 방진마스크의 구비조건이다. 틀린 것은?

① 중량이 가벼울 것

② 흡입배기 저항이 클 것

③ 시야가 넓을 것

④ 여과효율이 좋을 것

해설

방진마스크는 흡입배기 저항이 작아야 한다.

64 소화작업에 대한 설명 중 틀린 것은?

① 화재 시에는 가스밸브를 닫고 전기 스위치를 끈다.

② 화재가 발생하면 화재경보를 한다.

③ 전기 배선시설 수리 시에는 전기가 통하는지 여부를 확인한다.

④ 유류 및 카바이트에 붙은 불은 물로 끄는 것이 좋다.

해설

유류화재에는 분말, 포말 소화기를 사용한다.

65 아크 용접작업 시 주의사항으로 옳지 않은 것은?

① 눈과 피부를 노출시키지 말 것
② 슬래그 제거 시에는 보안경을 쓸 것
③ 습기 있는 보호구는 착용하지 말 것
④ 가열된 홀더는 물에 넣어 냉각할 것

해설
아크 용접에서 가열된 홀더라도 물에 넣으면 전기 감전에 의한 안전사고가 일어날 수 있다.

66 다음 중 연삭작업의 안전수칙에 맞지 않는 것은?

① 작업 도중 진동이나 마찰면에서의 파열이 심하면 즉시 작업을 중지한다.
② 숫돌차에 편심이 생기거나 원주면의 메짐이 심하면 드레싱을 한다.
③ 작업 시에는 반드시 정면에 서서 작업한다.
④ 축과 구멍에는 틈새가 없어야 한다.

해설
연삭작업은 측면에 서서 작업을 실시한다.

67 용기의 재검사기간에 대한 설명이 바른 것은?

① 용기의 경과 연수가 15년 미만이며, 500L 이상인 용접 용기는 7년
② 용기의 경과 연수가 15년 미만이며, 500L 미만인 용접 용기는 5년
③ 용기의 경과 연수가 15년 이상에서 20년 미만이며, 500L 이상인 용접 용기는 3년
④ 용기의 경과 연수가 20년 이상이며, 500L 이상인 용접 용기는 1년

해설
① 5년마다   ② 3년마다
③ 2년마다   ④ 1년마다

68 다음 빈칸에 알맞은 말로 연결된 것은?

외부의 점화원에 의해서 인화될 수 있는 최저의 온도를 (㉠)이라 하고, 외부의 직접적인 점화원이 없어 축적에 의하여 발화되고 연소가 일어나는 최저의 온도를 (㉡)이라 한다.

① ㉠ 누전,   ㉡ 지락
② ㉠ 지락,   ㉡ 누전
③ ㉠ 인화점, ㉡ 발화점
④ ㉠ 발화점, ㉡ 인화점

69 압력용기 내의 압력이 제한압력을 넘었을 때 열려서 파손을 방지하는 밸브는?

① 안전밸브   ② 체크밸브
③ 스톱밸브   ④ 게이트밸브

해설
안전밸브는 용기 내의 압력이 제한압력을 넘었을 때 압력을 정상화시키기 위해 열려서 고압의 증기를 배출시킨다.

70 정신적 또는 육체적 활동의 부산물로 체내에 누적되어 활동능력을 둔화시킴으로써 사고의 원인이 되기 쉬운 것은?

① 근심걱정   ② 주의집중
③ 피로   ④ 공상

해설
피로는 정신적 또는 육체적 활동의 부산물로 체내에 누적된 현상이다.

71 해머작업 시 보안경을 꼭 써야 할 경우에 해당되는 작업방향은?

① 위쪽 방향   ② 아래쪽 방향
③ 왼쪽 방향   ④ 오른쪽 방향

해설

해머작업 시 위쪽을 향한 작업인 경우에는 반드시 보안경을 착용한다.

72 공구의 안전한 취급방법이 아닌 것은?

① 손잡이에 묻은 기름, 그리스 등을 닦아낸다.
② 측정공구는 부드러운 헝겊 위에 올려놓는다.
③ 높은 곳에서 작업 시 간단한 공구는 던져서 신속하게 전달한다.
④ 날카로운 공구는 공구함에 넣어서 운반한다.

해설

작은 공구라도 절대 던져선 안 된다.

73 방호장치의 기본목적이 아닌 것은?

① 작업자의 보호
② 인적, 물적 손실의 방지
③ 기계 기능의 향상
④ 기계 위험부위의 접촉 방지

해설

방호장치의 설치와 기계 기능의 향상은 관련이 없다.

74 수공구에 의한 재해를 예방하는 방법이 아닌 것은?

① 결함이 없는 공구를 사용할 것
② 외관이 좋은 공구만 사용할 것
③ 작업에 올바른 공구만 취급할 것
④ 공구는 안전한 장소에 둘 것

해설

수공구의 외형은 재해와 관련이 없다.

75 다음 중 감전 시 조치사항에 대한 설명으로 잘못된 것은?

① 병원에 연락한다.
② 감전된 사람의 발을 잡아 도전체에서 떼어낸다.
③ 부근에 스위치가 있으면 즉시 끈다.
④ 전원의 식별이 어려울 때는 즉시 전기부서에 연락한다.

해설

감전된 사람의 발을 도전체에서 떼어 내면 또 다른 감전사고를 유발하게 된다.

76 수공구 작업에서 재해를 가장 많이 입는 신체 부위는?

① 손
② 머리
③ 눈
④ 다리

해설

수공구 작업에서는 공구와 직접 접촉하는 손이 재해를 가장 많이 입게 된다.

77 산소용기를 취급할 때의 주의사항 중 틀린 것은?

① 항상 40℃ 이하로 유지할 것
② 밸브의 개폐는 급격히 할 것
③ 화기로부터 멀리할 것
④ 밸브에는 그리스나 기름 등을 묻히지 말 것

해설

산소용기 밸브의 개폐는 신중히 해야 한다.

정답 **72** ③ **73** ③ **74** ② **75** ② **76** ① **77** ②

78 안전사고 방지의 기본원리 5단계를 바르게 표현한 것은?

① 사실의 발견 → 분석 → 시정방법의 선정 → 안전조직 → 시정책의 적용

② 안전조직 → 사실의 발견 → 분석 → 시정방법의 선정 → 시정책의 적용

③ 사실의 발견 → 시정방법의 선정 → 분석 → 시정책의 적용 → 안전조직

④ 안전조직 → 사실의 발견 → 시정방법의 선정 → 시정책의 적용 → 분석

해설
안전사고 방지의 기본원리
안전조직 → 사실의 발견 → 분석 → 시정방법의 선정 → 시정책의 적용

79 아크 용접작업 중 아크 빛으로 인하여 혈안이 되고, 눈이 붓는 수가 있으며 눈병이 생긴다. 이때 우선 취해야 할 일은?

① 안약을 넣고 계속 작업해도 좋다.

② 먼 산을 보고 눈의 피로를 푼다.

③ 냉찜질을 하고 안정을 취한다.

④ 묽은 염수를 넣고 안정을 취한 다음 찬물로 씻는다.

해설
아크 용접 시 아크 빛에 의해 혈안이 되면 가장 먼저 냉찜질과 안정을 취한다.

80 냉동제조의 시설 및 기술기준으로 적당하지 못한 것은?

① 냉동제조설비 중 특정설비는 검사에 합격한 것일 것

② 냉동제조설비 중 냉매설비에는 자동제어 장치를 설치할 것

③ 제조설비는 진동, 충격, 부식 등으로 냉매가스가 누설되지 아니할 것

④ 압축기 최종단에 설치한 안전장치는 2년에 1회 이상 작동시험을 할 것

해설
압축기 최종단의 안전밸브는 1년에 1회 이상, 기타 2년에 1회 이상 작동시험을 한다.

81 고압가스 일반 제조 시 저장탱크를 지하에 묻는 경우 기준에 맞지 않는 것은?

① 저장탱크의 주위에 마른 모래를 채워둘 것

② 지하에 묻는 저장탱크의 외면에는 부식 방지 코팅을 할 것

③ 저장탱크를 묻는 곳의 주위에는 지상에 경계를 표시할 것

④ 저장탱크의 정상부와 지면의 거리는 1m 이상으로 할 것

해설
지하 저장탱크는 정상부와 지면에 60cm 이상의 거리가 필요하다.

82 다음 중 수공구에 관한 안전사항으로서 옳지 않은 것은?

① 주위 환경에 주의해서 작업을 시작한다.

② 수공구 상자 내의 수공구는 잘 정리정돈하여 놓는다.

③ 수공구는 항상 작업에 맞도록 점검과 보수를 한다.

④ 수공구는 기계나 재료 등의 위에 올려놓고 사용한다.

해설
수공구는 기계나 재료 등의 위에 올리지 말고 수공구 선반 위에 별도로 관리한다.

83 안전모의 취급 안전관리사항 중 적합하지 않은 것은?

① 산이나 알칼리를 취급하는 곳에서는 펠트나 파이버 모자를 사용해야 한다.

② 화기를 취급하는 곳에서는 몸체와 차양이 셀룰로이드로 된 것을 사용해서는 안 된다.

③ 월 1회 정도 세척한다.

④ 모체와 착장제의 땀 방지대의 간격은 5mm 이하로 한다.

해설

안전모에서 머리의 맨 위 부분과 안전모 내의 최저부 사이의 간격은 25mm 이상이어야 한다.

84 다음 중 휘발성 유류의 취급 시 지켜야 할 안전사항으로 옳지 않은 것은?

① 실내의 공기가 외부와 차단되도록 한다.

② 수시로 인화물질의 누설 여부를 점검한다.

③ 소화기를 규정에 맞게 준비하고 평상시에 조작 방법을 익혀 둔다.

④ 정전기가 발생하는 화학섬유 작업복의 착용을 금한다.

해설

휘발성 유류 취급 시에는 유류의 증발사고를 막기 위하여 실내 공기와 외기의 환기를 자주 시킨다.

85 아세틸렌 용접기에서 가스가 새어나오는 경우에 검사하는 적당한 방법은?

① 냄새를 맡아본다.

② 모래를 뿌려본다.

③ 비눗물을 칠해 검사해본다.

④ 성냥불을 가져다가 검사한다.

해설

가스 누설 기초검사는 비눗물 도포검사가 매우 편리하다.

86 다음은 안전모에 대한 설명이다. 틀린 것은?

① 통풍이 잘되어야 한다.

② 낡았거나 손상된 것은 교체한다.

③ 턱끈은 반드시 조여 매지 않아도 된다.

④ 각 개인별 전용으로 사용하도록 한다.

해설

안전모의 턱끈은 반드시 조여 매야 한다.

87 해머작업 시 안전작업에 위배되는 것은?

① 장갑을 끼지 않고 작업할 것

② 해머작업 중 해머 상태를 확인할 것

③ 해머 공동작업은 호흡을 맞출 것

④ 열처리된 것은 강하게 때릴 것

해설

해머작업 시 열처리된 것은 강하게 때리면 파괴된다.

88 보일러 버너 방폭문을 설치하는 이유는?

① 역화로 인한 폭발의 방지

② 연소의 촉진

③ 연료절약

④ 화염의 검출

해설

노 내 역화로 인한 폭발을 방지하기 위해 방폭문을 설치한다.

89 피복아크 용접 시 가장 많이 발생하는 가스는?

① 수소   ② 이산화탄소

③ 일산화탄소   ④ 수증기

해설

피복아크 용접 시 일산화탄소(CO) 가스가 가장 많이 발생한다.

90 공조실에서 가스용접을 하던 중 산소 조정기에서 자연발화가 되었다. 그 원인은?

① 불똥이 조정기에 튀었을 때
② 직사광선을 받을 때
③ 급격히 용기밸브를 열었을 때
④ 산소가 새는 곳에 기름이 묻어 있을 때

해설
산소 조정기에서 자연발화가 일어나는 원인은 산소가 새기 때문이다.

91 산소가 결핍되어 있는 장소에서 사용하는 마스크는?

① 송풍 마스크
② 방진 마스크
③ 방독 마스크
④ 격리식 방진 마스크

해설
산소가 결핍(18% 이하)된 있는 장소에서는 송풍 마스크를 착용해야 한다.

92 용접작업 중 감전사고가 발생했을 때 응급조치방법이 아닌 것은?

① 즉시 냉수를 먹인다.
② 인공호흡을 시킨다.
③ 전원을 차단한다.
④ 119에 전화한다.

해설
용접작업 중 감전사고 발생 시 응급조치사항
㉠ 인공호흡 실시
㉡ 전원 차단
㉢ 119에 전화 연락

93 수면계가 파손될 경우 제일 먼저 취해야 할 조치는?

① 물 코크를 닫는다.
② 증기 코크를 닫는다.
③ 기름밸브를 닫는다.
④ 급수밸브를 닫는다.

해설
수면계 파손의 경우에는 저수위 사고 예방을 위하여 물 코크를 가장 먼저 닫는다.

94 사업장에서 안전사고 발생 시 안전사고를 조사하는 목적은?

① 안전사고의 분석 자료로 물적 증거를 수집하기 위함이다.
② 사고의 원인을 파악하여 책임을 규명하기 위함이다.
③ 불안전한 행동과 상태의 사실을 알고 시정책을 강구하기 위함이다.
④ 관계자들의 활동을 조사하여 상, 벌을 주기 위함이다.

해설
사업장에서 안전사고 발생 시 안전사고를 조사하는 목적은 불안전한 행동과 상태의 사실을 알고 시정책을 강구하기 위함이다.

95 다음 중 유해한 광선과 가장 거리가 먼 것은?

① 적외선 ② 자외선
③ 레이저 광선 ④ 가시광선

해설
가시광선은 사람의 눈으로 볼 수 있는 빛으로 유해하지 않다.

96 고압가스가 충전되어 있는 용기는 몇 ℃ 이하에서 보관해야 하는가?

① 40℃　　　② 45℃
③ 50℃　　　④ 55℃

해설
고압가스 용기는 항상 40℃ 이하에서 보관한다.

97 독성가스를 식별조치할 때 표지판의 가스 명칭은 무슨 색으로 하는가?

① 흰색　　　② 노란색
③ 적색　　　④ 흑색

해설
식별표지판
㉠ 독성가스의 명칭색 : 적색
㉡ 바탕색 : 흰색
㉢ 글자색 : 흑색

98 B급 화재(유류)에 가장 적합한 소화기는?

① 산알칼리 소화기
② 강화액 소화기
③ 포말 소화기
④ 방화수

해설
유류 화재에는 포말 소화기, 분말 소화기가 적합하다.

99 보일러 수면계 수위가 보이지 않을 시 응급조치 사항은?

① 연료의 공급 차단　② 냉수 공급
③ 증기 보충　　　　④ 자연냉각

해설
보일러 저수위사고(수면계가 보이지 않으면)에서는 연료의 공급 차단이 가장 우선이다.

100 산소용접 토치 취급법에 대한 설명 중 잘못된 것은?

① 용접팁은 흙바닥에 놓아서는 안 된다.
② 작업목적에 따라서 팁을 선정한다.
③ 토치는 기름으로 닦아 보관해 두어야 한다.
④ 점화 전에 토치의 안전 여부를 검사한다.

해설
산소용접 토치는 기름과는 멀리한다.

101 보일러에 대한 안전도를 검사하지 않아도 되는 경우는?

① 보일러를 수리했을 때
② 보일러를 가동했을 때
③ 보일러를 신설했을 때
④ 제작자가 제품을 완성해 놓았을 때

해설
보일러 가동 시에는 수면계 점검이나 압력계 주시 등에 대한 주의가 필요하다.

102 정전작업이 끝난 후 필요한 조치사항은?

① 감전 위험요인 제거
② 개로 개폐기의 시건 혹은 표시
③ 단락접지
④ 감독자 선임

해설
정전작업이 끝난 후에는 감전 위험요인을 제거한다.

103 안전점검의 주목적은?

① 위험을 사전에 발견하여 시정하는 데 있다.
② 법 및 기준에의 적합 여부를 점검하는 데 있다.
③ 안전작업표준의 적절성을 점검하는 데 있다.
④ 시설, 장비의 설계를 점검하는 데 있다.

정답 96 ① 97 ③ 98 ③ 99 ① 100 ③ 101 ② 102 ① 103 ①

안전점검의 주목적은 위험을 사전에 발견하여 시정하는
데 있다.

104 드릴 작업 중 칩의 제거방법으로서 가장 안전한 방법은?

① 회전시키면서 막대로 제거한다.
② 회전시키면서 솔로 제거한다.
③ 회전을 중지시킨 후 손으로 제거한다.
④ 회전을 중지시킨 후 솔로 제거한다.

드릴 작업 중 칩을 제거하기 위해서는 회전을 중지시킨
후 솔로 제거한다.

105 그라인더 작업이 안전수칙에 위배되는 것은?

① 숫돌차의 옆면에 붙어 있는 종이는 떼어 내어 측면을 사용하도록 한다.
② 그라인더 커버가 없는 것은 사용을 금한다.
③ 연마할 때는 너무 강하게 누르지 말고 가볍게 접촉시킨다.
④ 숫돌은 작업 시작 전에 결함 유무를 확인한다.

그라인더 작업은 정면을 사용한다.

106 가스 장치실의 구조에 해당되지 않는 것은?

① 벽은 불연성으로 할 것
② 지붕, 천장의 재료는 가벼운 불연성일 것
③ 가스 누출 시 당해 가스가 정체되지 아니하도록 할 것
④ 방음장치를 설치할 것

가스 장치실에는 방음장치보다는 방폭구조 시설의 기기
부착이 필요하다.

107 사업주의 안전에 대한 책임에 해당되지 않는 것은?

① 안전기구의 조직
② 안전활동 참여 및 감독
③ 사고기록 조사 및 분석
④ 안전방침 수립 및 시달

사고기록 조사 및 분석은 사고 조사자의 업무사항이다.

108 다음 드릴 작업 중 유의할 사항으로 틀린 것은?

① 작은 공작물이라도 바이스나 크램을 사용한다.
② 드릴이나 소켓을 척에서 해체시킬 때에는 해머를 사용한다.
③ 가공 중 드릴절삭 부분에 이상음이 들리면 작업을 중지하고 드릴을 바꾼다.
④ 드릴의 착탈은 회전이 멈춘 후에 한다.

드릴이나 소켓을 척에서 해체시킬 때 해머 사용은 필요
없다.

109 작업장 내에 안전표지를 부착하는 이유는?

① 능률적인 작업을 유도하기 위해
② 인간심리의 활성화 촉진
③ 인간행동의 변화 통제
④ 작업장 내의 환경정비 목적

작업장 내에는 인간행동의 변화 통제에 적응하기 위해
서 안전표지를 부착한다.

110 보호구를 사용하지 않아도 무방한 작업은?

① 유해 방사선을 쬐는 작업

② 유해물을 취급하는 작업

③ 공작기계를 판매하는 작업

④ 유해가스를 발산하는 장소에서 행하는 작업

해설

기계 판매작업 시 보호구는 사용하지 않아도 된다.

111 기계의 운전 중에도 할 수 있는 것은?

① 치수 측정   ② 주유

③ 분해 조립   ④ 기계 주변 변경

해설

기계의 운전 중에도 주유는 가능하다.

112 다음 중 소화기는 어느 곳에 두어야 가장 적당한가?

① 밀폐된 곳에 둔다.

② 방화물질이 있는 곳에 둔다.

③ 눈에 잘 띄는 곳에 둔다.

④ 적당한 구석에 둔다.

해설

소화기는 눈에 잘 띄는 곳에 비치해야 한다.

113 줄을 사용할 때의 주의점 중 틀린 것은?

① 반드시 자루를 끼워서 사용할 것

② 해머 대용으로 사용하지 말 것

③ 땜질한 줄은 부러지기 쉬우므로 사용하지 말 것

④ 줄의 눈이 막힌 것은 손으로 털어 사용할 것

해설

줄의 눈이 막히면 와이어브러시 등으로 털어 낸다.

114 안전관리에 대한 가장 중요한 목적이라 할 수 있는 것은?

① 신뢰성 향상   ② 재산보호

③ 생산성 향상   ④ 인간존중

해설

안전관리의 주요 목적은 인간존중에 있다.

115 다음 중 냉동제조시설에서 안전관리자의 직무에 해당되지 않는 것은?

① 안전관리 규정의 시행

② 냉동시설 설계 및 시공

③ 사업소의 시설 안전 유지

④ 사업소 종사자의 지휘 감독

해설

냉동제조시설 안전관리자의 직무

㉠ 안전관리 규정의 시행

㉡ 사업소의 시설 안전 유지

㉢ 사업소 종사자의 지휘 감독

116 장갑을 끼고 할 수 있는 작업은?

① 연삭작업   ② 드릴작업

③ 판금작업   ④ 밀링작업

해설

판금작업 시에는 손을 보호하기 위해 장갑을 끼고 작업해야 한다.

117 아크 용접의 안전사항으로 틀린 것은?

① 홀더가 신체에 접촉되지 않도록 한다.

② 절연부분이 균열이나 파손되었으면 교체한다.

③ 장시간 용접기를 사용하지 않을 때는 반드시 스위치를 차단시킨다.

④ 1차 코드는 벗겨진 것을 사용해도 좋다.

정답   **110** ③   **111** ②   **112** ③   **113** ④   **114** ④   **115** ②   **116** ③   **117** ④

118 가스 용접작업 시 안전관리 조치사항으로 틀린 것은?

① 역화되었을 때는 산소밸브를 열도록 한다.
② 작업하기 전에 안전기에 산소조정기의 상태를 점검한다.
③ 가스의 누설검사는 비눗물을 사용하도록 한다.
④ 작업장은 환기가 잘되게 한다.

[해설]
가스 용접 시 역화 방지 등을 위하여 안정기 사용 산소
밸브 등을 차단한다.

119 다음 중 보호구를 사용하지 않고 할 수 있는 작업은?

① 산소가 결핍된 장소에서 작업 시
② 전기 용접작업 시
③ 유해가스 취급장소에서 작업 시
④ 물품 보관 및 수송작업 시

[해설]
물품 보관이나 수송작업 시에는 보호구 착용을 하지 않
고 작업이 가능하다.

120 해머는 다음 중 어느 것을 사용해야 안전한가?

① 쐐기가 없는 것
② 타격면에 흠이 있는 것
③ 타격면이 평탄한 것
④ 머리가 깨진 것

[해설]
해머작업 시에는 안전을 위하여 타격면이 평탄한 것을
사용한다.

121 안전사고의 발생 중 가장 큰 원인이라 할 수 있는 것은?

① 설비의 미비
② 정돈상태의 불량
③ 계측공구의 미비
④ 작업자의 실수

[해설]
안전사고의 발생원인 중 작업자의 실수가 가장 큰 요인
이 된다.

122 보호구 선정 시 유의사항에 해당되지 않는 것은?

① 사용 목적에 적합할 것
② 작업에 방해되지 않을 것
③ 규정에 합격하고 보호성능이 보장될 것
④ 외형이 화려할 것

[해설]
보호구는 외형보다는 기능이 중요하다.

123 다음 중 기술적인 대책이 아닌 것은?

① 안전설계
② 근로의욕의 향상
③ 작업행정의 개선
④ 점검보전의 확립

[해설]
기술적 대책
㉠ 안전설계
㉡ 작업행정의 개선
㉢ 점검보전의 확립

124 냉동기 검사에 합격한 냉동기에는 다음 사항을 명확히 각인한 금속박판을 부착하여야 한다. 각인할 내용에 해당되지 않는 것은?

① 냉매가스의 종류

② 냉동능력(RT)

③ 냉동기 제조자의 명칭 또는 약호

④ 냉동기 운전조건(주위 온도)

해설

냉동기에 표시할 내용

㉠ 냉동기 제조자의 명칭 또는 약호

㉡ 냉매가스의 종류

㉢ 냉동능력

㉣ 제조번호

㉤ 원동기 소요전력 및 전류

㉥ 내압시험에 합격한 연월일

㉦ 내압시험압력

㉧ 최고사용압력

125 냉동장치에서 안전상 운전 중에 점검해야 할 중요사항에 해당되지 않는 것은?

① 흡입압력과 온도

② 유압과 유온

③ 냉각수량과 수온

④ 전동기의 회전방향

해설

냉동장치의 운전 중 점검사항

㉠ 흡입압력과 온도

㉡ 유압과 유온

㉢ 냉각수량과 수온

126 독성가스의 제독작업에 필요한 보호구가 아닌 것은?

① 안전화 및 귀마개

② 공기 호흡기 또는 송기식 마스크

③ 보호장화 및 보호장갑

④ 보호복 및 격리식 방독마스크

해설

보호구의 종류

㉠ 방독마스크   ㉡ 공기호흡기

㉢ 보호의   ㉣ 보호장갑

㉤ 보호장화

127 전기 용접작업 시의 주의사항 중 맞지 않는 것은?

① 눈 및 피부를 노출시키지 말 것

② 우천 시 옥외작업을 가능한 한 하지 말 것

③ 용접이 끝나고 슬랙작업 시 보안경과 장갑은 벗고 작업할 것

④ 홀더가 가열되면 자연적으로 열이 제거될 수 있도록 할 것

해설

용접작업 후 슬랙작업에서는 보안경과 장갑을 착용하고 행한다.

128 방진 차광안경에 관한 사항으로 옳은 것은?

① 착용자가 움직일 때 쉽게 탈락 또는 움직여야 한다.

② 연기나 수증기가 있는 곳에서 작업 시 환기구멍을 뚫은 것을 사용하여 렌즈가 흐려지는 것을 막는다.

③ 연마작업 시 착용하는 안경은 강화렌즈와 측면 실드가 있는 것을 사용한다.

④ 반사광이나 섬광이 있는 곳에서는 가벼운 차광렌즈가 붙은 보통 안경을 사용한다.

해설

반사광이나 섬광이 있는 곳에서는 가벼운 차광렌즈 안경을 사용한다.

정답 124 ④ 125 ④ 126 ① 127 ③ 128 ④

129 재해의 원인 중 불안전한 상태에 해당되는 것은?

① 보호구 미착용　　② 유해한 작업환경

③ 안전조치의 불이행　④ 운전의 실패

해설
유해한 작업환경은 재해의 원인에서 불안전한 상태이다.

130 산소용접 중 역화되었을 때의 조치방법으로 옳은 것은?

① 아세틸렌 밸브를 즉시 닫는다.

② 토치 속의 공기를 배출한다.

③ 팁을 청소한다.

④ 산소압력을 용접조건에 맞춘다.

해설
산소가스용접 중 역화가 발생되면 압력이 낮은 아세틸렌 가스용기 밸브를 즉시 닫는다.

131 안전관리자의 직무에 해당하지 않는 것은?

① 산업재해 발생의 원인조사 및 재발 방지를 위한 기술적 지도, 조언

② 안전에 관한 조직 편성 및 예산 책정

③ 안전에 관련된 보호구의 구입 시 적격품 선정

④ 당해 사업장 안전교육계획의 수립 및 실시

해설
안전관리자는 예산 책정의 업무내용과 관련이 없다.

132 「산업안전보건법」의 제정 목적과 가장 관계가 적은 것은?

① 산업재해 예방

② 쾌적한 작업환경 조성

③ 근로자의 안전과 보건을 유지 · 증진

④ 산업안전에 관한 정책 수립

해설
산업안전에 관한 정책 수립은 「산업안전보건법」의 제정 목적과는 관계가 적다.

133 다음 중 안전을 위한 동기부여로 적당치 않은 것은?

① 상벌제도를 합리적으로 시행한다.

② 경쟁과 협동을 유도한다.

③ 안전목표를 명확히 설정하여 주지시킨다.

④ 기능을 숙달시킨다.

해설
기능 숙달과 안전을 위한 동기부여는 직접적인 관련이 없다.

134 냉동기 제조의 시설기준 중 갖추어야 할 설비가 아닌 것은?

① 프레스설비

② 용접설비

③ 제관설비

④ 누출 방지설비

해설
냉매 누출 방지설비는 제조설비가 아닌 사용설비이다.

135 연삭작업 시 유의사항으로 옳지 않은 것은?

① 숫돌바퀴에 균열이 있는가 확인한다.

② 보호안경을 써야 한다.

③ 연삭숫돌 작업 시에는 작업 시작 전에 15분 이상 시운전을 한 후 이상이 없을 때 작업한다.

④ 회전하는 숫돌에 손을 대지 않는다.

해설
숫돌은 3~5분 정도 공회전 시운전을 실시한다.

136 어떤 위험을 예방하기 위하여 사업주가 취해야 할 안전상의 조치로 적당하지 못한 것은?

① 시설에 의한 위험
② 기계에 의한 위험
③ 근로수당에 의한 위험
④ 작업방법에 의한 위험

해설
근로수당은 근로자의 입금과 관계된다.

137 수리 중 표시를 나타내는 색깔은?

① 녹색
② 백색
③ 보라색
④ 청색

해설
수리 중 표시
㉠ 바탕 : 백색
㉡ 글씨 : 청색

138 소화효과에 대한 설명으로 잘못된 것은?

① 산소공급 차단은 제거효과이다.
② 물을 사용하는 소화는 냉각효과이다.
③ 불연성 가스를 사용하는 것은 질식효과이다.
④ 할로겐 및 알칼리 금속을 첨가하여 불활성화시키는 것은 억제효과이다.

해설
산소공급 차단은 질식효과이다.

139 방류둑에 대한 설명으로 옳은 것은?

① 기화가스가 누설된 경우 저장탱크 주위에서 다른 곳으로의 유출을 방지한다.
② 지하 저장탱크 내의 액화가스가 전부 유출되어도 액면이 지면보다 낮을 경우에는 방류둑을 설치하지 않을 수도 있다.

③ 저장탱크 주위에 충분한 안전용 공지가 확보되고 유도구가 있는 경우에 방류둑을 설치한다.
④ 비독성가스를 저장하는 저장탱크 주위에는 방류둑을 설치하지 않아도 무방하다.

해설
지하 저장탱크의 액면이 지면보다 낮으면 방류둑이 생략된다.

140 피뢰기가 구비해야 할 성능조건으로 옳지 않은 것은?

① 반복 동작이 가능할 것
② 견고하고 특성 변화가 없을 것
③ 충격방전개시 전압이 높을 것
④ 뇌 전류의 방전능력이 클 것

해설
충격방전개시 전압과 피뢰기 구비조건은 별개 문제이다.

141 컨베이어의 안전장치에 해당되지 않는 것은?

① 역회전 방지장치
② 비상 정지장치
③ 과속 방지장치
④ 이탈 방지장치

해설
컨베이어 동작은 저속작업 기기이다.

142 안전사고의 발생요인 중 가장 비율이 높다고 볼 수 있는 것은?

① 불안전한 상태
② 개인적인 결함
③ 불안전한 행동
④ 사회적 결함

해설
안전사고의 발생요인 중 불안전한 행동 비율이 높은 편이다.

정답 136 ③ 137 ④ 138 ① 139 ② 140 ③ 141 ③ 142 ③

143 아크 용접작업 시 인적 피해로 볼 수 없는 것은?

① 감전으로 인한 사고
② 과대전류에 의한 용접기의 소손
③ 스패터 및 슬랙에 의한 화상
④ 유해가스에 의한 중독

해설
과대전류에 의한 용접기의 소손은 인적 피해가 아닌 기기피해이다.

144 산업안전보건 개선계획에 포함되어야 할 중요한 사항이 아닌 것은?

① 안전보건 관리체계 ② 안전보건 교육
③ 근로자 배치 ④ 시설

해설
근로자 배치와 산업안전보건 개선계획은 관련이 없다.

145 다음 안전장치의 취급에 관한 사항 중 틀린 것은?

① 안전장치는 반드시 작업 전에 점검한다.
② 안전장치는 구조상의 결함 유무를 항상 점검한다.
③ 안전장치가 불량할 때에는 즉시 수정한 다음 작업한다.
④ 안전장치는 작업 형편상 부득이한 경우엔 일시 제거해도 좋다.

해설
안전장치는 일시라도 제거하여서는 아니 된다.

146 보호구 사용 시 유의사항으로 옳지 않은 것은?

① 작업에 적절한 보호구를 설정한다.
② 작업장에는 필요한 수량의 보호구를 비치한다.
③ 보호구는 사용하는 데 불편이 없도록 관리를 철저히 한다.
④ 작업을 할 때 개인에 따라 보호구는 사용하지 않아도 된다.

해설
보호구는 작업 시에 반드시 착용한다.

147 정전 시 조치사항 중 틀린 것은?

① 냉각수 공급을 중단한다.
② 수액기 출구밸브를 닫는다.
③ 흡입밸브를 닫고 모터가 정지한 후 토출밸브를 닫는다.
④ 냉동기의 주 전원 스위치는 계속 통전시킨다.

해설
정전 시에는 냉동기의 주 전원 스위치를 차단시킨다.

148 다음 중 가스 용접작업 시 가장 많이 발생되는 사고는?

① 가스 누설에 의한 폭발
② 자외선에 의한 망막 손상
③ 누전에 의한 감전사고
④ 유해가스에 의한 중독

해설
가스 용접작업 시에는 가스 누설에 의한 폭발이 가장 우려된다.

149 다음 중 소화효과의 원리가 아닌 것은?

① 질식효과 ② 제거효과
③ 냉각효과 ④ 단열효과

해설
소화효과
㉠ 질식효과 ㉡ 제거효과 ㉢ 냉각효과

정답 143 ② 144 ③ 145 ④ 146 ④ 147 ④ 148 ① 149 ④

150 다음 중 재해발생의 3요소가 아닌 것은?

① 교육
② 인간
③ 환경
④ 기계

해설

재해발생의 3요소 : 인간, 환경, 기계

151 방폭성능을 가진 전기기의 구조 분류에 해당되지 않는 것은?

① 내압 방폭구조
② 유입 방폭구조
③ 압력 방폭구조
④ 자체 방폭구조

해설

방폭구조의 분류
㉠ 내압 방폭구조
㉡ 유입 방폭구조
㉢ 압력 방폭구조
㉣ 안전증 방폭구조
㉤ 본질안전 방폭구조

152 산업안전기준상 작업장 계단의 폭은 얼마 이상으로 하여야 하는가?

① 50cm
② 100cm
③ 150cm
④ 200cm

해설

작업장 계단의 폭 : 100cm 이상

153 다음 마스크 중 공기 중에 부유하는 유해한 미립자 물질을 흡입함으로써 건강 장해의 우려성이 있는 경우 사용하는 것은?

① 방진 마스크
② 방독 마스크
③ 방수 마스크
④ 송기 마스크

해설

방진 마스크
공기 중에 부유하는 미립자 물질을 제거한다.

154 재해 형태에서 물건에 끼워지거나 말려든 상태를 무엇이라고 하는가?

① 추락
② 충돌
③ 협착
④ 전도

해설

협착
물건에 끼워지거나 말려든 상태의 재해 형태

155 다음 중 산업안전표지의 색과 표시하는 의미가 서로 맞게 되어 있는 것은?

① 적색 : 진행표시
② 황색 : 금지표시
③ 청색 : 지시표시
④ 녹색 : 권고표시

해설

① 적색 : 방화금지, 방향금지
② 황색 : 주의
④ 녹색 : 안전진행, 구급

156 작업장의 출입구 설치기준으로 옳지 않은 것은?

① 출입구의 위치, 수 및 크기가 작업장의 용도와 특성에 적합하도록 할 것
② 출입구에 문을 설치할 경우에는 근로자가 쉽게 열고 닫을 수 있도록 할 것
③ 주목적이 하역운반기계용인 출입구에는 보행자용 출입구를 따로 설치하지 말 것
④ 계단이 출입구와 바로 연결된 경우에는 작업자의 안전한 통행을 위하여 그 사이에 충분한 거리를 둘 것

해설

작업장 출입구가 하역운반기계용인 경우 출입구에는 보행자용 출입구를 따로 설치하여야 한다.

정답 150 ① 151 ④ 152 ② 153 ① 154 ③ 155 ③ 156 ③

157 안전대책의 3원칙에 속하지 않는 것은?

① 기술
② 자본
③ 교육
④ 관리

해설

안전대책의 3원칙

㉠ 기술 ㉡ 교육 ㉢ 관리

158 소화제로 물을 사용하는 이유로 가장 적당한 것은?

① 산소를 잘 흡수하기 때문에
② 증발잠열이 크기 때문에
③ 연소하지 않기 때문에
④ 산소와 가열물질을 분리시키기 때문에

해설

물을 소화제로 사용하는 이유는 증발잠열이 매우 크기 때문이다.

159 재해발생의 원인 중 간접원인으로서 안전관리 조직 결함, 안전수칙 미제정, 작업준비 불충분 등은 다음 중 어느 요인에 해당되는가?

① 신체적 원인
② 정신적 원인
③ 교육적 원인
④ 관리적 원인

해설

관리적 원인

재해발생의 원인 중 간접원인으로서 안전관리 조직 결함, 안전수칙 미제정, 작업준비 불충분 등이 해당된다.

160 안전관리의 목적을 올바르게 나타낸 것은?

① 기능 향상을 도모한다.
② 경영의 혁신을 도모한다.
③ 기업의 시설투자를 확대한다.
④ 근로자의 안전과 능률을 향상시킨다.

해설

안전관리의 목적은 근로자의 안전과 능률을 향상시키는 데 있다.

161 연삭 숫돌을 갈아 끼운 후 시운전 시 몇 분 동안 공회전을 시켜야 하는가?

① 1분 이상
② 3분 이상
③ 5분 이상
④ 10분 이상

해설

연삭 숫돌을 갈아 끼운 후 시운전은 3분 이상 공회전을 시켜야 한다.

162 가스용접 중 고무호스에 역화가 일어났을 때 제일 먼저 해야 할 일은?

① 토치에서 고무관을 뗀다.
② 즉시 용기를 눕힌다.
③ 즉시 아세틸렌 용기의 밸브를 닫는다.
④ 안전기에 규정의 물을 넣어 다시 사용하도록 한다.

해설

가스 용접 중 고무호스에 역화 발생 시 아세틸렌(C_2H_2) 용기의 밸브를 가장 먼저 차단시킨다.

163 가연성 가스 냉매설비에 설치하는 방출관의 방출구 위치 기준으로 옳은 것은?

① 지상으로부터 2m 이상의 높이
② 지상으로부터 3m 이상의 높이
③ 지상으로부터 4m 이상의 높이
④ 지상으로부터 5m 이상의 높이

해설

방출관의 방출구 높이는 지상 5m 이상의 높이에 설치한다.

164 전기사고 중 감전의 위험인자를 설명한 것이다. 이 중 옳지 않은 것은?

① 전류량이 클수록 위험하다.
② 통전시간이 길수록 위험하다.
③ 심장에 가까운 곳에서 통전되면 위험하다.
④ 인체에 습기가 없으면 저항이 감소하여 위험하다.

해설
인체에 습기가 없으면 저항이 증가하여 위험이 감소된다.

165 방폭전기기기를 선정할 경우 중요하지 않은 것은?

① 대상가스의 종류
② 방호벽의 종류
③ 폭발성 가스의 폭발 등급
④ 발화도

해설
방폭전기기기 선정 시 고려사항
㉠ 가스의 종류
㉡ 가스 폭발 등급
㉢ 발화도

166 전기용 고무장갑은 몇 V 이하의 전기회로 작업에서의 감전 방지를 위해 사용하는 보호구인가?

① 7,000V
② 12,000V
③ 17,000V
④ 20,000V

해설
전기용 고무장갑은 7,000V 이하의 감전방지용 보호구이다.

167 수공구 사용방법 중 옳은 것은?

① 스패너는 깊이 물리고 바깥쪽으로 밀면서 풀고 죈다.

② 정작업 시 끝날 무렵에는 힘을 빼고 천천히 타격한다.
③ 쇠톱작업 시 톱날을 고정한 후에는 재조정을 하지 않는다.
④ 장갑을 낀 손이나 기름 묻은 손으로 해머를 잡고 작업해도 된다.

해설
①, ③, ④는 수공구 취급 시 옳지 못한 안전관리 사항이다.

168 경고신호의 구비조건이 아닌 것은?

① 주의를 끌 수 있어야 한다.
② 신호의 뜻과 동작의 절차를 제시하여야 한다.
③ 심리적 불안감을 제거할 수 있어야 한다.
④ 경고를 받고 행동하기까지의 시간적 여유가 있어야 한다.

해설
경고신호는 심리적 불안감 제거와는 관련이 없다.

169 유류 화재 시 가장 적합한 소화기는?

① 무상수 소화기
② 봉상수 소화기
③ 분말 소화기
④ 방화수

해설
유류 화재 시에는 분말 소화기가 적합하다.

170 가스 용접작업 시 유의해야 할 사항으로 옳지 않은 것은?

① 용접 전 반드시 소화기, 방화사 등을 준비할 것
② 아세틸렌의 사용압력은 5kg/cm² 이상으로 할 것
③ 작업하기 전에 안전기와 산소조정기의 상태를 점검할 것
④ 과열되었을 때 재점화 시 역화에 주의할 것

정답　**164** ④　**165** ②　**166** ①　**167** ②　**168** ③　**169** ③　**170** ②

해설
아세틸렌 가스 용접은 $1.05kg/cm^2$ 이하에서 사용하면 안전하다.

171 사람이 평면상으로 넘어졌을 때의 재해를 무엇이라고 하는가?

① 추락
② 전도
③ 비래
④ 도괴

해설
전도사고
사람이 평면상으로 구르거나 넘어졌을 때의 사고이다.

172 냉동기의 정상적인 운전상태를 파악하기 위하여 운전관리상 검토해야 할 사항이 아닌 것은?

① 윤활유의 압력, 온도 및 청정도
② 냉각수 온도 또는 냉각공기 온도
③ 정지 중의 소음 및 진동
④ 압축기용 전동기의 전압 및 전류

해설
정지 중에는 소음 및 진동이 억제된다.

173 안전대용 로프의 구비조건과 관련이 없는 것은?

① 완충성이 높을 것
② 질기고 되도록 매끄러울 것
③ 내마모성이 높을 것
④ 내열성이 높을 것

해설
안전대용 로프는 매끄러우면 사용이 매우 불편하다.

174 재해 발생 중 사람이 건축물, 비계, 사다리, 계단 등에서 떨어지는 것을 무엇이라 하는가?

① 도괴
② 낙하
③ 비래
④ 추락

해설
추락
상부에서 작업 중 하부로 떨어지는 현상

175 물을 소화재로 사용하는 가장 큰 이유는?

① 연소하지 않는다.
② 산소를 잘 흡수한다.
③ 기화잠열이 크다.
④ 취급하기가 편리하다.

해설
0℃에서 물의 기화잠열은 600kcal/kg으로 매우 크다.

176 연삭기 숫돌의 파괴원인에 해당되지 않는 것은?

① 숫돌의 속도가 너무 빠를 때
② 숫돌에 균열이 있을 때
③ 플랜지가 현저히 클 때
④ 숫돌에 과대한 충격을 줄 때

해설
플랜지의 대소와 연삭기 숫돌의 파괴는 관련성이 없다.

177 스패너(Spanner) 사용 시 주의할 사항 중 틀린 것은?

① 스패너의 벗겨짐이나 미끄러짐에 주의한다.
② 스패너의 입이 너트 폭과 잘 맞는 것을 사용한다.
③ 스패너 길이가 짧은 경우에는 파이프를 끼워서 사용한다.
④ 무리하게 힘을 주지 말고 조심스럽게 사용한다.

정답 171 ② 172 ③ 173 ② 174 ④ 175 ③ 176 ③ 177 ③

해설
스패너에 파이프를 끼워서 사용하는 것은 금한다.

178 냉동장치를 정상적으로 운전하기 위한 것이 아닌 것은?

① 이상고압이 되지 않도록 주의한다.
② 냉매 부족이 없도록 한다.
③ 습압축이 되도록 한다.
④ 각부의 가스 누설이 없도록 유의한다.

해설
냉매는 항상 건조압축이 되도록 한다.

179 다음 중 안전관리에 대한 설명으로 적절하지 못한 것은?

① 인간의 생명과 재산 보호
② 비계획적인 제반 활동
③ 체계적인 제반 활동
④ 인간생활의 복지 향상

해설
안전관리는 계획적인 제반 활동이어야 한다.

180 운반기계에 의한 운반작업 시 안전수칙에 어긋나는 것은?

① 운반대 위에는 여러 사람이 타지 말 것
② 미는 운반차에 화물을 실을 때에는 앞을 볼 수 있는 시야를 확보할 것
③ 운반차의 출입구는 운반차의 출입에 지장이 없는 크기로 할 것
④ 운반차에 물건을 쌓을 때 될 수 있는 대로 전체의 중심이 위가 되도록 쌓을 것

해설
운반차에 물건을 쌓을 때에는 될 수 있는 대로 전체의 중심이 아래가 되도록 한다.

181 냉동장치 운전 중 안전상 별로 위험이 없는 경우에 해당되는 것은?

① 액면계 파손 시 볼밸브가 작동 불량인 경우
② 고압 측에 안전밸브가 설치되지 않은 경우
③ 수액기와 응축기를 연락하는 균압관의 스톱밸브를 닫지 않았을 경우
④ 팽창밸브 직전에 전자밸브가 있는 경우 압축기 출구밸브를 닫고 장시간 운전했을 경우

해설
균압관의 스톱밸브는 별다른 경우가 아닌 이상 운전 중 개방이 원칙이다.

182 냉동능력 20톤 이상의 냉동설비와 압력계에 관한 설명 중 틀린 것은?

① 냉매설비에는 압축기의 토출 및 흡입압력을 표시하는 압력계를 부착할 것
② 압축기가 강제윤활방식인 경우에는 윤활유 압력을 표시하는 압력계를 부착할 것
③ 발생기에는 냉매가스의 압력을 표시하는 압력계를 부착할 것
④ 압력계 눈금판의 최고눈금 수치는 당해 압력계의 설치장소에 따른 시설의 기밀시험압력 이상이고 그 압력의 1배 이하일 것

해설
냉동능력 20톤 이상의 냉동설비 압력계
㉠ 압력계 눈금판의 최고눈금 수치는 당해 압력계의 설치 장소에 따른 시설의 기밀시험압력 이상이고 그 압력의 2배 이하일 것
㉡ 진공부는 그 최저눈금이 76cmHg 이상일 것

183 냉동장치 배관 설치 시 주의사항으로 틀린 것은?

① 관통부 외에는 매설하지 않는다.
② 배관 내 응력 발생이 있는 곳에 루프형 배관을 한다.
③ 기기조작, 보수, 점검에 지장이 없도록 한다.
④ 전체 길이는 짧게 하며 곡률반경을 작게 한다.

해설
배관의 곡률반경은 저항을 방지하기 위해 다소 크게 한다.

184 냉동장치의 배관공사에서 옳지 않은 것은?

① 두 계통의 토출관이 합류하는 곳은 Y형 접속으로 한다.
② 압축기 토출관의 수평부분은 응축기를 향해 상향구배를 한다.
③ 응축기와 수액기의 균압관은 압력을 같게 하기 위한 것이다.
④ 압력 손실은 되도록 작게 하기 위해 굴곡부의 개수를 적게 한다.

해설
압축기 토출관의 수평부분은 응축기를 향해 하향구배 한다.

185 냉동제조시설이 적합하게 설치 또는 유지관리되고 있는지 확인하기 위한 검사의 종류가 아닌 것은?

① 중간검사
② 완성검사
③ 불시검사
④ 정기검사

해설
냉동제조시설 검사의 종류
중간검사, 완성검사, 정기검사

186 기계설비에서 일어나는 사고의 위험점이 아닌 것은?

① 협착점
② 끼임점
③ 고정점
④ 절단점

해설
고정점 : 고정된 상태에서는 사고 빈도가 매우 낮다.

187 감전되었을 경우 위험도가 가장 큰 것은?

① 통전전류의 크기
② 통전경로
③ 전원의 종류
④ 통전시간과 전격의 인가 위상

해설
통전전류
㉠ 5mA : 아픔을 느낀다.
㉡ 20mA : 회로를 떨어질 수 없다.
㉢ 100mA : 치명적이다.

188 연소에 관한 설명이 잘못된 것은?

① 온도가 높을수록 연소속도가 빨라진다.
② 입자가 작을수록 연소속도가 빨라진다.
③ 촉매가 작용하면 연소속도가 빨라진다.
④ 산화되기 어려운 물질일수록 연소속도가 빨라진다.

해설
산화되기 어려운 물질일수록 연소속도가 느려진다.

189 가스 용접작업 시 아세틸렌가스와 접촉하는 부분에 사용해서는 안 되는 것은?

① 알루미늄
② 납
③ 구리
④ 탄소강

해설

아세틸렌 가스는 동, 은, 수은 등과 직접 반응하여 폭발성 아세틸렌라이트를 만든다.

190 가연성 가스(암모니아, 브롬화메탄 및 공기 중에서 자기 발화하는 가스 제외)설비의 전기설비는 어떤 기능을 갖는 구조이어야 하는가?

① 방수기능
② 내화기능
③ 방폭기능
④ 일반기능

해설

가연성 가스의 설비 시 전기설비는 방폭기능을 갖는 구조이어야 한다.

191 안전보건표지에서 비상구 및 피난소, 사람 또는 차량의 통행표지의 색채는?

① 빨강
② 녹색
③ 파랑
④ 노랑

해설

㉠ 적색 : 방화금지, 방향금지
㉡ 황색 : 주의
㉢ 녹색 : 안전진행(통행), 구급

192 가스용접기를 이용하여 동관을 용접하였다. 용접을 마친 후 조치로서 올바른 것은?(단, 용기의 메인 밸브는 추후 닫는 것으로 한다.)

① 산소 밸브를 먼저 닫고 아세틸렌 밸브를 닫을 것
② 아세틸렌 밸브를 먼저 닫고 산소 밸브를 닫을 것
③ 산소 및 아세틸렌 밸브를 동시에 닫을 것
④ 가스 압력조정기를 닫은 후 호스 내 가스를 유지시킬 것

해설

동관 가스 용접을 마친 후에는 산소 밸브를 먼저 닫고 아세틸렌 밸브를 닫는다.

193 공구취급 시 안전관리 일반사항으로 옳지 않은 것은?

① 결함이 없는 완전한 공구를 사용한다.
② 공구는 사용 전에 반드시 점검한다.
③ 불량공구는 일단 수리하여 사용하고 반납한다.
④ 공구는 항상 일정한 장소에 비치하여 놓는다.

해설

불량공구는 교체하여 사용한다.

194 산업안전의 관심과 이해 증진으로 얻을 수 있는 이점이라 볼 수 없는 것은?

① 기업의 신뢰도를 높여준다.
② 기업의 투자경비를 증대시킬 수 있다.
③ 이직률이 감소된다.
④ 고유기술이 축적되어 품질이 향상된다.

해설

산업안전의 관심과 이해 증진은 기업의 투자경비를 감소시킬 수 있다.

195 가스 집합 용접장치를 사용하여 금속의 용접·용단 및 가열작업을 하는 때에 가스 집합 용접장치의 관리상 준수하여야 하는 사항이 아닌 것은?

① 사용하는 가스의 명칭 및 최대가스저장량을 가스장치실의 보기 쉬운 장소에 게시할 것
② 밸브·콕 등의 조작 및 점검요령을 가스장치실의 보기 쉬운 장소에 게시할 것
③ 가스 집합장치로부터 5m 이내의 장소에서는 흡연, 화기의 사용 또는 불꽃을 발생시킬 우려가 있는 행위를 금지시킬 것
④ 이동식 가스 집합 용접장치는 고온의 장소, 통풍이나 환기가 불충분한 장소 또는 진동이 많은 장소에 설치하여 사용할 것

정답 **190** ③ **191** ② **192** ① **193** ③ **194** ② **195** ④

해설
가스는 환기가 원활한 장소, 진동이 적은 장소에 사용하여야 한다.

196 근로자가 안전하게 통행할 수 있도록 통로에는 몇 럭스 이상의 조명시설을 해야 하는가?

① 10   ② 30
③ 45   ④ 75

해설
근로자의 안전통로 조명 밝기 : 75럭스 이상

197 가연성 가스 또는 가연성 분진 등이 체류하는 장소에 설치해야 하는 것으로 옳은 것은?

① 진동설비   ② 배수설비
③ 소음설비   ④ 환기설비

해설
가연성 가스 체류장소에는 환기설비나 경보설비가 필요하다.

198 가스보일러의 점화 전 주의사항 중 연소실 용적의 약 몇 배 이상의 공기량을 보내어 충분히 환기를 행해야 되는가?

① 2   ② 4
③ 6   ④ 8

해설
가스보일러는 점화 전 연소실 용적의 약 4배 이상의 공기량을 투입 후 충분히 환기시킨다.

199 가스용접장치에 대한 안전수칙으로 틀린 것은?

① 가스용기의 밸브는 빨리 열고 닫는다.
② 가스의 누설검사는 비눗물로 한다.

③ 용접작업 전에 소화기 및 방화사 등을 준비한다.
④ 역화의 위험을 방지하기 위하여 역화방지기를 설치한다.

해설
가스용기는 열 때는 서서히, 닫을 때는 신속히 닫는다.

200 전기의 접지목적에 해당되지 않는 것은?

① 화재 방지
② 설비 증설 방지
③ 감전 방지
④ 기기 손상 방지

해설
전기의 접지목적
㉠ 화재 방지
㉡ 감전 방지
㉢ 기기손상 방지

201 냉동설비의 설치공사 완료 후 시운전 또는 기밀시험을 실시할 때 사용할 수 없는 것은?

① 헬륨   ② 산소
③ 질소   ④ 탄산가스

해설
조연성 가스인 산소는 금속의 산화·가연성 냉매와의 산화폭발 등의 염려로 사용은 금물이다.

202 일정기간마다 정기적으로 점검하는 것을 말하며, 일반적으로 매주 또는 매월 1회씩 담당 분야별로 당해 분야의 작업책임자가 점검하는 것은?

① 계획점검   ② 수시점검
③ 임시점검   ④ 특별점검

해설
계획점검
매주 또는 매월 1회씩 당해 분야별 책임자가 점검하는 것

정답   196 ④   197 ④   198 ②   199 ①   200 ②   201 ②   202 ①

203 가스용접 작업 시의 주의사항이 아닌 것은?

① 용기밸브는 서서히 열고 닫는다.
② 용접 전에 소화기 및 방화사를 준비한다.
③ 용접 전에 전격방지기 설치 유무를 확인한다.
④ 역화방지를 위하여 안전기를 사용한다.

해설
가스용접에서는 전격(감전)이 발생되지 않는다.

204 전기 기구에 사용하는 퓨즈(Fuse)의 재료로 부적당한 것은?

① 납   ② 주석
③ 아연   ④ 구리

해설
구리는 용융점이 1,000℃ 이상이므로 퓨즈 재료로는 사용이 부적당하다.

205 안전한 작업을 하기 위한 작업복에 관한 설명으로 옳지 않은 것은?

① 직종에 따라 여러 색채로 나누는 것도 효과적이다.
② 작업기간에는 세탁을 하지 않는다.
③ 주머니는 가급적 수가 적어야 한다.
④ 화학약품에 대한 내성이 강해야 한다.

해설
작업복은 위생상 세탁이 필수적이다.

206 작업장에서 가장 높은 비율을 차지하는 사고 원인이라 할 수 있는 것은?

① 작업방법
② 시설장비의 결함
③ 작업환경
④ 근로자의 불안전한 행동

해설
근로자의 불안전한 행동은 사고의 가장 큰 원인이 된다.

207 보호장구는 필요할 때 언제라도 착용할 수 있도록 청결하고 성능이 유지된 상태에서 보관되어야 한다. 보관방법으로 틀린 것은?

① 광선을 피하고 통풍이 잘되는 장소에 보관할 것
② 부식성, 유해성, 인화성 액체 등과 혼합하여 보관하지 말 것
③ 모래, 진흙 등이 묻은 경우에는 깨끗이 씻고 햇빛에서 말릴 것
④ 발열성 물질을 보관하는 주변에 가까이 두지 말 것

해설
보호장구는 햇빛 등 광선을 피하고 통풍이 잘되는 장소에 보관한다.

208 연료계통에 화재 발생 시 가장 적합한 소화 작업에 해당되는 것은?

① 찬물을 붓는다.
② 산소를 공급해 준다.
③ 점화원을 차단한다.
④ 가연성 물질을 차단한다.

해설
가연성 물질을 차단하면 소화는 즉시 해결된다.

209 줄작업 시 안전사항으로 옳지 않은 것은?

① 줄의 균열 유무를 확인한다.
② 줄은 손잡이가 정상인 것만을 사용한다.
③ 땜질한 줄은 사용하지 않는다.
④ 줄작업에서 생긴 가루는 입으로 불어 제거한다.

해설
줄작업 시 생긴 가루는 털어서 제거한다.

정답   203 ③   204 ④   205 ②   206 ④   207 ③   208 ④   209 ④

210 기계설비를 안전하게 사용하고자 한다. 다음 보기와 같은 작업을 하고자 할 때 필요한 보호구인 것은?

> [보기]
> 물체가 떨어지거나 날아올 위험 또는 근로자가 감전되거나 추락할 위험이 있는 작업

① 안전모
② 안전벨트
③ 방열복
④ 보안면

해설
안전모는 물체가 떨어지거나 근로자 감전 시 또는 추락 시 위험으로부터 보호하는 장비이다.

211 수공구 중 정작업 시 안전작업수칙으로 옳지 않은 것은?

① 정의 머리가 둥글게 된 것은 사용하지 말 것
② 처음에는 가볍게 때리고 점차 타격을 가할 것
③ 철재를 절단할 때에는 철편이 날아 튀는 것에 주의할 것
④ 표면이 단단한 열처리 부분은 정으로 가공할 것

해설
열처리에 의해 표면이 단단한 부분은 정작업이 불가능하다.

212 컨베이어 등에 근로자의 신체의 일부가 말려드는 등 근로자에게 위험을 미칠 우려가 있을 때는 무엇을 설치하여야 하는가?

① 권과방지장치
② 비상정지장치
③ 해지장치
④ 이탈 및 역주행방지장치

해설
컨베이어 등 위험성이 내포된 작업기계를 다룰 시에는 비상정지장치를 반드시 설치한다.

213 고온가스를 이용하는 제상장치 중 고온가스를 증발기에 유입시키기 위해 적합한 인출 위치는?

① 액분리기와 압축기 사이
② 증발기와 압축기 사이
③ 유분리기와 응축기 사이
④ 수액기와 팽창밸브 사이

해설

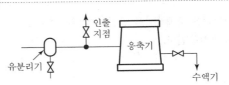

214 냉동장치 운전에 관한 설명으로 옳은 것은?

① 흡입압력이 저하되면 토출가스 온도가 저하된다.
② 냉각수온이 높으면 응축압력이 저하된다.
③ 냉매가 부족하면 증발압력이 상승한다.
④ 응축압력이 상승되면 소요동력이 증가한다.

해설
응축압력이 상승되거나 증발압력이 낮아지면 압축비가 커지고 소요동력이 증가한다.

215 다음은 드릴작업에 대한 내용이다. 틀린 것은?

① 드릴 회전 시에는 테이블을 조정하지 않는다.
② 드릴을 끼운 후에 척 렌치를 반드시 뺀다.
③ 전기드릴을 사용할 때에는 반드시 접지(Earth)시킨다.
④ 공작물을 손으로 고정 시에는 반드시 장갑을 낀다.

해설
드릴작업 시 장갑 착용은 금지사항이다.

216 아세틸렌 용접장치를 사용하여 금속의 용접 · 용단 또는 가열작업을 하는 때에는 게이지압력이 얼마를 초과하는 압력의 아세틸렌을 발생시켜 사용하여서는 안 되는가?

① 1.0kg/cm²
② 1.3kg/cm²
③ 2.0kg/cm²
④ 15.5kg/cm²

해설
아세틸렌은 분해폭발을 방지하기 위하여 1.3kg/cm² 이하에서 사용한다.

217 아크 용접작업 시 사망재해의 주원인은?

① 아크광선에 의해 재해
② 전격에 의한 재해
③ 가스중독에 의한 재해
④ 가스폭발에 의한 재해

해설
아크용접 시 전격(감전)에 의한 사고가 가장 위험하다.

218 화물을 벨트, 롤러 등을 이용하여 연속적으로 운반하는 컨베이어의 방호장치에 해당되지 않는 것은?

① 이탈 및 역주행 방지장치
② 비상정지장치
③ 덮개 또는 울
④ 권과방지장치

해설
컨베이어 방호장치로서는 ①, ②, ③의 장치가 필요하다.

219 아세틸렌 용접장치의 사용 시 역화의 원인으로 틀린 것은?

① 과열되었을 때
② 산소 공급압력이 과소할 때
③ 압력조정기가 불량할 때
④ 토치 팁에 이물질이 묻었을 때

해설
산소 공급압력이 과대할 때 역화가 발생할 수 있다.

220 기계설비의 안전조건에 들지 않는 것은?

① 구조의 안전화　　② 설치상의 안전화
③ 기능의 안전화　　④ 외형의 안전화

해설
기계설비의 안전조건에 설치상의 안전화는 해당되지 않는다.

221 휘발유, 벤젠 등 액상 또는 기체상의 연료성 화재는 무슨 화재로 분류되는가?

① A급　　　　　② B급
③ C급　　　　　④ D급

해설
화재의 분류
㉠ A급 화재 : 일반화재
㉡ B급 화재 : 오일화재
㉢ C급 화재 : 전기화재
㉣ D급 화재 : 금속화재
㉤ E급 화재 : 가스화재

정답 216 ② 217 ② 218 ④ 219 ② 220 ② 221 ②

222 냉동기 검사 시 냉동기에 각인되지 않아도 되는 것은?

① 원동기 소요전력 및 전류
② 제조번호
③ 내압시험압력(기호 : TP, 단위 : MPa)
④ 최저사용압력(기호 : DP, 단위 : MPa)

해설
냉동기에는 최고사용압력(MPa)이 각인되어야 한다.

223 다음 중 가스용접 작업 시 가장 많이 발생되는 사고는?

① 가스 폭발
② 자외선에 의한 망막 손상
③ 누전에 의한 감전사고
④ 유해가스에 의한 중독

해설
가스용접 시 가연성 가스는 가스 폭발에 주의한다.

224 추락을 방지하기 위해 작업발판을 설치해야 하는 높이는 몇 m 이상인가?

① 2   ② 3
③ 4   ④ 5

해설
추락 방지를 위해 설치하는 작업발판은 작업공간 높이가 2m 이상인 경우에 설치한다.

225 안전관리에 대한 제반활동을 설명한 것이다. 이 중 옳지 않은 것은?

① 재해로부터 인명과 재산을 보호하기 위한 계획적인 안전활동이다.
② 재해의 원인을 찾아내고 그 원인을 사전에 제거하는 안전활동이다.

③ 근로자에게 쾌적한 작업환경을 조성해주고 경영자의 재해손실을 줄여 준다.
④ 안전활동을 수행하기 위해서는 경영자를 제외한 모든 종업원이 참여해야 한다.

해설
안전활동 수행에는 경영자가 반드시 참여해야 한다.

226 강관의 용접접합에 전기용접을 많이 이용하는 이유는?

① 응용범위가 넓다.
② 용접속도가 빠르고 변형이 적다.
③ 박판용접에 적당하다.
④ 가열조절이 자유롭다.

해설
전기용접은 용접속도가 빠르고 변형이 적다.

APPENDIX

부록 1

과년도 기출문제

2014~2016년도

[01] 과년도 기출문제

01 크레인(Crane)의 방호장치에 해당되지 않는 것은?

① 권과방지장치　　② 과부하방지장치
③ 비상정지장치　　④ 과속방지장치

해설
크레인의 방호장치
㉠ 권과방지장치　　㉡ 과부하방지장치
㉢ 비상정지장치　　㉣ 브레이크 장치
㉤ 훅 해지장치

02 용기의 파열사고 원인에 해당되지 않는 것은?

① 용기의 용접 불량
② 용기 내부압력의 상승
③ 용기 내에서 폭발성 혼합가스에 의한 발화
④ 안전밸브의 작동

해설
안전밸브가 작동되면 압력이 저하되어 용기가 안전하다.

03 물체가 떨어지거나 날아올 위험 또는 근로자가 추락할 위험이 있는 작업 시에 착용할 보호구로 적당한 것은?

① 안전모　　　　② 안전밸브
③ 방열복　　　　④ 보안면

해설
안전모
물체가 떨어지거나 날아올 위험 또는 근로자가 추락할 위험이 있는 작업 시에 착용하는 보호구

04 안전관리감독자의 업무가 아닌 것은?

① 안전작업에 관한 교육훈련
② 작업 전후 안전점검 실시
③ 작업의 감독 및 지시
④ 재해 보고서 작성

해설
작업 전후 안전점검은 안전관리자의 업무이다.

05 드릴작업 시 주의사항으로 틀린 것은?

① 드릴회전 중에는 칩을 입으로 불어서는 안 된다.
② 작업에 임할 때는 복장을 단정히 한다.
③ 가공 중 드릴 끝이 마모되어 이상한 소리가 나면 즉시 바꾸어 사용한다.
④ 이송레버에 파이프를 끼워 걸고 재빨리 돌린다.

해설
드릴에 파이프를 끼워서 사용하는 것을 금한다.

06 전기사고 중 감전의 위험 인자에 대한 설명으로 옳지 않은 것은?

① 전류량이 클수록 위험하다.
② 통전시간이 길수록 위험하다.
③ 심장에 가까운 곳에서 통전되면 위험하다.
④ 인체에 습기가 없으면 저항이 감소하여 위험하다.

해설
인체에 습기가 있으면 저항이 감소하여 위험하다.

정답　**01** ④　**02** ④　**03** ①　**04** ②　**05** ④　**06** ④

07 냉동시스템에서 액 해머링의 원인이 아닌 것은?

① 부하가 감소했을 때
② 팽창밸브의 열림이 너무 적을 때
③ 만액식 증발기의 경우 부하변동이 심할 때
④ 증발기 코일에 유막이나 서리(霜)가 끼었을 때

해설
팽창밸브의 열림이 너무 적으면 액 해머링(리퀴드 해머)이 감소된다.

08 산소가 결핍되어 있는 장소에서 사용되는 마스크는?

① 송기 마스크
② 방진 마스크
③ 방독 마스크
④ 전안면 방독 마스크

해설
마스크
㉠ 송기 마스크 : 산소가 결핍된 곳에서 사용
㉡ 방진 마스크 : 분진이 많이 이는 곳에서 사용
㉢ 방독 마스크 : 독성가스 예방을 위해 사용

09 냉동설비의 설치공사 후 기밀시험 시 사용되는 가스로 적합하지 않은 것은?

① 공기
② 산소
③ 질소
④ 아르곤

해설
냉동설비 설치공사 후 기밀시험에 사용되는 가스 중 가연성 가스이자 조연성 가스인 산소(O_2)는 제외된다.

10 소화효과의 원리가 아닌 것은?

① 질식효과
② 제거효과
③ 희석효과
④ 단열효과

해설
소화효과
㉠ 질식효과　　㉡ 제거효과　　㉢ 희석효과

11 해머작업 시 지켜야 할 사항 중 적절하지 못한 것은?

① 녹슨 것을 때릴 때 주의하도록 한다.
② 해머는 처음부터 힘을 주어 때리도록 한다.
③ 작업 시에는 타격하려는 곳에 눈을 집중시킨다.
④ 열처리된 것은 해머로 때리지 않도록 한다.

해설
해머작업에서 처음에는 힘을 가볍게 주어 때리도록 한다.

12 가스용접 작업 중에 발생되는 재해가 아닌 것은?

① 전격
② 화재
③ 가스폭발
④ 가스중독

해설
㉠ 전격 : 전기용접에서 감전사고와 직결된다.
㉡ 전격의 원인
　• 홀더가 신체에 접촉되었을 때
　• 용접봉을 떼어낼 때
　• 홀더에 용접봉을 물릴 때
　• 도선 피복 손상부에 접촉되었을 때

13 보일러 점화 직전 운전원이 반드시 제일 먼저 점검해야 할 사항은?

① 공기온도 측정
② 보일러 수위 확인
③ 연료의 발열량 측정
④ 연소실의 잔류가스 측정

정답 **07** ② **08** ① **09** ② **10** ④ **11** ② **12** ① **13** ②

해설
보일러 점화 직전 반드시 보일러 수위를 확인하여 저수위 사고를 예방한다.

14 교류 용접기의 규격란에 AW 200이라고 표시되어 있을 때 200이 나타내는 값은?

① 정격 1차 전류값 ② 정격 2차 전류값
③ 1차 전류 최댓값 ④ 2차 전류 최댓값

15 산소 용기 취급 시 주의사항으로 옳지 않은 것은?

① 용기 운반 시 밸브를 닫고 캡을 씌워서 이동할 것
② 용기는 전도, 충돌, 충격을 주지 말 것
③ 용기는 통풍이 안 되고 직사광선이 드는 곳에 보관할 것
④ 용기는 기름이 묻은 손으로 취급하지 말 것

해설
산소 용기 보관실은 통풍이 잘되고 직사광선에 의해 40℃ 이상이 되지 않도록 햇볕이 들지 않는 곳에 설치한다.

16 전력의 단위로 맞는 것은?

① C   ② A
③ V   ④ W

해설
㉠ 전력 단위 : W   ㉡ 전압 단위 : V
㉢ 전류 단위 : A   ㉣ 전기량 단위 : C
㉤ 전자볼트 : eV(1eV = 1.602×10^{-19}J)

17 브롬화리튬(LiBr) 수용액이 필요한 냉동장치는?

① 증기압축식 냉동장치
② 흡수식 냉동장치

③ 증기분사식 냉동장치
④ 전자냉동장치

해설
LiBr 흡수용액이 필요한 장치
㉠ 흡수식 냉동기
㉡ 흡수식 냉-온수기

18 기체의 비열에 관한 설명 중 옳지 않은 것은?

① 비열은 보통 압력에 따라 다르다.
② 비열이 큰 물질일수록 가열이나 냉각하기가 어렵다.
③ 일반적으로 기체의 정적비열은 정압비열보다 크다.
④ 비열에 따라 물체를 가열·냉각하는 데 필요한 열량을 계산할 수 있다.

해설
비열비는 항상 1보다 크므로 정압비열이 항상 크다.

※ 비열비$(k) = \dfrac{정압비열}{정적비열}$

19 지수식 응축기라고도 하며 나선 모양의 관에 냉매를 통과시키고 이 나선관을 구형 또는 원형의 수조에 담그고 순환시켜 냉매를 응축시키는 응축기는?

① 셸 앤드 코일식 응축기
② 증발식 응축기
③ 공랭식 응축기
④ 대기식 응축기

해설
셸 앤드 코일식 응축기 : 지수식 응축기
㉠ 셸 내 : 냉매가 흐른다.
㉡ 튜브 내 : 냉각수가 흐른다(튜브 내 스월 부착).

정답 **14** ② **15** ③ **16** ④ **17** ② **18** ③ **19** ①

20 동력나사 절삭기의 종류가 아닌 것은?

① 오스터식　　　　② 다이헤드식

③ 로터리식　　　　④ 호브(Hob)식

해설

㉠ 로터리식, 램식 : 강관 벤딩기(90°, 180°, 45° 벤딩 가능)

㉡ 동관 벤딩기 : 일체형, 분리형

21 암모니아 냉매의 성질에서 압력이 상승할 때의 성질 변화에 대한 것으로 맞는 것은?

① 증발잠열은 커지고 증기의 비체적은 작아진다.

② 증발잠열은 작아지고 증기의 비체적은 커진다.

③ 증발잠열은 작아지고 증기의 비체적도 작아진다.

④ 증발잠열은 커지고 증기의 비체적도 커진다.

해설

냉매증기의 압력 상승 시 성질 변화

㉠ 증발잠열 감소

㉡ 증기의 비체적 감소

㉢ 증기의 온도 상승

22 다음 $P-h$ 선도는 NH_3를 냉매로 하는 냉동장치의 운전 상태를 냉동 사이클로 표시한 것이다. 이 냉동장치의 부하가 45,000kcal/h일 때 NH_3의 냉매 순환량은 약 얼마인가?

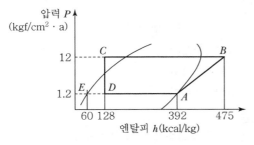

① 189.4kg/h　　　② 602.4kg/h

③ 170.5kg/h　　　④ 120.5kg/h

해설

냉매 1kg당 증발기 내 증발잠열

$r = 392 - 128 = 264$kcal/kg

냉매 순환량(G) = $\dfrac{냉동부하}{r} = \dfrac{45,000}{264} = 170.5$kg/h

23 1초 동안에 76kgf · m의 일을 할 경우 시간당 발생하는 열량은 약 몇 kcal/h인가?

① 641kcal/h　　　② 658kcal/h

③ 673kcal/h　　　④ 685kcal/h

해설

1kg · m/s = 0.00234kcal/s

1시간 = 3,600초

∴ 0.00234×3,600×76 = 641kcal/h

24 저온를 얻기 위해 2단 압축을 했을 때의 장점은?

① 성적계수가 향상된다.

② 설비비가 적게 된다.

③ 체적효율이 저하한다.

④ 증발압력이 높아진다.

해설

㉠ 저온을 얻기 위해 2단 압축을 하면 성적계수(COP)가 향상된다.

㉡ 2단 압축(응축압력/증발압력)은 압력비가 6 이상일 때 실시한다.

25 1분간에 25℃의 순수한 물 100L를 3℃로 냉각하기 위하여 필요한 냉동기의 냉동톤은 약 얼마인가?

① 0.66RT　　　② 39.76RT

③ 37.67RT　　　④ 45.18RT

정답 **20** ③ **21** ③ **22** ③ **23** ① **24** ① **25** ②

해설

물의 현열(Q) $=100\times1\times(25-3)=2,200\,\text{kcal/min}$
$=2,200\times60=138,000\,\text{kcal/min}$

$\therefore \dfrac{138,000}{3,320}=39.76\,\text{RT}$

※ 1냉동톤(RT) $=3,320\,\text{kcal/h}$
　물의 비열 $=1\,\text{kcal/L}\cdot\text{℃}$

26 증발온도가 낮을 때 미치는 영향 중 틀린 것은?

① 냉동능력 감소
② 소요동력 증대
③ 압축비 증대로 인한 실린더 과열
④ 성적계수 증가

해설

증발온도가 낮으면 압축비가 증가하여 성적계수가 저하된다.

27 강관의 이음에서 지름이 서로 다른 관을 연결하는 데 사용하는 이음쇠는?

① 캡(Cap)
② 유니언(Union)
③ 리듀서(Reducer)
④ 플러그(Plug)

해설

28 탄산마그네슘 보온재에 대한 설명 중 옳지 않은 것은?

① 열전도율이 작고 300~320℃ 정도에서 열분해한다.
② 방습 가공한 것은 습기가 많은 옥외 배관에 적합하다.

③ 250℃ 이하의 파이프, 탱크의 보냉용으로 사용된다.
④ 유기질 보온재의 일종이다.

해설

탄산마그네슘 보온재는 무기질 보온재이다.

29 전자밸브에 대한 설명 중 틀린 것은?

① 전자코일에 전류가 흐르면 밸브는 닫힌다.
② 밸브의 전자코일을 상부로 하고 수직으로 설치한다.
③ 일반적으로 소용량에는 직동식, 대용량에는 파일럿 전자밸브를 사용한다.
④ 전압과 용량에 맞게 설치한다.

해설

전자밸브(솔레노이드 밸브)는 전자코일에 전류가 단절되면 밸브가 닫힌다.

30 증기를 단열압축할 때 엔트로피의 변화는?

① 감소한다.
② 증가한다.
③ 일정하다.
④ 감소하다가 증가한다.

해설

단열압축 시에는 열의 출입이 없으므로 엔트로피는 일정하다.

31 냉동장치의 계통도에서 팽창밸브에 대한 설명으로 옳은 것은?

① 압축 증대장치로 압력을 높이고 냉각시킨다.
② 액봉이 쉽게 일어나고 있는 곳이다.
③ 냉동부하에 따른 냉매액의 유량을 조절한다.
④ 플래시 가스가 발생하지 않는 곳이며, 일명 냉각장치라 부른다.

해설

팽창밸브는 냉동부하에 따른 냉매액의 유량을 조절한다.

32 온수난방의 배관 시공 시 적당한 구배로 맞는 것은?

① 1/100 이상 ② 1/150 이상

③ 1/200 이상 ④ 1/250 이상

해설

ㄱ 증기난방 구배 : 관 길이의 $\frac{1}{200}$ 구배

ㄴ 온수난방 구배 : 관 길이의 $\frac{1}{250}$ 구배

33 냉동장치 배관 설치 시 주의사항으로 틀린 것은?

① 냉매의 종류, 온도 등에 따라 배관 재료를 선택한다.

② 온도변화에 의한 배관의 신축을 고려한다.

③ 기기 조작, 보수, 점검에 지장이 없도록 한다.

④ 굴곡부는 가능한 한 적게 하고 곡률반경을 작게 한다.

해설

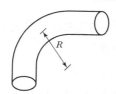

(곡률반경 R을 크게 해야 유체의 흐름 시 저항이 작아진다.)

34 유분리기의 종류에 해당되지 않는 것은?

① 배플형 ② 어큐뮬레이터형

③ 원심분리형 ④ 철망형

해설

어큐뮬레이터는 응축기에 해당한다.

35 냉매와 화학 분자식이 옳게 짝지어진 것은?

① R−113 : CCl_3F_3

② R−114 : CCl_2F_4

③ R−500 : $CCl_2F_2 + CH_2CHF_2$

④ R−502 : $CHClF_2 + C_2ClF_5$

해설

ㄱ 냉매 호칭법

- 1의 자릿수 : F의 수
- 10의 자릿수 : H+1의 수
- 100의 자릿수 : C−1의 수

ㄴ 냉매 분자식

- R−113 : $C_2Cl_3F_3$
- R−114 : $C_2Cl_2F_4$
- R−500 : R−152 + R−12
- R−502 : R−115 + R−22

36 다음 그림이 나타내는 관의 결합방식으로 맞는 것은?

① 용접식 ② 플랜지식

③ 소켓식 ④ 유니언식

해설

① ──●── : 용접식   ② ──╫── : 플랜지식

③ ──⟩── : 소켓식   ④ ──╫╫── : 유니언식

정답 **32** ④ **33** ④ **34** ② **35** ④ **36** ③

37 압축기의 흡입 및 토출밸브의 구비조건으로 적당하지 않은 것은?

① 밸브의 작동이 확실하고 개폐하는 데 큰 압력이 필요하지 않을 것
② 밸브의 관성력이 크고 냉매의 유동에 저항을 많이 주는 구조일 것
③ 밸브가 닫혔을 때 냉매의 누설이 없을 것
④ 밸브가 마모와 파손에 강할 것

해설

밸브는 냉매의 유동에 저항이 적어야 하며, 밸브가 닫히면 누설이 없고 마모 및 파손에 강하고 변형이 적어야 한다.

38 압축기 용량제어의 목적이 아닌 것은?

① 경제적 운전을 하기 위하여
② 일정한 증발온도를 유지하기 위하여
③ 경부하 운전을 하기 위하여
④ 응축압력을 일정하게 유지하기 위하여

해설

압축기 용량제어는 ①, ②, ③ 외에도 일정한 증발온도를 유지할 수 있어야 한다. 또한 압축기를 보호하여 기계적 수명을 연장할 수 있어야 한다.

39 냉동장치에 사용하는 브라인(Brine)의 산성도(pH)로 가장 적당한 것은?

① 9.2~9.5 ② 7.5~8.2
③ 6.5~7.0 ④ 5.5~6.0

해설

㉠ 브라인(유기질, 무기질)의 적정 산성도는 pH 7.5~8.2 정도이다.
㉡ 브라인(2차 냉매, 간접냉매)은 외부공기와의 접촉을 피하고 방청제로 중크롬산소다($Na_2Cr_2O_7$), 가성소다(NaOH)를 사용한다.

40 다음 냉매 중 대기압하에서 냉동력이 가장 큰 냉매는?

① R-11 ② R-12
③ R-21 ④ R-717

해설

-15℃의 냉매 냉동력(증발열)
① R-11(CCl_3F) : 45.8kcal/kg
② R-12(CCl_2F_2) : 38.57kcal/kg
③ R-21($CHCl_2F$) : 60.75kcal/kg
④ R-717(NH_3) : 313.5kcal/kg

41 다음 중 브라인(Brine)의 구비조건으로 옳지 않은 것은?

① 응고점이 낮을 것
② 전열이 좋을 것
③ 열용량이 작을 것
④ 점성이 작을 것

해설

냉매배관 외에서 순환되면서 액의 현열에 의해 열을 운반하는 매개체로 열용량이 커야 한다.

브라인 냉매(2차 냉매, 간접냉매)
㉠ 유기질
㉡ 무기질

42 냉매 R-22의 분자식으로 옳은 것은?

① CCl_4 ② CCl_3F
③ $CHCl_2F$ ④ $CHClF_2$

해설

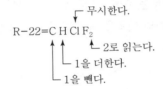

43 냉동 부속장치 중 응축기와 팽창밸브 사이의 고압관에 설치하며 증발기의 부하 변동에 대응하여 냉매 공급을 원활하게 하는 것은?

① 유분리기　　　　② 수액기
③ 액분리기　　　　④ 중간냉각기

해설

44 표준 사이클을 유지하고 암모니아의 순환량을 186kg/h로 운전했을 때의 소요동력(kW)은 약 얼마인가?(단, NH_3 1kg를 압축하는 데 필요한 열량은 몰리에르 선도상에서는 56kcal/kg이라 한다.)

① 12.1　　　　② 24.2
③ 28.6　　　　④ 36.4

해설

냉매증발열 총계 $= 56 \times 186 = 10,416$ kcal/h
$1kW = 860$ kcal/h $= 3,600$ kJ/h

$\therefore$ 소요동력$(P) = \dfrac{10,416}{860} = 12.1$ kW

45 가용전(Fusible Plug)에 대한 설명으로 틀린 것은?

① 불의의 사고(화재 등) 시 일정온도에서 녹아 냉동장치의 파손을 방지하는 역할을 한다.
② 용융점은 냉동기에서 68~75℃ 이하로 한다.
③ 구성 성분은 주석, 구리, 납으로 되어 있다.
④ 토출가스의 영향을 직접 받지 않는 곳에 설치해야 한다.

해설

가용전식

㉠ 용융온도 : 68~78℃
㉡ 부착위치 : 프레온 냉동기 수액기, 냉매용기
㉢ 용도 : 수액기, 냉매용기 사고 시 용융하여 냉매를 방출시킨다.
㉣ 주성분 : 납, 주석, 안티몬, 카드뮴, 비스무트 등

46 보일러의 부속장치에서 댐퍼의 설치목적으로 틀린 것은?

① 통풍력을 조절한다.
② 연료의 분무를 조절한다.
③ 주연도와 부연도가 있을 경우 가스 흐름을 전환한다.
④ 배기가스의 흐름을 조절한다.

해설

연료의 분무 조절에는 유압, 분무컵, 공기 · 증기압력이 이용되며, 댐퍼와는 관련이 없다.

47 송풍기의 풍량을 증가시키기 위해 회전속도를 변화시킬 때 송풍기의 법칙에 대한 설명 중 옳은 것은?

① 축동력은 회전수의 제곱에 반비례하여 변화한다.
② 축동력은 회전수의 3제곱에 비례하여 변화한다.
③ 압력은 회전수의 3제곱에 비례하여 변화한다.
④ 압력은 회전수의 제곱에 반비례하여 변화한다.

해설

㉠ 송풍기 축동력 = 회전수 증가의 3제곱에 비례
㉡ 송풍기 풍량 = 회전수 증가의 1제곱에 비례
㉢ 송풍기 풍압 = 회전수 증가의 2제곱에 비례

CRAFTSMAN AIR-CONDITIONING

48 난방부하에서 손실열량의 요인으로 볼 수 없는 것은?

① 조명기구의 발열
② 벽 및 천장의 전도열
③ 문틈의 틈새바람
④ 환기용 도입외기

해설

조명기구의 발열

난방부하에서 이득열량이며 냉방부하에서는 손실열량

㉠ 백열등 : 0.86kcal/h · W
㉡ 형광등 : 1kcal/h · W

49 덕트 설계 시 주의사항으로 올바르지 않은 것은?

① 고속 덕트를 이용하여 소음을 줄인다.
② 덕트 재료는 가능하면 압력손실이 적은 것을 사용한다.
③ 덕트 단면은 장방형이 좋으나 그것이 어려울 경우 공기 이동이 원활하고 덕트 재료도 적게 들도록 한다.
③ 각 덕트가 분기되는 지점에 댐퍼를 설치하여 압력이 평형을 유지할 수 있도록 한다.

해설

저속 덕트를 이용하면 소음을 줄일 수 있다.

50 공기가 노점온도보다 낮은 냉각코일을 통과하였을 때의 상태를 기술한 것 중 틀린 것은?

① 상대습도 감소
② 절대습도 감소
③ 비체적 감소
④ 건구온도 저하

해설

㉠ 공기가 노점보다 낮으면 이슬이 맺힌다(수분의 증감이 없을 경우)
㉡ 상대습도(δ)

$$= \frac{\text{습공기의 수증기분압}}{\text{같은 온도의 포화증기의 수증기분압}} \times 100\%$$

51 공기조화설비의 구성요소 중에서 열원장치에 속하지 않는 것은?

① 보일러
② 냉동기
③ 공기여과기
④ 열펌프

해설

공기여과기는 공기 내의 불순물을 제거하는 기능을 한다.

52 방열기의 EDR이란 무엇을 뜻하는가?

① 최대방열면적
② 표준방열면적
③ 상당방열면적
④ 최소방열면적

해설

㉠ EDR : 방열기의 상당방열면적(m²)
㉡ 표준방열량
  • 증기 : 650kcal/m² · h
  • 온수 : 450kcal/m² · h

53 보일러 1마력은 약 몇 kcal/h의 증발량에 상당하는가?

① 7,205kcal/h
② 8,435kcal/h
③ 9,600kcal/h
④ 10,800kcal/h

해설

㉠ 보일러 1마력 : 상당증발량 생산(15.65kg/hr)
㉡ 열량 계산
  15.65×증발잠열(539kcal/kg)≒8,435kcal/h

정답 48 ① 49 ① 50 ① 51 ③ 52 ③ 53 ②

54 공조방식의 분류에서 2중덕트방식은 어느 방식에 속하는가?

① 물 – 공기방식
② 전수방식
③ 전공기방식
④ 냉매방식

해설

중앙공조방식
㉠ 물 – 공기방식 : 덕트 병용 팬코일유닛방식, 유인유닛방식, 복사냉난방방식
㉡ 전수방식 : 팬코일유닛방식
㉢ 전공기방식 : 단일 · 2중덕트방식, 각층유닛방식, 덕트 병용 패키지방식

55 코일의 열수 계산 시 계산항목에 해당되지 않는 것은?

① 코일의 열관류율
② 코일의 정면 면적
③ 대수평균온도차
④ 코일 내를 흐르는 유체의 유속

해설

공기조화 냉 · 온수코일의 열수 계산 시 필요 항목
㉠ 코일의 열관류율
㉡ 코일의 정면 면적
㉢ 대수평균온도차

56 팬코일유닛방식의 특징으로 옳지 않은 것은?

① 외기 송풍량을 크게 할 수 없다.
② 수 배관으로 인한 누수의 염려가 있다.
③ 유닛별로 단독운전이 불가능하므로 개별 제어도 불가능하다.
④ 부분적인 팬코일유닛만의 운전으로 에너지 소비가 적은 운전이 가능하다.

해설

팬코일유닛방식
㉠ 개별 제어가 가능하다.
㉡ 한 개의 케이싱 내에 에어필터, 냉 · 온수코일, 소형 송풍기가 내장되어 있다.

57 겨울철 창문의 창면을 따라서 존재하는 냉기가 토출기류에 의하여 밀려 내려와서 바닥을 따라 거주구역으로 흘러들어와 인체의 과도한 차가움을 느끼는 현상을 무엇이라 하는가?

① 쇼크 현상
② 콜드 드래프트
③ 도달거리
④ 확산 반경

해설

콜드 드래프트
겨울철 창문의 창면을 따라서 존재하는 냉기가 토출기류에 의하여 인체에 과도한 차가움을 전달하는 현상

58 다음 중 개별 제어방식이 아닌 것은?

① 유인유닛방식
② 패키지유닛방식
③ 단일덕트 정풍량방식
④ 단일덕트 변풍량방식

해설

단일덕트 정풍량방식은 풍량의 변화가 없어서 개별 제어가 불가능하다.

정답 **54** ③ **55** ④ **56** ③ **57** ② **58** ③

59 증기배관 설계 시 고려사항으로 잘못된 것은?

① 증기의 압력은 기기에서 요구되는 온도조건에 따라 결정하도록 한다.

② 배관 관경, 부속기기는 부분부하나 예열부하 시의 과열부하도 고려해야 한다.

③ 배관에는 적당한 구배를 주어 응축수가 고이지 않도록 해야 한다.

④ 증기배관은 가동 시나 정지 시 온도 차이가 없으므로 온도변화에 따른 열응력을 고려할 필요가 없다.

해설

증기배관은 가동 시와 정지 시 온도 차이가 커서 온도변화에 의한 열응력이 발생된다.

60 실내 냉방부하 중에서 현열부하가 2,500 kcal/h, 잠열부하가 500kcal/h일 때 현열비는 약 얼마인가?

① 0.21 　　② 0.83

③ 1.2 　　④ 1.85

해설

$$현열비(SHF) = \frac{현열}{현열 + 잠열}$$

$$= \frac{2,500}{2,500 + 500} = 0.83(83\%)$$

01 와이어로프를 양중기에 사용해서는 아니 되는 기준으로 잘못된 것은?

① 열과 전기충격에 의해 손상된 것

② 지름의 감소가 공칭지름의 7%를 초과하는 것

③ 심하게 변형 또는 부식된 것

④ 이음매가 없는 것

해설

와이어로프

㉠ 강선을 여러 개 합하여 꼬아 작은 줄을 만들고 이 줄을 꼬아 로프를 만든다.

㉡ 종류로는 면로프, 삼로프, 마닐라로프 등의 섬유로프와 강으로 만든 와이어로프가 있다.

㉢ 금지기준에는 ①, ②, ③ 외에 이음매가 있는 것, 꼬인 것, 한 꼬임에서 끊어진 소선의 수가 10% 이상인 것 등이 있다.

02 응축압력이 높을 때의 대책이라 볼 수 없는 것은?

① 가스퍼저(Gas Purger)를 점검하고 불응축 가스를 배출시킬 것

② 설계 수량을 검토하고 막힌 곳이 없는가를 조사 후 수리할 것

③ 냉매를 과충전하여 부하를 감소시킬 것

④ 냉각면적에 대한 설계계산을 검토하여 냉각면적을 추가할 것

해설

냉매를 과충전하여 과부하가 걸리면 응축압력이 상승한다.

03 아세틸렌 용접기에서 가스가 새어 나올 경우 적당한 검사방법은?

① 촛불로 검사한다.

② 기름을 칠해본다.

③ 성냥불로 검사한다.

④ 비눗물을 칠해 검사한다.

해설

아세틸렌(C_2H_2) 가스 용접기에 대한 가스누설검사는 비눗물로 칠해 검사하면 간단하게 파악할 수 있다.

04 전기기계 · 기구의 퓨즈 사용 목적으로 가장 적합한 것은?

① 기동전류 차단
② 과전류 차단

③ 과전압 차단
④ 누설전류 차단

해설

전기기계 · 기구의 과전류 차단 시 퓨즈를 사용한다.

05 안전표시를 하는 목적이 아닌 것은?

① 작업환경을 통제하여 예상되는 재해를 사전에 예방함

② 시각적 자극으로 주의력을 키움

③ 불안전한 행동을 배제하고 재해를 예방함

④ 사업장의 경계를 구분하기 위해 실시함

해설

사업장의 경계를 구분할 때에는 주의 또는 위험도 표시를 한다.

정답 01 ④ 02 ③ 03 ④ 04 ② 05 ④

06 수공구인 망치(Hammer)의 안전작업수칙으로 올바르지 못한 것은?

① 작업 중 해머 상태를 확인할 것
② 담금질한 것은 처음부터 힘을 주어 두들길 것
③ 장갑이나 기름 묻은 손으로 자루를 잡지 않을 것
④ 해머의 공동 작업 시에는 서로 호흡을 맞출 것

해설
담금질(열처리)한 수공구인 망치(Hammer)는 처음에는 가볍게 두들기다가 차츰차츰 힘을 주어서 작업한다.

07 안전사고 발생의 심리적 요인에 해당되는 것은?

① 감정
② 극도의 피로감
③ 육체적 능력의 초과
④ 신경계통의 이상

08 다음 중 C급 화재에 적합한 소화기는?

① 건조사
② 포말 소화기
③ 물 소화기
④ 분말 소화기와 CO_2 소화기

해설
㉠ A급(일반화재) : 건조사, 물 소화기
㉡ B급(유류화재) : 포말·분말 소화기
㉢ C급(전기화재) : 분말 소화기, CO_2 소화기
㉣ D급(금속화재) : 건조사

09 상용주파수(60Hz)에서 전류의 흐름을 느낄 수 있는 최소전류값으로 옳은 것은?

① 1mA
② 5mA
③ 10mA
④ 20mA

해설
상용주파수 60Hz에서 전류의 흐름을 느낄 수 있는 최소전류값은 1mA 정도이다.

10 연삭기의 받침대와 숫돌차의 중심 높이에 대한 내용으로 적합한 것은?

① 서로 같게 한다.
② 받침대를 높게 한다.
③ 받침대를 낮게 한다.
④ 받침대가 높든 낮든 관계없다.

해설
연삭기 받침대와 숫돌차의 중심 높이는 서로 같게 한다.

11 동력에 의해 운전되는 컨베이어 등에 근로자의 신체 일부가 말려드는 등 근로자에게 위험을 미칠 우려가 있을 때 설치해야 할 장치는 무엇인가?

① 권과방지장치
② 비상정지장치
③ 해지장치
④ 이탈 및 역주행 방지장치

해설
컨베이어(동력장치)에는 반드시 비상정지장치가 설치되어야 한다.

12 산소의 저장설비 주위 몇 m 이내에는 화기를 취급해서는 안 되는가?

① 5m
② 6m
③ 7m
④ 8m

해설
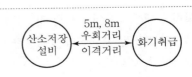

13 안전사고 예방을 위하여 신는 작업용 안전화의 설명으로 틀린 것은?

① 중량물을 취급하는 작업장에서는 앞 발가락 부분이 고무로 된 신발을 착용한다.

② 용접공은 구두창에 쇠붙이가 없는 부도체의 안전화를 신어야 한다.

③ 부식성 약품의 사용 시에는 고무제품 장화를 착용한다.

④ 작거나 헐거운 안전화는 신지 말아야 한다.

해설
고무 재질이 아닌 안전화를 착용해야 한다.

14 보일러 휴지 시 보존방법에 관한 내용 중 틀린 것은?

① 휴지기간이 6개월 이상인 경우에는 건조보존법을 택한다.

② 휴지기간이 3개월 이내인 경우에는 만수보존법을 택한다.

③ 만수보존 시의 pH 값은 4~5 정도로 유지하는 것이 좋다.

④ 건조보존 시에는 보일러를 청소하고 완전히 건조시킨다.

해설
㉠ 만수보존 시의 pH 값 : 12~13
㉡ 사용약품 : 가성소다, 탄산소다, 아황산소다, 히드라진, 암모니아 등

15 보일러에 사용하는 안전밸브의 필요조건이 아닌 것은?

① 분출압력에 대한 작동이 정확할 것

② 안전밸브의 크기는 보일러의 정격용량 이상을 분출할 것

③ 밸브의 개폐동작이 완만할 것

④ 분출 전후에 증기가 새지 않을 것

해설
㉠ 안전밸브는 동작이 신속하여야 한다.
㉡ 보일러 전열면적이 50m² 초과 시에는 안전밸브를 2개 이상 부착한다(1개는 상용압력초과 조정, 나머지 1개는 최고사용압력의 1.03배 이하에 조정 분출시킬 것).

16 절대압력과 게이지압력의 관계식으로 옳은 것은?

① 절대압력 = 대기압력 + 게이지압력

② 절대압력 = 대기압력 − 게이지압력

③ 절대압력 = 대기압력 × 게이지압력

④ 절대압력 = 대기압력 ÷ 게이지압력

해설
㉠ 절대압력 = 대기압력 + 게이지압력
　　　　　 = 대기압력 − 진공압력
㉡ 게이지압력 = 절대압력 − 대기압력

17 제빙장치에서 브라인의 온도가 −10℃이고, 결빙 소요시간이 48시간일 때 얼음의 두께는 약 몇 mm인가?(단, 결빙계수는 0.56이다.)

① 253mm　　② 273mm
③ 293mm　　④ 313mm

해설

$$결빙시간 = \frac{0.56 \times t^2}{-(t_b)} = \frac{0.56 \times t^2}{-(-10)}$$

$$얼음두께(t^2) = \frac{48 \times -(-10)}{0.56}$$

$$= 857.14 \text{cm}^2$$

$$\therefore 지름(d) = \sqrt{857.14}$$

$$= 29.3\text{cm} = 293\text{mm}$$

18 2단 압축장치의 구성 기기에 속하지 않는 것은?

① 증발기
② 팽창밸브
③ 고단 압축기
④ 캐스케이드 응축기

해설

캐스케이드 응축기
2원 냉동장치에서 저온 측 응축기와 고온 측 증발기를 열교환 형식으로 조합하여 저온 측의 열이 고온 측으로 이동하도록 한다.

19 수평배관을 서로 직선 연결할 때 사용되는 이음쇠는?

① 캡
② 티
③ 유니언
④ 엘보

해설

① 캡 :
② 티 :
③ 유니언 :
④ 엘보 :

20 냉동기의 보수계획을 세우기 전에 실행하여야 할 사항으로 옳지 않은 것은?

① 인사기록철의 완비
② 설비 운전기록의 완비
③ 보수용 부품 명세의 기록 완비
④ 설비 인·허가에 관한 서류 및 기록 등의 보존

해설

냉동기 보수계획과 인사기록철의 완비는 관련성이 없다.

21 온도식 자동팽창밸브에 관한 설명으로 옳은 것은?

① 냉매의 유량은 증발기 입구의 냉매가스 과열도에 의해 제어된다.
② R-12에 사용하는 팽창밸브를 R-22 냉동기에 그대로 사용해도 된다.
③ 팽창밸브가 지나치게 적으면 압축기 흡입가스의 과열도는 크게 된다.
④ 증발기가 너무 길어 증발기의 출구에서 압력강하가 커지는 경우에는 내부균압형을 사용한다.

해설

① 냉매공급량 분배는 팽창밸브의 역할이다.
② R-12 팽창밸브와 R-22 냉동기 팽창밸브는 동시 사용이 불가능하다.
④ 증발압력을 일정하게 하려면 증발압력 조정밸브를 사용한다.

22 냉매에 관한 설명으로 옳은 것은?

① 비열비가 큰 것이 유리하다.
② 응고온도가 낮을수록 유리하다.
③ 임계온도가 낮을수록 유리하다.
④ 증발온도에서의 압력은 대기압보다 약간 낮은 것이 유리하다.

해설

냉매
㉠ 냉매액 비열이 커지면 플래시 가스 발생량이 증가한다.
㉡ 임계온도가 높고 응고온도는 낮아야 한다.
㉢ 온도가 낮아도 대기압 이상의 압력에서 증발하도록 한다.
㉣ 상온에서 쉽게 응축되어 액화가 가능하여야 한다.

23 2원 냉동장치에 사용하는 저온 측 냉매로서 옳은 것은?

① R-717   ② R-718

③ R-14   ④ R-22

해설

2원 냉동

-70℃ 이하의 초저온을 열기 위해 서로 다른 냉매를 사용하여 각각 독립된 냉동 사이클을 2단계로 분리하여 저온 측의 응축기와 고온 측 증발기 캐스케이드 콘덴서가 열교환하도록 하는 냉동법

㉠ 저온 측 냉매 : R-13, 14, 22, 에틸렌, 에탄, 메탄 등

㉡ 고온 측 냉매 : R-12, R-22 등

24 회로망 중의 한 점에서 전류의 흐름이 그림과 같을 때 전류 I는 얼마인가?

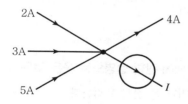

① 2A   ② 4A

③ 6A   ④ 8A

해설

$2+3+5=10A$

$\therefore I=10-4=6A$

25 냉동 효과의 증대 및 플래시(Flash) 가스 방지에 적당한 사이클은?

① 건조압축 사이클

② 과열압축 사이클

③ 습압축 사이클

④ 과냉각 사이클

해설

플래시 가스

㉠ 팽창밸브에서 냉매액이 증발기에서 증발하지 못하고 일부가 팽창밸브에서 미리 증발한 손실냉매액 가스를 의미한다.

㉡ 플래시 가스 발생을 방지하기 위해서는 과냉각 사이클을 이용한다.

26 수액기 취급 시 주의사항으로 옳은 것은?

① 직사광선을 받아도 무방하다.

② 안전밸브를 설치할 필요가 없다.

③ 균압관은 지름이 작은 것을 사용한다.

④ 저장 냉매액을 $\frac{3}{4}$ 이상 채우지 말아야 한다.

해설

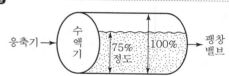

27 15℃의 1ton의 물을 0℃의 얼음으로 만드는 데 제거해야 할 열량은?(단, 물의 비열 4.2 kJ/kg · K, 응고잠열 334kJ/kg이다.)

① 63,000kJ   ② 271,600kJ

③ 334,000kJ   ④ 397,000kJ

해설

물의 현열 $=1,000 \times 4.2(15-0)$

         $=63,000kJ$

얼음의 응고열 $=1,000 \times 334$

             $=334,000kJ$

$\therefore$ 제거열량 $=63,000+334,000$

               $=397,000kJ$

28 다음 중 브라인의 동파 방지책으로 옳지 않은 것은?

① 부동액을 첨가한다.
② 단수릴레이를 설치한다.
③ 흡입압력 조절밸브를 설치한다.
④ 브라인 순환펌프와 압축기 모터를 인터록한다.

해설

브라인(간접냉매, 2차 냉매)의 동파 방지법은 ①, ②, ④를 이용한다.

29 다음 중 수소, 염소, 불소, 탄소로 구성된 냉매계열은?

① HFC계
② HCFC계
③ CFC계
④ 할론계

해설

프레온계 냉매의 구성 원소

H	Cl	F	C
수소	염소	불소	탄소

30 15A 강관을 45°로 구부릴 때 곡관부의 길이(mm)는?(단, 굽힘 반지름은 100mm이다.)

① 78.5
② 90.5
③ 157
④ 209

해설

$$곡관부 \ 길이(L) = 2\pi R\left(\frac{\theta}{360}\right)$$
$$= 2 \times 3.14 \times 100\left(\frac{45°}{360°}\right)$$
$$= 78.5mm$$

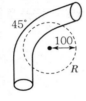

31 유니언 나사이음의 도시기호로 옳은 것은?

①
② ——|——
③
④ ——✕——

해설

① 플랜지 이음
② 나사 이음
③ 유니언 이음
④ 용접 이음

32 탱크형 증발기에 관한 설명으로 옳지 않은 것은?

① 만액식에 속한다.
② 주로 암모니아용으로 제빙용에 사용된다.
③ 상부에는 가스헤드, 하부에는 액헤드가 존재한다.
④ 브라인의 유동속도가 늦어도 능력에는 변화가 없다.

해설

탱크형 증발기(Herring Bone Type Cooler)
주로 NH_3 냉매용이며 제빙장치의 브라인(Brine) 냉각용 증발기이다. 브라인이 비교적 0.3~0.75m/s의 고속으로 통과하므로 교반기에 의해 순환된다.

33 증발식 응축기 설계 시 1RT당 전열면적은? (단, 응축온도는 43℃로 한다.)

① 1.2m²/RT
② 3.5m²/RT
③ 6.5m²/RT
④ 7.5m²/RT

해설

증발식 응축기 1RT당 전열면적(응축온도 43℃ 정도)은 1.2m²이다.

정답 **28** ③ **29** ② **30** ① **31** ③ **32** ④ **33** ①

34 회전식과 비교한 왕복동식 압축기의 특징으로 옳지 않은 것은?

① 진동이 크다.

② 압축능력이 작다.

③ 압축이 단속적이다.

④ 크랭크 케이스 내부압력이 저압이다.

해설

왕복동식은 고압 압축기로서 출구의 압축능력이 크다.

35 증발열을 이용한 냉동법이 아닌 것은?

① 증기분사식 냉동법

② 압축기체 팽창 냉동법

③ 흡수식 냉동법

④ 증기압축식 냉동법

해설

㉠ 기계적 냉동법
- 증기압축식
- 흡수식
- 증기분사식
- 전자냉동법

㉡ 압축기체는 액화가 가능하다.

36 다음 그림($P-h$ 선도)에서 응축부하를 구하는 식으로 맞는 것은?

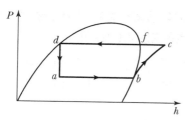

① $h_c - h_d$

② $h_c - h_b$

③ $h_b - h_a$

④ $h_d - h_a$

해설

㉠ 응축기 : $h_c - h_d$ ㉡ 팽창밸브 : $h_d - h_a$

㉢ 증발기 : $h_a - h_b$ ㉣ 압축기 : $h_b - h_c$

37 동관을 용접 이음하려고 한다. 다음 중 가장 적당한 것은?

① 가스 용접 ② 스폿 용접

③ 테르밋 용접 ④ 플라스마 용접

해설

동관을 용접 이음할 때는 가스 용접 이음이 가장 편리하다.

38 최댓값이 I_m 인 사인파 교류전류가 있다. 이 전류의 파고율은?

① 1.11 ② 1.414

③ 1.71 ④ 3.14

해설

$$파고율 = \frac{최댓값}{실횻값} = \frac{I_m}{I} = \frac{I_m}{\left(\frac{I_m}{\sqrt{2}}\right)}$$

$$= \sqrt{2} = 1.414$$

※ 파형률 $= \dfrac{\pi}{2\sqrt{2}} = 1.11$

39 4방 밸브를 이용하여 겨울에는 고온부 방출열로 난방을 행하고 여름에는 저온부로 열을 흡수하여 냉방을 행하는 장치는?

① 열펌프

② 열전 냉동기

③ 증기분사 냉동기

④ 공기사이클 냉동기

해설

열펌프(히트펌프)는 4방 밸브(난방 : 고온부 방출열을 이용, 냉방 : 저온부 열을 흡수)를 이용한다.

40 압축방식에 의한 분류 중 체적압축식 압축기에 속하지 않는 것은?

① 왕복동식 압축기
② 회전식 압축기
③ 스크루식 압축기
④ 흡수식 압축기

해설

흡수식 냉동기

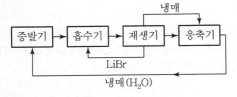

※ 흡수식 냉동기에는 압축기가 불필요하다.

41 다음 중 입력신호가 0이면 출력이 1이 되고 반대로 입력이 1이면 출력이 0이 되는 회로는?

① NAND 회로
② OR 회로
③ NOR 회로
④ NOT 회로

해설

논리 NOT 회로

입력신호가 0이면 출력이 1, 입력신호가 1이면 출력이 0이 되는 회로

기호	$\overline{A}$ ──▷○── Y
수식	$(Y = \overline{A} = A')$
진리표	<table><tr><td>A</td><td>Y</td></tr><tr><td>0</td><td>1</td></tr><tr><td>1</td><td>0</td></tr></table>

42 다음의 역카르노 사이클에서 냉동장치의 각 기기에 해당되는 구간이 바르게 연결된 것은?

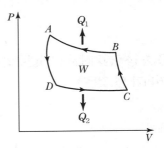

① $B \rightarrow A$: 응축기, $C \rightarrow B$: 팽창밸브
   $D \rightarrow C$: 증발기, $A \rightarrow D$: 압축기
② $B \rightarrow A$: 증발기, $C \rightarrow B$: 압축기
   $D \rightarrow C$: 응축기, $A \rightarrow D$: 팽창밸브
③ $B \rightarrow A$: 응축기, $C \rightarrow B$: 압축기
   $D \rightarrow C$: 증발기, $A \rightarrow D$: 팽창밸브
④ $B \rightarrow A$: 압축기, $C \rightarrow B$: 응축기
   $D \rightarrow C$: 증발기, $A \rightarrow D$: 팽창밸브

해설

역카르노 사이클(냉동기 사이클)의 $P - V$ 선도
㉠ $B \rightarrow A$: 응축기
㉡ $D \rightarrow C$: 증발기
㉢ $A \rightarrow D$: 팽창밸브
㉣ $C \rightarrow B$: 압축기

43 냉동기 오일에 관한 설명으로 옳지 않은 것은?

① 윤활방식에는 비말식과 강제급유식이 있다.
② 사용 오일은 응고점이 높고 인화점이 낮아야 한다.
③ 수분의 함유량이 적고 장기간 사용하여도 변질이 적어야 한다.
④ 일반적으로 고속다기통 압축기의 경우 윤활유의 온도는 50~60℃ 정도이다.

[해설]
냉동기 오일(윤활유)은 응고점이 낮고 인화점이 높아야
한다.

44 다음 중 냉동장치에서 전자밸브의 사용 목적과 가장 거리가 먼 것은?

① 온도 제어
② 습도 제어
③ 냉매, 브라인의 흐름 제어
④ 리퀴드 백(Liquid Back) 방지

[해설]
냉동기 습도는 건조제(Dryer)인 실리카겔(SiO_2nH_2O),
알루미나겔($Al_2O_3nH_2O$), 소바비드(규소의 일종), 몰
리큘러시브(합성제올라이트) 등으로 제거한다.

45 수증기를 열원으로 하여 냉방에 적용시킬 수 있는 냉동기는?

① 원심식 냉동기   ② 왕복식 냉동기
③ 흡수식 냉동기   ④ 터보식 냉동기

[해설]
흡수식 냉동기
㉠ 냉매 : 수증기(H_2O)
㉡ 흡수제 : 리튬브로마이드(LiBr)

46 터보형 펌프의 종류에 해당되지 않는 것은?

① 볼류트 펌프   ② 터빈 펌프
③ 축류 펌프   ④ 수격 펌프

[해설]
수격 펌프, 마찰 펌프, 제트 펌프는 특수형 펌프에 포함
된다.

47 벌집 모양의 로터를 회전시키면서 윗부분으로 외기를, 아래쪽으로 실내배기를 통과하면서 외기와 배기의 온도 및 습도를 교환하는 열교환기는?

① 고정식 전열교환기
② 현열교환기
③ 히트 파이프
④ 회전식 전열교환기

[해설]
회전식 전열교환기
벌집 모양의 로터를 회전시키는 전열교환기이며 외기와
배기의 온도 및 습도를 교환한다.

48 공기조화설비의 구성은 열원장치, 공기조화기, 열운반장치 등으로 구분하는데, 이 중 공기조화기에 해당되지 않는 것은?

① 여과기   ② 제습기
③ 가열기   ④ 송풍기

[해설]
㉠ 열원장치 : 보일러, 냉동기 등
㉡ 열운반장치 : 송풍기
㉢ 열원장치 : 여과기, 제습기, 가열기 등

49 수 – 공기방식인 팬코일유닛(Fan Coil Unit) 방식의 장점으로 옳지 않은 것은?

① 개별 제어가 가능하다.
② 부하 변경에 따른 증설이 비교적 간단하다.
③ 전공기방식에 비해 이송동력이 적다.
④ 부분부하 시 도입 외기량이 많아 실내공기의 오염이 적다.

정답 44 ② 45 ③ 46 ④ 47 ④ 48 ④ 49 ④

해설

외기량 부족으로 인해 실내공기의 오염이 심각하므로 유닛 내 필터를 주기적으로 청소해야 한다.

50 습공기 선도에 표시되어 있지 않는 값은?

① 건구온도   ② 습구온도

③ 엔탈피   ④ 엔트로피

해설

$$엔트로피 = \frac{열량변화}{절대온도} \, [\text{kcal/kg} \cdot \text{K}]$$

51 송풍기의 정압에 대한 내용으로 옳은 것은?

① 정압＝정압×전압

② 정압＝동압÷전압

③ 정압＝전압－동압

④ 정압＝전압＋동압

해설

㉠ 전압＝정압＋동압

㉡ 정압＝전압－동압

㉢ 동압＝전압－정압

52 보일러의 증발량이 20ton/h이고 본체 전열 면적이 400m²일 때, 이 보일러의 증발률은 얼마인가?

① 30kg/m² · h

② 40kg/m² · h

③ 50kg/m² · h

④ 60kg/m² · h

해설

$$증발률 = \frac{증기발생량}{전열면적}$$

$$= \frac{20\text{ton/h} \times 10^3 \text{kg/ton}}{400\text{m}^2} = 50\text{kg/m}^2 \cdot \text{h}$$

53 적당한 위치에 배기구를 설치하고 송풍기를 통해 외기를 강제적으로 도입하여 배기구에서 배기가 자연적으로 환기되도록 하는 환기법은?

① 제1종 환기   ② 제2종 환기

③ 제3종 환기   ④ 제4종 환기

해설

제2종 환기법(급기팬과 자연배기의 조합)

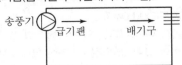

54 냉방부하 계산 시 현열부하에만 속하는 것은?

① 인체에서의 발생열

② 실내 기구에서의 발생열

③ 송풍기의 동력열

④ 틈새바람에 의한 열

해설

송풍기의 동력열

물(H_2O)이 없으므로 잠열부하는 없고 온도변화에 의한 현열부하만 발생한다.

55 온풍난방의 특징에 대한 설명으로 옳은 것은?

① 예열시간이 짧아 간헐운전이 가능하다.

② 온 · 습도 조정을 할 수 없다.

③ 실내 상하 온도차가 적어 쾌적성이 좋다.

④ 공기를 공급하므로 소음 발생이 적다.

해설

공기는 비열(0.24kcal/kg · ℃)이 작아서 난방 시 예열시간이 짧아 간헐운전이 수시로 가능하다(공기 정압 체적당 비열은 0.29kcal/m³ · ℃).

56 콜드 드래프트(Cold Draft) 현상의 원인에 해당되지 않는 것은?

① 주위 벽면의 온도가 낮을 때
② 동절기 창문의 극간풍이 없을 때
③ 기류의 속도가 클 때
④ 주위 공기의 습도가 낮을 때

해설

콜드 드래프트(Cold Draft)
생산된 열량보다 소비되는 열량이 많으면 추위를 느끼게 된다. 이와 같이 소비되는 열량이 많아져서 추위를 느끼게 되는 현상을 '콜드 드래프트'라 한다. 특히 겨울 동절기 창문의 극간풍이 많을 때 일어난다.

57 공기조화기용 코일의 배열방식에 따른 분류에 해당되지 않는 것은?

① 풀 서킷 코일
② 더블 서킷 코일
③ 슬릿 핀 서킷 코일
④ 하프 서킷 코일

해설

핀(Fin)의 종류에 따른 코일(Coil)
㉠ 나선형 핀코일
㉡ 플레이트 핀코일
㉢ 슬릿 핀코일

58 온도, 습도, 기류를 1개의 지수로 나타낸 것으로 상대습도 100%, 풍속 0m/s인 경우의 온도는?

① 복사온도
② 유효온도
③ 불쾌온도
④ 효과온도

해설

유효온도(ET)
공조되는 실내 환경을 평가하는 척도로서 유효온도는 온도, 습도, 기류를 하나로 조합한 상태의 온도감각을 뜻하며, 상대습도 100%, 풍속 0m/s일 때 느껴지는 온도감각을 표시한 것이다.
※ 유효온도에 복사온도를 고려한 것을 수정유효온도(CET)라고 한다.

59 독립계통으로 운전이 자유롭고 냉수 배관이나 복잡한 덕트 등이 없기 때문에 소규모 상점이나 사무실 등에서 사용되는 경제적인 공조방식은?

① 중앙식 공조방식
② 복사냉난방 공조방식
③ 유인유닛 공조방식
④ 패키지유닛 공조방식

해설

패키지유닛 공조방식
독립계통 공조이며, 소규모 상점이나 사무실에서 사용되는 경제적인 공조방식이다.

60 다익형 송풍기의 임펠러 지름이 450mm인 경우 이 송풍기의 번호는 몇 번인가?

① No.2
② No.3
③ No.4
④ No.5

해설

㉠ 원심식 송풍기 No.1의 지름=150mm
㉡ 축류형 송풍기 No.1의 지름=100mm
㉢ 다익형(시로코팬)은 원심식 송풍기이므로

$$송풍기\ 번호 = \frac{450}{150} = 3번$$

정답 **56** ② **57** ③ **58** ② **59** ④ **60** ②

[03] 과년도 기출문제

01 고압가스 냉동제조시설에서 압축기의 최종 단에 설치한 안전장치의 작동점검기준으로 옳은 것은?(단, 액체의 열팽창으로 인한 배관의 파열 방지용 안전밸브는 제외한다.)

① 3개월에 1회 이상

② 6개월에 1회 이상

③ 1년에 1회 이상

④ 2년에 1회 이상

해설

고압냉동시설에서 압축기의 최종단에 설치한 안전장치의 작동점검기준은 1년에 1회 이상 실시한다.

02 산업재해의 직접적인 원인에 해당되지 않는 것은?

① 안전장치의 기능 상실

② 불안전한 자세와 동작

③ 위험물의 취급 부주의

④ 기계장치 등의 설계 불량

해설

산업재해의 직접적 원인

㉠ 불안전한 행동 : 기계·기구의 잘못된 사용

㉡ 불안전한 상태

03 작업조건에 따라 착용하여야 하는 보호구의 연결로 틀린 것은?

① 고열에 의한 화상 등의 위험이 있는 작업 – 안전대

② 근로자가 추락할 위험이 있는 작업 – 안전모

③ 물체가 흩날린 위험이 있는 작업 – 보안경

④ 감전의 위험이 있는 작업 – 절연용 보호구

해설

보호구의 종류

㉠ 안전모

㉡ 안전화

㉢ 안전장갑

㉣ 방진마스크

㉤ 방독마스크

㉥ 송기마스크

㉦ 전동식 호흡 보호구

㉧ 보호복

㉨ 안전대(추락방지대)

㉩ 차광 및 비산물 위험방지 보안경

㉪ 용접용 보안면

㉫ 방음용 귀마개, 귀덮개

04 피로의 원인 중 외부인자로 볼 수 있는 것은?

① 경험

② 책임감

③ 생활조건

④ 신체적 특성

해설

피로현상의 내부인자

㉠ 경험

㉡ 책임감

㉢ 신체적 특징

05 전기용접 작업할 때의 안전관리 사항 중 적합하지 않은 것은?

① 피용접물은 완전히 접지시킨다.

② 우천 시에는 옥외작업을 하지 않는다.

③ 용접봉은 홀더로부터 빠지지 않도록 정확히 끼운다.

④ 옥외용접 시에는 헬멧이나 핸드실드를 사용하지 않는다.

해설

전기용접 작업이 옥외에서 이루어질 때에는 반드시 헬멧이나 핸드실드를 사용하여야 한다.

06 압축기 운전 중 이상음이 발생하는 원인으로 가장 거리가 먼 것은?

① 기초볼트의 이완

② 피스톤 하부의 오일 고임

③ 토출밸브, 흡입밸브의 파손

④ 크랭크 샤프트 및 피스톤 핀의 마모

해설

압축기 피스톤 하부에 오일이 고이는 것은 압축기 운전상 윤활작용에 유리하다.

07 보일러 파열사고의 원인으로 가장 거리가 먼 것은?

① 역화의 발생

② 강도 부족

③ 취급 불량

④ 계기류의 고장

해설

역화 : 보일러 연소실 내 가스폭발

08 작업장에서 계단을 설치할 때 계단의 폭은 최소 얼마 이상으로 하여야 하는가?(단, 급유용·보수용·비상용 계단 및 나선형 계단이 아닌 경우)

① 0.5m

② 1m

③ 2m

④ 5m

해설

작업장에서 계단을 설치할 때 계단의 폭은 안전상 최소 1m 이상이 좋다.

09 다음의 안전·보건표지가 의미하는 것은?

① 사용금지

② 보행금지

③ 탑승금지

④ 출입금지

해설

문제의 안전·보건표지는 '사용금지'를 의미한다.

10 가스용접 작업의 안전사항으로 틀린 것은?

① 기름 묻은 옷은 인화의 위험이 있으므로 입지 않도록 한다.

② 역화하였을 때에는 산소밸브를 조금 더 연다.

③ 역화의 위험을 방지하기 위하여 역화 방지기를 사용하도록 한다.

④ 밸브를 열 때는 용기 앞에서 몸을 피하도록 한다.

해설

가스용접 시 역화가 발생하면 먼저 아세틸렌 밸브를 조여준다.

11 드릴로 뚫린 구멍의 내벽이나 절단한 관의 내벽을 다듬어서 구멍의 치수를 정확하게 하고, 구멍 내면을 다듬는 구멍 수정용 공구는?

① 평줄

② 리머

③ 드릴

④ 렌치

해설

리머

드릴 작업 시 뚫린 구멍 내벽 또는 절단한 관의 내벽을 다듬어서 거스러미를 제거하고 구멍 내면을 다듬는 용도의 공구

정답 **06** ② **07** ① **08** ② **09** ① **10** ② **11** ②

12 드릴링 머신의 작업 시 일감의 고정방법에 관한 설명으로 틀린 것은?

① 일감이 작을 때−바이스로 고정
② 일감이 클 때−볼트와 고정구(클램프) 사용
③ 일감이 복잡할 때−볼트와 고정구(클램프) 사용
④ 대량 생산과 정밀도를 요구할 때−이동식 바이스 사용

해설
일감을 드릴링 머신으로 작업 중 대량 생산과 정밀도를 요구할 때는 고정식 바이스를 사용한다.

13 목재 화재 시에는 물을 소화제로 이용하는데, 주된 소화효과는?

① 제거효과   ② 질식효과
③ 냉각효과   ④ 억제효과

해설
물(H_2O)을 소화제로 사용하면 냉각효과가 나타난다.

14 냉동장치 내에 공기가 유입되었을 경우에 나타나는 현상으로 가장 거리가 먼 것은?

① 응축압력이 높아진다.
② 압축비가 높아져 체적효율이 증가한다.
③ 냉매와 증발관의 열전달을 방해하여 냉동능력이 감소된다.
④ 공기 침입 시 수분도 혼입되어 프레온 냉동장치에서 부식이 일어난다.

해설
냉동기 내 공기(불응축 가스)가 유입되면 응축압력이 높아져 압축비가 증가되고 체적효율이 감소한다.

15 보호구 사용 시 유의사항으로 틀린 것은?

① 작업에 적절한 보호구를 선정한다.
② 작업장에는 필요한 수량의 보호구를 비치한다.
③ 보호구는 사용하는 데 불편이 없도록 관리를 철저히 한다.
④ 작업을 할 때 개인에 따라 보호구는 사용하지 않아도 된다.

해설
개인에 따라 각자 보호구 사용을 철저히 하여야 한다.

16 강관의 보온 재료로 가장 거리가 먼 것은?

① 규조토   ② 유리면
③ 기포성 수지   ④ 광명단

해설
광명단
파이프 배관의 페인트 도료를 칠하기 전 밑칠에 사용한다.

17 이론상의 표준 냉동 사이클에서 냉매가 팽창밸브를 통과할 때 변하는 것은?

① 엔탈피와 압력   ② 온도와 엔탈피
③ 압력과 온도   ④ 엔탈피와 비체적

해설
냉매액이 팽창밸브를 통과하면 압력과 온도가 하강한다.

18 냉동장치에서 자동제어를 위해 사용되는 전자밸브(Solenoide Valve)의 역할로 가장 거리가 먼 것은?

① 액압축 방지
② 냉매 및 브라인 흐름 제어
③ 용량 및 액면 제어
④ 고수위 경보

해설

고·저수위 경보

주로 보일러에서 사용하는 안전장치로, 종류는 다음과 같다.

㉠ 맥도널식   ㉡ 전극식
㉢ 차압식   ㉣ 코프식

19 강관의 나사식 이음쇠 중 벤드의 종류에 해당하지 않는 것은?

① 암수 롱 벤드

② 45° 롱 벤드

③ 리턴 벤드

④ 크로스 벤드

해설

크로스(＋자 사방밸브)

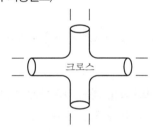

크로스

20 압축기 종류에 따른 정상적인 유압이 아닌 것은?

① 터보＝정상저압＋6kg/cm²

② 입형 저속＝정상저압＋0.5～1.5kg/cm²

③ 소형＝정상저압＋0.5kg/cm²

④ 고속다기통＝정상저압＋6kg/cm²

해설

고속다기통＝정상저압＋1.5～3kg/cm²

21 암모니아 냉동장치에서 실린더 직경 150 mm, 행정 90mm, 회전수 1,170rpm, 6기통일 때 냉동능력(RT)은?(단, 냉매상수는 8.4이다.)

① 약 98.2   ② 약 79.7

③ 약 59.2   ④ 약 38.9

해설

1RT＝3,320kcal/h, 1시간＝60분

$$냉동능력(RT)＝\frac{Q/h}{C}$$

$$＝\frac{\dfrac{3.14}{4}(0.15)^2 \times 0.09 \times 1,170 \times 6 \times 60}{8.4}$$

$$＝79.7RT$$

22 동결장치 상부에 냉각코일을 집중적으로 설치하고 공기를 유동시켜 피냉각물체를 동결시키는 장치는?

① 송풍 동결장치   ② 공기 동결장치

③ 접촉 동결장치   ④ 브라인 동결장치

해설

송풍 동결장치

동결장치 상부에 냉각코일을 집중적으로 설치하고 공기를 유동시켜 피냉각물체를 동결시키는 장치

23 건포화증기를 압축기에서 압축시킬 경우 토출되는 증기의 상태는?

① 과열증기   ② 포화증기

③ 포화액   ④ 습증기

해설

과냉각액 ⟶ 포화액 ⟶ 습포화증기 ⟶

건포화증기 ⟶ 압축기 ⟶ 과열증기

24 냉동기용 전동기의 시동 릴레이는 전동기 정 격속도의 얼마에 달할 때까지 시동권선에 전류를 흐르게 하는가?

① $\frac{1}{2}$ 　　　② $\frac{2}{3}$

③ $\frac{1}{4}$ 　　　④ $\frac{1}{5}$

해설
냉동기용 전동기(모터)의 시동 릴레이는 전동기 정격속
도의 $\frac{2}{3}$에 달할 때까지 시동권선에 전류를 흐르게 한다.

25 열전달률에 대한 설명으로 옳은 것은?

① 관벽 또는 브라인(Brine) 등의 재질 내에서의 열의 이동을 나타내며, 단위는 kcal/m · h · ℃ 이다.
② 액체면과 기체면 사이의 열의 이동을 나타내며, 단위는 kcal/m · h · ℃이다.
③ 유체와 고체 사이의 열의 이동을 나타내며, 단위는 kcal/m² · h · ℃이다.
④ 고체와 기체 사이의 한정된 열의 이동을 나타내며, 단위는 kcal/m³ · h · ℃이다.

해설
열전달률
유체와 고체 사이의 열의 이동을 나타내며 그 단위는 열
관류율과 같이 kcal/m² · h · ℃이다.

26 표준 냉동 사이클의 증발과정 동안 압력과 온도는 어떻게 변화하는가?

① 압력과 온도가 모두 상승한다.
② 압력과 온도가 모두 일정하다.
③ 압력은 상승하고 온도는 일정하다.
④ 압력은 일정하고 온도는 상승한다.

해설
냉매의 증발과정에서는 압력과 온도가 일정하게 유지된다.

27 흡수식 냉동장치에서 냉매로 암모니아를 사용할 때, 흡수제로 가장 적당한 것은?

① LiBr 　　　② $CaCl_2$
③ LiCl 　　　④ H_2O

해설
흡수식 냉매의 흡수제
㉠ 물(H_2O) 냉매 : 리튬브로마이드(LiBr)
㉡ 암모니아(NH_3) 냉매 : 물(H_2O)

28 냉동장치에서 다단압축을 하는 목적으로 옳은 것은?

① 압축비 증가와 체적효율 감소
② 압축비와 체적효율 증가
③ 압축비와 체적효율 감소
④ 압축비 감소와 체적효율 증가

해설
다단압축의 목적은 압축비 감소와 체적효율 증가에 있다.

29 동력의 단위 중 값이 큰 순서대로 바르게 나열된 것은?

① 1kW > 1PS > 1kgf · m/s > 1kcal/h
② 1kW > 1kcal/h > 1kgf · m/s > 1PS
③ 1PS > 1kgf · m/s > 1kcal/h > 1kW
④ 1PS > 1kgf · m/s > 1kW > 1kcal/h

해설
1kWh＝860kcal, 1PS · h＝632kcal
1kgf · m/s＝0.00234kcal×3,600＝8.43kcal/h
1kgf · m/s× $\frac{1}{427}$ kcal/kg · m＝0.00234kcal/h

정답 **24** ② **25** ③ **26** ② **27** ④ **28** ④ **29** ①

30 암모니아 냉동장치에 대한 설명 중 틀린 것은?

① 윤활유에는 잘 용해되나, 수분과의 용해성이 극히 작다.

② 연소성, 폭발성, 독성 및 악취가 있다.

③ 전열 성능이 양호하다.

④ 프레온 냉동장치에 비해 비열비가 크다.

해설

암모니아(NH_3) 냉매는 윤활유에는 잘 용해하지 않는다. 또한 수분이 존재하면 유탁액이 존재하여 유분리기에서 분리되지 않고 전열을 방해하며 또한 암모니아와 물(H_2O)이 반응하여 알칼리성의 암모니아수(NH_4OH)를 생성한다.

31 온도식 자동팽창밸브에서 감온통의 부착위치는?

① 응축기 출구　　② 증발기 입구

③ 증발기 출구　　④ 수액기 출구

해설

감온통

㉠ 냉매온도 감지기이다.

㉡ 온도식 자동팽창밸브에서는 증발기 출구에 설치한다.

32 냉동장치 운전에 관한 설명으로 옳은 것은?

① 흡입압력이 저하되면 토출가스 온도가 저하된다.

② 냉각수온이 높으면 응축압력이 저하된다.

③ 냉매가 부족하면 증발압력이 상승한다.

④ 응축압력이 상승하면 소요동력이 증가한다.

해설

① 흡입압력이 저하되면 압축비가 높아져서 토출가스 온도가 상승한다.

② 냉각수 수온이 높으면 응축압력이 상승한다.

③ 냉매가 부족하면 증발압력이 감소한다.

33 다음 보기 중 브라인의 구비 조건으로 적절한 것은?

> [보기]
> (가) 비열과 열전도율이 클 것
> (나) 끓는점이 높고, 불연성일 것
> (다) 동결온도가 높을 것
> (라) 점성이 크고, 부식성이 클 것

① (가), (나)　　② (가), (다)

③ (나), (다)　　④ (가), (라)

해설

브라인(2차 냉매, 간접냉매)의 특징은 (가), (나)에 해당한다.

34 냉동능력이 5냉동톤(한국냉동톤)이며, 압축기의 소요동력이 5마력(PS)일 때 응축기에서 제거하여야 할 열량(kcal/h)은?

① 약 18,790kcal/h　　② 약 19,760kcal/h

③ 약 20,900kcal/h　　④ 약 21,100kcal/h

해설

$1RT = 3,320$kcal/h, $1PS \cdot h = 632$kcal

응축부하 = 냉동부하 + 압축기 소요동력

　　　 = $(5 \times 3,320) + (5 \times 632) = 19,760$kcal/h

35 동일한 증발온도일 경우 간접팽창식과 비교한 직접팽창식 냉동장치에 대한 설명으로 틀린 것은?

① 소요동력이 작다.

② 냉동톤(RT)당 냉매 순환량이 적다.

③ 감열에 의해 냉각시키는 방법이다.

④ 냉매의 증발온도가 높다.

해설

간접팽창식(브라인 냉매)은 감열(현열)에 의해 냉각시킨다.

정답　30 ①　31 ③　32 ④　33 ①　34 ②　35 ③

36 증발기에 대한 설명으로 옳은 것은?

① 증발기 입구 냉매온도는 출구 냉매온도보다 높다.
② 탱크형 냉각기는 주로 제빙용에 쓰인다.
③ 1차 냉매는 감열로 열을 운반한다.
④ 브라인은 무기질이 유기질보다 부식성이 작다.

해설
① 증발기 입·출구는 온도가 같다.
③ 1차 냉매는 냉매의 잠열을 이용한다.
④ 브라인(2차 냉매)은 유기질이 무기질보다 부식력이
   작다(유기질에 비해 무기질 브라인의 부식력이 크다).

37 냉동기의 스크루 압축기(Screw Compressor)에 대한 특징으로 틀린 것은?

① 암·수나사 2개의 로터나사의 맞물림에 의해 냉매가스를 압축한다.
② 왕복동식 압축기와 동일하게 흡입, 압축, 토출의 3행정으로 이루어진다.
③ 액격 및 유격이 비교적 크다.
④ 흡입·토출밸브가 없다.

해설
스크루식 압축기(Screw Compressor)는 수로터, 암로터에 의해 서로 맞물려 회전하면서 가스를 압축시킨다. 그 특징은 ①, ②, ④ 외에 무단계 용량제어가 가능하며 연속 압축이다.

38 증발식 응축기에 대한 설명으로 옳은 것은?

① 냉각수의 사용량이 많아 증발량도 커진다.
② 응축능력은 냉각관 표면의 온도와 외기 건구온도차에 비례한다.
③ 냉각수량이 부족한 곳에 적합하다.
④ 냉매의 압력강하가 작다.

해설
증발식 응축기
냉각수가 부족한 곳에서 사용되며 냉각탑(쿨링 타워)을 사용하는 경우보다 설비비가 적게 소요되고, 응축압력도 낮게 유지가 가능하다. 그러나 외기의 습구온도 영향을 많이 받는다.

39 시간적으로 변화하지 않는 일정한 입력신호를 단속신호로 변환하는 회로로서 경보용 부저 신호에 많이 사용하는 것은?

① 선택회로
② 플리커 회로
③ 인터로크 회로
④ 자기유지회로

해설
플리커 회로
시간적으로 변화하지 않는 일정한 입력신호를 단속신호로 변환하며, 경보용 부저 신호에 많이 사용하는 회로이다.

40 저압차단 스위치의 작동에 의해 장치가 정지되었을 때 행하는 점검사항으로 가장 거리가 먼 것은?

① 응축기의 냉각수 단수 여부 확인
② 압축기의 용량제어장치의 고장 여부 확인
③ 저압 측 적상 유무 확인
④ 팽창밸브의 개도 점검

해설
저압차단 스위치(LPS)
㉠ 압축기 정지용, 용량제어용으로 구분한다.
㉡ 장치 정지 시 점검사항
 • 압축기의 용량제어장치의 고장 여부 확인
 • 저압 측 적상 유무 확인
 • 팽창밸브의 개도 점검

41 왕복동 압축기와 비교하여 원심 압축기의 장점으로 틀린 것은?

① 흡입밸브, 토출밸브 등의 마찰부분이 없으므로 고장이 적다.

② 마찰에 의한 손상이 적어서 성능 저하가 적다.

③ 저온장치에는 압축단수 1단으로 가능하다.

④ 왕복동 압축기에 비해 구조가 간단하다.

[해설]

원심식 압축기(터보형)는 임펠러에 의한 원심력을 이용하여 압축하며, 1단 압축기로는 압축비를 크게 할 수 없어서 2단 압축 이상이 필요하다.

42 냉동장치에서 응축기나 수액기 등 고압부에 이상이 생겨 점검 및 수리를 위해 고압 측 냉매를 저압 측으로 회수하는 작업은?

① 펌프아웃(Pump Out)

② 펌프다운(Pump Down)

③ 바이패스아웃(By-pass Out)

④ 바이패스다운(By-pass Down)

[해설]

펌프아웃(냉동기 역회전)

고압부(응축기, 수액기)에 이상이 생겨서 점검이나 수리를 위해 고압 측 냉매를 저압 측으로 회수하는 것

43 응축온도가 13℃이고, 증발온도가 −13℃인 이론적 냉동 사이클에서 냉동기의 성적계수는?

① 0.5 ② 2

③ 5 ④ 10

[해설]

$$성적계수(COP) = \frac{T_1}{T_2 - T_1} = \frac{\theta_1}{\theta_2 - \theta_1}$$

여기서, $T_1 = 273 - 13 = 260K$

$\quad\quad\quad T_2 = 273 + 13 = 286K$

$$\therefore COP = \frac{260}{286 - 260} = 10$$

44 입형 셸 앤드 튜브식 응축기의 특징으로 가장 거리가 먼 것은?

① 옥외 설치가 가능하다.

② 냉매액의 과냉각이 쉽다.

③ 과부하에 잘 견딘다.

④ 운전 중 청소가 가능하다.

[해설]

입형 셸 앤드 튜브식 응축기는 냉각수와 냉매가 평행하므로 냉매액의 과냉각이 잘 안 된다. 관 내 스월(Swirl)을 사용하여 냉각수가 관벽을 따라 흐르고 주로 대형 암모니아 냉동장치에 사용한다.

45 동관을 구부릴 때 사용되는 동관 전용 벤더의 최소곡률 반지름은 관지름의 약 몇 배인가?

① 약 1~2배 ② 약 4~5배

③ 약 7~8배 ④ 약 10~11배

[해설]

동관 벤딩 시 동관 전용 벤더의 최소곡률 반지름은 동관지름의 4~5배이다.

46 사무실의 공기조화를 행할 경우, 다음 중 전체 열부하에서 가장 큰 비중을 차지하는 항목은?

① 바닥에서 침입하는 열과 재실자로부터의 발생열

② 문을 열 때 들어오는 열과 문틈으로 들어오는 열

③ 재실자로부터의 발생열과 조명기구로부터의 발생열

④ 벽, 창, 천장 등에서 침입하는 열과 일사에 의해 유리창을 투과하여 침입하는 열

해설

사무실 공기조화에서 열부하가 가장 큰 것은 벽, 창, 천장 등에서 침입하는 열과 태양 일사에 의해 유리창을 투과하여 침입하는 열이다.

47 실내의 오염된 공기를 신선한 공기로 희석 또는 교환하는 것을 무엇이라고 하는가?

① 환기   ② 배기

③ 취기   ④ 송기

해설

환기

실내의 오염된 공기를 신선한 공기로 희석 또는 교환하는 것

48 보일러 스케일 방지책으로 적절하지 않은 것은?

① 청정제를 사용한다.

② 보일러 판을 미끄럽게 한다.

③ 급수 중의 불순물을 제거한다.

④ 수질분석을 통한 급수의 한계값을 유지한다.

해설

보일러 스케일(관석) 방지대책은 ①, ③, ④이다.

49 냉방부하 계산 시 인체로부터의 취득열량에 대한 설명으로 틀린 것은?

① 인체 발열부하는 작업 상태와는 관계없다.

② 땀의 증발, 호흡 등은 잠열이라 할 수 있다.

③ 인체의 발열량은 재실 인원수와 현열량과 잠열량으로 구한다.

④ 인체 표면에서 대류 및 복사에 의해 방사되는 열은 현열이다.

해설

인체 발열부하(현열, 잠열)는 작업형태에 따라서 부하 열량이 증가 또는 감소한다.

50 보일러 송기장치의 종류로 가장 거리가 먼 것은?

① 비수방지관   ② 주증기밸브

③ 증기헤더   ④ 화염검출기

해설

화염검출기(화염안전장치) : 노 내 화염 검출용

㉠ 프레임 아이

㉡ 프레임 로드

㉢ 스택 스위치

51 건물 내 장소에 따라 부하변동의 상황이 달라질 경우, 구역 구분을 통해 구역마다 공조기를 설치하여 부하 처리를 하는 방식은?

① 단일덕트 재열방식

② 단일덕트 변풍량방식

③ 단일덕트 정풍량방식

④ 단일덕트 각층유닛방식

해설

단일덕트 정풍량방식

건물 내 장소에 따라서 부하변동 시 구역 구분을 통해 구역마다 공조기를 설치하여 부하를 처리한다.

52 복사난방에 대한 설명으로 틀린 것은?

① 설비비가 적게 든다.

② 매립 코일이 고장 나면 수리가 어렵다.

③ 외기침입이 있는 곳에서도 난방감을 얻을 수 있다.

④ 실내의 벽, 바닥 등을 가열하여 평균복사온도를 상승시키는 방법이다.

정답   **47** ①   **48** ②   **49** ①   **50** ④   **51** ③   **52** ①

해설

복사난방(패널난방)

바닥, 벽, 천장 속에 온수코일을 묻어서 난방을 하므로 설비비가 많이 소요되며, 온도분포가 균일하다.

53 다음 보기의 설명에 알맞은 취출구의 종류는?

> [보기]
> • 취출 기류의 방향 조정이 가능하다.
> • 댐퍼가 있어 풍량 조절이 가능하다.
> • 공기저항이 크다.
> • 공장, 주방 등의 국소 냉방에 사용된다.

① 다공판형
② 베인격자형
③ 펑커루버형
④ 아네모스탯형

해설

취출구는 냉난방식 온풍, 냉풍을 실내로 취출하는 기구로, 보기의 내용은 펑커루버형에 해당된다.

54 공기조화용 에어필터의 여과효율을 측정하는 방법으로 가장 거리가 먼 것은?

① 중량법
② 비색법
③ 계수법
④ 용적법

해설

공기조화용 에어필터의 여과효율 측정법으로는 중량법, 비색법, 계수법 등이 있다.

55 열원이 분산된 개별 공조방식에 대한 설명으로 틀린 것은?

① 서모스탯이 내장되어 개별 제어가 가능하다.
② 외기냉방이 가능하여 중간기에는 에너지 절약형이다.

③ 유닛에 냉동기를 내장하고 있어 부분운전이 가능하다.
④ 장래의 부하 증가, 증축 등에 대해 쉽게 대응할 수 있다.

해설

개별 공조방식은 냉동 사이클을 이용하여야 하는 공조방식으로, 외기량이 부족하기 때문에 외기냉방은 불가하다. 반면, 각층유닛방식은 중앙식 공조기로서 외기를 도입하기 쉽다.

56 실내에서 폐기되는 공기 중의 열을 이용하여 외기 공기를 예열하는 열회수방식은?

① 열펌프 방식
② 팬코일 방식
③ 열파이프 방식
④ 런어라운드 방식

해설

런어라운드 방식

실내에서 폐기되는 공기 중의 열을 이용하여 외기 공기를 예열하는 열회수방식

57 유체의 속도가 15m/s일 때 이 유체의 속도수두는?

① 약 5.1m
② 약 11.5m
③ 약 15.5m
④ 약 20.4m

해설

$$속도수두 = \frac{V^2}{2g} = \frac{15^2}{2 \times 9.8} = 11.5m$$

58 흡수식 감습장치에서 주로 사용하는 흡수제는?

① 실라카겔
② 염화리튬
③ 아드솔
④ 활성 알루미나

정답 **53** ③ **54** ④ **55** ② **56** ④ **57** ② **58** ②

해설

감습장치의 종류

㉠ 냉각감습장치(노점제어 감습)

㉡ 압축감습장치(압축 후 팽창)

㉢ 흡수식 감습장치(액체 제습장치) : 염화리튬(LiCl)

㉣ 흡착식 감습장치(고체 제습장치) : 실리카겔

59 습공기의 엔탈피에 대한 설명으로 틀린 것은?

① 습공기가 가열되면 엔탈피가 증가한다.

② 습공기 중에 수증기가 많아지면 엔탈피는 증가한다.

③ 습공기의 엔탈피는 온도, 압력, 풍속의 함수로 결정된다.

④ 습공기 중의 건공기 엔탈피와 수증기 엔탈피의 합과 같다.

해설

습공기의 엔탈피(h_w)

$$h_w = h_a + x \cdot h_v$$
$$= C_p \cdot t + x(r + C_{vp} \cdot t)$$
$$= 0.24t + x(597.5 + 0.44t)\,[\text{kcal/kg}]$$

60 공기조화기의 자동제어 시 제어요소가 순서대로 바르게 나열된 것은?

① 온도제어 – 습도제어 – 환기제어

② 온도제어 – 습도제어 – 압력제어

③ 온도제어 – 차압제어 – 환기제어

④ 온도제어 – 수위제어 – 환기제어

해설

공기조화기 자동제어 시 제어요소 순서

온도제어 → 습도제어 → 환기제어

[04] 과년도 기출문제

01 전기용접 작업의 안전사항으로 옳은 것은?

① 홀더는 파손되어도 사용에는 관계없다.

② 물기가 있거나 땀에 젖은 손으로 작업해서는 안 된다.

③ 작업장은 환기를 시키지 않아도 무방하다.

④ 용접봉을 갈아 끼울 때는 홀더의 충전부가 몸에 닿도록 한다.

해설
전기용접 작업 시 물기가 있거나 땀에 젖은 손으로 작업하지 않는다.

02 고압전선이 단선된 것을 발견하였을 때 조치로 가장 적절한 것은?

① 위험하다는 표시를 하고 돌아온다.

② 사고사항을 기록하고 다음 장소의 순찰을 계속한다.

③ 발견 즉시 회사로 돌아와 보고한다.

④ 일반인의 접근 및 통행을 막고 주변을 감시한다.

해설
고압전선 단선사고 발견 시에는 먼저 일반인의 접근 및 통행을 막고 주변을 감시한다.

03 다음 중 감전사고 예방을 위한 방법으로 틀린 것은?

① 전기 설비의 점검을 철저히 한다.

② 전기 기기에 위험표시를 해 둔다.

③ 설비의 필요 부분에는 보호접지를 한다.

④ 전기기계·기구의 조작은 필요시 아무나 할 수 있게 한다.

해설
전기기계·기구의 조작은 자격증 취득자나 평소 적정한 전기업무를 담당하던 자만이 조작하도록 한다.

04 연삭 숫돌을 교체한 후 시험운전 시 최소 몇 분 이상 공회전을 시켜야 하는가?

① 1분 이상   ② 3분 이상

③ 5분 이상   ④ 10분 이상

해설
연삭 숫돌 교체 후 시험운전 시 최소 3분 이상 공회전을 시켜야 한다.

05 아세틸렌 – 산소를 사용하는 가스용접장치를 사용할 때 조정기로 압력 조정 후 점화순서로 옳은 것은?

① 아세틸렌과 산소 밸브를 동시에 열어 조연성 가스를 많이 혼합한 후 점화시킨다.

② 아세틸렌 밸브를 열어 점화시킨 후 불꽃 상태를 보면서 산소 밸브를 열어 조정한다.

③ 먼저 산소 밸브를 연 다음 아세틸렌 밸브를 열어 점화시킨다.

④ 먼저 아세틸렌 밸브를 연 다음 산소 밸브를 열어 적정하게 혼합한 후 점화시킨다.

해설
아세틸렌(C_2H_2) – 산소(O_2) 가스용접에서 조정기로 압력조정 후 점화순서로는 ②, ④의 방식에 따른다.

정답   **01** ②   **02** ④   **03** ④   **04** ②   **05** ②, ④

06 압축기의 톱 클리어런스(Top Clearance)가 클 경우에 일어나는 현상으로 틀린 것은?

① 체적효율 감소　　② 토출가스온도 감소
③ 냉동능력 감소　　④ 윤활유의 열화

해설

(압축기)
톱 클리어런스(간극)가 크면 가스온도 증가
실린더 통 →
피스톤 →
→ 토출가스
냉매가스

07 위험을 예방하기 위하여 사업주가 취해야 할 안전상의 조치로 틀린 것은?

① 시설에 대한 안전조치
② 기계에 대한 안전조치
③ 근로수당에 대한 안전조치
④ 작업방법에 대한 안전조치

해설
근로수당은 안전조치와 무관하다.

08 유류 화재 시 사용하는 소화기로 가장 적합한 것은?

① 무상수 소화기　　② 봉상수 소화기
③ 분말 소화기　　　④ 방화수

해설
유류(오일) 화재 시에는 분말 또는 포말소화기를 사용한다.

09 냉동설비에 설치된 수액기의 방류둑 용량에 관한 설명으로 옳은 것은?

① 방류둑 용량은 설치된 수액기 내용적의 90% 이상으로 할 것
② 방류둑 용량은 설치된 수액기 내용적의 80% 이상으로 할 것
③ 방류둑 용량은 설치된 수액기 내용적의 70% 이상으로 할 것
④ 방류둑 용량은 설치된 수액기 내용적의 60% 이상으로 할 것

해설
냉동설비 수액기(냉매액 저장고) 용량
수액기 내용적의 90% 이상으로 방류둑을 설치하여야 한다(독성가스 냉매의 경우).

10 보일러 운전상의 장애로 인한 역화(Back Fire) 방지대책으로 틀린 것은?

① 점화방법이 좋아야 하므로 착화를 느리게 한다.
② 공기를 노 내에 먼저 공급하고 다음에 연료를 공급한다.
③ 노 및 연도 내에 미연소 가스가 발생하지 않도록 취급에 유의한다.
④ 점화 시 댐퍼를 열고 미연소 가스를 배출시킨 뒤 점화한다.

해설
보일러 노 내 점화 시 화력이 큰 불씨로 5초 이내에 한 번에 점화가 가능해야 가스폭발을 방지할 수 있다.

11 다음 산업안전대책 중 기술적인 대책이 아닌 것은?

① 안전설계　　　　② 근로의욕의 향상
③ 작업행정의 개선　④ 점검보전의 확립

해설
산업안전대책 중 기술적 대책
㉠ 안전설계
㉡ 작업행정의 개선
㉢ 점검보전의 확립 등

정답　**06** ②　**07** ③　**08** ③　**09** ①　**10** ①　**11** ②

12 공장설비계획에 관하여 기계설비의 배치와 안전의 유의사항으로 틀린 것은?

① 기계설비 주위에는 충분한 공간을 둔다.

② 공장 내외에는 안전 통로를 설정한다.

③ 원료나 제품의 보관장소는 충분히 설정한다.

④ 기계 배치는 안전과 운반에 관계없이 가능한 가깝게 설치한다.

[해설]

공장설비계획에서 기계설비의 배치는 안전과 운반을 염두에 두고 적당한 거리를 유지하여야 한다.

13 화물을 벨트, 롤러 등을 이용하여 연속적으로 운반하는 컨베이어의 방호장치에 해당되지 않는 것은?

① 이탈 및 역주행 방지장치

② 비상정지장치

③ 덮개 또는 물

④ 권과방지장치

[해설]

권과방지장치

크레인(양중기)의 리프트 권과장지장치는 운반구 이탈 등의 위험 방지용이다.

14 가스용접 또는 가스절단 시 토치 관리의 잘못으로 인한 가스누출 부위로 타당하지 않은 것은?

① 산소 밸브, 아세틸렌 밸브의 접속 부분

② 팁과 본체의 접속 부분

③ 절단기의 산소관과 본체의 접속 부분

④ 용접기와 안전홀더 및 어스선 연결 부분

[해설]

④는 전기용접(아크용접)의 관리사항에 속한다.

15 보일러 사고원인 중 제작상의 원인이 아닌 것은?

① 재료 불량　　② 설계 불량

③ 급수처리 불량　　④ 구조 불량

[해설]

보일러 사고의 취급자 원인

㉠ 급수처리 불량　　㉡ 역화

㉢ 압력 초과　　㉣ 저수위 사고

㉤ 보일러 과열

16 동관의 이음방식이 아닌 것은?

① 플레어 이음　　② 빅토릭 이음

③ 납땜 이음　　④ 플랜지 이음

[해설]

빅토릭 이음(Victoric Joint)

주철관 이음으로 고무링과 칼라(누름판)를 사용하여 관을 접합한다. 가스배관용으로 우수하다.

17 다음과 같은 냉동장치의 $P-h$ 선도에서 이론 성적계수는?

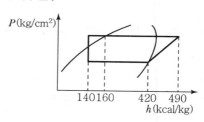

① 3.7　　② 4

③ 4.7　　④ 5

[해설]

냉동기 성적계수(COP)

$$COP = \frac{Q_2}{AW} = \frac{Q_2}{(Q_1 - Q_2)} = \frac{T_2}{(T_1 - T_2)}$$

$$= \frac{420 - 140}{490 - 420} = 4$$

정답　**12** ④　**13** ④　**14** ④　**15** ③　**16** ②　**17** ②

18 브라인에 대한 설명 중 옳은 것은?

① 브라인은 잠열형태로 열을 운반한다.

② 에틸렌글리콜, 프로필렌글리콜, 염화칼슘 용액은 유기질 브라인이다.

③ 염화칼슘 브라인은 그중에 용해되고 있는 산소량이 많을수록 부식성이 적다.

④ 프로필렌글리콜은 부식성이 적고, 독성이 없어 냉동식품의 동결용으로 사용된다.

해설

브라인(간접냉매, 2차 냉매) : 현열 이용

㉠ 유기질 브라인은 부식성은 적으나 가격이 비싸다.

㉡ 유기질 : 에틸렌글리콜, 프로필렌글리콜, 물, 메틸렌클로라이드

㉢ 프로필렌글리콜 : 부식, 독성이 없어서 식품동결용에 사용

※ 산소가 내부에 많으면 부식이 증가한다.

19 프레온 냉매 액관을 시공할 때 플래시 가스 발생 방지조치로서 틀린 것은?

① 열교환기를 설치한다.

② 지나친 입상을 방지한다.

③ 액관을 방열한다.

④ 응축 설계온도를 낮게 한다.

해설

응축온도를 낮추면 압축비가 감소하여 냉동기 성적계수가 향상된다.

20 다음 냉매 중 물에 용해성이 좋아서 흡수식 냉동기의 냉매로 가장 적합한 것은?

① R-502

② 황산

③ 암모니아

④ R-22

해설

흡수식 냉동기의 냉매 및 흡수제

㉠ 냉매 NH_3 : 흡수제 H_2O

㉡ 냉매 H_2O : 흡수제 LiBr(리튬브로마이드)

21 완전기체에서 단열압축 과정 동안 나타나는 현상은?

① 비체적이 커진다.

② 전열량의 변화가 없다.

③ 엔탈피가 증가한다.

④ 온도가 낮아진다.

해설

완전기체 단열압축 과정에는 냉매가스 엔탈피가 증가한다(비체적 감소, 온도 증가, 전열량 증가).

22 팽창밸브를 적게 열었을 때 일어나는 현상으로 옳은 것은?

① 증발압력 상승

② 토출온도 상승

③ 증발온도 상승

④ 냉동능력 상승

해설

팽창밸브를 규정보다 적게 열면 냉매량이 적어서 과열되어 토출가스 냉매의 온도가 상승된다.

23 프레온 누설 검사 중 핼라이드 토치 시험에서 냉매가 다량으로 누설될 때 변화된 불꽃의 색깔은?

① 청색

② 녹색

③ 노랑

④ 자색

해설

냉매 누설 시 불꽃의 색

㉠ 정상냉매 : 청색

㉡ 소량 누설 : 녹색

㉢ 다량 누설 : 자색

㉣ 대량 누설 : 공기 부족으로 불이 꺼진다.

24 교류 주기가 0.004sec일 때 주파수는?

① 400Hz   ② 450Hz
③ 200Hz   ④ 250Hz

해설

$$주파수 = \frac{1}{교류주기}$$
$$= \frac{1}{0.004} = 250\,Hz$$

25 다음의 기호가 표시하는 밸브로 옳은 것은?

① 볼 밸브   ② 게이트 밸브
③ 수동 밸브   ④ 앵글 밸브

해설

앵글 밸브 : 90° 각의 분출밸브

26 다음 그림은 2단 압축, 2단 팽창 이론 냉동 사이클이다. 이론 성적계수를 구하는 공식으로 옳은 것은?(단, G_L 및 G_H는 각각 저단, 고단 냉매 순환량이다.)

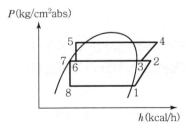

① $COP = \dfrac{G_L \times (h_1 - h_8)}{(G_L + G_H) \times (h_4 - h_1)}$

② $COP = \dfrac{G_L \times (h_1 - h_8)}{(G_L - G_H) \times (h_4 - h_1)}$

③ $COP = \dfrac{G_H \times (h_1 - h_8)}{G_L \times (h_2 - h_1) + G_H \times (h_4 - h_3)}$

④ $COP = \dfrac{G_L \times (h_1 - h_8)}{G_L \times (h_2 - h_1) + G_H \times (h_4 - h_3)}$

해설

압축비(응축압력/증발압력)가 6 이상이면 2단 압축으로 하여 압축기의 일을 감소시킨다.
㉠ 압축기 : 고단, 저단 압축기
㉡ 팽창밸브 : 제1 · 2팽창밸브
㉢ 중간냉각기 : 고압냉매를 과랭하여 냉동효과를 증대시킨다.

27 프레온 응축기(수랭식)에서 냉각수량이 시간당 18,000L, 응축기 냉각관의 전열면적 20m², 냉각수 입구온도 30℃, 출구온도 34℃인 응축기의 열통과율이 900kcal/m² · h · ℃라고 할 때 응축온도는?(단, 냉매와 냉각수와의 평균온도차는 산술평균치로 하고 열손실은 없는 것으로 한다.)

① 32℃   ② 34℃
③ 36℃   ④ 38℃

해설

$$산술평균온도차 = 응축온도 - \frac{냉각수\ 입구수온 + 냉각수\ 출구수온}{2}$$
$$응축부하 = 18,000 \times 1 \times (34 - 30)$$
$$= 72,000\,kcal/h$$
$$\therefore\ 응축온도 = \frac{응축부하}{K \cdot F} + 냉각수\ 입구수온$$
$$+ \frac{응축부하}{2 \times 냉각수량 \times 비열}$$
$$= \frac{72,000}{900 \times 20} + 30 + \frac{7,200}{2 \times 18,000 \times 1}$$
$$= 36℃$$

정답 **24** ④ **25** ④ **26** ④ **27** ③

28 열의 이동에 관한 설명으로 틀린 것은?

① 열에너지가 중간물질과 관계없이 열선의 형태를 갖고 전달되는 전열형식을 복사라 한다.
② 대류는 기체나 액체 운동에 의한 열의 이동현상을 말한다.
③ 온도가 다른 두 물체가 접촉할 때 고온에서 저온으로 열이 이동하는 것을 전도라 한다.
④ 물체 내부를 열이 이동할 때 전열량은 온도차에 반비례하고, 도달거리에 비례한다.

해설
물체 내부에서 열이 이동할 때 전열량은 온도차에 비례하고, 도달거리에 반비례한다(거리가 짧으면 전열량 증가).

29 광명단 도료에 대한 설명 중 틀린 것은?

① 밀착력이 강하고 도막도 단단하여 풍화에 강하다.
② 연단에 아마인유를 배합한 것이다.
③ 기계류의 도장 밑칠에 널리 사용된다.
④ 은분이라고도 하며, 방청효과가 매우 좋다.

해설
광명단 도료(방청용 도료 Paint)
연단이며 그 특성은 ①, ②, ③과 같다.
④의 은분은 알루미늄 도료에 속한다.

30 압축기의 축봉장치에 대한 설명으로 옳은 것은?

① 냉매나 윤활유가 외부로 새는 것을 방지한다.
② 축의 회전을 원활하게 하는 베어링 역할을 한다.
③ 축이 빠지는 것을 막아주는 역할을 한다.
④ 윤활유를 냉각하는 장치이다.

해설
압축기의 축봉장치(Shaft Seal, 샤프트 실)는 냉매나 윤활유(오일)가 압축기 외부로 누설하는 것을 방지한다.

31 강관 이음법 중 용접 이음에 대한 설명으로 틀린 것은?

① 유체의 마찰손실이 적다.
② 관의 해체와 교환이 쉽다.
③ 접합부 강도가 강하며, 누수의 염려가 적다.
④ 중량이 가볍고 시설의 보수·유지비가 절감된다.

해설
㉠ 용접 이음(영구 이음) : 관의 해체나 교환이 어렵다.
㉡ 플랜지, 유니언 이음 : 관의 해체나 교환이 용이하다.

32 냉동장치의 장기간 정지 시 운전자의 조치사항으로 틀린 것은?

① 냉각수는 그 다음 사용 시 필요하므로 누설되지 않게 밸브 및 플러그의 잠김 상태를 확인하여 잘 잠가 둔다.
② 저압 측 냉매를 전부 수액기에 회수하고, 수액기에 전부 회수할 수 없을 때에는 냉매통에 회수한다.
③ 냉매계통 전체의 누설을 검사하여 누설 가스를 발견했을 때에는 수리해 둔다.
④ 압축기의 축봉장치에서 냉매가 누설될 수 있으므로 압력을 걸어 둔 상태로 방치해서는 안 된다.

해설
냉동장치를 장기간 정지할 경우 겨울철 동파를 방지하기 위해서 냉각수를 비워두는 것이 좋다.

33 암모니아 냉매에 대한 설명으로 틀린 것은?

① 가연성, 독성, 자극적인 냄새가 있다.
② 전기 절연도가 떨어져 밀폐식 압축기에는 부적합하다.
③ 냉동효과와 증발잠열이 크다.
④ 철, 강을 부식시키므로 냉매배관은 동관을 사용해야 한다.

해설

㉠ 암모니아 냉매는 동이나 동합금을 부식시킨다.

㉡ 프레온 냉매는 마그네슘 및 2% 이상 알루미늄 합금을 부식시킨다.

34 다음과 같은 $P-h$ 선도에서 온도가 가장 높은 곳은?

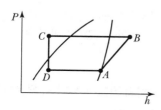

① A

② B

③ C

④ D

해설

㉠ $D \rightarrow A$: 증발기(저온)

㉡ $A \rightarrow B$: 압축기(고온)

㉢ $B \rightarrow C$: 응축기(고온)

㉣ $C \rightarrow D$: 팽창밸브(저온)

㉤ B : 압축기 냉매가스 토출구(온도가 높다.)

35 냉동장치 내에 냉매가 부족할 때 일어나는 현상으로 가장 거리가 먼 것은?

① 냉동능력이 감소한다.

② 고압 측 압력이 상승한다.

③ 흡입관에 상(霜)이 붙지 않는다.

④ 흡입가스가 과열된다.

해설

고압 측 압력이 상승하는 이유는 압축비 증가, 불응축가스 발생, 냉각수량 부족 등이다.

36 고속다기통 압축기의 흡입 및 토출밸브에 주로 사용하는 것은?

① 포핏 밸브

② 플레이트 밸브

③ 리드 밸브

④ 와셔 밸브

해설

플레이트 밸브(Plate Valve)

주로 고속다기통 압축기 흡입 및 토출밸브에 사용하며, 밸브 성능은 유속과 릴리프, 스프링에 의해 좌우된다.

37 표준 냉동 사이클의 온도조건으로 틀린 것은?

① 증발온도 : $-15℃$

② 응축온도 : $30℃$

③ 팽창밸브 입구에서의 냉매액 온도 : $25℃$

④ 압축기 흡입가스 온도 : $0℃$

해설

표준 냉동 흡입가스 온도 : $-15℃$

38 냉동장치의 냉각기에 적상이 심할 때 미치는 영향이 아닌 것은?

① 냉동능력 감소

② 냉장고 내 온도 저하

③ 냉동능력당 소요동력 증대

④ 리퀴드 백(Liquid Back) 발생

해설

적상(Defrost)이 심하면 토출가스 온도, 압축비, 냉장고 내 온도가 상승한다.

39 냉매배관에 사용되는 저온용 단열재에 요구되는 성질로 틀린 것은?

① 열전도율이 작을 것
② 투습저항이 크고 흡습성이 작을 것
③ 팽창계수가 클 것
④ 불연성 또는 난연성일 것

해설

배관용 단열재는 팽창계수가 작아야 한다.

40 아래의 기호에 대한 설명으로 적절한 것은?

—o—l—o—

① 누르고 있는 동안만 접점이 열린다.
② 누르고 있는 동안만 접점이 닫힌다.
③ 누름/안누름 상관없이 언제나 접점이 열린다.
④ 누름/안누름 상관없이 언제나 접점이 닫힌다.

해설

㉠ a접점 —o—l—o— : 조작하고 있는 동안에만 닫히는 접점(메이크 접점)
㉡ b접점 —o—o— : 조작하고 있는 동안에만 열리는 접점(브레이크 접점)

41 건포화증기를 흡입하는 압축기가 있다. 고압이 일정한 상태에서 저압이 내려가면 이 압축기의 냉동능력은 어떻게 되는가?

① 증대한다.
② 변하지 않는다.
③ 감소한다.
④ 감소하다가 점차 증대한다.

해설

고압 일정, 저압 저하 → 압축비 상승으로 냉동능력이 감소한다.

42 압축기의 토출가스 압력의 상승 원인이 아닌 것은?

① 냉각수온의 상승
② 냉각수량의 감소
③ 불응축 가스의 부족
④ 냉매의 과충전

해설

불응축 가스(공기 등)가 많아지면 토출가스의 압력이 상승한다.

43 유기질 브라인으로 부식성이 적고, 독성이 없으므로 주로 식품냉동의 동결용에 사용되는 브라인은?

① 염화마그네슘
② 염화칼슘
③ 에틸렌글리콜
④ 프로필렌글리콜

해설

프로필렌글리콜
유기질 브라인으로, 부식성이 적고 독성이 없으므로 식품냉동의 동결용 간접냉매로 사용된다.

44 2원 냉동 사이클에 대한 설명으로 가장 거리가 먼 것은?

① 각각 독립적으로 작동하는 저온 측 냉동 사이클과 고온 측 냉동 사이클로 구성된다.
② 저온 측의 응축기 방열량을 고온 측의 증발기로 흡수하도록 만든 냉동 사이클이다.
③ 보통 저온 측 냉매는 임계점이 낮은 냉매, 고온 측은 임계점이 높은 냉매를 사용한다.
④ 일반적으로 −180℃ 이하의 저온을 얻고자 할 때 이용하는 냉동 사이클이다.

정답 39 ③ 40 ① 41 ③ 42 ③ 43 ④ 44 ④

㉠ 2원 냉동 : −70℃ 이하의 극저온을 얻는다(냉동 사이클이 2단계).
㉡ 냉매
• 저온 측 : R−13, R−14, 에틸렌, 메탄, 에탄, 프로판 등 사용
• 고온 측 : R−12, R−22 등 사용

45 개방식 냉각탑의 종류로 가장 거리가 먼 것은?

① 대기식 냉각탑
② 자연통풍식 냉각탑
③ 강제통풍식 냉각탑
④ 증발식 냉각탑

해설
㉠ 냉각탑(Cooling Tower) : 응축기에서 열을 흡수한 냉각수를 공기와 접촉시켜 물의 증발잠열을 이용하여 냉각시켜 다시 사용한다.
• 대기식 냉각탑
• 강제대류형 냉각탑
• 자연통풍식 냉각탑
㉡ 증발식 응축기 : 응축기 냉각관 코일에 냉각수를 분무 노즐에 의해 분무하여 냉매기체를 응축시킨다.

46 건물의 바닥, 벽, 천장 등에 온수코일을 매설하고 열원에 의해 패널을 직접 가열하여 실내를 난방하는 방식은?

① 온수난방
② 열펌프난방
③ 온풍난방
④ 복사난방

해설
복사난방(방사난방)
㉠ 바닥 등 구조체가 필요하다.
㉡ 구조체 안에 온수코일을 시공한다.
㉢ 패널을 설치한다.
㉣ 온도 분포가 균일하다.

47 보일러에서 연도로 배출되는 배기열을 이용하여 보일러 급수를 예열하는 부속장치는?

① 과열기
② 연소실
③ 절탄기
④ 공기예열기

해설
절탄기(급수가열기)
폐열회수장치(열효율을 높이는 장치) 연도의 배기가스 열을 이용하여 보일러수를 예열시킨다.

48 환기에 대한 설명으로 틀린 것은?

① 환기는 배기에 의해서만 이루어진다.
② 환기는 급기, 배기의 양자를 모두 사용하기도 한다.
③ 공기를 교환해서 실내공기 중의 오염물 농도를 희석하는 방식을 전체환기라고 한다.
④ 오염물이 발생하는 곳과 주변의 국부적인 공간에 대해서 처리하는 방식을 국소환기라고 한다.

해설
치환(환기)은 급기나 배기에 의해 사용이 가능하다.
㉠ 자연배기(자연환기)
㉡ 강제배기(기계환기) : 배풍기 사용

49 캐비테이션(공동현상)의 방지대책으로 틀린 것은?

① 펌프의 흡입양정을 짧게 한다.
② 펌프의 회전수를 적게 한다.
③ 양흡입 펌프를 단흡입 펌프로 바꾼다.
④ 흡입관경은 크게 하며 굽힘을 적게 한다.

해설
캐비테이션(펌프의 공동현상)을 방지하려면 단흡입 펌프보다는 양흡입 펌프를 사용하여야 한다.

정답 **45** ④ **46** ④ **47** ③ **48** ① **49** ③

50

공기조화기의 가열코일에서 건구온도 3℃의 공기 2,500kg/h를 25℃까지 가열하였을 때 가열 열량은?(단, 공기의 비열은 0.24kcal/kg·℃이다.)

① 7,200kcal/h   ② 8,700kcal/h

③ 9,200kcal/h   ④ 13,200kcal/h

해설

가열량(Q) = 소요공기량 × 공기비열 × 온도차
= 2,500 × 0.24(25 − 3) = 13,200kcal/h

51

공기 중의 미세먼지 제거 및 클린룸에 사용되는 필터는?

① 여과식 필터   ② 활성탄 필터

③ 초고성능 필터   ④ 자동감기용 필터

해설

㉠ 여과효율 측정법 : 중량법, 변색도법(비색법, NBS법), 계수법(DOP법)

㉡ 에어필터 : 충돌점착식, 건성여과식(고성능 필터 HEPA), 전기식, 활성탄 흡착식 등

㉢ 고성능 필터 : 방사성 물질, 바이오 클린룸에 사용

52

덕트 보온 시공 시 주의사항으로 틀린 것은?

① 보온재를 붙이는 면은 깨끗하게 한 후 붙인다.

② 보온재의 두께가 50mm 이상인 경우는 두 층으로 나누어 시공한다.

③ 보의 관통부 등은 반드시 보온공사를 실시한다.

④ 보온재를 다층으로 시공할 때는 종횡의 이음이 한곳에 합쳐지도록 한다.

해설

보온재 시공에서 다층시공 시 종이나 횡의 이음은 한곳에 합치지 않고 간격마다 분산하여 이음한다.

53

다음 공조방식 중 개별 공기조화방식에 해당되는 것은?

① 팬코일유닛방식

② 2중덕트방식

③ 복사냉난방방식

④ 패키지유닛방식

해설

개별 공기조화방식

㉠ 패키지유닛방식

㉡ 룸쿨러방식

54

원심식 송풍기의 종류에 속하지 않는 것은?

① 터보형 송풍기

② 다익형 송풍기

③ 플레이트형 송풍기

④ 프로펠러형 송풍기

해설

축류식 송풍기

㉠ 디스크식

㉡ 프로펠러형 송풍기

55

공기조화에서 시설 내 일산화탄소의 허용되는 오염기준은 시간당 평균 얼마인가?

① 25ppm 이하   ② 30ppm 이하

③ 35ppm 이하   ④ 40ppm 이하

해설

공기조화기의 CO 가스 허용농도기준은 시간당 25ppm 이하이다.

56 복사난방에 대한 설명으로 틀린 것은?

① 실내의 쾌감도가 높다.

② 실내온도 분포가 균등하다.

③ 외기 온도의 급변에 대한 방열량 조절이 용이하다.

④ 시공, 수리, 개조가 불편하다.

해설

외기 온도의 급변화에 대한 방열량 조절이 용이한 것은 온수난방에 해당된다.

57 온풍난방에 대한 설명으로 틀린 것은?

① 예열시간이 짧다.

② 송풍온도가 고온이므로 덕트가 대형이다.

③ 설치가 간단하여 설비비가 싸다.

④ 별도의 가습기를 부착하여 습도조절이 가능하다.

해설

온풍난방 시 송풍온도가 난방 적정 저온이므로 덕트의 소형 제작이 가능하다. 대형 덕트는 공기조화난방에 해당된다.

58 난방부하를 줄일 수 있는 요인으로 가장 거리가 먼 것은?

① 천장을 통한 전도열

② 태양열에 의한 복사열

③ 사람에서의 발생열

④ 기계의 발생열

해설

천장을 통한 전도열이 많으면 난방부하가 오히려 증가한다.

59 열의 운반을 위한 방법 중 공기방식이 아닌 것은?

① 단일덕트방식

② 이중덕트방식

③ 멀티존유닛방식

④ 패키지유닛방식

해설

패키지유닛방식, 룸쿨러방식 등은 개별 방식이므로 열의 운반이 불필요하며, 중앙식 공기조화방식은 열의 운반이 필요하다.

60 30℃인 습공기를 80℃ 온수로 가열가습한 경우 상태변화로 틀린 것은?

① 절대습도가 증가한다.

② 건구온도가 감소한다.

③ 엔탈피가 증가한다.

④ 노점온도가 증가한다.

해설

습공기의 상태변화

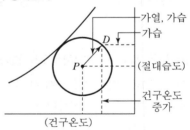

05 | 과년도 기출문제

01 보일러 운전 중 과열에 의한 사고를 방지하기 위한 사항으로 틀린 것은?

① 보일러의 수위가 안전저수면 이하가 되지 않도록 한다.
② 보일러수의 순환을 교란시키지 말아야 한다.
③ 보일러 전열면을 국부적으로 과열하여 운전한다.
④ 보일러수가 농축되지 않게 운전한다.

> **해설**
> 보일러 전열면을 국부적(어느 한곳에 집중적)으로 과열하면 보일러 파열이 발생한다.

02 응축압력이 지나치게 내려가는 것을 방지하기 위한 조치방법 중 틀린 것은?

① 송풍기의 풍량을 조절한다.
② 송풍기 출구에 댐퍼를 설치하여 풍량을 조절한다.
③ 수랭식일 경우 냉각수의 공급을 증가시킨다.
④ 수랭식일 경우 냉각수의 온도를 높게 유지한다.

> **해설**
> 수랭식 응축기는 냉각수 공급을 증가시키면 응축압력이 오히려 하강한다.

03 전기기기의 방폭구조 형태가 아닌 것은?

① 내압방폭구조
② 안전증방폭구조
③ 유입방폭구조
④ 차동방폭구조

> **해설**
> 전기기기 방폭구조
> ①, ②, ③ 외에 압력방폭구조 등이 있다.

04 기계작업 시 일반적인 안전에 대한 설명 중 틀린 것은?

① 취급자나 보조자 이외에는 사용하지 않도록 한다.
② 칩이나 절삭된 물품에 손을 대지 않는다.
③ 사용법을 확실히 모르면 손으로 움직여 본다.
④ 기계는 사용 전에 점검한다.

> **해설**
> 사용법을 숙지하지 못한 경우 손으로 기계를 다루어서는 안 된다.

05 가스용접 작업 시 주의사항이 아닌 것은?

① 용기 밸브는 서서히 열고 닫는다.
② 용접 전에 소화기 및 방화사를 준비한다.
③ 용접 전에 전격방지기 설치 유무를 확인한다.
④ 역화 방지를 위하여 안전기를 사용한다.

> **해설**
> 전격방지기는 가스용접이 아닌 전기용접 안전과 관련이 있다.

06 냉동기를 운전하기 전에 준비해야 할 사항으로 틀린 것은?

① 압축기 유면 및 냉매량을 확인한다.
② 응축기, 유냉각기의 냉각수 입구 · 출구밸브를 연다.
③ 냉각수 펌프를 운전하여 응축기 및 실린더 재킷의 통수를 확인한다.
④ 암모니아 냉동기의 경우는 오일 히터를 기동 30~60분 전에 통전한다.

원심식(터보식) 냉동기는 오일 히터를 기동 30~60분 전에 통전시켜 놓아야 한다.

07 냉동기 검사에 합격한 냉동기 용기에 반드시 각인해야 할 사항은?

① 제조업체의 전화번호
② 용기의 번호
③ 제조업체의 등록번호
④ 제조업체의 주소

해설
냉동기 용기의 각인사항
㉠ 용기의 번호
㉡ 냉동기 제조자의 명칭 또는 약호
㉢ 냉매가스의 종류
㉣ 제조번호 등

08 수공구 사용에 대한 안전사항 중 틀린 것은?

① 공구함에 정리를 하면서 사용한다.
② 결함이 없는 완전한 공구를 사용한다.
③ 작업완료 시 공구의 수량과 훼손 유무를 확인한다.
④ 불량공구는 사용자가 임시 조치하여 사용한다.

해설
수공구 중 불량공구는 수리하거나 폐기처분한다.

09 전기화재의 원인으로 고압선과 저압선이 나란히 설치된 경우, 변압기의 1 · 2차 코일의 절연 파괴로 인하여 발생하는 것은?

① 단락
② 지락
③ 혼촉
④ 누전

해설
혼촉
전기화재의 원인으로 고압전선과 저압선이 나란히 설치된 경우 변압기의 1 · 2차 코일의 절연파괴로 화재가 발생한다.

10 보호구의 적절한 선정 및 사용방법에 대한 설명 중 틀린 것은?

① 작업에 적절한 보호구를 선정한다.
② 작업장에는 필요한 수량의 보호구를 비치한다.
③ 보호구는 방호 성능이 없어도 품질이 양호해야 한다.
④ 보호구는 착용이 간편해야 한다.

해설
보호구는 방호 성능과 품질이 양호해야 한다.

11 보일러의 수압시험을 하는 목적으로 가장 거리가 먼 것은?

① 균열의 유무를 조사
② 각종 덮개를 장치한 후의 기밀도 확인
③ 이음부의 누설 정도 확인
④ 각종 스테이의 효력 조사

해설
스테이는 보일러에서 약한 부위의 강도를 보강하기 위한 기기이다.

12 보일러 운전 중 파열사고의 원인으로 가장 거리가 먼 것은?

① 수위 상승
② 강도의 부족
③ 취급의 불량
④ 계기류의 고장

정답 07 ② 08 ④ 09 ③ 10 ③ 11 ④ 12 ①

보일러 수위 상승 장해
㉠ 습증기 유발
㉡ 기수공발 발생
㉢ 워터해머 촉진
㉣ 보일러 중량 증가

13 팽창밸브가 냉동용량에 비하여 너무 작을 때 일어나는 현상은?

① 증발압력 상승
② 압축기 소요동력 감소
③ 소요전류 증대
④ 압축기 흡입가스 과열

해설
냉동용량에 비해 팽창밸브 용량이 너무 작으면 냉매가 전부 증발하여 압축기로 흡입되는 흡입가스가 과열된다.

14 작업 시 사용하는 해머의 조건으로 적절한 것은?

① 쐐기가 없는 것
② 타격면에 홈이 있는 것
③ 타격면이 평탄한 것
④ 머리가 깨어진 것

해설
해머는 작업 시 타격면이 평탄한 것으로 사용하여야 사고를 방지할 수 있다.

15 다음 중 정전기 방전의 종류가 아닌 것은?

① 불꽃 방전 ② 연면 방전
③ 분기 방전 ④ 코로나 방전

해설
정전기 방전(건조 시 정전기 발생 증가)
㉠ 불꽃 방전
㉡ 연면 방전
㉢ 코로나 방전

16 냉동장치의 냉매배관에서 흡입관의 시공상 주의점으로 틀린 것은?

① 두 개의 흐름이 합류하는 곳은 T이음으로 연결한다.
② 압축기가 증발기보다 밑에 있는 경우, 흡입관을 증발기 상부보다 높은 위치까지 올린 후 압축기로 이동시킨다.
③ 흡입관의 입상이 매우 길 때는 약 10m마다 중간에 트랩을 설치한다.
④ 각각의 증발기에서 흡인 주관으로 들어가는 관은 주관 위에서 접속한다.

해설
T이음은 합류가 아닌 유체의 분기가 되는 곳에 사용되는 이음이다.

17 유체의 입구와 출구의 각이 직각이며, 주로 방열기의 입구 연결밸브나 보일러 주증기 밸브로 사용되는 밸브는?

① 슬루스밸브(Sluice Valve)
② 체크밸브(Check Valve)
③ 앵글밸브(Angle Valve)
④ 게이트밸브(Gate Valve)

해설
② 체크밸브 : 역류 방지용 밸브
③ 앵글밸브(90° 직각밸브) : 방열기 입구나 보일러 주증기 밸브의 개폐에 사용되는 밸브
④ 게이트밸브(슬루스밸브) : 완폐, 완개용 밸브(유량 조절 불가)

18 암모니아 냉매의 특성으로 틀린 것은?

① 물에 잘 용해된다.

② 밀폐형 압축기에 적합한 냉매이다.

③ 다른 냉매보다 냉동효과가 크다.

④ 가연성으로 폭발의 위험이 있다.

해설

밀폐형 압축기(가정집 냉장고 등에 사용)에는 프레온 냉매가 많이 사용된다.

19 냉동 사이클에서 응축온도는 일정하게 하고 증발온도를 저하시키면 일어나는 현상으로 틀린 것은?

① 냉동능력이 감소한다.

② 성능계수가 저하한다.

③ 압축기의 토출온도가 감소한다.

④ 압축비가 증가한다.

해설

저압과 고압의 압력차가 커서 압축기가 과열될 우려가 있으며 압축기의 토출가스 온도가 상승한다.

20 흡수식 냉동기에 사용되는 흡수제의 구비조건으로 틀린 것은?

① 용액의 증기압이 낮을 것

② 농도 변화에 의한 증기압의 변화가 클 것

③ 재생에 많은 열량을 필요로 하지 않을 것

④ 점도가 높지 않을 것

해설

흡수식 냉동기는 흡수제(리튬브로마이드, H_2O)의 농도 변화가 적고 진공상태에서 운전하여야 하기 때문에 증기압력이 낮아야 한다(증발기 내 압력 : 6.5mmHg).

21 단단 증기압축식 냉동 사이클에서 건조압축과 비교하여 과열압축이 일어날 경우 나타나는 현상으로 틀린 것은?

① 압축기 소비동력이 커진다.

② 비체적이 커진다.

③ 냉매 순환량이 증가한다.

④ 토출가스의 온도가 높아진다.

해설

증기압축식의 과열압축 단점

㉠ 소요동력 증가

㉡ 냉매의 비체적(m^3/kg) 증가

㉢ 토출가스 온도 상승

㉣ 압축기 과열

㉤ 냉매 순환량 감소

22 기준냉동 사이클에 의해 작동되는 냉동장치의 운전 상태에 대한 설명 중 옳은 것은?

① 증발기 내의 액냉매는 피냉각물체로부터 열을 흡수함으로써 증발기 내를 흘러감에 따라 온도가 상승한다.

② 응축온도는 냉각수 입구온도보다 높다.

③ 팽창과정 동안 냉매는 단열팽창하므로 엔탈피가 증가한다.

④ 압축기 토출 직후의 증기온도는 응축과정 중의 냉매온도보다 낮다.

해설

㉠ 응축기 내 냉매 응축온도는 냉각수 입구 온도보다 항상 높다.

㉡ 증발기나 응축기 내의 온도는 항상 일정하다.

㉢ 단열팽창에서는 냉매 엔탈피가 감소한다.

㉣ 압축기의 토출가스 냉매온도는 응축온도보다 높다.

23 표준 냉동 사이클의 $P-h$(압력-엔탈피) 선도에 대한 설명으로 틀린 것은?

① 응축과정에서는 압력이 일정하다.
② 압축과정에서는 엔트로피가 일정하다.
③ 증발과정에서는 온도와 압력이 일정하다.
④ 팽창과정에서는 엔탈피와 압력이 일정하다.

해설
냉동기 팽창과정 : 냉매가 액에서 팽창한다.
㉠ 엔탈피 감소
㉡ 온도, 압력 저하

24 액체가 기체로 변할 때의 열은?

① 승화열   ② 응축열
③ 증발열   ④ 융해열

해설
유체의 삼상태
㉠ 증발열 : 액체 → 기체
㉡ 승화열 : 고체 → 기체, 기체 → 고체
㉢ 융해열 : 고체 → 액체
㉣ 응축열 : 기체 → 액체

25 냉동기의 2차 냉매인 브라인의 구비조건으로 틀린 것은?

① 낮은 응고점으로 낮은 온도에서도 동결되지 않을 것
② 비중이 적당하고 점도가 낮을 것
③ 비열이 크고 열전달 특성이 좋을 것
④ 증발이 쉽게 되고 잠열이 클 것

해설
㉠ 2차 냉매인 브라인은 비열이 크고 현열을 이용한다 (잠열 사용 불가).
㉡ 프레온, 암모니아 냉매는 잠열을 이용한다.

26 두 전하 사이에 작용하는 힘의 크기는 두 전하 세기의 곱에 비례하고, 두 전하 사이의 거리의 제곱에 반비례하는 법칙은?

① 옴의 법칙
② 쿨롱의 법칙
③ 패러데이의 법칙
④ 키르히호프의 법칙

해설
쿨롱의 법칙
두 전하 사이에 작용하는 힘의 크기는 두 전하 세기의 곱에 비례하고 두 전하 사이의 거리의 제곱에 반비례한다.

27 다음 중 동관작업용 공구가 아닌 것은?

① 익스팬더   ② 티뽑기
③ 플레어링 툴   ④ 클립

해설
동관용 공구
①, ②, ③ 외에 사이징 툴, 리머, 파이프커터 등이 있다.

28 점토 또는 탄산마그네슘을 가하여 형틀에 압축 성형한 것으로 다른 보온재에 비해 단열효과가 떨어져 두껍게 시공하여, 500℃ 이하의 파이프, 탱크노벽 등의 보온에 사용하는 것은?

① 규조토   ② 합성수지 패킹
③ 석면   ④ 오일실 패킹

해설
규조토(무기질 보온재)
점토 또는 탄산마그네슘을 가하여 형틀에 압축 성형한 것으로 다른 보온재에 비해 단열효과가 떨어져 두껍게 시공 후 500℃ 이하의 파이프 탱크노벽 등의 보온에 사용한다.

정답   23 ④   24 ③   25 ④   26 ②   27 ④   28 ①

29 동관에 관한 설명 중 틀린 것은?

① 전기 및 열전도율이 좋다.

② 가볍고 가공이 용이하며 일반적으로 동파에 강하다.

③ 산성에는 내식성이 강하고 알칼리성에는 심하게 침식된다.

④ 전연성이 풍부하고 마찰저항이 작다.

해설

동관은 알칼리성 및 내식성이 강하고 산성에 침식되며, 유기약품에는 침식되지 않는다.

30 다음 $P-h$ 선도(Mollier Diagram)에서 등온선을 나타낸 것은?

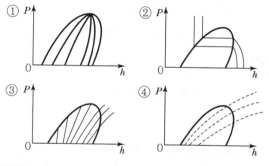

해설

① 등건도선   ② 등온선

③ 등비체적선   ④ 등엔트로피선

31 흡수식 냉동장치의 주요 구성 요소가 아닌 것은?

① 재생기   ② 흡수기

③ 이젝터   ④ 용액펌프

해설

증기 이젝터(Steam Ejector)

증기분사식 냉동기에서 분압작용에 의해 증발기 내의 압력저하를 일으켜서 이 저압 속에서 물의 일부를 증발시켜 잔류물을 냉각시킨다.

32 다음은 NH_3 표준 냉동 사이클의 $P-h$ 선도이다. 플래시 가스 열량(kcal/kg)은 얼마인가?

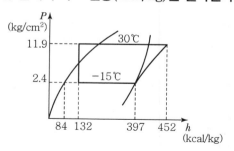

① 48   ② 55

③ 313   ④ 368

해설

㉠ 플래시 가스 : 팽창밸브에서 증발기로 공급하는 냉매가 증발기에 공급되기 전 팽창밸브에서 가스화한 냉매기체(압축일량 $=452-397=55$ kcal/kg)

㉡ 플래시 가스 열량 $=132-84=48$ kcal/kg

㉢ 증발열 $=397-132=265$ kcal/kg

33 횡형 셸 앤드 튜브(Horizontal Shell and Tube)식 응축기에 부착되지 않는 것은?

① 역지밸브

② 공기배출구

③ 물 드레인 밸브

④ 냉각수 배관 출·입구

해설

역지밸브(체크밸브)

㉠ 보일러 급수 라인에 많이 사용한다.

㉡ 스윙식, 리프트식, 판형 등이 있다.

34 회전 날개형 압축기에서 회전 날개의 부착은?

① 스프링 힘에 의하여 실린더에 부착한다.

② 원심력에 의하여 실린더에 부착한다.

③ 고압에 의하여 실린더에 부착한다.

④ 무게에 의하여 실린더에 부착한다.

정답   **29** ③   **30** ②   **31** ③   **32** ①   **33** ①   **34** ②

해설

회전식 압축기(Rotary Compressor)의 종류

㉠ 고정익형

㉡ 회전익형(플레이트는 원심력에 의해 실린더에 접촉하게 된다.)

35 2단 압축 1단 팽창 사이클에서 중간냉각기 주위에 연결되는 장치로 적당하지 않은 것은?

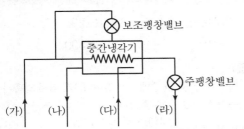

① (가) : 수액기 　 ② (나) : 고단 측 압축기

③ (다) : 응축기 　 ④ (라) : 증발기

해설

(다) : 수냉각기관

36 다음 그림과 같이 15A 강관을 45° 엘보에 동일부속 나사로 연결할 때 관의 실제 소요길이는? (단, 엘보 중심길이 21mm, 나사 물림길이 11mm이다.)

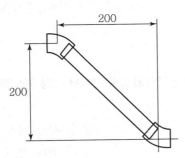

① 약 255.8mm 　 ② 약 258.8mm

③ 약 274.8mm 　 ④ 약 262.8mm

해설

실제 소요길이$(L) = L - 2(A - a)$
$$= \sqrt{200} - 2(21 - 11)$$
$$= 262.8\text{mm}(실제 \ 관의 \ 절단길이)$$

※ $\sqrt{200} = 282.8\text{mm}(45° \ 전장길이)$

37 압축기의 상부간격(Top Clearance)이 크면 냉동장치에 어떤 영향을 주는가?

① 토출가스 온도가 낮아진다.

② 체적효율이 상승한다.

③ 윤활유가 열화되기 쉽다.

④ 냉동능력이 증가한다.

해설

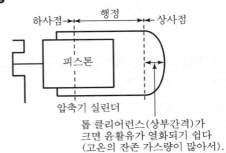

톱 클리어런스(상부간격)가 크면 윤활유가 열화되기 쉽다 (고온의 잔존 가스량이 많아서).

38 회전식 압축기의 특징에 관한 설명으로 틀린 것은?

① 조립이나 조정에 있어서 고도의 정밀도가 요구된다.

② 대형 압축기와 저온용 압축기에 많이 사용한다.

③ 왕복동식보다 부품 수가 적으며 흡입밸브가 없다.

④ 압축이 연속적으로 이루어져 진공펌프로도 사용된다.

해설

회전식은 일반적으로 소용량에 많이 사용하고, 크랭크 케이스 내는 고압이 걸리며, 흡입밸브가 없고 토출밸브만 있다.

39 200V, 300W의 전열기를 100V 전압에서 사용할 경우 소비전력은?

① 약 50kW
② 약 75kW
③ 약 100kW
④ 약 150kW

해설

㉠ 전력$(P) = \dfrac{W(\mathrm{J})}{t(\sec)}$[W]

$P = VI = I^2R = \dfrac{V^2}{R}$[W]

㉡ 전류$(I) = \dfrac{Q}{t} = \dfrac{V}{R}$[A]

㉢ 전압$(V) = \dfrac{W}{Q} = IR$[V]

㉣ 저항$(R) = \dfrac{V}{I}$[Ω]

※ 출제 오류로 전항 정답 처리

40 지열을 이용하는 열펌프(Heat Pump)의 종류로 가장 거리가 먼 것은?

① 엔진 구동 열펌프
② 지하수 이용 열펌프
③ 지표수 이용 열펌프
④ 토양 이용 열펌프

해설

엔진 구동 열펌프(GHP : 가스용 히트펌프)
GHP는 가스열로 엔진을 구동하고 엔진 구동으로 압축기를 기동시킨다.

41 고체냉각식 동결장치가 아닌 것은?

① 스파이럴식 동결장치
② 배치식 콘택트 프리저 동결장치
③ 연속식 싱글 스틸 벨트 프리저 동결장치
④ 드럼 프리저 동결장치

해설

스파이럴식
동관으로 만든 열교환장치로서 증기열을 이용하여 온수를 생산한다.

42 표준 냉동 사이클로 운전될 경우, 다음 왕복동 압축기용 냉매 중 토출가스 온도가 제일 높은 것은?

① 암모니아
② R-22
③ R-12
④ R-500

해설

㉠ 암모니아(NH_3) 냉매는 비열비(K)가 커서 압축기 토출가스 온도가 매우 높다.

㉡ 비열비$(K) = \dfrac{\text{냉매가스 정압비열}}{\text{냉매가스 정적비열}}$

(비열비는 1보다 크다.)

43 증기압축식 냉동 사이클의 압축과정 동안 냉매의 상태 변화로 틀린 것은?

① 압력 상승
② 온도 상승
③ 엔탈피 증가
④ 비체적 증가

해설

증기압축식 냉동기는 압축기의 압축과정에서 냉매의 비체적($\mathrm{m^3/kg}$)이 감소한다. 압축 시에는 밀도($\mathrm{kg/m^3}$)가 증가한다.

44 냉동장치의 압축기에서 가장 이상적인 압축과정은?

① 등온압축
② 등엔트로피 압축
③ 등압압축
④ 등엔탈피 압축

해설

냉동장치의 이상적인 압축은 단열압축(등엔트로피 압축)이다.

정답 **39** 전항 정답 **40** ① **41** ① **42** ① **43** ④ **44** ②

45 냉동장치의 능력을 나타내는 단위로서 냉동톤(RT)이 있다. 1냉동톤에 대한 설명으로 옳은 것은?

① 0℃의 물 1kg을 24시간에 0℃의 얼음으로 만드는 데 필요한 열량

② 0℃의 물 1ton을 24시간에 0℃의 얼음으로 만드는 데 필요한 열량

③ 0℃의 물 1kg을 1시간에 0℃의 얼음으로 만드는 데 필요한 열량

④ 0℃의 물 1ton을 1시간에 0℃의 얼음으로 만드는 데 필요한 열량

해설

㉠ 1냉동톤(RT) : 0℃의 물 1,000kg(1톤)을 24시간에 0℃의 얼음(고체)으로 만드는 데 필요한 열량 (3,320kcal/h)

㉡ 증기압축식 냉동기는 프레온, 암모니아 등 냉매가스의 잠열을 이용하는 냉동기이다.

46 동절기 가열코일의 동결 방지방법으로 틀린 것은?

① 온수코일은 야간 운전정지 중 순환펌프를 운전한다.

② 운전 중에는 전열교환기를 사용하여 외기를 예열하여 도입한다.

③ 외기와 환기가 혼합되지 않도록 별도의 통로를 만든다.

④ 증기코일의 경우 0.5kg/cm² 이상의 증기를 사용하고 코일 내에 응축수가 고이지 않도록 한다.

해설

동절기 가열코일에서 외기와 환기가 혼합되거나 열교환을 하여야 동결 방지 및 에너지가 절약된다.

47 송풍기의 효율을 표시하는 데 사용되는 정압효율에 대한 정의로 옳은 것은?

① 팬의 축동력에 대한 공기의 저항력

② 팬의 축동력에 대한 공기의 정압동력

③ 공기의 저항력에 대한 팬의 축동력

④ 공기의 정압 동력에 대한 팬의 축동력

해설

송풍기 정압효율

팬의 축동력에 대한 공기의 정압동력

㉠ 동압＝전압－정압

㉡ 전압＝동압＋정압

48 다음 그림에서 설명하고 있는 냉방부하의 변화 요인은?

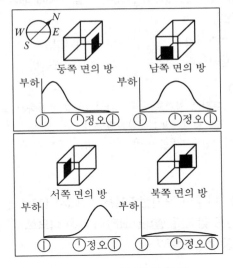

① 방의 크기

② 방의 방위

③ 단열재의 두께

④ 단열재의 종류

해설

동서남북 방의 냉방부하는 방(거실)의 방위로 인해 변화한다.

49 공기조화방식 중에서 외기도입을 하지 않아 덕트 설비가 필요 없는 방식은?

① 팬코일유닛방식

② 유인유닛방식

③ 각층유닛방식

④ 멀티존방식

해설

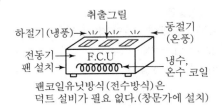

팬코일유닛방식(전수방식)은 덕트 설비가 필요 없다.(창문가에 설치)

50 난방방식의 분류에서 간접난방에 해당하는 것은?

① 온수난방

② 증기난방

③ 복사난방

④ 히트펌프난방

해설

㉠ 히트펌프(열펌프)난방 : 간접난방방식(압축기 사용)

㉡ 온수, 증기난방 : 직접난방방식

㉢ 복사난방 : 온수 사용 패널난방(구조체 사용)

51 다음의 공기선도에서 (2)에서 (1)로 냉각, 감습을 할 때 현열비(SHF)의 값을 식으로 나타낸 것 중 옳은 것은?

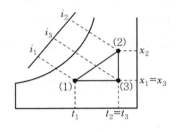

① $\dfrac{i_2 - i_3}{i_2 - i_1}$

② $\dfrac{i_3 - i_1}{i_2 - i_1}$

③ $\dfrac{i_2 - i_1}{i_3 - i_1}$

④ $\dfrac{i_3 + i_2}{i_2 + i_1}$

해설

㉠ 현열비 $= \dfrac{\text{현열}}{\text{현열} + \text{잠열}} = \dfrac{i_3 - i_1}{i_2 - i_1}$

㉡ 전열량 = 현열 + 잠열

52 15℃의 공기 15kg과 30℃의 공기 5kg을 혼합할 때 혼합 후의 공기온도는?

① 약 22.5℃

② 약 20℃

③ 약 19.2℃

④ 약 18.7℃

해설

공기의 비열 = 0.24kcal/kg · ℃

$$\text{혼합공기}(T) = \frac{\begin{pmatrix} 15\text{kg} \times 0.24 \times 15℃ \end{pmatrix} + (5\text{kg} \times 0.24 \times 30℃)}{(15 \times 0.24) + (5 \times 0.24)} = 18.7℃$$

53 판형 열교환기에 관한 설명 중 틀린 것은?

① 열전달 효율이 높아 온도차가 작은 유체 간의 열교환에 매우 효과적이다.

② 전열판에 요철 형태를 성형시켜 사용하므로 유체의 압력손실이 크다.

③ 셸튜브형에 비해 열관류율이 매우 높으므로 전열면적을 줄일 수 있다.

④ 다수의 전열판을 겹쳐 놓고 볼트로 고정시키므로 전열면의 점검 및 청소가 불편하다.

해설

판형 열교환기(플레이트형)는 볼트를 해체하면 전열면의 점검이나 청소가 매우 용이하다. 열교환기는 스파이럴형, 히트파이프형 등도 있다.

54 건축물에서 외기와 접하지 않는 내벽, 내창, 천장 등에서의 손실열량을 계산할 때 관계없는 것은?

① 열관류율
② 면적
③ 인접실과의 온도차
④ 방위계수

해설

방위계수
㉠ 열손실 계산 시 외기와 접하는 곳에 사용한다.
㉡ 남향일 때 방위계수는 1이다.
㉢ 북향 등 태양열이 적으면 방위계수는 1보다 크다.

55 개별 공조방식이 아닌 것은?

① 패키지방식
② 룸쿨러방식
③ 멀티유닛방식
④ 팬코일유닛방식

해설

팬코일유닛방식(FCU)
㉠ 전수방식으로 중앙식 공조방식이다(냉수나 증기, 온수가 공급된다).
㉡ 냉동기, 보일러, 열교환기, 축열조 등이 필요하다.
㉢ 냉각, 가열코일 및 필터가 필요하다.

56 핀(Fin)이 붙은 튜브형 코일을 강판형 박스에 넣은 것으로 대류를 이용한 방열기는?

① 컨벡터(Convector)
② 팬코일유닛(Fan Coil Unit)
③ 유닛히터(Unit Heater)
④ 라디에이터(Radiator)

해설

컨벡터
핀이 붙은 튜브형 코일을 강판형 박스에 넣은 것으로 대류를 이용한 방열기

57 덕트 속을 흐르는 공기의 평균 유속 10m/s, 공기의 비중량 1.2kgf/m³, 중력 가속도가 9.8m/s²일 때 동압은?

① 약 3mmAq
② 약 4mmAq
③ 약 5mmAq
④ 약 6mmAq

해설

$$유속(v) = \sqrt{2gh} = \sqrt{2 \times 9.8 \times h} = 10$$
$$동압(h) = \frac{V^2 \cdot \gamma}{2g} = \frac{10 \times 10 \times 1.2}{2 \times 9.8} = 6mmAq$$

58 단일 덕트방식의 특징으로 틀린 것은?

① 단일 덕트 스페이스가 비교적 크게 된다.
② 외기 냉방운전이 가능하다.
③ 고성능 공기정화장치의 설치가 불가능하다.
④ 공조기가 집중되어 있으므로 보수관리가 용이하다.

해설

덕트방식은 고성능 공기정화장치의 설치가 가능한 중앙식 공조기이다.

59 공기조화에 사용되는 온도 중 사람이 느끼는 감각에 대한 온도, 습도, 기류의 영향을 하나로 모아 만든 쾌감의 지표는?

① 유효온도(ET : Effective Temperature)
② 흑구온도(GT : Globe Temperature)
③ 평균복사온도(MRT : Mean Radiant Temperature)
④ 작용온도(OT : Operation Temperature)

해설

유효온도(ET)
공기조화에서 사람이 느끼는 감각에 대한 온도, 습도, 기류의 영향을 하나로 만든 쾌감의 지표온도이다.

60 노통연관 보일러에 대한 설명으로 틀린 것은?

① 노통 보일러와 연관 보일러의 장점을 혼합한 보일러이다.

② 보유수량에 비해 보일러 열효율이 80~85% 정도로 좋다.

③ 형체에 비해 전열면적이 크다.

④ 구조상 고압, 대용량에 적합하다.

해설

노통연관식은 수관식에 비해 보일러수가 많아서 파열 시 피해가 크므로 구조상 저압, 소용량에 적합한 보일러이다.

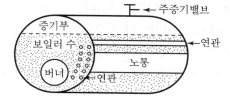

[06] 과년도 기출문제

2015년 4월 4일 시행

01 전기스위치 조작 시 오른손으로 사용하기를 권장하는 이유로 가장 적당한 것은?

① 심장에 전류가 직접 흐르지 않도록 하기 위하여
② 작업을 손쉽게 하기 위하여
③ 스위치 개폐를 신속히 하기 위하여
④ 스위치 조작 시 많은 힘이 필요하므로

해설
전기스위치 조작 시 오른손 사용을 권장하는 이유는 심장에 전류가 직접 흐르지 않도록 하기 위함이다.

02 작업복 선정 시 유의사항으로 틀린 것은?

① 작업복의 스타일 선정 시 착용자의 연령, 성별 등은 고려할 필요가 없다.
② 화기 사용 작업자는 방염성·불연성의 작업복을 착용한다.
③ 작업복은 항상 깨끗이 하여야 한다.
④ 작업복은 몸에 맞고 동작이 편하며, 상의 끝이나 바지 자락 등이 기계에 말려들어갈 위험이 없도록 한다.

해설
현장 작업복의 스타일은 착용자의 연령, 성별 등을 고려하여 선정한다.

03 다음 중 저속 왕복동 냉동장치의 운전 순서로 옳은 것은?

1. 압축기를 시동한다.
2. 흡입 측 스톱밸브를 천천히 연다.
3. 냉각수 펌프를 운전한다.
4. 응축기의 액면계 등으로 냉매량을 확인한다.
5. 압축기의 유면을 확인한다.

① 1−2−3−4−5
② 5−4−3−2−1
③ 5−4−3−1−2
④ 1−2−5−3−4

해설
저속 왕복동 냉동장치의 운전순서는 5−4−3−1−2와 같다.

04 소화기 보관상의 주의사항으로 틀린 것은?

① 겨울철에는 얼지 않도록 보온에 유의한다.
② 소화기 뚜껑은 조금 열어놓고 봉인하지 않고 보관한다.
③ 습기가 적고 서늘한 곳에 둔다.
④ 가스를 채워 넣는 소화기는 가스를 채울 때 반드시 제조업자에게 의뢰하도록 한다.

해설
화재예방 소화기는 밀폐시켜 봉인하여 비치한다.

05 왕복펌프의 보수·관리 시 점검사항으로 틀린 것은?

① 윤활유 작동 확인
② 축수 온도 확인
③ 스터핑 박스의 누설 확인
④ 다단펌프에 있어서 프라이밍 누설 확인

해설
다단펌프는 원심식 펌프이다. 공기 제거 목적으로 물을 채워 넣어서 펌프 작동을 원활하게 하는 것을 프라이밍이라 한다.

정답 **01** ① **02** ① **03** ③ **04** ② **05** ④

06 가스집합용접장치의 배관을 하는 경우 주관, 분기관에 안전기를 설치하는데, 이때 하나의 취관에 몇 개 이상의 안전기를 설치해야 하는가?

① 1   ② 2

③ 3   ④ 4

해설

07 안전 · 보건관리책임자의 직무와 가장 거리가 먼 것은?

① 산업재해의 원인 조사 및 재발 방지대책 수립에 관한 사항

② 안전에 관한 조직편성 및 예산책정에 관한 사항

③ 안전 · 보건과 관련된 안전장치 및 보호구 구입 시의 적격품 여부 확인에 관한 사항

④ 근로자의 안전 · 보건교육에 관한 사항

해설

예산책정에 관한 사항은 안전관리책임자의 업무영역 외에 속한다.

08 전기용접 시 전격을 방지하는 방법으로 틀린 것은?

① 용접기의 절연 및 접지상태를 확실히 점검할 것

② 가급적 개로 전압이 높은 교류용접기를 사용할 것

③ 장시간 작업 중지 때는 반드시 스위치를 차단시킬 것

④ 반드시 주어진 보호구와 복장을 착용할 것

해설

㉠ 무부하전압 : 아크를 발생시키지 않는 상태의 출력 전압

㉡ 무부하전압이 높아지면 아크가 안정되고 용접작업이 용이하지만 전격에 대한 위험성이 증가하여 자동전격방지장치(교류아크용접기의 안전장치)가 필요하다.

09 다음 중 점화원으로 볼 수 없는 것은?

① 전기 불꽃

② 기화열

③ 정전기

④ 못을 박을 때 튀는 불꽃

해설

기화열

액체에서 기체로 상태변화 시 소비되는 열이다.

10 스패너 사용 시 주의사항으로 틀린 것은?

① 스패너가 벗겨지거나 미끄러짐에 주의한다.

② 스패너의 입이 너트 폭과 잘 맞는 것을 사용한다.

③ 스패너 길이가 짧은 경우에는 파이프를 끼워서 사용한다.

④ 무리하게 힘을 주지 말고 조심스럽게 사용한다.

해설

스패너에 파이프를 끼워서 사용하면 불안전한 작업이 된다.

11 보일러의 과열 원인으로 적절하지 못한 것은?

① 보일러수의 수위가 높을 때

② 보일러 내 스케일이 생성되었을 때

③ 보일러수의 순환이 불량할 때

④ 전열면에 국부적인 열을 받았을 때

정답   **06** ②   **07** ②   **08** ②   **09** ②   **10** ③   **11** ①

해설

보일러수의 수위가 높게 운전하면 비수(프라이밍 : 증기에 수(水)분이 함께 섞이는 것), 즉 습증기 유발이 일어나서 증기의 건도가 감소한다.

12 다음 중 위생보호구에 해당되는 것은?

① 안전모
② 귀마개
③ 안전화
④ 안전대

해설

㉠ 보호구 : 안전대, 보호복, 안전화, 안전모, 송기마스크, 방진마스크, 용접보안면, 보안경, 안전장갑, 방음용 귀마개 등
㉡ 위생보호구 : 귀마개(귀덮개), 송기 또는 방진마스크 등

13 근로자가 안전하게 통행할 수 있도록 통로에는 몇 럭스 이상의 조명시설을 설치해야 하는가?

① 10
② 30
③ 45
④ 75

해설

근로자 통행로 조명은 75럭스 이상의 밝기를 유지해야 한다.

14 교류 아크 용접기 사용 시 안전 유의사항으로 틀린 것은?

① 용접변압기의 1차 측 전로는 하나의 용접기에 대해서 2개의 개폐기로 할 것
② 2차 측 전로는 용접봉 케이블 또는 캡타이어 케이블을 사용할 것
③ 용접기의 외함은 접지하고 누전차단기를 설치할 것
④ 일정 조건하에서 용접기를 사용할 때는 자동전격방지장치를 사용할 것

해설

용접변압기 1차 측 전로는 하나의 용접기에 1개의 개폐기로 사용한다.

15 전동공구 사용상의 안전수칙이 아닌 것은?

① 전기 드릴로 아주 작은 물건이나 긴 물건에 작업할 때에는 지그를 사용한다.
② 전기 그라인더나 샌더가 회전하고 있을 때 작업대 위에 공구를 놓아서는 안 된다.
③ 수직 휴대용 연삭기의 숫돌의 노출각도는 90°까지 허용된다.
④ 이동식 전기드릴 작업 시 장갑을 끼지 말아야 한다.

해설

㉠ 휴대용 연삭기 덮개의 노출각도 : 180° 이내
㉡ 평면연삭기, 절단연삭기 덮개의 노출각도 : 150° 이내

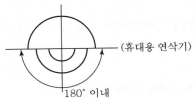

16 글랜드 패킹의 종류가 아닌 것은?

① 오일실 패킹
② 석면 얀(Yarn) 패킹
③ 아마존 패킹
④ 몰드 패킹

해설

오일실 패킹(플랜지 패킹)
화지를 일정한 두께로 겹쳐 내유가공한 것으로 내열도가 낮으나 펌프 기어박스에 사용된다.

17 냉동 사이클에서 증발온도가 −15℃이고 과열도가 5℃일 경우 압축기 흡입가스온도는?

① 5℃

② −10℃

③ −15℃

④ −20℃

해설

흡입가스온도＝과열도−증발온도

＝5−15＝−10℃

18 열에 관한 설명으로 틀린 것은?

① 승화열은 고체가 기체로 되면서 주위에서 빼앗는 열량이다.

② 잠열은 물체의 상태를 바꾸는 작용을 하는 열이다.

③ 현열은 상태 변화 없이 온도 변화에 필요한 열이다.

④ 융해열은 현열의 일종이며, 고체를 액체로 바꾸는 데 필요한 열이다.

해설

㉠ 얼음의 융해열 : 80kcal/kg(잠열)

㉡ 승화열 : 고체 → 기체, 기체 → 고체

㉢ 잠열 : 액체 → 기체

19 2,000W의 전기가 1시간 일한 양을 열량으로 표현하면 얼마인가?

① 172kcal/h

② 860kcal/h

③ 17,200kcal/h

④ 1,720kcal/h

해설

1kW＝1,000W, 2,000W＝2kW

1kWh＝860kcal

∴ 860×2＝1,720kcal/h

20 왕복동식 압축기와 비교하여 스크루 압축기의 특징이 아닌 것은?

① 흡입·토출밸브가 없으므로 마모 부분이 없어 고장이 적다.

② 냉매의 압력손실이 크다.

③ 무단계 용량제어가 가능하며 연속적으로 행할 수 있다.

④ 체적효율이 좋다.

해설

스크루식 압축기(Screw Compressor)

수로터와 암로터(Female Rotor)가 맞물려 회전하면서 가스를 압축한다. 독립된 오일펌프가 필요하고 압축기 체적이 작으며 냉매의 압력손실이 없다.

21 2원 냉동장치에 대한 설명 중 틀린 것은?

① 냉매는 주로 저온용과 고온용을 1 : 1로 섞어서 사용한다.

② 고온 측 냉매로는 비등점이 높은 냉매를 주로 사용한다.

③ 저온 측 냉매로는 비등점이 낮은 냉매를 주로 사용한다.

④ −80℃～−70℃ 정도 이하의 초저온 냉동장치에 주로 사용된다.

해설

2원 냉동냉매

㉠ 저온 측 : R−13, R−14, 에틸렌, 메탄, 에탄, 프로판

㉡ 고온 측 : R−12, R−22(비등점이 높고 응축압력이 낮은 냉매 사용)

22 흡수식 냉동장치의 적용대상으로 가장 거리가 먼 것은?

① 백화점 공조용

② 산업 공조용

③ 제빙공장용

④ 냉난방장치용

정답 17 ② 18 ④ 19 ④ 20 ② 21 ① 22 ③

해설

흡수식 냉동장치(공기조화기)

㉠ 냉방, 난방용에 사용된다(진공 6.5mmHg에서 5℃일 경우 냉매(H_2O)가 증발하고 7℃의 냉수를 얻는다).

㉡ 0℃ 이하에서는 사용이 불가능하다.

23 냉매의 특징에 관한 설명으로 옳은 것은?

① NH_3는 물과 기름에 잘 녹는다.

② R-12는 기름과 잘 용해하나 물에는 잘 녹지 않는다.

③ R-12는 NH_3보다 전열이 양호하다.

④ NH_3의 포화증기의 비중은 R-12보다 작지만 R-22보다 크다.

해설

㉠ R-12, R-11, R-21, R-113 : 윤활유와 잘 혼합한다.

㉡ R-13, R-22, R-114 : 윤활유와 용해도가 작고 저온에서 분리되는 경향이 있다.

㉢ 암모니아 냉매가 전열이 양호하다.

24 컨덕턴스는 무엇을 뜻하는가?

① 전류의 흐름을 방해하는 정도를 나타낸 것이다.

② 전류가 잘 흐르는 정도를 나타낸 것이다.

③ 전위차를 얼마나 작게 나타내느냐의 정도를 나타낸 것이다.

④ 전위차를 얼마나 크게 나타내느냐의 정도를 나타낸 것이다.

해설

컨덕턴스(G)

㉠ 저항의 역수로서 전류가 흐르기 쉬운 정도를 나타낸다.

$G = \dfrac{1}{R}[\mho^{-1}]$, 전류($I$) $= GV$, $\dfrac{I}{V} = G$

㉡ G의 단위로는 지멘스($S = \mho = \dfrac{1}{\Omega}$)를 사용한다.

25 다음 중 2단 압축, 2단 팽창 냉동 사이클에서 주로 사용되는 중간냉각기의 형식은?

① 플래시형

② 액냉각형

③ 직접팽창식

④ 저압수액기식

해설

㉠ 압축비가 6 이상 시 2단 압축을 채택한다.

㉡ 중간냉각기 : 저단 압축기에서 출구에 설치하여 저단 측 압축기 토출가스의 과열을 제거하여 고단 압축기가 과열되는 것을 방지한다.

㉢ 2단 압축 2단 팽창사이클의 중간냉각기 : 플래시형

26 암모니아 냉매 배관을 설치할 때 시공방법으로 틀린 것은?

① 관이음 패킹 재료는 천연고무를 사용한다.

② 흡입관에는 U자 트랩을 설치한다.

③ 토출관의 합류는 Y접속으로 한다.

④ 액관의 트랩부에는 오일 드레인 밸브를 설치한다.

해설

㉠ 프레온 냉매 배관의 흡입관 : 얇은 관, 굵은 관 등 이중 관을 설치하여 굵은 관 입구에 U자 트랩을 설치하여 오일을 회수한다.

㉡ 암모니아 냉매 배관의 흡입관 : 하향구배로 하고 U자 트랩을 만들지 말아야 한다.

27 엔탈피의 단위로 옳은 것은?

① kcal/kg

② kcal/h · ℃

③ kcal/kg · ℃

④ kcal/m³ · h · ℃

해설

엔탈피

단위물질이 가지는 열량(내부에너지 + 외부에너지)으로서 단위는 kcal/kg이다.

※ kcal/kg · ℃는 비열의 단위이다.

28 냉방능력 1냉동톤인 응축기에 10L/min의 냉각수가 사용되었다. 냉각수 입구의 온도가 32℃이면 출구 온도는?(단, 방열계수는 1.2로 한다.)

① 12.5℃　　　　② 22.6℃
③ 38.6℃　　　　④ 49.5℃

해설
1냉동톤(RT)=3,320kcal/h
(물의 비열=1kcal/kg · ℃, 1시간=60분)
냉각수 현열=10×1×60=600kcal/h
∴ 냉각수 출구 온도 $=\dfrac{3,320\times1.2}{600}+32=38.64$℃

29 다음 중 등온변화에 대한 설명으로 틀린 것은?

① 압력과 부피의 곱은 항상 일정하다.
② 내부에너지는 증가한다.
③ 가해진 열량과 한 일이 같다.
④ 변화 전후의 내부에너지의 값이 같아진다.

해설
등온변화
㉠ 온도 일정 : $dT=0$
㉡ 내부에너지 일정 : $\Delta u=u_2-u_1=0$
㉢ 엔탈피 일정 : $\Delta h=h_2-h_1=0$

30 열역학 제1법칙을 설명한 것으로 옳은 것은?

① 밀폐계가 변화할 때 엔트로피의 증가를 나타낸다.
② 밀폐계에 가해 준 열량과 내부에너지의 변화량의 합은 일정하다.
③ 밀폐계에 전달된 열량은 내부에너지 증가와 계가 한 일의 합과 같다.
④ 밀폐계의 운동에너지와 위치에너지의 합은 일정하다.

해설
밀폐계에 열을 가하면 그 계는 온도가 상승하며 동시에 외부에 대하여 일을 한다. 경우에 따라서는 계의 물체에 상(相)의 변화도 일어난다. 즉, 내부에너지가 증가하면서 외부에 대해 일을 한다.
$dh=\delta q+udp$
$\delta q=dh-vdp$

31 팽창밸브 직후의 냉매 건조도가 0.23, 증발잠열이 52kcal/kg이라 할 때, 이 냉매의 냉동효과는?

① 226kcal/kg　　② 40kcal/kg
③ 38kcal/kg　　　④ 12kcal/kg

해설
냉동효과=냉매 증발잠열×(1-건도)
　　　　=52×(1-0.23)
　　　　=40.04kcal/kg

32 터보 냉동기의 운전 중 서징(Surging) 현상이 발생하였다. 그 원인으로 틀린 것은?

① 흡입 가이드 베인을 너무 조일 때
② 가스유량이 감소될 때
③ 냉각수온이 너무 낮을 때
④ 너무 낮은 가스유량으로 운전할 때

해설
터보 냉동기의 운전 중 서징 현상(송출압력과 송출유량 사이에 주기적인 변동이 일어나서 펌프입구 · 출구의 진공계 · 압력계 지침이 흔들리는 현상)은 냉각수온이 너무 높을 때 발생 가능성이 높다.

33 2단 압축 냉동장치에서 각각 다른 2대의 압축기를 사용하지 않고 1대의 압축기가 2대의 압축기 역할을 대신하는 압축기는?

① 부스터 압축기
② 캐스케이드 압축기
③ 콤파운드 압축기
④ 보조 압축기

해설

㉠ 콤파운드 압축기 : 2단 압축에서 각각 다른 2대의 압축기를 사용하지 않고 1대의 압축기가 2대의 압축기 역할을 대신하는 압축기이다.
㉡ 부스터 압축기 : 보조적인 압축기로서 저압과 고압의 중간압력까지 압축한다.

34 역카르노 사이클은 어떤 상태변화 과정으로 이루어져 있는가?

① 1개의 등온과정, 1개의 등압과정
② 2개의 등압과정, 2개의 교축작용
③ 1개의 단열과정, 2개의 교축과정
④ 2개의 단열과정, 2개의 등온과정

해설

역카르노 사이클

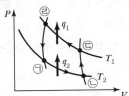

• ㉠ → ㉡(등온팽창) : 증발기
• ㉡ → ㉢(단열압축) : 압축기
• ㉢ → ㉣(등온압축) : 응축기
• ㉣ → ㉠(단열팽창) : 팽창밸브

35 팽창밸브 본체와 온도센서 및 전자제어부를 조립함으로써 과열도 제어를 하는 특징을 가지며, 바이메탈과 전열기가 조립된 부분과 니들밸브 부분으로 구성된 팽창밸브는?

① 온도식 자동팽창밸브
② 정압식 자동팽창밸브
③ 열전식 팽창밸브
④ 플로트식 팽창밸브

해설

열전식 팽창밸브
전자제어부가 있고 과열도를 제어하며 바이메탈과 전열기가 조립된 부분과 니들밸브로 구성된다.

36 회전식 압축기의 특징에 관한 설명으로 틀린 것은?

① 용량제어가 없고 분해 · 조립 및 정비에 특수한 기술이 필요하다.
② 대형 압축기와 저온용 압축기로 사용하기 적당하다.
③ 왕복동식처럼 격간이 없어 체적효율, 성능계수가 양호하다.
④ 소형이고 설치면적이 작다.

해설

회전식 압축기(Rotary Compressor)
㉠ 로터(회전자)가 실린더 내를 회전하면서 가스를 압축한다.
㉡ 압축이 연속적으로 고진공을 얻을 수 있다.
㉢ 일반적으로 소용량에 널리 쓰이며 흡입밸브가 없고 크랭크 케이스는 고압이다.
㉣ 오일 냉각기가 설치되며 잔류가스의 재팽창에 의한 체적효율이 작다.

37 다음 중 흡수식 냉동기의 용량제어방법이 아닌 것은?

① 구동열원 입구제어
② 증기토출 제어
③ 발생기 공급 용액량 조절
④ 증발기 압력제어

해설
흡수식 냉동기는 증발기나 흡수기가 고진공상태로 운전하므로 압력제어는 냉각수 온도 설정과 관계된다.

38 동관 공작용 작업 공구가 아닌 것은?

① 익스팬더   ② 사이징 툴
③ 튜브 벤더   ④ 봄볼

해설
봄볼
연관의 분기관 따내기 작업 시 주관에 구멍을 뚫어낸다.

39 유량이 적거나 고압일 때에 유량조절을 한층 더 엄밀하게 행할 목적으로 사용되는 것은?

① 콕   ② 안전밸브
③ 글로브밸브   ④ 앵글밸브

해설
글로브밸브(Glove Valve)
유체의 흐름과 평행하게 개폐되며 밸브디스크에 의해 유량조절이 가능하다. 유체의 저항이 크나 가볍고 가격이 저렴하다.

40 다음 중 압축기 효율과 가장 거리가 먼 것은?

① 체적효율   ② 기계효율
③ 압축효율   ④ 팽창효율

해설
압축기 효율
㉠ 체적효율
㉡ 기계효율
㉢ 압축효율

41 −15℃에서 건조도가 0인 암모니아 가스를 교축 팽창시켰을 때 변화가 없는 것은?

① 비체적   ② 압력
③ 엔탈피   ④ 온도

해설
교축작용(스로틀링 작용)
㉠ 엔트로피 증가
㉡ 엔탈피 일정

42 다음 수랭식 응축기에 관한 설명으로 옳은 것은?

① 수온이 일정한 경우 유막 물때가 두껍게 부착되어도 수량을 증가하면 응축압력에는 영향이 없다.
② 응축부하가 크게 증가하면 응축압력 상승에 영향을 준다.
③ 냉각수량이 풍부한 경우에는 불응축 가스의 혼입 영향이 없다.
④ 냉각수량이 일정한 경우에는 수온에 의한 영향이 없다.

해설
① 물때가 두껍게 부착되면 응축압력이 증가한다.
③ 불응축 가스는 공기나 수소가스로서 냉각수량과는 관계없다.
④ 냉각수량이 일정한 경우에는 수온에 의한 영향이 크다.

정답 37 ④ 38 ④ 39 ③ 40 ④ 41 ③ 42 ②

43 증발압력 조정밸브를 부착하는 주요 목적은?

① 흡입압력을 저하시켜 전동기의 기동 전류를 적게 한다.
② 증발기 내의 압력이 일정 압력 이하가 되는 것을 방지한다.
③ 냉매의 증발온도를 일정치 이하로 감소시킨다.
④ 응축압력을 항상 일정하게 유지한다.

해설
증발압력 조정밸브(EPR)
㉠ 자동제어로서 증발압력이 일정 압력 이하가 되면 밸브를 조여 증발기 내의 압력이 일정 압력 이하가 되는 것을 방지한다.
㉡ 설치위치 : 증발기와 압축기 사이의 흡입관(증발기 출구)

44 주로 저압증기나 온수배관에서 호칭 지름이 작은 분기관에 이용되며, 굴곡부에서 압력강하가 생기는 이음쇠는?

① 슬리브형 ② 스위블형
③ 루프형 ④ 벨로스형

해설
스위블형 신축이음
저압증기나 온수배관에 설치한다. 엘보를 2개 이상 사용하며 굴곡부에서 압력이 하강한다.

45 시퀀스 제어에 속하지 않는 것은?

① 자동 전기밥솥
② 전기세탁기
③ 가정용 전기냉장고
④ 네온사인

해설
가정용 전기냉장고에는 피드백 제어를 사용한다.

46 개별 공조방식에서 성적계수에 관한 설명으로 옳은 것은?

① 히트펌프에 축열조를 사용하면 성적계수가 낮다.
② 히트펌프 시스템의 경우 성적계수는 1보다 작다.
③ 냉방 시스템은 냉동효과가 동일한 경우에는 압축일이 클수록 성적계수는 낮아진다.
④ 히트펌프의 난방운전 시 성적계수는 냉방운전 시 성적계수보다 낮다.

해설
① 축열조를 사용하면 성적계수가 증가한다.
② 히트펌프의 성적계수는 냉동기보다 1이 크다.
④ 히트펌프는 냉방 시보다 난방 시 성적계수가 크다.

47 복사난방에 관한 설명 중 틀린 것은?

① 바닥면의 이용도가 높고 열손실이 적다.
② 단열층 공사비가 많이 들고 배관의 고장 발견이 어렵다.
③ 대류 난방에 비하여 설비비가 많이 든다.
④ 방열체의 열용량이 적으므로 외기온도에 따라 방열량의 조절이 쉽다.

해설
㉠ 복사난방 : 방열체(구조체)의 열용량이 커서 외기온도에 따라 방열량 조절이 어렵다.
㉡ 온수난방 : 외기온도 급변화에 응하기가 수월하다.

48 환기에 대한 설명으로 틀린 것은?

① 기계환기법에는 풍압과 온도차를 이용하는 방식이 있다.
② 제품이나 기기 등의 성능을 보전하는 것도 환기의 목적이다.
③ 자연환기는 공기의 온도에 따른 비중차를 이용한 환기이다.
④ 실내에서 발생하는 열이나 수증기도 제거한다.

해설
풍압과 온도차를 이용하는 환기방식은 자연환기법에 속한다.

49 다음의 습공기선도에 대하여 바르게 설명한 것은?

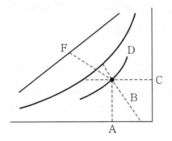

① F점은 습공기의 습구온도를 나타낸다.
② C점은 습공기의 노점온도를 나타낸다.
③ A점은 습공기의 절대습도를 나타낸다.
④ B점은 습공기의 비체적을 나타낸다.

해설
㉠ A : 건구온도
㉡ B : 습구온도 및 습공기 비체적
㉢ C : 절대습도
㉣ D : 상대습도
㉤ F : 등엔탈피

50 공기의 감습방법에 해당되지 않는 것은?

① 흡수식 ② 흡착식
③ 냉각식 ④ 가열식

해설
공기의 수분 감습법
㉠ 흡수식
㉡ 흡착식
㉢ 냉각식

51 냉방부하에서 틈새바람으로 손실되는 열량을 보호하기 위하여 극간풍을 방지하는 방법으로 틀린 것은?

① 회전문을 설치한다.
② 충분한 간격을 두고 이중문을 설치한다.
③ 실내의 압력을 외부압력보다 낮게 유지한다.
④ 에어 커튼(Air Curtain)을 사용한다.

해설
실내압력이 외부압력보다 낮으면 틈새바람(극간풍)이 증가하여 열손실이 증가한다.

52 체감을 나타내는 척도로 사용되는 유효온도와 관계있는 것은?

① 습도와 복사열
② 온도와 습도
③ 온도와 기압
④ 온도와 복사열

해설
유효온도(ET)
㉠ 온도, 습도, 기류를 하나로 조합한 상태일 때 상대습도 100%, 풍속 0m/s에서 느껴지는 온도감각
㉡ 실내 환경을 평가하는 척도가 된다.

53 기계배기와 적당한 자연급기에 의한 환기방식으로서 화장실, 탕비실, 소규모 조리장의 환기설비에 적당한 환기법은?

① 제1종 환기법 ② 제2종 환기법
③ 제3종 환기법 ④ 제4종 환기법

해설
제3종 환기법(화장실, 탕비실, 소규모 조리장의 환기법)
㉠ 자연급기
㉡ 기계배기

정답 49 ④ 50 ④ 51 ③ 52 ② 53 ③

54 난방부하에 대한 설명으로 틀린 것은?

① 건물의 난방 시에 재실자 또는 기구의 발생열량은 난방 개시 시간을 고려하여 일반적으로 무시해도 좋다.

② 외기부하 계산은 냉방부하 계산과 마찬가지로 현열부하와 잠열부하로 나누어 계산해야 한다.

③ 덕트면의 열통과에 의한 손실열량은 작으므로 일반적으로 무시해도 좋다.

④ 건물의 벽체는 바람을 통하지 못하게 하므로 건물 벽체에 의한 손실 열량은 무시해도 좋다.

해설

난방부하에서 건물의 벽체 손실열량은 매우 크게 작용한다(벽체 열관류율 : $kcal/m^2 \cdot h \cdot \textdegree C$).

55 온수난방에 대한 설명 중 틀린 것은?

① 일반적으로 고온수식과 저온수식의 기준온도는 100℃이다.

② 개방형은 방열기보다 1m 이상 높게 설치하고, 밀폐형은 가능한 한 보일러로부터 멀리 설치한다.

③ 중력순환식 온수난방방법은 소규모 주택에 사용된다.

④ 온수난방 배관의 주재료는 내열성을 고려해서 선택해야 한다.

해설

개방형 · 밀폐형 팽창탱크

㉠ 개방형 : 상부 방열관에서 1m 이상 높은 곳에 설치한다.

㉡ 밀폐형 : 보일러 설치 장소에 구애를 받지 않는다.

56 2중덕트방식의 특징이 아닌 것은?

① 설비비가 저렴하다.

② 각 실, 각 존의 개별 온습도의 제어가 가능하다.

③ 용도가 다른 존 수가 많은 대규모 건물에 적합하다.

④ 다른 방식에 비해 덕트 공간이 크다.

해설

단일덕트방식(전공기방식)

㉠ 설비비가 저렴하다.

㉡ 2중덕트방식은 에너지 손실 및 설비비가 많이 든다.

57 실내의 현열부하가 3,200kcal/h, 잠열부하가 600kcal/h일 때, 현열비는?

① 0.16
② 6.25
③ 1.20
④ 0.84

해설

$$현열비 = \frac{현열}{현열 + 잠열} = \frac{3,200}{3,200 + 600} = 0.842$$

58 흡수식 냉동기의 특징으로 틀린 것은?

① 전력 사용량이 적다.

② 압축식 냉동기보다 소음, 진동이 크다.

③ 용량제어 범위가 넓다.

④ 부분부하에 대한 대응성이 좋다.

해설

흡수식은 재생기에 가열원으로서 중온수, 증기, 직화식 등을 사용하고 압축기 사용이 없어서 소음이나 진동이 매우 적다.

59 다음은 덕트 내의 공기압력을 측정하는 방법이다. 그림 중 정압을 측정하는 방법은?

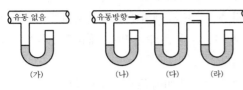

① (가) ② (나)

③ (다) ④ (라)

해설

베르누이 정리

(나) 정압

(다) 동압

(라) 전압

60 건구온도 33℃, 상대습도 50%인 습공기 500m³/h를 냉각코일에 의하여 냉각한다. 코일의 장치노점온도는 9℃이고 바이패스 팩터가 0.1이라면, 냉각된 공기의 온도는?

① 9.5℃ ② 10.2℃

③ 11.4℃ ④ 12.6℃

해설

(33−9)×0.1=2.4(바이패스 팩터 온도 증가)

∴ 냉각된 공기온도＝2.4＋9＝11.4℃

[07] 과년도 기출문제

01 수공구 사용방법 중 옳은 것은?

① 스패너에 너트를 깊이 물리고 바깥쪽으로 밀면서 풀고 죈다.
② 정작업 시 끝날 무렵에는 힘을 빼고 천천히 타격한다.
③ 쇠톱작업 시 톱날을 고정한 후에는 재조정을 하지 않는다.
④ 장갑을 낀 손이나 기름 묻은 손으로 해머를 잡고 작업해도 된다.

해설
① 스패너나 공구는 너트를 깊이 물리고 안으로 밀면서 죈다.
③ 쇠톱작업 시 톱날을 고정한 후에 재조정한다.
④ 기름 묻은 손으로 해머를 잡지 않는다.

02 공기압축기를 가동할 때, 시작 전 점검사항에 해당되지 않는 것은?

① 공기저장 압력용기의 외관상태
② 드레인밸브의 조작 및 배수
③ 압력방출장치의 기능
④ 비상정지장치 및 비상하강 방지장치 기능의 이상 유무

해설
공기압축기 운전 중에 비상정지장치, 비상상승 방지장치의 기능이나 이상 유무를 확인한다.

03 화재 시 소화제로 물을 사용하는 이유로 가장 적당한 것은?

① 산소를 잘 흡수하기 때문에
② 증발잠열이 크기 때문에
③ 연소하지 않기 때문에
④ 산소 공급을 차단하기 때문에

해설
물은 0℃에서 증발잠열(약 600kcal/kg)이 매우 크다.

04 각 작업조건에 맞는 보호구의 연결로 틀린 것은?

① 물체가 떨어지거나 날아올 위험이 있는 작업 : 안전모
② 고열에 의한 화상 등의 위험이 있는 작업 : 방열복
③ 선창 등에서 분진이 심하게 발생하는 하역작업 : 방한복
④ 높이 또는 깊이 2미터 이상의 추락할 위험이 있는 장소에서 하는 작업 : 안전대

해설
선창 등에서 분진이 심하게 발생하는 하역작업 시 사용하는 보호구는 방진복이다.

05 연삭작업의 안전수칙으로 틀린 것은?

① 작업 도중 진동이나 마찰면에서의 파열이 심하면 곧 작업을 중지한다.
② 숫돌차에 편심이 생기거나 원주면의 메짐이 심하면 드레싱을 한다.
③ 작업 시 반드시 숫돌의 정면에 서서 작업한다.
④ 축과 구멍에는 틈새가 없어야 한다.

해설
연삭이나 그라인더 작업 시에는 항상 측면에 서서 작업한다.

정답 01 ② 02 ④ 03 ② 04 ③ 05 ③

06 크레인을 사용하여 작업을 하고자 한다. 작업 시작 전의 점검사항으로 틀린 것은?

① 권과방지장치 · 브레이크 · 클러치 및 운전장치의 기능
② 주행로의 상측 및 트롤리가 횡행(橫行)하는 레일의 상태
③ 와이어로프가 통하고 있는 곳의 상태
④ 압력방출장치의 기능

해설
크레인에는 압력방출장치가 필요 없다.

07 보일러의 휴지보존법 중 장기보존법에 해당되지 않는 것은?

① 석회밀폐건조법   ② 질소가스봉입법
③ 소다만수보존법   ④ 가열건조법

해설
㉠ 만수보존법은 보일러 단기보존법(6개월 이하 보존)이며, 소다만수보존법은 장기보존법에 해당한다.
㉡ 가열휴지건조법은 존재하지 않는다.

08 보일러의 역화(Back Fire)의 원인이 아닌 것은?

① 점화 시 착화를 빨리 한 경우
② 점화 시 공기보다 연료를 먼저 노 내에 공급하였을 경우
③ 노 내에 미연소가스가 충만해 있을 때 점화하였을 경우
④ 연료밸브를 급개하여 과다한 양을 노 내에 공급하였을 경우

해설
점화 시 5초 이내로 착화를 빨리 하면 CO 가스 발생이 방지되고, 노 내 폭발 방지로 역화가 방지된다.

09 「산업안전보건기준에 관한 규칙」에 따른 작업장의 출입구 설치기준으로 틀린 것은?

① 출입구의 위치 · 수 및 크기를 작업장의 용도와 특성에 맞도록 할 것
② 출입구에 문을 설치하는 경우에는 근로자가 쉽게 열고 닫을 수 있도록 할 것
③ 주된 목적이 하역운반기계용인 출입구에는 보행자용 출입구를 따로 설치하지 말 것
④ 계단이 출입구와 바로 연결된 경우에는 작업자의 안전한 통행을 위하여 그 사이에 충분한 거리를 둘 것

해설
주된 목적이 하역운반기계용인 출입구에는 보행자용 출입구를 별도로 설치한다.

10 아크 용접의 안전사항으로 틀린 것은?

① 홀더가 신체에 접촉되지 않도록 한다.
② 절연 부분이 균열이나 파손되었으면 교체한다.
③ 장시간 용접기를 사용하지 않을 때는 반드시 스위치를 차단시킨다.
④ 1차 코드는 벗겨진 것을 사용해도 좋다.

해설
아크용접의 전선용 코드 1차, 2차는 벗겨지지 않은 것을 사용한다.

11 차량계 하역 운반 기계의 종류로 가장 거리가 먼 것은?

① 지게차   ② 화물 자동차
③ 구내 운반차   ④ 크레인

해설
크레인
동력을 사용하여 중량물을 매달아 상하 및 좌우로 운반하는 것을 목적으로 하는 기계장치

정답   **06** ④   **07** ④   **08** ①   **09** ③   **10** ④   **11** ④

12 보일러의 폭발사고 예방을 위하여 그 기능이 정상적으로 작동할 수 있도록 유지·관리해야 하는 장치로 가장 거리가 먼 것은?

① 압력방출장치　　② 감압밸브

③ 화염검출기　　　④ 압력제한스위치

해설

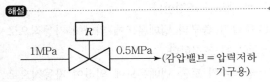

1MPa　　　0.5MPa　　(감압밸브＝압력저하
　　　　　　　　　　　　기구용)

13 냉동장치의 안전운전을 위한 주의사항 중 틀린 것은?

① 압축기와 응축기 간에 스톱밸브가 닫혀 있는 것을 확인한 후 압축기를 가동할 것

② 주기적으로 유압을 체크할 것

③ 동절기(휴지기)에는 응축기 및 수배관의 물을 완전히 뺄 것

④ 압축기를 처음 가동 시에는 정상으로 가동되는가를 확인할 것

해설

냉동기 운전 중에는 압축기와 응축기 간 스톱밸브를 개방시킨다.

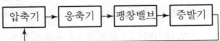

14 전체 산업재해의 원인 중 가장 큰 비중을 차지하는 것은?

① 설비의 미비　　② 정돈상태의 불량

③ 계측공구의 미비　④ 작업자의 실수

해설

전체 산업재해의 원인 중 가장 비중이 큰 것은 작업자의 실수이다.

15 가스용접 시 역화를 방지하기 위하여 사용하는 수봉식 안전기에 대한 내용 중 틀린 것은?

① 하루에 1회 이상 수봉식 안전기의 수위를 점검할 것

② 안전기는 확실한 점검을 위하여 수직으로 부착할 것

③ 1개의 안전기에는 3개 이하의 토치만 사용할 것

④ 동결 시 화기를 사용하지 말고 온수를 사용할 것

해설

㉠ 수봉식 안전기 : 산소－아세틸렌 불꽃 사용 시 역류, 역화를 방지한다.

㉡ 토치 : 저압식(0.07kg/cm^2 이하), 중압식($0.07 \sim 1.3$ kg/cm^2), 고압식(1.3kg/cm^2 이상)

㉢ 1개의 안전기에 1개의 토치 사용이 이상적이다.

16 다음 설명에 해당하는 법칙은?

> 회로망 중 임의의 한 점에서 흘러 들어오는 전류와 나가는 전류의 대수합은 0이다.

① 쿨롱의 법칙

② 옴의 법칙

③ 키르히호프의 제1법칙

④ 키르히호프의 제2법칙

해설

㉠ 키르히호프의 제1법칙 : 회로망 중의 임의의 한 점에서 흘러 들어오는 전류와 나가는 전류의 대수합은 0이다.

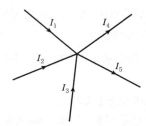

㉡ 키르히호프의 제2법칙 : 임의의 폐회로에 전압강하와 기전력의 대수합은 같다.

정답　**12** ②　**13** ①　**14** ④　**15** ③　**16** ③

17 2개 이상의 엘보를 사용하여 배관의 신축을 흡수하는 신축이음은?

① 루프형 이음   ② 벨로스형 이음

③ 슬리브형 이음   ④ 스위블형 이음

해설

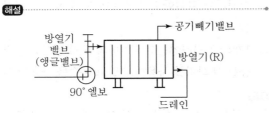

18 냉동장치에서 압축기의 이상적인 압축 과정은?

① 등엔트로피 변화   ② 정압변화

③ 등온변화   ④ 정적변화

해설

압축

㉠ 등온압축

㉡ 정압압축

㉢ 폴리트로픽 압축

㉣ 단열압축(등엔트로피 압축)

19 원심식 압축기에 대한 설명으로 옳은 것은?

① 임펠러의 원심력을 이용하여 속도에너지를 압력에너지로 바꾼다.

② 임펠러 속도가 빠르면 유량 흐름이 감소한다.

③ 1단으로 압축비를 크게 할 수 있어 단단 압축방식을 주로 채택한다.

④ 압축비는 원주 속도의 3제곱에 비례한다.

해설

원심식 압축기(터보형 압축기)

임펠러의 원심력을 이용하여 속도에너지를 압력에너지로 바꾼다.

20 온도작동식 자동팽창밸브에 대한 설명으로 옳은 것은?

① 실온을 서모스탯에 의하여 감지하고, 밸브의 개도를 조정한다.

② 팽창밸브 직전의 냉매온도에 의하여 자동적으로 개도를 조정한다.

③ 증발기 출구의 냉매온도에 의하여 자동적으로 개도를 조정한다.

④ 압축기의 토출 냉매온도에 의하여 자동적으로 개도를 조정한다.

해설

온도식 자동팽창밸브(감온통 부착)의 기능은 증발기 출구의 냉매온도에 의하여 자동적으로 개도(냉매량)를 조정하는 것이다.

21 냉동기에서 압축기의 기능으로 가장 거리가 먼 것은?

① 냉매를 순환시킨다.

② 응축기에 냉각수를 순환시킨다.

③ 냉매의 응축을 돕는다.

④ 저압을 고압으로 상승시킨다.

해설

②는 냉각수 펌프의 기능이다.

※ 쿨링 타워(냉각탑) → 응축기 → 냉각수 펌프

22 파이프 내의 압력이 높아지면 고무링은 더욱 파이프 벽에 밀착되어 누설을 방지하는 접합방법은?

① 기계적 접합   ② 플랜지 접합

③ 빅토릭 접합   ④ 소켓 접합

23 표준 냉동 사이클에서 과냉각도는 얼마인가?

① 45℃   ② 30℃

③ 15℃   ④ 5℃

해설

응축기 냉매온도를
5℃ 이하로 감소시킨다.

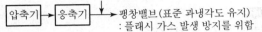

압축기 → 응축기 → 팽창밸브(표준 과냉각도 유지)
: 플래시 가스 발생 방지를 위함

24 NH₃, R-12, R-22 냉매의 기름과 물에 대한 용해도를 설명한 것으로 옳은 것은?

㉠ 물에 대한 용해도는 R-12가 가장 크다.
㉡ 기름에 대한 용해도는 R-12가 가장 크다.
㉢ R-22는 물에 대한 용해도와 기름에 대한 용해도가 모두 암모니아보다 크다.

① ㉠, ㉡, ㉢   ② ㉡, ㉢

③ ㉡   ④ ㉢

해설
㉠ 프레온 냉매(R)가 수분과 혼합하면 동부착 현상 촉진, 전기절연물 파괴, 슬러그(Slug) 생성을 일으킨다.
㉡ 프레온 냉매의 오일 용해성
　• 오일과 용해가 잘되는 프레온 냉매 : R-11, R-12, R-21, R-113
　• 오일과 용해가 잘 안 되는 프레온 냉매 : R-13, R-22, R-114

25 냉동장치 운전 중 유압이 너무 높을 때의 원인으로 가장 거리가 먼 것은?

① 유압계가 불량일 때

② 유배관이 막혔을 때

③ 유온이 낮을 때

④ 유압조정밸브 개도가 과다하게 열렸을 때

해설
유압이 너무 높은 원인은 ①, ②, ③ 외에도 오일의 과충전, 유압조정밸브의 개도 과소 등이 있다.

26 냉동에 대한 설명으로 가장 적합한 것은?

① 물질의 온도를 인위적으로 주위의 온도보다 낮게 하는 것을 말한다.

② 열이 높은 데서 낮은 곳으로 흐르는 것을 말한다.

③ 물체 자체의 열을 이용하여 일정한 온도를 유지하는 것을 말한다.

④ 기체가 액체로 변화할 때의 기화열에 의한 것을 말한다.

해설
냉동
물질의 온도를 인위적으로 주위의 온도보다 낮게 하는 것

27 양측의 표면 열전달률이 3,000kcal/m² · h · ℃인 수랭식 응축기의 열관류율은?(단, 냉각관의 두께는 3mm이고, 냉각관 재질의 열전도율은 40kcal/m · h · ℃이며, 부착 물때의 두께는 0.2mm, 물때의 열전도율은 0.8kcal/m · h · ℃이다.)

① 978kcal/m² · h · ℃

② 988kcal/m² · h · ℃

③ 998kcal/m² · h · ℃

④ 1,008kcal/m² · h · ℃

해설

$$열관류율(k) = \cfrac{1}{\cfrac{1}{a_1} + \cfrac{b_1}{\lambda_1} + \cfrac{b_2}{\lambda_2} + \cfrac{1}{a_2}}$$

$$= \cfrac{1}{\cfrac{1}{3,000} + \cfrac{0.003}{40} + \cfrac{0.0002}{0.8} + \cfrac{1}{3,000}}$$

$$= 1,008 \text{kcal/m}^2 \cdot \text{h} \cdot \text{℃}$$

28 2단 압축 1단 팽창 냉동장치에 대한 설명 중 옳은 것은?

① 단단 압축시스템에서 압축비가 작을 때 사용된다.

② 냉동부하가 감소하면 중간냉각기는 필요 없다.

③ 단단 압축시스템보다 응축능력을 크게 하기 위해 사용된다.

④ −30℃ 이하의 비교적 낮은 증발온도를 요하는 곳에 주로 사용된다.

해설

2단 압축의 조건

㉠ 프레온 냉매 : −50℃ 이하일 때

㉡ 암모니아 냉매 : −35℃ 이하일 때

29 강관용 공구가 아닌 것은?

① 파이프 바이스

② 파이프 커터

③ 드레서

④ 동력 나사절삭기

해설

드레서

납으로 만든 연관의 표면 산화물 제거용 공구이다.

30 소요 냉각수량 120L/min, 냉각수 입·출구 온도차 6℃인 수랭식 응축기의 응축부하는?

① 6,400kcal/h

② 12,000kcal/h

③ 14,400kcal/h

④ 43,200kcal/h

해설

응축부하(냉각수 현열 부하)

쿨링타워 냉각수 응축기 냉각탑
(냉각탑)

1시간＝60분

물의 비열＝1kcal/kg · ℃

∴ 응축부하＝120×60×(1×6)

$\qquad$ ＝43,200kcal/h

31 서로 다른 지름의 관을 이을 때 사용되는 것은?

① 소켓

② 유니언

③ 플러그

④ 부싱

해설

부싱(암나사, 수나사 겸용)

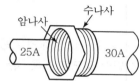

32 운전 중에 있는 냉동기의 압축기 압력계가 고압은 8kg/cm², 저압은 진공도 100mmHg를 나타낼 때 압축기의 압축비는?

① 약 6

② 약 8

③ 약 10

④ 약 12

해설

진공도 100mmHg＝760−100

$\qquad$ ＝660mmHg(절대압)

$$압축비 = \frac{P_2(응축)}{P_1(증발)}$$

$$증발절대압력 = 1.033 \times \frac{660}{760}$$

$$= 0.89 \text{kg/cm}^2 \cdot \text{a}$$

$$\therefore 압축비 = \frac{8+1}{0.89} = 약\ 10$$

33 어떤 물질의 산성, 알칼리성 여부를 측정하는 단위는?

① CHU   ② USRT
③ pH   ④ Therm

해설

pH(페하) : 수소이온 농도 지수
㉠ pH 7 : 중성
㉡ pH 7 이상~14까지 : 알칼리성
㉢ pH 7 이하~0까지 : 산성

34 시퀀스 제어장치의 구성으로 가장 거리가 먼 것은?

① 검출부   ② 조절부
③ 피드백부   ④ 조작부

해설

㉠ 제어
• 자동제어
• 수동제어
㉡ 자동제어
• 피드백 제어
• 시퀀스 제어

35 고열원 온도 T_1, 저열원 온도 T_2인 카르노 사이클의 열효율은?

① $\dfrac{T_2 - T_1}{T_1}$ ② $\dfrac{T_1 - T_2}{T_2}$

③ $\dfrac{T_2}{T_1 - T_2}$ ④ $\dfrac{T_1 - T_2}{T_1}$

해설

카르노 사이클의 열효율(η_c)

$$\eta_c = \frac{T_1 - T_2}{T_1} = 1 - \frac{T_2}{T_1}$$

고열원의 온도 T_1이 높을수록 열효율이 높고, 저열원의 온도 T_2가 낮을수록 열효율이 높다.

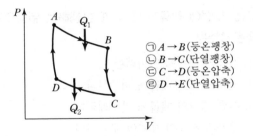

㉠ $A \rightarrow B$(등온팽창)
㉡ $B \rightarrow C$(단열팽창)
㉢ $C \rightarrow D$(등온압축)
㉣ $D \rightarrow E$(단열압축)

36 빙점 이하의 온도에 사용하며 냉동기 배관, LPG 탱크용 배관 등에 많이 사용하는 강관은?

① 고압배관용 탄소강관
② 저온배관용 강관
③ 라이닝 강관
④ 압력배관용 탄소강관

해설

SPLT(저온배관용)
㉠ 주로 0℃ 이하의 낮은 온도에 사용되는 탄소강관이다.
㉡ −40~−100℃까지 사용이 가능하며 6~500A까지 있다.
㉢ LPG 탱크, 냉동기, 각종 화학공업용에 사용된다.

37 식품을 냉각된 부동액에 넣어 직접 접촉시켜서 동결시키는 것으로 살포식과 침지식으로 구분하는 동결장치는?

① 접촉식 동결장치
② 공기 동결장치
③ 브라인 동결장치
④ 송풍식 동결장치

해설

브라인 동결장치
㉠ 식품을 냉각된 부동액에 넣어서 직접 접촉시켜서 동결시킨다.
㉡ 살포식, 침지식이 있다.

38 도선에 전류가 흐를 때 발생하는 열량으로 옳은 것은?

① 전류의 세기에 반비례한다.

② 전류 세기의 제곱에 비례한다.

③ 전류 세기의 제곱에 반비례한다.

④ 열량은 전류의 세기와 무관하다.

해설

도선에 전류가 흐를 때 발생하는 열량

전류 세기의 제곱에 비례한다.

$$H = \frac{1}{4.186} \times I^2 R_t = 0.24 I^2 R_t \text{[cal]}$$

39 다음 중 불응축 가스가 주로 모이는 곳은?

① 증발기   ② 액분리기

③ 압축기   ④ 응축기

해설

불응축 가스(공기, 수소 등)가 모이는 곳은 응축기, 수액기 상부이며, 불응축 가스가 모이면 응축압력이 증가한다.

40 회전식(Rotary) 압축기에 대한 설명으로 틀린 것은?

① 흡입밸브가 없다.

② 압축이 연속적이다.

③ 회전 압축으로 인한 진동이 심하다.

④ 왕복동식에 비해 구조가 간단하다.

해설

회전식(Rotary Compressor) 압축기

㉠ 왕복동식에 비하여 부품 수가 적고 구조가 간단하다.

㉡ 압축이 연속적이며 고진공을 얻을 수 있다.

㉢ 기동 시 무부하로 전력 소비가 적다.

㉣ 크랭크 케이스 내에는 고압이 걸린다.

㉤ 흡입밸브는 없고 토출밸브만 있다.

㉥ 운동부의 동작이 단순하고 진동이나 소음이 적다.

41 1PS는 1시간당 약 몇 kcal에 해당되는가?

① 860   ② 550

③ 632   ④ 427

해설

1PS(동력) = 75kg · m/s

1PS · h = 75kg · m/s × 1h × 3,600s/h × $\frac{1}{427}$ kcal/kg · m

= 632kcal

42 −10℃ 얼음 5kg을 20℃ 물로 만드는 데 필요한 열량은?(단, 물의 융해잠열은 80kcal/kg으로 한다.)

① 25kcal   ② 125kcal

③ 325kcal   ④ 525kcal

해설

얼음의 비열 = 0.5, 물의 비열 = 1이므로

얼음의 현열 = 5 × 0.5 × (0 − (−10)) = 25kcal

얼음의 융해열 = 5 × 80 = 400kcal

물의 현열 = 5 × 1 × (20 − 0) = 100kcal

∴ 소요열량 = 25 + 400 + 100 = 525kcal

43 다음 온도−엔트로피 선도에서 $a \to b$ 과정은 어떤 과정인가?

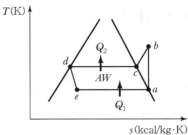

① 압축과정   ② 응축과정

③ 팽창과정   ④ 증발과정

해설

㉠ $a \to b$: 압축과정   ㉡ $b \to d$: 응축과정

㉢ $d \to e$: 팽창과정   ㉣ $e \to a$: 증발과정

44 제빙장치 중 결빙한 얼음을 제빙관에서 떼어낼 때 관 내의 얼음 표면을 녹이기 위해 사용하는 기기는?

① 주수조　　　　　② 양빙기
③ 저빙고　　　　　④ 용빙조

해설

용빙조
제빙장치에서 결빙한 얼음을 제빙관에서 떼어낼 때 관 내의 얼음 표면을 녹이는 기기

45 단수 릴레이의 종류로 가장 거리가 먼 것은?

① 단압식 릴레이　　② 차압식 릴레이
③ 수류식 릴레이　　④ 비례식 릴레이

해설

단수 릴레이
수냉각기에서 수량의 감소로 인하여 동파되는 것을 방지한다. 그 종류는 ①, ②, ③ 및 수류식 릴레이(Flow Switch)가 있다.

46 난방방식 중 방열체가 필요 없는 것은?

① 온수난방　　　　② 증기난방
③ 복사난방　　　　④ 온풍난방

해설

온풍난방
비열이 낮은 공기를 이용하므로 방열체가 필요 없다.

47 물과 공기의 접촉면적을 크게 하기 위해 증발포를 사용하여 수분을 자연스럽게 증발시키는 가습방식은?

① 초음파식　　　　② 가열식
③ 원심분리식　　　④ 기화식

해설

기화식 가습방법
물과 공기의 접촉면적을 크게 하기 위해 증발포를 사용하여 수분을 자연스럽게 증발시켜 가습한다.

48 송풍기의 상사법칙으로 틀린 것은?

① 송풍기의 날개 직경이 일정할 때 송풍압력은 회전수 변화의 2승에 비례한다.
② 송풍기의 날개 직경이 일정할 때 송풍동력은 회전수 변화의 3승에 비례한다.
③ 송풍기의 회전수가 일정할 때 송풍압력은 날개 직경 변화의 2승에 비례한다.
④ 송풍기의 회전수가 일정할 때 송풍동력은 날개 직경 변화의 3승에 비례한다.

해설

회전속도가 일정한 경우 송풍동력은 날개 직경에 따라 다음과 같다.

㉠ 날개직경 변화의 $\left(\dfrac{D_2}{D_1}\right)^5$, 5승에 비례한다.

㉡ 풍량 변화의 $\left(\dfrac{D_2}{D_1}\right)^3$, 3승에 비례한다.

㉢ 압력 변화의 $\left(\dfrac{D_2}{D_1}\right)^2$, 2승에 비례한다.

49 온풍난방에 대한 설명 중 옳은 것은?

① 설비비는 다른 난방에 비하여 고가이다.
② 예열부하가 크므로 예열시간이 길다.
③ 습도 조절이 불가능하다.
④ 신선한 외기 도입이 가능하여 환기가 가능하다.

해설

온풍난방
㉠ 신선한 외기 도입이 가능하여 환기가 가능하다.
㉡ 공기는 비열이 작아 예열시간이 짧고, 설비비가 저렴하며, 습도 조절이 용이하다.

50 100℃ 물의 증발잠열은 약 몇 kcal/kg인가?

① 539 ② 600

③ 627 ④ 700

해설

물의 증발잠열

㉠ 100℃에서 539kcal/kg

㉡ 0℃에서 590kcal/kg

51 어떤 사무실의 동쪽 유리면이 50m²이고 안쪽은 베니션 블라인드가 설치되어 있을 때, 동쪽 유리면에서 실내에 침입하는 냉방부하는?(단, 유리 통과율은 6.2kcal/m² · h · ℃, 복사량은 512 kcal/m² · h, 차폐계수는 0.56, 실내외 온도차는 10℃이다.)

① 3,100kcal/h ② 14,336kcal/h

③ 17,436kcal/h ④ 15,886kcal/h

해설

㉠ 열관류율에 의한 전열량(Q_1)

$Q_1 = 50 \times 6.2 \times 10 = 3,100$

㉡ 열복사열량의 전열량(Q_2)

$Q_2 = 50 \times 512 \times 0.56 = 14,336$

∴ $Q = Q_1 + Q_2 = 3,100 + 14,336 = 17,436$kcal/h

52 다음 중 제2종 환기법으로 송풍기만 설치하여 강제 급기하는 방식은?

① 병용식 ② 압입식

③ 흡출식 ④ 자연식

해설

제2종 환기법

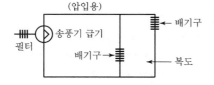

(압입용)

53 수분무식 가습장치의 종류가 아닌 것은?

① 모세관식 ② 초음파식

③ 분무식 ④ 원심식

해설

㉠ 수분무식 가습장치 : 초음파식, 분무식, 원심식

㉡ 증발식 가습장치 : 회전식, 모세관식, 적하식

54 다음 장치 중 신축이음 장치의 종류로 가장 거리가 먼 것은?

① 스위블 조인트

② 볼 조인트

③ 루프형

④ 버킷형

해설

버킷형(상향식, 하향식)은 증기트랩(응축수 제거용 송기장치)에 해당한다.

55 단일덕트 정풍량방식에 대한 설명으로 틀린 것은?

① 실내부하가 감소될 경우에 송풍량을 줄여도 실내공기가 오염되지 않는다.

② 고성능 필터의 사용이 가능하다.

③ 기계실에 기기류가 집중 설치되므로 운전 · 보수 · 관리가 용이하다.

④ 각 실이나 존의 부하변동이 서로 다른 건물에서는 온 · 습도에 불균형이 생기기 쉽다.

해설

단일덕트 정풍량방식

실내부하가 감소될 경우 송풍량을 줄이면 실내공기의 오염이 심하다.

정답 **50** ① **51** ③ **52** ② **53** ① **54** ④ **55** ①

56 온수난방에 이용되는 밀폐형 팽창탱크에 관한 설명으로 틀린 것은?

① 공기층의 용적을 작게 할수록 압력의 변동은 감소한다.

② 개방형에 비해 용적은 크다.

③ 통상 보일러 근처에 설치되므로 동결의 염려가 없다.

④ 개방형에 비해 보수·점검이 유리하고 가압실이 필요하다.

해설

밀폐형 팽창탱크(고온수 난방용)는 공기층의 용적을 작게 할수록 압력 변동이 증가한다.

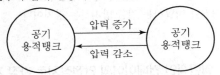

57 온수난방의 장점이 아닌 것은?

① 관 부식은 증기난방보다 적고 수명이 길다.

② 증기난방에 비해 배관 지름이 작으므로 설비비가 적게 든다.

③ 보일러 취급이 용이하고 안전하며 배관 열손실이 적다.

④ 온수 때문에 보일러의 연소를 정지해도 여열이 있어 실온이 급변하지 않는다.

해설

온수난방은 저항이나 마찰손실을 줄이기 위하여 관경을 크게 하면 설비비가 많이 증가한다.

58 이중덕트 변풍량 방식의 특징으로 틀린 것은?

① 각 실 내의 온도제어가 용이하다.

② 설비비가 높고 에너지 손실이 크다.

③ 냉풍과 온풍을 혼합하여 공급한다.

④ 단일덕트 방식에 비해 덕트 스페이스가 작다.

해설

이중덕트는 냉풍, 온풍의 혼합상자(Mixing Box : Air Blender)가 필요하며 덕트 샤프트 및 덕트 스페이스를 크게 차지한다.

59 공기에서 수분을 제거하여 습도를 낮추기 위해서는 어떻게 하여야 하는가?

① 공기의 유로 중에 가열코일을 설치한다.

② 공기의 유로 중에 공기의 노점온도보다 높은 온도의 코일을 설치한다.

③ 공기의 유로 중에 공기의 노점온도와 같은 온도의 코일을 설치한다.

④ 공기의 유로 중에 공기의 노점온도보다 낮은 온도의 코일을 설치한다.

해설

공기 유통과정 중 습도를 낮추려면 공기의 유로 중에 공기의 노점온도보다 낮은 온도의 코일을 설치한다.

60 공기의 냉각, 가열코일의 선정 시 유의사항에 대한 내용 중 가장 거리가 먼 것은?

① 냉각코일 내에 흐르는 물의 속도는 통상 약 1m/s 정도로 하는 것이 좋다.

② 증기코일을 통과하는 풍속은 통상 약 3~5m/s 정도로 하는 것이 좋다.

③ 냉각코일의 입·출구 온도차는 통상 약 5℃ 정도로 하는 것이 좋다.

④ 공기 흐름과 물의 흐름은 평행류로 하여 전열을 증대시킨다.

해설

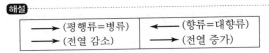

01 가스용접 작업 중 일어나기 쉬운 재해로 가장 거리가 먼 것은?

① 화재
② 누전
③ 가스중독
④ 가스폭발

해설

누전
㉠ 전류가 설계된 부분 이외의 곳에 흐르는 현상
㉡ 누전전류는 최대공급전력의 $\dfrac{1}{2,000}$ 을 넘지 않아야 한다.
㉢ 전기용접 시 주의하여야 한다.

02 냉동제조의 시설 중 안전유지를 위한 기술기준에 관한 설명으로 틀린 것은?

① 안전밸브에 설치된 스톱밸브는 수리 등 특별한 경우 외에는 항상 열어둔다.
② 냉동설비의 설치공사가 완공되면, 시운전할 때 산소가스를 사용한다.
③ 가연성 가스의 냉동설비 부근에는 작업에 필요한 양 이상의 연소물질을 두지 않는다.
④ 냉동설비의 변경공사가 완공되어 기밀시험 시 공기를 사용할 때에는 미리 냉매 설비 중의 가연성 가스를 방출한 후 실시한다.

해설

냉동설비 시운전가스
㉠ 질소나 불연성 가스로 한다.
㉡ 암모니아 냉매는 가연성 가스이며, 산소는 연소성을 촉진하는 조연성 가스이다(산소는 금속의 산화제).

03 크레인의 방호장치로서 와이어로프가 훅에서 이탈하는 것을 방지하는 장치는?

① 과부하방지장치
② 권과방지장치
③ 비상정지장치
④ 해지장치

해설

해지장치(훅 해지장치)
크레인(권상기)의 방호장치로서 와이어로프가 훅에서 벗겨지거나 이탈하는 것을 방지하는 장치이다.

04 일반적인 컨베이어의 안전장치로 가장 거리가 먼 것은?

① 역회전방지장치
② 비상정지장치
③ 과속방지장치
④ 이탈방지장치

해설

컨베이어 안전장치
역회전방지장치, 비상정지장치, 이탈방지장치

05 위험물 취급 및 저장 시의 안전조치사항 중 틀린 것은?

① 위험물은 작업장과 별도의 장소에 보관하여야 한다.
② 위험물을 취급하는 작업장에는 너비 0.3m 이상, 높이 2m 이상의 비상구를 설치하여야 한다.
③ 작업장 내부에는 위험물을 작업에 필요한 양만큼만 두어야 한다.
④ 위험물을 취급하는 작업장의 비상구 문은 피난 방향으로 열리도록 한다.

06 드릴 작업 중 유의할 사항으로 틀린 것은?

① 작은 공작물이라도 바이스나 크랩을 사용하여 장착한다.
② 드릴이나 소켓을 척에서 해체시킬 때에는 해머를 사용한다.
③ 가공 중 드릴 절삭 부분에 이상음이 들리면 작업을 중지하고 드릴 날을 바꾼다.
④ 드릴의 탈착은 회전이 완전히 멈춘 후에 한다.

해설
드릴 작업 중 드릴이나 소켓을 척에서 해체시킬 때에는 손을 사용한다.

07 다음 중 용융온도가 비교적 높아 전기기구에 사용하는 퓨즈(Fuse)의 재료로 가장 부적당한 것은?

① 납
② 주석
③ 아연
④ 구리

해설
구리는 용융점(1,083℃)이 높아서 전기기구에 사용하는 퓨즈의 재료로는 부적당하다.

08 암모니아의 누설검지방법이 아닌 것은?

① 심한 자극성 냄새를 가지고 있으므로, 냄새로 확인이 가능하다.
② 적색 리트머스 시험지에 물을 적셔 누설 부위에 가까이 하면 누설 시 청색으로 변한다.
③ 백색 페놀프탈레인 용지에 물을 적셔 누설 부위에 가까이 하면 누설 시 적색으로 변한다.
④ 황을 묻힌 심지에 불을 붙여 누설 부위에 가져가면 누설 시 홍색으로 변한다.

해설
④에서는 홍색이 아닌 흰 연기가 발생한다.

※ 물에 적신 페놀프탈레인지를 누설 개소에 대면 홍색으로 변한다.

09 「산업안전보건법」의 제정 목적과 가장 거리가 먼 것은?

① 산업재해 예방
② 쾌적한 작업환경 조성
③ 산업안전에 관한 정책 수립
④ 근로자의 안전과 보건을 유지·증진

해설
「산업안전보건법」의 제정목적은 ①, ②, ④와 같다.

10 다음 중 압축기가 시동되지 않는 이유로 가장 거리가 먼 것은?

① 전압이 너무 낮다.
② 오버로드가 작동하였다.
③ 유압보호 스위치가 리셋되어 있지 않다.
④ 온도조절기 감온통의 가스가 빠져 있다.

해설
감온통은 압축기가 아닌 온도식 자동팽창밸브에 설치한다.

11 가스 용접법의 특징으로 틀린 것은?

① 응용범위가 넓다.
② 아크용접에 비해 불꽃의 온도가 높다.
③ 아크용접에 비해 유해 광선의 발생이 적다.
④ 열량조절이 비교적 자유로워 박판용접에 적당하다.

해설
㉠ 가스 용접은 아크전기용접에 비하여 온도가 낮다.
• 산소-아세틸렌 용접 : 3,200℃ 정도
• 산소-수소 용접 : 2,500℃ 정도
㉡ 전기 용접의 불꽃온도는 약 4,000~5,200℃ 정도이다.

12 **전기용접작업 시 전격에 의한 사고를 예방할 수 있는 사항으로 틀린 것은?**

① 절연 홀더의 절연부분이 파손되었으면 바로 보수하거나 교체한다.
② 용접봉의 심선은 손에 접촉되지 않게 한다.
③ 용접용 케이블은 2차 접속단자에 접촉한다.
④ 용접기는 무부하 전압이 필요 이상 높지 않은 것을 사용한다.

해설
㉠ 1차 측 케이블 : 전원에서 용접기까지 연결
㉡ 2차 측 케이블 : 용접기에서 모재나 홀더까지 연결
㉢ 전격(감전) 방지법으로는 ①, ②, ④를 따른다.

13 **산소용접 중 역화현상이 일어났을 때 조치방법으로 가장 적합한 것은?**

① 아세틸렌 밸브를 즉시 닫는다.
② 토치 속의 공기를 배출한다.
③ 아세틸렌 압력을 높인다.
④ 산소압력을 용접조건에 맞춘다.

해설
산소용접 중 역화현상이 일어나면 즉시 아세틸렌 밸브를 차단시킨다.

14 **안전장치의 취급에 관한 사항으로 틀린 것은?**

① 안전장치는 반드시 작업 전에 점검한다.
② 안전장치는 구조상의 결함 유무를 항상 점검한다.
③ 안전장치가 불량할 때에는 즉시 수정한 다음 작업한다.
④ 안전장치는 작업 형편상 부득이한 경우에는 일시 제거해도 좋다.

해설
안전장치는 어떠한 경우에도 제거하지 않는다.

15 **줄작업 시 안전관리사항으로 틀린 것은?**

① 칩은 브러시로 제거한다.
② 줄의 균열 유무를 확인한다.
③ 손잡이가 줄에 튼튼하게 고정되어 있는지 확인한 다음에 사용한다.
④ 줄작업의 높이는 작업자의 어깨 높이로 하는 것이 좋다.

해설
줄작업 시 높이
작업자의 팔꿈치 높이로 하는 것이 좋다.

16 **2단 압축 2단 팽창 냉동 사이클을 몰리에르 선도에 표시한 것이다. 각 상태에 대해 옳게 연결한 것은?**

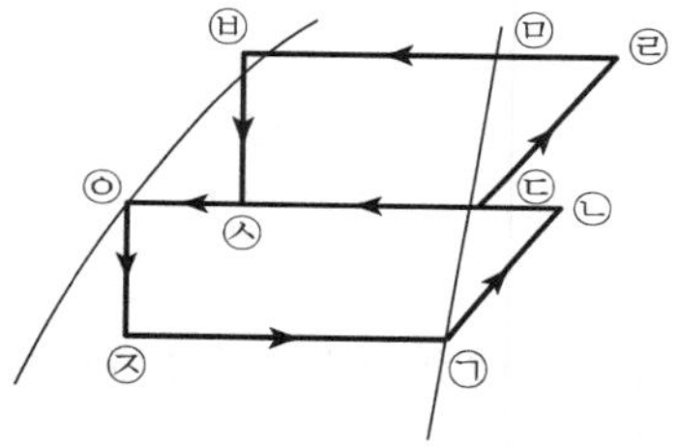

① 중간냉각기의 냉동효과 : ㉢－㉦
② 증발기의 냉동효과 : ㉡－㉨
③ 팽창밸브 통과 직후의 냉매위치 : ㉤－㉥
④ 응축기의 방출열량 : ㉧－㉡

해설
- ㉢ → ㉦ : 중간냉각기
- ㉧ → ㉨ : 제2팽창밸브
- ㉤ → ㉥ : 응축기 방열량
- ㉣ → ㉤ : 고단압축기

17 **다음 중 플랜지 패킹류가 아닌 것은?**

① 석면 조인트 시트 ② 고무 패킹
③ 글랜드 패킹 ④ 합성수지 패킹

정답 12 ③ 13 ① 14 ④ 15 ④ 16 ① 17 ③

해설
패킹류
㉠ 나사용 패킹
㉡ 글랜드용 패킹
㉢ 플랜지용 패킹

18 브라인 부식 방지처리에 관한 설명으로 틀린 것은?

① 공기와 접촉하면 부식성이 증대하므로 가능한 한 공기와 접촉하지 않도록 한다.
② $CaCl_2$ 브라인 1L에는 중크롬산소다 1.6g을 첨가하고 중크롬산소다 100g마다 가성소다 27g 의 비율로 혼합한다.
③ 브라인은 산성을 띠게 되면 부식성이 커지므로 pH 7.5~8.2 정도로 유지되도록 한다.
④ NaCl 브라인 1L에 대하여 중크롬산소다 0.9g 을 첨가하고 중크롬산소다 100g마다 가성소다 1.3g씩을 첨가한다.

해설
NaCl 브라인 부식 방지방법
브라인 1L에 대하여 중크롬산소다 3.2g을 첨가하고 중크롬산소다 100g마다 가성소다 27g씩을 첨가한다.

19 냉동기유에 대한 설명으로 옳은 것은?

① 암모니아는 냉동기유에 쉽게 용해되어 윤활 불량의 원인이 된다.
② 냉동기유는 저온에서 쉽게 응고되지 않고 고온에서 쉽게 탄화되지 않아야 한다.
③ 냉동기유의 탄화현상은 일반적으로 암모니아보다 프레온 냉동장치에서 자주 발생한다.
④ 냉동기유는 증발하기 쉽고, 열전도율 및 점도가 커야 한다.

해설
㉠ 냉동기유는 저온에서 쉽게 응고되지 않고 고온에서도 쉽게 탄화(연소화)되지 않아야 한다.
㉡ 냉동기유는 점도가 적당해야 한다.
㉢ 암모니아 냉매는 오일과 용해되지 않는다.
㉣ 냉동기유는 증발하기 어려워야 한다.

20 NH_3 냉매를 사용하는 냉동장치에서 일반적으로 압축기를 수랭식으로 냉각하는 주된 이유는?

① 냉매의 응축압력이 낮기 때문에
② 냉매의 증발압력이 낮기 때문에
③ 냉매의 비열비 값이 크기 때문에
④ 냉매의 임계점이 높기 때문에

해설
암모니아 냉동기의 압축기를 수랭식으로 냉각시키는 주된 이유는 냉매의 비열비 값이 크고 토출가스 온도가 높아서 압축기의 과열을 방지하기 위함이다.

21 다음 냉동장치에 대한 설명 중 옳은 것은?

① 고압차단 스위치는 조정 설정 압력보다 벨로스에 가해진 압력이 낮을 때 접점이 떨어지는 장치이다.
② 온도식 자동팽창밸브의 감온통은 증발기의 입구 측에 붙인다.
③ 가용전은 프레온 냉동장치의 응축기나 수액기 등을 보호하기 위하여 사용된다.
④ 파열판은 암모니아 왕복동 냉동장치에만 사용된다.

해설
가용전
프레온 냉동장치의 응축기, 수액기의 증기부분에 불의의 화재 시 일정온도에서 녹아서 고압가스를 외기로 방출하여 이상 고압에 의한 파손을 방지하는 역할을 한다.

22 액백(Liquid Back)의 원인으로 가장 거리가 먼 것은?

① 팽창밸브의 개도가 너무 클 때
② 냉매가 과충전되었을 때
③ 액분리기가 불량일 때
④ 증발기 용량이 너무 클 때

해설

액백(리퀴드 백)
액 압축이며 증발기에서 압축기로 유입되는 냉매액이 증발하지 못하고 액 그대로 유입되는 현상이다. 그 원인은 ①, ②, ③ 및 증발기 부하의 급격한 변동 등이다.

23 압축비에 대한 설명으로 옳은 것은?

① 압축비는 고압 압력계가 나타내는 압력을 저압 압력계가 나타내는 압력으로 나눈 값에 1을 더한 값이다.
② 흡입압력이 동일할 때 압축비가 클수록 토출가스 온도는 저하된다.
③ 압축비가 작아지면 소요동력이 증가한다.
④ 응축압력이 동일할 때 압축비가 커지면 냉동능력이 감소한다.

해설

㉠ 압축비 = $\dfrac{\text{응축압력(고압)}}{\text{증발압력(저압)}}$
㉡ 압축비가 커지면 냉동능력 감소, 압축비가 커지면 소요동력 증가, 토출냉매가스 온도 상승

24 다음 표의 ( ) 안에 들어갈 말로 옳은 것은?

> 압축기의 체적효율은 격간(Clearance)의 증대에 의하여 (가)하며, 압축비가 클수록 (나)하게 된다.

① 가 : 감소, 나 : 감소 ② 가 : 증가, 나 : 감소
③ 가 : 감소, 나 : 증가 ④ 가 : 증가, 나 : 증가

해설

냉동기는 압축기의 격간(클리어런스)의 증대로 인하여 체적효율이 감소하고, 압축기의 압축비가 클수록 체적효율은 감소한다.

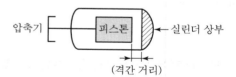

(격간 거리)

25 프레온 냉매(할로겐화 탄화수소)의 호칭기호 결정과 관계없는 성분은?

① 수소   ② 탄소
③ 산소   ④ 불소

해설

프레온 냉매
탄화수소 CH_4, C_2H_6와 할로겐 원소 F(불소), Cl(염소)의 화합물 R–11 : CCl_3F, R–12 : CCl_2F_2

26 수랭식 응축기의 능력은 냉각수 온도와 냉각수량에 의해 결정되는데, 응축기의 응축능력을 증대시키는 방법으로 가장 거리가 먼 것은?

① 냉각수량을 줄인다.
② 냉각수의 온도를 낮춘다.
③ 응축기의 냉각관을 세척한다.
④ 냉각수 유속을 적절히 조절한다.

해설

응축기의 응축능력을 증대시키려면 냉각수량의 양을 알맞게 증대시킨다.

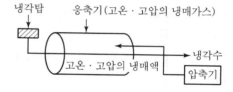

27 탄성이 부족하여 석면, 고무, 금속 등과 조합하여 사용되며, 내열범위는 −260~260℃ 정도로 기름에 침식되지 않는 패킹은?

① 고무 패킹
② 석면조인트 시트
③ 합성수지 패킹
④ 오일실 패킹

해설
합성수지 패킹(플랜지 패킹)
㉠ 테프론이며 내열범위가 −260~260℃ 정도이다.
㉡ 탄성이 부족하여 석면, 고무, 금속 등과 조합하여 사용된다.

28 다음 설명 중 옳은 것은?

① 1kW는 760kcal/h이다.
② 증발열, 응축열, 승화열은 잠열이다.
③ 얼음 1kg의 용해열은 860kcal이다.
④ 상대습도란 포화증기압을 증기압으로 나눈 것이다.

해설
① 1kW=860kcal/h=3,600kJ/h
③ 얼음 1kg의 용해열=79.68kcal/kg
④ 상대습도=$\dfrac{\text{수증기분압}}{\text{포화증기압}} \times 100\%$

29 왕복동식 냉동기와 비교하여 터보식 냉동기의 특징으로 옳은 것은?

① 회전수가 매우 빠르므로 동작 밸런스를 잡기 어렵고 진동이 크다.
② 일반적으로 고압 냉매를 사용하므로 취급이 어렵다.
③ 소용량의 냉동기에 적용하기에는 경제적이지 못하다.
④ 저온장치에서도 압축단수가 적어지므로 사용도가 넓다.

해설
터보형 냉동기
㉠ 비용적식이며 약 100~1,000RT 등 대형 냉동기로서 원심식이다.
㉡ 서징현상이 발생하며 소용량 제작은 경제적이지 못하다.
㉢ 저압냉매를 사용하며 저온장치에서는 압축단수가 증가한다.

30 왕복 압축기에서 이론적 피스톤 압출량(m³/h)의 산출식으로 옳은 것은?(단, 기통수 N, 실린더 내경 D(m), 회전수 R(rpm), 피스톤행정 L(m)이다.)

① $V = D \cdot L \cdot R \cdot N \cdot 60$

② $V = \dfrac{\pi}{4} D \cdot L \cdot R \cdot N$

③ $V = \dfrac{\pi}{4} D \cdot L \cdot R \cdot N \cdot 60$

④ $V = \dfrac{\pi}{4} D^2 \cdot L \cdot N \cdot R \cdot 60$

해설
왕복동식(용적식 압축기)의 냉매가스 압출량 계산식(V)
$V = $ 단면적×행정×기통수×회전수×60분[m³/h]

31 10A의 전류를 5분간 도체에 흘렸을 때 도선 단면을 지나는 전기량은?

① 3C
② 50C
③ 3,000C
④ 5,000C

해설
전기량(쿨롱)
$\dfrac{1}{1.60219 \times 10^{-19}} = 6.24 \times 10^{18}$개의 전자의 과부족으로 생기는 전하의 전기량
$Q = I \cdot t = 10 \times 5 \times 60초 = 3,000C$

정답　**27** ③　**28** ②　**29** ③　**30** ④　**31** ③

32 다음 중 압력자동급수밸브의 주된 역할은?

① 냉각수온을 제어한다.
② 증발온도를 제어한다.
③ 과열도 유지를 위해 증발압력을 제어한다.
④ 부하변동에 대응하여 냉각수량을 제어한다.

해설
압력자동급수밸브(절수밸브)
토출압력에 따라서 냉각수량을 제어하고 응축압력을 항상 일정하게 하여 부하변동에 대응한다.

33 실제 증기압축 냉동 사이클에 관한 설명으로 틀린 것은?

① 실제 냉동 사이클은 이론 냉동 사이클보다 열손실이 크다.
② 압축기를 제외한 시스템의 모든 부분에서 냉매배관의 마찰저항 때문에 냉매유동의 압력강하가 존재한다.
③ 실제 냉동 사이클의 압축과정에서 소요되는 일량은 이론 냉동 사이클보다 감소하게 된다.
④ 사이클의 작동유체는 순수물질이 아니라 냉매와 오일의 혼합물로 구성되어 있다.

해설
실제 냉동 사이클의 압축과정에서 소요되는 일량은 이론 냉동 사이클보다 증가한다.

34 혼합원료를 일정량씩 동결시키도록 하는 장치인 배치(Batch)식 동결장치의 종류로 가장 거리가 먼 것은?

① 수평형   ② 수직형
③ 연속형   ④ 브라인식

해설
배치식 동결장치의 종류
㉠ 수평형   ㉡ 수직형   ㉢ 브라인식

35 유기질 보온재인 코르크에 대한 설명으로 틀린 것은?

① 액체, 기체의 침투를 방지하는 작용을 한다.
② 입상(粒狀), 판상(版狀) 및 원통 등으로 가공되어 있다.
③ 굽힘성이 좋아 곡면 시공에 사용해도 균열이 생기지 않는다.
④ 냉수 · 냉매배관, 냉각기, 펌프 등의 보냉용에 사용된다.

해설
유기질 보온재(코르크)
보냉 · 보온재로 사용하며 재질이 여리고 굽힘성이 없어 곡면에 사용하면 균열이 발생한다.

36 가열원이 필요하며 압축기는 필요 없는 냉동기는?

① 터보 냉동기   ② 흡수식 냉동기
③ 회전식 냉동기   ④ 왕복동식 냉동기

해설
흡수식 냉동기
㉠ 4대 구성요소 : 증발기, 흡수기, 재생기, 응축기(냉매가 H_2O이다.)
㉡ 흡수제는 리튬브로마이드(LiBr)이고 진공에서 운전이 가능하다.

37 1냉동톤(한국 RT)이란?

① 65kcal/min   ② 1.92kcal/sec
③ 3,320kcal/hr   ④ 55,680kcal/day

해설
㉠ 1RT : 0℃의 물 1,000kg(1톤)을 24시간 동안 0℃의 얼음으로 만드는 능력
㉡ 얼음의 응고잠열＝79.68kcal/kg

$$\therefore \quad \frac{1,000 \times 79.68}{24} = 3,320 \text{kcal/h}$$

정답 32 ④ 33 ③ 34 ③ 35 ③ 36 ② 37 ③

38 다음 그림에서 고압 액관은 어느 부분인가?

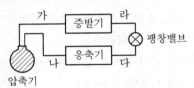

① 가   ② 나

③ 다   ④ 라

> **해설**
>
>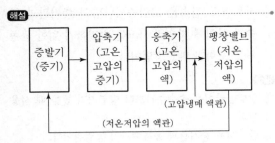

39 열펌프(Heat Pump)의 구성요소가 아닌 것은?

① 압축기

② 열교환기

③ 4방 밸브

④ 보조 냉방기

> **해설**
>
> **열펌프(히트펌프) 구성**
> 압축기, 응축기, 증발기, 팽창밸브, 열교환기, 4방 밸브, 실외기 등

40 피스톤링이 과대 마모되었을 때 일어나는 현상으로 옳은 것은?

① 실린더 냉각

② 냉동능력 상승

③ 체적효율 감소

④ 크랭크 케이스 내 압력 감소

> **해설**
>
> 피스톤링(Piston Ring, 주철제로 제작) 마모 시 나타나는 현상
> ㉠ 체적효율, 냉동능력 감소
> ㉡ 압력 상승
> ㉢ 동력 소비 증기 발생
> ㉣ 응축기, 수액기로 오일이 넘어감

41 저항이 50Ω인 도체에 100V의 전압을 가할 때 그 도체에 흐르는 전류는?

① 0.5A   ② 2A

③ 5A   ④ 5,000A

> **해설**
>
> $전류(I) = \dfrac{V}{R} = \dfrac{100}{50} = 2A$

42 다음 그림과 같은 건조증기 압축 냉동 사이클의 성적계수는?(단, 엔탈피 $a=133.8$kcal/kg, $b=397.1$kcal/kg, $c=452.2$kcal/kg이다.)

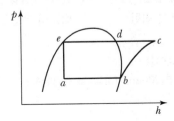

① 5.37   ② 5.11

③ 4.78   ④ 3.83

> **해설**
>
> 증발열 $= 397.1 - 133.8$
> $\qquad = 263.3$kcal/kg
> 압축기 모터 일량 $= 452.2 - 397.1$
> $\qquad\qquad = 55.1$kcal/kg
> ∴ 성적계수 COP $= \dfrac{263.3}{55.1} = 4.78$

정답   **38** ③   **39** ④   **40** ③   **41** ②   **42** ③

43 다음 설명 중 옳은 것은?

① 냉각탑의 입구수온은 출구수온보다 낮다.

② 응축기 냉각수 출구온도는 입구온도보다 낮다.

③ 응축기에서의 방출열량은 증발기에서 흡수하는 열량과 같다.

④ 증발기의 흡수열량은 응축열량에서 압축일량을 뺀 값과 같다.

해설

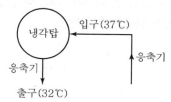

㉠ 증발기 흡수열량＝응축열량－압축일량

㉡ 응축기 방열량＝응축열량＋압축일량

44 동관접합 중 동관의 끝을 넓혀 압축이음쇠로 접합하는 접합방법을 무엇이라고 하는가?

① 플랜지 접합 ② 플레어 접합

③ 플라스턴 접합 ④ 빅토리 접합

해설

동관의 압축이음

플레어 접합(20mm 이하의 동관 접합용)

45 다음 중 모세관의 압력강하가 가장 큰 것은?

① 직경이 작고 길이가 길수록

② 직경이 크고 길이가 짧을수록

③ 직경이 작고 길이가 짧을수록

④ 직경이 크고 길이가 길수록

해설

모세관 팽창밸브

㉠ 압력강하를 하려면 직경이 작고 길이가 길수록 가능

㉡ 소형 가정용 냉장고, 창문형 에어컨, 쇼케이스 등에 사용

46 난방 설비에 대한 설명으로 옳은 것은?

① 상향 공급식이란 송수주관보다 방열기가 낮을 때 상향 분기한 배관이다.

② 배관방법 중 복관식은 증기관과 응축수관이 동일관으로 사용되는 것이다.

③ 리프트 이음은 진공펌프에 의해 응축수를 원활히 끌어올리기 위해 펌프 입구 쪽에 설치한다.

④ 하트퍼드 접속은 고압증기난방의 증기관과 환수관 사이에 저수위 사고를 방지하기 위한 균형관을 포함한 배관방법이다.

해설

① 상향공급식은 송수주관보다 방열기가 높을 때 사용한다.

② 단관식은 증기관과 응축수관이 동일관이다.

④ 하트퍼드 접속은 저압증기 난방용이다.

47 온풍난방기 설치 시 유의사항으로 틀린 것은?

① 기기 점검, 수리에 필요한 공간을 확보한다.

② 인화성 물질을 취급하는 실내에는 설치하지 않는다.

③ 실내의 공기온도 분포를 좋게 하기 위하여 창의 위치 등을 고려하여 설치한다.

④ 배기통식 온풍난방기를 설치하는 실내에는 바닥 가까이에 환기구, 천장 가까이에는 연소공기 흡입구를 설치한다.

해설

배기통식 온풍난방기

바닥 가까이에는 연소공기 흡입구, 천장 가까이에는 환기구가 설치된다.

48 드럼 없이 수관만으로 되어 있으며 가동시간이 짧고 과열로 파손되어도 비교적 안전한 보일러는?

① 주철제 보일러

② 관류 보일러

③ 원통형 보일러

④ 노통연관식 보일러

해설

관류 보일러

㉠ 증기드럼, 물드럼이 없다.

㉡ 가동시간이 짧고 효율이 좋으나 스케일 부착이 심하다.

㉢ 수관으로만 제작된다.

49 공조용 전열교환기에 관한 설명으로 옳은 것은?

① 배열회수에 이용하는 배기는 탕비실, 주방 등을 포함한 모든 공간의 배기를 포함한다.

② 회전형 전열교환기의 로터 구동 모터와 급배기 팬은 반드시 연동 운전할 필요가 없다.

③ 중간기 외기냉방을 행하는 공조시스템의 경우에도 별도의 덕트 없이 이용할 수 있다.

④ 외기량과 배기량의 밸런스를 조정할 때 배기량은 외기량의 40% 이상을 확보해야 한다.

해설

전열교환기

50 표준대기압 상태에서 100℃의 포화수 2kg을 100℃의 건포화증기로 만드는 데 필요한 열량은?

① 3,320kcal

② 2,435kcal

③ 1,078kcal

④ 539kcal

해설

100℃ 포화수의 증발잠열 = 539kcal/kg(2,257kJ/kg)

∴ 열량 = 2kg × 539kcal/kg = 1,078kcal

51 공기조화용 덕트 부속기기의 댐퍼 중 주로 소형 덕트의 개폐용으로 사용되며 구조가 간단하고 완전히 닫았을 때 공기의 누설이 적으나 운전 중 개폐 조작에 큰 힘을 필요로 하며 날개가 중간 정도 열렸을 때 와류가 생겨 유량조절용으로 부적당한 댐퍼는?

① 버터플라이 댐퍼

② 평행익형 댐퍼

③ 대향익형 댐퍼

④ 스플릿 댐퍼

해설

버터플라이 댐퍼

날개가 1개이며 풍량조절댐퍼로서 주로 소형 덕트에서 개폐용으로 사용된다.

52 일정 풍량을 이용한 전공기방식으로 부하변동의 대응이 어려워 정밀한 온·습도를 요구하지 않는 극장, 공장 등의 대규모 공간에 적합한 공기조화방식은?

① 정풍량 단일덕트방식

② 정풍량 2중덕트방식

③ 변풍량 단일덕트방식

④ 변풍량 2중덕트방식

해설

정풍량 단일덕트방식

㉠ 전공기방식이며 부하변동의 대응이 어려워 정밀한 온·습도를 요구하지 않는다.

㉡ 극장, 공장 등 대규모 공간에 적합하다.

㉢ 냉·온풍의 혼합손실이 없어서 에너지 절약형이다.

53 1차 공조기로부터 보내온 고속공기가 노즐 속을 통과할 때의 유인력에 의하여 2차 공기를 유인하여 냉각 또는 가열하는 방식은?

① 패키지유닛방식

② 유인유닛방식

③ 팬코일유닛방식

④ 바이패스방식

해설

유인유닛방식(IDU 방식)

㉠ 유인비 $= \dfrac{1 \cdot 2\text{차 혼합공기(TA)}}{1\text{차 공기(PA)}}$

㉡ 일반적으로 3, 4 정도이고 고층사무소나 호텔, 회관 등의 외부 존에 사용된다.

54 건축물의 벽이나 지붕을 통하여 실내로 침입하는 열량을 계산할 때 필요한 요소로 가장 거리가 먼 것은?

① 구조체의 면적

② 구조체의 열관류율

③ 상당외기온도차

④ 차폐계수

해설

건축물의 실내 침입열량은 ①, ②, ③의 요소로 계산하며, 차폐계수는 유리창에 관계된다.

55 송풍기의 종류 중 전곡형과 후곡형 날개 형태가 있으며 다익 송풍기, 터보 송풍기 등으로 분류되는 송풍기는?

① 원심 송풍기

② 축류 송풍기

③ 사류 송풍기

④ 관류 송풍기

해설

원심식 송풍기

㉠ 다익형(전곡형)

㉡ 터보형(후곡형)

㉢ 플레이트형(방사형)

㉣ 익형(후곡형+다익형)

56 실내의 현열부하가 52,000kcal/h이고, 잠열부하가 25,000kcal/h일 때 현열비(SHF)는?

① 0.72

② 0.68

③ 0.38

④ 0.25

해설

현열비 $= \dfrac{\text{현열}}{\text{현열}+\text{잠열}} = \dfrac{52,000}{25,000+52,000} ≒ 0.68$

57 개별 공조방식의 특징에 관한 설명으로 틀린 것은?

① 설치 및 철거가 간편하다.

② 개별 제어가 어렵다.

③ 히트펌프식은 냉·난방을 겸할 수 있다.

④ 실내 유닛이 분리되어 있지 않은 경우는 소음과 진동이 있다.

해설

개별 공조방식은 개별 제어가 용이하다.

개별 공조방식의 종류

㉠ 히트펌프식

㉡ 패키지식

㉢ 룸쿨러방식

정답 53 ② 54 ④ 55 ① 56 ② 57 ②

58 다음 설명 중 틀린 것은?

① 지구상에 존재하는 모든 공기는 건조공기로 취급된다.
② 공기 중에 수증기가 많이 함유될수록 상대습도는 높아진다.
③ 지구상의 공기는 질소, 산소, 아르곤, 이산화탄소 등으로 이루어져 있다.
④ 공기 중에 함유될 수 있는 수증기의 한계는 온도에 따라 달라진다.

해설
지구상의 공기는 모두 습공기로, 약 1%의 수증기를 포함한다.

59 공조용 취출구 종류 중 원형 또는 원추형 팬을 매달아 여기에 토출기류를 부딪히게 하여 천장면을 따라서 수평방향으로 공기를 취출하는 것으로 유인비 및 소음 발생이 적은 것은?

① 팬형 취출구
② 웨이형 취출구
③ 라인형 취출구
④ 아네모스탯형 취출구

해설
팬형 취출구(천장형)
유인비 및 소음 발생이 적고, 팬의 위치를 상하로 이동시키므로 기류의 확산 범위를 조정한다.

60 다음 내용의 ( ) 안에 들어갈 용어로 모두 옳은 것은?

송풍기 송풍량은 (㉠)이나 기기취득부하에 의해 구해지며 (㉡)는(은) 이들 열부하 외에 외기부하나 재열부하를 합해서 얻어진다.

① ㉠ 실내취득열량   ㉡ 냉동기용량
② ㉠ 냉각탑방출열량 ㉡ 배관부하
③ ㉠ 실내취득열량   ㉡ 냉각코일용량
④ ㉠ 냉각탑방출열량 ㉡ 송풍기부하

해설
㉠ 송풍기 송풍량＝실내취득열량＋기기취득부하
㉡ 냉각코일용량＝실내취득열량＋기기취득부하＋외기부하＋재열부하

[09] 과년도 기출문제

2016년 1월 24일 시행

01 가연성 가스가 있는 고압가스 저장실은 그 외면으로부터 화기를 취급하는 장소까지 몇 m 이상의 우회거리를 유지해야 하는가?

① 1m
② 2m
③ 7m
④ 8m

해설

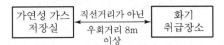

02 가연성 냉매가스 중 냉매설비의 전기설비를 방폭구조로 하지 않아도 되는 것은?

① 에탄
② 노말부탄
③ 암모니아
④ 염화메탄

해설

암모니아가스, 브롬화메탄가스는 폭발범위가 좁거나 하한계 값이 높아서 위험성이 적은 관계로 전기설비를 방폭구조로 하지 않아도 된다.

03 일반 공구의 안전한 취급방법이 아닌 것은?

① 공구는 작업에 적합한 것을 사용한다.
② 공구는 사용 전 점검하여 불안전한 공구는 사용하지 않는다.
③ 공구를 옆 사람에게 넘겨줄 때에는 일의 능률 향상을 위하여 던져 신속하게 전달한다.
④ 손이나 공구에 기름이 묻었을 때에는 완전히 닦은 후 사용한다.

해설

공구를 옆 사람에게 넘겨줄 때에는 던지지 말고 직접 전해준다.

04 사고 발생의 원인 중 정신적 요인에 해당되는 항목으로 맞는 것은?

① 불안과 초조
② 수면부족 및 피로
③ 이해부족 및 훈련미숙
④ 안전수칙의 미제정

해설

불안과 초조 : 사고 발생의 정신적 요인

05 프레온 누설 검지에는 핼라이드(Halide) 토치를 이용한다. 이때, 프레온 냉매의 누설량에 따른 불꽃의 색깔 변화로 옳은 것은?(단, '정상' – '소량 누설' – '다량 누설' 순으로 한다.)

① 청색 – 녹색 – 자색
② 자색 – 녹색 – 청색
③ 청색 – 자색 – 녹색
④ 자색 – 청색 – 녹색

해설

프레온 냉매 누설검사(핼라이드 토치 사용) 시 불꽃 색깔
㉠ 정상일 때 : 청색
㉡ 소량 누설 : 녹색
㉢ 다량 누설 : 자색

06 가스용접장치에서 산소와 아세틸렌 가스를 혼합 분출시켜 연소시키는 장치는?

① 토치
② 안전기
③ 안전밸브
④ 압력 조정기

해설

가스용접용 토치
산소와 아세틸렌가스(C_2H_2)를 혼합시키고 연소시켜 용접한다.

정답 01 ④ 02 ③ 03 ③ 04 ① 05 ① 06 ①

07 휘발유 등 화기의 취급을 주의해야 하는 물질이 있는 장소에 설치하는 인화성 물질 경고표지의 바탕은 무슨 색으로 표시하는가?

① 흰색　　　　　② 노란색
③ 적색　　　　　④ 흑색

해설
인화성 물질 경고표지의 바탕색 : 흰색

08 양중기의 종류 중 동력을 사용하여 중량물을 매달아 상하 및 좌우로 운반하는 기계장치는?

① 크레인　　　　② 리프트
③ 곤돌라　　　　④ 승강기

해설
㉠ 양중기의 종류 : 호이스트, 크레인(Crane), 와이어로프 등
㉡ 크레인
• 동력을 사용하여 중량물을 매달아서 상하 및 좌우로 운반한다.
• 방호장치 : 권과방지장치, 과부하방지장치, 비상정지장치, 브레이크장치, 훅 해지장치

09 다음 중 보일러에서 점화 전에 운전원이 점검 확인하여야 할 사항은?

① 증기압력관리
② 집진장치의 매진처리
③ 노 내 여열로 인한 압력 상승
④ 연소실 내 잔류가스 측정

해설
①, ②, ③은 보일러 운전 중이나 보일러 운전 정지 후 조치사항이고, ④는 점화 전에 잔류가스를 프리퍼지(환기)하는 작업이다.

10 최신 자동화 설비는 능률적인 만큼 재해를 일으키는 위험성도 그만큼 높아지는 게 사실이다. 자동화 설비를 구입, 사용하고자 할 때 검토해야 할 사항으로 가장 거리가 먼 것은?

① 단락 또는 스위치나 릴레이 고장 시 오동작
② 밸브 계통의 고장에 따른 오동작
③ 전압강하 및 정전에 따른 오동작
④ 운전 미숙으로 인한 기계설비의 오동작

해설
자동화설비 구입 시 검토사항은 ①, ②, ③에 해당된다.

11 안전관리의 목적으로 가장 적합한 것은?

① 사회적 안정을 기하기 위하여
② 우수한 물건을 생산하기 위하여
③ 최고 경영자의 경영관리를 위하여
④ 생산성 향상과 생산원가를 낮추기 위하여

해설
안전관리의 목적은 생산성 향상과 생산원가를 낮추기 위함이다.

12 기계 운전 시 기본적인 안전수칙에 대한 설명으로 틀린 것은?

① 작업 중에는 작업범위 외의 어떤 기계도 사용할 수 있다.
② 방호장치는 허가 없이 무단으로 떼어놓지 않는다.
③ 기계 운전 중에는 기계에서 함부로 이탈할 수 없다.
④ 기계 고장 시에는 정지·고장 표시를 반드시 기계에 부착해야 한다.

해설
작업 중에는 작업범위 내의 기계에 신경을 써야 한다.

13 산업재해 예방을 위한 필요 사항을 지켜야 하며, 사업주나 그 밖의 관련 단체에서 실시하는 산업재해 방지에 관한 조치를 따라야 하는 의무자는?

① 근로자
② 관리감독자
③ 안전관리자
④ 안전보건관리책임자

해설

산업재해 방지에 관한 조치를 따라야 하는 의무자는 근로자이다.

14 신규검사에 합격된 냉동용 특정설비의 각인 사항과 그 기호의 연결이 올바르게 된 것은?

① 내용적 : TV
② 용기의 질량 : TM
③ 최고사용압력 : FT
④ 내압시험압력 : TP

해설

① 내용적 : V
② 용기의 질량 : W
③ 최고충전압력 : FT

15 다음 기계작업 중 반드시 운전을 정지하고 해야 할 작업의 종류가 아닌 것은?

① 공작기계 정비작업
② 냉동기 누설 검사작업
③ 기계의 날 부분 청소작업
④ 원심기에서 내용물을 꺼내는 작업

해설

냉동기 누설 검사작업은 운전 중에 (냉매 누설) 조사가 가능하다.

16 브라인에 관한 설명으로 틀린 것은?

① 무기질 브라인 중 염화나트륨이 염화칼슘보다 금속에 대한 부식성이 더 크다.
② 염화칼슘 브라인은 공정점이 낮아 제빙, 냉장 등으로 사용된다.
③ 브라인 냉매의 pH 값은 7.5~8.2(약알칼리)로 유지하는 것이 좋다.
④ 브라인은 유기질과 무기질로 구분되며 유기질 브라인의 금속에 대한 부식성이 더 크다.

해설

무기질 브라인(2차 간접냉매)
염화칼슘, 염화나트륨, 염화마그네슘이 유기질 브라인보다 부식성이 크다.

17 수동나사 절삭방법으로 틀린 것은?

① 관 끝은 절삭날이 쉽게 들어갈 수 있도록 약간의 모따기를 한다.
② 관을 파이프 바이스에서 약 150mm 정도 나오게 하고 관이 찌그러지지 않게 주의하면서 단단히 물린다.
③ 나사가 완성되면 편심 핸들을 급히 풀고 절삭기를 뺀다.
④ 나사 절삭기를 관에 끼우고 래치를 조정한 다음 약 30°씩 회전시킨다.

해설

수동나사 절삭기에서 나사산이 완성되면 편심핸들을 풀고 나사산이 부러지지 않게 절삭기를 서서히 뺀다.

18 냉동장치에서 압력과 온도를 낮추고 동시에 증발기로 유입되는 냉매량을 조절해 주는 장치는?

① 수액기
② 압축기
③ 응축기
④ 팽창밸브

> 해설 ┄┄┄┄┄┄┄┄┄┄┄┄┄┄┄┄┄┄┄┄┄┄┄┄┄┄

팽창밸브
압력과 온도를 낮추고 동시에 냉매가 증발기로 유입되는 냉매량을 조절해준다.

19 냉동능력이 29,980kcal/h인 냉동장치에서 응축기의 냉각수 온도가 입구온도는 32℃, 출구온도는 37℃일 때, 냉각수 수량이 120L/min이라고 하면 이 냉동기의 축동력은?(단, 열손실은 없는 것으로 가정한다.)

① 5kW   ② 6kW
③ 7kW   ④ 8kW

> 해설 ┄┄┄┄┄┄┄┄┄┄┄┄┄┄┄┄┄┄┄┄┄┄┄┄┄┄

㉠ 냉각수 현열(응축부하)
  $= 120 \times 60$분$\times 1$kcal/kg $\cdot$ ℃$\times (37-32)$
  $= 36,000$kcal/h
㉡ 축동력부하 $= 36,000 - 29,980 = 6,020$kcal/h
㉢ 1kWh $= 860$kcal

∴ 축동력(kW) $= \dfrac{6,020}{860} = 7$

20 2원냉동장치에 대한 설명으로 틀린 것은?

① 주로 약 -80℃ 정도의 극저온을 얻는 데 사용된다.
② 비등점이 높은 냉매는 고온 측 냉동기에 사용된다.
③ 저온부 응축기는 고온부 증발기와 열교환을 한다.
④ 중간냉각기를 설치하여 고온 측과 저온 측을 열교환시킨다.

> 해설 ┄┄┄┄┄┄┄┄┄┄┄┄┄┄┄┄┄┄┄┄┄┄┄┄┄┄

㉠ 중간냉각기는 압축비가 6 이상에서 사용하는 2단 압축에서 필요하다.
㉡ 중간냉각기 : 저단압축기에 설치하여 저단압축기 토출가스의 과열도를 낮춰 준다.

21 강관에서 나타내는 스케줄 번호(Schedule Number)에 대한 설명으로 틀린 것은?

① 관의 두께를 나타내는 호칭이다.
② 유체의 사용 압력에 비례하고 배관의 허용응력에 반비례한다.
③ 번호가 클수록 관 두께가 두꺼워진다.
④ 호칭지름이 같은 관은 스케줄 번호가 같다.

> 해설 ┄┄┄┄┄┄┄┄┄┄┄┄┄┄┄┄┄┄┄┄┄┄┄┄┄┄

스케줄 번호(Sch No.) $= 10 \times \dfrac{\text{사용압력}(\text{kg/cm}^2)}{\text{허용응력}(\text{kg/mm}^2)}$

㉠ 스케줄 번호가 클수록 관의 두께가 두껍다.
㉡ 허용응력 $=$ 인장강도$\times \dfrac{1}{4} = \dfrac{\text{인장강도}}{\text{안전율}}$

22 2단 압축 냉동 사이클에서 중간냉각을 행하는 목적이 아닌 것은?

① 고단 압축기가 과열되는 것을 방지한다.
② 고압 냉매액을 과랭시켜 냉동효과를 증대시킨다.
③ 고압 측 압축기의 흡입가스 중 액을 분리시킨다.
④ 저단 측 압축기의 토출가스를 과열시켜 체적효율을 증대시킨다.

> 해설 ┄┄┄┄┄┄┄┄┄┄┄┄┄┄┄┄┄┄┄┄┄┄┄┄┄┄

중간냉각기(Intercooler)의 역할
㉠ 저단압축기의 출구에 설치하여 저단압축기 토출가스의 과열도를 낮춰준다.
㉡ 고압 냉매액을 과랭시켜 냉동효과를 증대시키며 고압 압축기의 흡입가스의 냉매액을 냉매증기와 분리시켜 리퀴드 백(Liquid Back)을 방지한다.

23 기체의 용해도에 대한 설명으로 옳은 것은?

① 고온 · 고압일수록 용해도가 커진다.
② 저온 · 저압일수록 용해도가 커진다.
③ 저온 · 고압일수록 용해도가 커진다.
④ 고온 · 저압일수록 용해도가 커진다.

해설

기체가 물에 용해할 때 저온이나 고압상태에서 용해도가 커진다.

24 전류계의 측정범위를 넓히는 데 사용되는 것은?

① 배율기   ② 분류기
③ 역률기   ④ 용량분압기

해설

분류기(Shunt)

전류계의 측정범위를 넓히는 데 사용된다.

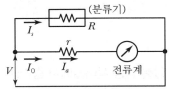

25 어떤 회로에 220V의 교류전압으로 10A의 전류를 통과시켜 1.8kW의 전력을 소비하였다면 이 회로의 역률은?

① 0.72   ② 0.81
③ 0.96   ④ 1.35

해설

$$역률(\%) = \frac{1.8 \times 10^3}{220V \times 10A} = 0.81(81\%)$$

$$\cos\theta(역률) = \frac{P}{VI}, \ 3상\ 역률 = \frac{P}{\sqrt{3}\ VI}$$

26 유분리기의 설치 위치로서 적당한 곳은?

① 압축기와 응축기 사이
② 응축기와 수액기 사이
③ 수액기와 증발기 사이
④ 증발기와 압축기 사이

해설

유분리기(오일 세퍼레이터)

㉠ 압축기에서 토출되는 냉매가스 중에 윤활유의 혼입량이 현저하게 많아지면 압축기는 윤활유의 부족이 생기게 된다. 또한 전열이 감소하므로 압축기와 응축기 사이에 설치하여 토출가스 내의 오일(Oil)을 분리시킨다.

㉡ 종류로는 원심분리형, 가스충돌식, 유속감소식이 있다.

27 강관의 전기용접 접합 시의 특징(가스용접에 비해)으로 옳은 것은?

① 유해 광선의 발생이 적다.
② 용접속도가 빠르고 변형이 적다.
③ 박판용접에 적당하다.
④ 열량 조절이 비교적 자유롭다.

해설

강관의 전기용접(아크용접)은 가스용접에 비해 용접속도가 빠르고 변형이 적다.

28 다음 중 공비혼합물 냉매는?

① R-11   ② R-123
③ R-717   ④ R-500

해설

① R-11 : CCl_3F
② R-123 : C_2HF_3
③ R-717 : NH_3
④ R-500 : $CCl_2F_2 + CH_3CHF_2$

29 관의 지름이 다를 때 사용하는 이음쇠가 아닌 것은?

① 부싱   ② 리듀서
③ 리턴 벤드   ④ 편심 이경 소켓

정답 24 ② 25 ② 26 ① 27 ② 28 ④ 29 ③

해설

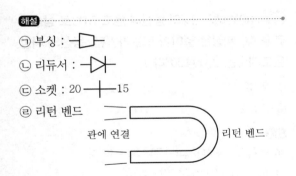

㉠ 부싱 :

㉡ 리듀서 :

㉢ 소켓 : 20 ─┼─ 15

㉣ 리턴 벤드

관에 연결   리턴 벤드

30 KS규격에서 SPPW는 무엇을 나타내는가?

① 배관용 탄소강 강관
② 압력배관용 탄소강 강관
③ 수도용 아연도금 강관
④ 일반구조용 탄소강 강관

해설

① 배관용 탄소강 강관 : SPP
② 압력배관용 탄소강 강관 : SPPS
③ 수도용 아연도금 강관 : SPPW
④ 일반구조용 탄소강 강관 : SPS

31 다음 냉동장치의 제어장치 중 온도제어장치에 해당되는 것은?

① TC
② LPS
③ EPR
④ OPS

해설

㉠ 온도제어(TC : 서모미터 컨트롤)
  • 바이메탈식
  • 가스압력식
  • 전기저항식
㉡ LPS(저압차단 스위치)
㉢ OPS(유압보호 스위치)
㉣ EPR(증발압력 조절밸브)

32 공기 냉각용 증발기로서 주로 벽 코일 동결실의 선반으로 사용되는 증발기의 형식은?

① 만액식 셸 앤드 튜브식 증발기
② 보데로형 증발기
③ 탱크식 증발기
④ 캐스케이드식 증발기

해설

캐스케이드식 증발기
공기냉각용 증발기로서 주로 벽 코일 동결실의 선반으로 사용된다. 액냉매와 냉매가스를 분리해가는 방식으로 양호한 전열을 얻을 수 있다.

33 CA 냉장고의 주된 용도는?

① 제빙용
② 청과물 보관용
③ 공조용
④ 해산물 보관용

해설

CA 냉장고
청과물을 보관하는 용도의 냉장고이다. 과일과 야채 등의 생체식품 저장 시 저장기간 동안 호흡을 억제하기 위하여 공기 중의 O_2를 줄이고 CO_2를 늘린 인공공기를 저장고 안에 불어넣어서 체내 소비를 줄여 장기간 물질을 유지하고 저장고 내의 온도를 낮춘다.

34 전기장의 세기를 나타내는 것은?

① 유전속 밀도
② 전하 밀도
③ 정전력
④ 전기력선 밀도

해설

㉠ 전기장의 세기는 전기력선 밀도에 비례한다.
㉡ 전기장 : 정전력이 작용하는 공간

35 고속다기통 압축기에 관한 설명으로 틀린 것은?

① 고속이므로 냉동능력에 비하여 소형 경량이다.
② 다른 압축기에 비하여 체적효율이 양호하며, 각 부품 교환이 간단하다.
③ 동적 밸런스가 양호하여 진동이 적고 운전 중 소음이 적다.
④ 용량제어가 타 기에 비하여 용이하고, 자동운전 및 무부하 기동이 가능하다.

해설
고속다기통 압축기
㉠ 압축비가 커지면 체적효율의 감소가 많아지며 능력이 감소하고 동력 손실이 많아진다.
㉡ 기통의 밸런스를 잡기 위해 4, 6, 8, 12, 16 기통 등 짝수로 제작한다.

36 논리곱 회로라고 하며 입력신호 A, B가 있을 때 A, B 모두가 "1" 신호로 됐을 때만 출력 C가 "1" 신호로 되는 회로는?(단, 논리식은 $A \cdot B$ = C이다.)

① OR 회로 ② NOT 회로
③ AND 회로 ④ NOR 회로

해설
AND(논리곱 회로)

A	B	X
0	0	0
0	1	0
1	0	0
1	1	1

$$X = A \cdot B$$

37 30℃에서 2Ω의 동선이 온도 70℃로 상승하였을 때, 저항은 얼마가 되는가?(단, 동선의 저항온도계수는 0.0042이다.)

① 2.3Ω ② 3.3Ω
③ 5.3Ω ④ 6.3Ω

해설
$R_t = R_0(1 + a\Delta t)$, $\Delta t = 70 - 30 = 40℃$
$\therefore R_t = 2(1 + 0.0042 \times 40) = 2.3Ω$

38 단열압축, 등온압축, 폴리트로픽 압축에 관한 사항 중 틀린 것은?

① 압축일량은 등온압축이 제일 작다.
② 압축일량은 단열압축이 제일 크다.
③ 압축가스 온도는 폴리트로픽 압축이 제일 높다.
④ 실제 냉동기의 압축방식은 폴리트로픽 압축이다.

해설
압축가스 온도 : 단열압축 > 폴리트로픽 압축 > 등온압축

39 다음 설명 중 틀린 것은?

① 냉동능력 2kW는 약 0.52냉동톤(RT)이다.
② 냉동능력 10kW, 압축기 동력 4kW인 냉동장치의 응축부하는 14kW이다.
③ 냉매증기를 단열압축하면 온도는 높아지지 않는다.
④ 진공계의 지시값이 10cmHg인 경우, 절대압력은 약 0.9kgf/cm²이다.

해설
① $\dfrac{2 \times 860}{1RT} = \dfrac{2 \times 860}{3,320\text{kcal/h}} = 0.52RT$
② 응축부하 = 10 + 4 = 14kW
③ 냉매증기를 단열압축시키면 압력증가, 온도상승
④ $1.033 \times \dfrac{76 - 10}{76} = 0.9\text{kgf/cm}^2$

정답 **35** ② **36** ③ **37** ① **38** ③ **39** ③

CRAFTSMAN AIR-CONDITIONING

40 $P-h$ 선도의 등건조도선에 대한 설명으로 틀린 것은?

① 습증기 구역 내에서만 존재하는 선이다.
② 건도가 0.2는 습증기 중 20%는 액체, 80%는 건조포화증기를 의미한다.
③ 포화액의 건도는 0이고 건조포화증기의 건도는 1이다.
④ 등건조도선을 이용하여 팽창밸브 통과 후 발생한 플래시 가스량을 알 수 있다.

건도(x) 0.2는 증기 20%, 액체 80%에 해당된다.

41 펌프의 캐비테이션 방지대책으로 틀린 것은?

① 양흡입 펌프를 사용한다.
② 흡입관경을 크게 하고 길이를 짧게 한다.
③ 펌프의 설치 위치를 낮춘다.
④ 펌프 회전수를 빠르게 한다.

캐비테이션(Cavitation)이란 액 중에 어느 부분의 정압이 그때 물의 온도에 해당하는 증기압 이하로 되어 물이 증기로 변화하여 기포가 발생하는 현상(공동현상)으로 펌프의 회전속도를 낮추면 방지된다.

42 왕복동식과 비교하여 회전식 압축기에 관한 설명으로 틀린 것은?

① 잔류가스의 재팽창에 의한 체적효율의 감소가 적다.
② 직결구동에 용이하며 왕복동에 비해 부품 수가 적고 구조가 간단하다.
③ 회전식 압축기는 조립이나 조정에 있어 정밀도가 요구되지 않는다.
④ 왕복동식에 비해 진동과 소음이 적다.

회전식(Rotary Compressor) 압축기
㉠ 회전용 브레이드가 있다.
㉡ 압축이 연속적이라 고진공을 얻을 수 있고 진공펌프로 많이 사용한다.
㉢ 토출밸브가 역지밸브로 되어 있고 일반적으로 소용량에 많이 사용한다.
㉣ 고압용이며 회전자(Rotor)는 피스톤식, 베인(Vane)식이 있고 베인식은 2단 압축기의 부스터(저압용)로 많이 사용한다.

43 원심식 냉동기의 서징 현상에 대한 설명 중 옳지 않은 것은?

① 흡입가스 유량이 증가되어 냉매가 어느 한계치 이상으로 운전될 때 주로 발생한다.
② 서징 현상 발생 시 전류계의 지침이 심하게 움직인다.
③ 운전 중 고·저압의 차가 증가하여 냉매가 임펠러를 통과할 때 역류하는 현상이다.
④ 소음과 진동을 수반하고 베어링 등 운동부분에서 급격한 마모현상이 발생한다.

서징(Surging) 현상
펌프운전 시 송출압력과 송출유량이 주기적으로 변동하여 펌프 입구 및 출구에 설치된 진공계 압력의 지침이 흔들리는 현상(흡입가스 한계치 이하)

44 다음 중 응축기와 관계가 없는 것은?

① 스월(Swirl)
② 셸 앤드 튜브(Shell and Tube)
③ 로핀 튜브(Low Finned Tube)
④ 감온통(Thermo Sensing Bulb)

정답 40 ② 41 ④ 42 ③ 43 ① 44 ④

해설

온도식 자동팽창밸브에서 감온통은 증발기 출구 수평관에 설치한다. 감온통이 과열되면 리퀴드 백(Liquid Back)의 우려가 있다.

---

45 흡수식 냉동장치에 설치되는 안전장치의 설치 목적으로 가장 거리가 먼 것은?

① 냉수 동결방지　　② 흡수액 결정방지
③ 압력상승 방지　　④ 압축기 보호

해설

흡수식의 사이클

증발기 → 흡수기 → 재생기 → 응축기

※ 압축기는 설치하지 않는다.

---

46 다음 중 효율은 그다지 높지 않고 풍량과 동력의 변화가 비교적 많으며 환기 · 공조 저속덕트용으로 주로 사용되는 송풍기는?

① 시로코 팬　　　② 축류 송풍기
③ 에어 포일팬　　④ 프로펠러형 송풍기

해설

시로코 팬(다익팬)

효율은 그다지 높지 않고 풍량과 동력의 변화가 비교적 많은 원심식 송풍기로서 환기나 공조 등 저속덕트용으로 사용한다.

---

47 히트펌프 방식에서 냉 · 난방 절환을 위해 필요한 밸브는?

① 감압 밸브　　　② 2방 밸브
③ 4방 밸브　　　④ 전동 밸브

해설

히트펌프의 냉 · 난방 시 절환(환절기 사용)을 위해 4방 밸브가 필요하다.

---

48 실내 취득 감열량이 35,000kcal/h이고, 실내로 유입되는 송풍량이 9,000m³/h일 때 실내의 온도를 25℃로 유지하려면 실내로 유입되는 공기의 온도를 약 몇 ℃로 해야 되는가?(단, 공기의 비중량은 1.29kg/m³, 공기의 비열은 0.24kcal/kg · ℃로 한다.)

① 9.5℃　　　　② 10.6℃
③ 12.6℃　　　　④ 14.8℃

해설

송풍량 $= 9,000 \times 1.29 = 11,610 \text{kg/h}$

$35,000 = 11,610 \times 0.24 \times (25 - x)$

$\therefore x = 25 - \left(\dfrac{35,000}{11,610 \times 0.24} \right) = 12.5℃$

---

49 냉각코일의 종류 중 증발관 내에 냉매를 팽창시켜 그 냉매의 증발잠열을 이용하여 공기를 냉각시키는 것은?

① 건코일　　　　② 냉수코일
③ 간접팽창코일　　④ 직접팽창코일

해설

직접팽창코일

냉매의 증발잠열을 이용하여 공기를 냉각시킨다. 간접식은 브라인식으로, 현열을 이용한다.

---

50 다음 중 상대습도를 맞게 표시한 것은?

① $\varphi = \dfrac{\text{습공기 수증기분압}}{\text{포화수증기압}} \times 100\%$

② $\varphi = \dfrac{\text{포화수증기압}}{\text{습공기 수증기분압}} \times 100\%$

③ $\varphi = \dfrac{\text{습공기 수증기중량}}{\text{포화수증기압}} \times 100\%$

④ $\varphi = \dfrac{\text{포화수증기중량}}{\text{습공기 수증기중량}} \times 100\%$

---

51 팬형 가습기에 대한 설명으로 틀린 것은?

① 가습의 응답속도가 느리다.

② 팬 속의 물을 강제적으로 증발시켜 가습한다.

③ 패키지형의 소형 공조기에 많이 사용한다.

④ 가습장치 중 효율이 가장 우수하며, 가습량을 자유로이 변화시킬 수 있다.

해설

전열식(가습팬형) 가습기는 수면의 면적이 작아서 가습량이 적다. 가습팬 내의 물을 증기 또는 전열기로 가열하여 물을 증발에 의해 가습한다.

52 건물의 바닥, 천장, 벽 등에 온수를 통하는 관을 구조체에 매설하고 아파트, 주택 등에 주로 사용되는 난방방법은?

① 복사난방   ② 증기난방

③ 온풍난방   ④ 전기히터난방

해설

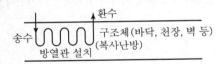

송수 ⟋⟍⟋⟍ 환수 / 구조체(바닥, 천장, 벽 등) (복사난방) / 방열관 설치

53 어떤 방의 체적이 $2 \times 3 \times 2.5$m이고, 실내온도를 $21℃$로 유지하기 위하여 실외온도 $5℃$의 공기를 3회/h로 도입할 때 환기에 의한 손실열량은?(단, 공기의 비열은 0.24kcal/kg · ℃, 비중량은 1.2kg/m^{3}이다.)

① 207.4kcal/h   ② 381.2kcal/h

③ 465.7kcal/h   ④ 727.2kcal/h

해설

면적 및 부피용량(V) $= 2 \times 3 \times 2.5 = 15$m^3

$15 \times 1.2 = 18$kg(공기질량)

환기손실열량(θ) $= 18 \times 0.24 \times (21 - 5) \times 3$
$= 207.4$kcal/h

54 환수주관을 보일러 수면보다 높은 위치에 배관하는 것은?

① 강제순환식   ② 건식 환수관식

③ 습식 환수관식   ④ 진공환수관식

해설

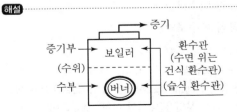

55 온풍난방에 사용되는 온풍로의 배치에 대한 설명으로 틀린 것은?

① 덕트 배관은 짧게 한다.

② 굴뚝의 위치가 되도록 가까워야 한다.

③ 온풍로의 후면(방문쪽)은 벽에 붙여 고정한다.

④ 습기와 먼지가 적은 장소를 선택한다.

해설

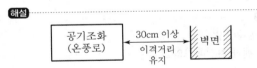

56 공기조화방식의 중앙식 공조방식에서 수-공기방식에 해당되지 않는 것은?

① 이중덕트방식

② 유인유닛방식

③ 팬코일유닛방식(덕트 병용)

④ 복사냉난방방식(덕트 병용)

해설

전공기방식

㉠ 단일덕트방식

㉡ 2중덕트방식

57 다음 중 대기압 이하의 열매증기를 방출하는 구조로 되어 있는 보일러는?

① 무압 온수보일러

② 콘덴싱 보일러

③ 유동층 연소보일러

④ 진공식 온수보일러

해설

진공식 온수보일러

90℃(진공압 700mmHg 부압에서) 증기로 온수를 생산하여 공급하는 부압용(대기압 이하) 보일러이다.

58 실내오염공기의 유입을 방지해야 하는 곳에 적합한 환기법은?

① 자연환기법

② 제1종 환기법

③ 제2종 환기법

④ 제3종 환기법

해설

제2종 환기법

급기팬과 자연배기의 조합

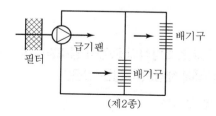

(제2종)

59 배관 및 덕트에 사용되는 보온 단열재가 갖추어야 할 조건이 아닌 것은?

① 열전도율이 클 것

② 안전사용 온도범위에 적합할 것

③ 불연성 재료로서 흡습성이 작을 것

④ 물리 · 화학적 강도가 크고 시공이 용이할 것

해설

보온 단열재는 열전도율(kcal/m · h · ℃)이 작아야 하며, 오염공기의 침입을 방지하고 연소용 공기가 필요한 곳에 설치한다.

60 냉열원기기에서 열교환기를 설치하는 목적으로 틀린 것은?

① 압축기 흡입가스를 과열시켜 액 압축을 방지시킨다.

② 프레온 냉동장치에서 액을 과냉각시켜 냉동효과를 증대시킨다.

③ 플래시 가스 발생을 최소화한다.

④ 증발기에서의 냉매 순환량을 증가시킨다.

해설

냉열원기기에서 열교환기를 설치하는 목적은 증발기에서 냉매 순환량을 낮추어 동력소비를 감소시키는 것에 있다. 프레온 냉매 사용 시, 만액식 증발기 사용 시, 유회수 시 냉매와 오일을 분리시키기 위해서 설치한다.

정답 **57** ④ **58** ③ **59** ① **60** ④

[10] 과년도 기출문제

01 용접기의 취급상 주의사항으로 틀린 것은?

① 용접기는 환기가 잘되는 곳에 두어야 한다.

② 2차 측 단자의 한쪽 및 용접기의 외통은 접지를 확실히 해 둔다.

③ 용접기는 지표보다 약간 낮게 두어 습기의 침입을 막아 주어야 한다.

④ 감전의 우려가 있는 곳에서는 반드시 전격방지기를 설치한 용접기를 사용한다.

해설
용접기의 습기 방지
용접기는 지표보다 약간 높게 두어 습기의 침입을 막아야 한다.

02 냉동기 검사에 합격한 냉동기에는 다음 사항을 명확히 각인한 금속박판을 부착하여야 한다. 각인할 내용에 해당되지 않는 것은?

① 냉매가스의 종류

② 냉동능력(RT)

③ 냉동기 제조자의 명칭 또는 약호

④ 냉동기 운전조건(주위온도)

해설
검사에 합격한 냉동기의 명판에 각인할 내용으로 냉동기 운전조건이나 주위온도는 포함되지 않는다.

03 냉동장치를 정상적으로 운전하기 위한 유의사항이 아닌 것은?

① 이상고압이 되지 않도록 주의한다.

② 냉매부족이 없도록 한다.

③ 습압축이 되도록 한다.

④ 각부의 가스 누설이 없도록 유의한다.

해설
냉매는 항상 건압축이 되어야 압축기에서 냉매액으로 인한 액해머(리퀴드 해머)가 방지된다.

04 전동공구 작업 시 감전의 위험성을 방지하기 위해 해야 하는 조치는?

① 단전   ② 감지

③ 단락   ④ 접지

해설
접지
전동공구 작업 시 감전의 위험성을 방지하기 위해 접지하여야 한다.

05 냉동장치를 설비 후 운전할 때 보기의 작업순서를 올바르게 나열한 것은?

> **[보기]**
> ㉠ 냉각운전
> ㉡ 냉매충전
> ㉢ 누설시험
> ㉣ 진공시험
> ㉤ 배관의 방열공사

① ㉢ → ㉣ → ㉡ → ㉤ → ㉠

② ㉣ → ㉤ → ㉢ → ㉡ → ㉠

③ ㉢ → ㉤ → ㉣ → ㉡ → ㉠

④ ㉣ → ㉡ → ㉢ → ㉤ → ㉠

해설
냉동장치 운전 작업순서
㉢ → ㉣ → ㉡ → ㉤ → ㉠

정답 **01** ③ **02** ④ **03** ③ **04** ④ **05** ①

06 배관 작업 시 공구 사용에 대한 주의사항으로 틀린 것은?

① 파이프 리머를 사용하여 관 안쪽에 생기는 거스러미 제거 시 손가락에 상처를 입을 수 있으므로 주의해야 한다.

② 스패너 사용 시 볼트에 적합한 것을 사용해야 한다.

③ 쇠톱 절단 시 당기면서 절단한다.

④ 리드형 나사절삭기 사용 시 조(Jaw) 부분을 고정시킨 다음 작업에 임한다.

해설

배관 작업에서 쇠톱 작업은 항상 밀면서 절단한다.

07 다음 중 소화방법으로 건조사를 이용하는 화재는?

① A급
② B급
③ C급
④ D급

해설

① A급 화재 : 일반화재(목재, 종이, 섬유 등의 화재)

② B급 화재 : 유류 및 가스화재(연소 후 재가 남지 않는 화재)

③ C급 화재 : 전기화재

④ D급 화재 : 금속분 화재(마른 모래, 팽창질석, 팽창진주암 사용)

08 해머 작업 시 안전수칙으로 틀린 것은?

① 사용 전에 반드시 주위를 살핀다.

② 장갑을 끼고 작업하지 않는다.

③ 담금질된 재료는 강하게 친다.

④ 공동해머 사용 시 호흡을 잘 맞춘다.

해설

해머 작업 시 담금질(열처리)된 재료는 약하게 친다. 또한 담금질 공구는 사용을 제한한다.

09 기계설비의 본질적 안전화를 위해 추구해야 할 사항으로 가장 거리가 먼 것은?

① 풀 프루프(Fool Proof)의 기능을 가져야 한다.

② 안전 기능이 기계설비에 내장되어 있지 않도록 한다.

③ 조작상 위험이 가능한 한 없도록 한다.

④ 페일 세이프(Fail Safe)의 기능을 가져야 한다.

해설

기계설비의 본질적 안전화를 위해 안전 기능이 기계설비에 내장되도록 한다.

10 「산업안전보건기준에 관한 규칙」에 의하면 작업장의 계단 폭은 얼마 이상으로 하여야 하는가?

① 50cm
② 100cm
③ 150cm
④ 200cm

해설

작업장의 계단 폭

안전을 위하여 100cm(1m) 이상으로 한다.

11 안전모와 안전대의 용도로 적당한 것은?

① 물체 비산 방지용이다.

② 추락재해 방지용이다.

③ 전도 방지용이다.

④ 용접작업 보호용이다.

해설

안전모와 안전대의 사용목적 : 추락재해 방지

정답   06 ③   07 ④   08 ③   09 ②   10 ②   11 ②

12 공구의 취급에 관한 설명으로 틀린 것은?

① 드라이버에 망치질을 하여 충격을 가할 때에는 관통 드라이버를 사용하여야 한다.
② 손 망치는 타격의 세기에 따라 적당한 무게의 것을 골라서 사용하여야 한다.
③ 나사 다이스는 구멍에 암나사를 내는 데 쓰고, 핸드탭은 수나사를 내는 데 사용한다.
④ 파이프 렌치의 알에는 이가 있어 상처를 주기 쉬우므로 연질 배관에는 사용하지 않는다.

(해설)
㉠ 나사 다이스 : 수나사를 내는 공구
㉡ 핸드탭 : 구멍에 암나사를 내는 공구

13 가스보일러의 점화 시 착화가 실패하여 연소실의 환기가 필요한 경우, 연소실 용적의 약 몇 배 이상 공기량을 보내어 환기를 행해야 하는가?

① 2
② 4
③ 8
④ 10

(해설)
가스보일러 점화 시 점화가 실패하면 연소실 환기(포스트 퍼지)는 연소실 용적의 4배 이상 환기를 시킨다.

14 컨베이어 등을 사용하여 작업할 때 작업 시작 전 점검사항에 해당되지 않는 것은?

① 원동기 및 풀리 기능의 이상 유무
② 이탈 등의 방지장치 기능의 이상 유무
③ 비상정지장치 기능의 이상 유무
④ 작업면의 기울기 또는 요철 유무

(해설)
컨베이어(Conveyor) 안전장치
㉠ 비상정지장치   ㉡ 덮개 또는 울
㉢ 건널다리   ㉣ 역전 방지장치

15 산소 압력 조정기의 취급에 대한 설명으로 틀린 것은?

① 조정기를 견고하게 설치한 다음 가스 누설 여부를 비눗물로 점검한다.
② 조정기는 정밀하므로 충격이 가해지지 않도록 한다.
③ 조정기는 사용 후에 조정나사를 늦추어서 다시 사용할 때 가스가 한꺼번에 흘러나오는 것을 방지한다.
④ 조정기의 각부에 작동이 원활하도록 기름을 친다.

(해설)
㉠ 산소(조연성 가스＝지연성 가스) 압력 조정기에는 기름 사용을 금지한다.
㉡ 조연성(지연성) 가스 : 연소성을 도와주는 가스(공기, 산소, 오존, 염소 등)

16 1kg 기체가 압력 200kPa, 체적 $0.5m^3$의 상태로부터 압력 600kPa, 체적 $1.5m^3$로 상태변화하였다. 이 변화에서 기체 내부의 에너지 변화가 없다고 하면 엔탈피의 변화는?

① 500kJ만큼 증가
② 600kJ만큼 증가
③ 700kJ만큼 증가
④ 800kJ만큼 증가

(해설)
200kPa에서 $0.5m^3$(kg당)
600kPa에서 $1.5m^3$(kg당)
∴ $(600 \times 1.5) - (200 \times 0.5) = 800kJ$

17 냉동장치의 냉매배관의 시공상 주의점으로 틀린 것은?

① 흡입관에서 두 개의 흐름이 합류하는 곳은 T이음으로 연결한다.

② 압축기와 응축기가 같은 위치에 있는 경우 토출관은 일단 세워 올려 하향구배로 한다.

③ 흡입관의 입상이 매우 길 때는 약 10m마다 중간에 트랩을 설치한다.

④ 2대 이상의 압축기가 각각 독립된 응축기에 연결된 경우 토출관 내부에 가능한 한 응축기 입구 가까이에 균압관을 설치한다.

> **해설**
> 냉동장치에서 T이음을 금지한다.

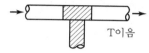

18 냉동장치의 냉매계통 중에 수분이 침입하였을 때 일어나는 현상을 열거한 것으로 틀린 것은?

① 프레온 냉매는 수분에 용해되지 않으므로 팽창밸브를 동결 폐쇄시킨다.

② 침입한 수분이 냉매나 금속과 화학반응을 일으켜 냉매계통의 부식, 윤활유의 열화 등을 일으킨다.

③ 암모니아는 물에 잘 녹으므로 침입한 수분이 동결하는 장애가 적은 편이다.

④ R-12는 R-22보다 많은 수분을 용해하므로, 팽창밸브 등에서의 수분동결의 현상이 적게 일어난다.

> **해설**
> R-22($CHClF_2$)는 R-12(CCl_2F_2)보다 수분의 용해도가 크다.
>
> ※ 수분의 냉매에 대한 용해도(g/100g)
> • R-12 : 0.0026   • R-22 : 0.06

19 프레온계 냉매의 특성에 관한 설명으로 틀린 것은?

① 열에 대한 안정성이 좋다.

② 수분과의 용해성이 극히 크다.

③ 무색, 무취로 누설 시 발견이 어렵다.

④ 전기 절연성이 우수하므로 밀폐형 압축기에 적합하다.

> **해설**
> 프레온계 냉매는 암모니아계 냉매보다 수분과의 용해성이 극히 적다.
>
> ※ 암모니아 수분의 용해도 : 89.9g/100g

20 만액식 증발기에서 냉매 측 전열을 좋게 하는 조건으로 틀린 것은?

① 냉각관이 냉매에 잠겨 있거나 접촉해 있을 것

② 열전달 증가를 위해 관 간격이 넓을 것

③ 유막이 존재하지 않을 것

④ 평균 온도차가 클 것

> **해설**
> 만액식 증발기
> ㉠ 증발기 내 냉매액이 75%, 냉매가스가 25%이다.
> ㉡ 전열이 양호하다.
> ㉢ 액체 냉각용 증발기로 사용된다.
> ㉣ 냉매 측의 전열을 좋게 하려면 관이 냉매액에 잠겨 있거나, 관경이 작고, 관간격의 폭이 좁아야 한다.

21 냉동장치의 배관 설치 시 주의사항으로 틀린 것은?

① 냉매의 종류, 온도 등에 따라 배관재료를 선택한다.

② 온도변화에 의한 배관의 신축을 고려한다.

③ 기기 조작, 보수, 점검에 지장이 없도록 한다.

④ 굴곡부는 가능한 한 적게 하고 곡률반경을 작게 한다.

해설

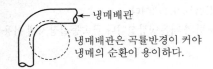

냉매배관

냉매배관은 곡률반경이 커야
냉매의 순환이 용이하다.

22 흡입배관에서 압력손실이 발생하면 나타나는 현상이 아닌 것은?

① 흡입압력의 저하
② 토출가스 온도의 상승
③ 비체적 감소
④ 체적효율 저하

해설

냉매가스 비체적(m^3/kg)이 감소하려면 압력을 증가시킨다.

23 흡수식 냉동 사이클에서 흡수기와 재생기는 증기 압축식 냉동 사이클의 무엇과 같은 역할을 하는가?

① 증발기   ② 응축기
③ 압축기   ④ 팽창밸브

해설

흡수식 = 증발기 → 흡수기 → 재생기(압축기 역할) →
냉동기   응축기 → 증발기로 회향

24 어떤 저항 R에 100V의 전압이 인가해서 10A의 전류가 1분간 흘렀다면 저항 R에 발생한 에너지는?

① 70,000J   ② 60,000J
③ 50,000J   ④ 40,000J

해설

$$에너지(H) = \frac{1}{4.186}I^2Rt$$

$$\fallingdotseq 0.24\,I^2Rt[\mathrm{cal}] = I^2Rt[\mathrm{J}]$$

$1W \cdot s = 1J$, 1분 $= 60$초

$1J/s = 1W$

$$R(저항) = \frac{V}{I} = \frac{100}{10} = 10\Omega$$

$$\therefore\ H = (10 \times 10) \times 10\Omega \times 60 = 60,000J(60kJ)$$

25 임계점에 대한 설명으로 옳은 것은?

① 어느 압력 이상에서 포화액이 증발이 시작됨과 동시에 건포화증기로 변하게 되는데, 포화액선과 건포화증기선이 만나는 점
② 포화온도하에서 증발이 시작되어 모두 증발하기까지의 온도
③ 물이 어느 온도에 도달하면 온도는 더 이상 상승하지 않고 증발을 시작하는 온도
④ 일정한 압력하에서 물체의 온도가 변화하지 않고 상(相)이 변화하는 점

해설

임계점(K)

어느 압력 이상에서 포화액의 증발이 시작됨과 동시에 건포화증기로 변하게 되는데, 포화액선과 건포화증기선이 만나는 점을 '임계점'이라 한다.

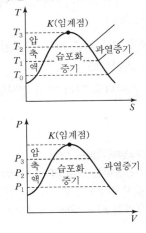

26 관의 직경이 크거나 기계적 강도가 문제될 때 유니언 대용으로 결합하여 쓸 수 있는 것은?

① 이경소켓　　② 플랜지
③ 니플　　　　④ 부싱

해설

㉠ ──┤├── : 유니언(50mm 미만 관에 사용)

㉡ ──┤├── : 플랜지(50mm 이상 관에 사용)

㉢ ──┼── : 나사이음(소구경용)

27 동관 작업 시 사용되는 공구와 용도에 관한 설명으로 틀린 것은?

① 플레어링 툴 세트－관을 압축 접합할 때 사용
② 튜브벤더－관을 구부릴 때 사용
③ 익스팬더－관 끝을 오므릴 때 사용
④ 사이징 툴－관을 원형으로 정형할 때 사용

해설

익스팬더－동관의 확관용 공구

28 액순환식 증발기에 대한 설명으로 옳은 것은?

① 오일이 체류할 우려가 크고 제상 자동화가 어렵다.
② 냉매량이 적게 소요되며 액펌프, 저압수액기 등 설비가 간단하다.
③ 증발기 출구에서 액은 80% 정도이고, 기체는 20% 정도 차지한다.
④ 증발기가 하나라도 여러 개의 팽창밸브가 필요하다.

해설

액순환식 증발기(냉매액펌프 사용)
㉠ 증발기에서 증발하는 냉매량의 4~6배의 액을 액펌프로 강제 순환시키며 타 증발기에 비해 20% 전열이 양호하다(냉매액 80%, 냉매기체 20%).

㉡ 오일이 체류할 우려가 없다.
㉢ 팽창밸브가 1개이다.
㉣ 대용량의 저온냉장실이나 급속동결장치에 사용된다.

29 팽창밸브에 대한 설명으로 옳은 것은?

① 압축 증대장치로 압력을 높이고 냉각시킨다.
② 액봉이 쉽게 일어나고 있는 곳이다.
③ 냉동부하에 따른 냉매액의 유량을 조절한다.
④ 플래시 가스가 발생하지 않는 곳이며, 일명 냉각장치라 부른다.

해설

팽창밸브(저온·저압의 냉매액)
㉠ 액봉이 일어나지 않고 플래시 가스가 발생한다.
㉡ 냉동부하에 따라 냉매량을 공급한다.
㉢ 증발기에서 냉매가 증발하기 용이하도록 압력과 온도를 저하시킨다.

30 증기 압축식 냉동장치의 냉동원리에 관한 설명으로 가장 적합한 것은?

① 냉매의 팽창열을 이용한다.
② 냉매의 증발잠열을 이용한다.
③ 고체의 승화열을 이용한다.
④ 기체의 온도차에 의한 현열변화를 이용한다.

해설

증기압축식 냉동기에는 냉매의 잠열을 이용하는 프레온이나 암모니아 냉매를 사용한다.

잠열의 크기
㉠ NH_3 : 313.5kcal/kg
㉡ R-11 : 45.8kcal/kg
㉢ R-12 : 38.57kcal/kg
㉣ R-22 : 52kcal/kg

31 정현파 교류에서 전압의 실횻값(V)을 나타내는 식으로 옳은 것은?(단, 전압의 최댓값을 V_m, 평균값을 V_a라고 한다.)

① $V = \dfrac{V_a}{\sqrt{2}}$ ② $V = \dfrac{V_m}{\sqrt{2}}$

③ $V = \dfrac{\sqrt{2}}{V_m}$ ④ $V = \dfrac{\sqrt{2}}{V_a}$

해설

정현파 교류에서 교류의 실횻값과 최댓값

$V = \dfrac{1}{\sqrt{2}} \cdot V_m$

실횻값(V, I) = $\sqrt{v^2$의 평균}$

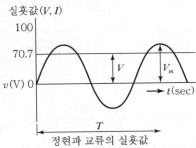

정현파 교류의 실횻값

32 용적형 압축기에 대한 설명으로 틀린 것은?

① 압축실 내의 체적을 감소시켜 냉매의 압력을 증가시킨다.
② 압축기의 성능은 냉동능력, 소비동력, 소음, 진동값 및 수명 등 종합적인 평가가 요구된다.
③ 압축기의 성능을 측정하는 데 유용한 두 가지 방법은 성능계수와 단위 냉동능력당 소비동력을 측정하는 것이다.
④ 개방형 압축기의 성능계수는 전동기와 압축기의 운전효율을 포함하는 반면, 밀폐형 압축기의 성능계수에는 전동기 효율이 포함되지 않는다.

해설

냉동기 성능계수 = $\dfrac{\text{냉동효과}}{\text{압축기 일의 열당량}}$

(개방형, 밀폐형 모두 전동기의 효율이 포함된다.)

33 냉매 건조기(Dryer)에 관한 설명으로 옳은 것은?

① 암모니아 가스관에 설치하여 수분을 제거한다.
② 압축기와 응축기 사이에 설치한다.
③ 프레온은 수분에 잘 용해되지 않으므로 팽창밸브에서의 동결을 방지하기 위하여 설치한다.
④ 건조제로는 황산, 염화칼슘 등의 물질을 사용한다.

해설

냉매 건조기(제습기, Dryer)
프레온 냉동장치에서 수분의 침입으로 인한 팽창밸브 동결을 방지하기 위해 설치한다.

※ 설치위치(응축기나 수액기에 가까운 쪽)

응축기 → 사이트글라스 → 냉매건조기 → 팽창밸브

34 스윙(Swing)형 체크밸브에 관한 설명으로 틀린 것은?

① 호칭치수가 큰 관에 사용된다.
② 유체의 저항이 리프트(Lift)형보다 작다.
③ 수평배관에만 사용할 수 있다.
④ 핀을 축으로 하여 회전시켜 개폐한다.

해설

㉠ 리프트형 체크밸브

(수평배관용)

㉡ 스윙형 체크밸브

(수직, 수평배관용)

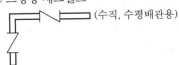

35 냉동 사이클 내를 순환하는 동작유체로서 잠열에 의해 열을 운반하는 냉매로 가장 거리가 먼 것은?

① 1차 냉매 　　　　② 암모니아(NH_3)
③ 프레온(Freon) 　　④ 브라인(Brine)

〔해설〕

브라인 간접냉매(2차 냉매)
온도 변화에 의한 현열(감열) 변화를 이용하는 냉매

36 직접 식품에 브라인을 접촉시키는 것이 아니고 얇은 금속판 내에 브라인이나 냉매를 통하게 하여 금속판의 외면과 식품을 접촉시켜 동결하는 장치는?

① 접촉식 동결장치
② 터널식 공기 동결장치
③ 브라인 동결장치
④ 송풍 동결장치

〔해설〕

접촉식 동결장치
식품에 브라인 냉매를 직접 접촉시키는 것이 아니고 금속판 내에 브라인이나 냉매를 통하게 하여 금속판의 외면과 식품을 접촉시켜 동결하는 장치이다.

37 냉동 부속장치 중 응축기와 팽창밸브 사이의 고압관에 설치하며, 증발기의 부하 변동에 대응하여 냉매 공급을 원활하게 하는 것은?

① 유분리기 　　　　② 수액기
③ 액분리기 　　　　④ 중간냉각기

〔해설〕

압축기 → 응축기 → 　수액기　 → 팽창밸브

※ 수액기 : 증발기의 부하 변동에 대응하여 냉매 공급을 원활하게 하는 냉매저장고

38 냉매의 구비 조건으로 틀린 것은?

① 증발잠열이 클 것
② 표면장력이 작을 것
③ 임계온도가 상온보다 높을 것
④ 증발압력이 대기압보다 낮을 것

〔해설〕

㉠ 냉매의 증발압력은 대기압보다 높아야 한다.
㉡ 액화는 비교적 저압에서 해야 한다.

39 비열비를 나타내는 공식으로 옳은 것은?

① $\dfrac{정적비열}{비중}$ 　　　② $\dfrac{정압비열}{비중}$

③ $\dfrac{정압비열}{정적비열}$ 　　④ $\dfrac{정적비열}{정압비열}$

〔해설〕

비열비

기체의 비열비$(K) = \dfrac{정압비열\,(C_p)}{정적비열\,(C_v)} > 1$

∴ 비열비(K)는 항상 1보다 크다.

40 LNG 냉열 이용 동결장치의 특징으로 틀린 것은?

① 식품과 직접 접촉하여 급속 동결이 가능하다.
② 외기가 흡입되는 것을 방지한다.
③ 공기에 분산되어 있는 먼지를 철저히 제거하여 장치 내부에 눈이 생기는 것을 방지한다.
④ 저온공기의 풍속을 일정하게 확보함으로써 식품과의 열전달계수를 저하시킨다.

〔해설〕

LNG(CH_4 가스) 냉열 이용으로 동결하면 저온공기의 풍속을 일정하게 확보하여 식품과의 열전달계수(W/$m^2 \cdot$ K)를 증가시킨다(메탄 CH_4의 비점 : $-161.5℃$).

41 열에너지를 효율적으로 이용할 수 있는 방법 중 하나인 축열장치의 특징에 관한 설명으로 틀린 것은?

① 저속 연속운전에 의한 고효율 정격운전이 가능하다.
② 냉동기 및 열원설비의 용량을 감소할 수 있다.
③ 열회수 시스템의 적용이 가능하다.
④ 수질관리 및 소음관리가 필요 없다.

해설
㉠ 축열장치는 수질관리나 소음관리가 잘되면 열에너지 및 환경적으로 또는 효율적으로 이용할 수 있다.
㉡ 축열 : 수(水)축열, 빙(氷)축열

42 암모니아 냉동장치에서 팽창밸브 직전의 온도가 25℃, 흡입가스의 온도가 −10℃인 건조포화 증기인 경우, 냉매 1kg당 냉동효과가 350kcal이고, 냉동능력 15RT가 요구될 때의 냉매순환량은?

① 139kg/h   ② 142kg/h
③ 188kg/h   ④ 176kg/h

해설
냉동기 1RT=3,320kcal/h
15RT=49,800kcal

∴ 냉매순환량(G)=$\dfrac{RT}{냉동효과}=\dfrac{49,800}{350}=142$kg/h

43 흡수식 냉동기에서 냉매순환 과정을 바르게 나타낸 것은?

① 재생(발생)기 → 응축기 → 냉각(증발)기 → 흡수기
② 재생(발생)기 → 냉각(증발)기 → 흡수기 → 응축기
③ 응축기 → 재생(발생)기 → 냉각(증발)기 → 흡수기
④ 냉각(증발)기 → 응축기 → 흡수기 → 재생(발생)기

해설
흡수식 냉동기 냉매(H_2O)의 순환 과정
재생기 → 응축기 → 증발기 → 흡수기

44 증발기 내의 압력에 의해서 작동하는 팽창밸브는?

① 저압 측 플로트밸브
② 정압식 자동팽창밸브
③ 온도식 자동팽창밸브
④ 수동팽창밸브

해설
정압식 팽창밸브(AEV)
AEV 팽창밸브로서 증발기 내의 압력을 일정하게 유지하기 위해 사용한다(벨로스나 다이어프램 사용).

45 2단 압축 냉동 사이클에서 중간냉각기가 하는 역할로 틀린 것은?

① 저단압축기의 토출가스 온도를 낮춘다.
② 냉매가스를 과냉각시켜 압축비를 상승시킨다.
③ 고단압축기로의 냉매액 흡입을 방지한다.
④ 냉매액을 과냉각시켜 냉동효과를 증대시킨다.

해설
2단 압축(압축비가 6 이상)
압축비의 증가로 토출가스 온도가 현저하게 상승하여 냉동기 체적효율 감소가 발생한다. 이것을 방지하기 위해 2단계로 나누어 저단 측 압축기에서 고단 측 압축기로 압력을 높여준다(저단 측 압축기에서는 중간 압력까지 상승시킨다).

중간 압력(P_m)=$\sqrt{증발절대압력 \times 응축절대압력}$
        =kgf/cm^2 · abs

정답 41 ④ 42 ② 43 ① 44 ② 45 ②

46 어떤 상태의 공기가 노점온도보다 낮은 냉각코일을 통과하였을 때 상태변화를 설명한 것으로 틀린 것은?

① 절대습도 저하 ② 상대습도 저하
③ 비체적 저하 ④ 건구온도 저하

해설
공기가 노점온도보다 낮은 냉각코일을 통과하면 상대습도가 증가한다.

47 팬의 효율을 표시하는 데 있어서 사용되는 전압효율에 대한 올바른 정의는?

① $\dfrac{축동력}{공기동력}$ ② $\dfrac{공기동력}{축동력}$
③ $\dfrac{회전속도}{송풍기 크기}$ ④ $\dfrac{송풍기 크기}{회전속도}$

해설
전압효율$(\eta) = \dfrac{공기동력}{축동력} \times 100\%$

48 다음 중 일반적으로 실내공기의 오염 정도를 알아보는 지표로 사용하는 것은?

① CO_2 농도 ② CO 농도
③ PM 농도 ④ H 농도

해설
CO_2 가스
일반적으로 실내공기의 오염 정도를 알아보는 지표가 되는 가스

49 덕트에서 사용되는 댐퍼의 사용 목적에 관한 설명으로 틀린 것은?

① 풍량조절 댐퍼 – 공기량을 조절하는 댐퍼
② 배연 댐퍼 – 배연 덕트에서 사용되는 댐퍼
③ 방화 댐퍼 – 화재 시에 연기를 배출하기 위한 댐퍼
④ 모터 댐퍼 – 자동제어장치에 의해 풍량조절을 위해 모터로 구동되는 댐퍼

해설
방화 댐퍼(FD : Fire Damper)
화재 발생 시 덕트를 통해 다른 곳으로 화재가 번지는 것을 방지하기 위해 사용한다. 종류로는 루버형, 피봇형, 슬라이드형, 스윙형 등이 있다.

50 실내 현열 손실량이 5,000kcal/h일 때, 실내온도를 20℃로 유지하기 위해 36℃ 공기 몇 m³/h를 실내로 송풍해야 하는가?(단, 공기의 비중량은 1.2kgf/m³, 정압비열은 0.24kcal/kg·℃이다.)

① 985m³/h ② 1,085m³/h
③ 1,250m³/h ④ 1,350m³/h

해설
$Q' = Q \times r \times C_P \times \Delta t(\text{kcal/h})$
$5,000 = Q \times 1.2 \times 0.24 \times (36-20)$
$\therefore Q = \dfrac{5,000}{1.2 \times 0.24 \times 16} = 1,085\,\text{m}^3/\text{h}$

51 공기세정기에서 유입되는 공기를 정화시키기 위해 설치하는 것은?

① 루버 ② 댐퍼
③ 분무노즐 ④ 일리미네이터

해설
㉠ 루버(Louver) : 공기세정기에서 유입되는 공기를 정화시키기 위해 설치한다.
㉡ 일리미네이터(Eliminator) : 세정기 출구에서 물방울을 제거한다.
㉢ 플러딩 노즐(Flooding Nozzle) : 일리미네이터의 더러워진 부분을 물로 청소한다.

정답 46 ② 47 ② 48 ① 49 ③ 50 ② 51 ①

52 단일덕트 정풍량방식의 특징으로 옳은 것은?

① 각 실마다 부하 변동에 대응하기가 곤란하다.
② 외기 도입을 충분히 할 수 없다.
③ 냉풍과 온풍을 동시에 공급할 수 있다.
④ 변풍량에 비하여 에너지 소비가 적다.

> **해설**
> 단일덕트 정풍량방식(전공기방식)
> ㉠ 각 실마다 부하 변동에 대응하기가 곤란하다.
> ㉡ 외기 도입이 충분하다.
> ㉢ 냉풍, 온풍의 동시 공급은 불가능하다.
> ㉣ 변풍량에 비하여 에너지 소비가 크다.

53 보일러에서 배기가스의 현열을 이용하여 급수를 예열하는 장치는?

① 절탄기   ② 재열기
③ 증기 과열기   ④ 공기 가열기

> **해설**
>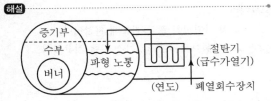

54 감습장치에 대한 설명으로 옳은 것은?

① 냉각식 감습장치는 감습만을 목적으로 사용하는 경우 경제적이다.
② 압축식 감습장치는 감습만을 목적으로 하면 소요동력이 커서 비경제적이다.
③ 흡착식 감습장치는 액체에 의한 감습보다 효율이 좋으나 낮은 노점까지 감습이 어려워 주로 큰 용량의 것에 적합하다.
④ 흡수식 감습장치는 흡착식에 비해 감습효율이 떨어져 소규모 용량에만 적합하다.

> **해설**
> ㉠ 냉각식 : 소형, 대형이 있고 감습만 하는 경우 비경제적이다.
> ㉡ 흡착식(고체제습) : 실리카겔, 활성알루미나, 아드솔 등을 사용하며, 흡수용량에 한계가 있어 재생이 필요하다.
> ㉢ 흡수식(액체제습) : 염화리튬(LiCl)이나 트리에틸렌글리콜을 사용하며, 흡수성이 큰 액체를 사용하므로 용량이 큰 경우에 사용된다.

55 실내 상태점을 통과하는 현열비선과 포화곡선의 교점을 나타내는 온도로서 취출 공기가 실내 잠열부하의 상당 수분을 제거하는 데 필요한 코일 표면온도를 무엇이라 하는가?

① 혼합온도
② 바이패스 온도
③ 실내 장치노점온도
④ 설계온도

> **해설**
> 실내 장치노점온도
> 실내 상태점을 통과하는 현열비선과 포화곡선의 교점을 나타내는 온도(취출 공기가 실내의 잠열부하에 상당하는 수분을 제거하는 코일 표면온도)
>
>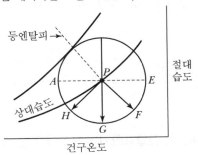
>
> ※ 노점온도 하강
> ㉠ $P \rightarrow F$ ㉡ $P \rightarrow G$
> ㉢ $P \rightarrow H$ ㉣ $P \rightarrow E$(불변)

정답 **52** ① **53** ① **54** ② **55** ③

56 다음 중 개별식 공조방식에 해당되는 것은?

① 팬코일유닛방식(덕트 병용)
② 유인유닛방식
③ 패키지유닛방식
④ 단일덕트방식

해설

개별식 공조방식
㉠ 패키지형
㉡ 히트펌프식
㉢ 룸쿨러식

57 증기난방에 사용되는 부속기기인 감압밸브를 설치하는 데 있어서 주의사항으로 틀린 것은?

① 감압밸브는 가능한 한 사용개소에 가까운 곳에 설치한다.
② 감압밸브로 응축수를 제거한 증기가 들어오지 않도록 한다.
③ 감압밸브 앞에는 반드시 스트레이너를 설치하도록 한다.
④ 바이패스는 수평 또는 위로 설치하고, 감압밸브의 구경과 동일한 구경으로 하거나 1차 측 배관지름보다 한 치수 적은 것으로 한다.

해설

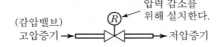

58 회전식 전열교환기의 특징에 관한 설명으로 틀린 것은?

① 로터의 상부에서 외기공기를 통과하고 하부에서 실내공기가 통과한다.
② 열교환은 현열뿐 아니라 잠열도 동시에 이루어진다.

③ 로터를 회전시키면서 실내공기의 배기공기와 외기공기를 열교환한다.
④ 배기공기는 오염물질이 포함되지 않으므로 필터를 설치할 필요가 없다.

해설

단일덕트용 전열교환기

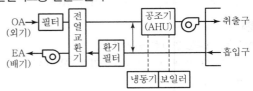

59 온풍난방에 대한 장점이 아닌 것은?

① 예열시간이 짧다.
② 실내 온·습도 조절이 비교적 용이하다.
③ 기기 설치장소의 선정이 자유롭다.
④ 단열 및 기밀성이 좋지 않은 건물에 적합하다.

해설

온풍난방
㉠ 단열 및 기밀성이 좋은 건물에 적합하다.
㉡ 온풍가열원으로는 오일, 가스 등을 사용한다.

60 다음 설명 중 틀린 것은?

① 대기압에서 0℃ 물의 증발잠열은 약 597.3kcal/kg이다.
② 대기압에서 0℃ 공기의 정압비열은 약 0.44kcal/kg·℃이다.
③ 대기압에서 20℃의 공기 비중량은 약 1.2kgf/m³이다.
④ 공기의 평균 분자량은 약 28.96kg/kmol이다.

해설

㉠ 공기의 표준정압비열 = 0.24kcal/kg·℃
㉡ 대기압하에서 H_2O의 표준정압비열 = 0.44kcal/kg·℃

정답 56 ③ 57 ② 58 ④ 59 ④ 60 ②

[11] 과년도 기출문제

01 보일러 운전 중 수위가 저하되었을 때 위해를 방지하기 위한 장치는?

① 화염검출기　　② 압력차단기
③ 방폭문　　　　④ 저수위 경보장치

해설

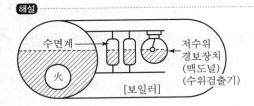

02 보호구 선택 시 유의사항으로 적절하지 않은 것은?

① 용도에 알맞아야 한다.
② 품질이 보증된 것이어야 한다.
③ 쓰기 쉽고 취급이 쉬워야 한다.
④ 겉모양이 호화스러워야 한다.

해설
보호구 선택 시 유의사항은 ①, ②, ③을 기준한다.

03 보일러 취급 시 주의사항으로 틀린 것은?

① 보일러의 수면계 수위는 중간위치를 기준수위로 한다.
② 점화 전에 미연소가스를 방출시킨다.
③ 연료계통의 누설 여부를 수시로 확인한다.
④ 보일러 저부의 침전물 배출은 부하가 가장 클 때 하는 것이 좋다.

해설
보일러 저부의 침전물 배출(수저분출)은 부하가 가장 작을 때나 운전이 끝난 후에 실시한다.

04 보일러 취급 부주의로 작업자가 화상을 입었을 때 응급처치방법으로 적당하지 않은 것은?

① 냉수를 이용하여 화상부의 화기를 빼도록 한다.
② 물집이 생겼으면 터뜨리지 않고 상처부위를 보호한다.
③ 기계유나 변압기유를 바른다.
④ 상처부위를 깨끗이 소독한 다음 상처를 보호한다.

해설
보일러 취급 중 작업자 화상 시 가장 기본으로 아연화연고를 바르고 병원으로 이송시킨다.

05 가스용접 작업 시 유의사항으로 적절하지 못한 것은?

① 산소병은 60℃ 이하 온도에서 보관하고 직사광선을 피해야 한다.
② 작업자의 눈을 보호하기 위해 차광안경을 착용해야 한다.
③ 가스누설의 점검을 수시로 해야 하며 점검은 비눗물로 한다.
④ 가스용접장치는 화기로부터 일정거리 이상 떨어진 곳에 설치해야 한다.

해설
각종 가스용기는 항상 40℃ 이하로 유지하여 사용한다.

06 다음 발화온도가 낮아지는 조건 중 옳은 것은?

① 발열량이 높을수록
② 압력이 낮을수록
③ 산소농도가 낮을수록
④ 열전도도가 낮을수록

정답　01 ④　**02** ④　**03** ④　**04** ③　**05** ①　**06** ①

해설

발열량이 높을수록, 압력이 높을수록, 산소농도가 풍부할수록, 열전도도가 좋을수록 발화(착화)온도가 낮아진다.

07 산소 – 아세틸렌 용접 시 역화의 원인으로 가장 거리가 먼 것은?

① 토치 팁이 과열되었을 때
② 토치에 절연장치가 없을 때
③ 사용가스의 압력이 부적당할 때
④ 토치 팁 끝이 이물질로 막혔을 때

해설

절연장치는 전기용접(아크용접)에 필요하다.

08 안전사고의 원인으로 불안전한 행동(인적 원인)에 해당하는 것은?

① 불안전한 상태 방치
② 구조재료의 부적합
③ 작업환경의 결함
④ 복장, 보호구의 결함

해설

산업재해 발생모델
㉠ 불안전한 행동 : 부주의, 실수, 착오, 안전조치 미이행
㉡ 불안전한 상태 : 기계 · 설비 결함, 방호장치 결함, 작업환경 결함

09 기계설비에서 일어나는 사고의 위험요소로 가장 거리가 먼 것은?

① 협착점　　　② 끼임점
③ 고정점　　　④ 절단점

해설

기계설비 고정점에서는 사고가 잘 일어나지 않는다.

10 줄작업 시 안전사항으로 틀린 것은?

① 줄의 균열 유무를 확인한다.
② 부러진 줄은 용접하여 사용한다.
③ 줄은 손잡이가 정상인 것만을 사용한다.
④ 줄작업에서 생긴 가루는 입으로 불지 않는다.

해설

줄이 부러진 경우에는 새것으로 교체하여 사용한다.

11 해머(Hammer)의 사용에 관한 유의사항으로 거리가 가장 먼 것은?

① 쐐기를 박아서 손잡이가 튼튼하게 박힌 것을 사용한다.
② 열간 작업 시에는 식히는 작업을 하지 않아도 계속해서 작업할 수 있다.
③ 타격면이 닳아 경사진 것은 사용하지 않는다.
④ 장갑을 끼지 않고 작업을 진행한다.

해설

해머로 열간 작업 시 식히는 작업을 하면서 작업이 가능하다.

12 재해예방의 4가지 기본원칙에 해당되지 않는 것은?

① 대책선정의 원칙
② 손실우연의 원칙
③ 예방가능의 원칙
④ 재해통계의 원칙

해설

재해예방 4원칙
㉠ 손실우연의 원칙
㉡ 원인계기의 원칙
㉢ 예방기능의 원칙
㉣ 대책선정의 원칙

정답　07 ②　08 ①　09 ③　10 ②　11 ②　12 ④

13 아크용접작업 기구 중 보호구와 관계없는 것은?

① 용접용 보안면

② 용접용 앞치마

③ 용접용 홀더

④ 용접용 장갑

해설

용접용 홀더(Holder)

지지구로서 아크용접에서 용접봉을 집고 전류를 통하는 기구를 의미한다.

14 안전관리감독자의 업무로 가장 거리가 먼 것은?

① 작업 전후 안전점검 실시

② 안전작업에 관한 교육훈련

③ 작업의 감독 및 지시

④ 재해 보고서 작성

해설

안전관리는 작업이 실시되는 중에 점검이 매우 필요하다.

15 정(Chisel)의 사용 시 안전관리에 적합하지 않은 것은?

① 비산 방지판을 세운다.

② 올바른 치수와 형태의 것을 사용한다.

③ 칩이 끊어져 나갈 무렵에는 힘주어서 때린다.

④ 담금질한 재료는 정으로 작업하지 않는다.

해설

정작업 시 물건의 칩이 끊어져 나갈 무렵에는 약하게 때린다.

16 저항이 250Ω이고 40W인 전구가 있다. 점등 시 전구에 흐르는 전류는?

① 0.1A ② 0.4A

③ 2.5A ④ 6.2A

해설

㉠ 전류$(I) = \dfrac{Q}{t}$[A]   ㉡ 전기량$(Q) = It$[C]

㉢ 시간$(t) = \dfrac{Q}{I}$[sec]   ㉣ 전류$(I) = \dfrac{V}{R}$[A]

㉤ 전력$(P) = VI = I^2 R = \dfrac{V^2}{R}$

$\therefore I = \sqrt{\dfrac{P}{R}} = \sqrt{\dfrac{40}{250}} = 0.4\text{A}$

17 바깥지름 54mm, 길이 2.66m, 냉각관 수 28개로 된 응축기가 있다. 입구 냉각수온 22℃, 출구 냉각수온 28℃이며, 응축온도는 30℃이다. 이때 응축부하는?(단, 냉각관의 열통과율은 900 kcal/m²·h·℃이고, 온도차는 산술평균온도차를 이용한다.)

① 25,300kcal/h ② 43,700kcal/h

③ 56,859kcal/h ④ 79,682kcal/h

해설

산술평균온도차 $= 30 - \dfrac{22 + 28}{2} = 5$℃

냉각관 면적 $= \pi D L_n$

$= 3.14 \times 0.054 \times 2.66 \times 28 = 13\text{m}^2$

$\therefore$ 응축부하$(Q_c) = 900 \times 13 \times 5 = 56{,}859\text{kcal/h}$

18 관 절단 후 절단부에 생기는 거스러미를 제거하는 공구는?

① 클립 ② 사이징 툴

③ 파이프 리머 ④ 쇠톱

해설

파이프 리머

배관의 관 절단 후 절단부에 생기는 거스러미를 제거하는 공구

---

19 암모니아(NH_3) 냉매에 대한 설명으로 틀린 것은?

① 수분에 잘 용해된다.

② 윤활유에 잘 용해된다.

③ 독성, 가연성, 폭발성이 있다.

④ 전열성능이 양호하다.

해설

암모니아는 윤활유에 잘 용해하지 않으므로 유(오일)분리기가 필요하다.

---

20 자기유지(Self Holding)에 관한 설명으로 옳은 것은?

① 계전기 코일에 전류를 흘려서 여자시키는 것

② 계전기 코일에 전류를 차단하여 자화 성질을 잃게 되는 것

③ 기기의 미소 시간 동작을 위해 동작되는 것

④ 계전기가 여자된 후에도 동작 기능이 계속해서 유지되는 것

해설

자기유지

계전기가 여자된 후에도 동작 기능이 계속해서 유지되는 것

---

21 냉동기에서 열교환기는 고온유체와 저온유체를 직접 혼합 또는 원형 동관으로 유체를 분리하여 열교환하는데 다음 설명 중 옳은 것은?

① 동관 내부를 흐르는 유체는 전도에 의한 열전달이 된다.

② 동관 내벽에서 외벽으로 통과할 때는 복사에 의한 열전달이 된다.

③ 동관 외벽에서는 대류에 의한 열전달이 된다.

④ 동관 내부에서 동관 외벽까지 복사, 전도, 대류의 열전달이 된다.

해설

---

22 증발열을 이용한 냉동법이 아닌 것은?

① 압축기체 팽창냉동법

② 증기분사식 냉동법

③ 증기압축식 냉동법

④ 흡수식 냉동법

해설

압축기체 팽창냉동법은 공기액화분리장치에 해당된다.

---

23 열전냉동법의 특징에 관한 설명으로 틀린 것은?

① 운전부분으로 인해 소음과 진동이 생긴다.

② 냉매가 필요 없으므로 냉매 누설로 인한 환경오염이 없다.

③ 성적계수가 증기압축식에 비하여 월등히 떨어진다.

④ 열전소자의 크기가 작고 가벼워 냉동기를 소형, 경량으로 만들 수 있다.

해설

열전냉동법(Peltier Effect)은 두 종류의 금속을 접속하여 직류전기가 통하면 접합부에서 열의 방출과 흡수가 일어나는 현상을 이용하여 저온을 얻는 냉동방법이다.

정답 **19** ② **20** ④ **21** ③ **22** ① **23** ①

24 왕복식 압축기 크랭크축이 관통하는 부분에 냉매나 오일이 누설되는 것을 방지하는 것은?

① 오일링
② 압축링
③ 축봉장치
④ 실린더재킷

해설

축봉장치
왕복식 압축기 크랭크축이 관통하는 부분에 냉매나 오일이 누설되는 것을 방지한다.

25 냉동장치에 사용하는 윤활유인 냉동기유의 구비조건으로 틀린 것은?

① 응고점이 낮아 저온에서도 유동성이 좋을 것
② 인화점이 높을 것
③ 냉매와 분리성이 좋을 것
④ 왁스(Wax) 성분이 많을 것

해설

냉동기 오일은 산에 대한 안정성이 좋고 왁스 성분이 적어야 한다.

26 불연속제어에 속하는 것은?

① ON–OFF 제어
② 비례제어
③ 미분제어
④ 적분제어

해설

㉠ 제1항 : 불연속제어 동작(2위치 동작)
㉡ 제2, 3, 4항 : 연속제어 동작

27 다음의 $P-h$(몰리에르) 선도는 현재 어떤 상태를 나타내는 사이클인가?

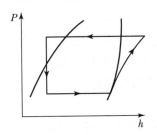

① 습냉각
② 과열압축
③ 습압축
④ 과냉각

해설

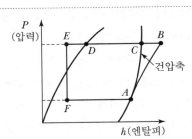

㉠ $A \rightarrow B$: 압축
㉡ $B \rightarrow C$: 과열 제거
㉢ $C \rightarrow D$: 응축액화
㉣ $D \rightarrow E$: 과냉각
㉤ $E \rightarrow F$: 교축
㉥ $F \rightarrow A$: 증발

28 냉동기에 냉매를 충전하는 방법으로 틀린 것은?

① 액관으로 충전한다.
② 수액기로 충전한다.
③ 유분리기로 충전한다.
④ 압축기 흡입 측에 냉매를 기화시켜 충전한다.

해설

유(오일)분리기
압축기와 응축기 사이에 설치하여 토출가스 중의 오일을 분리하는 기기이다.

정답   24 ③   25 ④   26 ①   27 ④   28 ③

29 브라인을 사용할 때 금속의 부식 방지법으로 틀린 것은?

① 브라인의 pH를 7.5~8.2 정도로 유지한다.

② 공기와 접촉시키고, 산소를 용입시킨다.

③ 산성이 강하면 가성소다로 중화시킨다.

④ 방청제를 첨가한다.

해설

브라인(Brine) 2차 간접냉매(무기질, 유기질)는 공기와 접촉하면 금속이 부식되므로 산소와는 접촉시키지 않는다.

30 흡수식 냉동기에 관한 설명으로 틀린 것은?

① 압축식에 비해 소음과 진동이 적다.

② 증기, 온수 등 배열을 이용할 수 있다.

③ 압축식에 비해 설치 면적 및 중량이 크다.

④ 흡수식은 냉매를 기계적으로 압축하는 방식이며, 열적(熱的)으로 압축하는 방식은 증기압축식이다.

해설

흡수식 냉동기의 냉매는 물이며 흡수제는 리튬브로마이드(LiBr)이다. 고온재생기에서 버너에 의한 비점차를 이용하여 열적으로 흡수제와 냉매를 분리시킨다.

31 주파수가 60Hz인 상용 교류에서 각속도는?

① 141rad/s

② 171rad/s

③ 377rad/s

④ 623rad/s

해설

㉠ $T(\text{sec})$: 주기(1사이클에 대한 시간)

㉡ 주파수$(f) = \dfrac{1}{T}$[Hz], $T = \dfrac{1}{f}$[sec]

㉢ 각속도(각주파수) $\omega = \dfrac{\theta}{t} = \dfrac{2\pi}{T} = 2\pi f$[rad/sec]

∴ $f = 60\,\text{Hz}$, 각속도$(\omega) = 2\pi \times 60 = 377$[rad/s]

32 흡입압력 조정밸브(SPR)에 대한 설명으로 틀린 것은?

① 흡입압력이 일정 압력 이하가 되는 것을 방지한다.

② 저전압에서 높은 압력으로 운전될 때 사용된다.

③ 종류에는 직동식, 내부 파일럿 작동식, 외부 파일럿 작동식 등이 있다.

④ 흡입압력의 변동이 많은 경우에 사용한다.

해설

흡입압력 조정밸브는 증발기와 압축기 사이의 흡입관에 설치하며 흡입압력이 소정 압력 이상이 되었을 때 과부하에 의한 압축기용 전동기의 소손을 방지하기 위해 설치한다.

33 다음 중 제빙장치의 주요 기기에 해당되지 않는 것은?

① 교반기

② 양빙기

③ 송풍기

④ 탈빙기

해설

제빙장치(1RT = 1.65RT 능력)의 구성요소

㉠ 교반기

㉡ 양빙기

㉢ 탈빙기

34 다음 중 프로세스 제어에 속하는 것은?

① 전압

② 전류

③ 유량

④ 속도

해설

프로세스 제어

온도, 유량, 압력, 액위, 농도 등의 공업 프로세스의 상태량으로 하는 제어이며, 위치는 서보 기구이다.

35 배관의 신축 이음쇠의 종류로 가장 거리가 먼 것은?

① 스위블형　　　　② 루프형

③ 트랩형　　　　　④ 벨로스형

해설

배관 신축 이음쇠

㉠ 스위블형

㉡ 루프형

㉢ 벨로스형

※ 트랩형 : 응축수 제거용(스팀트랩)

36 증기분사 냉동법에 관한 설명으로 옳은 것은?

① 융해열을 이용하는 방법

② 승화열을 이용하는 방법

③ 증발열을 이용하는 방법

④ 펠티에 효과를 이용하는 방법

해설

증기분사 냉동법

증발기, 이젝터, 복수기, 냉수 및 복수펌프 등으로 구성되어 있으며, 증기 이젝터의 노즐에서 분사되는 증기의 흡입작용으로 증발기 내를 진공으로 만들어 상부에서 살포되는 냉수의 일부가 증발하면서 나머지 물을 냉각시켜 냉수펌프로 부하 측에 보낸다.

37 냉동장치에 수분이 침입되었을 때 에멀션 현상이 일어나는 냉매는?

① 황산　　　　　　② R-12

③ R-22　　　　　④ NH₃

해설

NH₃

암모니아 냉매는 수분과 용해하여 에멀션 유탁액(Emulsion) 현상이 촉진된다.

38 역카르노 사이클에 대한 설명 중 옳은 것은?

① 2개의 압축과정과 2개의 증발과정으로 이루어져 있다.

② 2개의 압축과정과 2개의 응축과정으로 이루어져 있다.

③ 2개의 단열과정과 2개의 등온과정으로 이루어져 있다.

④ 2개의 증발과정과 2개의 응축과정으로 이루어져 있다.

해설

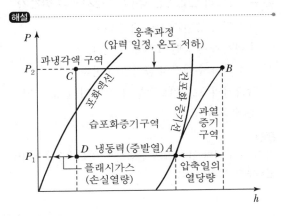

역카르노 사이클

㉠ $A \rightarrow B$(단열압축=등엔트로피) : 압축기

㉡ $B \rightarrow C$(정압방열) : 응축기

㉢ $C \rightarrow D$(교축과정=등엔탈피) : 팽창밸브

㉣ $D \rightarrow A$(등온정압팽창) : 증발기

39 프레온 냉동장치의 배관에 사용되는 재료로 가장 거리가 먼 것은?

① 배관용 탄소강 강관

② 배관용 스테인리스 강관

③ 이음매 없는 동관

④ 탈산 동관

해설

배관용 탄소강 강관(SPP)

암모니아 냉매 배관에 유리하다.

40 표준 냉동 사이클의 몰리에르($P-h$) 선도에서 압력이 일정하고, 온도가 저하되는 과정은?

① 압축과정   ② 응축과정
③ 팽창과정   ④ 증발과정

해설
문제 38번 해설 참조

41 냉동장치에서 가스 퍼저(Purger)를 설치할 경우, 가스의 인입선은 어디에 설치해야 하는가?

① 응축기와 증발기 사이에 한다.
② 수액기와 팽창밸브 사이에 한다.
③ 응축기와 수액기의 균압관에 한다.
④ 압축기의 토출관으로부터 응축기의 3/4 되는 곳에 한다.

해설
가스 퍼저 설치 시 가스의 인입선은 응축기와 수액기의 균압관에 설치한다.

42 배관의 중간이나 밸브, 각종 기기의 접속 및 보수점검을 위하여 관의 해체 또는 교환 시 필요한 부속품은?

① 플랜지   ② 소켓
③ 벤드   ④ 바이패스관

해설
플랜지, 유니언
배관의 중간이나 밸브, 각종 기기의 접속 및 보수점검 시 관의 해체 또는 교환 시 필요한 부품이다.

43 저단 측 토출가스의 온도를 냉각시켜 고단 측 압축기가 과열되는 것을 방지하는 것은?

① 부스터   ② 인터쿨러
③ 팽창탱크   ④ 콤파운드 압축기

해설
인터쿨러
저단 측 토출가스의 온도를 냉각시켜 고단 측 압축기가 과열되는 것을 방지하는 기기이다.

44 축봉장치(Shaft Seal)의 역할로 가장 거리가 먼 것은?

① 냉매 누설 방지
② 오일 누설 방지
③ 외기 침입 방지
④ 전동기의 슬립(Slip) 방지

해설
축봉장치
왕복동식 압축기의 부속품으로, 그 역할은 ①, ②, ③과 같다.

45 냉동 사이클에서 증발온도를 일정하게 하고 응축온도를 상승시켰을 경우의 상태변화로 옳은 것은?

① 소요동력 감소
② 냉동능력 증대
③ 성적계수 증대
④ 토출가스 온도 상승

해설
증발온도가 일정(저압)하고 응축온도가 상승하면(응축압력은 고압) 압축비가 높아져 토출가스 온도 상승, 소요동력 증대, 성적계수 감소 등이 나타난다.

46 개별 공조방식의 특징이 아닌 것은?

① 취급이 간단하다.
② 외기 냉방을 할 수 있다.
③ 국소적인 운전이 자유롭다.
④ 중앙방식에 비해 소음과 진동이 크다.

정답 40 ② 41 ③ 42 ① 43 ② 44 ④ 45 ④ 46 ②

해설

실내 설치용 개별 공조방식은 외기량이 부족하여 외기냉방이 불편하다.

47 공조방식 중 각층유닛방식의 특징으로 틀린 것은?

① 각 층의 공조기 설치로 소음과 진동의 발생이 없다.
② 각 층별로 부분부하운전이 가능하다.
③ 중앙기계실의 면적을 작게 차지하고 송풍기 동력도 적게 든다.
④ 각층 슬래브의 관통 덕트가 없게 되므로 방재상 유리하다.

해설

각층유닛방식(전공기방식)
각 층마다 독립된 유닛(2차 공조기)을 설치하고 이 공조기의 냉각코일 및 가열코일에는 중앙기계실에서 냉수나 온수 증기를 받는다. 각 층의 공조기에서 소음, 진동이 발생한다.

48 환기방법 중 제1종 환기법으로 옳은 것은?

① 자연급기와 강제배기
② 강제급기와 자연배기
③ 강제급기와 강제배기
④ 자연급기와 자연배기

해설

제1종 환기법
㉠ 급기(기계 이용)
㉡ 배기(기계 이용)

※ 기계환기 : 강제환기

49 외기온도 −5℃일 때 공급 공기를 18℃로 유지하는 열펌프로 난방을 한다. 방의 총 열손실이 50,000kcal/h일 때 외기로부터 얻은 열량은?

① 43,500kcal/h
② 46,048kcal/h
③ 50,000kcal/h
④ 53,255kcal/h

해설

온도차에 의한 외기로부터 얻은 열량(Q)

$$Q = 50,000 \times \frac{273 - 5}{273 + 18} = 46,048\text{kcal/h}$$

50 외기온도가 32.3℃, 실내온도가 26℃이고, 일사를 받은 벽의 상당온도차가 22.5℃, 벽체의 열관류율이 3kcal/m² · h · ℃일 때, 벽체의 단위면적당 이동하는 열량은?

① 18.9kcal/m² · h
② 67.5kcal/m² · h
③ 96.9kcal/m² · h
④ 101.8kcal/m² · h

해설

열손실(Q) $= A \times k(t_1 - t_2)$
상당온도차(ETD)를 이용하여 냉난방부하 계산 시
실내로 들어오는 열량(Q) $= K \cdot A \cdot ETD$
∴ $Q = 1\text{m}^2 \times 3\text{kcal/m}^2 \cdot \text{h} \cdot ℃ \times 22.5℃ = 67.5$

※ 일사 : 햇빛

51 프로펠러의 회전에 의하여 축방향으로 공기를 흐르게 하는 송풍기는?

① 관류 송풍기
② 축류 송풍기
③ 터보 송풍기
④ 크로스 플로 송풍기

해설

축류 송풍기
㉠ 프로펠러형
㉡ 디스크형

52 (가), (나), (다)와 같은 관로의 국부저항계수(전압기준)가 큰 것부터 작은 순서로 나열한 것은?

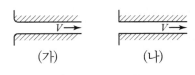

(가)　　　　　(나)

(다)

① (가) > (나) > (다)　② (가) > (다) > (나)
③ (나) > (다) > (가)　④ (다) > (나) > (가)

해설
마찰저항계수 크기 : (다) > (나) > (가)

53 다음 중 건조공기의 구성요소가 아닌 것은?

① 산소　　　　② 질소
③ 수증기　　　④ 이산화탄소

해설
수증기가 포함된 것은 습공기이다.
※ 습공기 구성요소＝산소＋질소＋H_2O＋아르곤

54 셀 앤드 튜브(Shell & Tube)형 열교환기에 관한 설명으로 옳은 것은?

① 전열관 내 유속은 내식성이나 내마모성을 고려하여 약 1.8m/s 이하가 되도록 하는 것이 바람직하다.
② 동관을 전열관으로 사용할 경우 유체온도는 200℃ 이상이 좋다.
③ 증기와 온수의 흐름은 열교환 측면에서 병행류가 바람직하다.
④ 열관류율은 재료와 유체의 종류에 상관없이 거의 일정하다.

해설
① 셀 앤드 튜브형 열교환기에서 전열관 내 유속은 약 1.8m/s 이하로 설정한다.
② 열교환은 향류가 좋다.
③ 열관류율은 유체마다 다르다.
④ 동관은 전열관에서 200℃ 이하 유체가 좋다.

55 보일러에서 공기예열기의 사용에 따라 나타나는 현상으로 틀린 것은?

① 열효율 증가　　　② 연소효율 증대
③ 저질탄 연소 가능　④ 노 내 연소속도 감소

해설
공기예열기는 노가 아닌 연도에 설치한다.

(폐열회수장치)
보일러 → 공기예열기(통풍력 감소, 저온부식 발생) → 연돌

56 공기조화시스템의 열원장치 중 보일러에 부착되는 안전장치로 가장 거리가 먼 것은?

① 감압밸브　　　　② 안전밸브
③ 화염검출기　　　④ 저수위 경보장치

해설
감압밸브
보일러 고압증기 → [R] → 저압증기 (부하 측)(증기압력 일정)

57 가습방식에 따른 분류로 수분무식 가습기가 아닌 것은?

① 원심식　　　　② 초음파식
③ 모세관식　　　④ 분무식

해설
증발식 가습기
㉠ 회전식　　㉡ 모세관식　　㉢ 적하식

정답 52 ④ 53 ③ 54 ① 55 ④ 56 ① 57 ③

58 물질의 상태는 변화하지 않고, 온도만 변화시키는 열을 무엇이라고 하는가?

① 현열 ② 잠열
③ 비열 ④ 융해열

해설
㉠ 현열 : 온도 변화 시 소비되는 열(물의 온도 상승, 하강 시 필요한 열)
㉡ 잠열 : 온도는 일정하고 상태 변화 시 소비되는 열(물의 증발잠열 등)

59 축류형 송풍기의 크기는 송풍기의 번호로 나타내는데, 회전날개의 지름(mm)을 얼마로 나눈 것을 번호(No.)로 나타내는가?

① 100 ② 150
③ 175 ④ 200

해설
㉠ 축류형(No.) $= \dfrac{\text{날개 지름}}{100}$

㉡ 원심형(No.) $= \dfrac{\text{날개 지름}}{150}$

60 송풍기의 풍량 제어방식에 대한 설명으로 옳은 것은?

① 토출댐퍼 제어방식에서 토출댐퍼를 조이면 송풍량은 감소하나 출구 압력이 증가한다.
② 흡입 베인 제어방식에서 흡입 측 베인을 조금씩 닫으면 송풍량 및 출구 압력이 모두 증가한다.
③ 흡입댐퍼 제어방식에서 흡입댐퍼를 조이면 송풍량 및 송풍 압력이 모두 증가한다.
④ 가변피치 제어방식에서 피치각도를 증가시키면 송풍량은 증가하지만 압력은 감소한다.

해설
㉠ 송풍기의 토출댐퍼 제어에서 토출댐퍼를 조이면 송풍량이 감소하며 출구 압력이 증가한다.
㉡ 흡입 측 베인을 닫으면 압력이 저하한다.
㉢ 가변피치는 피치 각도를 증가시키면 압력이 감소한다.

※ 2016년 7월 10일 시험 이후에는 한국산업인력공단에서 기출문제를 공개하지 않고 있습니다. 참고하여 주시기 바랍니다.

APPENDIX

부록 2

CBT 실전모의고사

제1회~제8회

01. CBT 실전모의고사

01 작업자의 신체를 보호하기 위한 보호구의 구비조건으로 가장 거리가 먼 것은?

① 착용이 간편할 것
② 방호성능이 충분한 것일 것
③ 정비가 간단하고 점검, 검사가 용이할 것
④ 견고하고 값비싼 고급 품질일 것

02 가스용접 작업 시 유의사항이다. 적절하지 못한 것은?

① 산소병은 60℃ 이하 온도에서 보관하고 직사광선을 피해야 한다.
② 작업자의 눈을 보호하기 위한 차광안경을 착용해야 한다.
③ 가스누설의 점검을 수시로 해야 하며 점검은 비눗물로 한다.
④ 가스용접장치는 화기로부터 5m 이상 떨어진 곳에 설치해야 한다.

03 안전사고 예방의 사고예방원리 5단계를 단계별로 바르게 나타낸 것은?

① 사실의 발견 → 평가분석 → 시정책의 선정 → 조직 → 시정책의 적용
② 조직 → 사실의 발견 → 평가분석 → 시정책의 선정 → 시정책의 적용
③ 사실의 발견 → 시정책의 선정 → 평가분석 → 시정책의 적용 → 조직
④ 조직 → 사실의 발견 → 시정책의 선정 → 시정책의 적용 → 평가분석

04 드릴링 작업을 할 때의 안전수칙을 설명한 것으로 바른 것은?

① 옷소매가 긴 작업복이나 장갑을 착용한다.
② 드릴의 착탈은 회전이 완전히 멈춘 다음 행한다.
③ 드릴 작업을 하면서 칩을 가끔 손으로 제거한다.
④ 드릴 작업 시에는 보안경을 착용해서는 안 된다.

05 도수율(빈도율)이 30인 사업장의 연천인율은 얼마인가?

① 24   ② 36
③ 72   ④ 96

06 소화효과의 원리가 아닌 것은?

① 질식효과   ② 제거효과
③ 냉각효과   ④ 단열효과

07 냉동제조 시설기준에 대한 설명 중 틀린 것은?

① 냉매설비에는 상용압력을 초과하는 경우 즉시 그 압력을 상용압력 이하로 되돌릴 수 있는 안전장치를 설치할 것
② 암모니아 냉동설비의 전기설비는 반드시 방폭성능을 가지는 것일 것
③ 냉매설비에는 긴급사태가 발생하는 것을 방지하기 위해 자동제어장치를 설치할 것
④ 가연성 가스 또는 독성가스 냉매설비의 배관에서 냉매가스가 누출될 경우 그 가스가 체류하지 않도록 필요한 조치를 할 것

08 안전관리의 목적을 가장 올바르게 설명한 것은?

① 기능 향상을 도모한다.

② 경영의 혁신을 도모한다.

③ 기업의 시설투자를 확대한다.

④ 근로자의 안전과 능률을 향상시킨다.

09 공조설비에 사용되는 NH_3 냉매가 눈에 들어간 경우 조치방법으로 적당한 것은?

① 레몬주스 또는 20%의 식초를 바른다.

② 2%의 붕산액으로 세척하고 유동파라핀을 점안한다.

③ 차아황산나트륨 포화용액으로 씻어낸다.

④ 암모니아수로 씻는다.

10 보일러에 스케일 부착으로 인한 영향으로 틀린 것은?

① 전열량 증가

② 연료소비량 증가

③ 과열로 인한 과열사고 위험 발생

④ 보일러 효율 저하

11 안전·보건표지의 색채에서 바탕은 파란색, 관련 그림은 흰색으로 된 표지로 맞는 것은?

① 금지표지

② 경고표지

③ 지시표지

④ 안내표지

12 토출압력이 너무 낮은 경우의 원인으로 적절하지 못한 것은?

① 냉매 충전량 과다

② 토출밸브에서의 누설

③ 냉각수 수온이 너무 낮아서

④ 냉각수량이 너무 많아서

13 전기기계·기구에서 절연상태를 측정하는 계기로 맞는 것은?

① 검류계

② 전류계

③ 절연저항계

④ 접지저항계

14 전기 용접작업을 할 때 옳지 않은 것은?

① 비오는 날 옥외에서 작업하지 않는다.

② 소화기를 준비한다.

③ 가스관에 접지한다.

④ 화상에 주의한다.

15 정작업 시 안전작업수칙으로 옳지 않은 것은?

① 정의 머리가 둥글게 된 것은 사용하지 말 것

② 처음에는 가볍게 때리고 점차 타격을 가할 것

③ 철재를 절단할 때에는 철편이 날아 튀는 것에 주의할 것

④ 표면이 단단한 열처리 부분은 정으로 가공할 것

16 다음 설명 중 틀린 것은?

① 유압 보호 스위치의 종류는 바이메탈식과 가스 통식이 있다.
② 단수 릴레이는 수랭식 응축기에서 브라인이나 냉각수가 단수 또는 감수 시 압축기를 정지시키는 스위치다.
③ 가용전은 토출가스의 영향을 직접 받지 않는 곳에 설치한다.
④ 파열판은 일단 동작된 후 내부 압력이 낮아지면 가스의 방출이 정지되며, 다시 사용할 수 있다.

17 내식성이 우수하고 열전도율이 비교적 크며 굽힘성 등이 좋아 냉난방관, 급수관 등에 널리 이용되는 관은?

① 구리관
② 납관
③ 합성수지관
④ 합금강 강관

18 열용량에 대한 설명으로 맞는 것은?

① 어떤 물질 1kg의 온도를 10℃ 올리는 데 필요한 열량을 뜻한다.
② 어떤 물질의 온도를 1℃ 올리는 데 필요한 열량을 뜻한다.
③ 물 1kg의 온도를 0.1℃ 올리는 데 필요한 열량을 뜻한다.
④ 물 1lb의 온도를 1℉ 올리는 데 필요한 열량을 뜻한다.

19 브라인 냉매에 관한 설명 중 틀린 것은?

① 무기질 브라인 중 염화나트륨이 염화칼슘보다 부식성이 더 크다.
② 염화칼슘 브라인은 공정점이 낮아 제빙, 냉장 등으로 사용된다.
③ 브라인 냉매의 pH 값은 7.5~8.2(약알칼리)로 유지하는 것이 좋다.
④ 브라인은 유기질과 무기질로 구분되며 유기질 브라인의 부식성이 더 크다.

20 주기(T)가 0.002s일 때 주파수는 몇 Hz인가?

① 400   ② 450
③ 500   ④ 550

21 액순환식 증발기에 대한 설명 중 맞는 것은?

① 오일이 체류할 우려가 크고 제상 자동화가 어렵다.
② 냉매량이 적게 소요되며 액펌프, 저압수액기 등 설비가 간단하다.
③ 증발기 출구에서 액은 80% 정도이고 기체는 20% 정도 차지한다.
④ 증발기가 하나라도 여러 개의 팽창밸브가 필요하다.

22 배관시공 시 진동 및 충격을 완화시키기 위하여 설치하는 기기는?

① 행거   ② 서포트
③ 브레이스   ④ 리스트레인트

23 냉동기유의 구비조건 중 옳지 않은 것은?

① 응고점과 유동점이 높을 것

② 인화점이 높을 것

③ 점도가 적당할 것

④ 전기절연 내력이 클 것

24 2단 압축냉동장치에서 저압 측(흡입압력)이 0kgf/cm^2 · g, 고압 측(토출압력)이 15kgf/cm^2 · g 이었다. 이때 중간압력은 약 몇 kgf/cm^2 · g인가?

① 2.03

② 3.03

③ 4.03

④ 5.03

25 터보 냉동기 윤활 사이클에서 마그네틱 플러그가 하는 역할은?

① 오일 쿨러의 냉각수 온도를 일정하게 유지하는 역할

② 오일 중의 수분을 제거하는 역할

③ 윤활 사이클로 공급되는 유압을 일정하게 해주는 역할

④ 윤활 사이클로 공급되는 철분을 제거하여 장치의 마모를 방지하는 역할

26 수액기에 부착되지 않는 것은?

① 액면계

② 안전밸브

③ 전자밸브

④ 오일드레인 밸브

27 두 가지 금속으로 폐회로를 만들었을 때 두 접합점에 온도 차이를 주면 열기전력이 발생하는 현상은?

① 평형효과

② 톰슨 효과

③ 열전효과

④ 펠티에 효과

28 흡입배관에서 압력손실이 발생하면 나타나는 현상이 아닌 것은?

① 흡입압력의 저하

② 토출가스 온도의 상승

③ 비체적 감소

④ 체적효율 저하

29 유니언 나사이음의 도시기호로 맞는 것은?

① ──┤├──

② ──┼──

③ ──┤│├──

④ ──✕──

30 가열원이 필요하며 압축기가 필요 없는 냉동기는?

① 터보 냉동기

② 흡수식 냉동기

③ 회전식 냉동기

④ 왕복동식 냉동기

31 옴의 법칙에 대한 설명 중 옳은 것은?

① 전류는 전압에 비례한다.

② 전류는 저항에 비례한다.

③ 전류는 전압의 2승에 비례한다.

④ 전류는 저항의 2승에 비례한다.

32 주철관을 절단할 때 사용하는 공구는?

① 원판 그라인더

② 링크형 파이프 커터

③ 오스터

④ 체인블록

33 냉동기의 스크루 압축기(Screw Compressor)에 대한 특징 설명 중 잘못된 것은?

① 암, 수 2개 나선형 로터의 맞물림으로 냉매가스를 압축한다.

② 액격 및 유격이 작다.

③ 왕복동식과 비교하여 동일 냉동능력일 때 압축기 체적이 크다.

④ 흡입 · 토출밸브가 없다.

34 만액식 증발기에 사용되는 팽창밸브는?

① 저압식 플로트 밸브

② 온도식 자동팽창밸브

③ 정압식 자동팽창밸브

④ 모세관 팽창밸브

35 다음의 역카르노 사이클에서 냉동장치의 각 기기에 해당되는 구간이 바르게 연결된 것은?

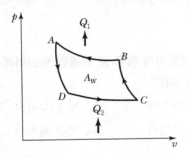

① $B \rightarrow A$: 응축기, $C \rightarrow B$: 팽창밸브, $D \rightarrow C$: 증발기, $A \rightarrow D$: 압축기

② $B \rightarrow A$: 증발기, $C \rightarrow B$: 압축기, $D \rightarrow C$: 응축기, $A \rightarrow D$: 팽창밸브

③ $B \rightarrow A$: 응축기, $C \rightarrow B$: 압축기, $D \rightarrow C$: 증발기, $A \rightarrow D$: 팽창밸브

④ $B \rightarrow A$: 압축기, $C \rightarrow B$: 응축기, $D \rightarrow C$: 증발기, $A \rightarrow D$: 팽창밸브

36 다음 용어의 설명 중 맞지 않는 것은?

① 냉각 : 식품을 얼리지 않는 범위 내에서 온도를 낮추는 것

② 제빙 : 물을 동결하여 얼음을 생산하는 것

③ 동결 : 어떤 물체를 가열하여 얼리는 것

④ 저빙 : 생산된 얼음을 저장하는 것

37 냉매의 건조도가 가장 큰 상태는?

① 과냉액   ② 습포화증기

③ 포화액   ④ 건조포화증기

38 안전사용 최고온도가 가장 높은 배관 보온재는?

① 우모펠트   ② 폼 폴리스티렌

③ 규산칼슘   ④ 탄산마그네슘

39 어떤 냉동기의 냉동능력이 4,300kJ/h, 성적계수가 6, 냉동효과가 7.1kJ/kg, 응축기 방열량이 8.36kJ/kg일 경우 냉매 순환량은 약 얼마인가?

① 450kg/h   ② 505kg/h

③ 550kg/h   ④ 605kg/h

40 냉동능력이 45냉동톤인 냉동장치의 수직형 셸 앤드 튜브 응축기에 필요한 냉각수량은 약 얼마인가?(단, 응축기 입구 온도는 23℃이며, 응축기 출구 온도는 28℃이다.)

① 38,844L/h　　② 43,200L/h

③ 51,870L/h　　④ 60,250L/h

41 다음 $P-h$ 선도는 NH_3를 냉매로 하는 냉동장치의 운전상태를 냉동 사이클로 표시한 것이다. 이 냉동장치의 부하가 50,000kcal/h일 때 이 응축기에서 제거해야 할 열량은 약 얼마인가?

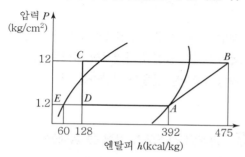

① 209,032kcal/h　　② 41,813kcal/h

③ 65,720kcal/h　　④ 52,258kcal/h

42 냉동장치의 능력을 나타내는 단위로서 냉동톤(RT)이 있다. 1냉동톤을 설명한 것으로 옳은 것은?

① 0℃의 물 1kg을 24시간에 0℃의 얼음으로 만드는 데 필요한 열량

② 0℃의 물 1ton을 24시간에 0℃의 얼음으로 만드는 데 필요한 열량

③ 0℃의 물 1kg을 1시간에 0℃의 얼음으로 만드는 데 필요한 열량

④ 0℃의 물 1ton을 1시간에 0℃의 얼음으로 만드는 데 필요한 열량

43 공정점이 –55℃이며, 가장 일반적인 무기질 브라인으로 얼음 제조에 사용되는 것은?

① 염화칼슘 수용액

② 염화마그네슘 수용액

③ 에틸렌글리콜

④ 프로필렌글리콜

44 왕복 압축기에서 이론적 피스톤 압출량(m^3/h)의 산출식으로 옳은 것은?(단, 기통수 N, 실린더 내경 D(m), 회전수 R(rpm), 피스톤 행정 L(m)이다.)

① $V = D \cdot L \cdot R \cdot N \cdot 60$

② $V = \dfrac{\pi}{4} D \cdot L \cdot R \cdot N$

③ $V = \dfrac{\pi}{4} D \cdot L \cdot R \cdot N \cdot 60$

④ $V = \dfrac{\pi}{4} D^2 \cdot L \cdot N \cdot R \cdot 60$

45 용접 접합을 나사 접합에 비교한 것 중 옳지 않은 것은?

① 누수의 우려가 적다.

② 유체의 마찰 손실이 많다.

③ 배관상으로 공간 효율이 좋다.

④ 접합부의 강도가 크다.

46 보일러의 종류 중 원통형 보일러에 해당하지 않는 것은?

① 입형 보일러　　② 노통 보일러

③ 관류 보일러　　④ 연관 보일러

47 공기조화기에 사용되는 공기가열코일이 아닌 것은?

① 직접팽창코일   ② 온수코일
③ 증기코일   ④ 전열코일

48 공기를 가습하는 방법으로 적당하지 않은 것은?

① 직접팽창코일의 이용
② 공기세정기의 이용
③ 증기의 직접분무
④ 온수의 직접분무

49 급기, 배기 모두 기계를 이용한 환기법으로 보일러실 등에 사용되는 것은?

① 제1종 환기법   ② 제2종 환기법
③ 제3종 환기법   ④ 제4종 환기법

50 상대습도에 대한 설명 중 맞는 것은?

① 습공기에 포함되는 수증기의 양과 건조공기 양의 중량비
② 습공기의 수증기압과 동일 온도의 포화공기의 수증기압의 비
③ 포화상태의 수증기의 분량의 비
④ 습공기의 절대습도와 동일 온도의 포화 습공기의 절대습도의 비

51 원심송풍기의 풍량제어방법으로 적당하지 않은 것은?

① 온-오프제어   ② 회전수제어
③ 흡입베인제어   ④ 댐퍼제어

52 캐비테이션(공동현상)의 방지대책이 아닌 것은?

① 펌프의 흡입양정을 짧게 한다.
② 펌프의 회전수를 적게 한다.
③ 양흡입 펌프를 단흡입 펌프로 바꾼다.
④ 흡입관경은 크게 하며 굽힘을 적게 한다.

53 다음의 그림은 열흐름을 나타낸 것이다. 열흐름에 대한 용어로 틀린 것은?

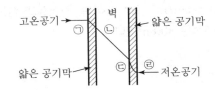

① ㉠→㉡ : 열전달   ② ㉡→㉢ : 열관류
③ ㉢→㉣ : 열전달   ④ ㉠→㉣ : 열통과

54 보건용 공기조화에서 쾌적한 상태를 제공해주는 4가지 주요한 요소에 해당되지 않는 것은?

① 온도   ② 습도
③ 기류   ④ 음향

55 공조방식 중 각층유닛방식의 장점으로 틀린 것은?

① 각 층의 공조기 설치로 소음과 진동의 발생이 없다.
② 각 층별로 부분부하운전이 가능하다.
③ 중앙기계실의 면적을 적게 차지하고 송풍기 동력도 적게 든다.
④ 각 층 슬래브의 관통 덕트가 없어지므로 방재상 유리하다.

56 난방부하가 3,600kcal/h인 실에 온수를 열매로 하는 방열기를 설치하는 경우 소요방열면적은 몇 m²인가?(단, 방열기의 방열량은 표준방열량(kcal/m² · h)을 기준으로 한다.)

① 2.0 ② 4.0

③ 6.0 ④ 8.0

57 공조되는 인접실과 5℃의 온도차가 나는 경우에 벽체를 통한 관류열량은?(단, 벽체의 열관류율은 0.5kcal/m² · h · ℃이며, 인접실과 접한 벽체의 면적은 300m²이다.)

① 215kcal/h

② 325kcal/h

③ 750kcal/h

④ 1,500kcal/h

58 공조용 저속덕트를 등마찰법으로 설계할 때 사용하는 단위마찰저항으로 맞는 것은?

① 0.08~0.15mmAq/m

② 0.8~1.5mmAq/m

③ 8~15mmAq/m

④ 80~150mmAq/m

59 온풍난방의 장점이 아닌 것은?

① 예열시간이 짧아 비교적 연료소비량이 적다.

② 온도의 자동제어가 용이하다.

③ 필터를 채택하므로 깨끗한 공기를 유지할 수 있다.

④ 실내온도 분포가 균등하다.

60 보일러로부터의 증기 또는 온수나 냉동기로부터의 냉수를 객실에 있는 유닛으로 공급시켜 냉 · 난방을 하는 것으로 덕트 스페이스가 필요 없고, 각 실의 제어가 쉬워서 주택, 여관 등과 같이 재실인원이 적은 방에 적절한 방식은?

① 전공기방식

② 전수방식

③ 공기 - 수방식

④ 냉매방식

정답 및 해설

01 ④	02 ①	03 ②	04 ②	05 ③
06 ④	07 ②	08 ④	09 ②	10 ①
11 ③	12 ①	13 ③	14 ③	15 ④
16 ④	17 ①	18 ②	19 ④	20 ③
21 ③	22 ③	23 ①	24 ②	25 ④
26 ③	27 ③	28 ③	29 ②	30 ②
31 ①	32 ②	33 ③	34 ①	35 ③
36 ③	37 ④	38 ③	39 ④	40 ①
41 ③	42 ②	43 ①	44 ④	45 ②
46 ③	47 ①	48 ①	49 ①	50 ②
51 ①	52 ③	53 ②	54 ④	55 ①
56 ④	57 ③	58 ①	59 ④	60 ②

01 보호구는 가격이 비싼 고급 품질보다는 저렴하면서 착용이 간편해야 한다.

02 산소나 가스통은 40℃ 이하에서 보관하여야 한다.

03 안전사고 예방 5단계
조직 → 사실의 발견 → 평가분석 → 시정책의 선정 → 시정책의 적용

04 드릴링 작업 시 안전수칙
㉠ 보안경을 착용할 것
㉡ 칩은 손이 아닌 기구로 제거할 것
㉢ 장갑을 착용하지 말 것
㉣ 착탈은 회전이 완전히 멈춘 다음 행할 것

05 빈도율 $= \dfrac{재해발생건수}{근로연시간수} \times 1,000,000$

연천인율 $= \dfrac{재해발생건수}{연평균 근로자수} \times 1,000$
$= 도수율 \times 2.4 = 30 \times 2.4 = 72$

06 소화효과
㉠ 질식효과
㉡ 제거효과
㉢ 냉각효과

07 암모니아나 브롬화메탄은 폭발범위 하한치가 높기 때문에 (15~28%), 전기설비 시 방폭성능이 아니어도 된다.

08 안전관리의 목적은 근로자의 안전과 능률을 향상시키는 데 있다.

09 암모니아(NH_3) 냉매가 눈에 들어가면 응급조치로 2% 붕산액으로 세척하고 유동파라핀을 점안한다.

10 보일러 전열면에 스케일(관석)이 부착되면 열전열이 매우 불량해진다.

11 안전보건표지 색채
㉠ 지시표지 : 청색 바탕에 흰색
㉡ 금지표지 : 적색 바탕에 흑색
㉢ 경고표지 : 황색 바탕에 흑색
㉣ 안내표지 : 녹색 바탕에 백색

12 냉매 충전량이 과다하면 토출압력이 높다.

13 ㉠ 절연저항계 : 절연저항을 측정하는 계기
㉡ 절연저항 : 절연물에 직류전압을 가하면 아주 미소한 전류가 흐른다. 이때의 전압과 전류의 비로 구한 저항을 절연저항이라 한다(단위 : 메가옴, MΩ).

14 전기접지는 배선에 연결한다. 즉, 피용접물은 코드로 완전 접지시킨다.

15 열처리에 의해 표면이 단단한 부분은 정작업이 불가능하다.

16 ㉠ 가용전
• 성분 : 납＋주석＋안티몬＋카드뮴＋비스무트
• 용융온도 : 68~78℃
㉡ 파열판
• 얇은 철판으로 만든 안전장치로서 1회용으로 제작된다.
• 내부 압력이 낮아지면 방출이 정지되며, 다시 사용할 수 없다.

17 구리관
내식성이 우수하고 열전도율이 매우 크고 굽힘성이 좋다 (냉난방관, 급수관용).

18 열용량이란 어떤 물질의 온도를 1℃ 올리는 데 필요한 열량 (kcal/℃)이다.

19 무기질 브라인(염화칼슘, 염화나트륨, 염화마그네슘)이 부식력이 크다.

20 주파수 : 1초 동안에 반복하는 사이클 수

$$주파수(f) = \frac{1}{T} = \frac{1}{0.002} = 500\,\text{Hz}$$

21 액순환식 증발기

  ㉠ 전열이 가장 양호하며 증발기 내에 오일이 체류하지 않는다.

  ㉡ 냉매량이 많이 소요되며 액펌프, 저압수액기 등 설비가 많이 필요하다.

  ㉢ 증발기 출구에서 액은 80%, 냉매증기 기체는 20%이다.

22 브레이스

  배관이나 펌프, 압축기 등의 진동 및 충격을 완화시킨다.

23 냉동기유는 응고점과 유동점(응고점 + 2.5℃)이 낮아야 한다.

24 중간압력$(P_m) = \sqrt{P_c + P_e}$

$$= \sqrt{(0 + 1.033) \times (15 + 1.033)}$$

$$= 4.069\,\text{kg/cm}^2 \cdot \text{a}$$

$$\therefore\ P_m = 4.069 - 1.033 = 3.03\,\text{kg/cm}^2 \cdot \text{g}$$

25 터보 냉동기(대용량 냉동기) 윤활 사이클에서 마그네틱 플러그는 철분을 제거한다.

26 전자밸브는 팽창밸브에서 밸브 본체를 자동으로 개폐시킨다.

27 열전효과

  두 가지 금속으로 폐회로를 만들 때 두 접합점에 온도 차이를 주면 열기전력이 발생한다.

28 냉매 흡입배관에서 압력손실이 생기면 비체적(m^3/kg)이 증가한다.

29 ① 플랜지 이음   ② 나사이음   ④ 용접이음

30 흡수식 냉동기는 가열원이 필요하며 압축기 대신 재생기가 필요하다.

  증발기 → 흡수기 → 재생기 → 응축기

31 옴의 법칙

  도체에 흐르는 전류 I는 전압 V에 비례하고 저항 R에 반비례한다.

$$I = \frac{V}{R}\,[\text{A}]$$

32 주철관 절단 공구 : 링크형 파이프 커터

33 스크루식 압축기는 왕복동에 비해 가볍고 설치면적이 작고 고속회전이며 중·대용량이다.

34 저압식 플로트 팽창밸브 : 만액식 증발기용

35 ㉠ $A \to D$(단열팽창) : 팽창밸브

  ㉡ $D \to C$(등온팽창) : 증발기

  ㉢ $C \to B$(단열압축) : 압축기

  ㉣ $B \to A$(등온압축) : 응축기

36 동결 : 어떤 물체를 냉동하여 얼리는 조작

37 건조도(x)

  ㉠ 0 이하 : 과냉각액

  ㉡ 0 : 포화액

  ㉢ 0 이상 1 이하 : 습포화증기

  ㉣ 1 : 건조포화증기

38 ① 우모펠트 : 120℃ 이하

  ② 폼 폴리스티렌 : 80℃ 이하

  ③ 규산칼슘 : 650℃ 이하

  ④ 탄산마그네슘 : 250℃ 이하

39 냉매 순환량 $= \dfrac{\text{냉동능력(kJ/h)}}{\text{냉동효과(kJ/kg)}}$

$$= \frac{4,300}{7.1} = 605\,\text{kg/h}$$

40 냉동의 경우 정수는 응축기에서 1.3, 공조기에서 1.2이다.

  1냉동톤은 3,320kcal/h이므로,

$$냉각수량 = \frac{1.3 \times (45 \times 3,320)}{(28 - 23)} = 38,844\,\text{L/h}$$

41 증발기 부하 $= 50,000\,\text{kcal/h}$

$$냉매 사용량 = \frac{50,000}{(392 - 128)} = 189\,\text{kg/h}$$

  압축기 일량 $= 189 \times (475 - 392) = 15,690\,\text{kcal/h}$

$$\therefore\ 50,000 + 15,690 \fallingdotseq 65,720\,\text{kcal/h}$$

42 1냉동톤

  0℃의 물 1톤을 24시간에 0℃의 얼음으로 만들 수 있는 능력

43 염화칼슘 수용액(무기질 브라인 냉매)의 공정점 : $-55℃$

44 왕복동 압축기 시간당 냉매가스 압출량(m³/h)

$$V = \frac{\pi}{4}D^2 \cdot L \cdot N \cdot R \cdot 60$$

45 용접접합은 유체의 마찰 손실이 적다.

46 관류 보일러
수관식 보일러로서 효율은 높으나 스케일 부착이 심하다.

47 직접팽창코일은 냉매코일에 해당한다.

48 직접팽창코일은 공기 냉각에 사용된다.

49 ① 제1종 환기 : 급기, 배기 모두 기계를 이용
② 제2종 환기 : 급기(기계), 배기(자연)
③ 제3종 환기 : 급기(자연), 배기(기계)
④ 제4종 환기 : 급기, 배기 모두 자연환기

50 상대습도$(\phi) = \dfrac{P_v}{P_s} \times 100\%$

$$= \frac{\text{습공기의 수증기압}}{\substack{\text{동일 온도에서}\\\text{포화공기의 수증기압}}} \times 100\%$$

51 풍량제어
㉠ 토출댐퍼에 의한 제어
㉡ 흡입댐퍼에 의한 제어
㉢ 흡입베인에 의한 제어
㉣ 회전수에 의한 제어
㉤ 가변피치제어

52 양흡입을 단흡입으로 바꾸면 공동현상이 증가한다.

53 ㉡ → ㉢ : 고체벽에서는 열전도가 나타난다.

54 보건용 공기조화 4대 주요소
㉠ 온도　　　　㉡ 기류
㉢ 습도　　　　㉣ 청정도

55 각층유닛방식은 전공기방식에 속하며, 각 층마다 부하 변동에 대응이 가능하나 소음 및 진동이 발생한다.

56 온수표준난방 방열량=450kcal/m² · h

$$\therefore \text{방열면적(EDR)} = \frac{3,600}{450} = 8\text{m}^2$$

57 열관류율$(K) = \dfrac{1}{\dfrac{1}{a_1} + \dfrac{b}{\lambda} + \dfrac{1}{a_2}}$ [kcal/m² · h · ℃]

관류열량(Q)=열관류율(K)×전열면적(A)×온도차(Δt)
　　　　　=0.5×300×5
　　　　　=750kcal/h

58 등마찰법 저항
㉠ 음악감상실 : 0.07mmAq/m
㉡ 일반건축 : 0.1mmAq/m
㉢ 기타 : 0.15mmAq/m

59 온풍난방은 취출 풍량이 적어 실내 온도차가 크다.

60 전수방식(팬코일유닛방식)
㉠ 수동제어나 개별제어가 용이하다.
㉡ 펌프에 의해 냉 · 온수를 이송한다.
㉢ 스페이스가 필요 없거나 작아도 된다.

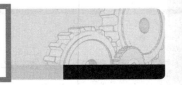

[02.회] CBT 실전모의고사

01 다음 중 불안전한 상태라 볼 수 없는 것은?

① 환기 불량
② 위험물의 방치
③ 안전교육의 미참여
④ 기계기구의 정비 불량

02 응축기에서 응축액화된 냉매가 수액기로 원활히 흐르지 못하는 가장 큰 원인은?

① 액 유입관경이 크다.
② 액 유출관경이 크다.
③ 안전밸브의 구경이 작다.
④ 균압관의 관경이 작다.

03 재해율 중 연천인율을 구하는 식으로 옳은 것은?

① $연천인율 = \dfrac{연간\ 재해자수}{연평균\ 근로자수} \times 1,000$

② $연천인율 = \dfrac{연평균\ 근로자수}{재해발생건수} \times 1,000$

③ $연천인율 = \dfrac{재해발생건수}{근로총시간수} \times 1,000$

④ $연천인율 = \dfrac{근로총시간수}{재해발생건수} \times 1,000$

04 보호장구는 필요할 때 언제라도 착용할 수 있도록 청결하고 성능이 유지된 상태에서 보관되어야 한다. 다음 중 보관방법으로 틀린 것은?

① 광선을 피하고 통풍이 잘되는 장소에 보관할 것
② 부식성, 유해성, 인화성 액체 등과 혼합하여 보관하지 말 것
③ 모래, 진흙 등이 묻은 경우는 깨끗이 씻고 햇빛에서 말릴 것
④ 발열성 물질을 보관하는 주변에 가까이 두지 말 것

05 냉동 제조 설비의 안전관리자 인원에 대한 설명 중 올바른 것은?

① 냉동능력이 300톤 초과(냉매가 프레온일 경우는 600톤 초과)인 경우 안전관리원은 3명 이상이어야 한다.
② 냉동능력이 100톤 초과 300톤 이하(냉매가 프레온일 경우는 200톤 초과 600톤 이하)인 경우 안전관리원은 1명 이상이어야 한다.
③ 냉동능력이 50톤 초과 100톤 이하(냉매가 프레온인 경우 100톤 초과 200톤 이하)인 경우 안전관리총괄자는 없어도 상관없다.
④ 냉동능력이 50톤 이하(냉매가 프레온인 경우 100톤 이하)인 경우 안전관리책임자는 없어도 상관없다.

06 전기화재 발생 시 가장 좋은 소화기는?

① 산·알칼리 소화기

② 포말 소화기

③ 모래

④ 분말 소화기

07 수공구 안전에 대한 일반적인 유의사항으로 잘못된 것은?

① 사용 전에 이상 유무를 반드시 점검한다.

② 작업에 적합한 공구가 없을 경우 대용으로 유사한 것을 사용한다.

③ 수공구 사용 시에는 필요한 보호구를 착용한다.

④ 수공구 사용 전에 충분한 사용법을 숙지하고 익히도록 한다.

08 냉동기의 메인 스위치를 차단하고 전기시설을 점검하던 중 감전사고가 있었다면 어떤 전기 부품 때문인가?

① 콘덴서

② 마그네트

③ 릴레이

④ 타이머

09 산소 용접 중 역화현상이 일어났을 때 조치방법으로서 가장 적합한 것은?

① 아세틸렌 밸브를 즉시 닫는다.

② 토치 속의 공기를 배출한다.

③ 아세틸렌 압력을 높인다.

④ 산소압력을 용접조건에 맞춘다.

10 고압선과 저압가공선이 병가된 경우 접촉으로 인해 발생하거나 변압기의 1, 2차 코일의 절연파괴로 인하여 발생하는 현상과 관계있는 것은?

① 단락

② 지락

③ 혼촉

④ 누전

11 양중기의 종류 중 동력을 사용하여 중량물을 매달아 상하 및 좌우로 운반하는 기계장치는?

① 크레인

② 리프트

③ 곤돌라

④ 승강기

12 보일러 파열사고의 원인으로 적절하지 못한 것은?

① 압력 초과

② 취급 불량

③ 수위 유지

④ 과열

13 가스용접토치가 과열되었을 때 가장 적절한 조치사항은?

① 아세틸렌 가스를 멈추고 산소 가스만을 분출시킨 상태로 물속에서 냉각시킨다.

② 산소 가스를 멈추고 아세틸렌 가스만을 분출시킨 상태로 물속에서 냉각시킨다.

③ 아세틸렌과 산소 가스를 분출시킨 상태로 물속에 냉각시킨다.

④ 아세틸렌 가스만을 분출시킨 상태로 팁 클리너를 사용하여 팁을 소제하고 공기 중에서 냉각시킨다.

14 작업복에 대한 설명 중 옳지 않은 것은?

① 작업복의 스타일은 착용자의 연령, 성별 등을 고려할 필요가 없다.

② 화기사용 작업자는 방염성, 불연성의 작업복을 착용한다.

③ 작업복은 항상 깨끗이 하여야 한다.

④ 작업복은 몸에 맞고 동작이 편하며, 상의 끝이나 옷자락 등이 기계에 말려 들어갈 위험이 없도록 한다.

15 사업주는 보일러의 안전한 운전을 위하여 근로자에게 보일러의 운전방법을 교육하여 안전사고를 방지하여야 한다. 다음 중 교육내용에 해당되지 않는 것은?

① 보일러의 각종 부속장치의 누설상태를 점검할 것

② 압력방출장치 · 압력제한스위치 · 화염검출기의 설치 및 정상작동 여부를 점검할 것

③ 압력방출장치의 개방된 상태를 확인할 것

④ 고저수위조절장치와 급수펌프와의 상호 기능상태를 점검할 것

16 다음과 같은 배관의 도시기호는 어느 이음인가?

① 나사식 이음　　② 플랜지식 이음

③ 용접식 이음　　④ 턱걸이식 이음

17 다음은 NH_3 표준 냉동 사이클의 $P-h$ 선도이다. 플래시 가스 열량은 얼마인가?

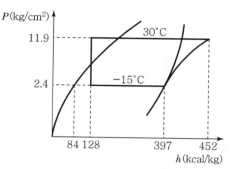

① 44kcal/kg　　② 55kcal/kg

③ 313kcal/kg　　④ 368kcal/kg

18 영국의 마력 1HP를 열량으로 환산할 때 맞는 것은?

① 102kcal/h　　② 632kcal/h

③ 860kcal/h　　④ 641kcal/h

19 임계점에 대한 설명으로 맞는 것은?

① 어느 압력 이상에서 포화액이 증발이 시작됨과 동시에 건포화증기로 변하는, 즉 포화액선과 건포화증기선이 만나는 점

② 포화온도하에서 증발이 시작되어 모두 증발하기까지의 온도

③ 물이 어느 온도에 도달하면 온도는 더 이상 상승하지 않고 증발이 시작하는 온도

④ 일정한 압력하에서 물체의 온도가 변화하지 않고 상(相)이 변화하는 점

20 냉동장치의 배관에 있어서 유의할 사항으로 틀린 것은?

① 관의 강도가 적합한 규격이어야 한다.
② 냉매의 종류에 따라 관의 재질을 선택해야 한다.
③ 관 내부의 유체 압력손실이 커야 한다.
④ 관의 온도변화에 의한 신축을 고려해야 한다.

21 지열을 이용하는 열펌프(Heat Pump)의 종류가 아닌 것은?

① 엔진구동 열펌프
② 지하수 이용 열펌프
③ 지표수 이용 열펌프
④ 지중열 이용 열펌프

22 2단 압축 1단 팽창 냉동장치에 대한 설명 중 옳은 것은?

① 단단 압축시스템에서 압축비가 작을 때 사용된다.
② 냉동부하가 감소하면 중간냉각기는 필요 없다.
③ 단단 압축시스템보다 응축능력을 크게 하기 위해 사용된다.
④ −30℃ 이하의 비교적 낮은 증발온도를 요하는 곳에 주로 사용된다.

23 냉매가 팽창밸브(Expansion Valve)를 통과할 때 변하는 것은?(단, 이론상의 표준 냉동 사이클)

① 엔탈피와 압력
② 온도와 엔탈피
③ 압력과 온도
④ 엔탈피와 비체적

24 동결장치 상부에 냉각코일을 집중적으로 설치하고 공기를 유동시켜 피냉각물체를 동결시키는 장치는?

① 송풍 동결장치
② 공기 동결장치
③ 접촉 동결장치
④ 브라인 동결장치

25 회전식(Rotary) 압축기의 설명 중 틀린 것은?

① 흡입밸브가 없다.
② 압축이 연속적이다.
③ 회전수가 200rpm 정도로 매우 적다.
④ 왕복동에 비해 구조가 간단하다.

26 다음 그림과 같이 20A 강관을 45° 엘보에 나사 연결할 때 관의 실제 소요길이(L)는 약 얼마인가?(단, 엘보중심길이(A) 25mm, 나사물림길이(a) 13mm이다.)

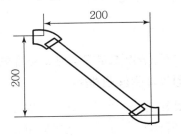

① 255.8mm
② 258.8mm
③ 274.8mm
④ 282.8mm

27 냉동장치의 냉매계통 중에 수분이 침입하였을 때 일어나는 현상을 열거한 것 중 잘못된 것은?

① 유리된 수분이 물방울이 되어 프레온 냉매계통을 순환하다가 팽창밸브에서 동결한다.
② 침입한 수분이 냉매나 금속과 화학반응을 일으켜 냉매계통의 부식, 윤활유의 열화 등을 일으킨다.
③ 암모니아는 물에 잘 녹으므로 침입한 수분이 동결하는 장애가 적은 편이다.
④ R-12는 R-22보다 많은 수분을 용해하므로, 팽창밸브 등에서 수분동결의 현상이 적게 일어난다.

28 팽창밸브 선정 시 고려할 사항 중 관계없는 것은?

① 관의 두께
② 냉동기의 냉동능력
③ 사용냉매의 종류
④ 증발기의 형식 및 크기

29 순저항(R)만으로 구성된 회로에 흐르는 전류와 전압과의 위상 관계는?

① 90° 앞선다.   ② 90° 뒤진다.
③ 180° 앞선다.   ④ 동위상이다.

30 전자냉동은 어떠한 원리를 이용한 것인가?

① 제백 효과   ② 안티 효과
③ 펠티에 효과   ④ 증발 효과

31 다음 용어 설명 중 잘못된 것은?

① 냉각(Cooling) : 상온보다 낮은 온도로 열을 제거하는 것
② 동결(Freezing) : 냉각작용에 의해 물질을 응고점 이하까지 열을 제거하여 고체상태로 만든 것
③ 냉장(Storage) : 냉각장치를 이용하여, 0℃ 이상의 온도에서 식품이나 공기 등을 상변화 없이 저장하는 것
④ 냉방(Air Conditioning) : 실내공기에 열을 가하여 주위 온도보다 높게 하는 방법

32 증발식 응축기에 관한 설명으로 옳은 것은?

① 일반적으로 물의 소비량이 수랭식 응축기보다 현저하게 적다.
② 대기의 습구온도가 낮아지면 응축온도가 높아진다.
③ 송풍량이 적어지면 응축능력이 증가한다.
④ 냉각작용 3가지(수랭, 공랭, 증발) 중 1가지(증발)에 의해서만 응축이 된다.

33 윤활유의 사용목적으로 거리가 먼 것은?

① 운동면에 윤활작용으로 마모 방지
② 기계적 효율 향상과 소손 방지
③ 패킹재료를 보호하여 냉각작용을 억제
④ 유막 형성으로 냉매가스 누설 방지

34 제빙용으로 브라인(Brine)의 냉각에 적당한 증발기는?

① 관코일 증발기   ② 헤링본 증발기
③ 원통형 증발기   ④ 평판상 증발기

35 보기의 내용 중 브라인의 구비조건으로 적절한 것만 골라놓은 것은?

[보기]
㉠ 비열과 열전도율이 클 것
㉡ 끓는점이 높고, 불연성일 것
㉢ 동결온도가 높을 것
㉣ 점성이 크고 부식성이 클 것

① ㉠, ㉡
② ㉠, ㉢
③ ㉡, ㉢
④ ㉠, ㉣

36 증발기의 성에부착을 제거하기 위한 제상 방법이 아닌 것은?

① 전열 제상
② 핫가스 제상
③ 산 살포 제상
④ 부동액 살포 제상

37 온도가 다른 두 물체를 접촉시키면 열이 고온에서 저온의 물체로 이동한다. 이것은 어떤 법칙인가?

① 줄의 법칙
② 열역학 제2법칙
③ 헤스의 법칙
④ 열역학 제1법칙

38 냉동장치의 고압 측에 안전장치로 사용되는 것 중 옳지 않은 것은?

① 스프링식 안전밸브
② 플로트 스위치
③ 고압차단 스위치
④ 가용전

39 저항 3Ω과 유도 리액턴스 4Ω이 직렬로 접속된 회로의 역률은?

① 0.4
② 0.5
③ 0.6
④ 0.8

40 다음 중 계전기 b접점을 나타낸 것은?

① ② ③ ④

41 강관용 이음쇠를 이음방법에 따라 분류한 것이 아닌 것은?

① 용접식
② 압축식
③ 플랜지식
④ 나사식

42 암모니아 냉매의 특성에 대한 것으로 틀린 것은?

① 동 및 동합금, 아연을 부식시킨다.
② 철 및 강을 부식시킨다.
③ 물에 잘 용해되지만 윤활유에는 잘 녹지 않는다.
④ 염산이나 유황의 불꽃과 반응하여 흰 연기를 발생시킨다.

43 2중 효용 흡수식 냉동기에 대한 설명 중 옳지 않은 것은?

① 단중 효용 흡수식 냉동기에 비해 효율이 높다.
② 2개의 재생기가 있다.
③ 2개의 증발기가 있다.
④ 2개의 열교환기를 가지고 있다.

44 배관의 부식 방지를 위해 사용하는 도료가 아닌 것은?

① 광명단
② 연산칼슘
③ 크롬산아연
④ 탄산마그네슘

45 증발온도가 낮을 때 미치는 영향 중 틀린 것은?

① 냉동능력 감소
② 소요동력 감소
③ 압축비 증대로 인한 실린더 과열
④ 성적계수 저하

46 시간당 5,000m³의 공기가 지름 80cm의 원형 덕트 내를 흐를 때 풍속은 약 몇 m/s인가?

① 1.81
② 2.32
③ 2.76
④ 3.25

47 감습장치에 대한 내용 중 옳지 않은 것은?

① 압축감습장치는 동력 소비가 작다.
② 냉각감습장치는 노점온도 이하로 감습한다.
③ 흡수식 감습장치는 흡수성이 큰 용액을 이용한다.
④ 흡착식 감습장치는 고체 흡습제를 이용한다.

48 공기조화의 개념을 가장 올바르게 설명한 것은?

① 실내 공기의 청정도를 적합하도록 조절하는 것
② 실내 공기의 온도를 적합하도록 조절하는 것
③ 실내 공기의 습도를 적합하도록 조절하는 것
④ 실내 또는 특정한 장소의 공기의 기류속도, 습도, 청정도 등을 사용목적에 적합하도록 조절하는 것

49 기계배기와 적당한 자연급기에 의한 환기 방식으로서 화장실, 탕비실, 소규모 조리장의 환기 설비에 적당한 환기법은?

① 제1종 환기법
② 제2종 환기법
③ 제3종 환기법
④ 제4종 환기법

50 다음 중 부하의 양이 가장 큰 것은?

① 실내부하
② 냉각코일부하
③ 냉동기부하
④ 외기부하

51 공기조화설비의 구성요소 중에서 열원장치에 속하는 것은?

① 송풍기
② 덕트
③ 자동제어장치
④ 흡수식 냉온수기

52 신축곡관이라고도 하며 관의 구부림을 이용하여 신축을 흡수하는 신축이음장치는?

① 슬리브형 신축이음
② 벨로스형 신축이음
③ 루프형 신축이음
④ 스위블형 신축이음

53 다음 중 개별 공기조화방식은?

① 패키지유닛방식 ② 단일덕트방식

③ 팬코일유닛방식 ④ 멀티존방식

54 어느 실내온도가 25℃이고, 온수방열기의 방열면적이 $10m^2$ EDR인 실내의 방열량은 얼마인가?

① 1,250kcal/h ② 2,500kcal/h

③ 4,500kcal/h ④ 6,000kcal/h

55 다음 공기조화방식 중에서 덕트방식이 아닌 것은?

① 팬코일유닛방식 ② 유인유닛방식

③ 각층유닛방식 ④ 전공기방식

56 송풍기의 크기가 정수일 때 풍량은 회전속도비에 비례하며, 압력은 회전속도비의 2제곱에 비례하고, 동력은 회전속도비의 3제곱에 비례한다는 법칙으로 맞는 것은?

① 상압의 법칙 ② 상속의 법칙

③ 상사의 법칙 ④ 상동의 법칙

57 온풍난방의 특징에 대한 설명 중 맞는 것은?

① 예열부하가 작아 예열시간이 짧다.

② 송풍기의 전력소비가 작다.

③ 송풍덕트의 스페이스가 필요 없다.

④ 실온과 동시에 실내의 습도와 기류의 조정이 어렵다.

58 그림과 같이 공기가 상태변화를 하였을 때를 바르게 설명한 것은?

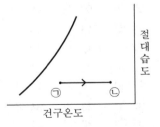

① 절대습도 증가 ② 상대습도 감소

③ 수증기분압 감소 ④ 현열량 감소

59 다음 중 배연방식이 아닌 것은?

① 자연배연방식 ② 국소배연방식

③ 스모크타워방식 ④ 기계배연방식

60 실내공기의 흡입구 중 펀칭메탈형 흡입구의 자유면적비는 펀칭메탈의 관통된 구멍의 총면적과 무엇의 비율인가?

① 전체 면적 ② 디퓨저의 수

③ 격자의 수 ④ 자유면적

정답 및 해설

01 ③	02 ④	03 ①	04 ③	05 ②
06 ④	07 ②	08 ①	09 ①	10 ③
11 ①	12 ③	13 ①	14 ①	15 ③
16 ②	17 ①	18 ④	19 ①	20 ③
21 ①	22 ④	23 ④	24 ①	25 ③
26 ②	27 ④	28 ①	29 ④	30 ③
31 ④	32 ①	33 ③	34 ④	35 ①
36 ③	37 ②	38 ②	39 ③	40 ④
41 ②	42 ①	43 ③	44 ④	45 ②
46 ③	47 ①	48 ④	49 ③	50 ③
51 ④	52 ②	53 ①	54 ③	55 ①
56 ③	57 ①	58 ②	59 ②	60 ①

01 불안전한 상태
ㄱ 환기 불량
ㄴ 위험물 방치
ㄷ 기계기구의 정비 불량

02 균압관의 관경이 작으면 응축기에서 응축액화된 냉매가 수액기로 원활히 흐르지 못하는 경우가 발생한다.

03 연천인율 : 근로자 1,000명당 1년간 발생하는 사상자수

04 보호장구는 모래, 진흙 등이 묻은 경우 깨끗이 씻고 햇빛이 아닌 음지에서 말린다.

05 ① 300톤 초과 : 안전관리원 2명 이상
② 100톤 초과~300톤 이하 : 안전관리총괄자 1명, 안전관리책임자 1명, 안전관리원 1명 이상
③ 50톤 초과~100톤 이하 : 안전관리총괄자 1명
④ 50톤 이하 : 안전관리총괄자 1명, 안전관리책임자 1명

06 분말 소화기 : 전기, 기름 화재 시 사용이 편리한 소화기

07 수공구 안전에서 공구를 대용으로 유사한 것을 사용하는 것은 금물이다.

08 콘덴서 사용 시 잔류전하가 있을 수 있으므로 감전사고에 주의하여야 한다.

09 가스 용접 시 역화가 발생하면 신속히 가연성 가스인 아세틸렌(C_2H_2) 가스밸브를 차단시킨다.

10 혼촉 : 고압선과 저압가공선이 병가된 경우 접촉으로 인해 발생하거나 변압기의 1차, 2차 코일의 절연 파괴로 인하여 발생한다.

11 크레인 : 양중기의 종류 중 동력을 사용하여 중량물을 매달아 상하좌우로 운반하는 기계장치이다.

12 수위가 수면계 중심선까지 유지되면 보일러 안전운전이 유지된다.

13 가스용접토치가 과열되면 아세틸렌 가스를 멈추고 산소 가스만을 분출시킨 상태로 물속에서 냉각시킨다.

14 작업복의 스타일은 착용자의 연령, 성별, 신체 등을 고려하여 맞추어야 한다.

15 압력방출장치(릴리프 밸브)는 보일러 운전 시 밀폐되어 있어야 한다.

16 ㄱ 플랜지식 :
ㄴ 용접식 :
ㄷ 나사식 :
ㄹ 턱걸이식 :

17 ㄱ 증발열 : $397 - 128 = 269$kcal/kg
ㄴ 압축기 출구 가스 엔탈피 : 452kcal/kg
ㄷ 플래시 가스 열량 : $128 - 84 = 44$kcal/kg

18 1HP=76kg · m/s, 1시간=60분, 1분=60초
∴ $1HP = 76 \times (60 \times 60) \times \dfrac{1}{427} = 641$kcal/h

19 임계점 : 증발현상이 없고(증발잠열 0kcal/kg) 액과 증기의 구별이 없어지는 점

20 냉동장치의 배관은 관 내부의 유체 압력손실이 작아야 한다.

21 엔진구동 열펌프(GHP)는 가스구동 열펌프(히트펌프)이다.

22 **2단 압축 1단 팽창 냉동장치**
−30℃ 이하의 비교적 낮은 증발온도를 요하는 냉동장치

23 냉매가스가 팽창밸브를 통과할 때는 냉매가스의 압력과 온도가 하강한다.

24 송풍 동결장치

동결장치 상부에 냉각코일을 집중적으로 설치하고 공기를 유동시켜 피냉각물체를 동결시키는 장치이다.

25 회전식 압축기(회전자 로터 사용)

㉠ 종류 : 고정날개형, 회전날개형
㉡ 연속식 압축기(고진공 진공펌프로도 이용)
㉢ 흡입밸브는 없고 토출밸브만 있다.
㉣ 왕복동에 비해 구조가 간단하다.

26 대각선길이 $=200 \times \sqrt{2} = 283\text{mm}$

절단길이$(L) = L - 2(A - a)$
$\qquad = 283 - 2(25 - 13)$
$\qquad ≒ 258.8 \text{ mm}$

27 ① NH_3(암모니아)는 수분과 잘 용해하나 오일과는 용해하지 않는다.
② R-12는 오일과 잘 용해한다.
③ R-113은 오일과 잘 혼합한다.
④ R-22는 오일과 용해도가 적다.

28 팽창밸브 선정 시 고려사항

㉠ 냉동기의 냉동능력
㉡ 사용냉매의 종류
㉢ 증발기의 형식 및 크기

29 순저항만으로 구성된 회로에 흐르는 전류와 전압은 동일한 위상 관계를 갖는다.

30 전자냉동법

㉠ 펠티에 효과 이용(열전냉동법)
㉡ 열전냉동용 반도체 : 비스무트텔루르, 안티몬텔루르, 비스무트셀렌 등

31 냉방 : 실내공기의 열을 제거하여 주위 온도보다 낮게 하는 방법

32 증발식 응축기

㉠ 일반적으로 물의 소비량이 수랭식 응축기보다 현저하게 적다.
㉡ 물의 증발잠열을 이용한다(주로 암모니아 냉동장치용).

33 압축기 윤활유의 사용목적

㉠ 운동면에 윤활작용으로 마모 방지
㉡ 기계적 효율 향상과 소손 방지
㉢ 유막 형성으로 냉매가스 누설 방지

34 탱크형 증발기(Herring Bone Cooler)

주로 NH_3 냉매용이며, 제빙장치의 브라인 냉각용 증발기로 사용된다.

35 ㉢ 브라인 냉매는 농도가 진해지면 동결온도가 낮아진다(최저의 온도 : 공정점).
㉣ 브라인의 점도가 크면 순환펌프 동력 소비가 커진다.

36 성에(적상)부착 제거방법

㉠ 전열 제상　　　　㉡ 고압가스 제상(핫가스)
㉢ 따뜻한 브라인 제상　㉣ 살수식 제상
㉤ 따뜻한 공기 제상　㉥ 재증발기 고압가스 제상
㉦ 부동액 살포 제상

37 열역학 제2법칙

온도가 다른 두 물체를 접촉시키면 열이 고온에서 저온의 물체로 이동하는 법칙

38 플로트 스위치(부자식 스위치)

만액식 증발기에서 액면제어용으로 사용한다(팽창밸브를 조절한다).

39 역률$(\cos\phi) = \dfrac{P}{\sqrt{P^2 + Q^2}} = \dfrac{3}{\sqrt{3^2 + 4^2}} = 0.6$

40 ① 순시동작 한시복귀 타이머 b접점
② 한시동작 순시복귀 타이머 a접점
③ 수동동작 자동복귀접점 a접점
④ 수동동작 자동복귀접점 b접점

41 압축식은 동관용 이음법에 해당한다.

강관용 이음쇠 이음방법

㉠ 용접식
㉡ 플랜지식
㉢ 나사식

42 ㉠ 암모니아 냉매는 동(Cu)이나 동합금을 부식시킨다(수분이 없으면 제외).
㉡ 프레온 냉매는 마그네슘(Mg)이나 Mg 2% 이상을 함유하는 알루미늄(Al)합금을 부식시킨다.

43 2중 효용 흡수식 냉동기는 냉매가 물(H_2O)이며, 재생기는 2개(고온재생기, 저온재생기)이나 증발기는 1개이다.

44 탄산마그네슘 : 무기질 보온재

45 냉매 증발온도가 낮으면 압축비가 커지고 압축기 소요동력이 증가한다.

46 풍속(V) $= \dfrac{풍량(m^3/h)}{단면적 \times 3,600}$, 단면적($A$) $= \dfrac{\pi}{4}d^2$

$\therefore V = \dfrac{5,000}{\dfrac{3.14}{4} \times (0.8)^2 \times 3,600} = 2.76 \, m/s$

47 감습장치
　㉠ 냉각감습장치 : 노점온도 제어로 감습하며 냉각코일, 공기세정기 사용
　㉡ 압축감습장치 : 공기압축 후 급격히 팽창시키며, 동력 소비 증가
　㉢ 흡수식 감습장치 : 염화리튬, 트리에틸렌글리콜 사용
　㉣ 흡착식 감습장치 : 실리카겔, 활성 알루미나, 아드솔 사용)

48 공기조화는 온도, 습도, 기류, 청정도가 가장 바람직한 상태이다.

49 환기법
　㉠ 제1종 환기 : 공조기용(급기팬 + 배기팬 사용)
　㉡ 제2종 환기 : 청정실용(급기팬 + 자연배기 조합)
　㉢ 제3종 환기 : 오염실용(자연급기 + 배기팬 조합)
　※ 배기팬 : 기계배기

50 냉동기의 부하가 가장 크다.

　냉방부하
　㉠ 실내부하
　㉡ 기기취득부하
　㉢ 재열부하
　㉣ 외기부하

51 열원장치
　㉠ 냉동기
　㉡ 보일러
　㉢ 흡수식 냉온수기

52 루프형 신축이음(신축곡관)
만곡형(구부림관)으로 응력이 발생되며 옥외 대형배관용이다.

53 개별 방식
　㉠ 패키지유닛방식
　㉡ 룸쿨러방식
　㉢ 멀티유닛방식

54 표준온수난방
상당방열면적 1 EDR = 450kcal/m² · h
∴ 10 × 450 = 4,500kcal/h

55 팬코일유닛방식은 냉수, 온수, 증기를 사용하는 전수방식이다.

56 상사의 법칙
　㉠ 풍량 $\times \left(\dfrac{N_2}{N_1}\right)$
　㉡ 풍압 $\times \left(\dfrac{N_2}{N_1}\right)^2$
　㉢ 동력 $\times \left(\dfrac{N_2}{N_1}\right)^3$

57 온풍은 비열이 낮아서 예열부하가 작아 예열시간이 짧다(온수난방의 반대이다).

58 • ㉠ → ㉡ : 건구온도 상승, 습구온도 상승, 상대습도 감소, 엔탈피 증가, 비체적 증가
　• ㉡ → ㉠ : 상대습도 증가

59 배연방식(배기방식)
　㉠ 자연배연방식
　㉡ 스모크타워방식
　㉢ 기계배연방식

60 자유면적비 $= \dfrac{펀칭메탈의\ 관통된\ 구멍\ 총면적}{전체\ 면적}$

03. 회 CBT 실전모의고사

01 다음 중 안전장치에 관한 사항으로 옳지 않은 것은?

① 해당 설비에 적합한 안전장치를 사용한다.
② 안전장치는 수시로 점검한다.
③ 안전장치에 결함이 있을 때에는 즉시 조치한 후 작업한다.
④ 안전장치는 작업형편상 부득이한 경우에는 일시적으로 제거하여도 좋다.

02 중량물을 운반하기 위하여 크레인을 사용하고자 한다. 크레인의 안전한 사용을 위해 지정 거리에서 권상을 정지시키는 방호장치는?

① 과부하 방지장치　　② 권과방지장치
③ 비상정지장치　　　④ 해지장치

03 연소에 관한 설명이 잘못된 것은?

① 온도가 높을수록 연소속도가 빨라진다.
② 입자가 작을수록 연소속도가 빨라진다.
③ 촉매가 작용하면 연소속도가 빨라진다.
④ 산화되기 어려운 물질일수록 연소속도가 빨라진다.

04 수공구 사용 시 주의사항으로 적당하지 않은 것은?

① 작업대 위의 공구는 작업 중에도 정리한다.
② 스패너 자루에 파이프를 끼어 사용해서는 안 된다.
③ 서피스 게이지의 바늘 끝은 위쪽을 향하게 둔다.
④ 사용 전에 이상 유무를 반드시 점검한다.

05 누전 및 지락의 방지대책으로 적절하지 못한 것은?

① 절연 열화의 방지
② 퓨즈, 누전차단기의 설치
③ 과열, 습기, 부식의 방지
④ 대전체 사용

06 전기용접작업의 안전사항에 해당되지 않는 것은?

① 용접작업 시 보호구를 착용토록 한다.
② 홀더나 용접봉은 맨손으로 취급하지 않는다.
③ 작업 전에 소화기 및 방화사를 준비한다.
④ 용접이 끝나면 용접봉은 홀더에서 빼지 않는다.

07 산소-아세틸렌 가스용접 시 역화현상이 발생하였을 때 조치사항으로 적절하지 못한 것은?

① 산소의 공급압력을 최대로 높인다.
② 팁 구멍의 이물질 제거 등 토치의 기능을 점검한다.
③ 팁을 물로 냉각한다.
④ 아세틸렌을 차단한다.

08 안전화의 구비조건에 대한 설명으로 틀린 것은?

① 정전화는 인체에 대전된 정전기를 구두 바닥을 통하여 땅으로 누전시킬 수 있는 재료를 사용할 것

② 가죽제 안전화는 가능한 한 무거울 것

③ 착용감이 좋고 작업에 편리할 것

④ 앞발가락 끝부분에 선심을 넣어 압박 및 충격에 대하여 착용자의 발가락을 보호할 수 있을 것

09 보일러 취급 부주의에 의한 사고 원인이 아닌 것은?

① 이상 감수(減水)

② 압력 초과

③ 수처리 불량

④ 용접 불량

10 추락을 방지하기 위해 작업발판을 설치해야 하는 높이는 몇 m 이상인가?

① 2　　　　　② 3

③ 4　　　　　④ 5

11 다음 보기의 설명에 해당되는 것은?

> [보기]
> • 실린더에 상이 붙는다.
> • 토출가스 온도가 낮아진다.
> • 냉동능력이 감소한다.
> • 압축기의 손상이 우려된다.

① 액 해머

② 커퍼 플레이팅

③ 냉매 과소 충전

④ 플래시 가스 발생

12 냉동기계 설치 시 각 기기의 위치를 정하기 위한 설명으로 옳지 않은 것은?

① 운전상 작업의 용이성을 고려할 것

② 실내의 기계 상태를 일부분만 볼 수 있게 하고 제어가 쉽도록 할 것

③ 실내의 조명과 환기를 고려할 것

④ 현장의 상황에 맞는가를 조사할 것

13 사업주는 그 작업조건에 적합한 보호구를 동시에 작업하는 근로자의 수 이상으로 지급하고 이를 착용하도록 하여야 한다. 이때 적합한 보호구 지급에 해당되지 않는 것은?

① 보안경 : 물체가 날아 흩어질 위험이 있는 작업

② 보안면 : 용접 시 불꽃 또는 물체가 날아 흩어질 위험이 있는 작업

③ 안전대 : 감전의 위험이 있는 작업

④ 방열복 : 고열에 의한 화상 등의 위험이 있는 작업

14 위험물 취급 및 저장 시의 안전조치사항 중 틀린 것은?

① 위험물은 작업장과 별도의 장소에 보관하여야 한다.

② 위험물을 취급하는 작업장에는 너비 0.3m 이상, 높이 2m 이상의 비상구를 설치하여야 한다.

③ 작업장 내부에는 작업에 필요한 양만큼만 두어야 한다.

④ 위험물을 취급하는 작업장에는 출입구와 같은 방향에 있지 아니하고, 출입구로부터 3m 이상 떨어진 곳에 비상구를 설치하여야 한다.

15 냉동설비의 설치공사 완료 후 시운전 및 기밀시험을 실시할 때 사용할 수 없는 것은?

① 헬륨   ② 산소
③ 질소   ④ 탄산가스

16 브라인 동결 방지의 목적으로 사용되는 기기가 아닌 것은?

① 서모스탯
② 단수 릴레이
③ 흡입압력 조정밸브
④ 증발압력 조정밸브

17 그림과 같은 회로에서 6Ω에 흐르는 전류 (A)는 얼마인가?

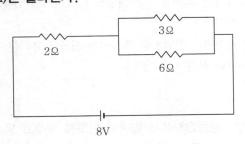

① $\dfrac{1}{3}$ A   ② $\dfrac{2}{3}$ A

③ $\dfrac{1}{2}$ A   ④ $\dfrac{3}{2}$ A

18 수동나사 절삭방법 중 잘못된 것은?

① 관을 파이프 바이스에서 약 150mm 정도 나오게 하고 관이 찌그러지지 않게 주의하면서 단단히 물린다.
② 관 끝은 절삭날이 쉽게 들어갈 수 있도록 약간의 모따기를 한다.

③ 나사 절삭기를 관에 끼우고 래치를 조정한 다음 약 30°씩 회전시킨다.
④ 나사가 완성되면 편심 핸들을 급히 들고 절삭기를 뺀다.

19 강제급유식에 기어펌프를 많이 사용하는 이유로 가장 적합한 것은?

① 유체의 마찰저항이 크기 때문에
② 저속으로도 일정한 압력을 얻을 수 있기 때문에
③ 구조가 복잡하기 때문에
④ 대형으로만 높은 압력을 얻을 수 있기 때문에

20 냉매액을 수액기로 유입시키는 냉매 회수 장치의 구성요소가 아닌 것은?

① 3방 밸브
② 고압 스위치
③ 체크 밸브
④ 플로트 스위치

21 1psi는 약 몇 gf/cm²인가?

① 64.5   ② 70.3
③ 82.5   ④ 98.1

22 관 끝부분의 표시방법에서 종류별 그림기호를 나타낸 것으로 틀린 것은?

① 용접식 캡 :
② 체크포인트 :
③ 블라인더 플랜지 :
④ 나사박음식 캡 :

23 다음 중 배관의 부식 방지용 도료가 아닌 것은?

① 광명단

② 산화철

③ 규조토

④ 타르 및 아스팔트

24 압축기 및 응축기에서 심한 온도 상승을 방지하기 위한 대책이 아닌 것은?

① 불응축 가스를 제거한다.

② 규정된 냉매량보다 적은 냉매를 충전한다.

③ 충분한 냉각수를 보낸다.

④ 냉각수 배관을 청소한다.

25 이상기체의 엔탈피가 변하지 않는 과정은?

① 가역 단열과정

② 등온과정

③ 비가역 압축과정

④ 교축과정

26 왕복동 압축기의 기계효율(η_m)에 대한 설명으로 옳은 것은?(단, 지시동력은 가스를 압축하기 위한 압축기의 실제 필요 동력이고, 축동력은 실제 압축기를 운전하는 데 필요한 동력이며, 이론적 동력은 압축기의 이론상 필요한 동력을 말한다.)

① $\dfrac{\text{지시동력}}{\text{축동력}}$

② $\dfrac{\text{이론적 동력}}{\text{지시동력}}$

③ $\dfrac{\text{지시동력}}{\text{이론적 동력}}$

④ $\dfrac{\text{축동력} \times \text{지시동력}}{\text{이론적 동력}}$

27 다음 중 냉매의 성질로 옳은 것은?

① 암모니아는 강을 부식시키므로 구리나 아연을 사용한다.

② 프레온은 절연내력이 크므로 밀폐형에는 부적합하고 개방형에 사용된다.

③ 암모니아는 인조고무를 부식시키고 프레온은 천연고무를 부식시킨다.

④ 프레온은 수분과 분리가 잘 되므로 드라이어를 설치할 필요는 없다.

28 다음 전기에 대한 설명 중 틀린 것은?

① 전기가 흐르기 어려운 정도를 컨덕턴스라 한다.

② 일정 시간 동안 전기에너지가 한 일의 양을 전력량이라 한다.

③ 일정한 도체에 가한 전압을 증가시키면 전류도 커진다.

④ 기전력은 전위차를 유지시켜 전류를 흘리는 원동력이 된다.

29 냉동장치에서 압력과 온도를 낮추고 동시에 증발기로 유입되는 냉매량을 조절해주는 곳은?

① 수액기   ② 압축기

③ 응축기   ④ 팽창밸브

30 원심력을 이용하여 냉매를 압축하는 형식으로 터보 압축기라고도 하며 흡입하는 냉매증기의 체적은 크지만 압축압력을 크게 하기 곤란한 압축기는?

① 원심식 압축기   ② 스크루 압축기

③ 회전식 압축기   ④ 왕복동식 압축기

31 고체 냉각식 동결장치의 종류에 속하지 않는 것은?

① 스파이럴식 동결장치
② 배치식 콘택트 프리저 동결장치
③ 연속식 싱글스틸 벨트프리저 동결장치
④ 드럼 프리저 동결장치

32 냉동장치에서 디스트리뷰터(Distributor)의 역할로서 가장 적합한 것은?

① 냉매의 분배
② 토출가스 과열
③ 증발온도 저하
④ 플래시 가스 발생

33 다음 그림은 무슨 냉동 사이클이라고 하는가?

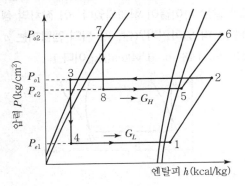

① 2단 압축 1단 팽창 냉동 사이클
② 2단 압축 2단 팽창 냉동 사이클
③ 2원 냉동 사이클
④ 강제 순환식 2단 사이클

34 열역학 제1법칙을 설명한 것 중 옳은 것은?

① 열평형에 관한 법칙이다.
② 이론적으로 유도 가능하여 엔트로피의 뜻을 잘 설명한다.
③ 이상기체에만 적용되는 열량 법칙이다.
④ 에너지 보존의 법칙 중 열과 일의 관계를 설명한 것이다.

35 증기압축식 냉동기와 흡수식 냉동기에 대한 설명 중 잘못된 것은?

① 증기를 값싸게 얻을 수 있는 장소에서는 흡수식이 경제적으로 유리하다.
② 냉매를 압축하기 위해 압축식에서는 기계적 에너지를, 흡수식에서는 화학적 에너지를 이용한다.
③ 흡수식에 비해 압축식이 열효율이 높다.
④ 동일한 냉동능력을 갖기 위해서 흡수식은 압축식에 비해 장치가 커진다.

36 자연적인 냉동방법 중 얼음을 이용하는 냉각법과 가장 관계가 많은 것은?

① 융해열
② 증발열
③ 승화열
④ 응고열

37 프레온 냉동장치에서 필요 없는 것은?

① 워터재킷
② 드라이어
③ 액분리기
④ 유분리기

38 브라인에 암모니아 냉매가 누설되었을 때 적합한 누설 검사방법은?

① 비눗물 등의 발포액을 발라 검사한다.
② 누설 검지기를 검사한다.
③ 헬라이드 토치로 검사한다.
④ 네슬러 시약으로 검사한다.

39 2단 압축장치의 중간냉각기 역할이 아닌 것은?

① 압축기로 흡입되는 액냉매를 방지한다.
② 고압응축액을 냉각시켜 냉동능력을 증대시킨다.
③ 저단 측 압축기 토출가스의 과열을 제거한다.
④ 냉매액을 냉각하여 그중에 포함되어 있는 수분을 동결시킨다.

40 각종 밸브의 종류와 용도의 관계를 설명한 것이다. 잘못된 것은?

① 글로브밸브 : 유량 조절용
② 체크밸브 : 역류 방지용
③ 안전밸브 : 이상압력 조절용
④ 콕 : 0~180°의 회전으로 유로의 느린 개폐용

41 터보 압축기의 특징으로 맞지 않는 것은?

① 임펠러에 의한 원심력을 이용하여 압축한다.
② 응축기에서 가스가 응축하지 않을 경우 이상고압이 발생된다.
③ 부하가 감소하면 서징을 일으킨다.
④ 진동이 적고, 1대로도 대용량이 가능하다.

42 역카르노 사이클은 어떤 상태변화 과정으로 이루어져 있는가?

① 2개의 등온과정, 1개의 등압과정
② 2개의 등압과정, 2개의 교축과정
③ 2개의 단열과정, 1개의 교축과정
④ 2개의 단열과정, 2개의 등온과정

43 2단 압축 냉동 사이클에서 저압축 증발압력이 $3kgf/cm^2 \cdot g$이고, 고압축 응축압력이 $18kgf/cm^2 \cdot g$일 때 중간압력은 약 얼마인가?(단, 대기압은 $1kgf/cm^2 \cdot g$이다.)

① $6.7kgf/cm^2 \cdot g$　　② $7.8kgf/cm^2 \cdot g$
③ $8.7kgf/cm^2 \cdot g$　　④ $9.5kgf/cm^2 \cdot g$

44 압축식 냉동장치를 운전하였더니 다음 그림과 같은 사이클이 형성되었다. 이 장치의 성적계수는 약 얼마인가?(단, 각 점의 엔탈피는 a : 115, b : 143, c : 154kcal/kg이다.)

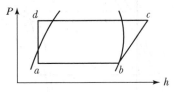

① 4.55　　② 3.55
③ 2.55　　④ 1.55

45 다음 중 열펌프(Heat Pump)의 열원이 아닌 것은?

① 대기　　② 지열
③ 태양열　　④ 빙축열

46 원통형 보일러의 장점에 속하지 않는 것은?

① 부하변동에 따른 압력변동이 적다.

② 구조가 간단하다.

③ 고장이 적으며 수명이 길다.

④ 보유수량이 적어 파열사고 발생 시 위험성이 적다.

47 환기방법 중 제1종 환기법으로 맞는 것은?

① 강제급기와 강제배기

② 강제급기와 자연배기

③ 자연급기와 강제배기

④ 자연급기와 자연배기

48 셸 앤드 튜브(Shell & Tube)형 열교환기에 관한 설명으로 옳은 것은?

① 전열관 내 유속은 내식성이나 내마모성을 고려하여 1.8m/s 이하가 되도록 하는 것이 바람직하다.

② 동관을 전열관으로 사용할 경우 유체 온도는 200℃ 이상이 좋다.

③ 증기와 온수의 흐름은 열교환 측면에서 병행류가 바람직하다.

④ 열관류율은 재료와 유체의 종류에 상관없이 거의 일정하다.

49 증기배관이 말단이나 방열기 환수구에 설치되어 증기관이나 방열관에서 발생한 응축수 및 공기를 배출시키는 장치는?

① 공기빼기밸브　　② 신축이음

③ 증기트랩　　　　④ 팽창탱크

50 공기의 설명 중 틀린 것은?

① 공기 중의 수분이 불포화 상태에서는 건구온도가 습구온도보다 높게 나타난다.

② 공기에 가습, 감습이 없어도 온도가 변하면 상대습도는 변한다.

③ 건공기는 수분을 전혀 함유하지 않은 공기이며, 습공기는 건조공기 중에 수분을 함유한 공기이다.

④ 공기 중의 수증기 일부가 응축하여 물방울이 맺히기 시작하는 점을 비등점이라 한다.

51 틈새바람에 의한 부하를 계산하는 방법에 속하지 않는 것은?

① 창면적법　　　　② 크랙(Crack)법

③ 환기횟수법　　　④ 바닥면적법

52 상당증발량이 3,000kg/h이고 급수 온도가 30℃, 발생증기 엔탈피가 635.2kcal/kg일 때 실제 증발량은 얼마인가?

① 2,048kg/h　　　② 2,200kg/h

③ 2,472kg/h　　　④ 2,672kg/h

53 개별 공조방식의 특징이 아닌 것은?

① 국소적인 운전이 자유롭다.

② 중앙방식에 비해 소음과 진동이 크다.

③ 외기 냉방을 할 수 있다.

④ 취급이 간단하다.

54 공기조화기에 있어 바이패스 팩터(By-pass Factor)가 작아지는 경우에 해당되는 것이 아닌 것은?

① 전열면적이 클 때
② 코일의 열수가 많을 때
③ 송풍량이 클 경우
④ 핀 간격이 좁을 때

55 조화된 공기를 덕트에서 실내에 공급하기 위한 개구부는?

① 취출구
② 흡입구
③ 펀칭메탈
④ 그릴

56 온수난방방식에서 방열량이 2,500kcal/h 인 방열기에 공급되어야 할 온수량은 약 얼마인 가?(단, 방열기 입구온도는 80℃, 출구온도는 70℃, 물의 비열은 1.0kcal/kg℃, 평균온도에 있어서 물의 밀도는 977.5kg/m³이다.)

① 0.135m³/h
② 0.255m³/h
③ 0.345m³/h
④ 0.465m³/h

57 송풍기의 종류 중 전곡형과 후곡형 날개 형 태가 있으며 다익송풍기, 터보송풍기 등으로 분류 되는 송풍기는?

① 원심 송풍기
② 축류 송풍기
③ 사류 송풍기
④ 관류 송풍기

58 가습효율이 100%에 가까우며 무균이면서 응답성이 좋아 정밀한 습도제어가 가능한 가습기 는?

① 물분무식 가습기
② 증발팬 가습기
③ 증기 가습기
④ 소형 초음파 가습기

59 실내의 사람이 쾌적하게 생활할 수 있도록 조절해 주어야 할 사항으로 거리가 먼 것은?

① 공기의 온도
② 공기의 습도
③ 공기의 압력
④ 공기의 속도

60 공기조화방식 중에서 중앙식 전공기방식에 속하는 것은?

① 패키지유닛방식
② 복사냉난방식
③ 팬코일유닛방식
④ 2중덕트방식

정답 및 해설 ▌

01 ④	02 ②	03 ④	04 ③	05 ④
06 ④	07 ①	08 ②	09 ④	10 ①
11 ①	12 ②	13 ③	14 ②	15 ②
16 ③	17 ②	18 ④	19 ②	20 ②
21 ②	22 ②	23 ②	24 ②	25 ④
26 ①	27 ③	28 ①	29 ④	30 ①
31 ①	32 ①	33 ①	34 ①	35 ②
36 ①	37 ①	38 ④	39 ④	40 ④
41 ①	42 ①	43 ③	44 ③	45 ④
46 ④	47 ①	48 ①	49 ③	50 ④
51 ④	52 ④	53 ②	54 ③	55 ①
56 ②	57 ①	58 ③	59 ③	60 ④

01 안전장치는 작업형편상 부득이한 경우라도 절대로 제거하면 안 된다.

02 권상기(시보레이) 정지방호장치는 권과방지장치를 말한다.

03 산화되기 어려운 물질은 연소속도가 느려진다.

04 서피스 게이지 : 사용할 때 바늘 끝을 아래로 향하게 한다.

05 누전 및 지락의 방지대책
 ㉠ 절연 열화의 방지
 ㉡ 퓨즈, 누전차단기의 설치
 ㉢ 과열, 습기, 부식의 방지
 ㉣ 충전부와 수도관, 가스관 등을 이격

06 전기용접 시 용접이 끝나면 용접봉은 반드시 홀더에서 빼야 한다.

07 가스용접 시 역화가 발생하면 산소의 공급압력을 저하시킨다.

08 가죽제 안전화는 가볍고 실용적이어야 한다.

09 용접 불량은 보일러 제조 시 제작 불량이 원인이다.

10

2m 이상이면 추락방지 발판을 설치한다.

11 보기는 액 해머(리퀴드 해머)에 대한 설명이다.

12 실내의 기계는 전체를 볼 수 있게 설치해야 한다.

13 안전대 : 작업장 추락의 위험이 있는 작업

14 위험물의 피난구(비상구) 크기
 가로 0.5m 이상, 세로 1m 이상이어야 한다.

15 기밀시험 가스
 질소 등 불활성 가스로 하고 조연성인 산소는 제외한다.

16 흡입압력 조정밸브(SPR)
 압축기 흡입관상에 설치하며 흡입압력이 일정 압력 이상일 때 과부하로 인한 전동기의 소손을 방지한다.

17 저항의 직 · 병렬 접속

전류$(I) = \dfrac{v}{R_s}$

합성저항$(R_T) = R + \dfrac{R_1 \times R_2}{R_1 + R_2} = 2 + \dfrac{3 \times 6}{3 + 6} = 4\Omega$

$\therefore\ I = \dfrac{v}{R_s} = \dfrac{8}{2 + 4 + 6} = \dfrac{8}{12} = \dfrac{2}{3}\text{A}$

18 수동나사 절삭기에서 나사산이 완공되면 핸들을 풀고 서서히 절삭기를 뺀다.

19 기어펌프(급유회전펌프)는 저속운전에서도 일정한 압력이 유지되는 급유이송펌프이다.

20 냉매액을 수액기로 회수하는 장치의 구성요소
 ㉠ 3방 밸브
 ㉡ 체크 밸브
 ㉢ 플로트 스위치

21 표준대기압(1atm) $= 1.0332\text{kg/cm}^2 = 760\text{mmHg}$
 $= 101,325\text{Pa} = 14.7\text{psi}$
 $= 1,033.2\text{g/cm}^2$

 $\therefore\ 1\text{psi} = 1,033.2 \times \dfrac{1}{14.7} = 70.3\text{gf/cm}^2$

22 ① ———✕——— : 전기용접이음

② ———✕——— : 핀치오프

23 규조토 : 600℃ 이하에서 사용하는 무기질 보온재

24 규정된 냉매량보다 적은 냉매를 충전하면 냉동기의 전압이 과도하게 낮아진다.

25 교축과정

　㉠ 엔트로피 증가

　㉡ 엔탈피 불변

　㉢ 온도 하강

26 왕복동식 압축기 기계효율 $= \dfrac{지시동력}{축동력}$[%]

27 ① 암모니아는 구리를 부식시키므로 강관을 사용한다.

　② 프레온은 절연내력이 커서 밀폐형 냉동기에 많이 사용된다.

　④ 프레온은 수분과 분리가 되므로 반드시 건조기가 필요하다.

28 컨덕턴스

　㉠ 저항의 역수로서 전류가 흐르기 쉬운 정도를 나타낸다.

　㉡ 컨덕턴스(G) $= \dfrac{1}{R} = \dfrac{I}{V}$[℧]

　※ 단위 : 지멘스(S), 모(℧)

29 ㉠ 팽창밸브 : 압력을 낮추고 동시에 증발기로 유입되는 냉매량을 조절하는 제어장치이다.

　㉡ 냉매순환경로

　　증발기 → 압축기 → 응축기 → 팽창밸브 → 증발기

30 원심식 압축기 : 대용량 압축기(터보형 압축기)

31 ㉠ 고체 냉각식 동결장치 : ②, ③, ④는 동결장치

　㉡ 공기 동결장치

　　• 정지공기 동결장치

　　• 송풍 동결장치

　　• 나선형 컨베이어 동결장치

　　• 유동층 동결장치

32 디스트리뷰터 : 냉매의 분배기

33 2원 냉동법

　−70℃ 이하의 초저온을 얻기 위해 각각 다른 2개의 냉동 사이클을 조합하여 고온 측 증발기로 저온 측 응축기의 냉매를 냉각시킨다.

　㉠ 4 → 1 과정 : 저온 측 증발

　㉡ 8 → 5 과정 : 고온 측 증발

　㉢ 3 → 2 과정 : 저온 측 응축

　㉣ 7 → 6 과정 : 고온 측 응축

　㉤ 7 → 8 과정 : 고온 측 팽창

　㉥ 3 → 4 과정 : 저온 측 팽창

34 ① 열역학 제0법칙

　② 열역학 제2법칙

　④ 열역학 제1법칙

35 ㉠ 압축식 : 전기모터(전동기 전기에너지 이용)

　㉡ 흡수식 : 냉매인 물의 증발열을 흡수

36 얼음의 융해잠열

　0℃의 얼음이 0℃의 물로 변할 때 79.68kcal/kg의 열을 흡수한다.

37 워터재킷(압축기 냉각 물주머니)은 왕복동 압축기에 압축기 냉각용으로 사용한다(냉매온도가 높다).

38 물 또는 브라인에 암모니아(NH_3) 냉매가 누설되면 그 액을 조금 떠서 네슬러 시약을 몇 방울 떨어뜨리면 소량 누설 시에는 황색, 다량 누설 시에는 자색으로 변한다.

39 한 대의 압축기를 이용하여 저온의 증발온도를 얻는 경우 증발압력 저하로 압축비 상승, 실린더 과열, 체적효율 감소, 냉동능력 저하, 성적계수 저하 등의 영향이 우려된다. 이를 개선하기 위해 2대의 압축기를 설치하여 압축비를 줄인다. 중간냉각기(인터쿨러)의 역할은 ①, ②, ③이다.

40 ㉠ 콕(폐쇄가 목적) : 0~90° 회전

　㉡ 밸브(여는 것이 목적) : 글로브, 게이트 등

41 ㉠ 터보형(원심식) 압축기는 속도를 압력으로 바꾸기 위해 비중이 큰 냉매를 사용한다(4,000~10,000rpm으로 회전하는 임펠러의 원심력에 의해 속도에너지를 압력에너지로 변화시켜 냉매를 압축한다).

　㉡ 1단 압축기로는 압축비를 크게 할 수 없어서 2단 압축 이상이 필요하고 그 특징은 ①, ③, ④이다.

42 역카르노 사이클
- ① → ②(단열압축) : 압축기
- ② → ③(등온팽창) : 응축기
- ③ → ④(단열팽창) : 팽창밸브
- ④ → ①(등온팽창) : 증발기

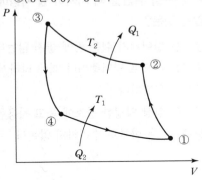

43 P'(중간압력) $= \sqrt{P_1 \times P_2}$
$$= \sqrt{(3+1) \times (18+1)}$$
$$= 8.7 \text{kgf/cm}^2 \cdot \text{g}$$

44 압축기 압축일의 열당량 $= 154 - 143 = 11 \text{kcal/kg}$
증발잠열 $= 143 - 115 = 28 \text{kcal/kg}$
$\therefore$ 성적계수(COP) $= \dfrac{28}{11} = 2.55$

45 빙축열 : 심야전력을 이용하는 냉방용 기기

46 보유수량이 적어 파열사고 발생 시 위험성이 적은 것은 수관식 보일러의 장점이다.

47 ㉠ 제1종 환기법 : 급기(기계), 배기(기계)
㉡ 제2종 환기법 : 급기(기계), 배기(자연)
㉢ 제3종 환기법 : 급기(자연), 배기(기계)

48 셸 앤드 튜브형(원통 다관형) 열교환기
㉠ 전열관 내 유속은 대체로 1.8m/s 이하로 설정한다.
㉡ 동관 : 200℃ 이하용, 향류형이 좋다.
㉢ 열관류율은 유체나 재료에 따라 차이가 난다.

49 증기트랩(기계적, 온도차적, 열역학적 증기설비)은 응축수로 신속히 제거하여 관내 수격작용(워터해머)을 방지한다.

50 공기 중의 수증기 일부가 응축하여 물방울이 맺히기 시작하는 점을 노점이라 한다.

51 틈새바람(극간풍)에 의한 부하 계산방법
㉠ 창면적법
㉡ 크랙법
㉢ 환기횟수법

52 실제 증발량 $= \dfrac{\text{상당증발량} \times 539}{(\text{발생증기 엔탈피} - \text{급수 엔탈피})}$
$$= \dfrac{3,000 \times 539}{635.2 - 30} = 2,672 \text{kg/h}$$

53 개별 공조방식은 외기 냉방이 불가능하나 중앙식 공조방식에서는 일부 가능하다.

54 바이패스 팩터(BF : By-pass Factor)
㉠ 공기가 코일을 통과해도 코일과 접촉하지 못하고 지나가는 공기의 비율
㉡ 송풍량이 크면 바이패스 팩터가 커진다.

55 취출구
공기조화에서 공기를 덕트에서 실내에 공급하기 위한 개구부(흡입구의 반대)

56 온수량 $= \dfrac{\text{시간당 방열량}}{(\text{방열기 입구온도} - \text{출구온도}) \times \text{물의 비열}}$
$$= \dfrac{2,500}{1 \times (80 - 70)} = 250 \text{kg/h}$$
$\therefore$ 온수체적량 $= 1\text{m}^3 \times \dfrac{250}{977.5} = 0.255 \text{m}^3/\text{h}$
※ 물의 비중량 $= 1,000 \text{kg/m}^3$

57 원심식 송풍기
㉠ 다익형 송풍기
㉡ 터보형 송풍기
㉢ 플레이트형 송풍기

58 증기 가습기
가습효율이 100%에 가까우며 무균이면서 응답성이 좋아서 정밀한 습도제어가 가능하다.

59 쾌적한 생활에 필요한 공기의 조건
㉠ 공기의 온도
㉡ 공기의 습도
㉢ 공기의 속도

60 공기조화 전공기방식
㉠ 단일덕트방식
㉡ 2중덕트방식

[04회] CBT 실전모의고사

01 안전관리의 주된 목적을 바르게 설명한 것은?

① 사고 후 처리
② 사상자의 치료
③ 생산가의 절감
④ 사고의 미연 방지

02 「고압가스안전관리법 시행규칙」에 의거 원심식 압축기의 냉동설비 중 그 압축기의 원동기 냉동능력 산정기준으로 맞는 것은?

① 정격출력 1.0kW를 1일의 냉동능력 1톤으로 본다.
② 정격출력 1.2kW를 1일의 냉동능력 1톤으로 본다.
③ 정격출력 1.5kW를 1일의 냉동능력 1톤으로 본다.
④ 정격출력 2.0kW를 1일의 냉동능력 1톤으로 본다.

03 렌치 사용 시 유의사항이다. 적절하지 못한 것은?

① 항상 자기 몸 바깥쪽으로 밀면서 작업한다.
② 렌치에 파이프 등을 끼워 사용해서는 안 된다.
③ 볼트를 죌 때에는 나사가 일그러질 정도로 과도하게 조이지 않아야 한다.
④ 사용한 렌치는 깨끗하게 닦아서 건조한 곳에 보관한다.

04 냉동기 운전 전 점검사항으로 잘못된 것은?

① 냉매량 확인
② 압축기 오일유면 점검
③ 전자밸브 작동 확인
④ 모든 밸브의 닫힘을 확인

05 공구를 취급할 때 지켜야 할 사항에 해당되지 않는 것은?

① 공구는 떨어지기 쉬운 곳에 놓지 않는다.
② 공구는 손으로 넘겨주거나 때에 따라서 던져서 주어도 무방하다.
③ 공구는 항상 일정한 장소에 놓고 사용한다.
④ 불량공구는 함부로 수리하지 않는다.

06 전기 화재의 원인으로 거리가 먼 것은?

① 누전
② 합선
③ 접지
④ 과전류

07 감전사고 발생 시 위험도에 영향을 주는 것과 관계없는 것은?

① 통전전류의 크기
② 통전시간과 전격의 위상
③ 사용기기의 크기와 모양
④ 전원(직류 또는 교류)의 종류

08 재해를 일으키는 원인 중 물적 원인(불안전한 상태)이라 볼 수 없는 것은?

① 불충분한 경보시스템
② 작업장소의 조명 및 환기 불량
③ 안전수칙 및 지시의 불이행
④ 결함이 있는 기계나 기구의 배치

09 안전장치의 취급에 관한 사항 중 틀린 것은?

① 안전장치는 반드시 작업 전에 점검한다.
② 안전장치는 구조상의 결함 유무를 항상 점검한다.
③ 안전장치가 불량할 때에는 즉시 수정한 다음 작업한다.
④ 안전장치는 작업 형편상 부득이한 경우에는 일시 제거해도 좋다.

10 아크 용접작업 시 사망재해의 주원인은?

① 아크광선에 의한 재해
② 전격에 의한 재해
③ 가스중독에 의한 재해
④ 가스폭발에 의한 재해

11 안전 보호구 사용 시 주의할 점으로 잘못된 것은?

① 규정된 장갑, 앞치마, 발 덮개를 사용한다.
② 보호구나 장갑 등은 사용하기 전에 결함이 있는지 확인한다.
③ 독극물을 취급하는 작업 시 입었던 보호구는 다음 작업 시에도 계속 입고 작업한다.
④ 보안경은 차광도에 맞게 사용하고 작업에 임한다.

12 보일러 파열사고 원인 중 구조물의 강도 부족에 의한 원인이 아닌 것은?

① 용접 불량
② 재료 불량
③ 동체의 구조 불량
④ 용수관리의 불량

13 고압가스 운반 등의 기준으로 적합하지 않은 것은?

① 충전용기를 차량에 적재하여 운반할 때에는 적재함에 세워서 운반할 것
② 독성가스 중 가연성 가스와 조연성 가스는 같은 차량의 적재함으로 운반하지 않을 것
③ 질량 500kg 이상의 암모니아 운반 시에는 운반 책임자가 동승할 것
④ 운반 중인 충전용기는 항상 40℃ 이하를 유지할 것

14 공조실에서 용접작업 시 안전사항으로 적당하지 않은 것은?

① 전극 클램프 부분에는 작업 중 먼지가 많아도 그냥 두고 접속 부분의 접촉 저항만 크게 하면 된다.
② 용접기의 리드 단자와 케이블의 접속은 절연물로 보호한다.
③ 용접작업이 끝났을 경우 전원 스위치를 내린다.
④ 홀더나 용접봉은 맨손으로 취급하지 않는다.

15 도수율(빈도율)이 20인 사업장의 연천인율은 얼마인가?

① 24
② 48
③ 72
④ 96

16 증기분사 냉동법 설명으로 가장 옳은 것은?

① 융해열을 이용하는 방법
② 승화열을 이용하는 방법
③ 증발열을 이용하는 방법
④ 펠티에 효과를 이용하는 방법

17 다음 그림 기호의 밸브 종류는?

$$\longmapsto\!\!\bowtie\!\!\longmapsto$$

① 볼밸브   ② 게이트밸브

③ 풋밸브   ④ 안전밸브

18 2단 압축 냉동 사이클에 대한 설명으로 틀린 것은?

① 2단 압축이란 증발기에서 증발한 냉매가스를 저단 압축기와 고단 압축기로 구성되는 2대의 압축기를 사용하여 압축하는 방식이다.

② NH_3 냉동장치에서 증발온도가 $-35℃$ 정도 이하가 되면 2단 압축을 하는 것이 유리하다.

③ 압축비가 16 이상이 되는 냉동장치인 경우에만 2단 압축을 해야 한다.

④ 최근에는 1대의 압축기가 2대의 압축기 역할을 할 수 있는 콤파운드 압축기를 사용하기도 한다.

19 어떤 증발기의 열통과율이 $500\text{kcal}/\text{m}^2 \cdot h \cdot ℃$ 이고 대수평균온도차가 $7.5℃$, 냉각능력이 15RT일 때, 이 증발기의 전열면적은 약 얼마인가?

① 13.3m^2 ② 16.6m^2

③ 18.2m^2 ④ 24.4m^2

20 강관의 명칭과 KS 규격기호가 잘못된 것은?

① 배관용 합금강관 : SPA

② 고압배관용 탄소강관 : SPW

③ 고온배관용 탄소강관 : SPHT

④ 압력배관용 탄소강관 : SPPS

21 냉동장치에서 가스퍼저(Purger)를 설치할 경우, 가스의 인입선은 어디에 설치해야 하는가?

① 응축기와 수액기의 균압관에 한다.

② 수액기와 팽창밸브 사이에 한다.

③ 압축기의 토출관으로부터 응축기의 3/4이 되는 곳에 한다.

④ 응축기와 증발기 사이에 한다.

22 프레온 응축기에 대하여 맞는 것은?

① 냉각관 내의 유속을 빠르게 하면 할수록 열전달이 잘 되므로 빠를수록 좋다.

② 냉각수가 오염되어도 응축온도는 상승하지 않는다.

③ 냉매 중에 공기가 혼입되면 응축압력이 상승하고 부식의 원인이 된다.

④ 냉각수량이 부족하면 응축온도는 상승하고 응축압력은 하강한다.

23 브라인 부식 방지처리에 관한 설명으로 틀린 것은?

① 공기와 접촉하면 부식성이 증대하므로 가능한 한 공기와 접촉하지 않도록 한다.

② 염화칼슘 브라인 1L에는 중크롬산소다 1.6g을 첨가하고 중크롬산소다 100g마다 가성소다 27g씩 첨가한다.

③ 브라인은 산성을 띠게 되면 부식성이 커지므로 pH 7.5~8.2로 유지되도록 한다.

④ NaCl 브라인 1L에 대하여 중크롬산소다 0.9g을 첨가하고 중크롬산소다 100kg마다 가성소다 1.3g씩 첨가한다.

24 흡수식 냉동기의 설명으로 잘못된 것은?

① 운전 시의 소음 및 진동이 거의 없다.

② 증기, 온수 등 배열을 이용할 수 있다.

③ 압축식에 비해서 설치면적 및 중량이 크다.

④ 흡수식은 냉매를 기계적으로 압축하는 방식이며 열적(熱的)으로 압축하는 방식은 증기압축식이다.

25 제빙장치 중 결빙한 얼음을 제빙관에서 떼어낼 때 관 내의 얼음 표면을 녹이기 위해 사용하는 기기는?

① 주수조　　　　② 양빙기

③ 저빙고　　　　④ 용빙조

26 표준 냉동 사이클에서 토출가스 온도가 제일 높은 냉매는?

① R-11　　　　② R-22

③ NH_3　　　　④ CH_3Cl

27 열전도가 좋아 급유관이나 냉각, 가열관으로 사용되나 고온에서 강도가 떨어지는 관은?

① 강관　　　　② 플라스틱관

③ 주철관　　　　④ 동관

28 가스용접에서 용제를 사용하는 이유는?

① 모재의 용융온도를 낮게 하기 위하여

② 용접 중 산화물 등의 유해물을 제거하기 위하여

③ 침탄이나 질화작용을 돕기 위하여

④ 용접봉의 용융속도를 느리게 하기 위하여

29 0℃의 얼음 3.5kg을 융해 시 필요한 잠열은 약 몇 kcal인가?

① 245　　　　② 280

③ 326　　　　④ 630

30 관 용접작업 시 지켜야 할 안전에 대한 사항으로 옳지 않은 것은?

① 실내나 지하실 등에서는 통기가 잘 되도록 조치한다.

② 인화성 물질이나 전기 배선으로부터 충분히 떨어지도록 한다.

③ 관 내에 남아 있는 잔류 기름이나 약품 따위를 가스 토치로 태운 후 작업한다.

④ 자신뿐만 아니라 옆 사람의 안전에도 최대한 주의한다.

31 수랭식 응축기의 응축압력에 관한 설명 중 옳은 것은?

① 수온이 일정한 경우 유막 물때가 두껍게 부착하여도 수량을 증가하면 응축압력에는 영향이 없다.

② 응축부하가 크게 증가하면 응축압력 상승에 영향을 준다.

③ 냉각수량이 풍부한 경우에는 불응축 가스의 혼입 영향이 없다.

④ 냉각수량이 일정한 경우에는 수온에 의한 영향은 없다.

32 금속패킹의 재료로 적당치 않은 것은?

① 납　　　　② 구리

③ 연강　　　　④ 탄산마그네슘

33 그림과 같이 25A×25A×25A의 티에 20A 관을 직접 A부에 연결하고자 할 때 필요한 이음쇠는?

① 유니언　　　　② 캡
③ 부싱　　　　　④ 플러그

34 단상 유도 전동기 중 기동토크가 가장 큰 것은?

① 콘덴서기동형　　② 분상기동형
③ 반발기동형　　　④ 셰이딩코일형

35 한쪽에는 구동원으로 바이메탈과 전열기가 조립된 바이메탈 부분과, 다른 한쪽은 니들밸브가 조립되어 있는 밸브 본체 부분으로 구성되어 있는 팽창밸브로 맞는 것은?

① 온도식 자동팽창밸브
② 정압식 자동팽창밸브
③ 열전식 팽창밸브
④ 플로트식 팽창밸브

36 단열압축, 등온압축, 폴리트로픽 압축에 관한 사항 중 틀린 것은?

① 압축일량은 단열압축이 제일 크다.
② 압축일량은 등온압축이 제일 작다.
③ 실제 냉동기의 압축 방식은 폴리트로픽 압축이다.
④ 압축가스 온도는 폴리트로픽 압축이 제일 높다.

37 다음 그림에서 전류 I값은 몇 A인가?

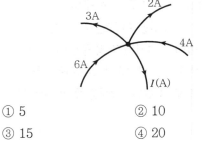

① 5　　　　　　② 10
③ 15　　　　　　④ 20

38 SI 단위에서 비체적의 설명으로 맞는 것은?

① 단위 엔트로피당 체적이다.
② 단위 체적당 중량이다.
③ 단위 체적당 엔탈피이다.
④ 단위 질량당 체적이다.

39 펌프의 캐비테이션 방지책으로 잘못된 것은?

① 양흡입 펌프를 사용한다.
② 흡입관의 손실을 줄이기 위해 관지름을 굵게, 굽힘을 적게 한다.
③ 펌프의 설치위치를 낮춘다.
④ 펌프 회전수를 빠르게 한다.

40 냉동기 계통 내에 스트레이너가 필요 없는 곳은?

① 압축기의 토출구
② 압축기의 흡입구
③ 팽창밸브 입구
④ 크랭크 케이스 내의 저유통

41 단수 릴레이의 종류에 속하지 않는 것은?

① 단압식 릴레이

② 차압식 릴레이

③ 수류식 릴레이

④ 비례식 릴레이

42 다음은 R-22 표준 냉동 사이클의 $P-h$ 선도이다. 건조도는 약 얼마인가?

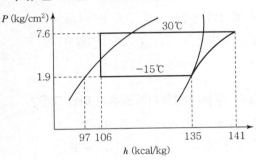

① 0.8

② 0.21

③ 0.24

④ 0.36

43 냉매의 명칭과 표기방법이 잘못된 것은?

① 아황산가스 : R-764

② 물 : R-718

③ 암모니아 : R-717

④ 이산화탄소 : R-746

44 팽창밸브에서 냉매액이 팽창할 때 냉매의 상태변화에 관한 사항으로 옳은 것은?

① 압력과 온도는 내려가나 엔탈피는 변하지 않는다.

② 압력은 내려가나 온도와 엔탈피는 변하지 않는다.

③ 온도는 변하지 않으나 압력과 엔탈피가 감소한다.

④ 엔탈피만 감소하고 압력과 온도는 변하지 않는다.

45 작동 전에는 열려 있고, 조작할 때 닫히는 접점을 무엇이라고 하는가?

① 브레이크 접점   ② 메이크 접점

③ 보조 접점   ④ b접점

46 외기온도 −5℃, 실내온도 18℃, 벽면적 15m² 인 벽체를 통한 손실열량은 몇 kcal/h인가?(단, 벽체의 열통과율은 1.30kcal/m²·h·℃이며, 방위계수는 무시한다.)

① 448.5   ② 529

③ 645   ④ 756.5

47 공기조화설비 중에서 열원장치의 구성요소가 아닌 것은?

① 냉각탑   ② 냉동기

③ 보일러   ④ 덕트

48 다음 중 환기의 목적이 아닌 것은?

① 연소가스의 도입

② 신선한 외기의 도입

③ 실내의 사람에 대한 건강과 작업능률 유지

④ 공기환경의 악화로부터 제품과 주변기기의 손상 방지

49 펌프에 관한 설명 중 부적당한 것은?

① 양수량은 회전수에 비례한다.

② 양정은 회전수의 제곱에 비례한다.

③ 축동력은 회전수의 3승에 비례한다.

④ 토출속도는 회전수의 4승에 비례한다.

50 결로를 방지하기 위한 방법이 아닌 것은?

① 벽면의 온도를 올려준다.

② 다습한 외기를 도입한다.

③ 벽면을 단열시킨다.

④ 강제로 온풍을 보내준다.

51 공기조화기 구성요소가 아닌 것은?

① 댐퍼　　　　　② 필터

③ 펌프　　　　　④ 가습기

52 온수난방에 대한 설명으로 잘못된 것은?

① 예열부하가 증기난방에 비해 작다.

② 한랭지에서는 동결의 위험성이 있다.

③ 온수온도에 의해 보통온수식과 고온수식으로 구분한다.

④ 난방부하에 따라 온도조절이 용이하다.

53 공기조화기에서 송풍기를 배출압력에 따라 분류할 때 블로어(Blower)의 일반적인 압력범위는?

① 0.1kgf/cm^2 미만

② 0.1kgf/cm^2 이상~1kgf/cm^2 미만

③ 1kgf/cm^2 이상~2kgf/cm^2 미만

④ 2kgf/cm^2 이상

54 보일러의 열출력이 150,000kcal/h, 연료소비율이 20kg/h이며 연료의 저위발열량이 10,000 kcal/kg이라면 보일러의 효율은 얼마인가?

① 65%　　　　　② 70%

③ 75%　　　　　④ 80%

55 다음 공조방식 중 개별식 공기조화방식은?

① 팬코일유닛방식

② 정풍량 단일덕트방식

③ 패키지유닛방식

④ 유인유닛방식

56 클린룸(병원 수술실 등)의 공기조화 시 가장 중요시해야 할 사항은?

① 공기의 청정도　　　② 공기소음

③ 기류속도　　　　　④ 공기압력

57 주철제 방열기의 종류가 아닌 것은?

① 2주형　　　　　② 3주형

③ 4세주형　　　　④ 5세주형

58 물과 공기의 접촉면적을 크게 하기 위해 증발포를 사용하여 수분을 자연스럽게 증발시키는 가습방식은?

① 초음파식　　　　② 가열식

③ 원심분리식　　　④ 기화식

59 공기조화용 취출구 종류 중 1차 공기에 의한 2차 공기의 유인성능이 좋고, 확산반경이 크며 도달거리가 짧기 때문에 천장 취출구로 많이 사용하는 것은?

① 팬(Pan)형

② 라인(Line)형

③ 아네모스탯(Anemostat)형

④ 그릴(Grille)형

60 전공기방식에 비해 반송동력이 적고, 유닛 1대로서 존을 구성하므로 조닝이 용이하며, 개별 제어가 가능한 장점이 있어 사무실, 호텔, 병원 등의 고층 건물에 적합한 공기조화방식은?

① 단일덕트방식
② 유인유닛방식
③ 이중덕트방식
④ 재열방식

정답 및 해설

01 ④	02 ②	03 ①	04 ④	05 ②
06 ③	07 ③	08 ③	09 ④	10 ②
11 ③	12 ④	13 ③	14 ①	15 ③
16 ③	17 ②	18 ③	19 ①	20 ②
21 ①	22 ③	23 ④	24 ④	25 ④
26 ①	27 ④	28 ②	29 ②	30 ③
31 ②	32 ④	33 ③	34 ③	35 ③
36 ④	37 ①	38 ④	39 ④	40 ①
41 ④	42 ③	43 ④	44 ①	45 ②
46 ①	47 ④	48 ①	49 ④	50 ②
51 ③	52 ①	53 ②	54 ③	55 ③
56 ①	57 ③	58 ④	59 ③	60 ②

01 안전관리의 주된 목적은 사고를 미연에 방지하고, 근로자의 안전과 능률을 향상시키는 데 있다.

02 원심식 압축기 1RT 능력
정격출력 1.2kW를 1일의 냉동능력 1톤으로 본다.

03 렌치 사용 시 항상 자기 몸 안쪽으로 조금씩 앞으로 잡아당기면서 작업한다.

04 개방밸브와 밀폐밸브의 역할이 다르므로 운전 전 개·폐를 확인하여야 한다.

05 공구는 어떠한 경우에도 던져서 주면 아니 된다.

06 접지는 전기 누전 또는 지락을 방지하는 데 그 목적이 있다.

07 감전사고 발생 시 위험도 영향
㉠ 통전전류의 크기
㉡ 통전시간과 전격의 위상
㉢ 전원의 종류

08 재해의 원인
㉠ 간접원인 : 안전수칙 및 지시의 불이행
㉡ 직접원인(물적 원인) : ①, ②, ④

09 안전장치는 어떠한 경우에도 제거되면 안전관리 불이행이 된다.

10 아크용접 시 전격에 의한 사고가 가장 위험하다.

11 독극물 취급 시 입었던 보호구는 반드시 세탁한 후 다음 작업 시 착용한다.

12 보일러 용수관리 불량은 보일러 운전자의 취급 불량이 원인이다.

13 독성가스(암모니아)는 질량 1,000kg 이상이면 운반책임자가 동승하여 수송하여야 한다.

14 용접작업 시 클램프 부분을 항상 깨끗한 상태로 사용하여야 사고를 방지할 수 있다.

15 연천인율 $= \dfrac{\text{재해발생건수}}{\text{연평균 근로자수}} \times 100$
$= \text{도수율} \times 2.4$
$= 20 \times 2.4 = 48$

16 증기분사냉동법
증기 이젝터의 흡입작용으로 증발기 내를 진공으로 만들어, 살포되는 물의 일부가 증발하면서 증발잠열에 의해 나머지 물을 냉각시킨다.

17 ⎯▷◁⎯ : 게이트밸브(슬루스밸브)

18 2단 압축 채용
㉠ 압축비(응축압력/증발압력)가 6 이상인 경우
㉡ 암모니아 냉동장치에서 −35℃ 이하인 경우
㉢ 프레온 냉동장치에서 −50℃ 이하인 경우

19 1 RT = 3,320kcal/h
냉동능력 $= 15 \times 3,320 = 49,800$kcal/h
전열면적 $(A) = \dfrac{49,800}{500 \times 7.5} = 13.3$m^2

20 고압배관용 탄소강관 : SPPH

21 가스퍼저는 응축기와 수액기의 균압관에 설치한다.

22 ① 냉각관 내 물의 유속은 알맞게 한다.
② 냉각수가 오염되면 응축온도가 상승한다.
④ 냉각수량이 부족하면 응축온도와 응축압력이 상승한다.

23 NaCl(염화나트륨) 무기질 냉매 브라인은 가격이 저렴하나 부식력이 커서 방청제가 필요하다(브라인 1L당 중크롬산소다($Na_2Cr_2O_7$) 1.6g, 중크롬산소다 100g당 가성소다 27g씩 첨가 희석하여 사용한다).

24 흡수식 냉동기
ㄱ 흡수식은 증발기 내 진공압력(6.5mmHg)에 의해 냉매가 증발되면(비점 5℃) 진공펌프(기계식)에 의해 진공압력이 유지된다.
ㄴ 흡수제 : 리튬브로마이드(LiBr)
ㄷ 흡수식 냉매 : 물(H_2O)

25 용빙조
제빙장치 중 결빙한 얼음을 제빙관에서 떼어낼 때 관 내의 얼음 표면을 녹이기 위해 사용하며, 용빙탱크 속의 수온은 20℃가 적당하다.

26 비열비 : 비열비가 높으면 토출가스 온도가 높다.
$NH_3 > R-22 > R-11 > CH_3Cl$

27 동관
열전도가 좋아 급유관, 냉각관, 가열관의 열교환기용 관으로 사용되나 고온에서 강도가 떨어진다.

28 가스용접에서 용제는 붕사 등이며 용접 중 산화물 등의 유해물질을 제거한다.

29 얼음의 융해잠열 = 80kcal/kg
∴ 3.5×80 = 280kcal

30 관 용접작업 시에는 관 내에 남아 있는 잔류기름이나 약품 따위를 약품 등으로 제거 또는 세척 후 용접한다.

31 ① 유막 물때가 두꺼우면 응축압력이 높아진다.
③ 냉각수량과 불응축 가스의 혼입과는 관련성이 없다.
④ 냉각수량이 일정한 경우 수온이 낮으면 응축온도가 낮아진다.

32 탄산마그네슘
ㄱ 열 전달이 많고 300~320℃에서 열분해를 한다.
ㄴ 250℃ 이하에서 사용되는 방열재이다.
ㄷ 파이프나 탱크의 보냉용 보온재이다.

33

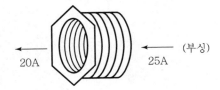

20A   25A   (부싱)

34 ㄱ 토크(Torgue) : 전동기 회전력
ㄴ 반발기동형 유도 전동기 : 큰 기동토크가 필요하며 시동, 정지가 빈번한 기계나 컴프레서, 냉동기, 깊은 우물용 펌프에 쓰인다.

35 열전식 팽창밸브
구동원으로 바이메탈과 전열기가 조립된 바이메탈 부분과 다른 한쪽은 니들밸브가 조립된 밸브 본체 부분으로 구성된 팽창밸브이다.

36 압축일량, 압축가스 온도 비교
단열압축 > 폴리트로픽 압축 > 등온압축

37 6+4 = 10A, 3+2 = 5A
전류(I) = 10-5 = 5A

38 비체적(m^3/kg) : 단위 질량당 체적

39 펌프의 캐비테이션을 방지하려면 펌프의 회전수를 감소시켜야 한다.
※ 캐비테이션 : 펌프의 공동현상(저압력에서 발생)

40 압축기의 토출구에서 냉매가스가 응축기로 들어가므로 스트레이너(여과기)는 불필요하다.

41 단수 릴레이
ㄱ 수냉각기의 냉수 출입구의 압력차를 검출하여 수량의 감소를 확인함으로써 동결을 방지한다.
ㄴ 종류 : 단압식, 차압식, 수류식

42 ㄱ 냉매 흡수증발열 : 135-106 = 29kcal/kg
ㄴ 냉매의 증발잠열 : 135-97 = 38kcal/kg
ㄷ 플래시 가스량 : 106-97 = 9kcal/kg
∴ $\frac{9}{38} \times 100 = 24\% = 0.24$

43 이산화탄소(CO_2)
ㄱ 분자량 : 44
ㄴ 냉매의 표기 : 744

44 팽창밸브에서 냉매액이 팽창할 때 냉매의 압력과 온도는 내려가지만 엔탈피는 변하지 않는다(등엔탈피).

45 ㄱ a접점 : 주 장치가 기준위치에 있을 때 개방되어 있는 접점(그 반대가 b접점)
ㄴ 메이크 접점(Make Contact) : 개폐기나 계전기 등에서 조작 시에는 닫히고, 그 외에 상시 열려 있는 접점

46 손실열량(q) = 면적×열통과율×온도차
$$= 15 \times 1.30 \times (18 - (-5))$$
$$= 448.5 \text{kcal/h}$$

47 공기조화 열원장치
ㄱ 냉각탑
ㄴ 냉동기
ㄷ 보일러

48 연소가스의 배출은 환기의 목적이 될 수 있다.

49 토출량은 회전수 증가에 비례한다.

50 결로
ㄱ 공기 중에 함유된 수분이 응축되어 그 표면에 이슬이 맺히는 현상이다.
ㄴ 결로를 방지하려면 공기와의 접촉면 온도를 노점온도 이상으로 유지해야 한다. 습기가 구조체 내로 전달되는 것을 차단할 수 있도록 실내 측에 방습막을 부착하는 것이 바람직하다.

51 공기조화기 구성요소 : 댐퍼, 필터, 가습기 등

52 물은 비열이 높아서 온수난방이 증기난방에 비해 예열부하가 크다.
• 물의 비열 : 1kcal/kg · ℃
• 증기 비열 : 0.44kcal/kg · ℃

53 ㄱ 팬 : 0.1kg/cm² 미만
ㄴ 블로어 : 0.1~1.0kg/cm²
ㄷ 압축기 : 1.0kg/cm² 이상

54 효율 = $\dfrac{\text{열출력}}{\text{연료소비량} \times \text{저위발열량}} \times 100\%$
$$= \dfrac{150,000}{20 \times 10,000} \times 100\% = 75\%$$

55 개별식 공기조화방식
ㄱ 패키지방식
ㄴ 룸쿨러방식
ㄷ 멀티유닛방식

56 클린룸의 경우 위생이 가장 중요하므로 공기조화 시 공기의 청정도를 가장 중요시해야 한다.

57 주철제 방열기
ㄱ 주형 : 2주형, 3주형, 3세주형, 5세주형
ㄴ 벽걸이형 : 수직형, 수평형

58 기화식
물과 공기의 접촉면적을 크게 하기 위해 증발포를 사용하여 수분을 증발시키는 가습법이다.

59 아네모스탯(Anemostat)형 취출구
1차 공기에 의한 2차 공기의 유인성능이 좋고 확산반경이 크고 도달거리가 짧아서 천장 취출구로 많이 사용한다.

60 유인유닛방식
ㄱ 공기-수방식이며 유닛 1대로 존을 구성하므로 조닝이 용이하며 개별 제어가 가능하다.
ㄴ 사무실, 호텔, 병원 등의 고층 건물에 적합한 중앙방식의 공기조화방식이다.

[05.회] CBT 실전모의고사

01 「고압가스 안전관리법」에서 규정한 용어를 바르게 설명한 것은?

① "저장소"라 함은 산업통상자원부령이 정하는 일정량 이상의 고압가스를 용기나 저장탱크로 저장하는 일정한 장소를 말한다.

② "용기"라 함은 고압가스를 운반하기 위한 것(부속품을 포함하지 않음)으로서 이동할 수 있는 것을 말한다.

③ "냉동기"라 함은 고압가스를 사용하여 냉동을 하기 위한 모든 기기를 말한다.

④ "특정설비"라 함은 저장탱크와 모든 고압가스 관계 설비를 말한다.

02 보안경을 사용하는 이유로 적합하지 않은 것은?

① 중량물의 낙하 시 얼굴을 보호하기 위해서

② 유해약물로부터 눈을 보호하기 위해서

③ 칩의 비산으로부터 눈을 보호하기 위해서

④ 유해 광선으로부터 눈을 보호하기 위해서

03 재해의 직접적 원인이 아닌 것은?

① 보호구의 잘못된 사용

② 불안전한 조작

③ 안전지식 부족

④ 안전장치의 기능 제거

04 보일러에서 폭발구(방폭문)를 설치하는 이유는?

① 연소의 촉진을 도모하기 위하여

② 연료의 절약을 위하여

③ 연소실의 화염을 검출하기 위하여

④ 폭발가스의 외부배기를 위하여

05 재해예방의 4가지 기본원칙에 해당되지 않는 것은?

① 대책선정의 원칙

② 손실우연의 원칙

③ 예방가능의 원칙

④ 재해통계의 원칙

06 일반공구 사용 시 주의사항으로 적합하지 않은 것은?

① 공구는 사용 전보다 사용 후에 점검한다.

② 본래의 용도 이외에는 절대로 사용하지 않는다.

③ 항상 작업 주위 환경에 주의를 기울이면서 작업한다.

④ 공구는 항상 일정한 장소에 비치하여 놓는다.

07 전기로 인한 화재 발생 시의 소화제로서 가장 알맞은 것은?

① 모래　　　　② 포말

③ 물　　　　　④ 탄산가스

08 가스보일러 점화 시 주의사항 중 맞지 않는 것은?

① 연소실 내의 용적 4배 이상의 공기로 충분히 환기를 행할 것
② 점화는 3~4회로 착화될 수 있도록 할 것
③ 착화 실패나 갑작스러운 실화 시에는 연료공급을 중단하고 환기 후 그 원인을 조사할 것
④ 점화버너의 스파크 상태가 정상인지 확인할 것

09 가연성 가스의 화재, 폭발을 방지하기 위한 대책으로 틀린 것은?

① 가연성 가스를 사용하는 장치를 청소하고자 할 때는 가연성 가스로 한다.
② 가스가 발생하거나 누출될 우려가 있는 실내에서는 환기를 충분히 시킨다.
③ 가연성 가스가 존재할 우려가 있는 장소에서는 화기를 엄금한다.
④ 가스를 연료로 하는 연소설비에서는 점화하기 전에 누출 유무를 반드시 확인한다.

10 전기용접기의 사용상 준수사항으로 적합하지 않은 것은?

① 용접기 설치장소는 습기나 먼지 등이 많은 곳은 피하고 환기가 잘되는 곳을 선택한다.
② 용접기의 1차 측에는 용접기 근처에 규정 값보다 1.5배 큰 퓨즈(Fuse)를 붙인 안전 스위치를 설치한다.
③ 2차 측 단자의 한쪽과 용접기 케이스는 접지(Earth)를 확실히 해둔다.
④ 용접 케이블 등의 파손된 부분은 즉시 절연 테이프로 감아야 한다.

11 공기조화용으로 사용되는 교류 3상 220V의 전동기가 있다. 전동기의 외함 및 철대에 제3종 접지공사를 하는 목적에 해당되지 않는 것은?

① 감전사고의 방지
② 성능을 좋게 하기 위해서
③ 누전 화재의 방지
④ 기기, 배관 등의 파괴 방지

12 압축기 토출압력이 정상보다 너무 높게 나타나는 경우 그 원인에 해당하지 않는 것은?

① 냉각수량이 부족한 경우
② 냉매계통에 공기가 혼합되어 있는 경우
③ 냉각수 온도가 낮은 경우
④ 응축기 수배관에 물때가 낀 경우

13 근로자가 보호구를 선택 및 사용하기 위해 알아두어야 할 사항으로 거리가 먼 것은?

① 올바른 관리 및 보관방법
② 보호구의 가격과 구입방법
③ 보호구의 종류와 성능
④ 올바른 사용(착용)방법

14 냉동장치에서 안전상 운전 중에 점검해야 할 중요사항에 해당되지 않는 것은?

① 냉매의 각부 압력 및 온도
② 윤활유의 압력과 온도
③ 냉각수 온도
④ 전동기의 회전방향

15 가스용접에서 토치의 취급상 주의사항으로서 적합하지 않은 것은?

① 토치나 팁은 작업장 바닥이나 흙 속에 방치하지 않는다.

② 팁을 바꿀 때에는 반드시 가스밸브를 잠그고 한다.

③ 토치를 망치 등 다른 용도로 사용해서는 안 된다.

④ 토치에 기름이나 그리스를 주입하여 관리한다.

16 어느 제빙공장의 냉동능력은 6RT이다. 응축기 방열량은 얼마인가?(단, 방열계수는 1.3이다.)

① 10,948 kcal/h

② 11,248 kcal/h

③ 15,952 kcal/h

④ 25,896 kcal/h

17 증발식 응축기의 일리미네이터에 대한 설명으로 맞는 것은?

① 물의 증발을 양호하게 한다.

② 공기를 흡수하는 장치이다.

③ 물이 과냉각되는 것을 방지한다.

④ 냉각관에 분사되는 냉각수가 대기 중에 비산되는 것을 막아주는 장치이다.

18 OR 회로를 나타내는 논리기호로 맞는 것은?

①   ②

③   ④

19 분해조립이 필요한 부분에 사용되는 배관 연결 부속은?

① 부싱, 티   ② 플러그, 캡

③ 소켓, 엘보   ④ 플랜지, 유니언

20 다음 그림의 기호가 나타내는 밸브로 맞는 것은?

① 슬루스밸브   ② 글로브밸브

③ 다이어프램밸브   ④ 감압밸브

21 2원 냉동장치 냉매로 많이 사용되는 R-290은 어느 것인가?

① 프로판   ② 에틸렌

③ 에탄   ④ 부탄

22 2단 압축 2단 팽창 냉동 사이클을 몰리에르 선도에 표시한 것이다. 옳은 것은?

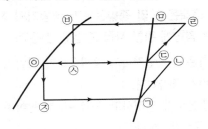

① 중간냉각기의 냉동효과 : ㉢-㉂

② 증발기의 냉동효과 : ㉃-㉈

③ 팽창밸브 통과 직후의 냉매위치 : ㉣-㉤

④ 응축기의 방출열량 : ㉠-㉃

23 어떤 냉동기에서 0℃의 물로 0℃의 얼음 2톤(ton)을 만드는 데 40kWh의 일이 소요된다면 이 냉동기의 성적계수는 약 얼마인가?(단, 얼음의 융해잠열은 80kcal/kg이다.)

① 2.72
② 3.04
③ 4.04
④ 4.65

24 2차 냉매의 열전달방법은?

① 상태변화에 의한다.
② 온도변화에 의하지 않는다.
③ 잠열로 전달한다.
④ 감열로 전달한다.

25 압력표시에서 1atm과 값이 다른 것은?

① 1.01325bar
② 1.10325MPa
③ 760mmHg
④ 1.03227kgf/cm²

26 응축온도 및 증발온도가 냉동기의 성능에 미치는 영향에 관한 사항 중 옳은 것은?

① 응축온도가 일정하고 증발온도가 낮아지면 압축비가 증가한다.
② 증발온도가 일정하고 응축온도가 높아지면 압축비는 감소한다.
③ 응축온도가 일정하고 증발온도가 높아지면 토출가스 온도는 상승한다.
④ 응축온도가 일정하고 증발온도가 낮아지면 냉동능력은 증가한다.

27 역률에 대한 설명 중 잘못된 것은?

① 유효전력과 피상전력의 비이다.
② 저항만이 있는 교류회로에서는 1이다.
③ 유효전류와 전전류의 비이다.
④ 값이 0인 경우는 없다.

28 동관 굽힘 가공에 대한 설명으로 옳지 않은 것은?

① 열간 굽힘 시 큰 직경으로 관 두께가 두꺼운 경우에는 관 내에 모래를 넣어 굽힘한다.
② 열간 굽힘 시 가열온도는 100℃ 정도로 한다.
③ 굽힘 가공성이 강관에 비해 좋다.
④ 연질관은 핸드벤더(Hand Bender)를 사용하여 쉽게 굽힐 수 있다.

29 $P-h$ 선도상의 각 번호에 대한 명칭 중 맞는 것은?

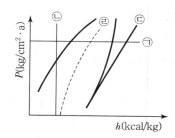

① ㉠ : 등비체적선
② ㉡ : 등엔트로피선
③ ㉢ : 등엔탈피선
④ ㉣ : 등건조도선

30 사용압력이 비교적 낮은(10kgf/cm² 이하) 증기, 물, 기름, 가스 및 공기 등의 각종 유체를 수송하는 관으로, 일명 가스관이라고도 하는 관은?

① 배관용 탄소강관
② 압력배관 탄소강관
③ 고압배관용 탄소강관
④ 고온배관용 탄소강관

31 탄성이 부족하여 석면, 고무, 금속 등과 조합하여 사용되며 내열범위는 −260~260℃ 정도로 기름에 침식되지 않는 패킹은?

① 고무 패킹
② 석면 조인트 시트
③ 합성수지 패킹
④ 오일시트 패킹

32 정현파 교류전류에서 크기를 나타내는 실효치를 바르게 나타낸 것은?(단, I_m은 전류의 최대치이다.)

① $I_m \sin \omega t$
② $0.636 I_m$
③ $\sqrt{2}$
④ $0.707 I_m$

33 흡수식 냉동장치의 적용대상이 아닌 것은?

① 백화점 공조용
② 산업 공조용
③ 제빙공장용
④ 냉난방장치용

34 프레온 냉매 중 냉동능력이 가장 좋은 것은?

① R-113
② R-11
③ R-12
④ R-22

35 왕복동 압축기의 용량제어방법으로 적합하지 않은 것은?

① 흡입밸브 조정에 의한 방법
② 회전수 가감법
③ 안전스프링의 강도 조정법
④ 바이패스법

36 터보 냉동기의 운전 중에 서징(Surging) 현상이 발생하였다. 그 원인으로 옳지 않은 것은?

① 흡입가이드 베인을 너무 조일 때
② 가스유량이 감소될 때
③ 냉각수온이 너무 낮을 때
④ 어떤 한계치 이하의 가스유량으로 운전할 때

37 회전식 압축기의 피스톤 압출량(V)을 구하는 공식은 어느 것인가?(단, D = 실린더 내경(m), d = 회전 피스톤의 외경(m), t = 실린더의 두께(m), R = 회전수(rpm), n = 기통수, L = 실린더 길이이다.)

① $V = 60 \times 0.785 \times (D^2 - d^2) t_n R [\mathrm{m^3/h}]$
② $V = 60 \times 0.785 \times D^2 t_n R [\mathrm{m^3/h}]$
③ $V = 60 \times \dfrac{\pi D^2}{4} t_n R [\mathrm{m^3/h}]$
④ $V = \dfrac{\pi D R}{4} [\mathrm{m^3/h}]$

38 냉동의 원리에 이용되는 열의 종류가 아닌 것은?

① 증발열
② 승화열
③ 융해열
④ 전기저항열

39 다음 설명 중 내용이 맞는 것은?

① 1BTU는 물 1lb를 1℃ 높이는 데 필요한 열량이다.

② 절대압력은 대기압의 상태를 0으로 기준하여 측정한 압력이다.

③ 이상기체를 단열팽창시켰을 때 온도는 내려간다.

④ 보일-샤를의 법칙이란 기체의 부피는 절대압력에 비례하고 절대온도에 반비례한다.

40 냉동 사이클에서 액관 여과기의 규격은 보통 몇 메시(Mesh) 정도인가?

① 40~60　　　　② 80~100

③ 150~220　　　④ 250~350

41 증발기에 대한 제상방식이 아닌 것은?

① 전열 제상　　　② 핫가스 제상

③ 살수 제상　　　④ 피냉제거 제상

42 다음 그림에서 습압축 냉동 사이클은 어느 것인가?

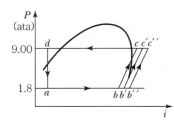

① $ab'c'da$　　　② $bb''c''cb$

③ $ab''c''da$　　④ $abcda$

43 압축기에 대한 설명으로 옳은 것은?

① 토출가스 온도는 압축기의 흡입가스 과열도가 클수록 높아진다.

② 프레온 12를 사용하는 압축기에는 토출온도가 낮아 워터재킷(Water Jacket)을 부착한다.

③ 톱 클리어런스(Top Clearance)가 클수록 체적효율이 커진다.

④ 토출가스 온도가 상승하여도 체적효율은 변하지 않는다.

44 인버터 구동 가변용량형 공기조화장치나 증발온도가 낮은 냉동장치에서는 냉매유량 조절의 특성 향상과 유량제어 범위의 확대 등이 중요하다. 이러한 목적으로 사용되는 팽창밸브로 적당한 것은?

① 온도식 자동팽창밸브

② 정압식 자동팽창밸브

③ 열전식 팽창밸브

④ 전자식 팽창밸브

45 암모니아 냉동기에 사용되는 수랭 응축기의 전열계수(열통과율)가 800kcal/m² · h · ℃이며, 응축온도와 냉각수 입출구의 평균 온도차가 8℃일 때 1냉동톤당 응축기 전열면적은 약 얼마인가?(단, 방열계수는 1.3으로 한다.)

① 0.52m²　　　② 0.67m²

③ 0.97m²　　　④ 1.7m²

46 보일러에서의 상용출력이란?

① 난방부하

② 난방부하＋급탕부하

③ 난방부하＋급탕부하＋배관부하

④ 난방부하＋급탕부하＋배관부하＋예열부하

47 공조방식 중 패키지유닛방식의 특징으로 틀린 것은?

① 공조기로의 외기 도입이 용이하다.

② 각 층을 독립적으로 운전할 수 있으므로 에너지 절감효과가 크다.

③ 실내에 설치하는 경우 급기를 위한 덕트 샤프트가 필요 없다.

④ 송풍기 전압이 낮으므로 제진효율이 떨어진다.

48 공조용 급기 덕트에서 취출된 공기가 어느 일정 거리만큼 진행했을 때의 기류 중심선과 취출구 중심과의 거리를 무엇이라고 하는가?

① 도달거리 ② 1차 공기거리

③ 2차 공기거리 ④ 강하거리

49 난방방식 중 방열체가 필요 없는 것은?

① 온수난방 ② 증기난방

③ 복사난방 ④ 온풍난방

50 다익형 송풍기의 임펠러 직경이 600mm일 때 송풍기 번호는 얼마인가?

① No.2 ② No.3

③ No.4 ④ No.6

51 공연장의 건물에서 관람객이 500명이고 1 인당 CO_2 발생량이 $0.05m^3/h$일 때 환기량 (m^3/h)은 얼마인가?(단, 실내 허용 CO_2 농도는 600ppm, 외기 CO_2 농도는 100ppm이다.)

① 30,000 ② 35,000

③ 40,000 ④ 50,000

52 가변풍량 단일덕트방식의 특징이 아닌 것은?

① 송풍기의 동력을 절약할 수 있다.

② 실내공기의 청정도가 떨어진다.

③ 일사량 변화가 심한 존(Zone)에 적합하다.

④ 각 실이나 존(Zone)의 온도를 개별 제어하기가 어렵다.

53 증기가열코일의 설계 시 증기코일의 열수가 적은 점을 고려하여 코일의 전면 풍속은 어느 정도가 가장 적당한가?

① 0.1m/s ② 1～2m/s

③ 3～5m/s ④ 7～9m/s

54 송풍기 선정 시 고려해야 할 사항 중 옳은 것은?

① 소요 송풍량과 풍량조절 댐퍼의 유무

② 필요 유효정압과 전동기 모양

③ 송풍기 크기와 공기 분출 방향

④ 소요 송풍량과 필요 정압

55 공조부하 계산 시 잠열과 현열을 동시에 발생시키는 요소는?

① 벽체로부터의 취득열량
② 송풍기에 의한 취득열량
③ 극간풍에 의한 취득열량
④ 유리로부터의 취득열량

56 실내의 취득열량을 구했더니 현열이 28,000 kcal/h, 잠열이 12,000kcal/h였다. 실내를 21℃, 60%(RH)로 유지하기 위해 취출온도차 10℃로 송풍할 때, 현열비는 얼마인가?

① 0.7
② 1.8
③ 1.4
④ 0.4

57 감습장치에 대한 설명 중 옳은 것은?

① 냉각식 감습장치는 감습만을 목적으로 사용하는 경우 경제적이다.
② 압축식 감습장치는 감습만을 목적으로 하면 소요동력이 커서 비경제적이다.
③ 흡착식 감습법은 액체에 의한 감습법보다 효율이 좋으나 낮은 노점까지 감습이 어려워 주로 큰 용량의 것에 적합하다.
④ 흡수식 감습장치는 흡착식에 비해 감습효율이 떨어져 소규모 용량에만 적합하다.

58 중앙식 공조기에서 외기 측에 설치되는 기기는?

① 공기 예열기
② 일리미네이터
③ 가습기
④ 송풍기

59 다음 공기의 성질에 대한 설명 중 틀린 것은?

① 최대한도의 수증기를 포함한 공기를 포화공기라 한다.
② 습공기의 온도를 낮춰 물방울이 맺히기 시작하는 온도를 그 공기의 노점온도라고 한다.
③ 건공기 1kg에 혼합된 수증기의 질량비를 절대습도라 한다.
④ 우리 주변에 있는 공기는 대부분의 경우 건공기이다.

60 온수난방방식의 분류로 적당하지 않은 것은?

① 강제순환식
② 복관식
③ 상향공급식
④ 진공환수식

정답 및 해설 ▮

01 ①	02 ①	03 ③	04 ④	05 ④
06 ①	07 ④	08 ②	09 ①	10 ②
11 ②	12 ③	13 ④	14 ④	15 ④
16 ④	17 ④	18 ①	19 ④	20 ③
21 ①	22 ①	23 ④	24 ④	25 ②
26 ①	27 ④	28 ②	29 ④	30 ①
31 ①	32 ④	33 ③	34 ④	35 ③
36 ③	37 ①	38 ④	39 ③	40 ②
41 ④	42 ④	43 ①	44 ④	45 ②
46 ③	47 ①	48 ④	49 ④	50 ③
51 ④	52 ④	53 ③	54 ④	55 ③
56 ①	57 ②	58 ①	59 ④	60 ④

01 ㉠ 용기 : 고압가스를 충전하기 위한 것(부속품 포함)
㉡ 냉동기 : 고압가스를 사용하여 냉동을 하기 위한 기기
㉢ 특정설비 : 저장탱크 및 산업자원부령으로 정하는 고압가스 관련 설비

02 보안경
㉠ 자외선용 : 유리 보안경
㉡ 적외선용 : 플라스틱 보안경
㉢ 복합용 : 도수렌즈 보안경
㉣ 용접용

03 ㉠ 산업재해의 직접원인
• 인적 원인(불안전한 행동)
• 물적 원인(불안전한 상태)
㉡ 산업재해의 간접원인
• 기술적 원인　• 교육적 원인
• 신체적 원인　• 정신적 원인
• 관리적 원인

04 폭발구는 노, 연도 내 폭발가스의 외부배기를 위하여 보일러 후부에 설치한다.

05 산업재해예방의 4원칙
㉠ 예방가능의 원칙　㉡ 손실우연의 원칙
㉢ 원인연계의 원칙　㉣ 대책선정의 원칙

06 일반공구는 사용 후보다 사용 전에 점검한다.

07 탄산가스 소화기 : 전기화재용 소화제

08 가스보일러는 화력이 커서 단 한 번에 착화되어야 가스폭발이 방지된다.

09 가연성 가스를 사용하는 장치는 불연성 가스인 CO_2나 N_2 가스 등으로 청소한다.

10 용접기 2차 측 용접기 근처에 퓨즈를 붙인 안전 스위치를 설치한다.

11 접지의 목적
누전 시에 인체에 가해지는 전압을 감소시켜 감전을 방지하고 지락전류를 원활히 흐르게 함으로써 차단기를 확실히 동작시키고 화재폭발의 위험을 방지한다.

12 냉각수 온도가 너무 낮으면 냉동기 압축기 토출압력이 정상보다 낮게 유지된다.

13 보호구 선택 시 고려사항은 ①, ③, ④ 등이다.

14 냉동장치 운전 중 점검사항은 ①, ②, ③이다.

15 가스용접에서 토치 사용 시 토치에 묻은 기름, 그리스는 완전히 제거하고 사용한다.

16 냉동능력 $1RT = 3,320kcal/h$
∴ 응축기 방열량 $= (3,320 \times 6) \times 1.3 = 25,896kcal/h$

17 응축기 일리미네이터
냉각관에 분사되는 냉각수가 대기 중에 비산되는 것을 막아 주는 장치이다.

18 기본 논리회로

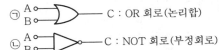

㉠ A B → C : OR 회로(논리합)
㉡ A B → C : NOT 회로(부정회로)
㉢ A B → C : AND 회로(논리곱)
㉣ A B → C : NOR 회로
㉤ A B → C : NOR 회로(부정논리합)
㉥ A B → C : NAND 회로
㉦ A B → C : NAND 회로(부정논리곱)

19 ㉠ 플랜지, 유니언 : 배관에서 분해, 조립, 검사가 필요한 곳에 연결되는 부속품
　　㉡ 플랜지(50mm 이상용), 유니언(50mm 미만용)

20 ⟶ : 다이어프램(격막)밸브

21 ㉠ R-17 : NH₃ 냉매
　　㉡ R-290 : 프로판 냉매

22

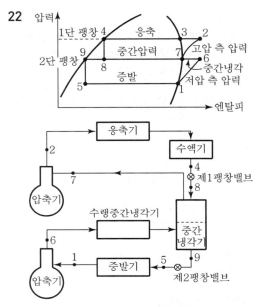

[2단 압축 2단 팽창]

23 얼음의 냉각잠열 = 2,000kg/h×80
　　　　　　　　　 = 160,000kcal/h
　　압축기 소요일량 = 40×860
　　　　　　　　　 = 34,400kcal/h
　　※ 1kWh = 860kcal
　　∴ 성적계수(COP) = $\dfrac{160,000}{34,400}$ = 4.65

24 열전달방법
　　㉠ 1차 냉매(프레온, 암모니아 등) : 잠열로 열전달
　　㉡ 2차 냉매(브라인) : 감열로 열전달

25 1atm = 1.01325bar = 760mmHg
　　　　 = 1.03227kgf/cm² = 101.325Pa
　　　　 = 1.033kgf/cm² = 0.1033MPa

26 압축비 = $\dfrac{\text{응축온도}}{\text{증발온도}}$

27 역률(Power Factor) : $\cos\theta$
　　$\cos\theta = \dfrac{\text{저항}(R)}{\text{임피던스}(Z)}$
　　　　 $= \dfrac{\text{유효전력}(P)}{\text{피상전력}(P_a)} = \dfrac{P}{VI}\times100\%$

28 동관의 열간 굽힘 가열온도 : 600~700℃

29 ㉠ 압력선
　　㉡ 엔탈피선
　　㉢ 등엔트로피선
　　㉣ 등건조도선

30 SPP(배관용 탄소강관)
　　가스관이라고도 하며, 10kg/cm² 이하 증기, 물, 기름, 가스, 공기를 수송하는 관이다.

31 합성수지 패킹(테프론)
　　탄성이 부족하여 석면, 고무, 금속 등과 조합하여 사용하며, 내열범위는 -260~260℃이다.

32 교류의 실횻값$(I) = \dfrac{I_m}{\sqrt{2}} = 0.707I_m$ [V]

33 흡습식 냉동장치는 냉방에만 관여한다.

34 냉동능력(kcal/kg)
　　(15℃에서) R-22(52) > R-11(45.8) > R-113(39.2) > R-12(38.57)

35 왕복동 압축기의 용량제어법
　　①, ②, ④ 외에 클리어런스 증대법, 언로드 제어법 등이 있다.

36 터보 냉동기(원심식 냉동기)
　　냉각수온이 너무 낮으면 서징(맥동) 현상 발생이 감소한다.
　　터보형은 압축이 연속적이므로 기체의 맥동현상이 없다.

37 압축기 피스톤 압출량(m³/h)
　　㉠ 회전식 : $V = 60\times0.785t_n R(D^2-d^2)$
　　㉡ 스크루식 : $V = K\times D^3\times\dfrac{L}{D}\times n\times60$
　　㉢ 왕복동식 : $V = 0.785\times D^2\times L\times N\times n\times60$

38 ㉠ 자연적 냉동 : 융해잠열, 증발잠열, 승화잠열, 기한제 이용 방법

㉡ 기계적 냉동 : 증기압축식, 흡수식, 증기분사식, 전자냉동법

39 ① 1BTU : 물 1lb를 1℉ 높이는 데 필요한 열량
② 절대압력 : 진공상태에서 기준한 압력
④ 보일−샤를의 법칙 : 기체의 부피는 절대온도에 비례하고 절대압력에 반비례한다.

40 냉동 사이클에서 액관 여과기의 규격 : 80~100메시

41 제상방식
㉠ 전열 제상　　㉡ 핫가스 제상
㉢ 살수 제상　　㉣ 브라인 분무 제상
㉤ 온 브라인 제상　㉥ 온 공기 제상
㉦ 냉동기 정지 제상

42 ① 건압축
③ 과열압축
④ 습압축

43 ② 암모니아 냉매는 토출가스 온도가 높아 워터재킷을 부착한다.
③ 톱 클리어런스가 클수록 체적효율이 감소한다.
④ 토출가스 온도가 상승하면(압축비가 커지면) 체적효율이 감소한다.

44 전자식 팽창밸브의 특성
인버터 구동 가변용량형 공기조화장치나 증발온도가 낮은 냉동기의 냉매유량 조절의 특성 향상과 유량제어 범위의 확대 등에 사용된다.

45 냉동능력
$1RT = 3,320$kcal/h
열량$(Q) = 3,320 \times 1.3 = 4,316$kcal/h
$\quad\quad = K \cdot F \cdot \Delta t_m$
$\therefore$ 전열면적$(F) = \dfrac{4,316}{800 \times 8} = 0.67$m^2

46 ② 정미부하
④ 정격출력

47 패키지유닛방식(개별식)은 외기 도입이 불편하다.

48 ㉠ 강하거리 : 공조용 급기 덕트에서 취출된 공기가 어느 일정 거리만큼 진행했을 때의 기류 중심선과 취출구 중심과의 거리

㉡ 도달거리 : 공기조화기 등의 축류 취출구에서 나온 공기가 영향을 유지하는 거리(기류의 중심 풍속이 6.26m/s로 감쇠하는 거리)

49 온풍난방
㉠ 더운 공기를 방 안에 보내어 난방한다.
　• 온풍로 직접가열
　• 열교환기 간접가열
㉡ 열용량이 극히 적어서 예열시간이 짧고 연료비가 적다.

50 다익형 송풍기의 직경 150mm : No.1
$\therefore \dfrac{600}{150} = 4(\text{No.4})$

51 유독가스 환기량(Q)
$Q = \dfrac{C_k}{C_1 - C_0}[\text{m}^3/\text{h}], \ 1\text{ppm} = \dfrac{1}{10^6}$
$\therefore Q = \dfrac{0.05 \times 500}{\left(\dfrac{600}{10^6} - \dfrac{100}{10^6}\right)} = 50,000\text{m}^3/\text{h}$

52 단일덕트 변풍량방식은 취출구 1개 또는 여러 개에 변풍량(VAV Unit)을 설치하여 실내온도에 따라 취출풍량을 제어한다.

53 증기가열코일의 전면 풍속 : 3~5m/s

54 송풍기 선정 시 고려해야 할 사항
㉠ 소요 송풍량
㉡ 필요 정압

55 냉방부하 발생요인

부하 발생요인	현열	잠열
벽체로부터의 취득열량	○	
송풍기에 의한 취득열량	○	
극간풍에 의한 취득열량	○	○
유리로부터의 취득열량	○	

56 현열비 $= \dfrac{현열}{현열 + 잠열} = \dfrac{28,000}{28,000 + 12,000} = 0.7$

57 감습장치

　　㉠ 냉각식 감습장치

　　　• 냉각과 감습을 동시에 할 때 유리하다.

　　　• 노점제어, 냉각코일 또는 공기세정기는 냉각 감습장치 운전을 한다.

　　㉡ 흡수식 감습장치

　　　• 재생이 되고 연속처리가 가능하다.

　　　• 염화리튬($LiCl$), 트리에틸렌글리콜을 사용한다.

　　㉢ 흡착식 감습장치

　　　• 풍량이 적어도 되는 건조실에 유리하다.

　　　• 실리카겔, 활성알루미나, 아드솔과 같은 고체가 사용된다.

　　㉣ 압축식 감습장치

　　　• 공기를 압축하여 급격히 팽창하여 온도를 낮추고 수증기를 응축 후 제거한다.

　　　• 소요동력이 커지므로 냉동기 없는 소규모 장치나 공기액화분리장치에 이용된다.

58 공기 예열기

중앙식 공조기에서 외기 측에 설치하여, 다량의 외부공기 흡입 시 예열용으로 사용된다.

59 우리 주변에 있는 공기는 대부분 습공기이다(약 1% 정도의 H_2O 포함 공기이다).

60 온수난방방식

　　㉠ 온수온도 : 온수식, 고온수식

　　㉡ 온수 순환방법 : 중력환수식, 강제순환식

　　㉢ 배관방법 : 단관식, 복관식

　　㉣ 온수 공급방법 : 상향공급식, 하향공급식

　　※ 진공환수식은 증기난방방식이다.

[06.회] CBT 실전모의고사

01 신규 검사에 합격된 냉동용 특정설비의 각인 사항과 그 기호의 연결이 올바르게 된 것은?

① 용기의 질량 : TM
② 내용적 : TV
③ 최고사용압력 : FT
④ 내압시험압력 : TP

02 보일러 취급 부주의로 작업자가 화상을 입었을 때 응급처치방법으로 적당하지 않은 것은?

① 냉수를 이용하여 화상부의 화기를 빼도록 한다.
② 물집이 생겼으면 터뜨리지 말고 그냥 둔다.
③ 기계유나 변압기유를 바른다.
④ 상처 부위를 깨끗이 소독한 다음 상처를 보호한다.

03 다음 중 보일러의 부식 원인과 가장 관계가 적은 것은?

① 온수에 불순물이 포함될 때
② 부적당한 급수처리 시
③ 더러운 물을 사용 시
④ 증기 발생량이 적을 때

04 연삭작업 시의 주의사항이다. 옳지 않은 것은?

① 숫돌은 장착하기 전에 균열이 없는가를 확인한다.
② 작업 시에는 보호안경을 착용한다.
③ 숫돌은 작업 개시 전 1분 이상, 숫돌 교환 후 3분 이상 시운전한다.
④ 소형 숫돌은 측압에 강하므로 측면을 사용하여 연삭한다.

05 안전관리자가 수행하여야 할 직무에 해당되는 내용이 아닌 것은?

① 사업장 생산 활동을 위한 노무배치 및 관리
② 사업장 순회점검 · 지도 및 조치의 건의
③ 산업재해 발생의 원인조사
④ 해당 사업장의 안전교육계획의 수립 및 실시

06 줄작업 시 안전수칙에 대한 내용으로 잘못된 것은?

① 줄 손잡이가 빠졌을 때에는 조심하여 끼운다.
② 줄의 칩은 브러시로 제거한다.
③ 줄작업 시 공작물의 높이는 작업자의 어깨 높이 이상으로 하는 것이 좋다.
④ 줄은 경도가 높고 취성이 커서 잘 부러지므로 충격을 주지 않는다.

07 전기용접작업 시 주의사항으로 맞지 않는 것은?

① 눈 및 피부를 노출시키지 말 것
② 우천 시 옥외 작업을 하지 말 것
③ 용접이 끝나고 슬래그 제거작업 시 보안경과 장갑은 벗고 작업할 것
④ 홀더가 가열되면 자연적으로 열이 제거될 수 있도록 할 것

08 재해조사 시 유의할 사항이 아닌 것은?

① 조사자는 주관적이고 공정한 입장을 취한다.

② 조사목적에 무관한 조사는 피한다.

③ 목격자나 현장 책임자의 진술을 듣는다.

④ 조사는 현장이 변경되기 전에 실시한다.

09 물을 소화재로 사용하는 가장 큰 이유는?

① 연소하지 않는다.

② 산소를 잘 흡수한다.

③ 기화잠열이 크다.

④ 취급하기가 편리하다.

10 고온액체, 산, 알칼리 화학약품 등의 취급 작업을 할 때 필요 없는 개인 보호구는?

① 모자   ② 토시

③ 장갑   ④ 귀마개

11 산소 용접 토치 취급법에 대한 설명 중 잘못 된 것은?

① 용접 팁을 흙바닥에 놓아서는 안 된다.

② 작업목적에 따라서 팁을 선정한다.

③ 토치는 기름으로 닦아 보관해 두어야 한다.

④ 점화 전에 토치의 이상 유무를 검사한다.

12 진공시험의 목적을 설명한 것으로 옳지 않 은 것은?

① 장치의 누설 여부 확인

② 장치 내 이물질이나 수분 제거

③ 냉매를 충전하기 전에 불응축 가스 배출

④ 장치 내 냉매의 온도변화 측정

13 보일러 사고원인 중 취급상의 원인이 아닌 것은?

① 저수위   ② 압력 초과

③ 구조 불량   ④ 역화

14 전동공구 작업 시 감전의 위험성을 방지하 기 위해 해야 하는 조치는?

① 단전   ② 감지

③ 단락   ④ 접지

15 방진 마스크가 갖추어야 할 조건으로 적당 한 것은?

① 안면에 밀착성이 좋아야 한다.

② 여과효율은 불량해야 한다.

③ 흡기, 배기 저항이 커야 한다.

④ 시야는 가능한 한 좁아야 한다.

16 글랜드 패킹의 종류가 아닌 것은?

① 바운드 패킹   ② 석면 각형 패킹

③ 아마존 패킹   ④ 몰드 패킹

17 공비혼합냉매가 아닌 것은?

① 프레온 500   ② 프레온 501

③ 프레온 502   ④ 프레온 152a

18 압축기 보호장치에 해당되는 것은?

① 냉각수 조절밸브   ② 유압보호 스위치

③ 증발압력 조절밸브   ④ 응축기용 팬 컨트롤

19 냉동 사이클에서 응축온도를 일정하게 하고, 압축기 흡입가스의 상태를 건포화증기로 할 때 증발온도를 상승시키면 어떤 결과가 나타나는가?

① 압축비 증가

② 냉동효과 감소

③ 성적계수 상승

④ 압축일량 증가

20 다음 그림은 냉동용 그림기호(KS B 0063)에서 무엇을 표시하는가?

① 리듀서

② 디스트리뷰터

③ 줄임 플랜지

④ 플러그

21 압력계의 지침이 9.80cmHgV였다면 절대압력은 약 몇 $kgf/cm^2 \cdot a$인가?

① 0.9

② 1.3

③ 2.1

④ 3.5

22 2단 압축방식을 채용하는 이유로서 맞지 않는 것은?

① 압축기의 체적효율과 압축효율 증가를 위해

② 압축비를 감소시켜서 냉동능력을 감소하기 위해

③ 압축비를 감소시켜서 압축기의 과열을 방지하기 위해

④ 냉동기유의 변질과 압축기 수명단축 예방을 위해

23 100,000kcal의 열로 0℃의 얼음 약 몇 kg을 용해시킬 수 있는가?

① 1,000kg

② 1,050kg

③ 1,150kg

④ 1,250kg

24 교류 전압계의 일반적인 지시값은?

① 실횻값

② 최댓값

③ 평균값

④ 순시값

25 만액식 냉각기에 있어서 냉매 측의 열전달률을 좋게 하기 위한 방법이 아닌 것은?

① 냉각관이 액 냉매에 접촉하거나 잠겨 있을 것

② 관 간격이 좁을 것

③ 유막이 존재하지 않을 것

④ 관면이 매끄러울 것

26 몰리에르(Mollier) 선도에서 등온선과 등압선이 서로 평행한 구역은?

① 액체 구역

② 습증기 구역

③ 건증기 구역

④ 평행인 구역은 없다.

27 압축기의 과열원인이 아닌 것은?

① 냉매 부족

② 밸브 누설

③ 윤활 불량

④ 냉각수 과랭

28 다음 그림은 8핀 타이머의 내부회로도이다. ⑤ - ⑧접점을 옳게 표시한 것은?

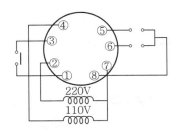

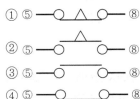

29 냉동 사이클의 변화에서 증발온도가 일정할 때 응축온도가 상승할 경우의 영향으로 맞는 것은?

① 성적계수 증대

② 압축일량 감소

③ 토출가스 온도 저하

④ 플래시(Flash) 가스 발생량 증가

30 관의 결합방식 표시방법에서 결합방식의 종류와 그림기호가 틀린 것은?

① 일반 : ——|——

② 플랜지식 : ——||——

③ 용접식 : ——●——

④ 소켓식 : ——|Ð——

31 강관의 전기용접 접합 시의 특징(가스용접에 비해)으로 맞는 것은?

① 유해광선의 발생이 적다.

② 용접속도가 빠르고 변형이 적다.

③ 박판용접에 적당하다.

④ 열량 조절이 비교적 자유롭다.

32 냉매에 관한 설명 중 올바른 것은?

① 암모니아 냉매는 증발잠열이 크고 냉동효과가 좋으나 구리와 그 합금을 부식시킨다.

② 일반적으로 특정 냉매용으로 설계된 장치에도 다른 냉매를 그대로 사용할 수 있다.

③ 프레온 냉매의 누설 시 리트머스 시험지가 청색으로 변한다.

④ 암모니아 냉매의 누설검사는 핼라이드 토치를 이용하여 검사한다.

33 다음의 몰리에르(Mollier) 선도를 참고로 했을 때 3냉동톤(RT)의 냉동기 냉매 순환량은 약 얼마인가?

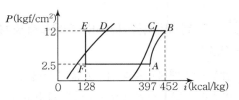

① 37.0kg/h

② 51.3kg/h

③ 49.4kg/h

④ 67.7kg/h

34 물-LiBr계 흡수식 냉동기의 순환과정으로 옳은 것은?

① 발생기 → 응축기 → 흡수기 → 증발기
② 발생기 → 응축기 → 증발기 → 흡수기
③ 흡수기 → 응축기 → 증발기 → 발생기
④ 흡수기 → 응축기 → 발생기 → 증발기

35 다음 그림과 같은 회로의 합성저항은 얼마인가?

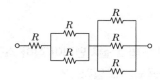

① $6R$
② $\dfrac{2}{3}R$
③ $\dfrac{8}{5}R$
④ $\dfrac{11}{6}R$

36 온도가 일정할 때 가스압력과 체적은 어떤 관계가 있는가?

① 체적은 압력에 반비례한다.
② 체적은 압력에 비례한다.
③ 체적은 압력과 무관하다.
④ 체적은 압력과 제곱 비례한다.

37 저압 수액기와 액펌프의 설치위치로 가장 적당한 것은?

① 저압 수액기 위치를 액펌프보다 약 1.2m 정도 높게 한다.
② 응축기 높이와 일정하게 한다.
③ 액펌프와 저압 수액기 위치를 같게 한다.
④ 저압 수액기를 액펌프보다 최소한 5m 낮게 한다.

38 다음 그림과 같은 강관 이음부(A)에 적합하게 사용될 이음쇠로 맞는 것은?

$$\text{20A spp} \quad \bullet \quad \text{15A spp}$$
$$\text{A부}$$

① 동경소켓
② 이경소켓
③ 니플
④ 유니언

39 프레온 냉동장치에서 오일이 압력과 온도에 상당하는 양의 냉매를 용해하고 있다가 압축기 기동 시 오일과 냉매가 급격히 분리되어 크랭크 케이스 내의 유면이 약동하고 심하게 거품이 일어나는 현상은?

① 오일해머
② 동 부착
③ 에멀션
④ 오일포밍

40 자동제어장치의 구성에서 동작신호를 만드는 부분으로 맞는 것은?

① 조절부
② 조작부
③ 검출부
④ 제어부

41 드라이아이스(고체 CO_2)는 어떤 열을 이용하여 냉동효과를 얻는가?

① 승화잠열
② 응축잠열
③ 증발잠열
④ 융해잠열

42 브라인의 구비조건으로 틀린 것은?

① 비열이 클 것
② 점성이 클 것
③ 전열작용이 좋을 것
④ 응고점이 낮을 것

43 냉동장치에 관한 설명 중 올바른 것은?

① 응축기에서 방출하는 열량은 증발기에서 흡수하는 열과 같다.
② 응축기의 냉각수 출구온도는 응축온도보다 낮다.
③ 증발기에서 방출하는 열량은 응축기에서 흡수하는 열보다 크다.
④ 증발기의 냉각수 출구온도는 응축온도보다 높다.

44 냉동기의 냉동능력이 24,000kcal/h, 압축열량이 5kcal/kg, 응축열량이 35kcal/kg일 경우 냉매 순환량은 얼마인가?

① 600kg/h
② 800kg/h
③ 700kg/h
④ 4,000kg/h

45 동관의 분기이음 시 주관에는 지관보다 얼마정도의 큰 구멍을 뚫고 이음하는가?

① 8~9mm
② 6~7mm
③ 3~5mm
④ 1~2mm

46 밀폐식 수열원 히트펌프 유닛방식의 설명으로 옳지 않은 것은?

① 유닛마다 제어기구가 있어 개별운전이 가능하다.
② 냉 · 난방부하를 동시에 발생하는 건물에서 열회수가 용이하다.
③ 외기냉방이 가능하다.
④ 중앙 기계실에 냉동기가 필요하지 않아 설치면적상 유리하다.

47 송풍기의 축동력 산출 시 필요한 값이 아닌 것은?

① 송풍량
② 덕트의 길이
③ 전압효율
④ 전압

48 환기횟수를 시간당 0.6회로 할 경우에 체적이 2,000m³인 실의 환기량은 얼마인가?

① 800m³/h
② 1,000m³/h
③ 1,200m³/h
④ 1,440m³/h

49 설치가 쉽고 설치면적이 작아 소규모 난방에 많이 사용되는 보일러는?

① 입형 보일러
② 노통 보일러
③ 연관 보일러
④ 수관 보일러

50 수조 내의 물이 진동자의 진동에 의해 수면에서 작은 물방울이 발생되어 가습되는 가습기의 종류는?

① 초음파식
② 원심식
③ 전극식
④ 증발식

51 덕트 설계 시 고려사항으로 거리가 먼 것은?

① 송풍량
② 덕트방식과 경로
③ 덕트 내 공기의 엔탈피
④ 취출구 및 흡입구 수량

52 5℃인 350kg/h의 공기를 65℃가 될 때까지 가열하는 경우 필요한 열량은 몇 kcal/h인가? (단, 공기의 비열은 0.24kcal/kg · ℃이다.)

① 4,464　　② 5,040
③ 6,564　　④ 6,590

53 공조방식을 개별식과 중앙식으로 구분하였을 때 중앙식에 해당되는 것은?

① 패키지유닛방식
② 멀티유닛형 룸쿨러방식
③ 팬코일유닛방식(덕트 병용)
④ 룸쿨러방식

54 공기를 냉각하였을 때 증가되는 것은?

① 습구온도　　② 상대습도
③ 건구온도　　④ 엔탈피

55 온풍난방에 대한 설명으로 옳지 않은 것은?

① 예열시간이 짧고 간헐 운전이 가능하다.
② 실내 온도분포가 균일하여 쾌적성이 좋다.
③ 방열기나 배관 등의 시설이 필요 없어 설비비가 비교적 싸다.
④ 송풍기로 인한 소음이 발생할 수 있다.

56 보건용 공기조화가 적용되는 장소가 아닌 것은?

① 병원　　② 극장
③ 전산실　　④ 호텔

57 회전식 전열교환기의 특징에 대한 설명으로 옳지 않은 것은?

① 로터의 상부에 외기공기가 통과하고 하부에 실내공기가 통과한다.
② 배기공기는 오염물질이 포함되지 않으므로 필터를 설치할 필요가 없다.
③ 일반적으로 효율은 로터 회전수가 5rpm 이상에서는 대체로 일정하고 10rpm 전후 회전수가 사용된다.
④ 로터를 회전시키면서 실내공기의 배기공기와 외기공기를 열교환한다.

58 다음 용어 중 환기를 계획할 때 실내 허용 오염도의 한계를 의미하는 것은?

① 불쾌지수　　② 유효온도
③ 쾌감온도　　④ 서한도

59 펌프에서 흡입양정이 크거나 회전수가 고속일 경우 흡입관의 마찰저항 증가에 따른 압력강하로 수중에 다수의 기포가 발생되고 소음 및 진동이 일어나는 현상은?

① 프라이밍 현상　　② 캐비테이션 현상
③ 수격 현상　　④ 포밍 현상

60 증기난방의 환수관 · 배관방식에서 환수주관을 보일러의 수면보다 높은 위치에 배관하는 것은?

① 진공 환수식　　② 강제 환수식
③ 습식 환수식　　④ 건식 환수식

정답 및 해설

01 ④	02 ③	03 ④	04 ④	05 ①
06 ③	07 ③	08 ①	09 ③	10 ④
11 ③	12 ④	13 ③	14 ④	15 ①
16 ①	17 ④	18 ②	19 ③	20 ①
21 ①	22 ②	23 ④	24 ①	25 ④
26 ②	27 ④	28 ①	29 ④	30 ④
31 ②	32 ①	33 ①	34 ②	35 ④
36 ①	37 ①	38 ①	39 ④	40 ①
41 ①	42 ④	43 ④	44 ②	45 ④
46 ③	47 ②	48 ③	49 ①	50 ①
51 ③	52 ②	53 ③	54 ④	55 ②
56 ③	57 ②	58 ④	59 ②	60 ④

01 ① 용기의 질량 : W
② 내용적 : V
③ 최고사용압력 : PT
④ 내압시험압력 : TP

02 응급처치
작업자가 화상을 입었을 때 기름유 냉각은 금물이다.

03 증기 발생량이 적은 것과 보일러 부식은 가장 관계가 없다.

04 연삭 숫돌은 항상 측면에 서서 전면작업을 한다(단, 캡형은 측면작업 가능).

05 안전관리자의 수행직무 내용은 ②, ③, ④이다. 노무배치는 회사 측에 해당하는 내용이다.

06 줄작업의 높이는 작업자의 팔꿈치 높이로 하는 것이 좋다.

07 전기용접작업이 끝나고 슬래그 제거작업 시 보안경과 장갑을 반드시 착용하고 작업한다.

08 재해조사 시 조사자는 객관적이고 공정한 입장을 취한다.

09 물은 증발 시 기화잠열이 크다.
㉠ 100℃에서 기화잠열 : 539kcal/kg
㉡ 0℃에서 기화잠열 : 600kcal/kg

10 귀마개는 소음, 진동 시 사용하는 보호구이다.

11 산소 용접 토치는 가연성 가열기이므로 기름 같은 연소성 물질의 사용은 금물이다.

12 냉매는 팽창밸브, 압축기에서 온도변화가 발생한다.

13 보일러 구조 불량, 용접 불량, 부속기기 미비는 제작상의 원인이다.

14 접지
전동공구 작업 시 감전의 위험성을 방지하기 위해 실시하는 조치이다.

15 방진마스크는 안면에 밀착성이 좋아야 불순물 혼입이 방지된다.

16 글랜드 패킹 종류
㉠ 석면 각형
㉡ 석면 얀(Yarn)형
㉢ 아마존형
㉣ 몰드형

17 공비혼합냉매
① R-500 : R-152(26.2%)+R-12(73.8%)
② R-501 : R-12(25%)+R-22(75%)
③ R-502 : R-115(51.2%)+R-22(48.8%)

18 유압보호 스위치(OPS)
강제윤활방식의 압축기에서 유압이 일정 압력 이하가 되어서 60~90초 사이에 정상압력에 도달하지 못하면 압축기를 정지시켜 윤활 불량에 의한 압축기 소손을 방지한다.

19 냉동 사이클에서 성적계수를 상승시키는 방법
㉠ 응축온도 일정, 증발온도 상승
㉡ 압축기 흡입가스 상태를 건포화증기로 공급

20

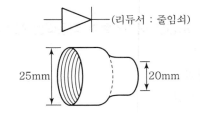
25mm 20mm (리듀서 : 줄임쇠)

21 진공압=9.80cmHgV

절대압력 = 대기압 − 진공압력

$\qquad = 76\text{cmHg} - 9.80\text{cmHg}$

$\qquad = 66.2\text{cmHg}$

$\therefore$ 절대압력$(\text{abs}) = 1.033 \times \dfrac{66.2}{76}$

$\qquad\qquad = 0.9\text{kg/cm}^2 \cdot \text{a}$

22 압축기 운전 중 압축비가 6 이상이 되면 압축기 부하가 너무 커져서 2단 압축을 채택해서 압축비를 감소시켜 냉동능력을 증가시킨다.

23 얼음의 융해잠열=79.68kcal/kg

$\therefore \dfrac{100,000}{79.68} = 1,255\text{kg}$

24 ㉠ 교류 : 크기와 방향이 시간에 따라 주기적으로 변하는 전류

㉡ 실횻값 : 주기파의 열효과의 대소를 나타내는 값으로 표현하며 일정한 시간 동안 교류가 발생하는 열량과 직류가 발생하는 열량을 비교한 교류의 크기

㉢ 교류 전위차계 : 교류전압 측정(극좌표식, 직각좌표식)

25 만액식 증발기(셀 내부 : 냉매, 튜브 내부 : 브라인)

㉠ 액체 냉각용 증발기이다.

㉡ 증발기 냉각관 내에 냉매액 75%, 냉매증기 25%로 흐른다.

㉢ 열전달률(kcal/m² · h · ℃)을 좋게 하기 위해 관면을 거칠게 한다.

26

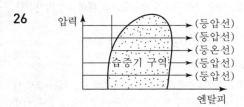

27 냉각수가 과랭되면 압축기 과열이 방지된다.

※ 쿨링타워(냉각탑) → (응축기) → 냉각탑

28

① ──○─△─○── : 한시동작 b접점(⑤−⑧)

② ──○─△─○── : 한시동작 a접점

③ ──○───○── : 보조 스위치 a접점

④ ──○───○── : 보조 스위치 b접점

29

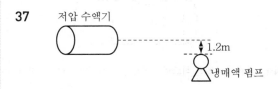

30 ④ ──┤├── : 막힘플랜지

31 강관에서 전기용접을 하는 경우 가스용접에 비해 용접 속도가 빠르고 변형이 적다.

32 ② 특정 냉매용 장치에 다른 냉매 사용은 금물이다.

③ 암모니아 냉매가 누설되면 리트머스 시험지가 청색으로 변화한다.

④ 프레온 냉매 누설검사 시 핼라이드 토치를 사용한다(누설 시 불꽃이 청색으로 변화).

33 압축일량=452−397=55kcal/kg

증발효과=397−128=269kcal/kg

$\therefore$ 냉매 순환량$= \dfrac{3,320 \times 3}{269} = 37.0\text{kg/h}$

※ 1RT=3,320kcal/h

34 흡수식 냉동기 사이클(냉매흐름)

발생기 → 응축기 → 증발기 → 흡수기

35 합성저항$(\text{RT}) = R + \dfrac{R}{2} + \dfrac{R}{3} = \dfrac{6+3+2}{6}R = \dfrac{11}{6}R$

36 온도 일정 시 유체 체적은 (가스)압력에 반비례한다(보일의 법칙).

37

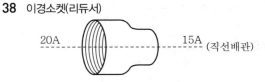

38 이경소켓(리듀서)

39 오일포밍 현상

압축기 기동 시 프레온 냉매가 오일 내에 용해하고 있다가 오일과 냉매가 급격히 분리되어 크랭크 케이스 내의 유면이 약동하고 거품이 심하게 발생하는 현상

40 피드백 제어

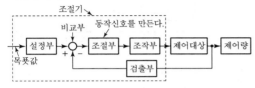

41 고체 CO_2는 $-78.5℃$에서 승화열이 137kcal/kg으로, 고체에서 기체로 변화할 때 흡수하는 열을 이용한다.

42 브라인(2차 간접냉매)

무기질, 유기질 냉매가 있으며 순환펌프나 동력소비 절약을 위하여 점성이 작아야 한다.

43 ㉠ 응축기 산술평균 온도차(Δt)

$$\Delta t = 응축온도 - \left(\dfrac{냉각수\ 입구수온 + 냉각수\ 출구수온}{2} \right)$$

㉡ 응축기에서 냉각수 출구온도는 응축온도보다 낮다.

㉢ 응축기에서 냉각수 출구온도는 냉각수 입구온도보다 높다.

44 냉매 증발 효과 $= 35 - 5 = 30$kcal/kg

$$\therefore 냉매\ 순환량 = \dfrac{24,000}{30} = 800\text{kg/h}$$

45 주관에 지관을 연결하려면 지관보다 1~2mm 정도 큰 구멍을 뚫는다.

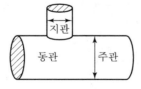

46 밀폐식 수열원 히트펌프 유닛은 외기냉방이 불가능하다.

47 송풍기 축동력 $= \dfrac{풍압 \times 풍량}{102 \times 60 \times 효율}$ [kW]

48 환기량 $= 2,000 \times 0.6 = 1,200$m³/h

49 입형 버티컬 보일러의 특징

㉠ 설치가 용이하다.

㉡ 소규모 난방용이다.

㉢ 전열면적이 작다.

㉣ 효율이 낮다.

50 초음파식 가습기

수조(물통) 내의 물이 진동자의 진동에 의해 수면에서 작은 물방울이 발생되는 가습기이다.

51 덕트 설계 시 고려사항

㉠ 송풍량

㉡ 덕트방식 및 경로

㉢ 취출구 및 흡입구 수량

52 현열(Q) = 질량×비열×온도차

$= 350 \times 0.24 \times (65 - 5) = 5,040$kcal/h

53 개별식 공조방식

㉠ 패키지유닛방식

㉡ 멀티유닛형 룸쿨러방식

㉢ 룸쿨러방식

54 ㉠ 상대습도 : 습공기가 함유하고 있는 습도의 정도를 나타내는 지표(%)

㉡ 절대습도 : 습공기 중에 함유되어 있는 수증기의 중량을 표시하는 습도(kg/kg′)

㉢ 공기가 냉각되면 상대습도가 증가한다.

55 온풍난방은 온도분포가 불균일하고 쾌적성이 떨어진다.

56 전산실은 산업용 공기조화가 필요하다.

57 전열교환기

대부분 일반공조용으로 외기와 배기의 전열교환용으로 사용되지만 보일러용 외기를 예열하여 효율을 높인다. 이때 배기공기는 오염물질이 포함되어 필터를 사용하여 효과를 높인다.

58 ㉠ 서한도 : 환기를 계획할 때 실내 허용 오염도의 한계를 의미한다.

㉡ 환기법 : 자연환기, 기계환기, 강제환기

CRAFTSMAN AIR-CONDITIONING

59 캐비테이션 현상(공동 현상)

펌프 운전 중 흡입양정이 크거나, 회전수가 고속이거나, 압력강하가 일어나면 수중에 다수의 기포가 발생하여 소음·진동, 부식, 급수불능이 나타난다.

60 증기난방 환수관·배관법

㉠ 건식 환수관은 $\frac{1}{200}$ 끝내림 구배로 보일러실까지 배관하며, 환수관을 보일러 수면보다 높게 설치한다.

㉡ 증기관 내 응축수를 환수관에 배출할 때는 응축수가 체류할 장소에 반드시 트랩을 설치한다.

CBT 실전모의고사 제6회 • **739**

07회 CBT 실전모의고사

01 연삭기 숫돌의 파괴원인에 해당되지 않는 것은?

① 숫돌의 회전속도가 너무 느릴 때
② 숫돌의 측면을 사용하여 작업할 때
③ 숫돌의 치수가 부적당할 때
④ 숫돌 자체에 균열이 있을 때

02 근로자의 안전을 위해 지급되는 보호구를 설명한 것이다. 이 중 작업조건에 맞는 보호구로 올바른 것은?

① 용접 시 불꽃 또는 물체가 날아 흩어질 위험이 있는 작업 : 보안면
② 물체가 떨어지거나 날아올 위험 또는 근로자가 감전되거나 추락할 위험이 있는 작업 : 안전대
③ 감전의 위험이 있는 작업 : 보안경
④ 고열에 의한 화상 등의 위험이 있는 작업 : 방한복

03 산소가 충전되어 있는 용기의 취급상 주의사항으로 틀린 것은?

① 용기밸브는 녹이 생겼을 때 잘 열리지 않으므로 그리스 등 기름을 발라둔다.
② 용기밸브의 개폐는 천천히 하며, 산소누출 여부 검사는 비눗물을 사용한다.
③ 공기밸브가 얼어서 녹일 경우에는 약 40℃ 정도의 따뜻한 물로 녹여야 한다.
④ 산소용기는 눕혀두거나 굴리는 등 충격을 주지 말아야 한다.

04 방폭 전기설비를 선정할 경우 중요하지 않은 것은?

① 대상가스의 종류
② 방호벽의 종류
③ 폭발성 가스의 폭발 등급
④ 발화도

05 「산업안전보건기준에 관한 규칙」에서 정한 가스장치실을 설치하는 경우 설치구조에 대한 내용에 해당되지 않는 것은?

① 벽에는 불연성 재료를 사용할 것
② 지붕과 천장에는 가벼운 불연성 재료를 사용할 것
③ 가스가 누출된 경우에는 그 가스가 정체되지 않도록 할 것
④ 방음장치를 설치할 것

06 정작업 시 안전수칙으로 옳지 않은 것은?

① 작업 시 보호구를 착용한다.
② 열처리한 것은 정작업을 하지 않는다.
③ 공구의 사용 전 이상 유무를 반드시 확인한다.
④ 정의 머리부분에는 기름을 칠해 사용한다.

07 발화온도가 낮아지는 조건을 나열한 것으로 옳은 것은?

① 발열량이 높을수록
② 압력이 낮을수록
③ 산소농도가 낮을수록
④ 열전도도가 낮을수록

08 안전사고 예방을 위한 기술적 대책이 될 수 없는 것은?

① 안전기준의 설정　② 정신교육의 강화
③ 작업공정의 개선　④ 환경설비의 개선

09 사고 발생의 원인 중 정신적 요인에 해당되는 항목으로 맞는 것은?

① 불안과 초조
② 수면부족 및 피로
③ 이해부족 및 훈련미숙
④ 안전수칙의 미제정

10 안전모를 착용하는 목적과 관계가 없는 것은?

① 감전의 위험 방지
② 추락에 의한 위험 경감
③ 물체의 낙하에 의한 위험 방지
④ 분진에 의한 재해 방지

11 정전기의 예방대책으로 적합하지 않은 것은?

① 설비 주변에 적외선을 쪼인다.
② 적정 습도를 유지해 준다.
③ 설비의 금속 부분을 접지한다.
④ 대전 방지제를 사용한다.

12 냉동기의 기동 전 유의사항으로 틀린 것은?

① 토출밸브는 완전히 닫고 기동한다.
② 압축기의 유면을 확인한다.
③ 액관 중에 있는 전자밸브의 작동을 확인한다.
④ 냉각수 펌프의 작동 유무를 확인한다.

13 재해 발생 등 사람이 건축물, 비계, 기계, 사다리, 계단 등에서 떨어지는 것을 무엇이라고 하는가?

① 도괴　　　　　　② 낙하
③ 비계　　　　　　④ 추락

14 보일러 압력계의 최고등급은 보일러의 최고사용압력의 몇 배 이상 지시할 수 있는 것이어야 하는가?

① 0.5배　　　　　② 0.75배
③ 1.0배　　　　　④ 1.5배

15 고압 전선이 단선된 것을 발견하였을 때 어떠한 조치가 가장 안전한 것인가?

① 위험표시를 하고 돌아온다.
② 사고사항을 기록하고 다음 장소의 순찰을 계속한다.
③ 발견 즉시 회사로 돌아와 보고한다.
④ 통행의 접근을 막는 조치를 한다.

16 프레온 냉매의 일반적인 특성으로 틀린 것은?

① 누설되어 식품 등과 접촉하면 품질을 떨어뜨린다.
② 화학적으로 안정되고 연소되지 않는다.
③ 전기절연성이 양호하다.
④ 비열비가 작아 압축기를 공랭식으로 할 수 있다.

17 다음 그림과 같은 회로는 무슨 회로인가?

① AND 회로   ② OR 회로
③ NOT 회로   ④ NAND 회로

18 흡입관경이 20mm(7/8°) 이하일 때 감온통의 부착위치로 적당한 것은?(단, • 표시가 감온통임)

19 다음 그림기호 중 정압식 자동팽창밸브를 나타내는 것은?

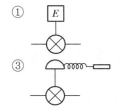

20 서로 친화력을 가진 두 물질의 용해 및 유리 작용을 이용하여 압축효과를 얻는 냉동법은 어느 것인가?

① 증기압축식 냉동법   ② 흡수식 냉동법
③ 증기분사식 냉동법   ④ 전자냉동법

21 프레온 냉동장치에서 오일포밍(Oil Foaming) 현상과 관계없는 것은?

① 오일해머(Oil Hammer)의 우려가 있다.
② 응축기, 증발기 등에 오일이 유입되어 전열효과를 증가시킨다.
③ 크랭크 케이스 내에 오일부족현상을 초래한다.
④ 오일포밍을 방지하기 위해 크랭크 케이스 내에 히터를 설치한다.

22 회전식 압축기에서 회전식 베인형의 베인은 어떻게 회전하는가?

① 무게에 의하여 실린더에 밀착되어 회전한다.
② 고압에 의하여 실린더에 밀착되어 회전한다.
③ 스프링 힘에 의하여 실린더에 밀착되어 회전한다.
④ 원심력에 의하여 실린더에 밀착되어 회전한다.

23 냉동능력이 40냉동톤인 냉동장치의 수직형 셸 앤드 튜브 응축기에 필요한 냉각수량은 약 얼마인가?(단, 응축기 입구온도는 23℃이며, 응축기 출구온도는 28℃이다.)

① 51,870L/h   ② 43,200L/h
③ 38,844L/h   ④ 34,528L/h

24 동결점이 최저가 되는 용액의 농도를 공융농도라 하고 이때의 온도를 공융온도라 하는데, 다음 브라인 중에서 공융온도가 가장 낮은 것은?

① 염화칼슘   ② 염화나트륨
③ 염화마그네슘   ④ 에틸렌글리콜

25 1대의 압축기를 이용해 저온의 증발온도를 얻으려 할 경우 여러 문제점이 발생되어 2단 압축 방식을 택한다. 1단 압축으로 발생되는 문제점으로 틀린 것은?

① 압축기의 과열   ② 냉동능력 증가
③ 체적효율 감소   ④ 성적계수 저하

26 할로겐화 탄화수소 냉매가 아닌 것은?

① R–114   ② R–115
③ R–134a   ④ R–717

27 다음 냉동 사이클에서 이론 성적계수가 5.0 일 때 압축기 토출가스의 엔탈피는 얼마인가?

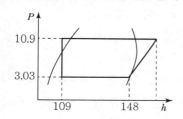

① 17.8kcal/kg   ② 138.9kcal/kg
③ 19.5kcal/kg   ④ 155.8kcal/kg

28 고속다기통 압축기의 장점으로 틀린 것은?

① 동적(動的) 평형이 양호하여 진동이 적고 운전이 정숙하다.
② 압축비가 증가하여도 체적효율이 감소하지 않는다.
③ 냉동능력에 비해 압축기가 작아 설치면적이 작아진다.
④ 부품의 교환이 간단하고 수리가 용이하다.

29 만액식 증발기의 전열을 좋게 하기 위한 것이 아닌 것은?

① 냉각관이 냉매액에 잠겨 있거나 접촉해 있을 것
② 증발기 관에 핀(Fin)을 부착할 것
③ 평균 온도차가 작고 유속이 빠를 것
④ 유막이 없을 것

30 증발기에 대한 설명 중 틀린 것은?

① 건식 증발기는 냉매액의 순환량이 많아 액분리가 필요하다.
② 프레온을 사용하는 만액식 증발기는 증발기 내 오일이 체류할 수 있으므로 유회수 장치가 필요하다.
③ 반 만액식 증발기는 냉매액이 건식보다 많아 전열이 양호하다.
④ 건식 증발기는 주로 공기냉각용으로 많이 사용한다.

31 열펌프에 대한 설명 중 옳은 것은?

① 저온부에서 열을 흡수하여 고온부에서 열을 방출한다.
② 성적계수는 냉동기 성적계수보다 압축소요동력만큼 낮다.
③ 제빙용으로 사용이 가능하다.
④ 성적계수는 증발온도가 높고, 응축온도가 낮을수록 작다.

32 무기질 단열재에 해당되지 않는 것은?

① 코르크   ② 유리섬유
③ 암면   ④ 규조토

33 냉동장치에 사용하는 냉동기유의 구비조건으로 잘못된 것은?

① 적당한 점도를 가지며, 유막형성 능력이 뛰어날 것
② 인화성이 충분히 높아 고온에서도 변하지 않을 것
③ 밀폐형에 사용하는 것은 전기절연도가 클 것
④ 냉매와 접촉하여도 화학반응을 하지 않고, 냉매와의 분리가 어려울 것

34 냉동장치의 흡입관 시공 시 흡입관의 입상이 매우 길 때에는 약 몇 m마다 중간에 트랩을 설치하는가?

① 5m
② 10m
③ 15m
④ 20m

35 압축기 보호장치 중 고압차단 스위치(HPS)의 작동압력은 정상적인 고압에 몇 kgf/cm^2 정도 높게 설정하는가?

① 1
② 4
③ 10
④ 25

36 브라인을 사용할 때 금속의 부착방지법으로 맞지 않는 것은?

① 브라인 pH를 7.5∼8.2 정도로 유지한다.
② 방청제를 첨가한다.
③ 산성이 강하면 가성소다로 중화시킨다.
④ 공기와 접촉시키고, 산소를 용입시킨다.

37 냉동 관련 설명에 대한 내용 중에서 잘못된 것은?

① 1BTU란 물 1lb를 $1°F$ 높이는 데 필요한 열량이다.
② 1kcal란 물 1kg을 $1℃$ 높이는 데 필요한 열량이다.
③ 1BTU는 3.968kcal에 해당된다.
④ 기체에서 정압비열은 정적비열보다 크다.

38 100V 교류 전원에 1kW 배연용 송풍기를 접속하였더니 15A의 전류가 흘렀다. 이 송풍기의 역률은 약 얼마인가?

① 0.57
② 0.67
③ 0.77
④ 0.87

39 핀 튜브에 관한 설명 중 틀린 것은?

① 관 내에 냉각수, 관 외부에 프레온 냉매가 흐를 때 관 외측에 부착한다.
② 증발기에 핀 튜브를 사용하는 것은 전열 효과를 크게 하기 위함이다.
③ 핀은 열전달이 나쁜 유체 쪽에 부착한다.
④ 관 내에 냉각수, 관 외부에 프레온 냉매가 흐를 때 관 내측에 부착한다.

40 냉동 사이클의 구성 순서가 바른 것은?

① 증발 → 응축 → 팽창 → 압축
② 압축 → 응축 → 증발 → 팽창
③ 압축 → 응축 → 팽창 → 증발
④ 팽창 → 압축 → 증발 → 응축

41 물이 얼음으로 변할 때의 동결잠열은 얼마인가?

① 79.68kJ/kg
② 632kJ/kg
③ 333.62kJ/kg
④ 0.5kJ/kg

42 압축기의 축봉장치에서 슬립 림형 축봉장치의 종류에 속하는 것은?

① 소프트 패킹식

② 메탈릭 패킹식

③ 스터핑 박스식

④ 금속 벨로스식

43 다음 중 동관작업에 필요하지 않은 공구는?

① 튜브 벤더　　　② 사이징 툴

③ 플레어링 툴　　④ 클립

44 다음 중 냉동능력의 단위로 옳은 것은?

① kcal/kg · m²　　② kJ/h

③ m³/h　　④ kcal/kg · ℃

45 냉동기의 정상적인 운전상태를 파악하기 위하여 운전관리상 검토해야 할 사항으로 틀린 것은?

① 윤활유의 압력, 온도 및 청정도

② 냉각수 온도 또는 냉각공기 온도

③ 정지 중의 소음 및 진동

④ 압축기용 전동기의 전압 및 전류

46 실내에 있는 사람이 느끼는 더위, 추위의 체감에 영향을 미치는 수정유효온도의 주요 요소는?

① 기온, 습도, 기류, 복사열

② 기온, 기류, 불쾌지수, 복사열

③ 기온, 사람의 체온, 기류, 복사열

④ 기온, 주위의 벽면온도, 기류, 복사열

47 송풍기의 법칙에 대한 내용 중 잘못된 것은?

① 동력은 회전속도비의 2제곱에 비례하여 변화한다.

② 풍량은 회전속도비에 비례하여 변화한다.

③ 압력은 회전속도비의 2제곱에 비례하여 변화한다.

④ 풍량은 송풍기 크기비의 3제곱에 비례하여 변화한다.

48 실내 냉방 시 현열부하가 8,000kcal/h인 실내를 26℃로 냉방하는 경우 20℃의 냉풍으로 송풍하면 필요한 송풍량은 약 몇 m³/h인가?(단, 공기의 비열은 0.24kcal/kg · ℃이며, 비중량은 1.2kg/m³이다.)

① 2,893　　② 4,630

③ 5,787　　④ 9,260

49 유체의 역류 방지용으로 가장 적당한 밸브는?

① 게이트밸브(Gate Valve)

② 글로브밸브(Globe Valve)

③ 앵글밸브(Angle Valve)

④ 체크밸브(Check Valve)

50 냉방부하를 줄이기 위한 방법으로 적당하지 않은 것은?

① 외벽 부분의 단열화

② 유리창 면적의 증대

③ 틈새바람의 차단

④ 조명기구 설치축소

51 덕트 시공에 대한 내용 중 잘못된 것은?

① 덕트의 단면적비가 75% 이하의 축소부분은 압력손실을 적게 하기 위해 30° 이하(고속덕트에서는 15° 이하)로 한다.

② 덕트의 단면변화 시 정해진 각도를 넘을 경우에는 가이드 베인을 설치한다.

③ 덕트의 단면적비가 75% 이하의 확대부분은 압력손실을 적게 하기 위해 15° 이하(고속덕트에서는 8° 이하)로 한다.

④ 덕트의 경로는 될 수 있는 한 최장거리로 한다.

52 공기조화기의 열원장치에 사용되는 온수보일러의 개방형 팽창탱크에 설치되지 않는 부속설비는?

① 통기관   ② 수위계
③ 팽창관   ④ 배수관

53 환기방식 중 환기의 효과가 가장 낮은 환기법은?

① 제1종 환기   ② 제2종 환기
③ 제3종 환기   ④ 제4종 환기

54 건구온도 20℃, 절대습도 0.008kg/kg(DA)인 공기의 비엔탈피는 약 얼마인가?(단, 공기의 정압비열(C_p)은 0.24kcal/kg · ℃, 수증기의 정압비열(C_p)은 0.441kcal/kg · ℃이다.)

① 7kcal/kg(DA)
② 8.3kcal/kg(DA)
③ 9.6kcal/kg(DA)
④ 11kcal/kg(DA)

55 개별 공조방식의 특징으로 틀린 것은?

① 개별제어가 가능하다.

② 실내유닛이 분리되어 있지 않은 경우는 소음과 진동이 크다.

③ 취급이 용이하며, 국소운전이 가능하다.

④ 외기냉방이 용이하다.

56 역환수(Reverse Return)방식을 채택하는 이유로 가장 적합한 것은?

① 환수량을 늘리기 위하여

② 배관으로 인한 마찰저항이 균등해지도록 하기 위하여

③ 온수 귀환관을 가장 짧은 거리로 배관하기 위하여

④ 열손실을 줄이기 위하여

57 보일러의 종류에 따른 전열면적당 증발량으로 틀린 것은?

① 노통 보일러 : 45~65kgf/m² · h 정도
② 연관 보일러 : 30~55kgf/m² · h 정도
③ 입형 보일러 : 15~20kgf/m² · h 정도
④ 노통연관 보일러 : 30~60kgf/m² · h 정도

58 팬형 가습기(증발식)에 대한 설명으로 틀린 것은?

① 팬 속의 물을 강제적으로 증발시켜 가습한다.

② 가습장치 중 효율이 가장 우수하며, 가습량을 자유로이 변화시킬 수 있다.

③ 가습의 응답속도가 느리다.

④ 패키지형의 소형 공조기에 많이 사용한다.

59 공기가열코일의 종류에 해당되지 않는 것은?

① 전열코일 ② 습코일

③ 증기코일 ④ 온수코일

60 이중덕트 공기조화방식의 특징이라고 할 수 없는 것은?

① 열매체가 공기이므로 실온의 응답이 빠르다.

② 혼합으로 인한 에너지 손실이 없으므로 운전비가 적게 든다.

③ 실내습도의 제어가 어렵다.

④ 실내부하에 따라 개별제어가 가능하다.

정 답 및 해 설

01 ①	02 ①	03 ①	04 ②	05 ④
06 ④	07 ①	08 ①	09 ①	10 ④
11 ①	12 ①	13 ④	14 ④	15 ④
16 ①	17 ②	18 ①	19 ②	20 ②
21 ②	22 ④	23 ④	24 ①	25 ②
26 ④	27 ④	28 ②	29 ③	30 ①
31 ①	32 ①	33 ④	34 ②	35 ②
36 ④	37 ③	38 ②	39 ④	40 ③
41 ③	42 ④	43 ④	44 ②	45 ④
46 ①	47 ①	48 ②	49 ④	50 ②
51 ④	52 ②	53 ④	54 ③	55 ④
56 ②	57 ①	58 ②	59 ②	60 ②

01 숫돌의 회전속도가 너무 빠를 때 연삭기 숫돌의 파괴원인이
된다.

02 ② 안전모
③ 안전장갑(절연장갑) 및 전기안전모
④ 보호복

03 산소는 조연성 가스(연소를 도와주는 가스)라서 용기밸브
에 그리스나 기름을 발라두는 것은 금물이다.

04 방폭 전기설비를 선정하는 중요 요소
㉠ 대상가스 종류
㉡ 폭발성 가스의 폭발 등급
㉢ 발화도

05 가스장치실 설치 시 방폭장치 등은 필요하나 방음장치 설치
와는 거리가 멀다.

06 정의 머리부분에는 기름을 칠하지 않고 그대로 사용한다.

07 발열량이 높을수록, 분자구조가 복잡할수록 발화온도는
낮아진다.

08 기술적 대책
㉠ 안전기준의 설정
㉡ 작업공정의 개선
㉢ 환경설비의 개선

09 ① 불안과 초조 : 정신적 요인
② 수면부족 및 피로 : 신체적 요인
③ 이해부족 및 훈련미숙 : 교육적 요인
④ 안전수칙의 미제정 : 관리적 요인

10 분진에 의한 재해 방지 보호구 : 방진 마스크

11 정전기 예방대책은 ②, ③, ④와 같다.

12 냉동기의 운전에서 토출밸브는 완전히 열고 기동하여야
한다.

13 추락 : 건축물, 비계, 기계, 사다리, 계단 등에서 사람이 떨
어지는 것

14 보일러 압력계 최고눈금은 보일러 최고사용압력 1.5배 이
상~3배 이하여야 한다.

15 고압 전선이 단선된 것을 발견하였을 때는 통행의 접근을
막는 조치를 하여야 한다.

16 프레온 냉매의 특성
㉠ 천연고무나 수지를 부식시킨다.
㉡ 오일과 잘 용해한다.
(R-11, R-12, R-21, R-113 등)
㉢ 수분과의 용해도가 극히 작다.

17 OR 회로
논리합 회로(입력신호 A, B의 어느 한편 또는 양편이 가해
졌을 때만 출력이 신호를 나타낸다)이며 A, B 출력신호값
을 Z라 하면 입력신호의 값이 1일 때 출력신호 Z의 값이
1이 되는 회로(논리식 $A+B=Z$)이다.

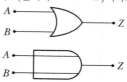

[OR 회로의 참값]

입력신호값		출력신호값
A	B	Z
0	0	0
0	1	1
1	0	1
1	1	1

18 온도식 팽창밸브 감온통 설치위치
㉠ 흡입관경이 20mm 이하 : 관의 상부에 설치
㉡ 흡입관경이 20mm 초과 : 관의 중앙에서 45° 하부에 설치

19 정압식 자동팽창밸브 기호(벨로스와 다이어프램 사용)

20 흡수식 냉동법의 두 물질
㉠ 리튬브로마이드 → 물
㉡ 물 → 암모니아

21 오일포밍 현상
㉠ 프레온 냉동기에서 응축기, 증발기 등에 오일이 유입되어 전열을 방해한다.
㉡ 크랭크 케이스 내의 압력이 높아지고 온도가 낮아지면 오일은 그 압력과 온도에 상당하는 양의 냉매를 용해하고 있다가, 압축기 재가동 시 크랭크 케이스 내 압력이 급히 저하하면 오일과 냉매가 급격히 붕괴되고 유면이 약동하고 거품이 일어난다.

22 회전식 압축기(Rotary Compressor)
원심력에 의해 실린더에 밀착되어 회전하는 회전 브레이드가 있으며, 고정익형, 회전익형이 있다.

23 1RT = 3,320kcal/h
40RT = 40×3,320 = 132,800kcal/h
냉동기에서 방열계수 = 1.3, 물의 비열 = 1kcal/kg · ℃
∴ 냉각수량 = $\dfrac{132,800 \times 1.3}{1 \times (28-23)}$ = 34,528L/h

24 무기질 브라인 공정점
㉠ 염화칼슘 : −55℃
㉡ 염화나트륨 : −21.2℃
㉢ 염화마그네슘 : −33.6℃

25 1대의 압축기로 저온을 얻으려면 냉동능력이 감소한다. 따라서 압축비가 6 이상이면 2단 압축이 필요하다.

26 R-717 : 암모니아 냉매
※ NH_3(암모니아)의 분자량 : 17

27 148 − 109 = 39kcal/kg(증발잠열)
∴ 토출가스 엔탈피 = (39×5) − 39 = 156kcal/kg

28 고속다기통 압축기는 체적효율을 좋게 할 수 없으며 저압측을 고진공으로 하기가 어렵다. 또한 마찰부의 베어링 등의 마모가 크다.

29 만액식 증발기의 전열을 좋게 하려면 평균 온도차가 크고 유속이 적당해야 한다.

30 건식 셸 앤드 튜브식 증발기(냉장고, 에어컨 증발기용)
㉠ 증발기 내 냉매액 : 25%
㉡ 증발기 내 냉매가스 : 75%
㉢ 냉매순환량이 적다(만액식의 반대).

31 열펌프(히트펌프)

32 코르크 : 유기질 보온재이며, 액체 및 기체를 쉽게 침투시키지 않아서 냉매배관, 냉각기, 펌프 등의 보냉용으로 이용된다.

33 냉매는 냉동기유와 화학반응을 하지 않으면서 냉매와 분리는 용이하여야 한다.
※ 액분리기 : 냉매가스와 냉매액을 분리하여 냉매가스만 압축기로 흡입시킨다.

34

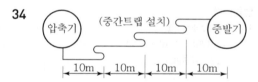

35 압축기 안전장치
㉠ 안전두 : 정상압력 + 3kg/cm²에서 작동
㉡ 고압차단 스위치 : 정상고압 + 4kg/cm²에서 작동
㉢ 안전밸브 : 정상고압 + 5kg/cm²에서 작동

36 무기질 브라인은 부식력이 크므로 배관의 부식 및 동결에 주의가 필요하며 공기나 산소를 배제시킨다.

37 1kcal = 3.968BTU
1BTU = 0.254kcal

38 $\dfrac{1kW \times 10^3 W/kW}{100V}$ = 10
∴ 역률 = $\dfrac{10}{15}$ = 0.67

39 핀 튜브 증발기(자연 대류식, 강제 대류식)

ㄱ 자연 대류식은 냉각관 표면에 핀을 부착시킨다(코일상 증발기).

ㄴ 강제 대류식은 증발기에 팬을 장치하여 강제 대류시킨다.

ㄷ 관 내에 냉매, 관 외부에 냉각수가 흐른다.

40 냉동 사이클(냉매 흐름도)

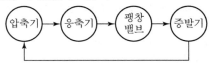

41 물의 응고잠열

$$79.68 \text{kcal/kg} = 79.68 \times 4.186 \text{kJ/kg}$$
$$= 333.62 \text{kJ/kg}$$

42 ㄱ 압축기 축봉장치 슬립 림형 축봉장치 : 금속 벨로스식

ㄴ 축봉장치(Shaft Seal) : 개방형 압축기에서 크랭크축이 밖으로 나오는 부분을 봉쇄하여 냉매 및 윤활유의 누설, 외기의 침입을 방지하여 기밀을 유지시킨다. 종류로는 축상형과 기계식이 있다.

43 클립

플레이너(Planer)의 테이블에 공작물을 고정시키는 데 사용하는 고정판

44 냉동능력

$$1 \text{RT} = 3,320 \text{kcal/h}$$
$$= 3,320 \times 4.186 \text{kJ/kcal}$$
$$= 13,897.52 \text{kJ/h}$$

45 정상적인 운전상태 파악을 위해서 냉동기 가동 중의 소음이나 진동을 검토해야 한다.

46 실내에 있는 사람이 느끼는 더위 · 추위의 체감에 영향을 미치는 수정유효온도(CET)의 주요 요소로는 기온, 습도, 기류, 복사열이 있다.

47 송풍기의 동력은 회전속도비의 3제곱에 비례하여 변화한다.

48 송풍량(m^3/h) $= \dfrac{8,000}{1.2 \times 0.24(26-20)}$
$$= 4,630 m^3/h$$

49 체크밸브(스윙식, 리프트식) : 유체의 역류 방지용 밸브

50 유리창 면적을 증대하면 일사량의 증가로 냉방부하가 증가한다(kcal/h).

ㄱ 유리창 : 일사량의 취득열량, 일사량의 관류열량

ㄴ 일사취득열량
= 표준일사취득열량 × 전차폐계수 × 유리면적

51 덕트는 유체의 저항을 받으므로 경로는 될 수 있는 한 최단거리로 시공하여야 한다.

52 수위계는 온수보일러의 밀폐식 팽창탱크(고온수 난방)에 설치한다.

53 자연환기(제4종 환기법)의 환기효과가 가장 낮고, 제1종 환기(급기팬 + 배기팬)의 환기효과가 가장 크다.

54 습공기의 비엔탈피(kcal/kg)

$$h_w = h_a + x \cdot h_v$$
$$= C_p \cdot t + x(r + C_{vp} \cdot t)$$
$$= 0.24t + x(597.5 + 0.44t)$$
$$= 0.24 \times 20 + 0.008(597.5 + 0.441 \times 20)$$
$$= 4.8 + 4.85056 = 9.65 \text{kcal/kg(DA)}$$

55 ㄱ 개별 방식(냉매방식)

• 패키지방식

• 룸쿨러방식

• 멀티유닛방식

ㄴ 특징

• 개별 제어 및 국소운전이 가능하다.

• 에너지 절약형이다.

• 각 유닛마다 냉동기가 있어서 소음 및 진동이 크다.

• 외기냉방을 할 수 없다.

• 여러 곳에 분산되어 관리가 불편하다.

56 리버스 리턴 방식(온수난방 역환수방식)은 배관으로 인한 마찰저항이 균등해지도록 하기 위해 채택된다.

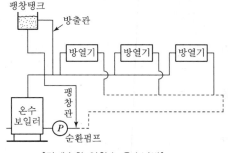

[강제순환 역환수 온수난방]

57 전열면적당 증발량(kg/m² · h) 비교

수관식 보일러>노통연관 보일러>연관 보일러>노통 보일러>입형 보일러

58 팬형 가습기는 효율이 나쁘고 응답속도가 느리다.

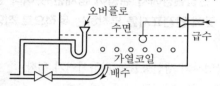

가습장치의 종류

㉠ 수분무형
㉡ 고압수분무형
㉢ 증기분사형
㉣ 가습팬방법

59 공기코일

㉠ 냉각코일 : 냉수코일, 직팽코일(DX코일)
㉡ 가열코일 : 온수코일, 증기코일, 전열코일
※ 냉수코일은 습코일이며, 직접팽창코일은 건조코일이다.

60 2중덕트방식

㉠ 냉각코일, 가열코일이 각각 있어서 냉방 시나 난방 시를 불문하고 냉풍 및 온풍을 만드는 전공기 방식이다.
㉡ 냉·온풍의 혼합으로 인한 혼합손실이 있어서 에너지 소비량이 많다.

08회 CBT 실전모의고사

01 산업재해 원인분류 중 직접원인에 해당되지 않는 것은?

① 불안전한 행동
② 안전보호장치 결함
③ 작업자의 사기의욕 저하
④ 불안전한 환경

02 전기화재의 소화에 사용하기에 부적당한 것은?

① 분말 소화기
② 포말 소화기
③ CO_2 소화기
④ 할로겐 소화기

03 전기설비의 방폭성능기준 중 용기 내부에 보호구조를 압입하여 내부압력을 유지함으로써 가연성 가스가 용기 내부로 유입되지 아니하도록 한 구조를 말하는 것은?

① 내압방폭구조
② 유입방폭구조
③ 압력방폭구조
④ 안전증방폭구조

04 「산업안전보건기준에 관한 규칙」에 의거 사다리식 통로 등을 설치하는 경우에 대한 내용으로 잘못된 것은?

① 견고한 구조로 할 것
② 발판과 벽의 사이는 15cm 이상의 간격을 유지할 것
③ 폭은 55cm 이상으로 할 것
④ 발판의 간격은 일정하게 할 것

05 산업현장에서 위험이 잠재한 곳이나 현존하는 곳에 안전표지를 부착하는 목적으로 적당한 것은?

① 작업자의 생산능률을 저하시키기 위함
② 예상되는 재해를 방지하기 위함
③ 작업장의 환경미화를 위함
④ 작업자의 피로를 경감시키기 위함

06 산업재해의 발생원인별 순서로 맞는 것은?

① 불안전한 상태 > 불안전한 행동 > 불가항력
② 불안전한 행동 > 불가항력 > 불안전한 상태
③ 불안전한 상태 > 불가항력 > 불안전한 상태
④ 불안전한 행동 > 불안전한 상태 > 불가항력

07 전기의 접지목적에 해당되지 않는 것은?

① 화재 방지
② 설비증설 방지
③ 감전 방지
④ 기기손상 방지

08 냉동제조의 시설 및 기술기준으로 적당하지 못한 것은?

① 냉매설비에는 긴급상태가 발생하는 것을 방지하기 위하여 자동제어장치를 설치할 것
② 압축기 최종단에 설치한 안전장치는 3년에 1회 이상 압력시험을 할 것
③ 제조설비는 진동, 충격, 부식 등으로 냉매가스가 누설되지 않을 것
④ 가연성 가스의 냉동설비 부근에는 작업에 필요한 양 이상의 연소하기 쉬운 물질을 두지 않을 것

09 냉동장치의 운전관리에서 운전준비사항으로 잘못된 것은?

① 압축기의 유면을 점검한다.

② 응축기의 냉매량을 확인한다.

③ 응축기, 압축기의 흡입 측 밸브를 닫는다.

④ 전기결선, 조작회로를 점검하고, 절연저항을 측정한다.

10 드라이버 작업 시 유의사항으로 올바른 것은?

① 드라이버를 정이나 지렛대 대용으로 사용한다.

② 작은 공작물은 바이스에 물리지 말고 손으로 잡고 사용한다.

③ 드라이버의 날끝이 홈의 폭과 길이가 같은 것을 사용한다.

④ 전기작업 시 금속부분이 자루 밖으로 나와 있어 전기가 잘 통하는 드라이버를 사용한다.

11 안전모가 내전압성을 가졌다는 말은 최대 몇 볼트의 전압에 견디는 것을 말하는가?

① 600V   ② 720V

③ 1,000V   ④ 7,000V

12 수공구에 의한 재해를 방지하기 위한 내용 중 적당하지 않은 것은?

① 결함이 없는 공구를 사용할 것

② 작업에 알맞은 공구가 없을 시에는 유사한 것을 대용할 것

③ 사용 전에 충분한 사용법을 숙지하고 익히도록 할 것

④ 공구는 사용 후 일정한 장소에 정비 · 보관할 것

13 다음 내용의 ( ) 안에 알맞은 것은?

> 사업주는 아세틸렌 용접장치를 사용하여 금속의 용접 · 용단 또는 가열작업을 하는 경우에는 게이지압력이 ( )킬로파스칼을 초과하는 압력의 아세틸렌을 발생시켜 사용해서는 아니 된다.

① 12.7   ② 20.5

③ 127   ④ 205

14 압축가스의 저장탱크에는 그 저장탱크 내용적의 몇 %를 초과하여 충전하면 안 되는가?

① 90%   ② 80%

③ 75%   ④ 60%

15 보일러의 사고원인을 열거하였다. 이 중 취급자의 부주의로 인한 것은?

① 구조의 불량

② 판 두께의 부족

③ 보일러수의 부족

④ 재료의 강도 부족

16 암모니아 냉동기에서 일반적으로 압축비가 얼마 이상일 때 2단 압축을 하는가?

① 2   ② 3

③ 4   ④ 6

17 공정점이 −55℃이고 저온용 브라인으로서 일반적으로 제빙 냉장 및 공업용으로 많이 사용되고 있는 것은?

① 염화칼슘   ② 염화나트륨

③ 염화마그네슘   ④ 프로필렌글리콜

18 다음 중 자연적인 냉동방법이 아닌 것은?

① 증기분사식을 이용하는 방법

② 융해열을 이용하는 방법

③ 증발잠열을 이용하는 방법

④ 승화열을 이용하는 방법

19 프레온 냉동장치에서 오일포밍 현상이 일어나면 실린더 내로 다량의 오일이 올라가 오일을 압축하여 실린더 헤드부에서 이상음이 발생되는 현상은?

① 에멀션 현상   ② 동부착 현상

③ 오일포밍 현상   ④ 오일해머 현상

20 정상적으로 운전되고 있는 증발기에 있어서, 냉매상태의 변화에 관한 사항 중 옳은 것은? (단, 증발기는 건식 증발기이다.)

① 증기의 건조도가 감소한다.

② 증기의 건조도가 증대한다.

③ 포화액이 과냉각액으로 된다.

④ 과냉각액이 포화액으로 된다.

21 구조에 따라 증발기를 분류하여 그 명칭들과 동시에 그들의 주 용도를 나타내었다. 틀린 것은?

① 핀 튜브형 : 주로 0℃ 이상의 물 냉각용

② 탱크식 : 제빙용 브라인 냉각용

③ 판냉각형 : 가정용 냉장고의 냉각용

④ 보데로(Baudelot)식 : 우유, 각종 기름류 등의 냉각용

22 실린더 내경 20cm, 피스톤 행정 20cm, 기통수 2개, 회전수 300rpm인 압축기의 피스톤 배출량은 약 얼마인가?

① 182m³/h   ② 201m³/h

③ 226m³/h   ④ 263m³/h

23 저장품을 동결하기 위한 동결부하 계산에 속하지 않는 것은?

① 동결 전 부하   ② 동결 후 부하

③ 동결잠열   ④ 환기부하

24 관을 절단하는 데 사용하는 공구는?

① 파이프 리머   ② 파이프 커터

③ 오스터   ④ 드레서

25 다음 중 입력신호가 모두 1일 때만 출력신호가 0인 논리게이트는?

① AND 게이트   ② OR 게이트

③ NOR 게이트   ④ NAND 게이트

26 냉동기유의 구비 조건으로 맞지 않는 것은?

① 냉매와 접하여도 화학적 작용을 하지 않을 것

② 왁스 성분이 많을 것

③ 유성이 좋을 것

④ 인화점이 높을 것

27 압축기에서 보통 안전밸브의 작동압력으로 옳은 것은?

① 저압차단 스위치 작동압력과 같게 한다.

② 고압차단 스위치 작동압력보다 다소 높게 한다.

③ 유압보호 스위치 작동압력과 같게 한다.

④ 고저압차단 스위치 작동압력보다 낮게 한다.

28 다음 몰리에르 선도에서의 성적계수는 약 얼마인가?

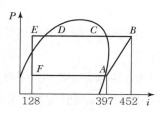

① 2.4
② 4.9
③ 5.4
④ 6.3

29 다음 기호 중 콕의 도시기호는?

①
②
③
④

30 흡수식 냉동기에서 냉매순환과정을 바르게 나타낸 것은?

① 재생(발생)기 → 응축기 → 냉각(증발)기 → 흡수기

② 재생(발생)기 → 냉각(증발)기 → 흡수기 → 응축기

③ 응축기 → 재생(발생)기 → 냉각(증발)기 → 흡수기

④ 냉각(증발)기 → 응축기 → 흡수기 → 재생(발생)기

31 온도자동팽창밸브에서 감온통의 부착위치는?

① 팽창밸브 출구
② 증발기 입구
③ 증발기 출구
④ 수액기 출구

32 응축기 중 외기습도가 응축기 능력을 좌우하는 것은?

① 횡형 셸 앤드 튜브식 응축기

② 이중관식 응축기

③ 7통로식 응축기

④ 증발식 응축기

33 관 또는 용기 안의 압력을 항상 일정한 수준으로 유지하여 주는 밸브는?

① 릴리프밸브
② 체크밸브
③ 온도조정밸브
④ 감압밸브

34 시트 모양에 따라 삽입형, 홈꼴형, 랩형 등으로 구분되는 배관의 이음방법은?

① 나사 이음
② 플레어 이음
③ 플랜지 이음
④ 납땜 이음

35 불응축 가스의 침입을 방지하기 위해 액순환식 증발기와 액펌프 사이에 부착하는 것은?

① 감압밸브
② 여과기
③ 역지밸브
④ 건조기

36 어떤 물질의 산성, 알칼리성 여부를 측정하는 단위는?

① CHU

② RT

③ pH

④ BTU

37 0℃의 물 1kg을 0℃의 얼음으로 만드는 데 필요한 응고잠열은 대략 얼마 정도인가?

① 80kcal/kg

② 540kcal/kg

③ 100kcal/kg

④ 50kcal/kg

38 냉동장치의 온도 관계에 대한 사항 중 올바르게 표현한 것은?(단, 표준 냉동 사이클을 기준으로 할 것)

① 응축온도는 냉각수 온도보다 낮다.

② 응축온도는 압축기 토출가스 온도와 같다.

③ 팽창밸브 직후의 냉매온도는 증발온도보다 낮다.

④ 압축기 흡입가스 온도는 증발온도와 같다.

39 "회로 내의 임의의 점에서 들어오는 전류와 나가는 전류의 총합은 0이다."라는 법칙으로 맞는 것은?

① 키르히호프의 제1법칙

② 키르히호프의 제2법칙

③ 줄의 법칙

④ 앙페르의 오른나사법칙

40 옴의 법칙에 대한 설명으로 적절한 것은?

① 도체에 흐르는 전류(I)는 전압(V)에 비례한다.

② 도체에 흐르는 전류(I)는 저항(R)에 비례한다.

③ 도체에 흐르는 전압(V)은 저항(R)의 값과는 상관없다.

④ 도체에 흐르는 전류 $I = \dfrac{R}{V}[\text{A}]$이다.

41 용적형 압축기에 대한 설명으로 맞지 않는 것은?

① 압축실 내의 체적을 감소시켜 냉매의 압력을 증가시킨다.

② 압축기의 성능은 냉동능력, 소비동력, 소음, 진동값 및 수명 등 종합적인 평가가 요구된다.

③ 압축기의 성능을 측정하는 데 유용한 두 가지 방법은 성능계수와 단위 냉동능력당 소비동력을 측정하는 것이다.

④ 개방형 압축기의 성능계수는 전동기와 압축기의 운전효율을 포함하는 반면, 밀폐형 압축기의 성능계수에는 전동기효율이 포함되지 않는다.

42 터보 냉동기의 구조에서 불응축 가스퍼지, 진공작업, 냉매 재생 등의 기능을 갖추고 있는 장치는?

① 플로트 체임버 장치

② 추기회수장치

③ 일리미네이터 장치

④ 전동장치

43 고체에서 기체로 상태가 변화할 때 필요로 하는 열을 무엇이라 하는가?

① 증발열
② 융해열
③ 기화열
④ 승화열

44 스윙(Swing)형 체크밸브에 관한 설명으로 틀린 것은?

① 호칭치수가 큰 관에 사용된다.
② 유체의 저항이 리프트(Lift)형보다 작다.
③ 수평배관에만 사용할 수 있다.
④ 핀을 축으로 하여 회전시켜 개폐한다.

45 냉동장치 내에 냉매가 부족할 때 일어나는 현상으로 옳은 것은?

① 흡입관에 서리가 보다 많이 붙는다.
② 토출압력이 높아진다.
③ 냉동능력이 증가한다.
④ 흡입압력이 낮아진다.

46 온풍난방의 특징을 바르게 설명한 것은?

① 예열시간이 짧다.
② 조작이 복잡하다.
③ 설비비가 많이 든다.
④ 소음이 생기지 않는다.

47 겨울철 창면을 따라서 존재하는 냉기에 의해 외기와 접한 창면에 접해 있는 사람은 더욱 추위를 느끼게 되는 현상을 콜드 드래프트라 한다. 이 콜드 드래프트의 원인으로 볼 수 없는 것은?

① 인체 주위의 온도가 너무 낮을 때
② 주위 벽면의 온도가 너무 낮을 때
③ 창문의 틈새가 많을 때
④ 인체 주위 기류속도가 너무 느릴 때

48 일반적으로 덕트의 종횡비(Aspect Ratio)는 얼마를 표준으로 하는가?

① 2 : 1 ② 6 : 1
③ 8 : 1 ④ 10 : 1

49 복사난방의 특징이 아닌 것은?

① 외기온도의 급변화에 따른 온도조절이 곤란하다.
② 배관시공이나 수리가 비교적 곤란하고 설비비용이 비싸다.
③ 공기의 대류가 많아 쾌감도가 나쁘다.
④ 방열기가 불필요하다.

50 공기조화방식의 중앙식 공조방식에서 수−공기방식에 해당되지 않는 것은?

① 2중덕트방식
② 팬코일유닛방식(덕트 병용)
③ 유인유닛방식
④ 복사냉난방방식(덕트 병용)

51 다음 난방방식에 대한 설명으로 틀린 것은?

① 온풍난방은 습도를 가습 또는 감습할 수 있는 장치를 설치할 수 있다.

② 증기난방의 응축수 환수관 연결방식에는 습식과 건식이 있다.

③ 온수난방의 배관에는 팽창탱크를 설치하여야 하며 밀폐식과 개방식이 있다.

④ 복사난방은 천장이 높은 실(室)에는 부적합하다.

52 공기상태에 관한 내용 중 틀린 것은?

① 포화습공기의 상대습도는 100%이며 건조공기의 상대습도는 0%가 된다.

② 공기를 가습, 감습하지 않으면 노점온도 이하가 되어도 절대습도는 변함이 없다.

③ 습공기 중의 수분 중량과 포화습공기 중의 수분의 비를 상대습도라 한다.

④ 공기 중의 수증기가 분리되어 물방울이 되기 시작하는 온도를 노점온도라 한다.

53 개별식 공기조화방식으로 볼 수 있는 것은?

① 사무실 내에 패키지형 공조기를 설치하고, 여기에서 조화된 공기는 패키지 상부에 있는 취출구로 실내에 송풍한다.

② 사무실 내에 유인유닛형 공조기를 설치하고, 외부의 공기조화기로부터 유인유닛에 공기를 공급한다.

③ 사무실 내에 팬코일유닛형 공조기를 설치하고, 외부의 열원기기로부터 팬코일유닛에 냉온수를 공급한다.

④ 사무실 내에는 덕트만 설치하고, 외부의 공기조화기로부터 덕트 내에 공기를 공급한다.

54 수조 내의 물에 초음파를 가하여 작은 물방울을 발생시켜 가습을 행하는 초음파 가습장치는 어떤 방식에 해당하는가?

① 수분무식 ② 증기발생식

③ 증발식 ④ 에어와셔식

55 유체의 속도가 20m/s일 때 이 유체의 속도수두는 얼마인가?

① 5.1m ② 10.2m

③ 15.5m ④ 20.4m

56 어떤 보일러에서 발생되는 실제증발량을 1,000kg/h, 발생증기의 엔탈피를 614kcal/kg, 급수의 온도를 20℃라 할 때, 상당증발량은 얼마인가?(단, 증발잠열은 540kcal/kg으로 한다.)

① 847kg/h ② 1,100kg/h

③ 1,250kg/h ④ 1,450kg/h

57 풍량 조절용으로 사용되지 않는 댐퍼는?

① 방화 댐퍼

② 버터플라이 댐퍼

③ 루버 댐퍼

④ 스플릿 댐퍼

58 열이 이동되는 3가지 기본현상(형식)이 아닌 것은?

① 전도 ② 관류

③ 대류 ④ 복사

59 실내 필요환기량을 결정하는 조건과 거리가 먼 것은?

① 실의 종류

② 실의 위치

③ 재실자의 수

④ 실내에서 발생하는 오염물질 정도

60 송풍기의 특성곡선에 나타나 있지 않은 것은?

① 효율   ② 축동력

③ 전압   ④ 풍속

정답 및 해설

01 ③	02 ②	03 ③	04 ③	05 ②
06 ④	07 ②	08 ②	09 ③	10 ③
11 ④	12 ②	13 ③	14 ①	15 ③
16 ④	17 ①	18 ①	19 ④	20 ②
21 ①	22 ③	23 ④	24 ②	25 ④
26 ②	27 ②	28 ②	29 ④	30 ①
31 ③	32 ④	33 ③	34 ②	35 ③
36 ④	37 ③	38 ④	39 ①	40 ①
41 ③	42 ①	43 ④	44 ③	45 ④
46 ①	47 ④	48 ①	49 ③	50 ①
51 ④	52 ②	53 ①	54 ①	55 ④
56 ②	57 ①	58 ②	59 ③	60 ④

01 작업자의 사기의욕 저하는 산업재해의 간접적인 원인에 해당한다.

02 포말 소화기는 액체연료의 소화기이다.

03 압력방폭구조
용기 내부의 압력을 유지함으로써 가연성 가스가 용기 내부로 유입되지 아니하도록 한 구조

04 사다리폭은 60cm 이상으로 한다.

05 산업안전표지 부착목적 : 예상되는 재해 방지

06 산업재해 발생원인별 순서
불안전한 행동 > 불안전한 상태 > 불가항력

07 접지목적
㉠ 화재 방지
㉡ 감전 방지
㉢ 기기손상 방지

08 냉동기 안전장치 조정기간
㉠ 압축기 최종단에 설치한 안전장치 : 1년에 1회 이상
㉡ 그 밖의 안전밸브 : 2년에 1회 이상
㉢ 고압가스 특정제조시설 안전밸브 : 조정주기 4년

09 냉동장치 운전준비에서 응축기·압축기의 흡입 측 밸브는 열어준다.

10 드라이버 작업 시 유의사항
㉠ 지렛대 사용 금물
㉡ 공작물은 바이스에 물려서 사용
㉢ 전기가 통하지 않는 것 사용
㉣ 날끝이 홈의 폭과 길이가 같은 것 사용

11 안전모 내전압성은 최대 7,000V의 전압에 견디는 힘을 의미한다.

12 작업에 꼭 알맞은 공구가 없으면 반드시 구입하여 사용하며, 유사용 사용은 금물이다.

13 아세틸렌 용접장치 가열 시 게이지 압력으로 127kPa을 초과하는 압력의 아세틸렌(C_2H_2) 가스는 사용하지 않는다.

14 압축가스 저장탱크

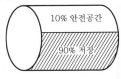

15 취급자의 부주의로 인한 사고원인
㉠ 보일러수 부족
㉡ 압력 초과
㉢ 화염 소멸
㉣ 가스 폭발

16 압축비($= \dfrac{응축압력}{증발압력}$)가 6 이상일 때 2단 압축을 채택한다.

17 염화칼슘($CaCl_2$)
㉠ 무기질 브라인
㉡ 공정점 : $-55℃$
㉢ 제빙용으로 사용한다.
㉣ 식품과 직접 접촉하여서는 아니 된다.

18 증기분사식 냉동법
증기 이젝터의 흡입작용으로 증발기 내를 진공으로 만들어 살포되는 물의 일부가 증발하면서 증발잠열에 의해 나머지 물을 냉각시키는 기계적인 냉동방법이다.

19 오일해머 현상
프레온 냉동에서 오일포밍 현상에 의해 실린더 내로 다량의 오일이 올라가 오일을 압축하여 실린더 헤드부에 이상음이 발생되는 현상

20 건식 증발기의 운전에서는 증기의 건조도가 증대한다.
  ㉠ 증발관 내 : 냉매액 25%, 냉매가스 75%
  ㉡ 프레온 냉동기용
  ㉢ 모세관 팽창밸브 사용

21 핀 튜브형 증발기
  ㉠ 나관에 핀을 부착한 것이다.
  ㉡ 소형 냉장고, 쇼케이스, 에어컨에 사용된다.
  ㉢ 소형은 냉동력이 크나 제상이 곤란하여 0℃ 이상의 공기조화용에 사용된다.
  ㉣ 강제대류형, 자연대류형이 있다.

22 이론적 왕복동식 압축기의 피스톤 배출량(m³/h)

$$V_a = \frac{\pi}{4} D^2 \cdot L \cdot N \cdot R \times 60$$

$$= \frac{3.14}{4} \times (0.2)^2 \times 0.2 \times 2 \times 300 \times 60$$

$$= 226 \text{m}^3/\text{h}$$

23 동결부하
  ㉠ 동결 전 부하
  ㉡ 동결 후 부하
  ㉢ 동결잠열

24 ① 파이프 리머 : 관의 내면에 생긴 거스러미 제거
  ② 파이트 커터 : 관의 절단(1개의 날에 2개의 롤러, 날만 3개 등 2가지 종류)
  ③ 오스터 : 관의 나사 절삭
  ④ 드레서 : 연관 표면의 산화물 제거

25 NAND 회로
  ㉠ AND 회로와 NOT 회로를 조합시킨 것
  ㉡ 입력신호가 모두 1일 때만 출력신호가 0

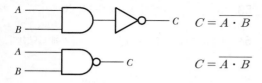

$$C = \overline{A \cdot B}$$

$$C = \overline{A \cdot B}$$

※ AND 회로와 NOT 회로

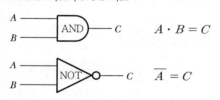

$$A \cdot B = C$$

$$\overline{A} = C$$

26 냉동기유는 왁스 성분이 적고 운동면에 유막을 형성하여 마찰을 감소시켜 마모를 방지한다.

27 안전밸브의 작동압력은 고압차단 스위치(HPS)보다 다소 높게 설정한다.
  ※ 고압차단 스위치 작동압력 = 정상고압 + 4kg/cm²

28 성적계수(COP) = $\dfrac{증발력}{압축일량}$ = $\dfrac{397 - 128}{452 - 397}$ = 4.9

29 ① 체크밸브
  ② 게이트밸브
  ③ 플러그
  ④ 콕

30 흡수식 냉동기의 순환경로
  ㉠ 냉매 : 물(H₂O)
  ㉡ 흡수제 : 리튬브로마이드(LiBr)

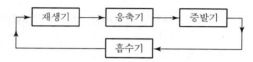

31 온도자동팽창밸브(TEV)에서는 증발기 출구 수평관에 밀착하여 감온통을 부착한다.

32 증발식 응축기
  냉각수 증발에 의하여 냉매기체가 응축되며, 외기습도가 응축기 능력을 좌우한다. 습도가 높으면 능력이 저하된다.

33 릴리프밸브(방출밸브)
  용기나 관 안의 유체압력을 항상 일정하게 해준다(액체 유체용).

34 시트 모양에 따른 플랜지 이음
  ㉠ 삽입형
  ㉡ 홈꼴형
  ㉢ 랩형

35
  | 액순환식 증발기 | 역지밸브 불응축 가스 방지 | 액펌프 |

36 pH(페하) : 수소이온농도수지(산성, 알칼리성 판정)
  ㉠ pH 7 : 중성
  ㉡ pH 7 초과 : 알칼리성
  ㉢ pH 7 미만 : 산성

37 ㉠ 얼음의 응고잠열 : 79.68kcal/kg

㉡ 물의 증발잠열(포화수) : 539kcal/kg

38 표준 냉동 사이클(냉매사이클)

㉠ 증발온도 : −15℃

㉡ 응축온도 : 30℃

㉢ 팽창밸브 직전 온도 : 25℃

㉣ 압축기 흡입가스 건포화증기 : −15℃

39 키르히호프의 제1법칙

회로 내의 임의의 점에서 들어오는 전류와 나가는 전류의 총합은 0이다.

40 옴의 법칙

도체에 흐르는 전류(I)는 전압(V)에 비례하고 저항(R)에 반비례한다.

$$전류(I) = \frac{V}{R}[A]$$

41 밀폐형 압축기에도 전동기효율이 성능계수에 포함된다.

$$Q_1 = Q_2 + AW$$

$$AW = Q_1 - Q_2$$

$$성적계수(COP) = \frac{Q_2}{AW} = \frac{Q_2}{Q_1 - Q_2} = \frac{T_2}{T_1 - T_2}$$

42 추기회수장치

불응축 가스퍼지, 진공작업, 냉매 재생을 위하여 터보 냉동기에 설치한다.

43 ㉠

0℃ 얼음 1kg	응고, 융해잠열 80kcal/kg	0℃ 물 1kg
고체		액체

㉡ | 고체 | 승화잠열 → | 기체 |

44 수평배관에 사용하는 것은 리프트형 체크밸브이다.

45 냉매가 부족할 때 일어나는 현상

㉠ 냉동능력이 감소한다.

㉡ 흡입관에 상이 붙지 않는다.

㉢ 흡입가스가 과열된다.

㉣ 흡입압력이 낮아진다.

46 공기는 비열(0.24kcal/kg · ℃)이 작아서 예열시간이 짧다(물은 비열이 1kcal/kg · ℃로 크다).

47 인체 주위 기류속도가 너무 느리면 콜드 드래프트가 저감된다.

48

종횡비 = 2 : 1

	종	
덕트		횡

49 복사난방

공기의 대류가 적어 쾌감도가 크며, 실내의 평균복사온도(MRT)가 상승한다.

50 ㉠ 공기수방식

• 덕트 병용 팬코일유닛방식

• 유인유닛방식

• 덕트 병용 복사냉난방방식

㉡ 전공기방식

• 단일덕트방식

• 2중덕트방식

• 각층유닛방식

• 덕트 병용 패키지방식

51 복사난방은 상하 온도차가 작아서 천장이 높은 실에도 사용이 용이하다.

52 ㉠ 노점온도 이하가 되면 절대습도는 증가한다.

㉡ 절대습도 : 습공기 중에 수증기의 중량(kg)을 건조공기의 중량으로 나눈 값

$$x = 0.622 \times \frac{수증기\ 분압}{대기압 - 수증기\ 분압}[kg/kg']$$

㉢ 노점온도 : 습공기가 일정한 압력상태에서 수분의 증감 없이 냉각될 때 응결을 시작하는 온도

53 ②, ③, ④는 중앙식 공기조화방식이다.

54 초음파 가습장치는 수분무식 가습장치에 해당한다.

55 속도수두 $= \frac{V_2^2}{2g} = \frac{20^2}{2 \times 9.8} = 20.4m$

※ 유속(V) $= \sqrt{2gh}$

56 보일러 상당증발량(W_e) $= \frac{W_s(h_2 - h_1)}{539(540)}$

$$= \frac{1,000(614 - 20)}{540}$$

$$= 1,100kg/h$$

57 방화 댐퍼

화재 시 화염이 덕트 내에 침입하였을 때 퓨즈가 용해되어 자동적으로 폐쇄되는 것이며 덕트가 방화구획을 통과하는 곳에 설치한다.

58 ㉠ 열의 이동형식 : 복사, 대류, 전도

㉡ 열관류(열통과)율 단위 : $kcal/m^2 \cdot h \cdot °C$

59 실내 필요환기량 결정조건

㉠ 실의 종류

㉡ 재실자의 수

㉢ 실내 오염물질 정도

60 송풍기의 특성곡선에 나타나는 요인

㉠ 효율

㉡ 축동력

㉢ 전압

㉣ 풍량

저자 약력

권오수

- (사) 한국가스기술인협회 회장
- (자) 한국에너지관리자격증연합회 회장
- 한국기계설비유지관리자협회 설립발기인 대표
- 한국보일러사랑재단 이사장

가동엽

- (관인) 기술학원장(기능장, 산업기사, 기능사)
- 직업훈련교사(에너지, 공조냉동, 배관)
- 기술서적 저술가(에너지, 공조냉동)

안효열

- 직업훈련교사(기술학원 공조냉동 교사)
- 공조냉동 용접전문가(가스용접, 전기용접)
- 네이버 카페 "가냉보열" 공조냉동용접 홍보대사

공조냉동기계기능사 필기

발행일 | 2024. 1. 10   초판 발행
          2025. 1. 10   개정 1판1쇄

저   자 | 권오수 · 가동엽 · 안효열
발행인 | 정용수
발행처 | 예문사

주 소 | 경기도 파주시 직지길 460(출판도시) 도서출판 예문사
T E L | 031) 955 – 0550
F A X | 031) 955 – 0660
등록번호 | 11 – 76호

정가 : 27,000원

ISBN 978–89–274–5474–8   13550